2025 13차개정판
실기완벽대비

시험은 단숨에 끝내자!

조경기능사
실기

- 새로운 출제기준에 맞춘 완벽대비서
- 각 과목별 방대한 이론을 쉽게 이해할 수 있도록 간단 명료하게 체계적으로 핵심정리 하였고, 또한 예제·핵심정리를 통하여 기본이론을 알기 쉽게 하였다.

한상엽 저자

기출문제 복원수록
2024년 1,2,3,5회
2025년 1회

한솔아카데미

조경기능사실기

PREFACE

급속도로 발전하는 산업사회 속에서 오늘날 인류는 물질적 풍요로움과 편리함을 더욱 추구해 가고 있다. 하지만 도시화와 산업화가 가속화 될수록 인류는 정신적 피곤함으로 마음의 병을 앓고 있는 추세다. 도시 곳곳은 빌딩과 공장들로 빽빽해져가고, 인류에게는 풀 한포기, 나무 한그루가 매우 귀하게만 느껴진다. 환경의 파괴와 산업화가 더해갈수록 인간의 삶도 피폐되어 감을 느낀 오늘날, 환경을 다시 복원하고 자연을 되찾고자 하는 목소리가 높아지고 있다. 따라서 전문적인 조경인력을 양성하여 병들어가는 우리 삶을 되돌아보고 인류의 근원인 자연을 되살리는데 주력하고자 하는 노력이 오늘날 큰 이슈로 대두되고 있다.

1972년 한국의 대학 및 대학원에 조경학과가 신설된 이후 조경분야는 큰 발전과 성과를 이루고 있다. 오늘날의 조경이란 '보전과 발전'의 생태적인 예술성을 띤 '종합과학예술'이다. 단순히 남아 있는 공간을 이용하는 수동적인 의미의 조경이 아니라 우리가 이용하는 모든 옥외공간을 이용, 개발, 창조하여 보다 기능적이면서 경제적이고 시각예술적인 환경을 조성함으로써 생태계를 복원하고 인류의 삶을 발전시키는 '종합과학예술'이라 할 수 있다.

조경 대상 업무는 도시계획과 토지이용 등을 고려하여 설계도면을 작성하고, 수목 및 초화류 식재와 시설물설치, 수경시설 설치 및 관리 시공에 관한 공사비 적산과 공사공정계획을 수립하고, 공사업무를 관리하며, 각종 조경시설의 관리계획수립 및 관리업무 등 기술적인 업무를 수행하게 되었다. 우리의 생활수준이 향상되고 생활환경과 여가생활을 중시하는 경향이 강하게 나타나면서, 조경의 필요성과 중요성이 대두되어 앞으로 조경기술자의 인력수요는 계속 증가할 것이라 예상되어진다.

본 수험서는 산업화 속에서도 인류의 근원인 자연을 부활시켜 인류에게 정신적인 풍요로움을 제공하는 조경전문인력을 배출하고자 만들어졌다. 본서를 공부함으로 조경기능사 시험을 대비하는 수험생들과 조경관련일을 하는 사람들에게 조경분야의 전문가로 입문 할 수 있도록 도움이 되고자 하는 취지로 펼쳐졌다.

과목순서는 조경수목간별, 조경작업, 조경설계 순으로 구성되었으며 각 단원별로 내용설명과 출제예상문제로 구성되었다. 또한 최근기출문제를 수록하여 최신 동향에 맞는 수험서가 되고자 노력하였다. 차후 부족한 사항은 더욱 보완하고 가다듬어서 더 좋은 책이 되도록 최선을 다하겠다.

마지막으로 바쁘신 가운데서도 이 책의 출판을 도운 한솔아카데미의 한병천 대표님과 임직원여러분, 우석대학교 조경학과 교수님, 한백종합건설 소응두 대표님과 임직원여러분께 깊은 감사드립니다.

저자 드림

한 상 엽

C O N T E N T S

01 조경수목간별 ——————————————————————— 1-1

1. 조경수목분류 … 3
1) 식물형태에 의한 분류 … 3
2) 이용 목적으로 본 분류 … 5
3) 식재기능별 수종선정 … 6
4) 조경수목의 특성 … 7
5) 조경수목의 환경 … 9

2. 수목간별의 기초 … 11
1) 관상면으로 본 분류 … 11
2) 개화시기에 따른 분류 … 11
3) 열매가 아름다운 나무 … 12
4) 잎이 아름다운 나무 … 12
5) 단풍이 아름다운 나무 … 12
6) 수피가 아름다운 나무 … 12
7) 향기가 좋은 나무 … 12

3. 개화시기별 수목의 예 … 13
1) 봄에 꽃피는 나무 … 13
2) 여름에 꽃피는 나무 … 15
3) 가을에 꽃피는 나무 … 16
4) 겨울에 꽃피는 나무 … 16

4. 단풍 색상별 나무 … 17
1) 홍색계(붉은색) … 17
2) 황색 및 갈색계 … 17

5. 성상(性狀)별 수목의 분류 … 18
1) 낙엽침엽교목 … 18
2) 상록활엽수 … 18
3) 생울타리용 수목 … 19
4) 덩굴식물(만경목) … 19
5) 지피식물 … 20
6) 초화류 … 20
7) 수생식물 … 21

CONTENTS

    8) 약용식물   21
    9) 과실수   21

6. 참나무과 수목의 분류   22
7. 대나무류 수목의 분류   22
8. 유사한 수종 구분   22
9. 수목간별 시험에 많이 출제되는 수목의 특징   27

02 조경작업 ——————————————— 2-1

1. 수목식재   3
2. 지주목 세우기   4
3. 수피감기   6
4. 벽돌포장   6
5. 판석포장   7
6. 보도블록포장   9
7. 잔디식재   10
8. 떼심기의 방법   10
9. 관목군식   11
10. 산울타리 식재   11
11. 뿌리돌림   12
12. 수간주사   12
13. 잔디종자파종   13
14. 구술예상문제   14
15. 부록 : 조경작업 기출문제   18

03 조경설계 ——————————————— 3-1

1. 도면작업   3
    1) 쉽고 빠르게, 정확하게 도면 그리는 방법   3
    2) 도면 그리는 방법   3

CONTENTS

2. 조경제도(설계)의 기본 ... 5
   1) 조경제도 용구 ... 6
   2) 조경제도 기초 ... 8
   3) 조경 수목 표현 ... 11
   4) 조경 시설물 표현 ... 14
   5) 사람(이용자) 표현 ... 15
   6) 마운딩 설계 ... 15
   7) 원로포장 ... 17
   8) 일반적인 재료 표기 ... 19
   9) 주차장 설계 ... 20
   10) 수경시설(물) 설계 ... 20
   11) 단면도 ... 21
   12) 벤치 상세도 ... 21
3. 배식평면도 작성방법 ... 24
4. 단면도 작성방법 ... 25
5. 설계문제 해설 ... 26
   1) 아파트조경설계 ... 26
   2) 휴게공원조경설계 ... 32
   3) 어린이공원조경설계 ... 37
   4) 주택정원설계 ... 42
   5) 주택정원설계 ... 47
   6) 주택정원설계 ... 52
   7) 공공정원설계 ... 58
   8) 어린이공원설계 ... 63
   9) 근린공원설계 ... 69
   10) 근린공원설계 ... 74
   11) 휴게공간설계 ... 79
   12) 휴게공간설계 ... 83
   13) 어린이공원설계 ... 87
   14) 휴게공원설계 ... 91
   15) 근린공원설계 ... 95
   16) 근린공원설계 ... 99
   17) 근린공원설계 ... 103
   18) APT단지공원설계 ... 107

CONTENTS

04 부록 1 출제예상문제 — 4-1
1. APT단지공원설계 — 3
2. APT진입로공원설계 — 15
3. 휴게공간조경설계 — 26
4. 휴게공간조경설계 — 43
5. 휴게공간조경설계 — 60
6. 도로변휴게공간조경설계 — 72
7. 도로변휴게공간조경설계 — 85

05 부록 2 과년도기출문제 — 5-1
1. 도로변소공원조경설계 — 3
2. 도로변소공원조경설계 — 15
3. 도로변소공원조경설계 — 34
4. 도로변소공원조경설계 — 45
5. 도로변소공원조경설계 — 59
6. 소공원조경설계 — 73
7. 도로변소공원조경설계 — 85
8. 도로변소공원조경설계 — 97
9. 도로변소공원조경설계 — 109
10. 야외무대 소공원 조경설계 — 121
11. 도로변소공원조경설계 — 137
12. 도로변소공원조경설계 — 149
13. 옥상조경 설계 — 161
14. 도로변소공인조겅설계 — 171
15. 도로변소공원조경설계 — 183
16. 도로변소공원조경설계 — 195
17. 도로변소공원조경설계 — 207
18. 소공원조경설계 — 219
19. 도로변소공원조경설계(2020.1회) — 231
20. 도로변소공원조경설계(2020.2회) — 243
21. 휴게공간조경설계(2020.3회) — 255
22. 도로변빈공간조경설계(2020.5회) — 267
23. 도로변소공원조경설계(2021.1회) — 280
24. 도로변소공원조경설계(2021.2회) — 291
25. 옥상조경설계(2021.3회) — 303
26. 도로변소공원설계(2021.5회) — 315

CONTENTS

27. 도로변소공원조경설계(2022.1회)		327
28. 도로변빈공간조경설계(2022.2회)		339
29. 야외무대 소공원 조경설계(2022.3회)		351
30. 도로변소공원조경설계(2022.5회)		367
31. 도로변빈공간설계(2023.1회)		379
32. 도로변소공원설계(2023.2회)		389
33. 어린이소공원조경설계(2023.3회)		400
34. 도로변휴게공간조경설계(2023.4회)		413
35. 도로변빈공간조경설계(2024.1회)		425
36. 도로변빈공간설계(2024.2회)		438
37. 도로변소공원설계(2024.3회)		452
38. 도로변소공원조경설계(2024.5회)		466
39. 다목적공간조경설계(2025년 1회)		479

출제기준

| 직무분야 | 건설 | 중직무분야 | 조경 | 자격종목 | 조경기능사 | 적용기간 | 2025.1.1.~2027.12.31. |

○ 직무내용 : 조경 실시설계도면을 이해하고 현장여건을 고려하여 시공을 통해 조경 결과물을 도출하여 이를 관리하는 직무이다.

| 실기검정방법 | 작업형 | 시험시간 | 3시간 |

실기과목명	주요항목	세부항목
조경 기초 실무	1. 조경기초설계	1. 조경디자인요소 표현하기 2. 조경식물재료 파악하기 3. 조경인공재료 파악하기 4. 전산응용도면(CAD) 작성하기
	2. 조경설계	1. 대상지 조사하기 2. 관련분야 설계 검토하기 3. 기본계획안 작성하기 4. 조경기반 설계하기 5. 조경식재 설계하기 6. 조경시설 설계하기 7. 조경설계도서 작성하기
	3. 기초 식재공사	1. 굴취하기 2. 수목 운반하기 3. 교목 식재하기 4. 관목 식재하기 5. 지피 초화류 식재하기
	4. 조경시설 공사	1. 시설 설치 전 작업하기 2. 안내시설 설치하기 3. 옥외시설 설치하기 4. 놀이시설 설치하기 5. 운동시설 설치하기 6. 경관조명시설 설치하기 7. 환경조형물 설치하기 8. 데크시설 설치하기 9. 펜스 설치하기

실기과목명	주요항목	세부항목
	5. 조경포장공사	1. 조경 포장기반 조성하기
		2. 조경 포장경계 공사하기
		3. 친환경흙포장 공사하기
		4. 탄성포장 공사하기
		5. 조립블록 포장 공사하기
		6. 조경 투수포장 공사하기
		7. 조경 콘크리트포장 공사하기
	6. 잔디식재공사	1. 잔디 기반 조성하기
		2. 잔디 식재하기
		3. 잔디 파종하기
	7. 실내조경공사	1. 실내조경기반 조성하기
		2. 실내녹화기반 조성하기
		3. 실내조경시설·점경물 설치하기
		4. 실내식물 식재하기
	8. 조경공사 준공전관리	1. 병해충 방제하기 2. 관배수관리하기
		3. 시비관리하기 4. 제초관리하기
		5. 전정관리하기 6. 수목보호조치하기
		7. 시설물 보수 관리하기
	9. 일반 정지전정관리	1. 연간 정지전정 관리계획 수립하기
		2. 굵은 가지치기
		3. 가지 길이 줄이기
		4. 가지 솎기
		5. 생울타리 다듬기
		6. 가로수 가지치기
		7. 상록교목 수관 다듬기
		8. 화목류 정지전정하기
		9. 소나무류 순 자르기
	10. 관수 및 기타 조경관리	1. 관수하기 2. 지주목 관리하기
		3. 멀칭 관리하기 4. 월동 관리하기
		5. 장비 유지 관리하기
		6. 청결 유지 관리하기
		7. 실내 식물 관리하기

조경기능사 수목감별 표준수종 목록

순서	수목명	순서	수목명
1	가막살나무	31	돈나무
2	가시나무	32	동백나무
3	갈참나무	33	등
4	감나무	34	때죽나무
5	감탕나무	35	떡갈나무
6	개나리	36	마가목
7	개비자나무	37	말채나무
8	개오동	38	매화(실)나무
9	계수나무	39	먼나무
10	골담초	40	메타세쿼이아
11	곰솔	41	모감주나무
12	광나무	42	모과나무
13	구상나무	43	무궁화
14	금목서	44	물푸레나무
15	금송	45	미선나무
16	금식나무	46	박태기나무
17	꽝꽝나무	47	반송
18	낙상홍	48	배롱나무
19	남천	49	백당나무
20	노각나무	50	백목련
21	노랑말채나무	51	백송
22	녹나무	52	버드나무
23	눈향나무	53	벽오동
24	느티나무	54	병꽃나무
25	능소화	55	보리수나무
26	단풍나무	56	복사나무
27	담쟁이덩굴	57	복자기
28	당매자나무	58	붉가시나무
29	대추나무	59	사철나무
30	독일가문비	60	산딸나무

CONTENTS

순서	수목명	순서	수목명
61	산벚나무	91	졸참나무
62	산사나무	92	주목
63	산수유	93	중국단풍
64	산철쭉	94	쥐똥나무
65	살구나무	95	진달래
66	상수리나무	96	쪽동백나무
67	생강나무	97	참느릅나무
68	서어나무	98	철쭉
69	석류나무	99	측백나무
70	소나무	100	층층나무
71	수국	101	칠엽수
72	수수꽃다리	102	태산목
73	쉬땅나무	103	탱자나무
74	스트로브잣나무	104	백합나무
75	신갈나무	105	팔손이
76	신나무	106	팥배나무
77	아까시나무	107	팽나무
78	앵도나무	108	풍년화
79	오동나무	109	피나무
80	왕벚나무	110	피라칸타
81	은행나무	111	해당화
82	이팝나무	112	향나무
83	인동덩굴	113	호두나무
84	일본목련	114	호랑가시나무
85	자귀나무	115	화살나무
86	자작나무	116	회양목
87	작살나무	117	회화나무
88	잣나무	118	후박나무
89	전나무	119	흰말채나무
90	조릿대	120	히어리
삭제	카이즈카향나무, 꽃사과나무		
추가	스트로브잣나무, 풍년화, 오동나무		

CHAPTER 01 | 조경수목간별

1. 조경수목분류
2. 수목간별의 기초
3. 개화시기별 수목의 예
4. 단풍 색상별 나무
5. 성상(性狀)별 수목의 분류
6. 참나무과 수목의 분류
7. 대나무류 수목의 분류
8. 유사한 수종 구분
9. 수목간별 시험에 많이 출제되는 수목의 특징

01 조경수목간별

1 조경수목분류

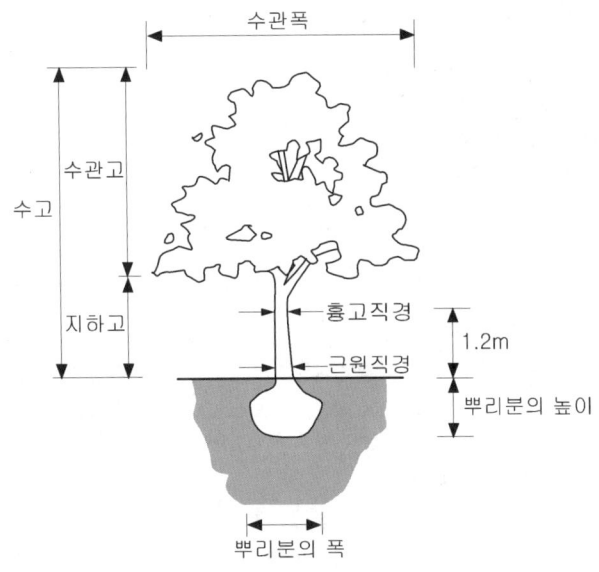

■ 용어해설
- 수고(樹高) (기호 : H, 단위 : m) : 나무의 높이를 말하며, 지표면에서 수관 정상까지의 수직거리(도장지 제외)를 의미한다.
- 수관(樹冠)폭 (기호 : W, 단위 : m) : 나무의 폭(너비)을 말한다. 가지와 잎이 뭉쳐 어우러진 부분을 수관이라 하며, 그 폭을 수관폭이라 한다.
- 흉고(胸高)직경 (기호 : B, 단위 : cm) : 가슴높이(1.2m)의 줄기 지름을 측정한 값을 의미한다.
- 근원(根源)직경 (기호 : R, 단위 : cm) : 뿌리 바로 윗부분 즉, 나무 밑동 제일 아랫부분의 지름을 의미한다.
- 지하고(地下高) (기호 : BH, 단위 : m) : 지면 바닥에서 가지가 있는 곳까지의 높이를 의미한다.
- 수관길이 (기호 : L, 단위 : m) : 수관이 수평으로 성장하는 특성을 가진 조형된 수관의 최대길이를 의미한다.

1 식물형태에 의한 분류

1. 상록수와 낙엽수, 침엽수와 활엽수
① 상록수 : 일 년 내내 푸른 잎을 달고 있는 나무로 소나무, 잣나무, 향나무, 전나무, 주목, 동백나무, 사철나무 등이 이에 속한다.
② 낙엽수 : 가을에 잎이 떨어지고 봄에 다시 새 잎이 나오는 나무로 은행나무, 플라타너스, 느티나무, 벚나무, 단풍나무 등이 이에 속한다.

③ 침엽(針葉)수 : 잎이 바늘처럼 뾰족하며, 꽃이 피지만 꽃 밑에 씨방이 형성되지 않아서 겉씨식물이며 잎이 작고 헛물관을 가지고 있다.
  ㉠ 2엽속생 - 소나무, 곰솔, 흑송, 방크스소나무, 반송
  ㉡ 3엽속생 - 백송, 대왕송, 리기다소나무, 리기테다소나무 (암기방법 : 백대리(앞글자만 따서))
  ㉢ 5엽속생 - 섬잣나무, 잣나무, 스트로브잣나무 (암기방법 : ~잣나무로 끝나는 것은 5엽속생)

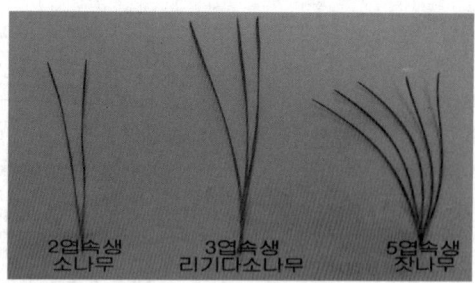

※ 참고 : 속생(束生) - 식물이 더부룩하게 모여 난다.

④ 활엽(闊葉)수 : 잎이 넓고, 꽃이 피며 꽃 밑에 씨방이 형성되어 씨방 안에 밑씨가 들어있는 속씨식물로 줄기에 뚜렷한 물관을 가지고 있다.

구 분	주 요 수 종
침엽수	소나무, 곰솔, 잣나무, 구상나무, 비자나무, 편백, 화백, 낙우송, 메타세쿼이아, 삼나무, 측백나무, 독일가문비 등
활엽수	태산목, 먼나무, 굴거리나무, 호두나무, 서어나무, 상수리나무, 느티나무, 칠엽수, 자작나무, 왕벚나무, 가중나무, 해당화, 산철쭉 등

※ 참고 : 은행나무는 잎이 넓으나 씨방이 없어서 침엽수이고, 위성류는 잎이 바늘처럼 뾰족하고 좁으나 씨방이 있어 활엽수이다.

2. 교목(喬木)과 관목(灌木)

① 교목 : 곧은 줄기가 있고 줄기와 가지의 구별이 명확하며, 줄기의 길이 생장이 현저한 키가 큰 나무로 수고가 2~3m 이상인 나무. 뿌리에서 뚜렷한 원줄기 하나가 올라와서 가지가 뻗어 나간다.
② 관목 : 뿌리 부근으로부터 줄기가 여러 갈래로 나와 줄기와 가지의 구별이 뚜렷하지 않은 키가 작은 나무로 수고가 2m 이하인 나무

3. 덩굴식물(만경목)

등나무, 능소화, 담쟁이덩굴, 인동덩굴, 송악, 으름덩굴, 멀꿀, 다래, 칡, 덩굴장미, 으아리 등 스스로 서지 못하고 다른 물체를 감거나 부착하여 개체를 지탱하는 수목

4. 성상별 수종

구 분	주 요 수 종
교 목	주목, 소나무, 전나무, 향나무, 개잎갈나무, 동백나무, 은행나무, 자작나무, 밤나무, 느티나무, 모과나무, 살구나무, 왕벚나무, 배롱나무, 산수유 등
관 목	옥향, 돈나무, 피라칸사, 회양목, 사철나무, 팔손이나무, 모란, 수국, 조팝나무, 낙상홍, 진달래, 철쭉, 개나리, 수수꽃다리 등
덩굴식물	등나무, 담쟁이덩굴, 능소화, 으름덩굴, 포도나무, 인동덩굴, 덩굴장미, 다래, 칡, 송악 등

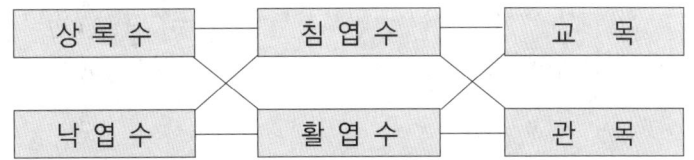

위의 기준에 의하면 총 8가지의 성상이 나온다.

① 상록침엽교목 : 소나무, 잣나무, 섬잣나무, 스트로브잣나무, 주목, 전나무, 독일가문비, 구상나무, 편백, 화백, 측백, 삼나무 등
② 상록침엽관목 : 반송, 눈향나무, 옥향, 눈주목 등
③ 상록활엽교목 : 가시나무, 태산목, 후박나무, 아왜나무, 동백나무, 먼나무, 굴거리나무 등
④ 상록활엽관목 : 사철나무, 회양목, 영산홍, 돈나무, 꽝꽝나무, 남천, 피라칸타, 다정큼나무, 호랑가시나무 등
⑤ 낙엽침엽교목 : 은행나무, 메타세쿼이아, 낙엽송, 낙우송 등
⑥ 낙엽침엽관목 : 해당 수종 없음.
⑦ 낙엽활엽교목 : 느티나무, 플라타너스, 벚나무, 가중나무, 대추나무, 감나무, 살구나무, 매화나무, 계수나무, 이팝나무, 산수유, 백합나무 등
⑧ 낙엽활엽관목 : 개나리, 철쭉, 쥐똥나무, 매자나무, 명자나무, 조팝나무, 수국, 황매화, 박태기나무, 화살나무 등

2 이용 목적으로 본 분류

1. 녹음용 또는 가로수용 수목
여름철에 강한 햇빛을 차단하기 위해 식재하는 나무를 녹음수라 하고, 녹음(綠陰)수는 여름에는 그늘을 제공해 주지만 겨울에는 낙엽이 떨어져 햇빛을 가리지 않아야 한다. 녹음수는 수관이 크고, 큰 잎이 치밀하고 무성하며 지하고가 높은 교목이 바람직하다.

2. 산울타리 및 차폐용
① 산울타리 수목 : 살아 있는 수목을 이용해서 도로나 가장자리의 경계표시를 하거나 담장의 역할을 하는 식재 형태
② 차폐용 수목 : 시각적으로 아름답지 못하거나 불쾌감을 주는 곳을 가려 주는 역할을 하는 수목
③ 적용수종 : 상록수로서 가지와 잎이 치밀해야 하며, 적당한 높이로서 아랫가지가 오래도록 말라 죽지 않아야 한다. 맹아력이 크고 불량한 환경 조건에도 잘 견딜 수 있어야 하며, 외관이 아름다운 것이 좋다.

3. 방음용
① 차량의 왕래가 빈번하여 많은 소음이 발생되는 곳에서는 소음을 차단하거나 감소시키기 위해 심는 나무를 말한다.
② 잎이 치밀한 상록교목이 바람직하며, 지하고가 낮고 자동차의 배기가스에 견디는 힘이 강한 수종이 좋다.
③ 적용수종 : 구실잣밤나무, 녹나무, 식나무, 아왜나무, 후피향나무 등

4. 방풍용
① 바람을 막거나 약화시킬 목적으로 식재하는 수목으로 강한 풍압에 견딜 수 있도록 심근성이면서 줄기와 가지가 강인해야 한다.

② 적용수종 : 곰솔, 삼나무, 편백, 전나무, 가시나무, 녹나무, 구실잣밤나무, 후박나무, 아왜나무, 동백나무, 은행나무, 느티나무, 팽나무 등

5. 방화용
① 화재시 주변으로 화재가 번지거나 연소시간을 지연시킬 목적으로 식재하는 수목으로, 가지가 많고 잎이 무성한 수종으로 수분이 많은 상록활엽수가 좋다.
② 적용수종 : 가시나무, 굴거리나무, 후박나무, 감탕나무, 아왜나무, 사철나무, 편백, 화백 등

3 식재기능별 수종선정

기능구분		수종 요구 특성	적용 수종
공간조절	경계식재	· 잎과 가지가 치밀하고 전정에 강한 수종 · 생장이 빠르며 유지관리가 용이한 수종 · 아랫가지가 잘 말라 죽지 않는 상록수	잣나무, 서양측백, 화백, 향나무, 스트로브잣나무, 무궁화, 사철나무, 자작나무, 참나무류 등
	유도식재	· 수관이 커서 캐노피를 이루는 것 · 정돈된 수형, 치밀한 지엽 · 상록 소관목으로 형태와 질감이 좋음	회양목, 명자나무, 눈향나무, 철쭉, 사철나무 등
경관조절	경관식재	· 수형이 단정하고 아름다운 수종 · 아름다운 꽃과 열매, 단풍 등을 감상하고 아름다운 수종	벚나무, 칠엽수, 홍단풍, 붉나무, 자작나무, 벽오동, 자귀나무, 라일락, 구상나무, 후박나무, 소나무 등
	지표식재	· 꽃, 열매, 단풍 등이 특징적인 수종 · 수형이 단정하고 아름다운 수종	계수나무, 수양버들, 구상나무, 소나무, 금송, 주목 등
	요점식재	· 지표식재와 동일한 특성 · 강조요소	소나무, 반송, 섬잣나무, 주목, 향나무, 모과나무, 배롱나무, 단풍나무 등
	차폐식재	· 지하고가 낮고 잎과 가지가 치밀한 수종 · 전정에 강하고 유지관리가 용이한 수종 · 아랫가지가 말라 죽지 않는 상록수	주목, 독일가문비, 잣나무, 측백나무, 쥐똥나무, 사철나무, 옥향, 눈향나무 등
환경조절	녹음식재	· 지하고가 높은 낙엽활엽수 · 병충해 및 기타 유해요소가 없는 수종	회화나무, 느티나무, 팽나무, 이팝나무, 은행나무, 칠엽수, 느릅나무 등
	방풍 방설 식재	· 지엽이 치밀하고 가지가 견고한 수종 · 지하고가 낮은 수종 · 아랫가지가 말라 죽지 않는 상록수	독일가문비, 잣나무 등
	방화식재	· 잎이 두껍고 함수량이 많은 수종 · 화재 발생시 쉽게 불이 붙지 않는 수종	가시나무, 굴거리나무, 후박나무, 감탕나무, 아왜나무, 식나무, 호랑가시나무 등
	방음식재	· 지하고가 낮고 잎이 치밀하고 공해에 강한 수종 · 차량 등 소음에 대한 피해를 경감시켜주는 수종 · 식수대 너비는 20~30m, 수고는 식수대 중앙부분에서 13.5m 이상이 되도록 식재	구실잣밤나무, 녹나무, 광나무, 아왜나무, 후피향나무, 식나무, 사철나무 등
	지피식재	· 키가 작아 지표를 밀생하여 피복하는 수종 · 답압(踏壓)에 잘 견디는 수종 · 다년생 식물	잔디, 눈향나무, 조릿대, 비비추, 옥잠화, 송악, 줄사철, 맥문동 등
	임해 매립 식재	· 내염, 내조성이 있는 수종 · 척박한 토양에 잘 자라는 수종 · 토양 고정력이 있는 수종 · 바다 매립한 공업단지에서 토양의 염분함량이 많을 때 토양 염분을 0.02% 이하로 용탈시킨 후 식재	해송 등
	사면식재	· 맹아력이 강한 수종 · 척박지, 건조지에 강한 수종 · 토양 고정력이 있는 수종	인동덩굴, 사철나무 등

4 조경수목의 특성

1. 수형
나무 전체의 생김새로 수관(樹冠)과 수간(樹幹)에 의해 이루어짐
① 수관 : 가지와 잎이 뭉쳐서 이루어진 부분으로 가지의 생김새에 따라 수관의 모양이 결정
② 수간 : 나무줄기를 말하며 수간의 생김새나 갈라진 수에 따라 전체 수형에 영향 미침

수 형	주 요 수 종
원추형	낙우송, 삼나무, 전나무, 메타세쿼이아, 독일가문비, 주목, 히말라야시더 등
우산형	편백, 화백, 반송, 층층나무, 왕벚나무, 매화나무, 복숭아(복사)나무 등
구 형	졸참나무, 가시나무, 녹나무, 수수꽃다리, 화살나무, 회화나무 등
난형(타원형)	백합나무, 측백나무, 동백나무, 태산목, 계수나무, 목련, 버즘나무, 박태기나무 등
원주형	포플러류, 무궁화, 부용 등
배상(평정)형	느티나무, 가중나무, 단풍나무, 배롱나무, 산수유, 자귀나무, 석류나무 등
능수형	능수버들, 용버들, 수양벚나무, 실화백 등
만경형	능소화, 담쟁이덩굴, 등나무, 으름덩굴, 인동덩굴, 송악, 줄사철나무 등
포복형	눈향나무, 눈잣나무 등

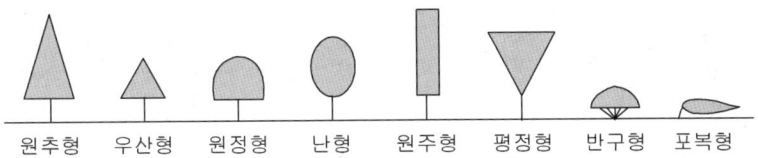

원추형 우산형 원정형 난형 원주형 평정형 반구형 포복형

2. 향기
① 꽃향기 : 매화나무(이른 봄), 서향(봄), 수수꽃다리(봄), 장미(5~10월), 함박꽃나무(6월), 금목서(10월), 은목서(10월)
② 열매향기 : 녹나무, 모과나무, 탱자나무 등
③ 잎향기 : 편백, 화백, 삼나무, 소나무, 노간주나무 등

3. 토양
① 조경 식물의 환경요소 중 가장 중요한 요소
② 구성 : 광물질 45%, 유기질 5%, 수분 25%, 공기 25%
③ 토양단면 : 유기물층(O층, A0층) → 표층(용탈층)(A층) → 집적층(B층) → 모재층(C층) → 모암층(D층)
  참고 ·표층(용탈층) : 미생물과 식물활동이 왕성하고, 외부환경의 영향 가장 많이 받음. 기후, 식생 등의 영향을 받아 가용성 염기류 용탈
  ·유기물층 : 토양 단면에 있어 낙엽과 그 분해물질 등 대부분 유기물로 되어 있는 토양 고유의 층으로 L층, F층, H층으로 구성
  ·L층 : 토양의 단면 중 낙엽이 대부분 분해되지 않고 원형 그대로 쌓여 있는 층

4. 식물 생육에 필요한 최소 토심

분 류	생존최소깊이(cm)	생육최소깊이(cm)
심근성 교목	90	150
천근성 교목	60	90
관목	30	60
잔디 및 초본류	15	30

5. 조경수목의 구비 조건

① 이식이 용이하여 이식 후 활착이 잘 되는 것
② 관상가치와 실용적 가치가 높을 것
③ 불리한 환경에서도 자랄 수 있는 힘이 클 것
④ 번식이 잘 되고 손쉽게 다량으로 구입할 수 있을 것
⑤ 병충해에 대한 저항성이 강할 것
⑥ 다듬기 작업 등 유지관리가 용이할 것
⑦ 주변과 조화를 잘 이루며 사용목적에 적합할 것

6. 조경수목의 규격

① 교목성
  ㉠ 수고 × 수관폭(H × W) : 일반적인 상록수
  ㉡ 수고 × 수관폭 × 근원직경(H × W × R) : 일반적인 상록수 중 소나무, 곰솔, 백송, 무궁화 등
  ㉢ 수고 × 흉고직경(H × B) : 가중나무, 메타세쿼이아, 벽오동, 수양버들, 벚나무, 은행나무, 자작나무, 층층나무, 플라타너스, 계수나무, 낙우송, 은단풍, 칠엽수, 아왜나무, 백합(튤립)나무 등
  ㉣ 수고 × 근원직경(H × R) : 감나무, 꽃사과나무, 느티나무, 모과나무, 배롱나무, 목련, 산수유, 자귀나무, 단풍나무 등 대부분의 교목류
  ㉤ 수고 × 수관폭 × 근원직경(H × W × R) : 일반적인 상록수 중 소나무, 곰솔, 백송, 무궁화 등

② 관목성
  ㉠ 수고 × 수관 폭 : 일반 관목
  ㉡ 수고 × 가지의 수 : 개나리, 덩굴장미 등
  ㉢ 수고 × 수관폭 × 가지의 수 : 눈향나무

7. 맹아(萌芽)성

가지나 줄기가 해를 입으면 부근에서 숨은 눈이 커져 싹이 나오는 성질
① 강한 수종 : 쥐똥나무, 개나리, 가시나무, 무궁화, 회양목, 플라타너스, 사철나무 등
② 약한 수종 : 벚나무, 소나무, 감나무, 칠엽수 등

5 조경수목의 환경

1. 광선
① 음수
   ㉠ 주목, 전나무, 독일가문비나무, 비자나무, 가시나무, 녹나무, 후박나무, 동백나무, 호랑가시나무, 팔손이나무, 회양목 등
② 양수
   ㉠ 소나무, 곰솔, 일본잎갈나무, 측백나무, 향나무, 은행나무, 철쭉류, 느티나무, 자작나무, 포플러류, 가중나무, 무궁화, 백목련, 개나리 등
③ 중간수 : 입지조건의 변화에 따라 음성으로 기울어지기도 하고 양성으로 기울어지기도 하는데 땅이 건조하고 기온이 낮은 곳에서는 어느 수종이든 대체로 양성을 띤다.
   ㉠ 잣나무, 삼나무, 섬잣나무, 화백, 목서, 칠엽수, 회화나무, 벚나무류, 쪽동백, 단풍나무, 수국, 담쟁이덩굴 등

2. 토양
① 수분

건조지에 견디는 수종	소나무, 곰솔, 리기다소나무, 삼나무, 전나무, 비자나무, 가중나무, 서어나무, 가시나무, 느티나무, 이팝나무, 자작나무, 철쭉류 등
습지를 좋아하는 수종	낙우송, 오리나무, 버드나무류, 위성류, 오동나무, 수국 등

② 양분

척박지에 잘 견디는 수종	소나무, 곰솔, 향나무, 오리나무, 자작나무, 참나무류, 자귀나무, 싸리류 등
비옥지를 좋아하는 수종	삼나무, 주목, 측백, 가시나무류, 느티나무, 오동나무, 칠엽수, 회화나무, 단풍나무, 왕벚나무 등

③ 토양 반응

강산성에 견디는 수종	소나무, 잣나무, 전나무, 편백, 가문비나무, 리기다소나무, 버드나무, 싸리나무, 진달래 등
약산성에 견디는 수종	가시나무, 갈참나무, 녹나무, 느티나무 등
염기성에 견디는 수종	낙우송, 단풍나무, 생강나무, 서어나무, 회양목 등

④ 토심

심근성 (뿌리가 깊게 뻗는 것)	소나무, 전나무, 주목, 곰솔, 가시나무, 굴거리나무, 녹나무, 태산목, 후박나무, 동백나무, 느티나무, 칠엽수, 회화나무 등
천근성 (뿌리가 얕게 뻗는 것)	가문비나무, 독일가문비, 일본잎갈나무, 편백, 자작나무, 미루나무, 버드나무 등

3. 공해와 수목

식물의 저항성 : 상록활엽수가 낙엽활엽수보다 비교적 강하다.

① 아황산가스(SO_2)의 피해

　㉠ 피해증상 : 식물 체내로 침입하여 피해를 줄 뿐만 아니라 토양에 흡수되어 산성화시키고 뿌리에 피해를 주어 지력을 감퇴시킨다.

　㉡ 한 낮이나 생육이 왕성한 봄과 여름, 오래된 잎에 피해를 입기 쉽다.

아황산가스에 강한 수종	상록침엽수	편백, 화백, 가이즈까향나무, 향나무 등
	상록활엽수	가시나무, 굴거리나무, 녹나무, 태산목, 후박나무, 후피향나무 등
	낙엽활엽수	가중나무, 벽오동, 버드나무류, 칠엽수, 플라타너스, 양버즘나무, 백합(튤립)나무 등
아황산가스에 약한 수종	침엽수	소나무, 잣나무, 전나무, 삼나무, 히말라야시더, 일본잎갈나무(낙엽송), 독일가문비 등
	활엽수	느티나무, 튤립(백합)나무, 단풍나무, 수양벚나무, 자작나무, 고로쇠 등

② 자동차 배기가스의 피해

　㉠ 강한 수종 : 비자나무, 편백, 측백, 가이즈까향나무, 향나무, 은행나무, 히말라야시더, 태산목, 식나무, 아왜나무, 감탕나무, 꽝꽝나무, 돈나무, 버드나무, 플라타너스, 층층나무, 개나리, 무궁화, 쥐똥나무 등

　㉡ 약한 수종 : 소나무, 삼나무, 전나무, 단풍나무, 벚나무, 목련, 팽나무, 감나무, 수수꽃다리 등

4. 내염성(耐鹽性)

① 소금기에 잘 견디어 내는 성질

② 잎에 붙은 염분이 기공을 막아 호흡작용을 방해

③ 염분의 한계농도 : 수목 - 0.05%, 잔디 - 0.1%

내염성에 강한 수종	리기다소나무, 비자나무, 주목, 곰솔, 측백나무, 가이즈까향나무, 굴거리나무, 녹나무, 태산목, 후박나무, 감탕나무, 아왜나무, 먼나무, 후피향나무, 동백나무, 호랑가시나무, 팔손이나무, 노간주나무, 사철나무, 위성류 등
내염성에 약한 수종	독일가문비, 삼나무, 소나무, 히말라야시더, 목련, 단풍나무, 개나리 등

2 수목간별의 기초

1 관상면으로 본 분류

1. 꽃이 아름다운 나무
① 봄꽃 : 영춘화, 진달래, 철쭉, 박태기나무, 동백나무, 명자나무, 목련, 히어리(송광납판화), 조팝나무, 산사나무, 매화나무, 개나리, 산수유, 수수꽃다리, 배나무, 복숭아나무, 왕벚나무 등
② 여름꽃 : 배롱나무, 협죽도, 자귀나무, 능소화, 모감주나무, 치자나무, 마가목, 산딸나무, 층층나무, 수국, 무궁화, 백정화, 좀형목 등
③ 가을꽃 : 부용, 협죽도, 목서, 호랑가시나무 등
④ 겨울꽃 : 팔손이나무, 비파나무 등
⑤ 꽃의 색채별 조경수목의 예

색 채 감	조 경 수 목
백색계통	매화나무, 조팝나무, 팥배나무, 산딸나무, 노각나무, 백목련, 탱자나무, 함박꽃나무, 이팝나무, 꽃댕강나무, 돈나무, 태산목, 치자나무, 호랑가시나무, 팔손이나무 등
붉은색계통	박태기나무, 배롱나무, 동백나무, 꼬리조팝나무 등
노란색계통	풍년화, 산수유, 매자나무, 개나리, 백합(튤립)나무, 황매화, 죽도화, 이나무, 삼지닥나무, 보리수나무 등
자주색계통	박태기나무, 수국, 오동나무, 멀구슬나무, 수수꽃다리, 등나무, 무궁화, 좀작살나무 등
주황색	능소화

2 개화시기에 따른 분류

개화기	조 경 수 목
2월	매화나무(백색, 붉은색), 풍년화(노란색), 동백나무(붉은색)
3월	매화나무, 생강나무(노란색), 개나리(노란색), 산수유(노란색)
4월	호랑가시나무(백색), 겹벚나무(담홍색), 꽃아그배나무(담홍색), 백목련(백색), 박태기나무(자주색), 이팝나무(백색), 등나무(자주색), 붓순나무(백색)
5월	귀룽나무(백색), 때죽나무(백색), 백합(튤립)나무(노란색), 산딸나무(백색), 일본목련(백색), 고광나무(백색), 병꽃나무(붉은색), 쥐똥나무(백색), 산사나무(백색), 다정큼나무(백색), 돈나무(백색), 인동덩굴(노란색), 수수꽃다리(자주색)
6월	수국(연보라색 또는 담자색), 아왜나무(백색), 태산목(백색), 치자나무(백색), 함박꽃나무(백색)
7월	노각나무(백색), 배롱나무(적색, 백색), 자귀나무(담홍색), 무궁화(자주색, 백색), 유엽도(담홍색), 능소화(주황색), 꽃댕강나무(담홍색)
8월	배롱나무, 싸리나무(자주색), 무궁화(자주색, 백색), 유엽도(담홍색)
9월	배롱나무, 싸리나무
10월	금목서(노란색), 은목서(백색), 목서(백색)
11월	팔손이나무(백색)

3 열매가 아름다운 나무

① 적색계 : 여름(옥매, 오미자, 해당화, 자두나무 등)
　　　　　　가을(마가목, 팥배나무, 동백나무, 산수유, 대추나무, 보리수나무, 후피향나무, 이나무, 석류나무, 감나무, 가막살나무, 남천, 화살나무, 찔레 등)
　　　　　　겨울(감탕나무, 식나무 등)
② 황색계 : 여름(살구나무, 매화나무, 복사나무, 좀작살나무 등)
　　　　　　가을(탱자나무, 치자나무, 모과나무, 명자나무 등)
③ 흑자색계 : 가을(생강나무, 분꽃나무 등)
④ 조류유치(야조유치)수목 : 감탕나무, 팥배나무, 비자나무, 뽕나무, 산벚나무, 노박덩굴 등

4 잎이 아름다운 나무

주목, 식나무, 벽오동, 단풍나무류, 계수나무, 은행나무, 측백나무, 대나무류, 호랑가시나무, 낙우송, 소나무류, 위성류, 칠엽수 등

5 단풍이 아름다운 나무

① 홍색계 : 화살나무, 붉나무, 단풍나무류(고로쇠나무 제외), 당단풍나무, 복자기나무, 산딸나무, 매자나무, 참빗살나무, 회나무 등
② 황색 및 갈색계 : 은행나무, 벽오동, 때죽나무, 석류나무, 버드나무류, 느티나무, 계수나무, 낙우송, 메타세쿼이아, 고로쇠나무, 참느릅나무, 칠엽수, 갈참나무, 졸참나무 등

6 수피가 아름다운 나무

① 백색계 : 백송, 분비나무, 자작나무, 서어나무, 동백나무, 플라타너스 등
② 갈색계 : 편백, 철쭉류 등
③ 청록색 : 식나무, 벽오동나무, 탱자나무, 황매화, 죽단화, 찔레나무 등
④ 적갈색 : 소나무, 주목, 삼나무, 섬잣나무, 흰말채나무 등

7 향기가 좋은 나무

식물부위	조 경 수 목
꽃	매화나무(이른 봄), 서향(봄), 수수꽃다리(봄), 장미(5~6월), 마삭줄(5월), 일본목련(6월), 치자나무(6월), 태산목(6월), 함박꽃나무(6월), 인동덩굴(7월), 은목서(10월), 금목서(10월) 등
열매	녹나무, 모과나무, 탱자나무
잎	녹나무, 측백나무, 생강나무, 월계수, 침엽수의 잎

3 개화시기별 수목의 예

1 봄에 꽃피는 나무

살구나무 : 낙엽활엽교목 - 4월(담홍색)		

벚나무 : 낙엽활엽교목 - 4월(분홍색, 백색)		

명자나무 : 낙엽활엽관목 - 4월(담홍색)		

박태기나무 : 낙엽활엽관목 - 4월(담홍색)		

목련 : 낙엽활엽교목 - 4월(백색)		

철쭉 : 낙엽활엽관목 - 4월(홍자색)		

진달래 : 낙엽활엽관목 - 4월에 잎보다 먼저 꽃이 핌(자주색)		

산사나무 : 낙엽활엽교목 - 5월(백색)		
조팝나무 : 낙엽활엽관목 - 4월(백색)		
복사나무 : 낙엽활엽교목 - 4월(분홍색)		
수수꽃다리 : 낙엽활엽관목 - 5월(자주색)		

2 여름에 꽃피는 나무

아왜나무 : 상록활엽교목 - 6월(백색)		
치자나무 : 상록활엽관목 - 6월(백색)		
꽃댕강나무 : 낙엽활엽관목 - 6월~7월(담홍색)		

배롱나무 : 낙엽활엽교목 - 7월~9월(적색, 백색)		

자귀나무 : 낙엽활엽교목 - 7월(담홍색)		

무궁화 : 낙엽활엽관목 - 7월(자주색, 백색)		

능소화 : 덩굴식물 - 7월(주황색)		

태산목 : 상록활엽교목 - 6월(백색)		

3 가을에 꽃피는 나무

목서 : 상록활엽교목 - 10월(백색)

4 겨울에 꽃피는 나무

팔손이나무 : 상록활엽관목 - 11월(백색)

4 단풍 색상별 나무

1 홍색계(붉은색)

화살나무	붉나무	단풍나무	복자기나무
산딸나무	매자나무	참빗살나무	감나무

2 황색 및 갈색계

은행나무	벽오동	때죽나무	버드나무
느티나무	계수나무	낙우송	고로쇠나무

5 성상(性狀)별 수목의 분류

1 낙엽침엽교목 : 침엽수 중에 낙엽이 지는 나무

은행나무 	메타세쿼이아 	낙엽송 	낙우송 

2 상록활엽수 : 사철 내내 잎이 푸른 활엽수

가시나무 	태산목 	후박나무 	아왜나무 
동백나무 	먼나무 	녹나무 	사철나무 
회양목 	돈나무 	꽝꽝나무 	남천 
피라칸타 	굴거리나무 	호랑가시나무 	목서 

3 생울타리용 수목

4 덩굴식물(만경목) : 스스로 서지 못하고, 다른 물체를 감거나 부착하여 개체를 지탱하는 식물

5 지피식물 : 땅을 덮는 키가 작은 식물

맥문동	잔디/꽃잔디	조릿대(사사)
옥잠화(비비추)	수호초	꽃창포
애기나리	둥굴레	노랑꽃창포

6 초화류 : 초본성으로 피는 꽃 또는 아름다운 꽃이 피는 식물

술패랭이	구절초	할미꽃	비비추
민들레	제비꽃	둥굴레	금낭화
원추리	꽃창포	석산	나리

7 수생식물 : 물속에서 살아가는 식물

갈대	억새	부들	창포
연	수련	물옥잠	줄

8 약용식물 : 약으로 쓰이거나 약의 원료가 되는 식물

산수유	구기자	작약	헛개나무
오미자	오갈피	인삼	당귀

9 과실수 : 열매를 얻기 위하여 식재하는 나무

매실나무	앵두나무	복숭아나무	살구나무
모과나무	대추나무	자두나무	감나무

6 참나무과 수목의 분류

7 대나무류 수목의 분류

8 유사한 수종 구분

① 전(젓)나무와 구상나무 : 전(젓)나무는 잎 끝이 뾰족하고 바늘처럼 날카로우며, 구상나무는 잎 끝이 바늘처럼 날카롭지 않고 잎 끝 중앙이 함몰되어 있으며, 전(젓)나무의 잎보다 짧다.

② 측백, 편백, 화백 : 측백은 잎의 뒷면에 백색의 기공조선이 없으나, 편백과 화백은 백색의 기공조선이 있다. 편백은 기공조선이 Y자 모양이고, 화백은 V자, W자 모양이다. 화백과 편백의 잎은 지표면과 평행하게 뻗지만, 측백은 지표면과 수직으로 뻗는다.

③ 호랑가시나무, 목서, 구골나무 : 호랑가시나무는 잎이 호랑이가 가죽을 벗어놓은 것(타원상의 육각형)처럼 생겼고, 예리한 가시로 되어있다. 목서는 잎의 가장자리에 잔 톱니가 있고, 꽃의 향기가 좋다. 구골나무는 잎이 타원형으로 두꺼우며 끝이 뾰족하다. 호랑가시나무는 잎의 형태가 어긋나기이며, 목서와 구골나무는 마주나기이다.

④ 느티나무, 서어나무, 느릅나무 : 느티나무는 잎 가장자리에 톱니가 확연히 드러나고, 서어나무는 잎 끝이 뾰족하고 가장자리에 톱니가 있다. 느릅나무의 나무껍질은 회갈색이고, 작은 가지에 적갈색의 짧은 털이 있다. 잎은 어긋나고 넓은 달걀을 거꾸로 세운 모양 또는 달걀을 거꾸로 세운 모양의 타원형이며 끝이 갑자기 뾰족해지고 잎 가장자리에 겹톱니가 있다.

⑤ 메타세쿼이아와 낙우송 : 메타세쿼이아는 수형이 위로 뻗어가며 잎은 마주난다. 낙우송의 수형은 지면에 평행하게 뻗어가고 잎은 어긋나며 질감은 부드럽다. 메타세쿼이아는 동아(겨울눈)가 뚜렷하다.

⑥ 떡갈나무와 갈참나무 : 떡갈나무는 잎이 두껍고 광택이 있으며, 잎 끝이 완전한 이저(耳底) 모양이다. 갈참나무는 잎이 얇다.

떡갈나무	갈참나무

⑦ 살구나무와 매실나무 : 살구나무의 잎이 매실나무의 잎보다 훨씬 크고 넓으며 어긋나고 난형이다. 매실나무는 잎의 끝부분이 뾰족하고, 가장자리에 예리한 잔톱니가 있다. 살구나무의 수피는 흑갈색으로 코르크질이 발달하지 않았고, 매실나무의 수피는 회록색이고 울퉁불퉁하다.

살구나무	매실나무

⑧ 일본목련과 태산목 : 일본목련은 겨울에 잎이 떨어지며, 태산목은 겨울에 잎이 떨어지지 않는 상록수이다. 태산목의 잎은 광택이 있으며 일본목련의 잎보다 작다.

일본목련	태산목

⑨ 감나무와 고욤나무 : 감나무는 잎과 열매가 크고, 고욤나무는 잎과 열매가 작다. 감나무는 잎이 두껍고 계란형인데 비해 고욤나무는 잎이 상대적으로 많이 얇고 길쭉하다. 가지의 경우 감나무는 빨리 갈색으로 변하는데 비해 고욤나무는 녹색을 오래 유지하며 표면이 매끈하게 광택이 있다.

감나무	고욤나무

⑩ 진달래와 산철쭉 : 진달래는 꽃이 잎보다 먼저 피고, 개화기가 산철쭉보다 이르며, 산철쭉은 꽃과 잎이 동시에 핀다.

진달래	산철쭉

⑪ 철쭉과 영산홍 : 철쭉은 낙엽활엽수, 영산홍은 상록활엽수이다. 철쭉은 한 꽃눈에서 여러 개의 꽃이 피고, 영산홍은 꽃눈 한 개에 한 송이의 꽃이 핀다. 철쭉은 잎이 피기 전 꽃이 먼저 피고 잎이 나오며, 영산홍은 잎이 있는 상태에서 꽃이 핀다. 철쭉은 크고 빨리 자라며, 영산홍은 더디게 자란다. 철쭉은 잎이 없는 상태로 월동을 하고(낙엽활엽수), 영산홍은 잎이 있는 상태로 월동을 하며(상록활엽수) 추위에 약하다.

⑫ 쥐똥나무와 광나무 : 쥐똥나무는 낙엽이 지는 낙엽수이고, 광나무는 낙엽이 지지 않는 상록수이다. 쥐똥나무가 광나무보다 꽃이 먼저 피고, 잎의 두께는 광나무가 두꺼우며 광택이 난다.

⑬ 회양목과 꽝꽝나무 : 회양목은 목질이 단단하고 조밀하여 예로부터 도장을 만드는데 많이 사용해서 '도장나무'라는 별칭이 붙어있고, 대기오염에 강한 성질을 지녀 도시에 많이 심겨졌다. 꽝꽝나무는 회양목보다 잎의 끝이 바깥쪽으로 둥그스름하게 말려들어가 있다.

⑭ 황매화와 죽단화 : 황매화는 꽃잎이 5장이고 홑꽃이다. 죽단화는 꽃잎이 많은 겹꽃이다. 황매화는 잎맥이 뚜렷하고, 죽단화는 잎맥이 연하다. 황매화의 줄기는 녹색이며 꽃은 짧은 가지끝에 1개씩 달리며, 4~5월에 황색꽃이 아름다워 사찰 및 마을 주변에 식재한다. 죽단화는 겹황매화라고도 하며 꽃은 5월에 지름 3~4cm로 곁가지 끝에 잎과 함께 노란색으로 핀다.

⑮ 비비추와 옥잠화 : 비비추의 잎은 긴 타원형이고, 끝이 뾰족하다. 옥잠화는 잎이 크고 하트형이다. 옥잠화는 비비추보다 꽃이 약간 크고 흰색이며 비비추의 꽃은 연한 자줏빛으로 7~8월에 피고 한쪽으로 치우치고, 열매는 검은색으로 긴 타원형이다. 옥잠화의 잎은 자루가 길고 달걀모양이고, 꽃은 8~9월에 흰색으로 피며 향기가 있다.

비비추	옥잠화

□ 잎의 속생(束生, 여러 잎이 모여 남) 개수에 따른 구분
- 2엽속생 : 소나무, 곰솔, 방크스소나무, 반송
- 3엽속생 : 백송, 대왕송, 리기다소나무, 리기테다소나무
- 5엽속생 : 잣나무, 섬잣나무, 스트로브잣나무

2엽속생(소나무)	3엽속생(백송)	5엽속생(잣나무)	5엽속생(섬잣나무)

9 수목간별 시험에 많이 출제되는 수목의 특징

상 록 수	낙 엽 수
1. 소나무 : 2엽으로 수피는 적갈색이다. 마운딩을 하여 무리지어 군식을 하는 경우가 많다. 2. 곰솔(해송, 흑송) : 2엽으로 수피는 검은빛을 띤 흑갈색이다. 해풍에 강한 염기성 수종으로 바닷가에서 많이 볼 수 있다. 3. 백송 : 3엽으로 수피가 백색이어서 백송이라는 이름이 붙여졌다. 수피는 비늘조각처럼 벗겨져 회백색을 띤다. 4. 남천 : 섬세한 모양의 잎은 광택이 나서 싱싱한 느낌을 준다. 꽃은 백색이고, 붉은색 열매가 아름답다. 5. 히말라야시다(개잎갈나무) : 1엽으로 짧은 가지가 돌려난 것처럼 생겼고 잎의 길이가 짧다. 6. 잣나무 : 5엽으로 섬잣나무보다 잎이 길고, 잎 뒷면에 백색 기공조선이 있다. 7. 섬잣나무 : 5엽으로 잎이 짧다. 침엽수 중 잎이 가장 짧고 흰 빛이 많다. 둥글게 전지 한다. 8. 스트로브잣나무 : 5엽으로 미국산이다. 곧고 잎이 길다. 9. 전(젓)나무 : 잎은 양옆으로 퍼지며 끝은 뾰족한 원추형이다. 잎 뒷면에 두 줄의 백색 기공조선이 있다. 10. 구상나무 : 잎이 가지런하고 잎 끝이 두 갈래로 얕게 갈라지며 잎의 뒷부분에 백색 기공조선이 발달해있다. 열매는 하늘을 보고 자란다. 11. 독일가문비 : 잎이 짧고 부드럽다. 가지가 위로 뻗고, 햇빛이 잘 들고 비옥한 토양에서 생육이 양호하다. 12. 삼나무 : 뾰족한 잎이 다섯줄로 배열되어 촘촘하게 달려있다. 잎은 한 가지에서 3개씩 난다. 13. 금송 : 잎은 2개씩 속생하며 우산살처럼 돌려가며 달려 있다. 소나무과가 아니라 낙우송과이다. 14. 측백 : 잎이 납작하고, 기공조선이 없다. 15. 편백 : 잎 뒷면에 Y자 백색 기공조선이 있다. 수피는 세로로 비늘처럼 벗겨진다. 16. 화백 : 잎 뒷면에 V자, W자 백색 기공조선이 있다. 만지면 가시 때문에 따갑다. 17. 향나무 : 잎을 만지면 향냄새가 난다. 18. 비자나무 : 전나무 같이 생겼으나 잎에 광택이 난다. 잎 끝부분이 뒤로 말린다. 19. 주목 : 수피가 얇게 벗겨지고 적갈색이며, 잎 끝이 약간 둥글다. 20. 태산목 : 목련류 중 유일한 상록수이다. 21. 동백나무 : 짙은 녹색의 잎은 반짝이며 두껍다. 22. 꽝꽝나무 : 잎은 2cm 정도로 작은 상록수이며, 교목 아래 관목으로 많이 식재한다. 23. 회양목 : 잎은 타원형으로 마주나고 짙은 녹색으로 광택이 있고 두꺼우며 상록수이다. 24. 가시나무 : 거치가 가시 같으나 나무에 가시는 없다. 잎 뒷면은 회백색으로 털이 없다. 25. 목서 : 잎 가장자리에 가시로 된 거치가 있고, 꽃은 9월경 백색으로 핀다. 26. 호랑가시나무 : 잎 표면에 윤채가 있다. 가장자리에 바늘 같은 가시가 있다.	1. 은행나무 : 노란 단풍이 들며 잎은 부채꼴 모양으로 2개로 갈라지고, 가로수로 가장 많이 이용한다. 2. 낙우송 : 잎의 달린 모양이 새의 깃털과 같고 잎은 어긋난다. 흑갈색의 수피가 매끈하다. 3. 메타세쿼이아 : 잎은 새의 깃털처럼 생겼고 잎은 마주난다. 적갈색 수피가 울퉁불퉁하다. 4. 백합(튤립)나무 : 잎 끝이 가위로 자른 것 같은 특이한 모양이며, 황금색 단풍이 든다. 꽃이 튤립모양 5. 생강나무 : 잎을 비비면 생강냄새가 나며, 3개로 갈라지고 이른 봄 노란색의 꽃이 잎보다 먼저 핀다. 6. 매자나무 : 밑에서 많은 줄기가 올라와서 큰 포기를 이룬다. 잎에는 톱니가 있고 황색 꽃이 핀다. 7. 계수나무 : 잎의 모양은 심장(하트)모양으로 마주난다. 8. 느티나무 : 대표적 녹음수로 낙엽과 수형이 아름답다. 잎에 톱니가 있다. 9. 꾸지뽕나무 : 잎은 세 갈래로 갈라진 것과 달걀 모양인 것이 같이 달린다. 가지에 가시가 있다. 10. 자작나무 : 수피는 백색이고, 열매는 밑으로 처진다. 11. 무궁화 : 우리나라 꽃으로 밑에서 많은 줄기가 나온다. 12. 진달래 : 잎이 피기 전에 나무 전체가 연분홍색 꽃으로 덮인다. 잎은 낙엽이 진다. 13. 조팝나무 : 관목으로 봄에 잎이 피기 전에 무수하게 많은 흰 꽃이 윗부분의 짧은 가지에 좁쌀처럼 핀다. 14. 황매화 : 화사하고 선명한 노란색으로 피는 꽃들이 줄기를 따라 만개한다. 15. 단풍나무 : 잎은 마주나고 원형에 가까우며, 5~7개로 갈라진다. 16. 팥배나무 : 열매가 붉은 팥알처럼 생겼고, 전통수종으로 5월의 백색꽃과 9~10월경 황적색의 열매가 아름답다. 17. 회화나무 : 잎은 은백색이며, 가지는 녹색이다. 18. 등나무 : 봄에 연한 보라색 꽃이 잎과 함께 피며, 가을에 커다란 콩꼬투리와 같은 열매가 열린다. 19. 배롱나무 : 봄에 새잎이 늦게 나오며, 수피가 아름답고, 7~8월에 붉은색의 꽃이 아름답다. 20. 산수유 : 수피는 갈색이고 벗겨지며 봄에 노란색 꽃이 잎보다 먼저 핀다. 21. 화살나무 : 줄기와 가지에 달려있는 날개가 마치 화살 날개처럼 생겼다. 열매는 적색이다. 22. 개나리 : 이른 봄에 꽃이 잎보다 먼저 노란색으로 핀다. 잎 표면은 짙은 녹색이고 상반부에 톱니가 있다. 23. 팽나무 : 잎은 어긋나고 윗부분에 톱니가 있다. 수피는 흑갈색으로 울퉁불퉁하다. 24. 오리나무 : 수피는 회갈색으로 갈라지며, 잎은 긴 타원형으로 끝이 뾰족하다. 25. 서어나무 : 수피는 회색이고 잎은 길이 5.5~7.2cm로 길고 뾰족하다. 26. 소사나무 : 잎은 계란형이며 잎 뒷면에 털이 많다. 관상용 및 분재용으로 많이 사용한다.

CHAPTER 02 | 조경작업

1. 수목식재
2. 지주목 세우기
3. 수피감기
4. 벽돌포장
5. 판석포장
6. 보도블록포장
7. 잔디식재
8. 떼심기의 방법
9. 관목군식
10. 신울다리 식재
11. 뿌리돌림
12. 수간주사
13. 잔디종자파종
14. 구술예상문제
15. 부록 : 조경작업 기출문제

02 조경작업

1 수목식재

① 표토(겉흙) 걷기
땅 표면에 있는 흙은 유기물이 풍부하기 때문에 땅 표면의 흙을 약간 삽으로 긁어서 한쪽에 잘 모아둔다.

② 구덩이 파기
구덩이의 크기는 뿌리분 크기의 1.5~3배 정도가 되도록 둥그렇게 땅을 판다. 속흙과 표토(겉흙)를 분리해서 파고 돌멩이나 나무뿌리, 쓰레기 등의 이물질은 제거한다.

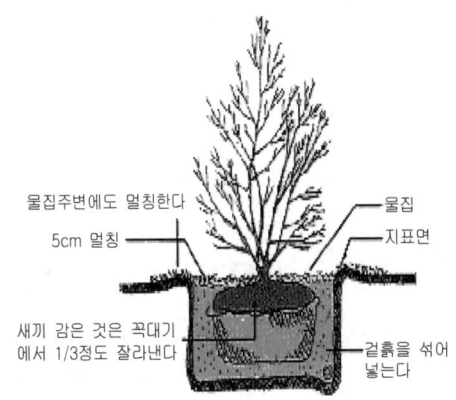

③ 표토(겉흙) 넣기
판 구덩이에 밑거름을 넣고 그 위에 표토를 5~6cm 정도 넣은 후 나무를 곧게 세운다(식재 수목의 깊이와 방향은 전에 살았던 수목의 깊이와 방향으로 맞추어 식재해준다). 뿌리분과 밑거름이 직접 닿지 않도록 표토를 넣어준다.

④ 물죽쑤기
전체 구덩이의 70%(2/3) 정도까지 속흙을 넣으면서 물을 같이 주입하며 뿌리분이 속흙과 밀착되도록 막대기로 쑤셔준다. 구덩이 속에 앉힌 뿌리분과 그 주위에 채워진 새로운 흙이 서로 잘 밀착되게 쑤셔준다. 뿌리분과 흙 사이의 공간이 생기면 새 뿌리발육이 억제되며 기존 뿌리도 말라 발육에 지장을 초래한다. 물이 빠진 후 다음 작업을 한다(시험에서 물죽쑤기는 물 없이 죽쑤기만 하는 경우가 많다).
→ 물죽 쑤기를 하는 이유 : 충분한 수분 공급, 뿌리분과 흙 사이에 공극이 없도록 하기 위해서이다.

⑤ 나머지 흙 채우기
나머지 흙 30%(1/3)를 채운 후 나무를 위로 잡아당기듯 하여 살 밟아주고 물집을 만들어 물을 충분히 준 다음 멀칭(mulching : 뿌리분 주위에 자갈, 분쇄목, 짚, 나뭇잎 등을 덮어주어 습도유지, 건조방지, 잡초발생방지, 적당한 지온유지 등의 목적으로 사용)을 해준다.

⑥ 전정을 실시한다.
이식된 나무는 뿌리의 힘이 약하므로 이식되기 전의 가지와 잎의 양을 감당할 수 없다. 뿌리에서 빨아올리는 수분과 양분의 양이 가지와 잎을 통해 증산되는 수분의 양보다 훨씬 적기 때문에 불필요한 가지를 제거해주어야 한다. 생리조절을 위해 가지와 잎을 감량해 주어야 한다.

⑦ 흔들리거나 쓰러지지 않도록 지주목을 단단히 설치한다.

⑧ 도구를 가지런히 정리하고, 감독관의 점검을 받고 해체한다.

※ 참고 : 천근성 교목은 60~90cm, 심근성 교목은 90~150cm의 토심을 확보해야 한다.

CHAPTER 2 조경작업 2-3

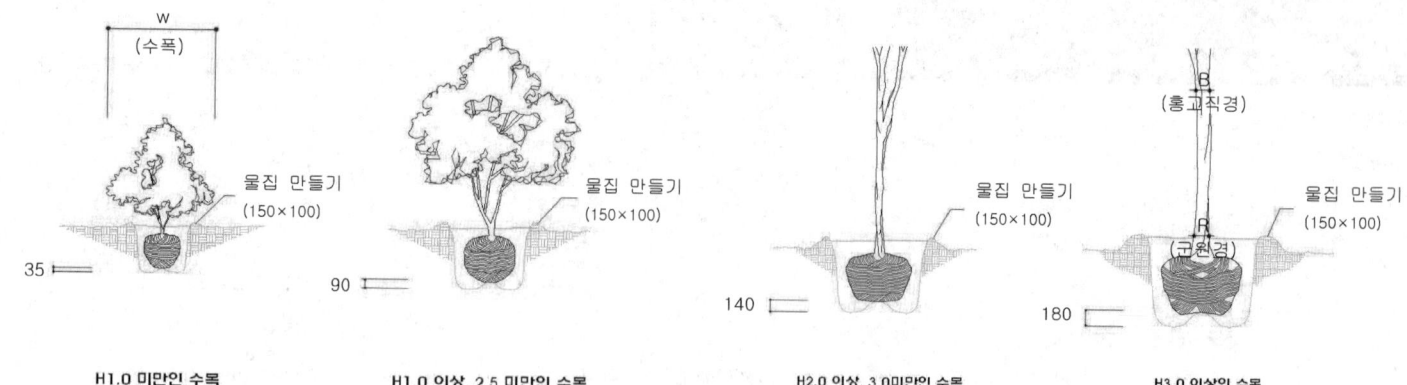

2 지주목 세우기

① 삼발이 지주와 삼각지주를 가장 많이 실시한다. 나무줄기를 중심으로 지주목 묻을 곳을 세군데 삽으로 판다(구술 대답 : 땅속에 묻히는 지주목은 썩지 않기 위해 방부처리를 하거나 태워준다).
② 수목과 지주목이 닿는 부분의 수피가 상하지 않도록 새끼나 녹화마대 등을 한 뼘(약 15㎝) 정도 감아주어 수목을 보호한다.
③ 하나의 지주목에 새끼를 묶는다(때로는 검정 고무바를 묶기도 한다).
④ 세 개의 지주목을 서로 엇갈리게 배치하여 새끼 또는 고무바로 돌리며 지주목을 묶는다.
⑤ 묶은 새끼의 끝부분은 깨끗하게 정리한다.
⑥ 지주목이 흔들리지 않도록 지주목을 단단히 땅 속에 묻는다.
⑦ 수목과 지주목이 잘 고정되었는지 확인한다.
⑧ 감독관의 점검을 받고 해체 및 정리(해체 순서를 정확히 하고, 자재의 파손이 없는지 확인하며, 뒷정리를 철저히 한다.)

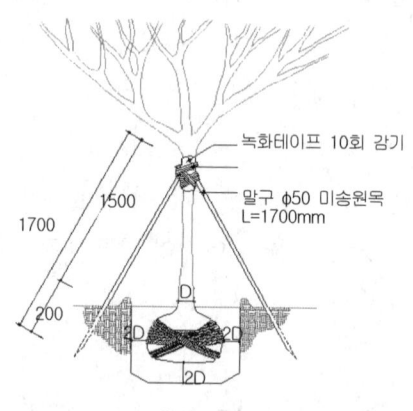

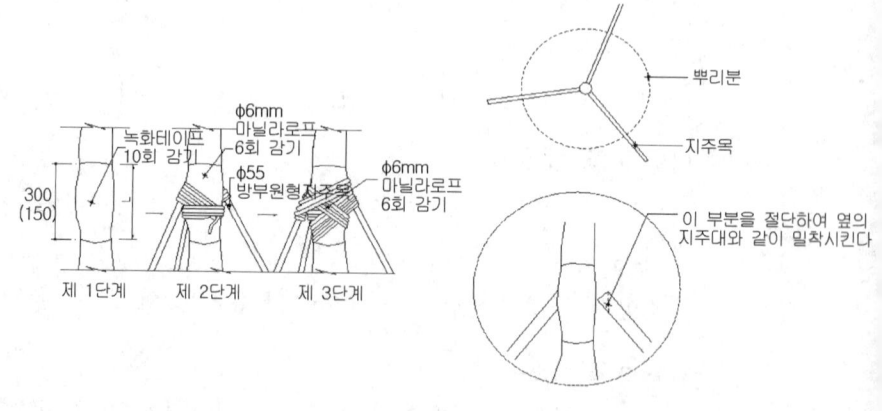

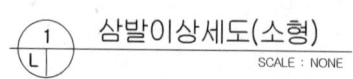

삼발이상세도(소형)
SCALE : NONE

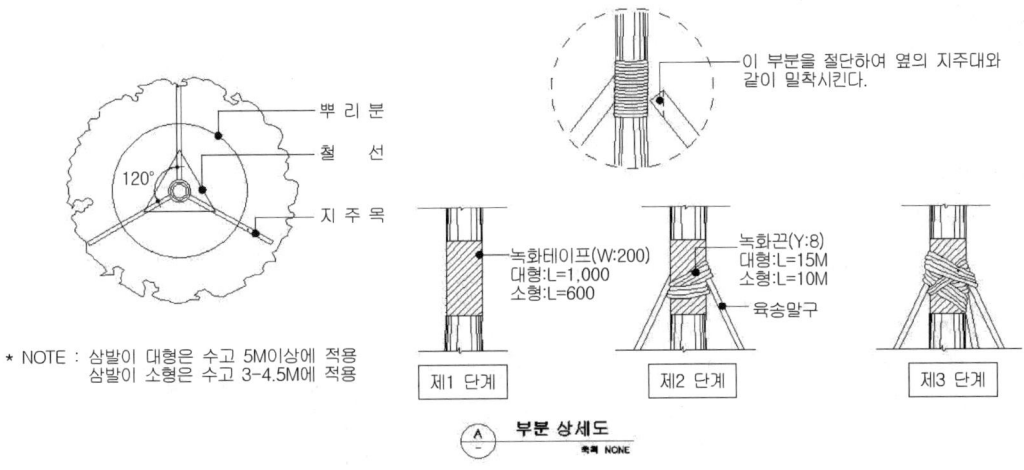

그림. 삼각지주상세도

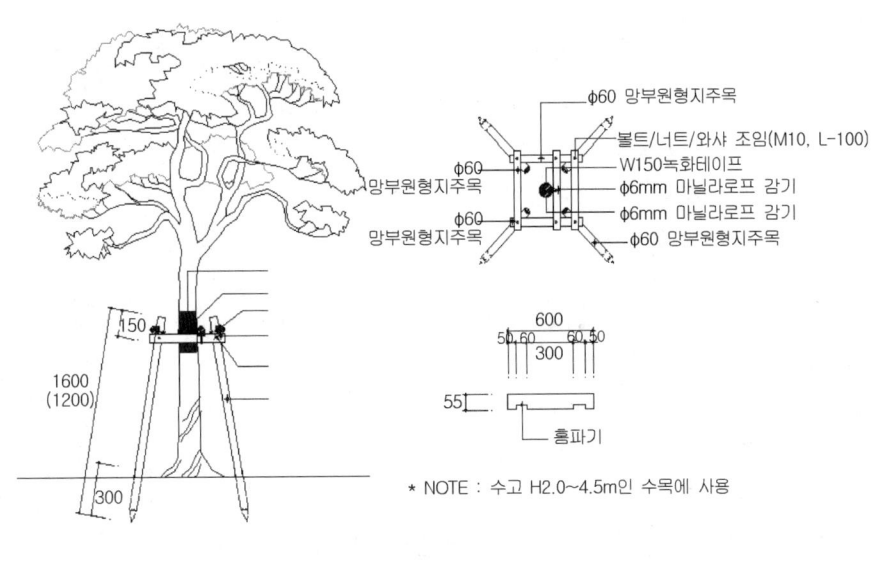

사각지주목상세도
SCALE : NONE

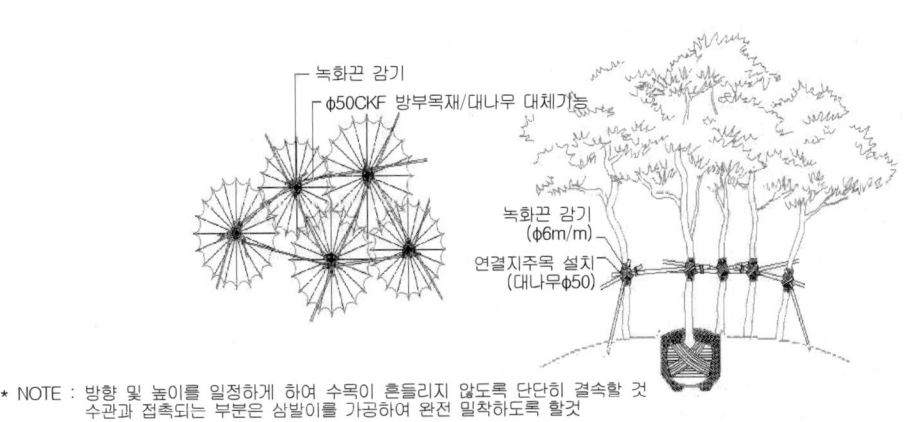

그림. 연결형지주상세도

3 수피감기

1. 수피감기 목적
① 소나무 이식 후 소나무좀 예방
② 수목 이식 후 수분증산 방지
③ 동해(凍害)나 병충해 방지
④ 여름 햇볕에 줄기가 타는 것을 막아 줌(피소방지)

2. 수피감기 방법
① 수간 아래에서부터 위로 새끼줄이나 녹화마대를 한 뼘 정도 감아 올라간다.
② 새끼줄이나 녹화마대를 감고 끝부분의 마무리를 보기 좋게 해준다.
③ 보기 좋고 튼튼하게 설치해준다.
④ 수피를 감은 후 그 위에 진흙(점토와 잘게 썬 짚을 물로 이김)을 바르기도 한다.
⑤ 진흙을 대신하여 흙을 바르는 경우도 있다.

4 벽돌포장

벽돌규격(190×90×57mm), 하층 : 모래(40mm) - 잡석(150mm) - 지반
① 가로세로 1미터, 깊이 10cm 정도로 밑면의 정지상태가 고르게 되도록 땅을 판다.
② 주어진 실로 정사각형 모양으로 줄을 띄운다. 줄은 지면에서 1cm 정도 높게 설치한다(시험장에서는 줄을 대신하여 공간 구분 없이 대략의 길이에 포장하는 경우도 있다).
③ 기존 지반을 잘 다진 후 3~5cm 정도 모래를 채운다. 실제로는 모래를 주지 않고 흙으로 대신하는데 이물질을 제거한다. 모래를 깐 상태가 고르게 되도록 한다. 벽돌포장이 되었을때 원래 지반과 높이가 같게 땅을 골라야 한다.
④ 주어진 문제지의 패턴대로 한쪽 구석부터 벽돌을 깔아나간다. 줄눈은 1cm 이하로 한다(주어진 평면도를 잘 참고하여 평면도의 모양대로 포장을 해 주어야 한다. 시험 문제에서 평면도가 아래의 그림처럼 주어지기 때문에 벽돌포장의 무늬나 패턴 등은 어려움 없이 포장 할 수 있다).
⑤ 벽돌을 깔고 수평이 맞지 않은 부분과 평행하게 깔리지 않을 것을 대비하여 고무망치로 벽돌을 2~3회 두들겨 준다(가운데 부분이 약간 높고 가장자리는 직선이 되도록 물매(기울기)를 준다).
⑥ 줄눈 사이에 모래를 넣어서 줄눈을 채워준다. 실제로는 모래를 주지 않고 흙으로 대신하는 경우가 많다.
⑦ 벽돌이 깔리지 않은 자리는 모서리나 외곽부분을 평탄하게 정지하며 벽돌이 밀리지 않도록 주변을 흙으로 다져준다. 밟았을 때 벽돌이 흔들리지 않게 흙으로 고정을 잘 해주고, 잘 다져준다.
⑧ 포장된 표면은 높이가 일정해야 한다. 포장면은 물매(기울기)를 주어 배수를 고려한다.
⑨ 포장 후 가는모래를 살포하고 비(broom, 빗자루) 등으로 가는 모래를 쓸어 줄눈에 넣어준다(비(빗자루)가 없을 시에는 주변의 나뭇가지를 이용해서 모래나 흙을 쓸어준다).
⑩ 포장이 끝난 후 주변과 도구를 잘 정리한다.
⑪ 감독관의 확인을 받고 해체하라는 지시가 있으면 해체하고 재료를 원위치 시킨다.

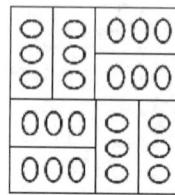 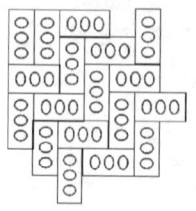 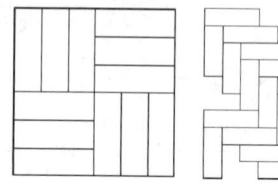 

그림. 평깔기   그림. 세워깔기

5 판석포장

하층 : 모르타르(40mm) - 콘크리트(100mm) - 잡석(150mm) - 지반

① 포장 할 곳을 가로세로 1미터, 깊이 30cm 정도 판다. 실제로는 이렇게 깊게 파지 않으며 바로 주어진 판석을 포장한다(구술대답 : 판석은 모르타르와 잘 붙게 하기 위해 미리 물을 축여 놓는다).
② 판석은 모르타르 위에 포장하는 것이 원칙이나 모르타르는 주지 않으며 모르타르가 있다고 가정하여 작업한다. 땅의 밑면을 고르게 정지한다. 석재타일로 판석을 대신하는 경우도 있다.
③ 큰 판석부터 놓고 사이사이에 작은 판석을 놓는다.
④ 판석은 Y자 줄눈이 되도록 시공하며, 줄눈 간격은 1~2cm 정도로 하고, 줄눈의 깊이는 1cm 이내로 하며 줄눈이 판석보다 높아서는 안 된다.
⑤ 모서리 부분 판석의 크기가 맞지 않는 곳은 절단기로 잘라 크기를 맞춰 포장한다(시험에서는 실제로 판석을 자르지 않는다).
⑥ 판석을 깔고 2~3회 고무망치로 판석을 두드려 뒷면에 모르타르가 잘 채워지도록 한다(시험에서는 땅과 잘 밀착되게 하기 위해 고무망치로 두드려 준다).
⑦ 포장이 끝난 후 주변과 도구 등을 잘 정리한다.
⑧ 감독관의 점검을 받고 해체하라는 지시가 있으면 해체하고 재료를 원위치 시킨다.
⑨ 주의사항 : 시험장(작업장) 옆에 판석이나 석재타일이 보관되어 있는 곳에서 작업하는 곳으로 판석이나 석재타일을 가져와서 작업을 하라고 할 경우 크고 깨지지 않은 좋은 판석재료를 가져와야 쉽게 포장할 수 있어 시험보는 데 유리하다.

그림. 판석 놓기(줄눈 Y 자형)

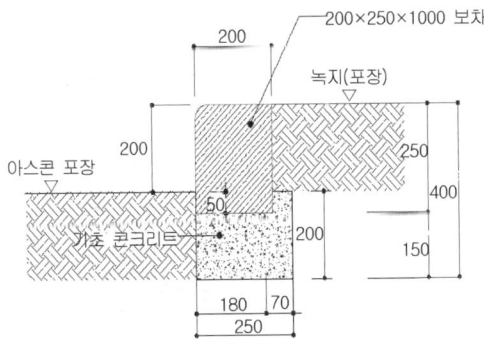 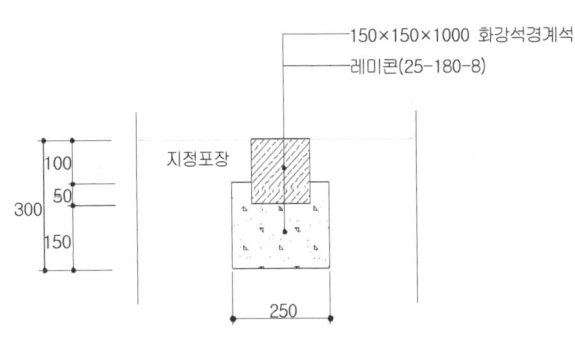

보차도 경계석 상세도   재료분리석 상세도

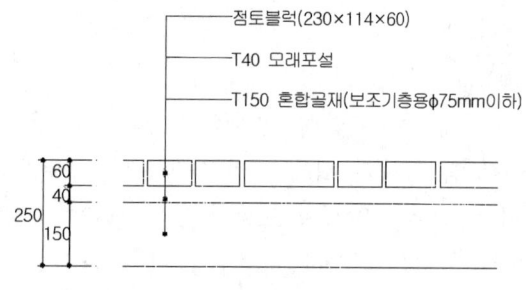
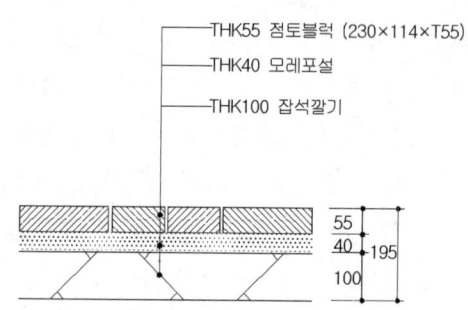

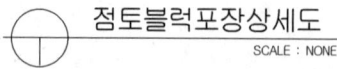
점토블럭포장상세도

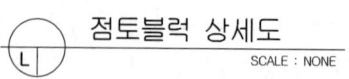
점토블럭 상세도

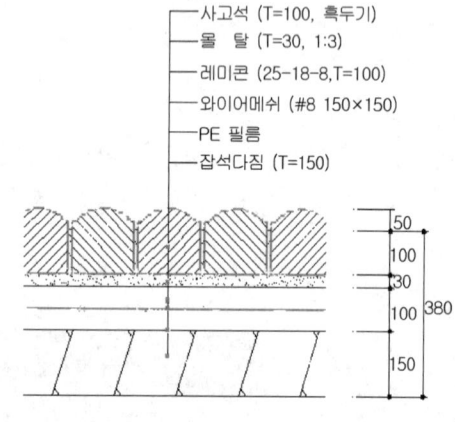
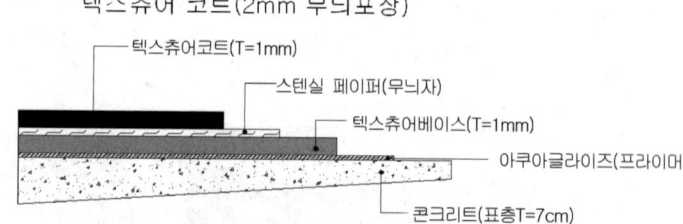

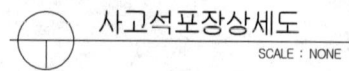
사고석포장상세도

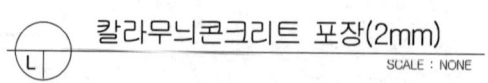
칼라무늬콘크리트 포장(2mm)

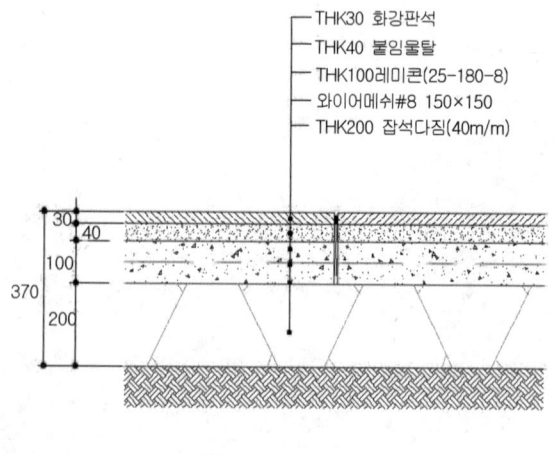
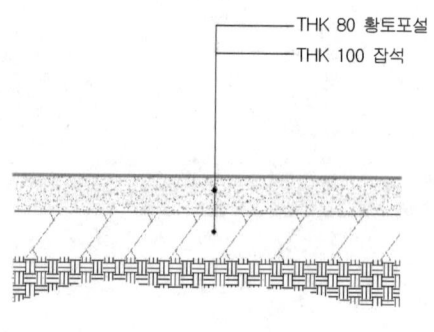

화강판석 포장 상세도

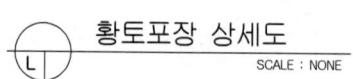
황토포장 상세도

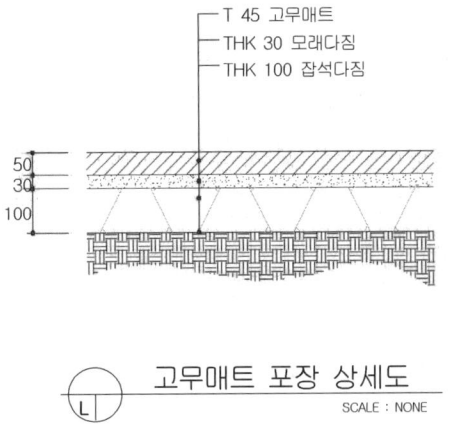

고무매트 포장 상세도
SCALE : NONE

6 보도블록포장

보도블록(300×300×60mm), 하층 : 모래(40mm) - 잡석(150mm) - 지반

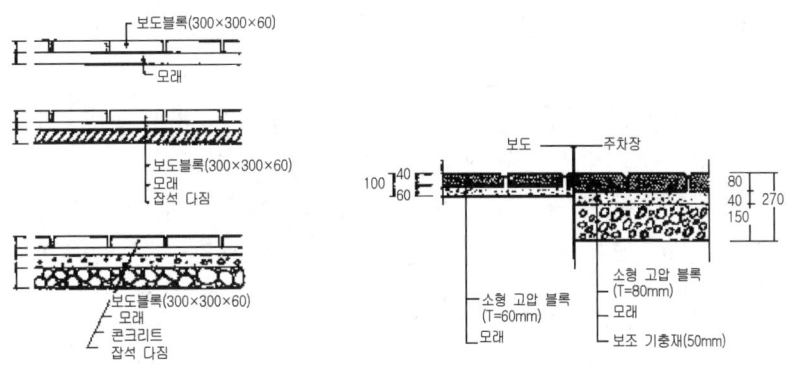

① 특징 : 재료의 종류가 다양하고, 시공과 보수가 쉬우며 공사비도 저렴하여 많이 사용하는 보도 포장방법이다.(일반 상식)
② 보도블록 두께 : 보도용 6cm, 차도용 8cm를 유지
③ 포장방법 : 벽돌포장과 유사
　㉠ 가로세로 1미터, 깊이 10cm 정도 땅을 판다.
　㉡ 주어진 실로 정사각형 모양의 줄을 띄운다(시험장에서는 줄을 대신하여 공간 구분 없이 대략의 길이에 포장하는 경우도 있다).
　㉢ 기존 지반을 잘 다진 후 3~5cm 정도 모래를 채운다(시험에서는 실제로는 모래를 주지 않고 흙으로 대신한다. 흙 속의 이물질을 잘 제거한다). 포장되었을 때 원래 지반과 보도블록포장된 장소의 높이가 같게 해준다.
　㉣ 주어진 문제지의 패턴대로 한쪽 구석부터 벽돌을 깔아나가는데 줄눈은 1cm 이하로 한다(주어진 평면도를 잘 참고하여 평면도의 모양대로 포장을 해 주어야 한다. 일반적인 평면도는 벽돌포장 그림 또는 일반적으로 보도에 포장되어있는 보도블록포장을 참고하면 된다).
　㉤ 보도블록은 윗면과 아랫면의 구분이 있으며, 윗면에는 보도블록의 모서리에 줄눈이 들어갈 곡선이 있다. 그러므로 보도블록 포장을 할 때 윗면을 잘 구분하고, 보도블록끼리는 간격을 두지 않고 밀착시켜서 포장해 주고, 모래를 넣어주면 보도블록 모서리의 틈 때문에 줄눈폭이 약 1cm가 된다. 보도블록을 깔고 수평이 맞지 않은 부분과 평행하게 깔리지 않은 것을 대비하여 고무망치로 보도블록을 2~3회 두들겨 준다.

ⓑ 줄눈 사이에 모래를 넣어 줄눈을 채워준다. 실제로는 모래를 주지 않고 그냥 흙으로 한다.
ⓢ 보도블록이 깔리지 않은 모서리나 외곽부분의 자리는 평탄하게 정지하며 보도블록이 밀리지 않도록 주변을 흙으로 다져준다. 밟았을 때 보도블록이 흔들리지 않게 흙으로 고정을 잘 해준다.
ⓞ 포장된 표면은 높이가 일정해야 하며 포장면은 물매(기울기)를 주어 배수를 고려한다.
ⓩ 포장 후 가는모래를 살포하고 비 등으로 가는모래를 쓸어 줄눈에 넣어준다(비가 없을 시에는 주변의 나뭇가지를 이용한다).
ⓒ 포장이 끝난 후 주변과 도구 등을 잘 정리한다.

7 잔디식재

① 속흙과 표토(겉흙)를 분리해서 파고, 표토를 한쪽에 걸어 놓는다.
② 식재할 곳을 20cm 정도 깊이로 갈아엎는다.
③ 돌멩이나 나무뿌리, 쓰레기 등의 이물질은 제거하며, 흙은 잘게 부순다.
④ 표면배수가 잘 되도록 약간 경사지게 물매(기울기)를 잡는다.
⑤ 유기질 비료 성분을 주며 레이크로 정지작업을 한다(시험에서는 비료 성분을 주지는 않는다).
⑥ 잔디를 각각의 떼심기 방법에 의해 놓는다.
⑦ 잔디 줄눈 사이에 걸어 놓은 표토를 떗밥 대용으로 사용하여 뿌려준다. 이때 잔디 위에도 표토를 떗밥 대용으로 뿌린다.
⑧ 식재한 잔디 위를 삽으로 두들겨 준다(원래는 로울러(110~130kg)로 다져야 하나 시험장에서는 삽으로 두들긴다). 잔디를 잘 눌러주어야 잔디가 잘 살 수 있다.
⑨ 전에 떗밥 대용으로 뿌렸던 표토를 손으로 잘 털어주어 잔디가 보이게 해준다.
⑩ m^2 당 6리터의 물을 준다(시험에서는 물을 안주고 감독관의 질문에 대답만 한다).
⑪ 포장이 끝난 후 주변과 도구 등을 잘 정리한다.

8 떼심기의 방법

① 평떼 붙이기(전면 떼 붙이기)

떳장 사이를 1~3cm 간격으로 어긋나게 배열하여 전면에 심는 방법으로 조기에 잔디경관을 조성해야 하는 곳에 사용하며, 떳장이 많이 들어 공사비가 많이 든다.

② 이음매 붙이기

줄눈을 3~5cm 간격으로 어긋나게 배열하는 방법으로 평떼 붙이기와 같은 방법으로 시공되나 줄눈의 간격에 차이가 있다.

③ 어긋나게 붙이기

떳장을 20~30cm 간격으로 어긋나게 놓거나, 서로 맞물려 어긋나게 배열하여 잔디를 심는 방법으로 일반적으로 잔디 1매 간격으로 어긋나게 배치하여 식재하면 된다.

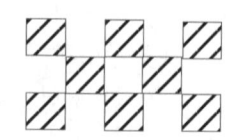

④ 줄 떼 붙이기

줄 사이를 떳장 너비 또는 그 이하의 너비로 떳장을 이어 붙여가는 방법으로 떳장을 5, 10, 15, 20cm 정도로 잘라서 그 간격을 15, 20, 30cm로 하여 심는 방법이다.

9 관목군식

① **표토(겉흙) 걷기**
땅 표면에 있는 흙은 유기물이 풍부하여, 땅 표면의 흙을 미리 삽으로 긁어서 한쪽에 잘 모아둔다.

② **구덩이 파기**
구덩이의 크기는 뿌리분 크기의 1.5~3배 정도가 되게 둥그렇게 땅을 판다. 속흙과 표토(겉흙)를 분리해서 파고 돌멩이나 나무뿌리, 쓰레기 등의 이물질은 제거한다.

③ **수목식재**
식재 대상지 중앙부에 가장 큰 나무를 심고 주변에 작은 나무들을 중앙에 심은 나무를 기준으로 차례로 심어 나간다.

④ **표토(겉흙)넣기**
우선 구덩이에 밑거름을 넣고 그 위에 표토를 5~6cm 정도 넣은 후 나무를 곧게 세운다. 뿌리분과 밑거름이 직접 닿지 않도록 표토를 넣어준다.

⑤ **물죽쑤기**
전체 구덩이의 70%(2/3) 정도까지 속흙을 넣으면서 물을 같이 주입하며 뿌리분이 속흙과 밀착되도록 막대기로 잘 쑤셔준다. 구덩이 속에 앉힌 뿌리분과 그 주위에 채워진 새로운 흙이 서로 잘 밀착되게 쑤셔준다. 뿌리분과 흙 사이 공간이 생기면 새 뿌리발육이 억제되며 기존 뿌리도 말라 발육에 지장을 초래한다. 물이 빠진 후 다음의 작업을 한다.
구술대답 : 물죽쑤기를 하는 이유 - 충분한 수분 공급과 뿌리분과 흙 사이에 공극이 없도록 하기 위해

⑥ 나머지 흙을 채운 후 나무를 위로 잡아당기듯 하여 잘 밟아주고 물집을 만들어 물을 충분히 준 다음 수분증발을 막기 위하여 멀칭(짚이나 나뭇잎을 덮어주는 것)해 준다.

⑦ **전정 실시**
구술대답 : 이식된 나무는 뿌리의 힘이 약하므로 이식되기 전의 가지와 잎의 양을 감당할 수 없다. 즉 뿌리에서 빨아올리는 수분과 양분의 양이 가지와 잎을 통해 증산되는 수분의 양보다 훨씬 적다. 생리조절을 위해 가지와 잎을 감량해 주어야 한다.

⑧ 식재가 끝난 후 주변과 도구 등을 잘 정리하고 감독관의 점검을 받는다.

10 산울타리 식재

관목군식과 같이 출제되는 경우가 많으며, 관목군식과 식재방법은 동일하다.

① 두 줄로 관목을 줄맞춰 심는다. 지그재그로 심는 것이 중요하다. 우측 그림의 검정 원 부분이 중앙에 가장 키 큰 관목을 심는 부분이다(주어진 수목 중에서 가장 키가 큰 수목을 식재 대상지의 가운데에 심어주어야 한다).

② 줄 간격은 20~30cm 정도로 한다(정삼각형 식재가 되도록 식재한다).

③ 도면으로 출제되는 경우가 많으며, 도면의 모양대로 심어주어야 한다.

④ 반원의 공간이나 직선의 공간에 식재되는 경우가 많다(우측 그림 참고).

구술대답 : 산울타리식재 또는 군식 후 전정요령
    ㉠ 초점식재에 맞게 전정한다.
    ㉡ 위는 강하게 아래는 약하게 전정한다.
    ㉢ 윗부분을 강하게 전정하면 아래가지가 치밀해 지는 효과를 얻는다.

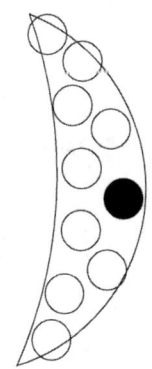

11 뿌리돌림

① **목적**
 ㉠ 이식을 위한 예비조치로 현재의 위치에서 미리 뿌리를 잘라 내거나 환상박피를 함으로써 나무의 뿌리분 안에 세근이 많이 발달하도록 유인하여 이식력을 높이고자 함
 ㉡ 생리적으로 이식을 싫어하는 수목이나 세근이 잘 발달하지 않아 극히 활착하기 어려운 야생상태의 수목 및 노거수, 쇠약해진 수목의 이식에는 반드시 필요하며 전정이 병행되어야 한다.
 ㉢ 새로운 잔뿌리 발생촉진

② **시기** : 이식기로부터 6개월~3년(1년) 전에 실시하며 가을에 실시하지만 적기는 봄이다.

③ **방법**
 ㉠ 근원지름의 3~5배(보통 4배) 지점을 파내려가면서 뿌리를 잘라준다. 수목을 지탱하기 위해 3~4방향으로 한 개씩 곧은 뿌리는 자르지 않고 15㎝ 정도의 폭으로 환상박피한 다음 흙을 묻는다(환상박피 : 뿌리의 껍질을 10cm 정도 벗겨냄. 탄수화물의 하향이동이 방해되어 박피부분에 잔뿌리가 발생한다. 후에 이식할 때는 환상박피부분을 잘라낸다). 뿌리돌림을 하면 많은 뿌리가 절단되어 영양과 수분의 공급 균형이 깨지므로 가지와 잎을 적당히 솎아 지상부와 지하부의 균형을 맞춰준다.
 ㉡ 부엽토를 약간 섞어서 흙을 되메우며 잘 밟아준다.
 ※ 시험에서는 실제로 뿌리돌림을 하지 않고 구술로 물어본다.

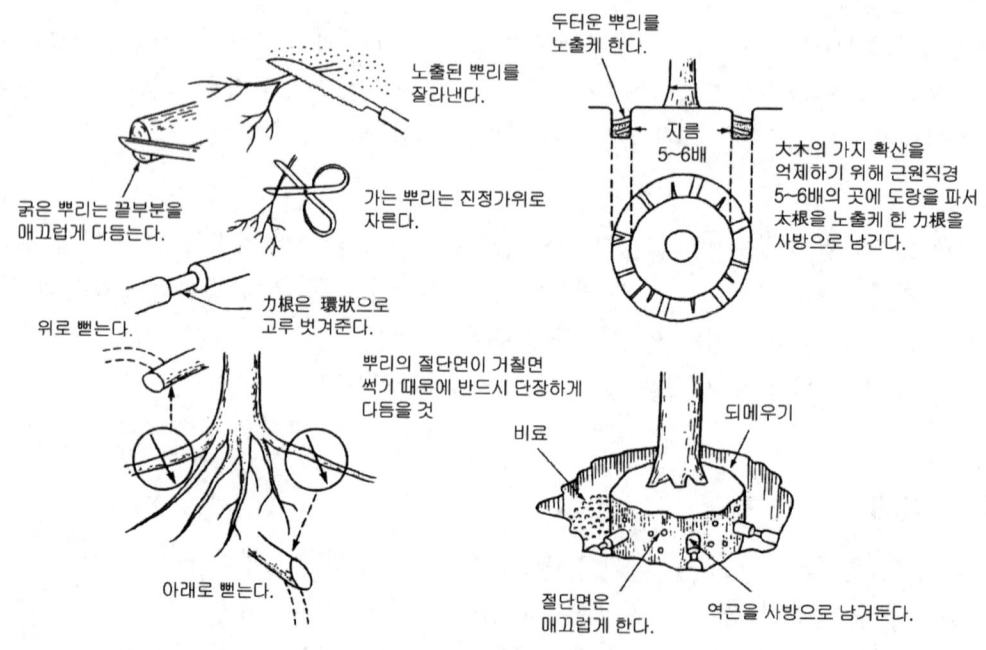

그림. 뿌리돌림의 방법

12 수간주사

① **시기**
 4~9월 증산작용이 왕성한 맑은 날 오전에 실시한다.

② **목적**
 쇠약한 나무, 이식한 큰 나무, 외과수술을 받은 나무, 병충해의 피해를 입은 나무 등에 수세를 회복시키거나 발근을 촉진하기 위하여 인위적으로 영양제, 발근촉진제, 살균제 및 침투성 살충제 등을 나무줄기에 주입하는 것

③ 방법
　㉠ 나무 밑에서부터 높이 5~10cm 되는 부위에 드릴(지름 5mm)로 깊이 3~4cm 되게 구멍을 20~30° 각도로 비스듬히 뚫고, 주입구멍 안의 톱밥 부스러기를 깨끗이 제거한다. 같은 방법으로 먼저 뚫은 구멍의 반대쪽에 지상 10~15cm위에 구멍 1개를 더 뚫는다.
　㉡ 수간 주입기를 사람의 키 높이 되는 곳(180cm 정도)에 끈으로 매단 다음 미리 준비한 소정량의 약액을 부어 넣는다.
　㉢ 주입기의 한 쪽 호스로 약액이 흘러나오도록 해서 나무에 뚫어 놓은 주입 구멍 안에 약액을 가득 채워 주입 구멍 안의 공기를 완전히 빼낸 다음 곧바로 호스관에 있는 주입관을 주입 구멍에 끼워 약액이 밖으로 흘러나오지 않게 고정한다.
　㉣ 같은 방법으로 나머지 호스를 반대쪽의 주입 구멍에 연결시키고 수간 주입통의 마개를 닫는다. 마개는 공기가 드나들 정도로 지름 2~3mm의 구멍을 뚫어 놓는다.
　㉤ 약통 속의 약액이 다 없어지면 나무에서 수간 주입기를 걷어 내고 주입 구멍을 방부, 방수, 매트처리를 한 후 인공 나무껍질 처리를 한다.
　　- 구멍은 2곳 뚫으며, 구멍의 위치는 수간 밑 5~10cm, 반대쪽 10~15(20)cm이다.
　　- 구멍 각도 : 20~30도, 구멍 지름 : 5mm, 구멍 깊이 : 3~4cm
　　- 약액 : 높이 180cm 정도에 고정
　　※ 시험에서는 수간주사를 실제로 하지 않고 구술로 물어보거나 수간주사를 대신하여 일반 통나무에 드릴로 구멍을 뚫어보라고 하는 경우도 있다.
　　※ 대추나무 빗자루병은 옥시테트라사이클린 1g을 1000cc의 물에 희석하여 주사한다.(기출문제)

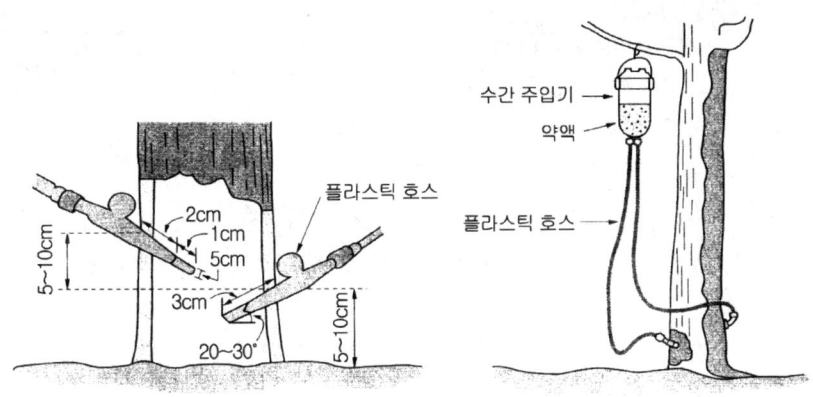

그림. 수간주사

13 잔디종자파종(파종량은 10~20g/m²)

① 땅을 20~30cm 깊이로 갈아엎으며 이물질을 제거한다.
② 표면배수가 잘 되도록 약간 경사지게 물매(기울기)를 잡는다.
③ 비료 20g을 주고 비료가 잘 섞이도록 레이크로 잘 긁어준다(구술대답 : 질소는 연중 4~16g/m², 1회 4g/m² 이하로 준다).
④ 로울러를 굴려서 평탄하게 땅을 다져준다.
⑤ 잔디 종자를 곡물(좁쌀이나 다른 곡식 등)로 대체하여 종이컵에 담아주고 비닐봉투도 같이 주는 경우가 있다.
⑥ 종자를 비닐봉투에 넣고 종자의 10배 정도의 흙을 봉투에 넣어 봉투를 흔들어서 종자와 흙이 잘 섞이게 한다.

⑦ 잘 섞은 종자와 흙을 반으로 나눠 먼저 동서방향(가로방향)으로 한번 파종하고, 남북방향(세로방향)으로 레이크로 긁어준다.
⑧ 나머지 반을 남북방향(세로방향)으로 파종하고, 동서방향(가로방향)으로 레이크로 긁어주어 종자가 잘 섞이게 한다.
⑨ 레이크로 다시 한번 파종한 장소를 긁어서 씨앗이 살짝 묻히도록 한다.
⑩ 로울러(60~80kg)로 다시 다져준다.
⑪ 물을 준다(시험에서는 실제로 물은 주지 않는다).

※ 종자파종 순서를 구술(말)로만 물어보고 실제로 작업을 하지는 않았지만, 2009년 시험부터는 잔디종자를 곡물로 대신하여 잔디종자 파종을 하는 경우가 있다. 구술대답과 함께 잔디종자 파종 작업방법도 기억해야 한다.

※ 종자 파종시 색소를 넣는 이유 : 종자가 흙과 섞여 잘 보이지 않기 때문에 뿌린 자리를 확인하기 위하여

※ 잔디종자 파종 후 종자가 보이지 않도록 흙을 잘 덮어주어야 한다.

구술예상문제

① **디딤돌 놓기**
   ㉠ 목적 : 보행의 편의와 지피식물을 보호하기 위한 돌놓기

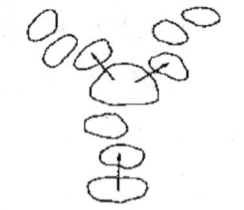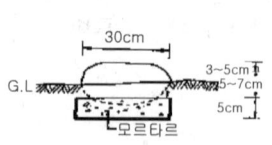

   ㉡ 한 면이 넓적하고 평평한 자연석, 화강석판, 천연 슬레이트 등의 판석, 통나무 또는 인조목 등이 사용된다.
   ㉢ 보행의 편의와 지피식물의 보호, 시각적으로 아름답게 하기 위해 디딤돌 놓기를 한다.
   ㉣ 크고 작은 것을 섞어 직선보다는 어긋나게 배치하고, 돌 가운데가 약간 두툼하여 물이 고이지 않아야 한다.
   ㉤ 돌 간의 간격 : 보행 폭을 고려하여 돌과 돌 사이의 중심거리를 잡는다.
   ㉥ 지표보다 3~6(5)cm 정도 디딤돌을 높게 설치해 줌

② **징검돌 놓기**
   ㉠ 목적 : 못이나 계류 등을 건너가기 위해서 설치하는 돌놓기

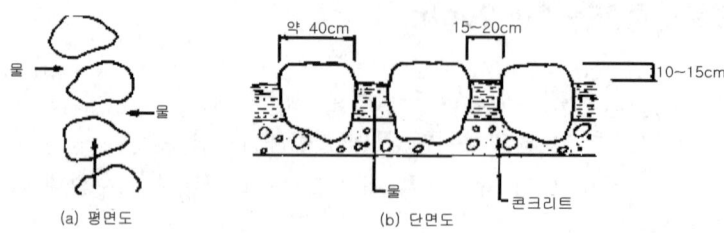

(a) 평면도   (b) 단면도

   ㉡ 연못이나 하천을 건너가기 위해서 사용
   ㉢ 강돌을 사용하여 물 위로 돌이 노출되게 함
   ㉣ 돌의 물 위 노출 높이는 10~15cm를 원칙으로 한다.
   ㉤ 돌의 아랫부분을 모르타르나 콘크리트를 사용하여 바닥면과 견고하게 부착한다.

③ 경관석 놓기
   ㉠ 조경공간에서 시각의 초점이 되거나 강조하고 싶은 장소에 보기 좋은 자연석을 배치하여 감상 효과를 높이는데 쓰이는 돌을 말함

   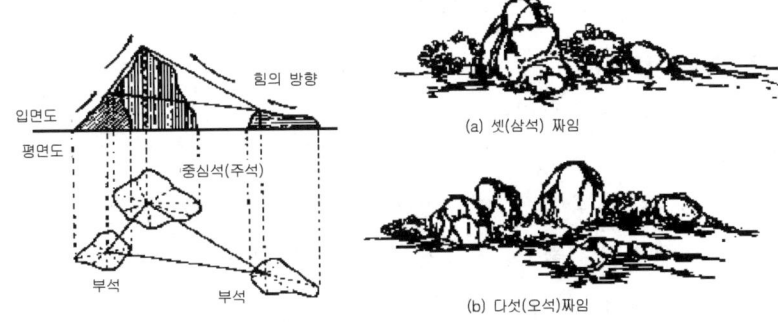

   ㉡ 경관석을 한 개 또는 3, 5, 7 등의 홀수로 구성하여 경관석을 짝지어 놓는다.
   ㉢ 중심되는 큰 주석과 보조 역할 하는 부석을 잘 조화시킨다.
   ㉣ 돌 간의 거리나 크기를 조정 배치하여 힘이 분산되지 않고 짜임새 있게 배치한다.
   ㉤ 경관석 주변에 관목류, 초화류 등을 식재하거나 잔자갈, 모래를 깔아 경관석이 돋보이게 한다.
   ㉥ 경관석은 충분한 크기와 중량감이 있어야 한다.

④ 전정의 목적
   ㉠ 생장 조절을 위해 – 병충해 입은 가지, 고사지, 손상지 제거
   ㉡ 생장 억제를 위해 – 소나무 순자르기, 활엽수 잎따기, 산울타리 다듬기 등
   ㉢ 세력 갱신을 위해 – 묵은 가지를 잘라주어 새로운 가지를 나오게 하기 위한 전정
   ㉣ 개화 및 결실을 촉진하기 위해 – 과수나 화목류의 개화촉진(매화나무나 장미, 감나무의 전정)
   ㉤ 생리 조절을 위해 – 이식할 때 가지와 잎을 다듬어 손상된 뿌리의 적당한 수분 공급 균형을 위해

⑤ 전정해야 할 가지
   ㉠ 움돋은 가지
   ㉡ 안으로 향한 가지
   ㉢ 말라 죽은 가지(고사지), 병충해 피해를 입은 가지
   ㉣ 아래로 처진 가지(하지), 아래로 향한 가지
   ㉤ 교차지, 도장지(위로 처진 가지), 평행지
   ㉥ 밀생지, 웃자란 가지

⑥ 전정방법
   ㉠ 초점식재에 맞게 전정
   ㉡ 위에서 아래로, 밖에서 안으로, 오른쪽에서 왼쪽으로 전정
   ㉢ 굵은 가지 먼지 진정하고 가는 가지 순으로 전정
   ㉣ 위(상부)는 강하게, 아래(하부)는 약하게

⑦ 수종별 전정 적기
   ㉠ 낙엽수 : 11월 ~ 3월
   ㉡ 침엽수 : 10월 ~ 11월
   ㉢ 꽃나무 : 꽃이 진 직후
   ㉣ 산울타리 : 5월 ~ 6월, 9월(가을)

⑧ 수종별 이식 적기
  ㉠ 낙엽수 : 10월 ~ 11월, 해토직후 ~ 4월 상순
  ㉡ 상록활엽수 : 3월 하순 ~ 4월 중순, 6월 ~ 7월의 장마철
  ㉢ 침엽수 : 해토 직후 ~ 4월 상순, 9월 하순 ~ 10월 하순

⑨ 소나무 순지르기(순자르기)
  ㉠ 목적 : 성장억제 및 좋은 수형을 유지
  ㉡ 시기 : 5월 ~ 6월
  ㉢ 방법 : 가운데 가장 긴 순은 손으로 완전 제거하고, 나머지 순은 1/2 ~ 1/3 정도를 남기고 맨손으로 자른다. 만약 가위를 사용한 경우는 잘린 단면이 적색으로 변하며 마른다.
  ㉣ 소나무류 묵은 잎 제거 시기 : 3월

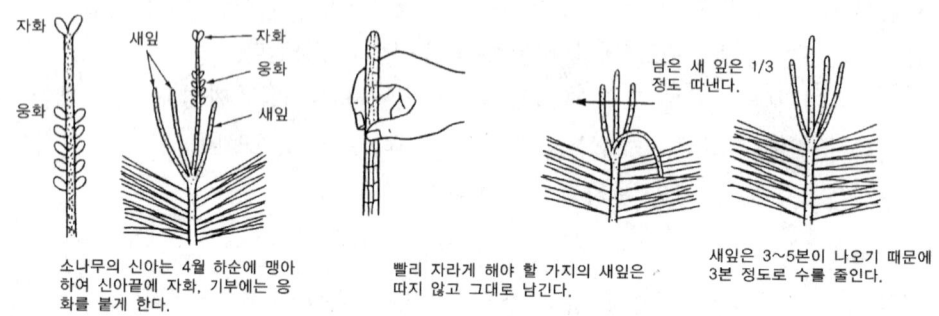

그림. 소나무 순지르기(순자르기)의 방법

⑩ 산울타리(생울타리)전정
  ㉠ 시기 : 일반 수목은 가을, 화목류는 꽃이 진 후, 덩굴식물은 가을에 전정
  ㉡ 횟수 : 생장이 완만한 수종은 연 2회, 맹아력이 강한 수종은 연 3회 - 일반적으로 가을에 2번
  ㉢ 방법 : 식재 후 2년 동안은 가지를 치지 않는 것이 좋고, 식재 후 3년부터 제대로 된 전정을 실시
    - 높은 울타리는 옆에서 위로, 낮은 울타리는 위에서 옆으로 전정을 한다.
  ㉣ 위를 강하게 전정하면 아랫가지가 치밀해지는 효과를 얻는다.

⑪ 잔디
  ㉠ 뗏밥 주는 시기 : 6월 ~ 8월(난지형 잔디), 9월(한지형 잔디)
  ㉡ 파종 시기 : 난지형 잔디(들잔디) - 5월 ~ 6월, 한지형 잔디(켄터키블루그래스) - 8월말 ~ 9월
  ㉢ 뗏밥 두께 : 5mm ~ 10mm
  ㉣ 잔디의 가장 큰 병해 : 붉은녹병
  ㉤ 잔디 최대의 적 : 크로버(클로버) - 인력제거보다 제초제 사용이 효과적(크로버(클로버)이며, 인력제거를 잘못하면 포복경이 끊어져 오히려 번식을 조장한다). 2~4D, 반벨, 트리박 사용
  ㉥ 식재 후 m²당 6L 물주기
  ㉦ 화학비료 m²당 20g 살포
  ㉧ 잔디 식재시 퇴비와 유기질비료를 적당량 준다.
  ㉨ 잔디 위에도 뗏밥을 준다.
  ㉩ 생육적지 : 햇빛이 하루 5시간 이상 드는 사질 양토
  ㉪ 잔디 종자 파종시 색소를 종자와 섞는 이유 : 종자 뿌린 곳 확인하고 뿌려진 종자를 흙으로 잘 덮기 위해

⑫ 소나무 수피감기
  ㉠ 목적 : 이식 후 수분 증발 방지, 소나무좀 피해 예방, 한여름 피소(줄기가 타는 것) 방지
  ㉡ 방법 : 아래에서 위로 새끼줄을 촘촘히 감아올리고 새끼줄 사이를 진흙으로 바른다.

⑬ 농약 뿌리는 요령
  ㉠ 바람이 적은 맑은 날 오전에 바람을 등지고 실시
  ㉡ 희석비율, 살포 횟수, 대상 수종 및 구제대상 해충에 대해 확인 후 농약 살포

⑭ 수간주사
  ㉠ 시기 : 4월 ~ 9월 증산작용이 활발한 맑은 날에 실시
  ㉡ 방법
    - 나무(수간) 밑에서 5~10Cm 부위에 드릴로 직경 5mm, 깊이 3~4Cm, 20~30도 각도로 구멍을 뚫는다.
    - 반대쪽 10~15(20)Cm 부위에 추가로 구멍을 뚫는다.
    - 수간 주입기(약액)를 180Cm 정도의 높이에 고정 시킨다.

01 조경작업기출문제(2008년)

1. 요구사항(제2과제)

가. 주어진 수목을 식별하여 수목명을 명기하시오.(제한시간 10분)

나. 주어진 재료로 잔디붙이기를 하시오.(제한시간 20분)
- 면적 : 가로 250㎝ × 세로 160㎝
- 시공방법은 어긋나게 붙이기로 한다.
- 완성하여 시험위원 점검을 받은 후 해체하여 원위치 시킨다.

다. 주어진 재료로 도면과 같이 벽돌(210×100×60)포장을 실시한다.(제한시간 30분)
- 기초잡석이나 콘크리트, 모르타르 등은 실제 행하지 않고 다짐만 한다.
- 까는 방법은 모로 세워깔기로 실시한다.
- 한쪽을 기준하여 물매를 맞추어 조정한다.
- 완성하여 시험위원 점검을 받은 후 해체하여 사용한 재료들을 원위치 시킨다.

(평면도)

02 조경작업기출문제(2008년)

1. 요구사항(제2과제)

가. 주어진 수목을 식별하여 수목명을 명기하시오.(제한시간 10분)

나. 주어진 수목을 식재하고, 삼발이형 지주목을 설치하시오.(제한시간 30분)
- 수목의 식재는 죽쑤기에 의합니다.
- 결속부위는 비닐 포장끈을 사용하시오.
- 완성하여 시험위원의 점검을 받은 후 해체하여 원위치 시킵니다.
  (해체하여 정리 정돈시까지 제한시간에 포함합니다.)
- 수목은 시험위원이 지정하여 줍니다.

다. 주어진 지급재료를 이용하여 가설치된 수목(통나무 원목)에 수간주입을 하시오.(제한시간 20분)
- 식재한 수목에 실시하되 지주목에 방해가 되지 않도록 합니다.
- 드릴은 두 곳에만 사용할 수 있습니다.
- 6~8월로 가정합니다.
- 대추나무 빗자루병으로 가정하여 주어진 약재를 규정농도로 희석하여 사용합니다.
  (답 : 옥시테트라사이클린 1g을 1000cc의 물에 희석하여 사용한다.)

03 조경작업기출문제(2009년)

1. 요구사항(제2과제)

가. 주어진 수목을 식별하여 수목명을 명기하시오.(제한시간 10분)

나. 주어진 재료로 잔디종자파종을 하시오.(제한시간 20분)
- 면적 : 가로 250㎝ × 세로 160㎝
- 완성하여 시험위원 점검을 받은 후 원위치 시킨다.

다. 주어진 재료로 도면과 같이 판석포장을 실시한다.(제한시간 30분)
- 기초잡석이나 콘크리트, 모르타르 등은 실제 행하지 않고 다짐만 한다.
- 까는 방법은 아래 그림의 단면도대로 실시한다.
- 완성하여 시험위원 점검을 받은 후 해체하여 사용한 재료들을 원위치 시킨다.

(단면도)

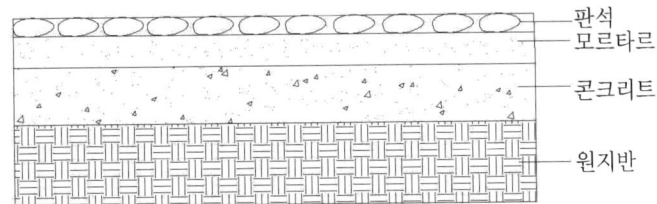

04 조경작업기출문제(2009년)

1. 요구사항(제2과제)

가. 주어진 수목을 식별하여 수목명을 명기하시오.(제한시간 10분)

나. 주어진 수목을 식재하고, 삼각지주목을 설치하시오.(제한시간 20분)
- 수목의 식재는 죽쑤기에 의합니다.
- 결속부위는 새끼를 사용하십시오.
- 완성하여 시험위원의 점검을 받은 후 해체하여 원위치 시킵니다.
  (해체하여 정리 정돈시까지 제한시간에 포함합니다.)
- 수목은 시험위원이 지정하여 줍니다.

다. 주어진 재료를 이용하여 잔디식재를 하시오.(제한시간 30분)
- 잔디식재는 어긋나게 붙이기에 의한다.
- 완성하여 시험위원 점검을 받은 후 해체하여 사용한 재료들을 원위치 시킨다.

05 조경작업기출문제(2009년)

1. 요구사항(제2과제)
가. 주어진 수목을 식별하여 수목명을 명기하시오.(제한시간 10분)
나. 주어진 수목을 식재하고, 수피감기를 하시오.(제한시간 20분)
- 수목의 식재는 식재순서에 맞추어 실시한다.
- 수피감기의 순서 및 진흙바르기도 작업에 포함한다.
- 완성하여 시험위원의 점검을 받은 후 해체한다.
  (해체하여 정리 정돈시까지 제한시간에 포함합니다.)
- 수목은 시험위원이 지정하여 줍니다.

다. 주어진 재료를 이용하여 잔디종자 파종을 하시오.(제한시간 30분)
- 주어진 재료를 잔디종자라 생각하고 순서 및 방법을 정확히 하여 작업한다.
- 완성하여 시험위원 점검을 받는다.

06 조경작업기출문제(2010년)

1. 요구사항(제2과제)
가. 주어진 수목을 식별하여 수목명을 명기하시오.(제한시간 10분)
나. 주어진 수목을 식재하고, 삼각지주목을 설치하시오.(제한시간 20분)
- 수목의 식재는 죽쑤기에 의합니다.
- 결속부위는 새끼를 사용하여 완성하십시오.
- 완성하여 시험위원의 점검을 받은 후 해체하여 원위치 시킵니다.
  (해체하여 정리 정돈시까지 제한시간에 포함합니다.)
- 지주목은 길이를 고려하여 지주목을 재단하여 완성합니다.

다. 주어진 지급재료를 이용하여 가설치된 수목(통나무 원목)에 수간주입을 하시오.(제한시간 20분)
- 식재한 수목에 실시하되 지주목에 방해가 되지 않도록 합니다.
- 드릴은 두 곳에만 사용할 수 있습니다.
- 6~8월로 가정합니다.
- 대추나무 빗자루병으로 가정하여 주어진 약재를 규정농도로 희석하여 사용합니다.
  (정답 : 옥시테트라사이클린 1g을 1000cc의 물에 희석하여 사용한다.)

07 조경작업기출문제(2010년)

1. 요구사항(제2과제)

가. 주어진 수목을 식별하여 수목명을 명기하시오.(제한시간 10분)
나. 주어진 수목을 식재하고, 수피감기를 하시오.(제한시간 20분)
  - 수목의 식재는 식재순서에 맞추어 실시한다.
  - 수피감기의 순서 및 진흙바르기도 작업에 포함한다.
  - 완성하여 시험위원의 점검을 받은 후 해체한다.
    (해체하여 정리 정돈시까지 제한시간에 포함합니다.)
  - 수목은 시험위원이 지정하여 줍니다.
다. 주어진 재료를 이용하여 잔디종자 파종을 하시오.(제한시간 30분)
  - 주어진 재료를 잔디종자라 생각하고 순서 및 방법을 정확히 하여 작업한다.
  - 완성하여 시험위원 점검을 받는다.

08 조경작업기출문제(2010년)

1. 요구사항(제2과제)

가. 주어진 수목을 식별하여 수목명을 명기하시오.(제한시간 10분)
나. 주어진 수목을 식재하고, 벽돌포장을 하시오.(제한시간 20분)
  - 수목의 식재는 식재순서에 맞추어 실시한다.
  - 결속부위는 새끼를 사용하여 지주목을 설치하시오.
  - 벽돌의 포장은 모로세워깔기로 한다.
  - 완성하여 시험위원의 점검을 받은 후 해체한다.
    (해체하여 정리 정돈시까지 제한시간에 포함합니다.)
  - 수목은 시험위원이 지정하여 줍니다.
다. 주어진 재료를 이용하여 잔디종자 파종을 하시오.(제한시간 30분)
  - 주어진 재료를 잔디종자라 생각하고 순서 및 방법을 정확히 하여 작업한다.
  - 잔디종자 파종의 규격은 2m×2m의 장소에 실시한다.
  - 완성하여 시험위원 점검을 받는다.

09 조경작업기출문제(2010년)

1. 요구사항(제2과제)

가. 주어진 수목을 식별하여 수목명을 명기하시오.(제한시간 10분)
나. 주어진 수목을 식재하고, 판석포장을 하시오.(제한시간 20분)
  - 수목의 식재는 식재순서에 맞추어 실시한다.
  - 판석포장은 판석포장의 성격을 고려하여 진행한다.
  - 완성하여 시험위원의 점검을 받은 후 해체한다.
    (해체하여 정리 정돈시까지 제한시간에 포함합니다.)
  - 수목은 시험위원이 지정하여 줍니다.
다. 주어진 지급재료를 이용하여 수간주입을 하시오.(제한시간 20분) - 구술질문
  - 드릴로 구멍을 뚫을 때 지름은? (정답 : **지름 5mm**)
  - 어느 지점에 구멍을 뚫어야 하는지?
  - 드릴로 구멍 뚫는 깊이, 구멍 뚫는 각도 (정답 : 나무 밑에서부터 높이 5~10cm 되는 부위에 드릴(지름 5mm)로 깊이 3~4cm 되게 구멍을 20~30° 각도로 비스듬히 뚫고, 주입구멍 안의 톱밥 부스러기를 깨끗이 제거한다. 같은 방법으로 먼저 뚫은 구멍의 반대쪽 지상 10~15cm 위에 구멍 1개를 더 뚫는다.)
  - 대추나무 빗자루병으로 가정하여 주어진 약재를 규정농도로 희석하여 사용합니다.
(정답 : 옥시테트라사이클린 1g을 1000cc의 물에 희석하여 사용한다.)

10 조경작업기출문제(2011년)

1. 요구사항(제2과제)

가. 주어진 수목을 식별하여 수목명을 명기하시오.(제한시간 10분)
나. 주어진 수목을 식재하고, 삼각지주목을 설치하시오.(제한시간 20분)
  - 수목의 식재는 죽쑤기에 의합니다.
  - 결속부위는 새끼를 사용하십시오.
  - 완성하여 시험위원의 점검을 받은 후 해체하여 원위치 시킵니다.
    (해체하여 정리 정돈시까지 제한시간에 포함합니다.)
  - 수목은 시험위원이 지정하여 줍니다.
다. 주어진 수목을 이용하여 울타리식재를 하시오.(제한시간 30분)
  - 완성하여 시험위원 점검을 받은 후 해체하여 사용한 재료들을 원위치 시킨다.

11 조경작업기출문제(2011년)

1. 요구사항(제2과제)
가. 주어진 수목을 식별하여 수목명을 명기하시오.(제한시간 10분)
나. 주어진 재료를 이용하여 잔디종자 파종을 하시오.(제한시간 30분)
- 주어진 재료를 잔디종자라 생각하고 순서 및 방법을 정확히 하여 작업한다.
- 완성하여 시험위원 점검을 받는다.

다. 주어진 재료로 판석포장을 실시한다.(제한시간 30분)
- 기초잡석이나 콘크리트, 모르타르 등은 실제 행하지 않고 다짐만 한다.
- 완성하여 시험위원 점검을 받은 후 해체하여 사용한 재료들을 원위치 시킨다.

12 조경작업기출문제(2011년)

1. 요구사항(제2과제)
가. 주어진 수목을 식별하여 수목명을 명기하시오.(제한시간 10분)
나. 주어진 재료로 잔디붙이기를 하시오.(제한시간 20분)
- 면적 : 가로 250cm × 세로 160cm
- 시공방법은 어긋나게 붙이기로 한다.
- 완성하여 시험위원 점검을 받은 후 해체하여 원위치 시킨다.

다. 주어진 재료로 도면과 같이 벽돌(210×100×60)포장을 실시한다.(제한시간 30분)
- 기초잡석이나 콘크리트, 모르타르 등은 실제 행하지 않고 다짐만 한다.
- 까는 방법은 모로 세워깔기로 실시한다.
- 한쪽을 기준하여 물매를 맞추어 조정한다.
- 완성하여 시험위원 점검을 받은 후 해체하여 사용한 재료들을 원위치 시킨다.

(평면도)

13 조경작업 기출문제(2011년)

1. 요구사항(제2과제)
가. 주어진 수목을 식별하여 수목명을 명기하시오.(제한시간 10분)
나. 주어진 수목을 이용하여 식재를 하시오.(제한시간 30분)
- 시공방법은 차폐식재로 한다.
- 완성하여 시험위원 점검을 받는다.

다. 주어진 지급재료를 이용하여 가설치된 수목(통나무 원목)에 수간주입을 하시오.(제한시간 20분)
- 식재한 수목에 실시하되 지주목에 방해가 되지 않도록 합니다.
- 드릴은 두 곳에만 사용할 수 있습니다.
- 6~8월로 가정합니다.
- 대추나무 빗자루병으로 가정하여 주어진 약재를 규정농도로 희석하여 사용합니다.

14 조경작업 기출문제(2012년)

1. 요구사항(제2과제)
가. 주어진 수목을 식별하여 수목명을 명기하시오.(제한시간 10분)
나. 주어진 재료로 도면과 같이 판석포장을 실시한다.(제한시간 20분)
- 기초잡석이나 콘크리트, 모르타르 등은 실제 행하지 않고 다짐만 한다.
- 까는 방법은 아래 그림의 단면도대로 실시한다.
- 완성하여 시험위원 점검을 받은 후 해체하여 사용한 재료들을 원위치시킨다.

(단면도)

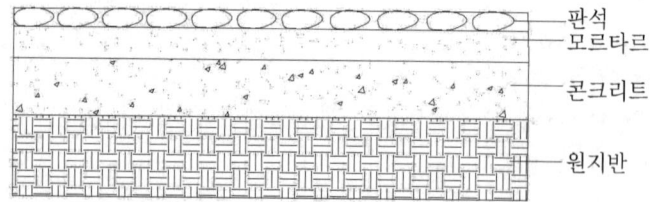

다. 주어진 재료를 이용하여 잔디종자 파종을 하시오.(제한시간 20분)
- 주어진 재료를 잔디종자라 생각하고 순서 및 방법을 정확히 하여 작업한다.
- 완성하여 시험위원 점검을 받는다.

15 조경작업기출문제(2012년)

1. 요구사항(제2과제)
가. 주어진 수목을 식별하여 수목명을 명기하시오.(제한시간 10분)
나. 주어진 수목을 식재하고, 수피감기 및 삼발이지주목을 설치하시오.(제한시간 20분)
 - 수목의 식재는 식재순서에 맞추어 실시한다.
 - 물죽쑤기, 물집만들기, 수피감기의 순서 및 진흙바르기도 작업에 포함한다.
 - 완성하여 시험위원의 점검을 받은 후 해체한다.
  (해체하여 정리 정돈시까지 제한시간에 포함합니다.)
 - 수목은 시험위원이 지정하여 줍니다.
다. 주어진 재료로 도면과 같이 벽돌(210×100×60)포장을 실시한다.(제한시간 30분)
 - 기초잡석이나 콘크리트, 모르타르 등은 실제 행하지 않고 다짐만 한다.
 - 까는 방법은 모로 세워깔기로 실시한다.
 - 한쪽을 기준하여 물매를 맞추어 조정한다.
 - 완성하여 시험위원 점검을 받은 후 해체하여 사용한 재료들을 원위치 시킨다.

(평면도)

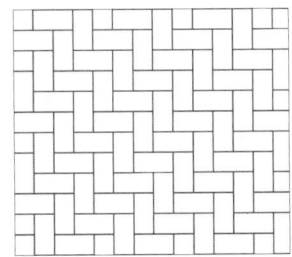

16 조경작업기출문제(2013년)

1. 요구사항(제2과제)
가. 주어진 수목을 식별하여 수목명을 명기하시오.(제한시간 10분)
나. 주어진 수목을 식재하고, 수피감기 및 삼각지주목을 설치하시오.(제한시간 20분)
 - 수목의 식재는 식재순서에 맞추어 실시한다.
 - 물죽쑤기, 물집만들기, 수피감기의 순서 및 진흙바르기도 작업에 포함한다.
 - 완성하여 시험위원의 점검을 받은 후 해체한다.
  (해체하여 정리 정돈시까지 제한시간에 포함합니다.)
 - 수목은 시험위원이 지정하여 줍니다.
다. 지주대 표면탄화처리와 산울타리를 전정하시오.(제한시간 20분)
 - 지주대 표면탄화처리 방법과 산울타리 전정방법을 답하시오.
 - 완성하여 시험위원 점검을 받는다.

17 조경작업기출문제(2013년)

1. 요구사항(제2과제)

가. 주어진 수목을 식별하여 수목명을 명기하시오.(제한시간 10분)
나. 주어진 수목을 식재하고, 수피감기 및 삼발이지주목을 설치 하시오.(제한시간 20분)
- 수목의 식재는 식재순서에 맞추어 실시한다.
- 물죽쑤기, 물집만들기, 수피감기의 순서 및 진흙바르기도 작업에 포함한다.
- 완성하여 시험위원의 점검을 받은 후 해체한다.
 (해체하여 정리 정돈시까지 제한시간에 포함합니다.)
- 수목은 시험위원이 지정하여 줍니다.

다. 주어진 재료로 도면과 같이 벽돌(210×100×60)포장을 실시한다.(제한시간 30분)
- 기초잡석이나 콘크리트, 모르타르 등은 실제 행하지 않고 다짐만 한다.
- 까는 방법은 모로 세워깔기로 실시한다.
- 한쪽을 기준하여 물매를 맞추어 조정한다.
- 완성하여 시험위원 점검을 받은 후 해체하여 사용한 재료들을 원위치 시킨다.

(평면도)

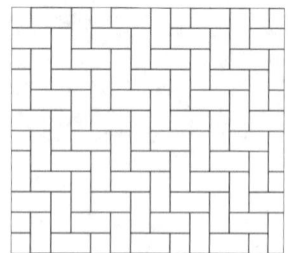

18 조경작업기출문제(2013년)

1. 요구사항(제2과제)

가. 주어진 수목을 식별하여 수목명을 명기하시오.(제한시간 10분)
나. 주어진 수목을 식재하고, 벽돌포장을 하시오.(제한시간 20분)
- 수목의 식재는 식재순서에 맞추어 실시한다.
- 절속부위는 새끼를 사용하여 지주목을 설치하시오.
- 벽돌의 포장은 모로세워깔기로 한다.
- 완성하여 시험위원 점검을 받은 후 해체한다.
(해체하여 정리 정돈시까지 제한시간에 포함합니다.)
- 수목은 시험위원이 지정하여 줍니다.

다. 주어진 지급재료를 이용하여 수간주입을 하시오.(제한시간 30분)

19 조경작업기출문제(2014년)

1. 요구사항(제2과제)

가. 주어진 수목을 식별하여 수목명을 명기하시오.(제한시간 10분)
나. 주어진 수목을 식재하고, 수피감기를 하시오.(제한시간 20분)
  - 수목의 식재는 식재순서에 맞추어 실시한다.
  - 수피감기의 순서 및 진흙바르기도 작업에 포함한다.
  - 완성하여 시험위원의 점검을 받은 후 해체한다.
    (해체하여 정리 정돈시까지 제한시간에 포함합니다.)
  - 수목은 시험위원이 지정하여 줍니다.
다. 주어진 재료를 이용하여 잔디식재를 하시오.(제한시간 30분)
  - 잔디식재는 어긋나게 붙이기에 의한다.
  - 완성하여 시험위원 점검을 받은 후 해체하여 사용한 재료들을 원위치 시킨다.

20 조경작업기출문제(2014년)

1. 요구사항(제2과제)

가. 주어진 수목을 식별하여 수목명을 명기하시오.(제한시간 10분)
나. 주어진 재료로 도면과 같이 판석포장을 실시한다.(제한시간 20분)
  - 기초잡석이나 콘크리트, 모르타르 등은 실제 행하지 않고 다짐만 한다.
  - 까는 방법은 아래 그림의 단면도대로 실시한다.
  - 완성하여 시험위원 점검을 받은 후 해체하여 사용한 재료들을 원위치 시킨다.
    (단면도)

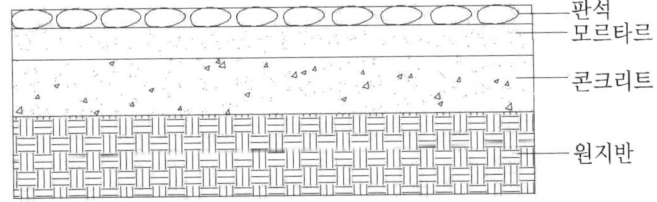

다. 주어진 재료를 이용하여 잔디종자 파종을 하시오.(제한시간 20분)
  - 주어진 재료를 잔디종자라 생각하고 순서 및 방법을 정확히 하여 작업한다.
  - 완성하여 시험위원 점검을 받는다.

21　조경작업기출문제(2014년)

1. 요구사항(제2과제)

가. 주어진 수목을 식별하여 수목명을 명기하시오.(제한시간 10분)

나. 주어진 재료를 이용하여 잔디식재를 하시오.(제한시간 30분)
- 잔디식재는 어긋나게 붙이기에 의한다.
- 완성하여 시험위원 점검을 받은 후 해체하여 사용한 재료들을 원위치 시킨다.

다. 주어진 재료로 도면과 같이 벽돌(210×100×60)포장을 실시한다.(제한시간 30분)
- 기초잡석이나 콘크리트, 모르타르 등은 실제 행하지 않고 다짐만 한다.
- 까는 방법은 모로 세워깔기로 실시한다.
- 한쪽을 기준하여 물매를 맞추어 조정한다.
- 완성하여 시험위원 점검을 받은 후 해체하여 사용한 재료들을 원위치 시킨다.

(평면도)

22　조경작업기출문제(2014년)

1. 요구사항(제2과제)

가. 주어진 수목을 식별하여 수목명을 명기하시오.(제한시간 10분)

나. 주어진 수목을 식재하고, 수피감기 및 삼각지주목을 설치하시오.(제한시간 20분)
- 수목의 식재는 식재순서에 맞추어 실시한다.
- 물죽쑤기, 물집만들기, 수피감기의 순서 및 진흙바르기도 작업에 포함한다.
- 완성하여 시험위원의 점검을 받은 후 해체한다.
  (해체하여 정리 정돈시까지 제한시간에 포함합니다.)
- 수목은 시험위원이 지정하여 줍니다.

다. 주어진 수목으로 관목 식재를 하시오.(제한시간 20분)
- 관목 전정방법을 답하시오.
- 완성하여 시험위원 점검을 받는다.

23. 조경작업기출문제(2015년)

1. 요구사항(제2과제)

가. 주어진 수목을 식별하여 수목명을 명기하시오.(제한시간 10분)

나. 주어진 수목을 식재하고, 삼발이지주목을 설치하시오.(제한시간 20분)
- 수목의 식재는 죽쑤기에 의합니다.
- 결속부위는 새끼를 사용하십시오.
- 완성하여 시험위원의 점검을 받은 후 해체하여 원위치 시킵니다.
  (해체하여 정리 정돈시까지 제한시간에 포함합니다.)
- 수목은 시험위원이 지정하여 줍니다.

다. 주어진 지급재료를 이용하여 가설치된 수목(통나무 원목)에 수간주입을 하시오.(제한시간 20분)
- 식재한 수목에 실시하되 지주목에 방해가 되지 않도록 합니다.
- 드릴은 두 곳에만 사용할 수 있습니다.
- 6~8월로 가정합니다.
- 대추나무 빗자루병으로 가정하여 주어진 약재를 규정농도로 희석하여 사용합니다.
  (답 : 옥시테트라사이클린 1g을 1000cc의 물에 희석하여 사용한다.)

24. 조경작업기출문제(2015년)

1. 요구사항(제2과제)

가. 주어진 수목을 식별하여 수목명을 명기하시오.(제한시간 10분)

나. 주어진 재료로 잔디붙이기를 하시오.(제한시간 20분)
- 면적 : 가로 250cm × 세로 160cm
- 시공방법은 어긋나게 붙이기로 한다.
- 완성하여 시험위원 점검을 받은 후 해체하여 원위치 시킨다.

다. 주어진 재료를 이용하여 잔디식재를 하시오.(제한시간 30분)
- 잔디식재는 어긋나게 붙이기에 의한다.
- 완성하여 시험위원 점검을 받은 후 해체하여 사용한 재료들을 원위치 시킨다.

25 조경작업기출문제(2015년)

1. 요구사항(제2과제)

가. 주어진 수목을 식별하여 수목명을 명기하시오.(제한시간 10분)
나. 주어진 지급재료를 이용하여 가설치된 수목(통나무 원목)에 대추나무 빗자루병 수간주입을 하시오.(제한시간 20분)
   - 식재한 수목에 실시하되 지주목에 방해가 되지 않도록 합니다.
   - 드릴은 두 곳에만 사용할 수 있습니다.
   - 6~8월로 가정합니다.
   - 주어진 약재를 규정농도로 희석하여 사용합니다.
   (답 : 옥시테트라사이클린 1g을 1000cc의 물에 희석하여 사용한다.)
   - 수간주입 후 뒤처리 방법과 1ℓ 약물의 소모기간은 며칠인가?
   (답 : 코르크로 막고, 소모기간은 약1~2주이다.)

26 조경작업기출문제(2015년)

1. 요구사항(제2과제)

가. 주어진 수목을 식별하여 수목명을 명기하시오.(제한시간 10분)
나. 주어진 수목을 식재하고, 삼발이지주목을 설치하시오.(제한시간 20분)
   - 수목의 식재는 죽쑤기에 의합니다.
   - 결속부위는 새끼를 사용하십시오.
   - 완성하여 시험위원의 점검을 받은 후 해체하여 원위치 시킵니다.
     (해체하여 정리 정돈시까지 제한시간에 포함합니다.)
   - 수목은 시험위원이 지정하여 줍니다.
   - 전정의 목적 및 전정대상 가지, 전정방법에 대해 답하시오

1) 전정의 목적
   ① 미관상 목적
      ㉠ 수형에 불필요한 가지 제거로 수목의 자연미를 높임
      ㉡ 인공적인 수형을 만들 경우 조형미를 높임
      ㉢ 형상수(Topiary : 토피어리)나 산울타리 등과 같이 강한 전정에 의해 인공적으로 만든 수형은 직선 또는 곡선의 아름다움을 나타내기 위하여 불필요한 가지와 잎을 전정한다.

② 실용상 목적
  ㉠ 방화수, 방풍수 : 차폐수 등을 정지, 전정하여 지엽의 생육을 도움
  ㉡ 가로수의 하기전정 : 통풍원활, 태풍의 피해방지
③ 생리상의 목적
  ㉠ 지엽이 밀생한 수목 : 가지를 정리하여 통풍, 채광이 잘 되게 하여 병충해방지, 풍해와 설해에 대한 저항력을 강화
  ㉡ 쇠약해진 수목 : 지엽을 부분적으로 잘라 새로운 가지를 재생해 수목에 활력을 촉진
  ㉢ 개화결실 수목 : 도장지, 허약지 등을 전정해 생장을 억제하여 개화결실 촉진
  ㉣ 이식한 수목 : 지엽을 자르거나 잎을 훑어주어 수분의 균형을 이뤄 활착을 좋게 함

2) 전정대상 가지
  ㉠ 도장지(웃자란 가지) : 일반 가지보다 자라는 힘이 강해 위로 향하여 굵고 길게 자라는 가지로 통풍과 나무의 수형, 수광에 나쁜 영향을 준다.
  ㉡ 안으로 향한 가지 : 나무의 모양과 통풍을 나쁘게 한다.
  ㉢ 고사지(말라 죽은 가지) : 병충해의 잠복장소 제공
  ㉣ 움돋은 가지 : 땅에 접해 있는 줄기 밑 부분에서 움돋은 가지와 줄기의 중간부분에서 돋아난 가지를 그대로 방치하면 나무의 생김새가 흐트러지고 나무가 쇠약하게 된다.
  ㉤ 교차한 가지 : 부자연스러운 느낌을 준다.
  ㉥ 평행지 : 같은 방향에서 같은 방향으로 평행하게 나 있는 가지는 둘 중 하나를 자른다.
  ㉦ 병충해 피해를 입은 가지 : 잘라 태운다.
  ㉧ 아래로 향한 가지 : 나무의 모양을 나쁘게 하고, 가지를 혼잡하게 한다.
  ㉨ 무성하게 자란가지(무성지)

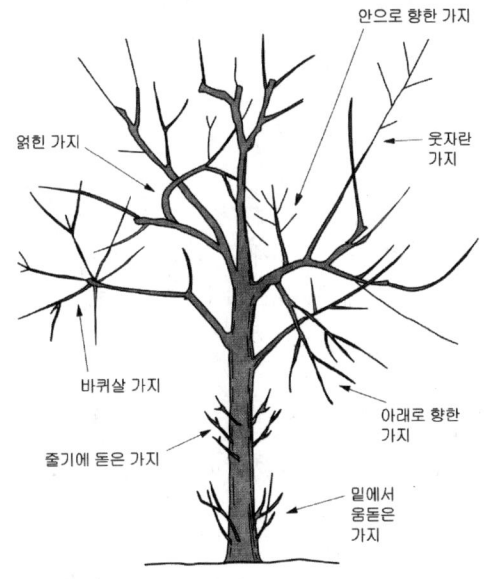

그림. 잘라야 할(전정해야 할) 가지

3) 전정의 방법
  ㉠ 전체 수형을 스케치
  ㉡ 수관 위에서 아래로, 수관 밖에서 안으로 전정
  ㉢ 굵은 가지 먼저 전정하고, 가는 가지 순으로 전정

27. 조경작업기출문제(2016년)

1. 요구사항(제2과제)

가. 주어진 수목을 식별하여 수목명을 명기하시오.(제한시간 10분)
나. 주어진 수목을 식재하고, 삼발이지주목을 설치하시오.(제한시간 20분)
  - 수목의 식재는 죽쑤기에 의합니다.
  - 결속부위는 새끼를 사용하십시오.
  - 완성하여 시험위원의 점검을 받은 후 해체하여 원위치 시킵니다.
    (해체하여 정리 정돈시까지 제한시간에 포함합니다.)
  - 수목은 시험위원이 지정하여 줍니다.
  - 전정의 목적 및 전정대상 가지, 전정방법에 대해 답하시오

1) 전정의 목적
  ① 미관상 목적
    ㉠ 수형에 불필요한 가지 제거로 수목의 자연미를 높임
    ㉡ 인공적인 수형을 만들 경우 조형미를 높임
    ㉢ 형상수(Topiary : 토피어리)나 산울타리 등과 같이 강한 전정에 의해 인공적으로 만든 수형은 직선 또는 곡선의 아름다움을 나타내기 위하여 불필요한 가지와 잎을 전정한다.
  ② 실용상 목적
    ㉠ 방화수, 방풍수 : 차폐수 등을 정지, 전정하여 지엽의 생육을 도움
    ㉡ 가로수의 하기전정 : 통풍원활, 태풍의 피해방지
  ③ 생리상의 목적
    ㉠ 지엽이 밀생한 수목 : 가지를 정리하여 통풍, 채광이 잘 되게 하여 병충해방지, 풍해와 설해에 대한 저항력을 강화
    ㉡ 쇠약해진 수목 : 지엽을 부분적으로 잘라 새로운 가지를 재생해 수목에 활력을 촉진
    ㉢ 개화결실 수목 : 도장지, 허약지 등을 전정해 생장을 억제하여 개화결실 촉진
    ㉣ 이식한 수목 : 지엽을 자르거나 잎을 훑어주어 수분의 균형을 이뤄 활착을 좋게 함

2) 전정대상 가지
  ㉠ 도장지(웃자란 가지) : 일반가지에 비해 자라는 힘이 강해 위로 향하여 굵고 길게 자라는 가지로 수형과 통풍, 수광에 방해를 준다.
  ㉡ 안으로 향한 가지 : 나무의 모양과 통풍을 나쁘게 한다.
  ㉢ 고사지(말라 죽은 가지) : 병충해의 잠복장소 제공
  ㉣ 움돋은 가지 : 땅에 접해 있는 줄기 밑 부분에서 움돋은 가지와 줄기의 중간부분에서 돋아난 가지를 그대로 방치하면 나무의 생김새가 흐트러지고 나무가 쇠약하게 된다.
  ㉤ 교차한 가지 : 부자연스러운 느낌을 준다.
  ㉥ 평행지 : 같은 방향에서 같은 방향으로 평행하게 나 있는 가지는 둘 중 하나를 자른다.
  ㉦ 병충해 피해를 입은 가지 : 잘라 태운다.
  ㉧ 아래로 향한 가지 : 나무의 모양을 나쁘게 하고, 가지를 혼잡하게 한다.
  ㉨ 무성하게 자란가지(무성지)

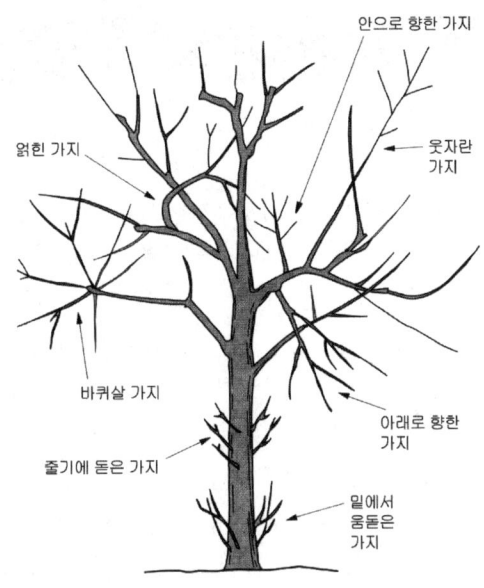

그림. 잘라야 할(전정해야 할) 가지

3) 전정의 방법
   ㉠ 전체 수형을 스케치
   ㉡ 수관 위에서 아래로, 수관 밖에서 안으로 전정
   ㉢ 굵은 가지 먼저 전정하고, 가는 가지 순으로 전정

28 조경작업기출문제(2016년)

1. 요구사항(제2과제)

가. 주어진 수목을 식별하여 수목명을 명기하시오.(제한시간 10분)

나. 주어진 지급재료를 이용하여 가설치된 수목(통나무 원목)에 대추나무 빗자루병 수간주입을 하시오.(제한시간 20분)
   - 식재한 수목에 실시하되 지주목에 방해가 되지 않도록 합니다.
   - 드릴은 두 곳에만 사용할 수 있습니다.
   - 6~8월로 가정합니다.
   - 주어진 약재를 규정농도로 희석하여 사용합니다.
     (답 : 옥시테트라사이클린 1g을 1000cc의 물에 희석하여 사용한다.)
   - 수간주입 후 뒤처리 방법과 1ℓ 약물의 소모기간은 며칠인가?
     (답 : 코르크로 막고, 소모기간은 약1~2주이다.

29 조경작업기출문제(2016년)

1. 요구사항(제2과제)

가. 주어진 수목을 식별하여 수목명을 명기하시오.(제한시간 10분)
나. 주어진 수목을 식재하고, 수피감기 및 삼발이지주목을 설치 하시오.(제한시간 20분)
 - 수목의 식재는 식재순서에 맞추어 실시한다.
 - 물죽쑤기, 물집만들기, 수피감기의 순서 및 진흙바르기도 작업에 포함한다.
 - 완성하여 시험위원의 점검을 받은 후 해체한다.
   (해체하여 정리 정돈시까지 제한시간에 포함합니다.)
 - 수목은 시험위원이 지정하여 줍니다.
다. 주어진 재료로 도면과 같이 벽돌(210×100×60)포장을 실시한다.(제한시간 30분)
 - 기초잡석이나 콘크리트, 모르타르 등은 실제 행하지 않고 다짐만 한다.
 - 까는 방법은 모로 세워깔기로 실시한다.
 - 한쪽을 기준하여 물매를 맞추어 조정한다.
 - 완성하여 시험위원 점검을 받은 후 해체하여 사용한 재료들을 원위치 시킨다.

(평면도)

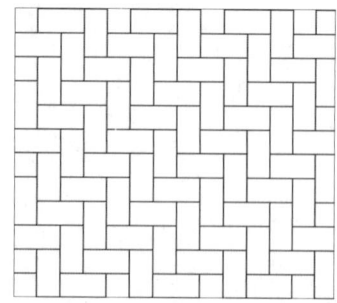

30 조경작업기출문제(2016년)

1. 요구사항(제2과제)

가. 주어진 수목을 식별하여 수목명을 명기하시오.(제한시간 10분)
나. 주어진 수목을 식재하고, 수피감기 및 삼발이지주목을 설치 하시오.(제한시간 20분)
 - 수목의 식재는 식재순서에 맞추어 실시한다.
 - 죽쑤기(흙죽), 물집만들기, 수피감기의 순서 및 진흙바르기도 작업에 포함한다.
 - 완성하여 시험위원의 점검을 받은 후 해체한다.
   (해체하여 정리 정돈시까지 제한시간에 포함합니다.)
 - 수목은 시험위원이 지정하여 줍니다.
다. 주어진 재료로 도면과 같이 벽돌(210×100×60)포장을 실시한다.(제한시간 30분)
 - 기초잡석이나 콘크리트, 모르타르 등은 실제 행하지 않고 다짐만 한다.
 - 까는 방법은 모로 세워깔기로 실시한다.
 - 한쪽을 기준하여 물매를 맞추어 조정한다.
 - 완성하여 시험위원 점검을 받은 후 해체하여 사용한 재료들을 원위치 시킨다.

(평면도)

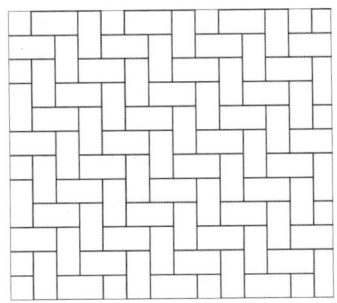

1) 죽쑤기(흙쥠)은 나무 위치를 잡고 흙을 70% 정도 덮고 뿌리 부분에 물을 주입한다. 물이 충분히 올라오면 삽을 이용해서 죽쑤기(흙쥠)를 실시하고, 식재한 땅에 공극이 있으면 뿌리가 활착하는데 문제가 생기므로 최대한 골고루 섞어 준다. 죽쑤기가 끝나면 흙을 덮고 주위에 물집을 만든 후 2차 물주기를 한다.

31 조경작업기출문제(2017년)

1. 요구사항(제2과제)

가. 주어진 수목을 식별하여 수목명을 명기하시오.(제한시간 10분)

나. 주어진 재료로 잔디붙이기를 하시오.(제한시간 20분)
   - 면적 : 가로 250㎝ × 세로 160㎝
   - 시공방법은 어긋나게 붙이기로 한다.
   - 완성하여 시험위원 점검을 받은 후 해체하여 원위치 시킨다.

다. 주어진 재료로 도면과 같이 판석포장을 실시한다.(제한시간 30분)
   - 기초잡석이나 콘크리트, 모르타르 등은 실제 행하지 않고 다짐만 한다.
   - 까는 방법은 아래 그림의 단면도대로 실시한다.
   - 완성하여 시험위원 점검을 받은 후 해체하여 사용한 재료들을 원위치 시킨다.

(단면도)

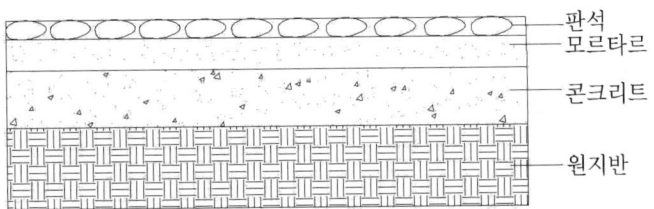

32 조경작업 기출문제(2017년)

1. 요구사항(제2과제)

가. 주어진 수목을 식별하여 수목명을 명기하시오.(제한시간 10분)

나. 주어진 재료를 이용하여 잔디식재를 하시오.(제한시간 30분)
- 잔디식재는 어긋나게 붙이기에 의한다.
- 완성하여 시험위원 점검을 받은 후 해체하여 사용한 재료들을 원위치 시킨다.

다. 주어진 재료를 이용하여 잔디종자 파종을 하시오.(제한시간 30분)
- 주어진 재료를 잔디종자라 생각하고 순서 및 방법을 정확히 하여 작업한다.
- 완성하여 시험위원 점검을 받는다.

33 조경작업 기출문제(2017년)

1. 요구사항(제2과제)

가. 주어진 수목을 식별하여 수목명을 명기하시오.(제한시간 10분)

나. 주어진 수목을 식재하고, 수피감기 및 삼발이지주목을 설치 하시오.(제한시간 20분)
- 수목의 식재는 식재순서에 맞추어 실시한다.
- 물죽쑤기, 물집만들기, 수피감기의 순서 및 진흙바르기도 작업에 포함한다.
- 완성하여 시험위원의 점검을 받은 후에 해체한다.
  (해체하여 정리 정돈시까지 제한시간에 포함됩니다.)
- 수목은 시험위원이 지정하여 줍니다.

다. 주어진 수목을 식재(열식)하시오.

34 조경작업기출문제(2017년)

1. 요구사항(제2과제)

가. 주어진 수목을 식별하여 수목명을 명기하시오.(제한시간 10분)
나. 주어진 수목을 식재하고, 수피감기를 하시오.(제한시간 20분)
- 수목의 식재는 식재순서에 맞추어 실시한다.
- 수피감기의 순서 및 진흙바르기도 작업에 포함한다.
- 완성하여 시험위원의 점검을 받은 후 해체한다.
  (해체하여 정리 정돈시까지 제한시간에 포함합니다.)
- 수목은 시험위원이 지정하여 줍니다.

다. 주어진 재료를 이용하여 잔디식재를 하시오.(제한시간 30분)
- 잔디식재는 어긋나게 붙이기에 의한다.
- 완성하여 시험위원 점검을 받은 후 해체하여 사용한 재료들을 원위치 시킨다.

35 조경작업기출문제(2018년)

1. 요구사항(제2과제)

가. 주어진 수목을 식별하여 수목명을 명기하시오.
나. 주어진 수목으로 정지와 전정을 하시오.
- 정지와 전정의 차이점에 대해서 말하시오.
- 정지와 전정의 방법을 말하시오.

다. 주어진 재료로 원로포장을 하시오.

※ 정지(Training) : 수목의 수형을 영구히 유지, 보존하기 위해 줄기나 가지의 성장조절, 수형을 인위적으로 만들어가는 기초정리작업(예 : 분재) / 전정(Pruning) : 수목관상, 개화결실, 생육상태조절 등의 목적에 따라 정지하거나 발육을 위해 가지나 줄기의 일부를 잘라내는 정리 작업

※ 정지 및 전정방법

1. 굵은가지 자르기
   ㉠ 한 번에 자르면 쪼개지므로 밑에서 위쪽으로 굵기의 1/3정도 깊이까지 톱질을 한다.
   ㉡ 위에서 아래로 잘라 무거운 가지를 떨어뜨린다.
   ㉢ 남은 가지의 밑을 톱으로 깨끗이 자른다.
   ㉣ 벚나무, 자귀나무, 목련류, 단풍나무류는 자른 부위에 방부제를 발라 병원균의 침입을 예방하도록 한다.
   (벚나무 : 굵은가지를 전정하였을 때 반드시 도포제를 발라주어야 한다).

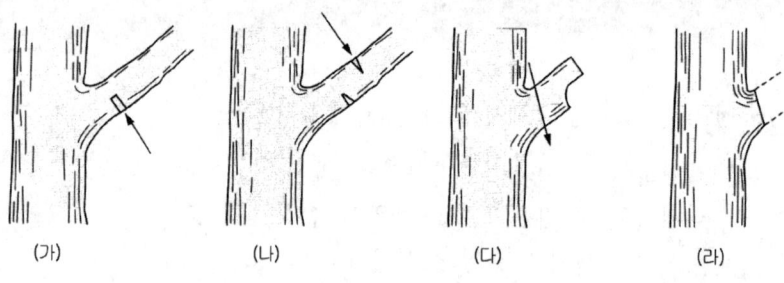

그림. 굵은가지 자르는 요령

2. 마디 위 자르기
   ㉠ 나무의 생장속도를 억제하거나 수형의 균형을 위하여 필요 이상으로 길게 자란 가지를 줄여 주는 것을 의미한다.
   ㉡ 바깥눈 위에서 자른다.
   ㉢ 마디 위 자르기는 아래 그림과 같이 바깥눈 7~10mm 위쪽에서 눈과 평행한 방향으로 비스듬히 자르는 것이 좋다.
   - 눈과 너무 가까우면 눈이 말라 죽고, 너무 비스듬히 자르면 증산량이 많아지며, 너무 많이 남겨두면 양분의 손실이 크다.

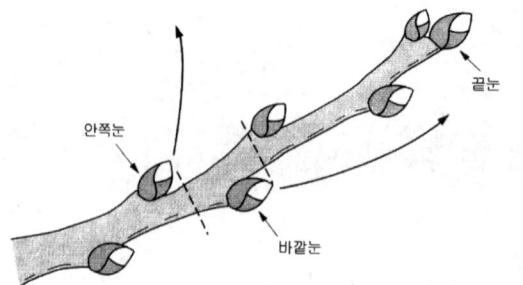 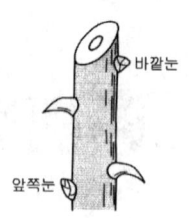

그림. 눈의 위치와 자라는 방향   그림. 마디 위 자르기

36 조경작업기출문제(2018년)

1. 요구사항(제2과제)

가. 주어진 수목을 식별하여 수목명을 명기하시오.(제한시간 10분)
나. 주어진 수목을 식재하고, 수목보호(수간주입 및 수목의 외과수술)를 하시오.(제한시간 20분)
    - 수목의 식재는 식재순서에 맞추어 실시한다.
    - 완성하여 시험위원의 점검을 받은 후 해체한다.
      (해체하여 정리 정돈시까지 제한시간에 포함합니다.)
    - 수목은 시험위원이 지정하여 줍니다.
다. 주어진 수목을 활용하여 환상박피 및 뿌리돌림을 실시 하시오.(제한시간 30분)
    - 완성하여 시험위원 점검을 받은 후 해체하여 사용한 재료들을 원위치 시킨다.

37 조경작업기출문제(2018년)

1. 요구사항(제2과제)

가. 주어진 수목을 식별하여 수목명을 명기하시오.(제한시간 10분)
나. 주어진 재료를 이용하여 잔디식재를 하시오.(제한시간 20분)
    - 잔디식재는 어긋나게 붙이기에 의한다.
    - 완성하여 시험위원 점검을 받은 후 해체하여 사용한 재료들을 원위치 시킨다.
다. 주어진 지급재료를 이용하여 가설치된 수목(통나무 원목)에 수간주입을 하시오.(제한시간 20분)
    - 식재한 수목에 실시하되 지주목에 방해가 되지 않도록 합니다.
    - 드릴은 두 곳에만 사용할 수 있습니다.
    - 6~8월로 가정합니다.

38 조경작업기출문제(2019년)

1. 요구사항(제2과제)

가. 주어진 수목을 식별하여 수목명을 명기하시오.(제한시간 10분)

나. 주어진 수목을 식재하고, 수피감기 및 삼발이지주목을 설치 하시오.(제한시간 20분)
- 수목의 식재는 식재순서에 맞추어 실시한다.
- 물죽쑤기, 물집만들기, 수피감기의 순서 및 진흙바르기도 작업에 포함한다.
- 완성하여 시험위원의 점검을 받은 후 해체한다.
  (해체하여 정리 정돈시까지 제한시간에 포함합니다.)
- 수목은 시험위원이 지정하여 줍니다.

다. 주어진 재료로 도면과 같이 벽돌(210×100×60)포장을 실시한다.(제한시간 30분)
- 기초잡석이나 콘크리트, 모르타르 등은 실제 행하지 않고 다짐만 한다.
- 까는 방법은 모로 세워깔기로 실시한다.
- 한쪽을 기준하여 물매를 맞추어 조정한다.
- 완성하여 시험위원 점검을 받은 후 해체하여 사용한 재료들을 원위치 시킨다.

  (평면도)

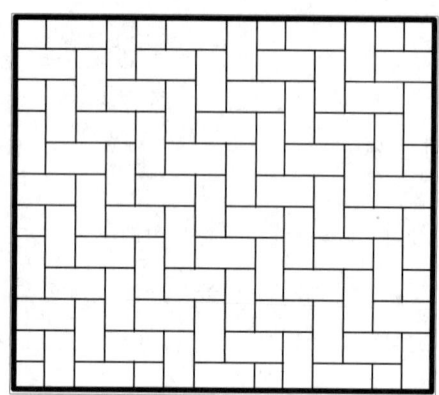

39 조경작업기출문제(2019년)

1. 요구사항(제2과제)

가. 주어진 수목을 식별하여 수목명을 명기하시오.(제한시간 10분)
나. 주어진 수목을 식재하고, 삼발이지주목을 설치하시오.(제한시간 20분)
- 수목의 식재는 죽쑤기에 의합니다.
- 결속부위는 새끼를 사용하십시오.
- 완성하여 시험위원의 점검을 받은 후 해체하여 원위치 시킵니다.
  (해체하여 정리 정돈시까지 제한시간에 포함합니다.)
- 수목은 시험위원이 지정하여 줍니다.
- 전정의 목적 및 전정대상 가지, 전정방법에 대해 답하시오.

1) 전정의 목적
   ① 미관상 목적
      ㉠ 수형에 불필요한 가지 제거로 수목의 자연미를 높임
      ㉡ 인공적인 수형을 만들 경우 조형미를 높임
      ㉢ 형상수(Topiary : 토피어리)나 산울타리 등과 같이 강한 전정에 의해 인공적으로 만든 수형은 직선 또는 곡선의 아름다움을 나타내기 위하여 불필요한 가지와 잎을 전정한다.
   ② 실용상 목적
      ㉠ 방화수, 방풍수 : 차폐수 등을 정지, 전정하여 지엽의 생육을 도움
      ㉡ 가로수의 하기전정 : 통풍원활, 태풍의 피해방지
   ③ 생리상의 목적
      ㉠ 지엽이 밀생한 수목 : 가지를 정리하여 통풍, 채광이 잘 되게 하여 병충해방지, 풍해와 설해에 대한 저항력을 강화
      ㉡ 쇠약해진 수목 : 지엽을 부분적으로 잘라 새로운 가지를 재생해 수목에 활력을 촉진
      ㉢ 개화결실 수목 : 도장지, 허약지 등을 전정해 생장을 억제하여 개화결실 촉진
      ㉣ 이식한 수목 : 지엽을 자르거나 잎을 훑어주어 수분의 균형을 이뤄 활착을 좋게 함

2) 전정대상 가지
   ㉠ 도장지(웃자란 가지) : 일반 가지보다 자라는 힘이 강해 위로 향하여 굵고 길게 자라는 가지로 통풍과 나무의 수형, 수광에 나쁜 영향을 준다.
   ㉡ 안으로 향한 가지 : 나무의 모양과 통풍을 나쁘게 한다.
   ㉢ 고사지(말라 죽은 가지) : 병충해의 잠복장소 제공
   ㉣ 움돋은 가지 : 땅에 접해 있는 줄기 밑 부분에서 움돋은 가지와 줄기의 중간부분에서 돋아난 가지를 그대로 방치하면 나무의 생김새가 흐트러지고 나무가 쇠약하게 된다.
   ㉤ 교차한 가지 : 부자연스러운 느낌을 준다.
   ㉥ 평행지 : 같은 방향에서 같은 방향으로 평행하게 나 있는 가지는 둘 중 하나를 자른다.

ⓢ 병충해 피해를 입은 가지 : 잘라 태운다.
ⓞ 아래로 향한 가지 : 나무의 모양을 나쁘게 하고, 가지를 혼잡하게 한다.
ⓩ 무성하게 자란가지(무성지)

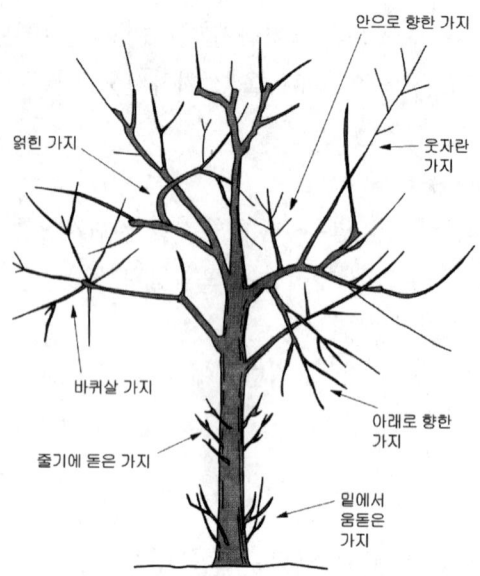

그림. 잘라야 할(전정해야 할) 가지

3) 전정의 방법
　　㉠ 전체 수형을 스케치
　　㉡ 수관 위에서 아래로, 수관 밖에서 안으로 전정
　　㉢ 굵은 가지 먼저 전정하고, 가는 가지 순으로 전정

40 조경작업기출문제(2019년)

1. 요구사항(제2과제)

가. 주어진 수목을 식별하여 수목명을 명기하시오.(제한시간 10분)

나. 주어진 지급재료를 이용하여 가설치된 수목(통나무 원목)에 대추나무 빗자루병 수간주입을 하시오. (제한시간 20분)
- 식재한 수목에 실시하되 지주목에 방해가 되지 않도록 합니다.
- 드릴은 두 곳에만 사용할 수 있습니다.
- 6~8월로 가정합니다.
- 주어진 약재를 규정농도로 희석하여 사용합니다.
  (답 : 옥시테트라사이클린 1g을 1000cc의 물에 희석하여 사용한다.)
- 수간주입 후 뒤처리 방법과 1ℓ 약물의 소모기간은 며칠인가?
  (답 : 코르크로 막고, 소모기간은 약1~2주이다.)

41 조경작업기출문제(2019년)

1. 요구사항(제2과제)

가. 주어진 수목을 식별하여 수목명을 명기하시오.(제한시간 10분)

나. 주어진 재료로 도면과 같이 판석포장을 실시한다.(제한시간 20분)
- 기초잡석이나 콘크리트, 모르타르 등은 실제 행하지 않고 다짐만 한다.
- 까는 방법은 아래 그림의 단면도대로 실시한다.
- 완성하여 시험위원 점검을 받은 후 해체하여 사용한 재료들을 원위치 시킨다.

(단면도)

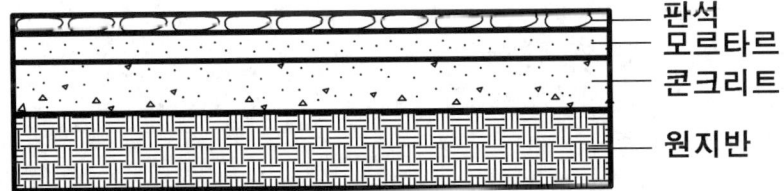

다. 주어진 재료를 이용하여 잔디종자 파종을 하시오.(제한시간 20분)
- 주어진 재료를 잔디종자라 생각하고 순서 및 방법을 정확히 하여 작업한다.
- 완성하여 시험위원 점검을 받는다.

42 　조경작업기출문제(2019년)

1. 요구사항(제2과제)

가. 주어진 수목을 식별하여 수목명을 명기하시오.(제한시간 10분)
나. 주어진 수목을 식재하고, 삼발이지주목을 설치하시오.(제한시간 20분)
- 수목의 식재는 죽쑤기에 의합니다.
- 결속부위는 새끼를 사용하십시오.
- 완성하여 시험위원의 점검을 받은 후 해체하여 원위치 시킵니다.
  (해체하여 정리 정돈시까지 제한시간에 포함합니다.)
- 수목은 시험위원이 지정하여 줍니다.

다. 주어진 지급재료를 이용하여 가설치된 수목(통나무 원목)에 수간주입을 하시오.(제한시간 20분)
- 식재한 수목에 실시하되 지주목에 방해가 되지 않도록 합니다.
- 드릴은 두 곳에만 사용할 수 있습니다.
- 6~8월로 가정합니다.
- 대추나무 빗자루병으로 가정하여 주어진 약재를 규정농도로 희석하여 사용합니다.
 (답 : 옥시테트라사이클린 1g을 1000cc의 물에 희석하여 사용한다.)

43 　조경작업기출문제(2019년)

1. 요구사항(제2과제)

가. 주어진 수목을 식별하여 수목명을 명기하시오.(제한시간 10분)
나. 주어진 수목을 식재하고, 벽돌포장을 하시오.(제한시간 20분)
- 수목의 식재는 식재순서에 맞추어 실시한다.
- 결속부위는 새끼를 사용하여 지주목을 설치하시오.
- 벽돌의 포장은 모로세워깔기로 한다.
- 완성하여 시험위원 점검을 받은 후 해체한다.
  (해체하여 정리 정돈시까지 제한시간에 포함합니다.)
- 수목은 시험위원이 지정하여 줍니다.

다. 주어진 수목을 식재하고, 수피감기를 하시오.(제한시간 20분)
- 수목의 식재는 식재순서에 맞추어 실시한다.
- 수피감기의 순서 및 진흙바르기도 작업에 포함한다.
- 완성하여 시험위원의 점검을 받은 후 해체한다.
  (해체하여 정리 정돈시까지 제한시간에 포함합니다.)
- 수목은 시험위원이 지정하여 줍니다.

44 조경작업기출문제(2020년)

1. 요구사항(제2과제)

가. 주어진 수목을 식별하여 수목명을 명기하시오.(제한시간 10분)

나. 주어진 수목을 식재하고, 삼각지주목을 설치하시오.(제한시간 20분)
- 수목의 식재는 죽쑤기에 의합니다.
- 결속부위는 새끼를 사용하십시오.
- 완성하여 시험위원의 점검을 받은 후 해체하여 원위치 시킵니다.
  (해체하여 정리 정돈시까지 제한시간에 포함합니다.)
- 수목은 시험위원이 지정하여 줍니다.

다. 주어진 지급재료를 이용하여 가설치된 수목(통나무 원목)에 수간주입을 하시오.(제한시간 20분)
- 식재한 수목에 실시하되 지주목에 방해가 되지 않도록 합니다.
- 드릴은 두 곳에만 사용할 수 있습니다.
- 6~8월로 가정합니다.
- 대추나무 빗자루병으로 가정하여 주어진 약재를 규정농도로 희석하여 사용합니다.
  (답 : 옥시테트라사이클린 1g을 1000cc의 물에 희석하여 사용한다.)

45 조경작업기출문제(2020년)

1. 요구사항(제2과제)

가. 주어진 수목을 식별하여 수목명을 명기하시오.(제한시간 10분)

나. 주어진 재료로 잔디붙이기(평떼)를 하시오.(제한시간 20분)
- 면적 : 가로 250cm × 세로 160cm
- 시공방법은 어긋나게 붙이기로 한다.
- 완성하여 시험위원 점검을 받은 후 해체하여 원위치 시킨다.

다. 주어진 재료로 도면과 같이 벽돌(210×100×60)포장을 실시한다.(제한시간 30분)
- 기초잡석이나 콘크리트, 모르타르 등은 실제 행하지 않고 다짐만 한다.
- 까는 방법은 모로 세워깔기로 실시한다.
- 한쪽을 기준하여 물매를 맞추어 조정한다.
- 완성하여 시험위원 점검을 받은 후 해체하여 사용한 재료들을 원위치 시킨다.

(평면도)

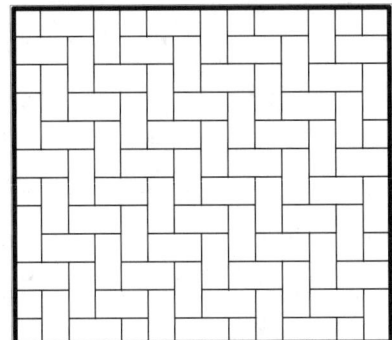

46　조경작업기출문제(2020년)

1. 요구사항(제2과제)

가. 주어진 수목을 식별하여 수목명을 명기하시오.(제한시간 10분)

나. 주어진 재료로 도면과 같이 판석포장을 실시한다.(제한시간 20분)
- 기초잡석이나 콘크리트, 모르타르 등은 실제 행하지 않고 다짐만 한다.
- 까는 방법은 아래 그림의 단면도대로 실시한다.
- 완성하여 시험위원 점검을 받은 후 해체하여 사용한 재료들을 원위치 시킨다.

(단면도)

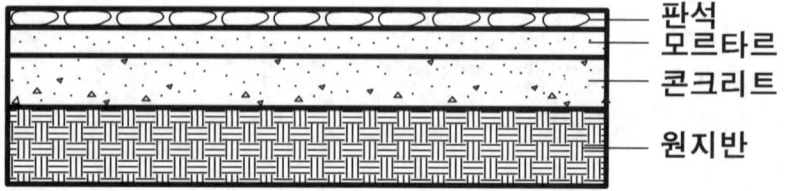

다. 주어진 재료를 이용하여 잔디종자 파종을 하시오.(제한시간 20분)
- 주어진 재료를 잔디종자라 생각하고 순서 및 방법을 정확히 하여 작업한다.
- 완성하여 시험위원 점검을 받는다.

47　조경작업기출문제(2020년)

1. 요구사항(제2과제)

가. 주어진 수목을 식별하여 수목명을 명기하시오.(제한시간 10분)

나. 주어진 수목을 식재하고, 수피감기 및 삼발이지주목을 설치하시오.(제한시간 20분)
- 수목의 식재는 식재순서에 맞추어 실시한다.
- 물죽쑤기, 물집만들기, 수피감기의 순서 및 진흙바르기도 작업에 포함한다.
- 완성하여 시험위원의 점검을 받은 후 해체한다.
  (해체하여 정리 정돈시까지 제한시간에 포함합니다.)
- 수목은 시험위원이 지정하여 줍니다.

다. 주어진 수목을 식재(열식)하시오.

48 조경작업기출문제(2020년)

1. 요구사항(제2과제)

가. 주어진 수목을 식별하여 수목명을 명기하시오.(제한시간 10분)

나. 주어진 수목을 식재하고, 수목보호(수간주입 및 수목의 외과수술)를 하시오.(제한시간 20분)
- 수목의 식재는 식재순서에 맞추어 실시한다.
- 완성하여 시험위원의 점검을 받은 후 해체한다.
  (해체하여 정리 정돈시까지 제한시간에 포함합니다.)
- 수목은 시험위원이 지정하여 줍니다.

다. 주어진 지급재료를 이용하여 가설치된 수목(통나무 원목)에 수간주입을 하시오.(제한시간 20분)
- 식재한 수목에 실시하되 지주목에 방해가 되지 않도록 합니다.
- 드릴은 두 곳에만 사용할 수 있습니다.
- 6~8월로 가정합니다.

49 조경작업기출문제(2021년)

1. 요구사항(제2과제)

가. 주어진 수목을 식별하여 수목명을 명기하시오.(제한시간 10분)

나. 주어진 재료로 도면과 같이 판석포장을 실시한다.(제한시간 20분)
- 기초잡석이나 콘크리트, 모르타르 등은 실제 행하지 않고 다짐만 한다.
- 까는 방법은 아래 그림의 단면도대로 실시한다.
- 완성하여 시험위원 점검을 받은 후 해체하여 사용한 재료들을 원위치 시킨다.

(단면도)

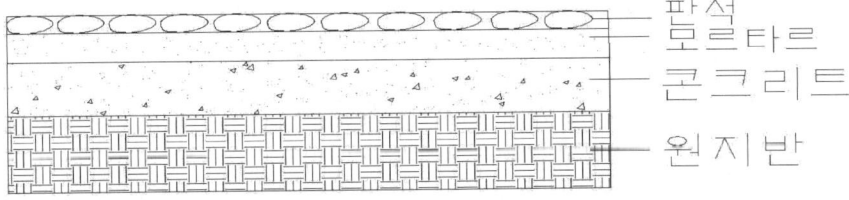

다. 주어진 재료를 이용하여 잔디종자 파종을 하시오.(제한시간 20분)
- 주어진 재료를 잔디종자라 생각하고 순서 및 방법을 정확히 하여 작업한다.
- 완성하여 시험위원 점검을 받는다.

50 조경작업기출문제(2021년)

1. 요구사항(제2과제)
가. 주어진 수목을 식별하여 수목명을 명기하시오.(제한시간 10분)
나. 주어진 재료로 잔디붙이기(평떼)를 하시오.(제한시간 20분)
- 면적 : 가로 250cm × 세로 160cm
- 시공방법은 어긋나게 붙이기로 한다.
- 완성하여 시험위원 점검을 받은 후 해체하여 원위치 시킨다.

다. 주어진 재료로 도면과 같이 벽돌(210×100×60)포장을 실시한다.(제한시간 30분)
- 기초잡석이나 콘크리트, 모르타르 등은 실제 행하지 않고 다짐만 한다.
- 까는 방법은 모로 세워깔기로 실시한다.
- 한쪽을 기준하여 물매를 맞추어 조정한다.
- 완성하여 시험위원 점검을 받은 후 해체하여 사용한 재료들을 원위치 시킨다.

(평면도)

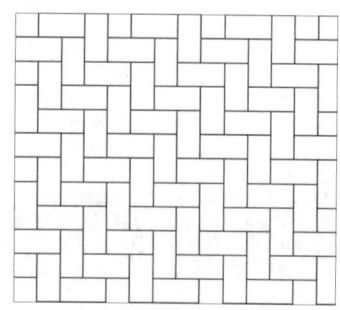

51 조경작업기출문제(2021년)

1. 요구사항(제2과제)
가. 주어진 수목을 식별하여 수목명을 명기하시오.(제한시간 10분)
나. 주어진 수목을 식재하고, 삼각지주목을 설치하시오.(제한시간 20분)
- 수목의 식재는 죽쑤기에 의합니다.
- 결속부위는 새끼를 사용하십시오.
- 완성하여 시험위원의 점검을 받은 후 해체하여 원위치 시킵니다.
 (해체하여 정리 정돈시까지 제한시간에 포함합니다.)
- 수목은 시험위원이 지정하여 줍니다.

다. 주어진 지급재료를 이용하여 가설치된 수목(통나무 원목)에 수간주입을 하시오.(제한시간 20분)
- 식재한 수목에 실시하되 지주목에 방해가 되지 않도록 합니다.
- 드릴은 두 곳에만 사용할 수 있습니다.
- 6~8월로 가정합니다.
- 대추나무 빗자루병으로 가정하여 주어진 약재를 규정농도로 희석하여 사용합니다.
 (답 : 옥시테트라사이클린 1g을 1000cc의 물에 희석하여 사용한다.)

52 조경작업기출문제(2021년)

1. **요구사항(제2과제)**

   가. 주어진 수목을 식별하여 수목명을 명기하시오.(제한시간 10분)
   나. 주어진 수목을 식재하고, 수피감기를 하시오.(제한시간 20분)
   - 수목의 식재는 식재순서에 맞추어 실시한다.
   - 수피감기의 순서 및 진흙바르기도 작업에 포함한다.
   - 완성하여 시험위원의 점검을 받은 후 해체한다.
     (해체하여 정리 정돈시까지 제한시간에 포함합니다.)
   - 수목은 시험위원이 지정하여 줍니다.

   다. 주어진 재료를 이용하여 잔디식재를 하시오.(제한시간 30분)
   - 잔디식재는 어긋나게 붙이기에 의한다.
   - 완성하여 시험위원 점검을 받은 후 해체하여 사용한 재료들을 원위치 시킨다.

53 조경작업기출문제(2021년)

1. **요구사항(제2과제)**

   가. 주어진 수목을 식별하여 수목명을 명기하시오.(제한시간 10분)
   나. 주어진 수목을 식재하고, 수목보호(수간주입 및 수목의 외과수술)를 하시오.(제한시간 20분)
   - 수목의 식재는 식재순서에 맞추어 실시한다.
   - 완성하여 시험위원의 점검을 받은 후 해체한다.
     (해체하여 정리 정돈시까지 제한시간에 포함합니다.)
   - 수목은 시험위원이 지정하여 줍니다.

   다. 주어진 수목을 활용하여 환상박피 및 뿌리돌림을 실시 하시오.(제한시간 30분)
      완성하여 시험위원 점검을 받은 후 해체하여 사용한 재료들을 원위치 시킨다.

54 조경작업기출문제(2021년)

1. 요구사항(제2과제)

가. 주어진 수목을 식별하여 수목명을 명기하시오.(제한시간 10분)
나. 주어진 수목을 식재하고, 수피감기를 하시오.(제한시간 20분)
  - 수목의 식재는 식재순서에 맞추어 실시한다.
  - 수피감기의 순서 및 진흙바르기도 작업에 포함한다.
  - 완성하여 시험위원의 점검을 받은 후 해체한다.
    (해체하여 정리 정돈시까지 제한시간에 포함합니다.)
  - 수목은 시험위원이 지정하여 줍니다.
다. 주어진 재료를 이용하여 잔디식재를 하시오.(제한시간 30분)
  - 잔디식재는 어긋나게 붙이기에 의한다.
  - 완성하여 시험위원 점검을 받은 후 해체하여 사용한 재료들을 원위치 시킨다.

55 조경작업기출문제(2021년)

1. 요구사항(제2과제)

가. 주어진 수목을 식별하여 수목명을 명기하시오.(제한시간 10분)
나. 주어진 수목을 식재하고, 수목보호(수간주입 및 수목의 외과수술)를 하시오.(제한시간 20분)
  - 수목의 식재는 식재순서에 맞추어 실시한다.
  - 완성하여 시험위원의 점검을 받은 후 해체한다.
    (해체하여 정리 정돈시까지 제한시간에 포함합니다.)
  - 수목은 시험위원이 지정하여 줍니다.
다. 주어진 수목을 활용하여 환상박피 및 뿌리돌림을 실시 하시오.(제한시간 30분)
  - 완성하여 시험위원 점검을 받은 후 해체하여 사용한 재료들을 원위치 시킨다.

56 조경작업기출문제(2022년)

1. 요구사항(제2과제)

가. 주어진 수목을 식별하여 수목명을 명기하시오.(제한시간 10분)

나. 주어진 수목을 식재하고, 수피감기 및 삼발이지주목을 설치하시오.(제한시간 20분)
  - 수목의 식재는 식재순서에 맞추어 실시한다.
  - 죽쑤기(흙죔), 물집만들기, 수피감기의 순서 및 진흙바르기도 작업에 포함한다.
  - 완성하여 시험위원의 점검을 받은 후 해체한다.
    (해체하여 정리 정돈시까지 제한시간에 포함합니다.)
  - 수목은 시험위원이 지정하여 줍니다.

다. 주어진 재료로 도면과 같이 벽돌(210×100×60)포장을 실시한다.(제한시간 30분)
  - 기초잡석이나 콘크리트, 모르타르 등은 실제 행하지 않고 다짐만 한다.
  - 까는 방법은 모로 세워깔기로 실시한다.
  - 한쪽을 기준하여 물매를 맞추어 조정한다.
  - 완성하여 시험위원 점검을 받은 후 해체하여 사용한 재료들을 원위치 시킨다.

(평면도)

1) 죽쑤기(흙죔)은 나무 위치를 잡고 흙을 70% 정도 덮고 뿌리 부분에 물을 주입한다. 물이 충분히 올라오면 삽을 이용해서 죽쑤기(흙죔)를 실시하고, 식재한 땅에 공극이 있으면 뿌리가 활착하는데 문제가 생기므로 최대한 골고루 섞어 준다. 죽쑤기가 끝나면 흙을 덮고 주위에 물집을 만든 후 2차 물주기를 한다.

57　조경작업기출문제(2022년)

1. 요구사항(제2과제)
가. 주어진 수목을 식별하여 수목명을 명기하시오.(제한시간 10분)
나. 주어진 재료로 잔디붙이기를 하시오.(제한시간 20분)
- 면적 : 가로 250cm × 세로 160cm
- 시공방법은 어긋나게 붙이기로 한다.
- 완성하여 시험위원 점검을 받은 후 해체하여 원위치 시킨다.

다. 주어진 재료로 도면과 같이 판석포장을 실시한다.(제한시간 30분)
- 기초잡석이나 콘크리트, 모르타르 등은 실제 행하지 않고 다짐만 한다.
- 까는 방법은 아래 그림의 단면도대로 실시한다.
- 완성하여 시험위원 점검을 받은 후 해체하여 사용한 재료들을 원위치 시킨다.

(단면도)

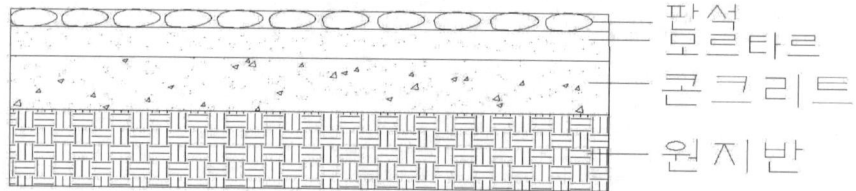

58　조경작업기출문제(2022년)

1. 요구사항(제2과제)
가. 주어진 수목을 식별하여 수목명을 명기하시오.(제한시간 10분)
나. 주어진 재료를 이용하여 잔디식재를 하시오.(제한시간 30분)
- 잔디식재는 어긋나게 붙이기에 의한다.
- 완성하여 시험위원 점검을 받은 후 해체하여 사용한 재료들을 원위치 시킨다.

다. 주어진 재료를 이용하여 잔디종자 파종을 하시오.(제한시간 30분)
- 주어진 재료를 잔디종자라 생각하고 순서 및 방법을 정확히 하여 작업한다.
- 완성하여 시험위원 점검을 받는다.

59 조경작업기출문제(2023년)

1. 요구사항(제2과제)

가. 주어진 수목을 식별하여 수목명을 명기하시오.(제한시간 10분)

나. 주어진 수목을 식재하고, 수피감기 및 삼발이지주목을 설치 하시오.(제한시간 20분)
- 수목의 식재는 식재순서에 맞추어 실시한다.
- 물죽쑤기, 물집만들기, 수피감기의 순서 및 진흙바르기도 작업에 포함한다.
- 완성하여 시험위원의 점검을 받은 후 해체한다.
  (해체하여 정리 정돈시까지 제한시간에 포함합니다.)
- 수목은 시험위원이 지정하여 줍니다.

다. 주어진 재료로 도면과 같이 벽돌(210×100×60)포장을 실시한다.(제한시간 30분)
- 기초잡석이나 콘크리트, 모르타르 등은 실제 행하지 않고 다짐만 한다.
- 까는 방법은 모로 세워깔기로 실시한다.
- 한쪽을 기준하여 물매를 맞추어 조정한다.
- 완성하여 시험위원 점검을 받은 후 해체하여 사용한 재료들을 원위치 시킨다.

(평면도)

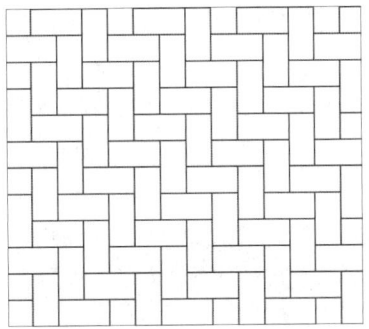

60 조경작업기출문제(2023년)

1. 요구사항(제2과제)

가. 주어진 수목을 식별하여 수목명을 명기하시오.(제한시간 10분)

나. 주어진 수목을 식재하고, 삼각지주목을 설치하시오.(제한시간 20분)
- 수목의 식재는 죽쑤기에 의합니다.
- 결속부위는 새끼를 사용하여 완성하십시오.
- 완성하여 시험위원의 점검을 받은 후 해체하여 원위치 시킵니다.
  (해체하여 정리 정돈시까지 제한시간에 포함합니다.)
- 지주목은 길이를 고려하여 지주목을 재단하여 완성합니다.

다. 주어진 지급재료를 이용하여 가설치된 수목(통나무 원목)에 수간주입을 하시오.(제한시간 20분)
- 식재한 수목에 실시하되 지주목에 방해가 되지 않도록 합니다.
- 드릴은 두 곳에만 사용할 수 있습니다.
- 6~8월로 가정합니다.
- 대추나무 빗자루병으로 가정하여 주어진 약재를 규정농도로 희석하여 사용합니다.
  (정답 : 옥시테트라사이클린 1g을 1000cc의 물에 희석하여 사용한다.)

61　조경작업기출문제(2023년)

1. 요구사항(제2과제)
가. 주어진 수목을 식별하여 수목명을 명기하시오.(제한시간 10분)

나. 주어진 수목을 식재하고, 판석포장을 하시오.(제한시간 20분)
- 수목의 식재는 식재순서에 맞추어 실시한다.
- 판석포장은 판석포장의 성격을 고려하여 진행한다.
- 완성하여 시험위원의 점검을 받은 후 해체한다.
  (해체하여 정리 정돈시까지 제한시간에 포함합니다.)
- 수목은 시험위원이 지정하여 줍니다.

다. 주어진 지급재료를 이용하여 수간주입을 하시오.(제한시간 20분) - 구술질문
- 드릴로 구멍을 뚫을 때 지름은? (정답 : 지름 5mm)
- 어느 지점에 구멍을 뚫어야 하는지?
- 드릴로 구멍 뚫는 깊이, 구멍 뚫는 각도 (정답 : 나무 밑에서부터 높이 5~10cm 되는 부위에 드릴(지름 5mm)로 깊이 3~4cm 되게 구멍을 20~30° 각도로 비스듬히 뚫고, 주입구멍 안의 톱밥 부스러기를 깨끗이 제거한다. 같은 방법으로 먼저 뚫은 구멍의 반대쪽에 지상 10~15cm 위에 구멍 1개를 더 뚫는다.)
- 대추나무 빗자루병으로 가정하여 주어진 약재를 규정농도로 희석하여 사용합니다.
(정답 : 옥시테트라사이클린 1g을 1000cc의 물에 희석하여 사용한다.)

62　조경작업기출문제(2023년)

1. 요구사항(제2과제)
가. 주어진 수목을 식별하여 수목명을 명기하시오.(제한시간 10분)

나. 주어진 재료로 도면과 같이 판석포장을 실시한다.(제한시간 20분)
- 기초잡석이나 콘크리트, 모르타르 등은 실제 행하지 않고 다짐만 한다.
- 까는 방법은 아래 그림의 단면도대로 실시한다.
- 완성하여 시험위원 점검을 받은 후 해체하여 사용한 재료들을 원위치 시킨다.
(단면도)

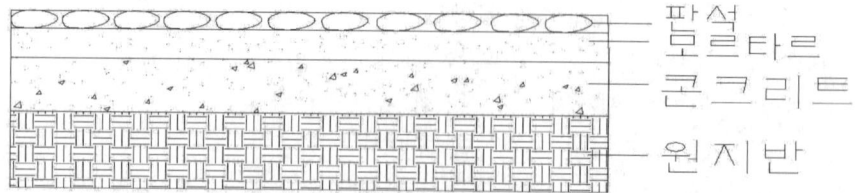

다. 주어진 재료를 이용하여 잔디종자 파종을 하시오.(제한시간 20분)
- 주어진 재료를 잔디종자라 생각하고 순서 및 방법을 정확히 하여 작업한다.
- 완성하여 시험위원 점검을 받는다.

| 63 | 조경작업기출문제(2024년) |

1. 요구사항(제2과제)

가. 주어진 수목을 식별하여 수목명을 명기하시오.(제한시간 10분)

나. 주어진 수목을 식재하고, 벽돌포장을 하시오.(제한시간 20분)
- 수목의 식재는 식재순서에 맞추어 실시한다.
- 결속부위는 새끼를 사용하여 지주목을 설치하시오.
- 벽돌의 포장은 모로세워깔기로 한다.
- 완성하여 시험위원의 점검을 받은 후 해체한다.
  (해체하여 정리 정돈시까지 제한시간에 포함합니다.)
- 수목은 시험위원이 지정하여 줍니다.

다. 주어진 재료를 이용하여 잔디종자 파종을 하시오.(제한시간 30분)
- 주어진 재료를 잔디종자라 생각하고 순서 및 방법을 정확히 하여 작업한다.
- 잔디종자 파종의 규격은 2m x 2m의 장소에 실시한다.
- 완성하여 시험위원 점검을 받는다.

| 64 | 조경작업기출문제(2024년) |

1. 요구사항(제2과제)

가. 주어진 수목을 식별하여 수목명을 명기하시오.(제한시간 10분)

나. 주어진 재료를 이용하여 잔디식재를 하시오.(제한시간 30분)
- 잔디식재는 어긋나게 붙이기에 의한다.
- 완성하여 시험위원 점검을 받은 후 해체하여 사용한 재료들을 원위치 시킨다.

다. 주어진 재료를 이용하여 잔디종자 파종을 하시오.(제한시간 30분)
- 주어진 재료를 잔디종자라 생각하고 순서 및 방법을 정확히 하여 작업한다.
- 완성하여 시험위원 점검을 받는다.

65 조경작업기출문제(2024년)

1. 요구사항(제2과제)

가. 주어진 수목을 식별하여 수목명을 명기하시오.

나. 주어진 수목으로 정지와 전정을 하시오.
- 정지와 전정의 차이점에 대해서 말하시오.　　- 정지와 전정의 방법을 말하시오.

다. 주어진 재료로 원로포장을 하시오.

※ 정지(Training) : 수목의 수형을 영구히 유지, 보존하기 위해 줄기나 가지의 성장조절, 수형을 인위적으로 만들어가는 기초정리작업(예 : 분재) / 전정(Pruning) : 수목관상, 개화결실, 생육상태조절 등의 목적에 따라 정지하거나 발육을 위해 가지나 줄기의 일부를 잘라내는 정리 작업

※ 정지 및 전정방법

1. 굵은가지 자르기

　㉠ 한 번에 자르면 쪼개지므로 밑에서 위쪽으로 굵기의 1/3정도 깊이까지 톱질을 한다.
　㉡ 위에서 아래로 잘라 무거운 가지를 떨어뜨린다.
　㉢ 남은 가지의 밑을 톱으로 깨끗이 자른다.
　㉣ 벚나무, 자귀나무, 목련류, 단풍나무류는 자른 부위에 방부제를 발라 병원균의 침입을 예방하도록 한다(벚나무 : 굵은가지를 전정하였을 때 반드시 도포제를 발라주어야 한다).

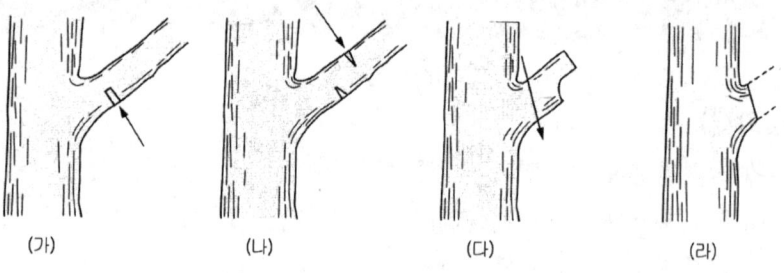

그림. 굵은가지 자르는 요령

2. 마디 위 자르기

㉠ 나무의 생장속도를 억제하거나 수형의 균형을 위하여 필요 이상으로 길게 자란 가지를 줄여 주는 것을 의미한다.
㉡ 바깥눈 위에서 자른다.
㉢ 마디 위 자르기는 아래 그림과 같이 바깥눈 7~10mm 위쪽에서 눈과 평행한 방향으로 비스듬히 자르는 것이 좋다.
- 눈과 너무 가까우면 눈이 말라 죽고, 너무 비스듬히 자르면 증산량이 많아지며, 너무 많이 남겨두면 양분의 손실이 크다.

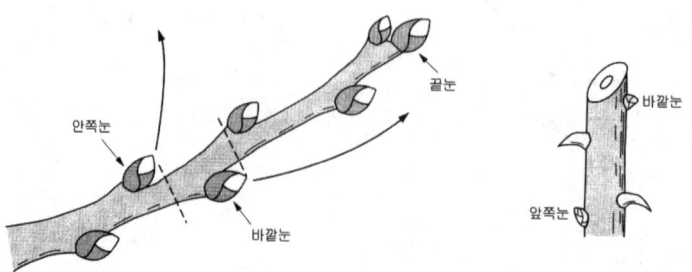

그림. 눈의 위치와 자라는 방향　　　그림. 마디 위 자르기

66   조경작업기출문제(2024년)

1. 요구사항(제2과제)

   가. 주어진 수목을 식별하여 수목명을 명기하시오.(제한시간 10분)

   나. 주어진 수목을 식재하고, 수목보호(수간주입 및 수목의 외과수술)를 하시오.(제한시간 20분)
      - 수목의 식재는 식재순서에 맞추어 실시한다.
      - 완성하여 시험위원의 점검을 받은 후 해체한다.
        (해체하여 정리 정돈 시까지 제한시간에 포함합니다.)
      - 수목은 시험위원이 지정하여 줍니다.

   다. 주어진 수목을 활용하여 환상박피 및 뿌리돌림을 실시하시오.(제한시간 30분)
      - 완성하여 시험위원 점검을 받은 후 해체하여 사용한 재료들을 원위치 시킨다.

67   조경작업기출문제(2025년)

1. 요구사항(제2과제)

   가. 주어진 수목을 식별하여 수목명을 명기하시오.(제한시간 10분)

   나. 주어진 재료를 이용하여 잔디식재를 하시오.(제한시간 30분)
      - 잔디식재는 어긋나게 붙이기에 의한다.
      - 완성하여 시험위원 점검을 받은 후 해체하여 사용한 재료들을 원위치 시킨다.

   다. 주어진 재료를 이용하여 잔디종자 파종을 하시오.(제한시간 30분)
      - 주어진 재료를 잔디종자라 생각하고 순서 및 방법을 정확히 하여 작업한다.
      - 완성하여 시험위원 점검을 받는다.

CHAPTER 03 | 조경설계

1. 도면작업
2. 조경제도(설계)의 기본
3. 배식평면도 작성방법
4. 단면도 작성방법
5. 설계문제 해설

03 조경설계

1 도면작업

1 쉽고 빠르게, 정확하게 도면 그리는 방법

시험에 제시되는 조경기능사 조경설계의 축척은 대부분 1/100으로 나온다고 보면 된다(아주 가끔 1/200으로 나오는 경우가 있다). 조경기능사 시험에서 1/100의 축척은 현황도면의 격자 한 칸을 1m로 보기 때문에 스케일을 측량하지 말고 격자의 개수를 잘 세어야 현황도를 답안용지(답안지)에 확대해서 잘 옮길 수 있다. 현황도의 방위는 일반적으로 북쪽(N)이 답안용지(답안지)의 위쪽으로 향하게 배치하는 것이 좋다.

2 도면 그리는 방법

1. 도면 윤곽선(외곽선, 테두리선) 그리기
① 답안용지(답안지)의 테두리선을 그리고 표제부(표제란) 공간을 구분한다.
② 표제부(표제란) 공간의 폭은 10cm 정도가 적당하다. 너무 넓게 잡으면 인출선을 그릴 때 장소가 부족하여 어려워질 수도 있고, 너무 좁게 잡으면 내용을 적는데 어려움이 있다.
③ 연습할 때는 용지의 테두리선을 좌측 2.5cm, 우측(오른쪽)과 상·하단은 테두리선을 1cm로 하고, 표제부(표제란)를 10cm의 폭으로 연습을 하는데, 시험장에서 나눠준 답안용지는 좌측으로 약 5~6cm 정도를 수직으로 점선을 찍어 좌측에 수험번호, 성명 등을 기재하게 되어 있어 연습할 때부터 좌측 공간을 5~6cm정도로 해서 연습하면 시험을 준비하는데 큰 무리는 없다고 본다(일반적으로 시험장에서 주는 답안지 용지는 우리가 사용하는 A3 용지보다 좌우가 조금 크게 나온다).
④ 좌측 공간에 수직으로 점선이 인쇄되어 있으니, 좌측 수직선(외곽선)은 점선 윗부분에 선을 그어 주고 시작하면 외곽선을 긋는데 무리가 없을 것이다.
⑤ 좌측 공간 수험자 인적사항 기재하는 쪽은 경계선(점선)을 그대로 외곽선으로 간주하여서 점선위에 선을 수직으로 그어주고 인적사항 기재하는 곳에 반드시 인적사항을 기재해 주어야 한다.
⑥ 최근에 기출문제 출제경향을 보면 사용수목의 종류를 10가지 이상으로 요구하는 경향이 있다. 전년에 비해 수목을 1가지 정도를 더 사용해서 그려야 하기 때문에 시간적으로 조금이라도 부담이 될 것 같으므로 수목표현 연습을 많이 하여 시간을 절약해야 한다.

2. 시험 문제에 많이 나오는 시설물유형
① 포장 : 소형고압블록포장, 보도블록포장, 벽돌포장, 화강석포장, 콘크리트포장, 판석포장, 마사토포장, 모래포장, 아스콘포장, 투수콘크리트포장 등 각 포장의 평면도, 상세도를 그릴 수 있어야 한다.
② 주차장 규격 : 2.3m×5.0m(장애인 : 3.3m×5.0m), 때로는 3.0m×5.0m, 확장형 2.5m×5.0m
③ 수경공간 : 단면도 표현시 물의 깊이는 일반적으로 0.6m, 1m
④ 수목보호대 : 1m×1m - 수목보호대에는 녹음수 식재(일반적으로 느티나무)

⑤ 퍼걸러 : 4.0m×4.0m, 평상형 쉘터 : 4.0m×4.0m
⑥ 평벤치 : 1,600×400㎜
⑦ 등벤치(등받이형 벤치) : 1,600×600㎜
⑧ 놀이시설3종 : 시소, 그네, 회전무대, 미끄럼틀, 조합놀이대, 정글짐 등
⑨ 운동시설 : 철봉, 평행봉 등
⑩ 녹지공간 : 외곽부분에는 교목을 식재해주고, 입구 부분에는 관목을 사용하여 유도식재를 해준다.

3. 소나무 군식(群植)하는 요령

① 군식시 수목 배치를 할 때 제시한 출제수목에서 소나무가 3가지 규격이 나오면 3가지 규격을 다 사용하여 식재(모아심기, 군식)를 요구하는 사항이다.
② 만약 "10가지 수목을 선정하여 식재를 하시오."라고 했을 때 소나무 3가지 규격을 사용해서 설계를 했으면 수목의 종류는 소나무 1종을 사용한 것이 되는 것이다. 단, 표제란에는 규격이 다른 소나무 3그루를 규격마다 따로 기재해주지만, 실제 사용한 수목은 1종류가 되는 것이다. 군식에서 출제되는 상록교목은 대개 소나무이다.
③ 소나무 군식은 등고선을 점선으로 조작하고 점표교(+30, +60, +90 또는 +0.3, +0.6, +0.9)를 기재하여 마운딩 장소에 하는 경우가 많다.

4. 유도식재

① 유도식재는 관목을 많이 사용하며, 통행로와 식재대의 경계 원로를 따라 식재하여야 한다.
② 유도식재의 개념을 잘 알아야 한다.
③ 유도식재는 보행로 주변 식재공간에 관목을 식재하여 길을 따라가게 만드는(유도하는) 수목을 의미한다.

5. 인출선

① 도면에 기재할 수 없는 경우 끌어내어 사용하는 선으로 수목 배치가 끝나면 인출선 작업을 하고 수량, 수목명, 규격을 표기한다.
② 인출선에서 유의할 점은 인출선끼리 서로 교차하지 않아야 하며, 같은 각도로 인출선의 높이를 맞춰 인출선을 뽑아야 통일성이 있다.

6. 표제란 작성

① 평면도 작업이 끝나면 표제란(표제부) 작성을 한다.
② 도면을 스케일(축척)에 맞춰 확대해서 그릴 때 도면(현황도)의 가로 길이가 좁으면 표제란을 10㎝로 하고, 도면(현황도)의 가로 길이가 넓어 도면이 다 안 들어가면 표제란을 10㎝ 이하로 잡는다.
③ 주의사항
  - 표제란 작성에서 스케일바(축척)와 방위(N)표시가 틀리거나 빠지면 0점 처리된다.
  - 수목수량표에서 성상을 상록교목, 낙엽교목, 관목으로 구분하여 작성한다.
  - 각 성상별로 수고가 큰 수목부터 윗부분에 기재해 주는 것이 좋다.
④ 표제란 기입사항
  - 공사명, 도면명, 수목수량표(성상, 수목명, 규격, 수량, 비고), 시설물수량표(기호, 시설명, 규격, 수량, 비고), 방위, 축척 등

7. 도면 작성시 유의사항

① 평면도를 작성하면서 주의할 점 한 가지는 단면도선이 지나가는 자리에는 복잡한 시설물배치나 모르는 시설물과 어려운 포장은 가급적 하지 않는 것이 단면도 작성할 때 조금이라도 시간을 단축할 수 있는 요령이다. 하지만 아무것도 들어가지 않으면 너무 단조롭기 때문에 유의하여야 한다.

② 되도록 연습을 많이 하여 단면도선에 간단한 시설물이나 교목 및 관목은 많이 들어가 주어야 도면이 아름다워 설계를 많이 연습한 것처럼 보이게 되어 좋은 점수를 얻게 된다.

③ 단면도는 보이지 않는 지하부와 지상부의 표현을 적절히 해주어야 한다. 평면도에 사용된 나무의 서있는 형태를 감안하여 수고(나무높이)를 맞춰서 표현하고, 시설물의 지하부와 수목의 뿌리를 표현하는 방법을 숙지해야 한다.

④ 중요한 것은 단면도상 지표의 고저와 수목의 높이(H), 시설물의 높이는 가선(위치 파악을 위한 옅은 선)을 그어서 맞춰주어야 하며, 특히 단면도선의 표시(G. L.선)와 단면도라는 도면의 이름, 스케일 표시가 빠지면 단면도 점수는 0점 처리된다.

⑤ 평면도에서의 수목 표시방법은 정해진 규정이 없으며 침엽수와 활엽수의 표시 방법을 구분하여 숙지하자.

⑥ 침엽수는 선 외곽이 날카롭게 표현을 해주며, 활엽수는 외곽을 가급적 부드럽게 표현하기 위하여 둥글게 표현을 해주면 된다(수목의 평면표현은 침엽수 5종, 활엽수 5종, 관목 3~4종의 표현방법을 꼭 기억해야 하며, 수목의 단면표현은 침엽수 3종, 활엽수 3종, 관목 2~3종 이상의 표현방법을 알아야 시간도 절약되며, 당황하지 않아 아름답고 깨끗한 도면이 나오게 된다).

⑦ 마운딩 장소에 수목이 식재되었을 때 단면도의 높이는 마운딩의 고저(높이)에 수목이 식재되므로 마운딩 높이와 수목의 수고(높이)를 고려해야 한다(예 : 마운딩 60cm, 소나무 수고 4.0m일 때 최종 식재되어진 소나무의 높이는 4.6m가 되어야 한다).

⑧ 시험지의 현황도에 기재되어 있는 스케일(scale)은 개략적인 스케일이기 때문에 격자 1칸이 1m인 것을 잘 인지하여 격자 칸 수를 잘 세어 현황도를 확대해야 하며, 문제에서 작성하라고 주어진 스케일(예 : 1/100)을 잘 확인한다.

⑨ 답안지에 확대하여 그린 현황도면이 표제란을 제외한 설계공간 답안지의 중심에 오게 중심선을 잘 잡는다.

8. 남부수종 체크

① 시험에서는 대부분 중부지방(중북부지방)에 식재하라고 문제가 출제된다.
② 남부수종은 중부지방(중북부지방)에 식재할 수 없다.
③ 남부수종 : 동백나무, 남천, 피라칸사, 아왜나무, 돈나무, 광나무, 식나무, 녹나무, 먼나무, 협죽도, 후박나무, 팔손이나무, 후피향나무, 다정큼나무, 꽝꽝나무 등

2 조경제도(설계)의 기본

- 제도(製圖) : 기계, 건축물, 공작물 따위의 도면이나 도안을 그리는 것
- 조경설계 : 정해진 기호와 문자를 사용하여 완성한 도면으로 설계자가 하고자 하는 말을 도면으로 표현한 것. 조경설계에서 도면은 정확하고 청결해야하며, 도면의 표시방법, 선, 문자가 통일되어야 하며, 다른 사람이 도면을 보고 도면의 내용을 알 수 있어야 한다.

1 조경제도 용구

1. 제도판(製圖板)

① 제도 용지 밑에 받치는 직사각형의 평평한 널빤지이다.
② 표면이 평평해야 하며, 평행(아이(I))자의 수평이 잘 맞아야 한다.
③ 제도판의 기울기는 10~15°가 적당하다.
④ 제도판에 제도용지를 붙여서 제도(설계)를 한다.

평행제도기
제도대

2. T자

① 우측의 그림과 같이 T자 모양으로 생긴 자를 말한다.
② 제도할 때 평행선을 긋거나 삼각자와 함께 수직선 및 사선을 긋는데 사용하며, 자의 몸체와 직각을 이루고 있다.
③ 요즘은 제도판에 평행(아이(I))자가 있기 때문에 T자의 쓰임이 적어지고 있다.

3. 삼각자

① T자 또는 평행(아이(I))자와 함께 수직선과 사선을 긋는데 사용한다.
② 밑각이 각각 45°인 직각삼각형과 두 각이 각각 30°, 60°인 삼각자가 많이 사용된다.
③ 삼각자를 구입할 때 눈금이 있는 삼각자와 눈금이 없는 삼각자가 있으므로 눈금이 있는 삼각자를 구입하는 것이 제도를 빠르게 하는데 도움이 된다.

4. 삼각스케일

① 길이를 재는데 사용하며, 길이를 일정한 비율로 줄이거나 늘려 도면을 확대 또는 축소할 때 쓰이는 제도용구이다.
② 삼각형 각 변의 위아래에 1/100~1/600의 스케일이 적혀 있다.

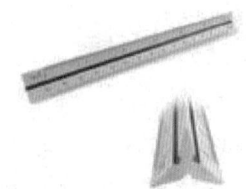

5. 템플릿(template)

① 플라스틱이나 아크릴로 만든 얇은 판에 여러 가지 크기와 모양의 원 또는 타원, 정사각형 등과 같은 기본도형이나 각종 문자기호 등을 넣어 그리는 제도용구이다.
② 조경설계에서는 수목표현 때문에 원형 템플릿을 가장 많이 사용한다.

6. 운형자(雲形—, french curve) 자

① 타원과 나사선 등의 여러 가지 곡률(曲率)의 곡선으로 되어 있는 복잡한 모양의 자로 얇은 나무 또는 투명한 플라스틱으로 만들어져 있다.
② 불규칙한 곡선을 그을 때 사용하는 자이다.

7. 자유곡선자(自由曲線—, adjustable curve ruler)

① 여러 가지 곡선을 자유롭게 그리는데 사용하는 도구이다.
② 납과 고무로 만들어져서 마음대로 구부릴 수 있는 한 줄로 된 긴 자이다.
③ 손가락으로 구부려 임의의 형태를 자유롭게 만들 수 있어 복잡한 곡선을 그리기에 편리한 제도용구이다.

8. 제도용 연필(製圖用鉛筆, drawing pencil)

① 문자나 숫자, 선을 긋기 위한 필기도구이다.
② 제도에서 사용하는 선의 굵기는 가는 선, 굵은 선, 아주 굵은 선의 3종류가 있다.
③ 가는 선, 굵은 선 등의 선을 재빠르게 그리기 위한 도구로서 가는 선이나 굵은 선용의 심이 들어 있는 샤프펜슬이나 홀더(Holder)가 널리 쓰이고 있다.
④ 심의 굵기는 HB가 일반적으로 사용되고 있지만, 복잡한 제도에서는 F 등의 굳은 심을 쓰는 것이 선의 윤곽이 뚜렷하다.

9. 컴퍼스(compass)

① 원 또는 원호를 그릴 때 쓰는 기구이다.
② 큰 곡선이나 8각형, 6각형 등을 그릴 때 다른도구와 함께 사용하는 기구이다.

10. 제도용지(製圖用紙, drawing paper)

① 일반적인 제도용지로는 켄트지나 방안지, 트레이싱 페이퍼 등이 사용된다.
② 제도를 하는 경우에는 길이가 긴 변을 가로로 놓고 사용한다.
③ 조경기능사 시험에서는 A3 사이즈(297mm × 420mm)의 용지가 사용된다.

11. 지우개판

① 조경 설계를 할 때 도면의 잘못된 부분을 판의 모양에 맞춰 부분적으로 지울 때 사용한다.
② 지우지 말아야할 선과 지워야할 선의 간격이 좁을 때 명확히 구분하여 지우는데 사용한다.

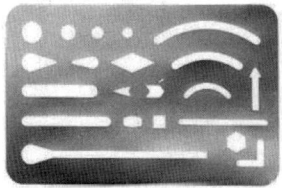

12. 제도용 비

① 연필가루나 지우개밥을 털기 위한 빗자루 모양의 솔이다.
② 손으로 지우개밥을 털면 도면이 번지거나 지저분해지기 때문에 제도용 비가 필요하다.

13. 마스킹테이프(종이테이프)

① 제도판에 제도용지를 붙이거나, 다른 물체를 고정시킬 때 사용하는 테이프
② 1.2cm 폭의 마스킹테이프를 많이 사용한다.
③ 오래된 테이프를 사용하면 접착부분이 녹거나 잘 붙지 않아 도면이 지저분해진다.

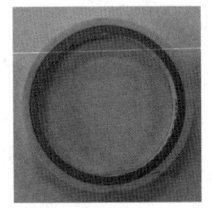

2 조경제도 기초

1. 도면의 종류

현황도(現況圖)	현재의 현황(시설물과 대지, 방위, 주변상황 등)을 나타낸 도면으로 조경설계를 하기 위한 기초 도면
평면도(平面圖, plane figure)	계획의 기본이 되는 도형으로 투영법(投影法)에 의하여 입체를 수평면상에 투영하여 그린 도형(위에서 내려다 본 그림)
단면도(斷面圖, sectional view)	물건 또는 물체의 내부 구조를 명료하게 나타내기 위하여 이것을 절단한 것으로 가정한 상태에서 그 단면을 그린 그림으로 지하부분까지 나타내는 것이 특징이며, 평면도상에 단면도 선을 그려준다.
상세도(詳細圖, detail design)	실제 시공을 위해 재료, 치수 등을 상세히 나타낸 도면으로 1/10~1/50의 스케일을 사용하여 상세도를 그려준다.

2. 선의 종류와 용도

구분		굵기	선의 이름	선의 용도	
종류	표현				
실선	굵은 실선	———	0.8mm	외형선	• 부지외곽선, 단면의 외형선
	중간선	———	0.5mm		• 시설물 및 수목의 표현
		———	0.3mm	단면선	• 보도포장의 패턴 • 계획등고선
	가는 실선	———	0.2mm	치수선	• 치수를 기입하기 위한 선
				치수보조선	• 치수선을 이끌어내기 위하여 끌어낸 선
				인출선	• 수목 인출선 • 각종의 기입을 위해 도형에서 인출하는 선
허선	점선	··········	0.2~0.8 mm	가상선	• 물체의 보이지 않는 부분의 모양을 나타내는 선 • 기존등고선(현황등고선)
	파선	- - - - -			
	1점쇄선	—·—·—		경계선, 중심선	• 물체 및 도형의 중심선 • 단면선, 절단선 • 부지경계선 • 기준선
	2점쇄선	—··—··—		상상선	• 1점쇄선과 구분할 필요가 있을 때 • 물체가 있는 것으로 가상되는 부분

3. 인출선

① 도면에 기재할 수 없는 경우 끌어내어 사용하는 선으로 수목 및 시설물의 수량, 수목명 및 시설명, 규격을 적는다.
② 가는실선을 사용하며, 도면 내에서 인출선의 굵기와 진하기를 통일시킨다.
③ 긋는 방향과 기울기를 통일시킨다.
④ 인출선은 되도록 겹치지 않게 한다.
⑤ 인출선에 1-느티나무 H3.5×R20이라고 기재되어 있으면 수고 3.5m, 근원직경 20cm인 느티나무 1주를 의미한다.

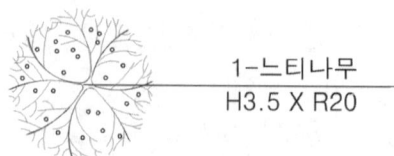

⑥ 각 수목의 중심부분에 점(•)을 찍어 수목의 중심(뿌리부분)을 나타낸다.

⑦ 각 수목의 중심(•)을 한 그루씩 연결하여 최종 인출선을 그어준다.

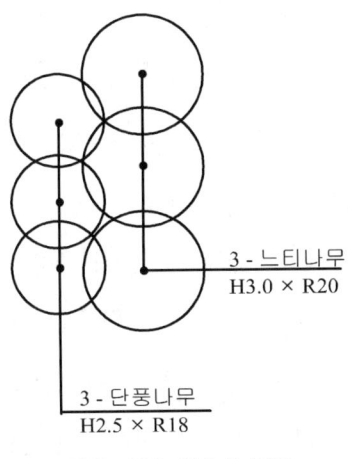

그림. 좋은 인출선 표현

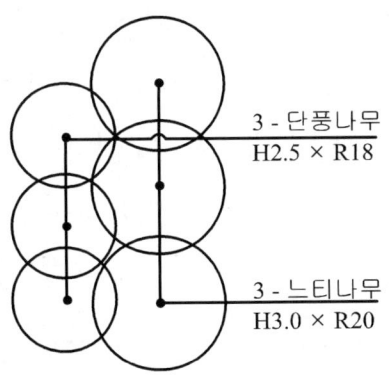

그림. 좋지 못한 인출선 표현

4. 선긋기

① 선긋는 방법

㉠ 수평선은 평행(아이(I))자를 사용하고, 수직선은 평행(아이(I))자와 삼각자를 조합하여 긋는다.

㉡ 수평선은 좌(左)에서 우(右)로, 수직선은 아래(下)에서 위(上)로 그린다.

㉢ 선이 교차할 때에는 선이 부족하거나 남지 않게 긋고, 모서리 부분이 정확히 만나게 그어준다.

㉣ 긴 선을 그을 때는 선이 일정한 두께가 되도록 연필을 한 바퀴 돌려주면서 선을 그어준다.

그림. 잘못 그어진 선 　　　　　　　그림. 바르게 그어진 선

5. 제도글씨(Lettering)

도면 작성 시 제도글씨는 프리핸드로 쓰며, 많은 노력과 연습이 좋은 제도글씨를 나오게 한다. 제도글씨를 열심히 연습해야 간결하고 깨끗한 도면이 나오며, 실제 제도시험에서 시간을 절약할 수 있고, 채점관이 답안지를 봤을 때 제일 먼저 눈에 들어오는 부분이 표제란의 작업명칭을 쓰는 곳이므로 많은 연습을 해야 한다.

① 보조선을 긋고 글씨 연습을 한다(보조선에 글씨가 꽉 차게 쓴다).

② 글자는 고딕체로 쓰고, 숫자는 아라비아 숫자를 쓴다.

③ 제도글씨 연습 예

> 평면도, 단면도, 배식평면도, 조경계획도, 스케치, 상세도, 현황도, 투시도,
> 조감도, 휴게공간, 운동공간, 수경공간, 놀이공간, 주차장, 도로, 보행로,
> 계단, 주차장, 차도, 경계석, 자연석, 방위, 다이어그램, 연못, 공사명,
> 방위, 아파트공원설계, 주택정원설계, 공공정원설계, 수목수량표, 시설물수량표,

분수, 자연석, 석간수, 퍼걸러, 등받이형벤치, 등벤치, 평벤치, 평상형쉘터, 수목보호대, 플랜터, 모래사장, 모래막이, 화강암경계석, 배구장, 농구장, 야구장, 배드민턴장, 아스콘포장, 시멘트포장, 보도블록포장, 벽돌포장, 점토블록포장, 투수콘크리트포장, 모래포장, 마사토포장, 카프포장, 멀티콘, 시멘트, 모래, 자갈, 잡석, 철근, 원지반, 소나무, 주목, 섬잣나무, 스트로브잣나무, 향나무, 독일가문비나무, 히말라야시더, 왕벚나무, 느티나무, 버즘나무, 백합나무, 청단풍, 홍단풍, 단풍나무, 중국단풍, 산수유, 자귀나무, 배롱나무, 아왜나무, 동백나무, 목련, 꽃사과, 수수꽃다리, 광나무, 식나무, 병꽃나무, 쥐똥나무, 명자나무, 산철쭉, 철쭉, 영산홍, 자산홍, 조릿대, 회양목, 개나리, 1 2 3 4 5 6 7 8 9, H3.0×W2.5, R12, B10, N, S, E, W

6. 도면 배분

① 제도용지는 가로방향으로 길게 제도판에 놓고 제도용지의 모서리를 마스킹(종이)테이프로 고정시킨다.
② 테두리선의 왼쪽 편은 철할 때에는 25mm, 철하지 않을 때는 10mm로 한다. 그 외의 공간은 모두 10mm로 테두리선을 그어준다. 하지만 실제 시험에서는 좌측으로 5~6cm 정도 수직으로 점선이 인쇄되어 나오기 때문에 좌측은 수직 점선 위에 실선을 그어주어 테두리선을 그어주면 된다.
③ 표제란은 10cm 폭으로 하며 작업명칭, 도면명, 수목수량표, 시설물수량표, 방위표, 스케일바 등을 넣어준다.

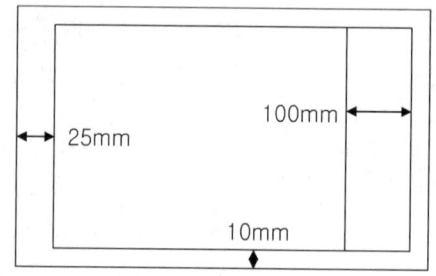

④ 표제란의 내용과 규격(폭)
  ㉠ 수목수량표의 성상은 상록교목, 낙엽교목, 관목, 지피 등으로 구분한다.

← 1.5cm →	← 2.5cm →	← 3.0cm →	←1.0cm→	←1.0cm→	←1.0cm→
성상	수목명	규격	수량	단위	비고
상록교목	소나무	H3.0×W2.0	3	주	
	소나무	H2.5×W1.8	3	주	
	소나무	H2.0×W1.5	3	주	
	주목	H3.0×W2.0	5	주	
	향나무	H3.0×W2.0	5	주	
낙엽교목	느티나무	H3.0×R15	5	주	
	단풍나무	H3.0×R15	5	주	
	목련	H3.0×R15	1	주	
관목	철쭉	H0.3×W0.3	50	주	
	회양목	H0.3×W0.3	100	주	
지피	잔디	0.3×0.3×0.03	100	m²	

그림. 수목수량표의 예

ⓒ 시설물수량표는 문제에 규격이 나와 있는 시설물의 경우만 기재해주고, 나머지 시설물은 도면에 직접 기재해주는 것이 좋다. 문제에 나와 있는 규격과 시설명을 정확히 적어주며, 단위도 개, 개소 등을 잘 구분하여 문제에 주어진 대로 기재해주면 된다.

ⓒ 시설물수량표(중요시설물 수량표)는 시험지에서 작성하라고 하면 표제란에 작성을 해주고, 작성하라는 말이 없으면 평면도상의 시설물 옆에 시설물명을 기재해 주어도 된다. 일반적으로 시설물수량표에는 퍼걸러, 등벤치, 평벤치 등을 기재해준다.

← 1.5cm →	← 2.5cm →	← 3.0cm →	← 1.0cm →	← 1.0cm →	← 1.0cm →
기호	시설명	규격	수량	단위	비고
⊠	퍼걸러	3.0m × 3.0m	1	개	
▬	등벤치	1.6m × 0.6m	4	개	
▬	평벤치	1.6m × 0.4m	6	개	
◎	휴지통	지름 50cm	1	개	

그림. 시설물수량표의 예

7. 바 스케일(Bar Scale)

① 도면이 확대되거나 축소되었을 때 도면의 대략적인 크기를 나타낼 때 사용한다.
② 표제란의 하단부에 좌·우 여백을 맞춰 배치한다.
③ 바 스케일 아래 스케일(scale)을 기재해준다. (예 : Scale = 1/100)
④ 스케일(Scale)=1/100 글씨의 기재는 5(m)와 끝 정렬을 해준다.

8. 방위표

방향을 나타내는 N(North, 북쪽)을 표시하고 아래의 표시방법 중 적당한 것을 선택하여 사용한다. 일반적으로 도면의 위쪽이 북쪽으로 되게 그린다.

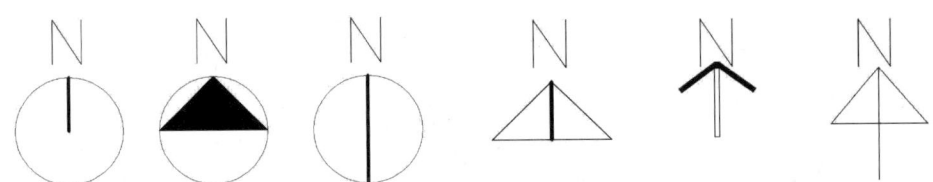

3 조경 수목 표현

수목 표현시 수목의 윤곽 크기는 수목 성숙시 퍼지는 수관의 크기를 고려하여 나타낸다. 조경수목 표현은 원형템플릿을 사용하여 나타내는데, 수목의 규격에 따라 원형템플릿의 크기를 조절해준다. 문제에서 수목의 규격중 수고는 항상 주어지기 때문에 수고에 따라 원형템플릿의 크기를 조절해주면 쉽게 수목의 강약조절(크기조절)을 할 수 있다.

표. 수목의 수고에 따른 원형템플릿 사용의 예(Scale = 1/100 일 때)

수 고	H2.0	H2.5	H3.0	H3.5	H4.0	H4.5
원형템플릿	14호	16호	18호	20호	22호	24호

1. 평면표현

조경 수목의 평면표현은 침엽교목과 활엽교목을 구분해 주어야 한다. 수목의 수고(높이)를 고려하여 원형템플릿의 치수에 맞춰 그려주어야 한다.

① 침엽교목

수목의 윤곽을 날카로운 선 또는 톱날형 곡선 등으로 뾰족하게 표시한다.

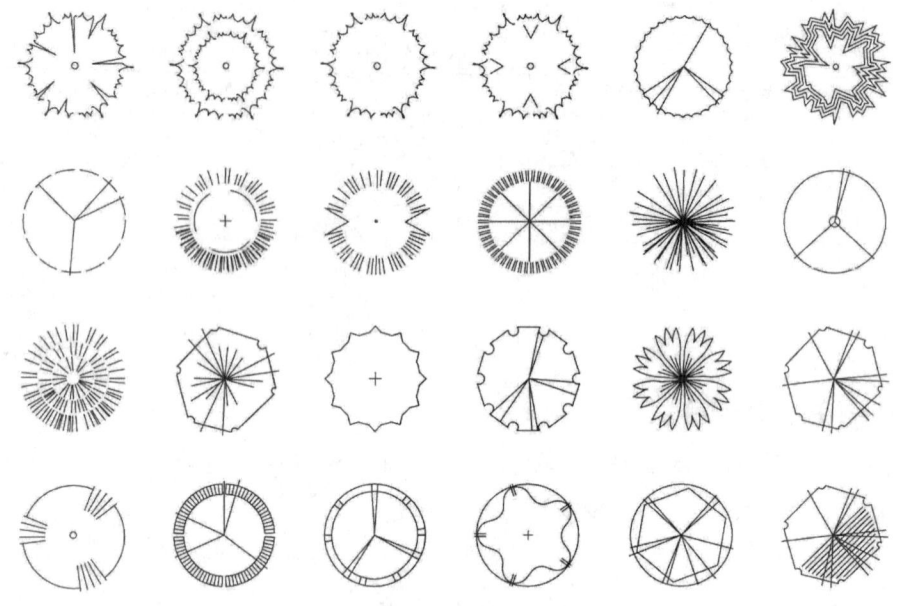

② 활엽교목

수목의 윤곽을 간단한 원 또는 부드러운 질감 등으로 둥글둥글하게 표시한다.

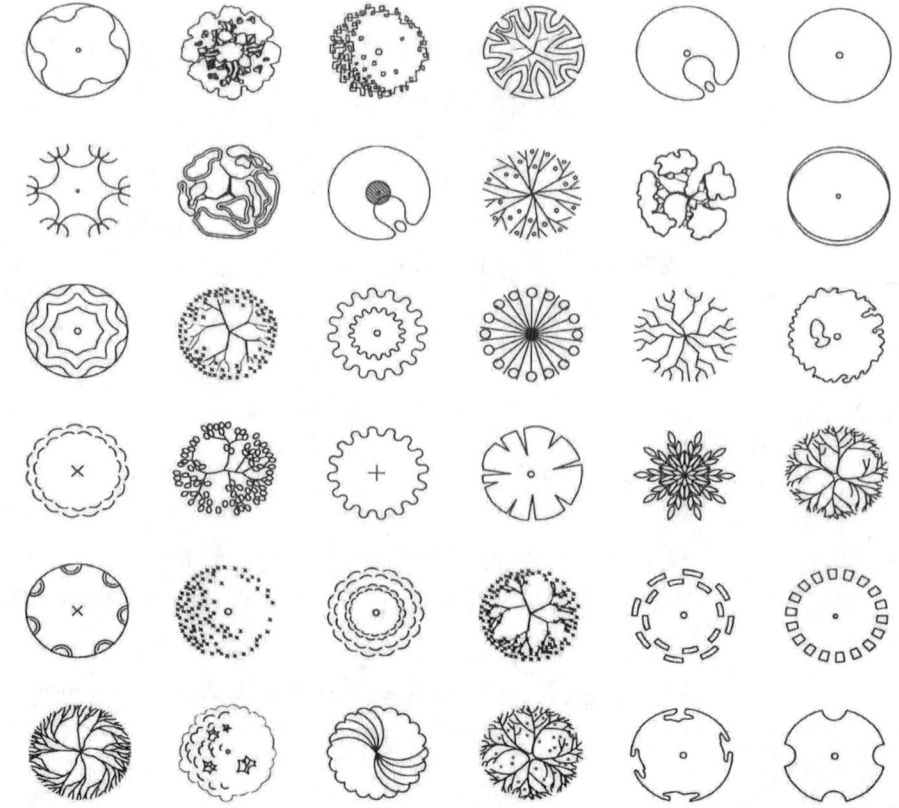

③ 덩굴식물 및 관목

덩굴식물과 관목은 줄기와 잎을 자연스럽게 표현하며, 군식으로 그룹을 잡거나 무늬를 주어서 표현한다.

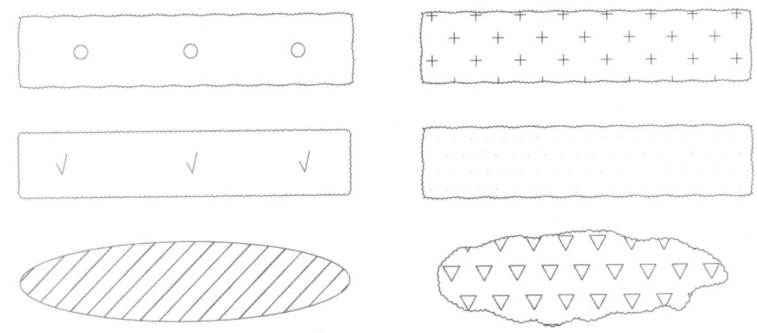

④ 지피류

잔디 표현이 가장 많이 사용되며, 점이나 잔디 모양을 자연스럽게 표현한다.

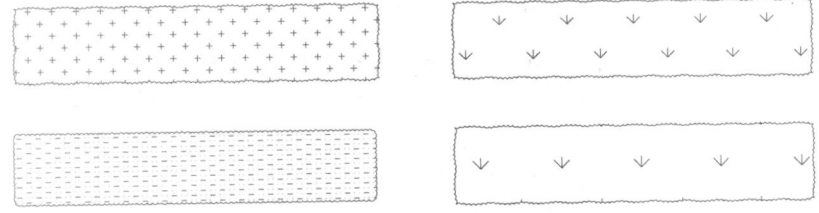

2. 입면표현

조경 수목의 입면표현은 침엽교목과 활엽교목을 구분해 주어야 한다. 평면도상의 수목의 수고(높이)와 수관폭을 맞춰 그려주어야 한다.

① 침엽교목

수목의 윤곽선을 날카로운 선 등으로 뾰족하게 표시한다.

② 활엽교목

수목의 윤곽선을 부드러운 질감으로 표시한다.

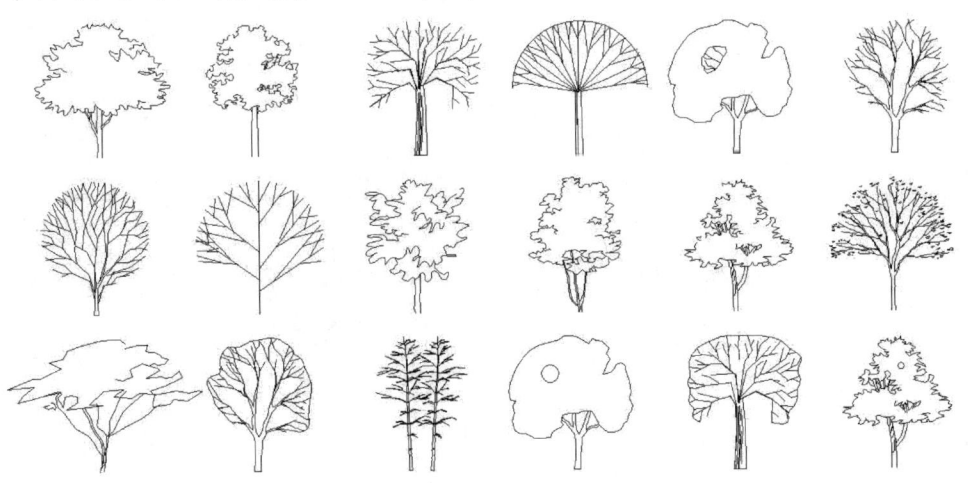

③ 관목

높이가 1.5m 이내이고 주 줄기가 분명하지 않으며 밑동이나 땅속 부분에서부터 줄기가 갈라져 나는 나무로 수고와 수관폭을 맞춰 그려준다.

④ 참고사항

㉠ 남부수종 : 동백나무, 아왜나무, 후박나무, 꽝꽝나무, 치자나무, 호랑가시나무, 굴피나무, 태산목, 남천, 협죽도, 다정큼나무, 비자나무, 광나무, 돈나무, 녹나무, 먼나무, 식나무, 피라칸사 등

㉡ 중부지방(중북부지방)에 배식(식재)설계를 할 경우 남부수종을 선택하면 안된다. 대부분의 문제에서는 중부지방(중북부지방)에 식재설계를 하라고 출제된다.

4 조경 시설물 표현

	평면도	입면도	측면도
퍼걸러			
평벤치			
등벤치 (등받이형벤치)			
사각테이블			
휴지통			
조합놀이대			
철봉			

시소			
그네			
연못			

5 사람(이용자) 표현

물체나 시설물, 수목의 대략적인 크기를 비교하기 위해서 사람(이용자)을 그려준다. 일반적으로 사람 키를 맞춰서 그려주면 된다.

6 마운딩 설계

① 마운딩(mounding) 설계는 지면의 형태를 변형시켜 배수방향을 조절하고 자연스러운 경관을 조성하는데 목적이 있다.
② 수목 생장에 필요한 유효토심을 확보하는 작업이다.
③ 마운딩의 높이는 등고선으로 표시하며, 등고선의 간격은 부지 규모에 따라 알맞게 결정하여 도면에 표시해준다.
④ 지점표고는 평면도나 단면도상에서 특정 지점의 높이를 나타내는 방법으로, 평면도상에서는 (+)표시나 점과 함께 지점의 높이가 수치로 기입된다(예 : +30, +60, +90 또는 +20, +40, +60).
⑤ 단면도에서는 평면도 상의 점표고를 맞춰 마운딩의 높이가 표시되어야 한다.

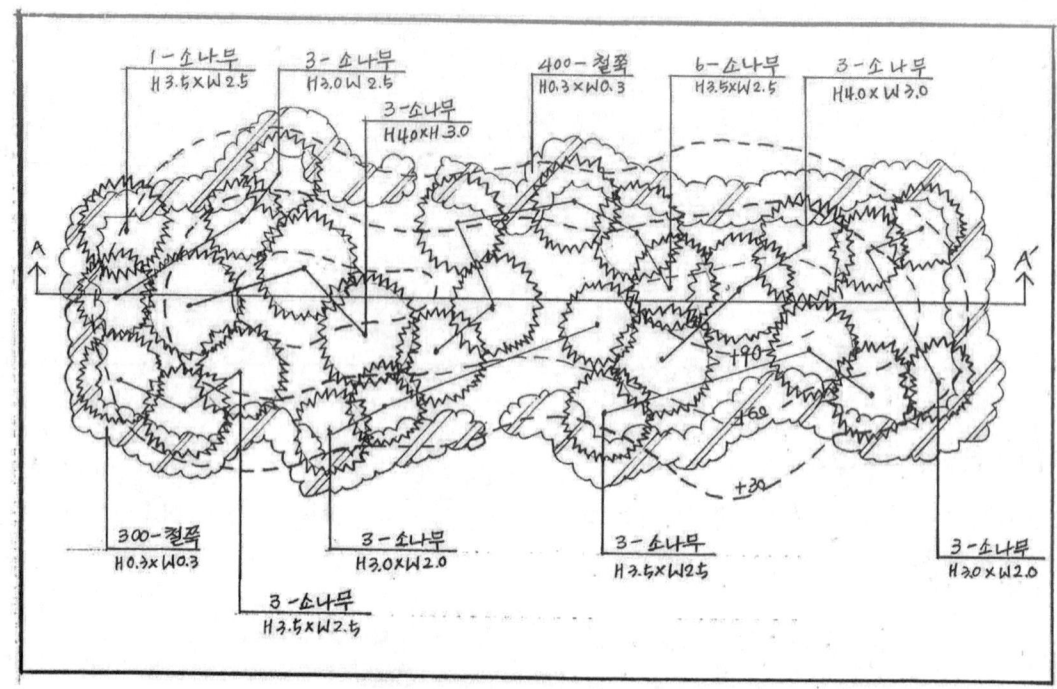

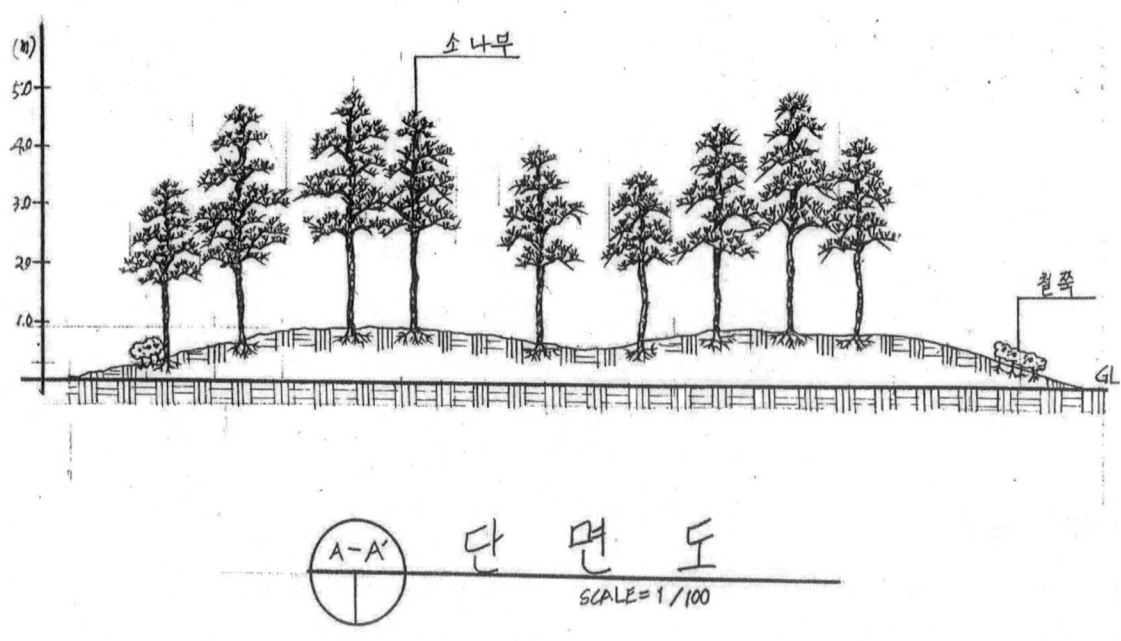

그림. 마운딩 설계의 평면도, 단면도 예

7 원로포장

① 원로의 시점과 종점을 정하고 시점과 종점 사이에 굴곡이 있는 지점을 정하여 이 점들을 연결하는 선을 만든다.
② 선을 만들었으면 중심선을 기준으로 원로 폭의 반절 치수에 좌우대칭 되는 점을 찍고 이 점들을 연결하여 원로의 형태를 만든다.
③ 굴곡된 부분에 적당한 회전 반지름을 적용하여 각도를 완화시켜 원로의 형태를 완성한다.
④ 원로의 포장재료를 선택하여 포장재료에 맞게 디자인을 해주고 재료명을 표기한다. 경계석이 필요할 때는 원로의 경계부에 경계석을 두 줄로 표기하여 경계를 나눈다(일반적인 경계석의 폭은 20cm이다).
⑤ 일반적인 원로의 폭은 1.5~2.0m 정도로 해주면 된다.

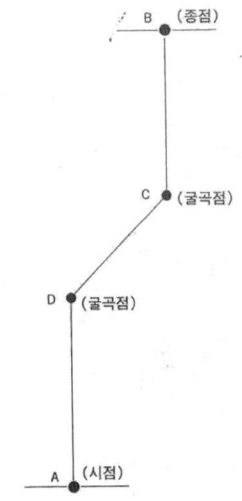

시점과 종점, 굴곡선을 연결한 노선과 배치 중심선을 정한다.

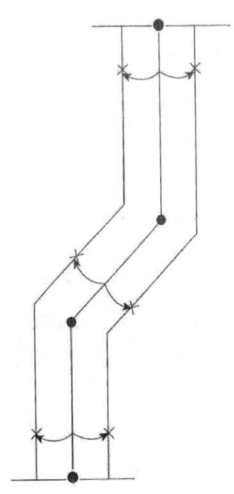

원로 폭의 반분된 치수의 중심선을 중점으로 좌우 대칭인 점을 찍고, 이 점을 연결하여 원로 폭의 형태를 결정한다.

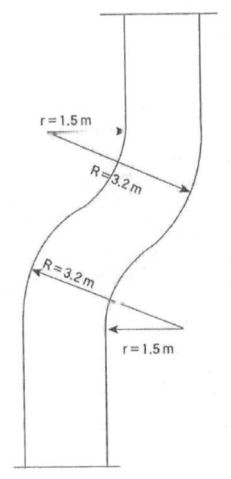

굴곡부의 회전 반지름을 그려 각도를 완화시킨다.

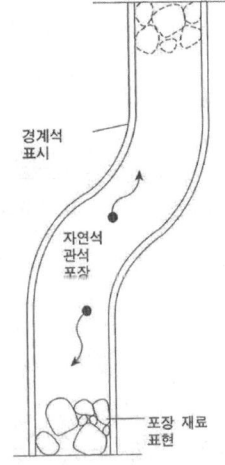

포장 재료의 선정, 표현 및 재료명을 기입하고, 경계석을 두 선으로 표시한다.

그림. 원로의 설계 과정

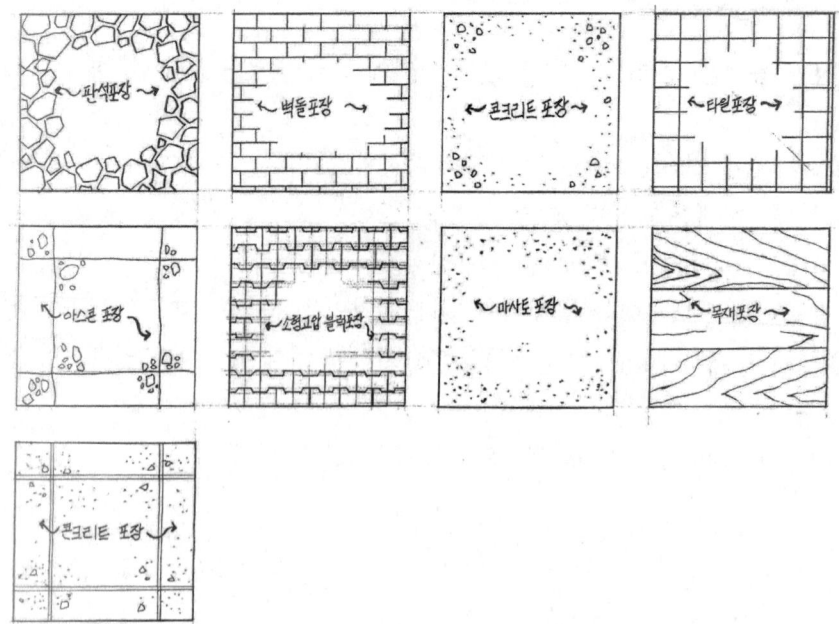

그림. 원로 포장에 적용되는 포장 평면 설계

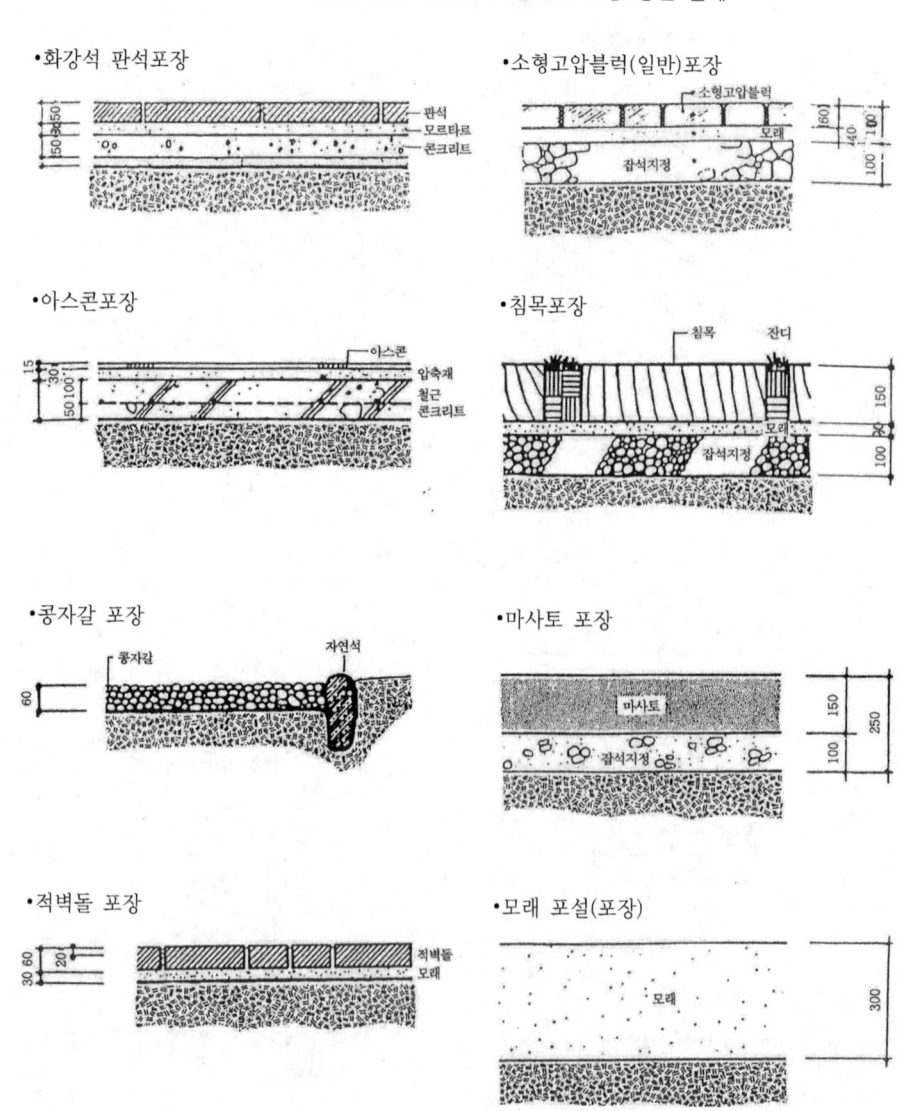

그림. 원로 포장에 적용되는 포장 단면 설계

8 일반적인 재료 표기

조경시설물에서 많이 사용하는 재료를 기억해서 단면도와 기초 상세도를 그릴 때 적용해야 한다.

표기법	내 용	표기법	내 용
	지면(흙), 지반		잡석다짐(깬돌)
	석재		잡석다짐(자갈)
	금속(대규모)		벽돌(치장용)
LIC	금속(소규모, 형강, 철구)		자갈
	목재(거친 면)		모래
	목재(다듬은 면)		콘크리트(철근)
	콘크리트(무근)		콘크리트(와이어메시)

그림. 재료 표기 기호

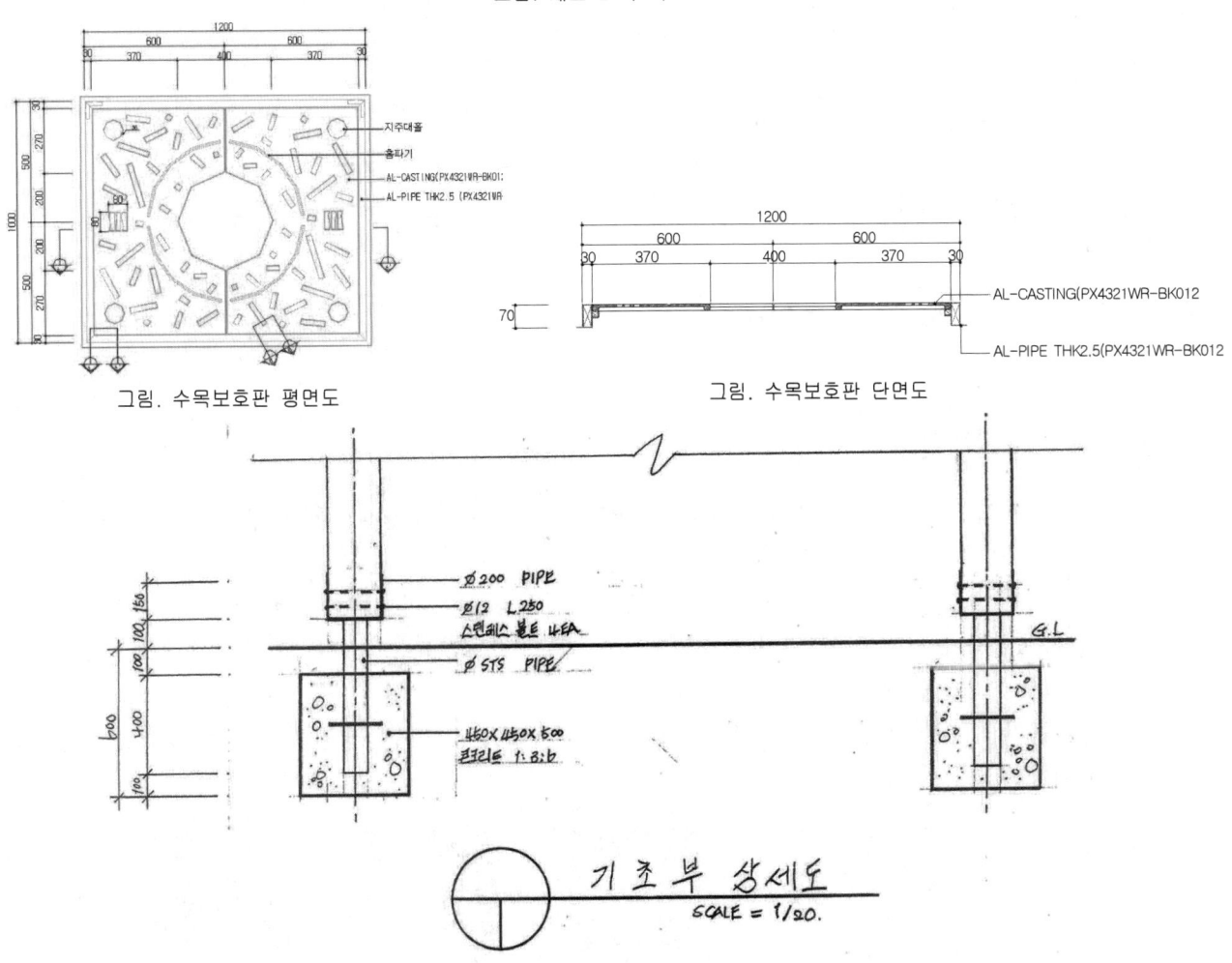

그림. 수목보호판 평면도

그림. 수목보호판 단면도

그림. 기초부상세도(재료표기)

9 주차장 설계

① 주차장을 설계할 때 주차장의 위치 및 주차 형식의 결정, 주차 1대의 폭과 길이 및 기준 치수 등을 고려해야 한다.
② 주차장 기준 치수(주차장법 시행규칙 제3조(주차장의 주차구획))
　㉠ 차량(승용차) 1대의 기준 치수는 일반형 2.5m×5.0m, 확장형 2.6m×5.2m이상이 표준이며, 평행 주차의 경우 일반형 2.0m×6.0m, 보도와 차도의 구분이 없는 주거지역의 도로는 2.0m×5.0m 이상으로 한다.
　㉡ 장애인 주차장은 3.3m×5.0m 이상이 표준이다.

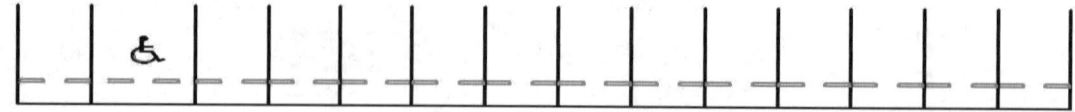

③ 포장재료
　콘크리트나 아스콘을 가장 일반적으로 사용하고 있으며, 작은 면적의 주차장은 벽돌이나 보도블록 등도 사용하고 있다.
④ 자동차 표현
　㉠ 조경설계 도면의 대략적인 크기를 나타내기 위하여 자동차를 그리는 경우가 있다.
　㉡ 조경기능사 시험에서는 자동차 표현까지 하지 않는다.

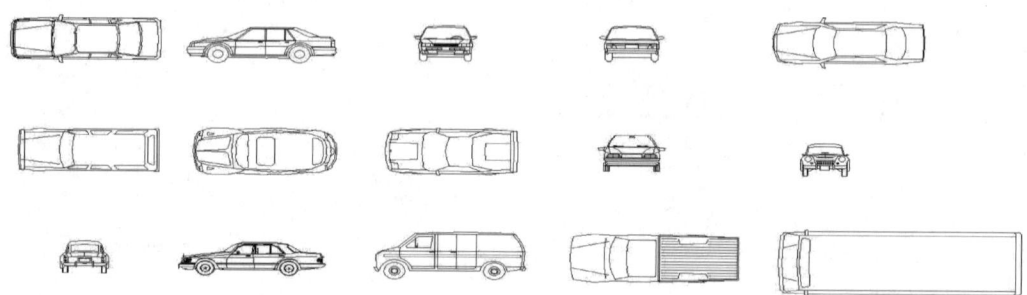

10 수경시설(물) 설계

① 수경공간의 면적이 나올 경우 면적을 개략적으로 그린다. 수경시설은 대부분 부정형(형식이 정해지지 않고 자연스러운)으로 나온다.
② 개략적인 공간과 수경시설의 모양이 나오면 주변에 자연석을 놓거나 경계석으로 처리한다.
③ 물을 표현하기 위해 평행자(I자)로 얕게 선을 긋고, 지우개로 살짝 지워주면서 손으로 살살 문지르면 자연스러운 물 표현이 된다.
④ 수경공간의 깊이가 주어지는 경우가 많으므로 단면도상에서 수경공간의 깊이를 정확히 맞춰 그려주어야 한다.

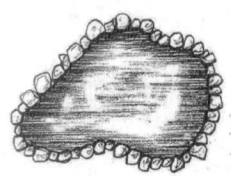 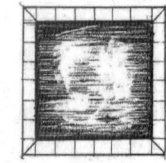  

그림. 수경시설 표현(평면 및 입면)

11 단면도

① 평면도의 A-A' 또는 B-B'의 단면을 보여주기 위해 그리는 도면을 말한다.
② 일반적으로 A에서 A'까지를 나타내며 혼돈을 주기위해 B-B'로 나타내는 경우가 있다.
③ 평면도 상의 A와 A' 화살표 방향은 평면도에서 바라보는 방향을 의미한다.
④ 화살표 방향으로 평면도를 볼 때 단면도 선에 걸린 것(수목 및 시설물 등)은 다 그려주어야 하며, 단면도선에 걸린 것이 없어 허전할 때에는 바라보는 방향에 있는 것까지 그려주면 된다.
⑤ 평면도의 현황도면 외곽부는 경계석이 없더라도 단면도에서 현황도 외곽부의 경계석은 그려준다.
⑥ 수목과 시설물에서 같은 수종이나 같은 시설물은 같은 모양으로 그리기 때문에 먼저 나오는 수목과 시설물에 인출선을 1개만 뽑아서 수목명과 시설명을 각각 기재해 준다.
⑦ 단면도의 인출선 작성시 G.L.선 윗부분은 3단(높은 것, 중간 것, 낮은 것)으로 인출선 높이를 구분하여 통일감을 준다.
⑧ 단면도의 인출선 작성시 G.L.선 아랫부분은 재료를 기재하는데 재료 기재시 인출선의 높이를 맞춰 통일감을 준다.

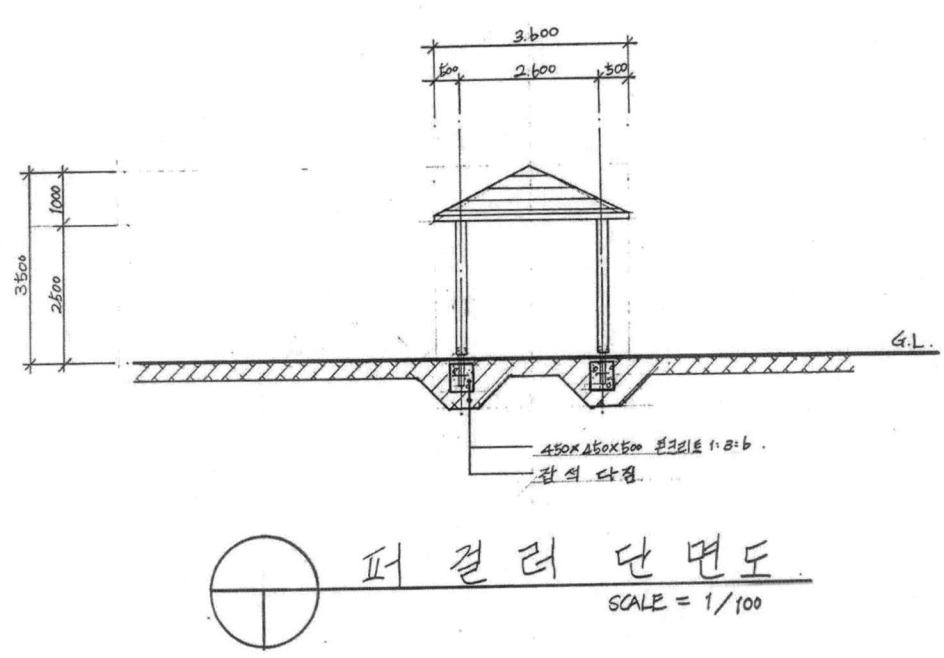

그림. 퍼걸러 단면도

12 벤치 상세도

① 조경기능사 시험에서 상세도를 그리는 것은 각 시설물(퍼걸러, 평상형쉘터, 등벤치, 평벤치, 포장, 경계석 등)을 그리는 경우가 많다.
② 특히 벤치(평벤치와 등벤치)와 퍼걸러, 평상형 쉘터의 상세도는 그리는 방법과 규격을 기억 해두어야 한다.

■ 평벤치 상세도

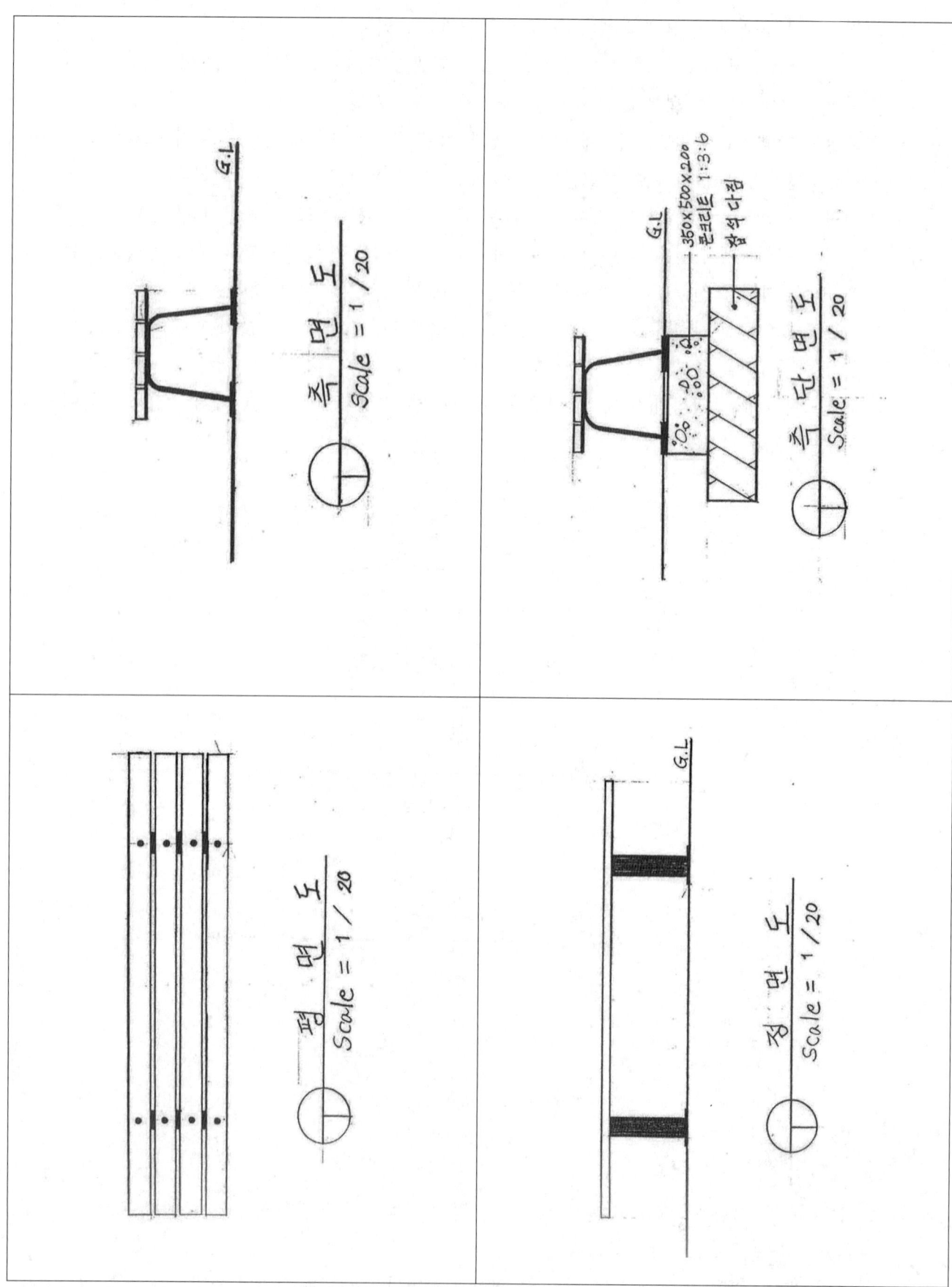

그림. 평벤치 상세도

■ 등벤치 상세도

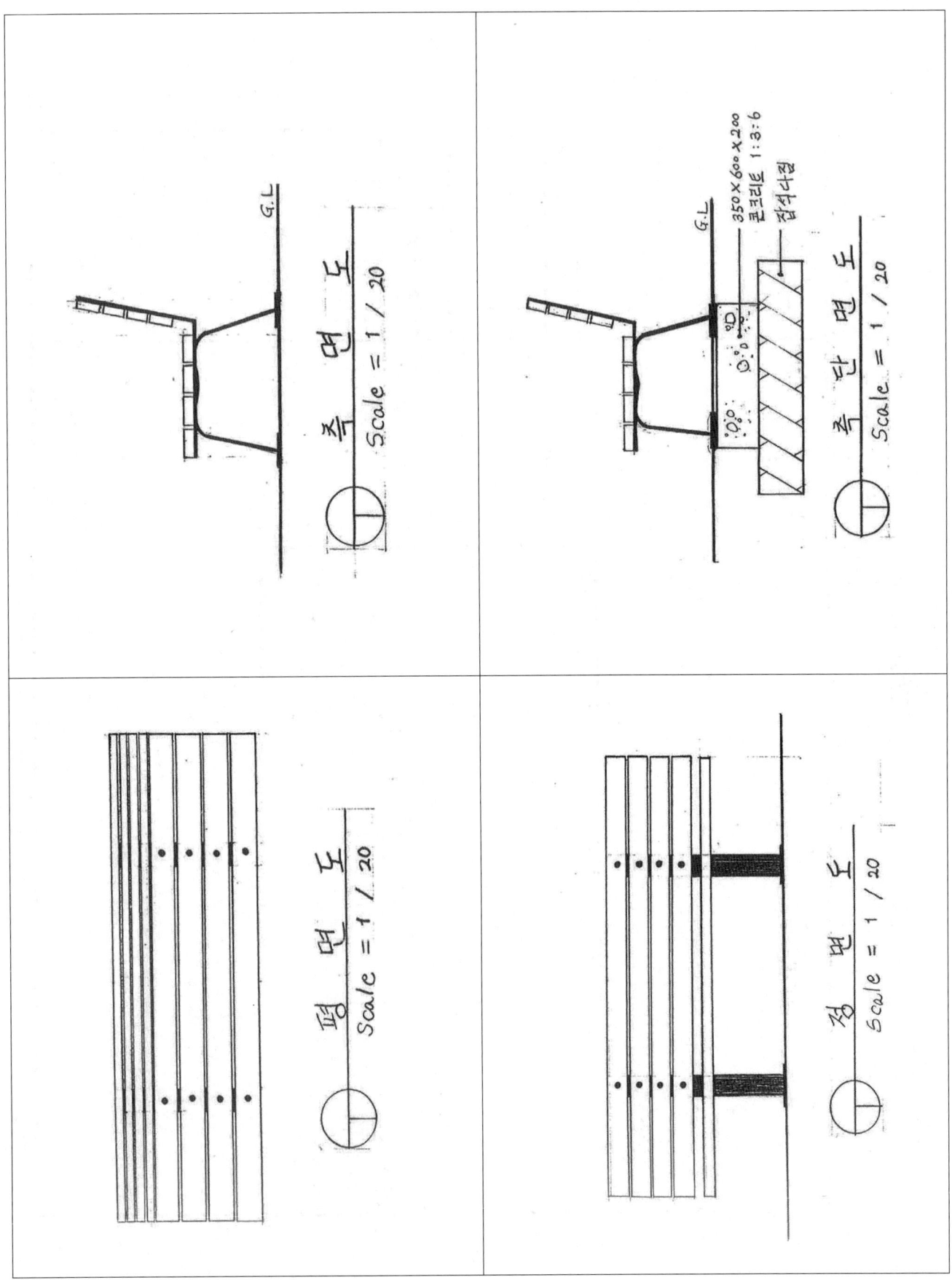

그림. 등벤치 상세도

3 배식평면도 작성방법

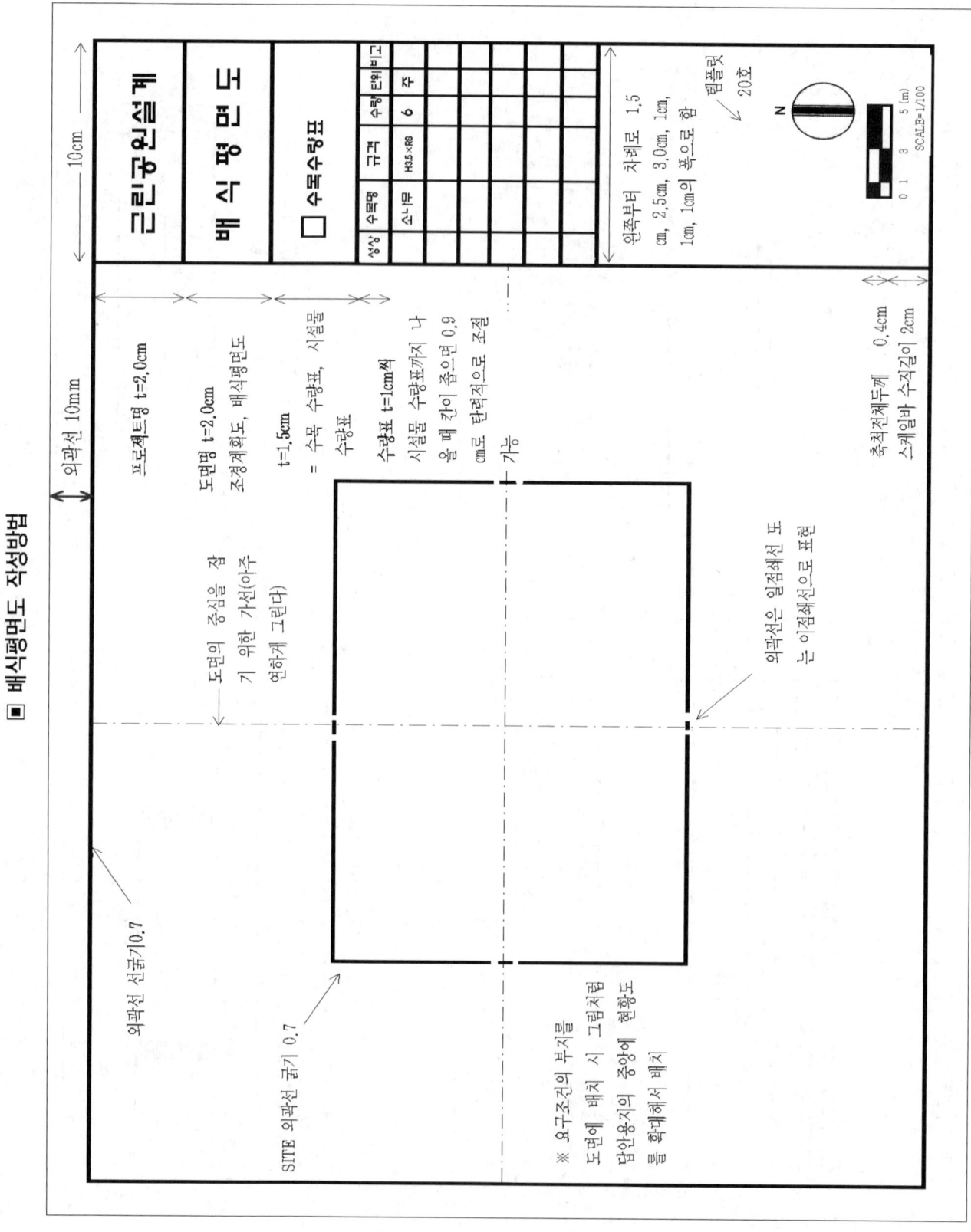

4 단면도 작성방법

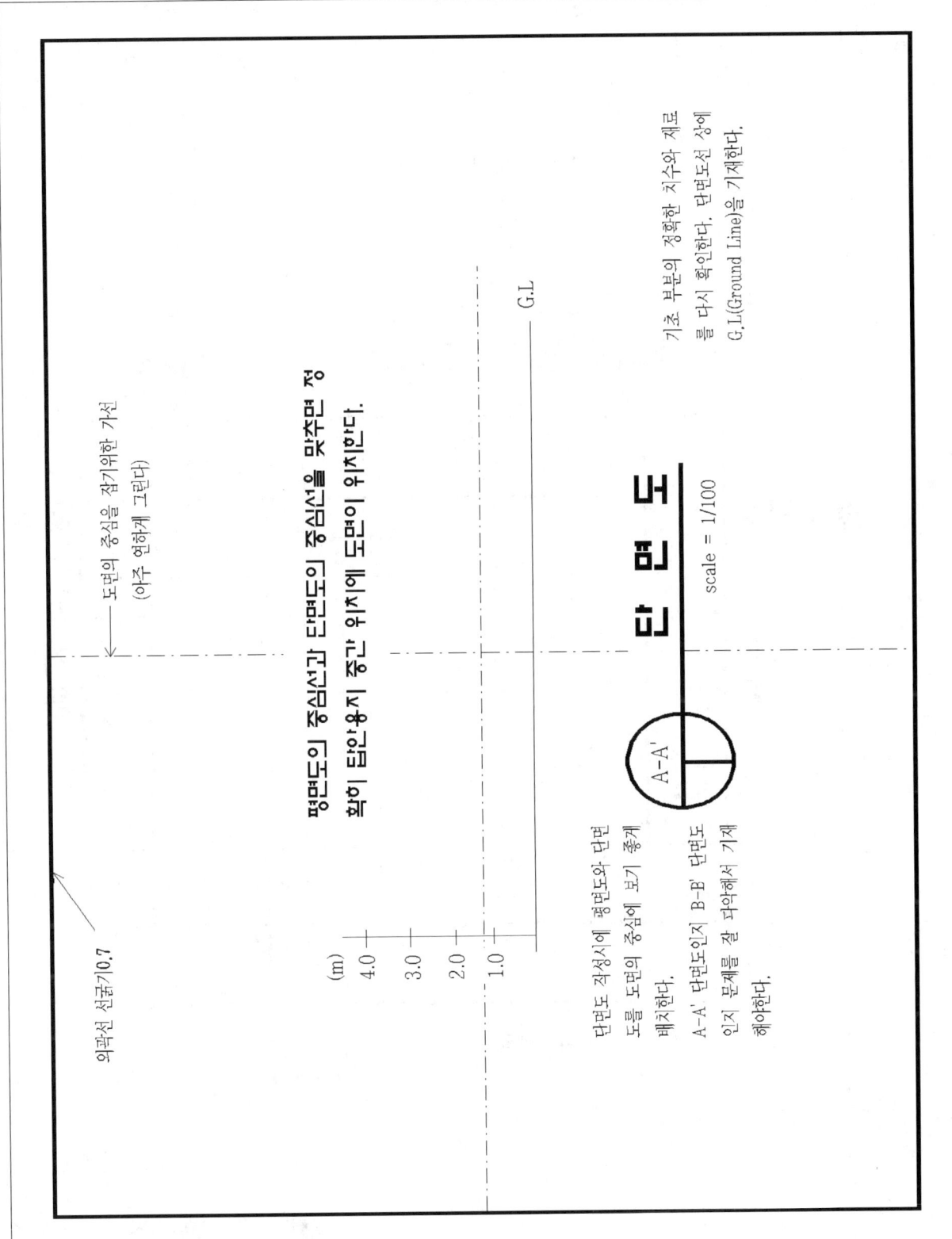

5 설계문제 해설

01 아파트조경설계

- **설계문제** : 다음은 중부지방 주택정원의 배치도이다. 아래에 주어진 요구 조건을 반영하여 축척 1/100 으로 확대하여 설계하시오.

- **(현황도면)** 주변은 주거동으로 둘러싸여 있으며, 출입구가 5곳 있다. 출입구를 고려하여 설계를 하고, 수목보호대를 고려하여 식재하시오.

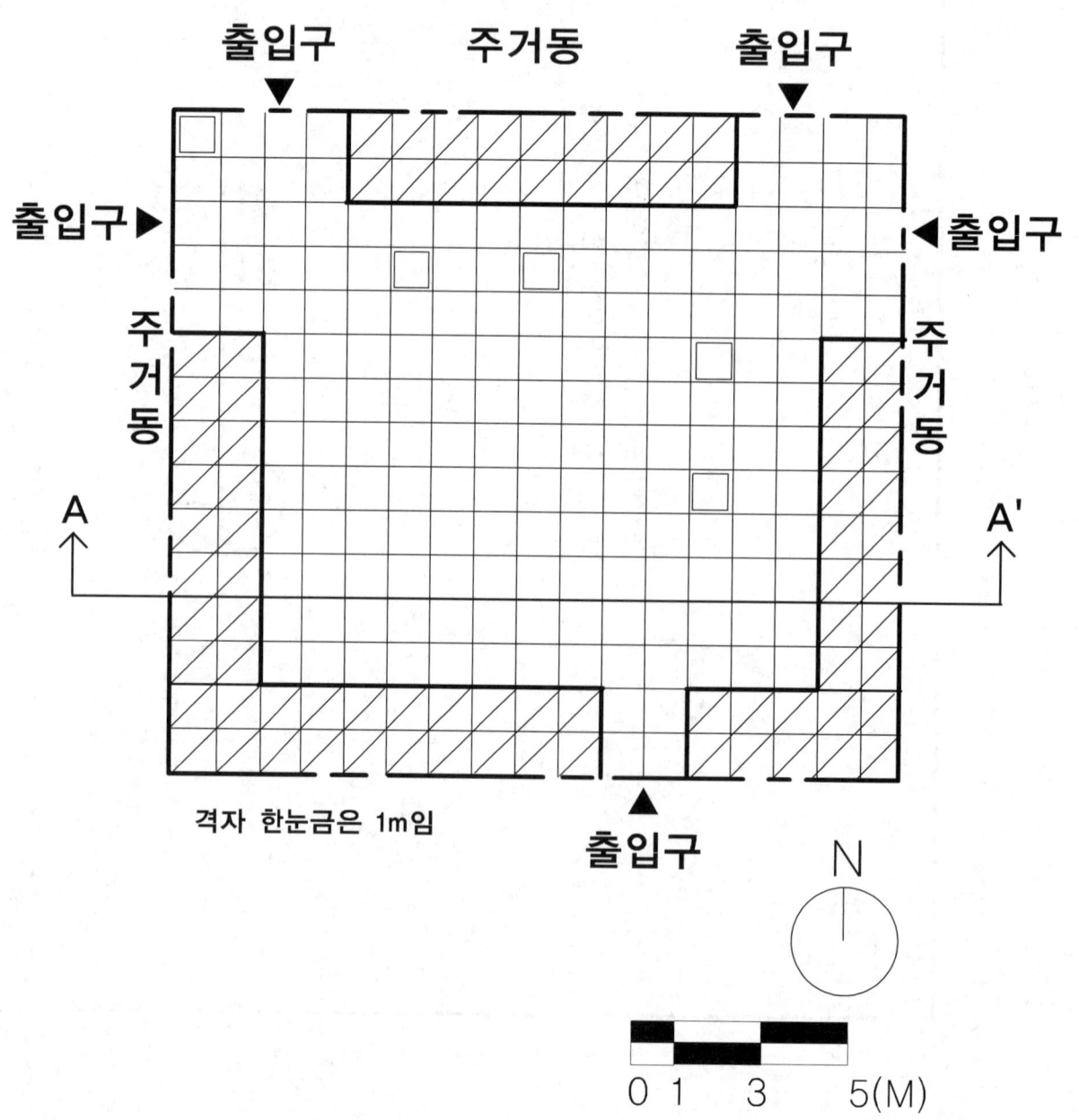

■ (요구 조건)

1. 주어진 답안지(답안용지, A3)에 축척 1/100으로 현황도를 확대하시오.
2. 도면의 윤곽선과 표제란을 규격에 맞게 완성하시오.
3. 수목보호대(1.0m×1.0m)를 설치한 곳에는 녹음수를 식재하시오.
4. 모래사장(6.0m×6.0m)을 1곳 설치하시오(단, 포장은 모래포장으로 한다).
5. 적당한 장소에 평상형쉘터(3.0m×3.0m) 1개와 평벤치(1.6m×0.6m) 2개를 설치하시오.
6. 동쪽과 서쪽은 주변이 주거동인 것을 인지하여 차폐식재 하시오.
7. 포장은 아름답게 디자인한다.
8. 아래의 제시 식물 중 7종을 선정하여 식재설계를 하고 인출선을 사용하여 식물명, 수량, 규격을 도면상에 표기하시오.

> 가이즈까향나무(H3.0×W1.2), 소나무(H2.0×W1.2), 옥향(H0.6×W0.9)
> 플라타너스(H3.5×B10), 백목련(H2.5×R15), 자귀나무(H3.5×R10), 광나무(H2.5×R15)
> 목련(H2.5×R5), 청단풍(H2.5×R5), 눈향(H0.3×W0.4), 수수꽃다리(H1.0×W0.8)
> 회양목(H0.3×W0.3), 명자나무(H1.0×W0.7), 자산홍(H0.4×W0.5), 철쭉(H0.3×W0.4)

9. 범례란에 수목수량표를 작성하고 방위표와 바스케일(스케일바)을 작성하시오.
10. 주어진 답안지(A3 용지)에 A-A' 단면도를 축척 1/100으로 작성하시오(단, 시설물의 기초부분은 상세히 나타내시오).

■ 평면도 모범답안

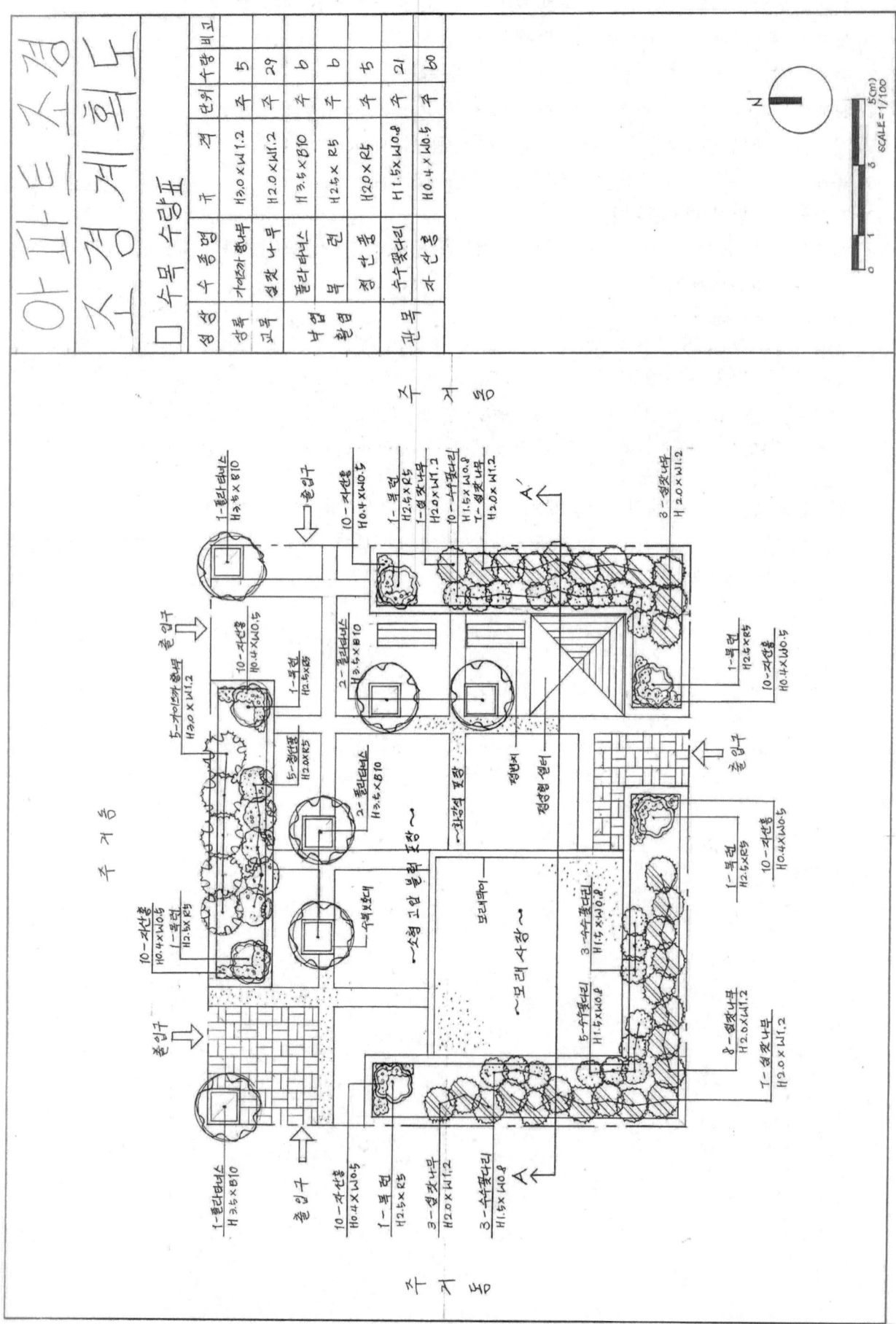

■ 단면도 모범답안

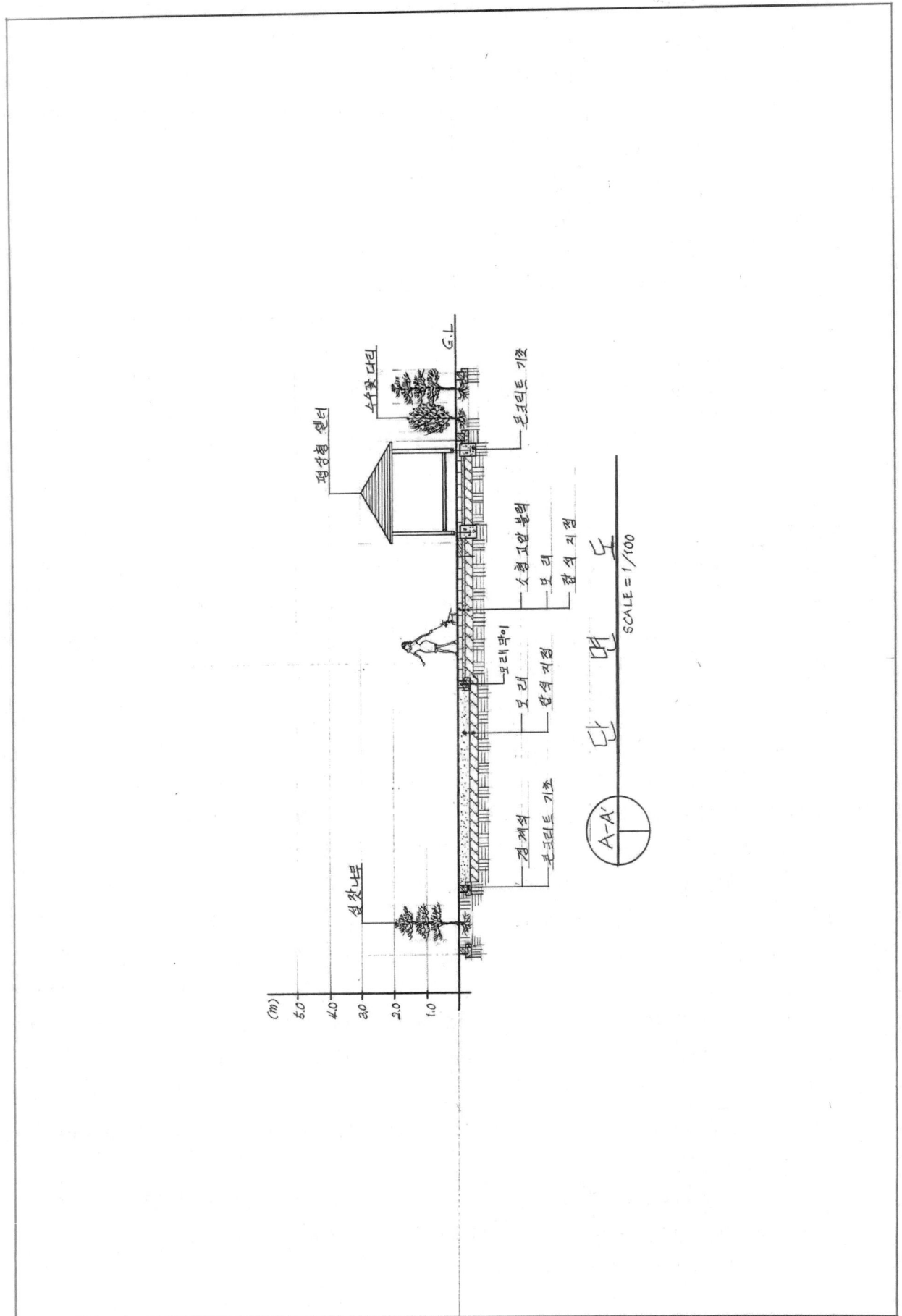

■ 문제풀이 순서

1. 답안용지를 제도판에 마스킹(종이)테이프로 평행자(I자)와 반듯하게 붙인다. 답안용지가 평행(I)자 아래로 들어가게 붙여야 평행자를 움직일 때 답안용지가 훼손되지 않는다.
2. 답안용지에 테두리선을 긋는다(왼쪽 : 2.5㎝, 상·하·우측 : 1.0㎝). 실제 시험에서는 답안용지 좌측에 수직으로 점선이 그려져 나온다. 왼쪽부분은 점선 위에 수직으로 실선을 그어주면 된다.
3. 테두리선의 우측에서 10㎝ 폭으로 표제란을 만든다.
4. 표제란에 도면명과 작업명칭을 쓴다.
5. 표제란을 제외한 설계할 도면(답안지)에 열십(十)자로 중심선을 잡는다(중심선은 가선으로 얇게 그린다).
6. 문제지(현황도)에도 열십(十)자로 중심선을 잡아 현황도의 위치를 쉽게 파악하고 확대하기 쉽게 한다.
7. 중심선 잡은 곳을 중심으로 현황도가 중심에 오게 현황도의 외곽부분을 일점쇄선(때로는 이점쇄선)으로 확대해서 현황도를 그린다.
8. 문제지의 조건에 맞춰 차근차근 설계를 한다.

■ 문제해설(평면도)

1. 문제지(현황도)의 격자 한 눈금이 1m이기 때문에 가로와 세로의 격자수를 잘 세어야 한다. 현황도가 17m× 15m 이므로 현황도를 답안용지의 중앙에 오게 확대하여 잘 배치한다. 현황도의 외곽선은 일점쇄선으로 한다(시험에서 현황도의 외곽선을 이점쇄선으로 그려놓는 경우가 있으면, 이점쇄선으로 그려줘야 한다. 시험문제에서 현황도가 1/200의 스케일이라고 기재가 되어있고, 격자 한 눈금이 1m 라고 하면 문제에서 작성하라고 한 스케일(일반적으로 1/100)을 고려하여 격자 눈금을 잘 세어 1/100의 스케일로 현황도를 확대해서 그려주면 된다. 1/200의 스케일은 별다른 의미가 없으므로 오해하지 말고 시험문제의 현황도 스케일이 1/200인 것을 의미하는 것이다).
2. 외곽선을 긋는다(왼쪽 : 2.5㎝, 상·하·우측 : 1.0㎝). 답안용지의 왼쪽부분은 수직으로 점선이 인쇄되어 나오므로 왼쪽 부분은 점선 위에 수직으로 실선을 그어주면 된다.
3. 수목보호대에는 녹음수를 식재하라고 했으므로 그늘을 제공해주는 플라타너스를 식재하였다.
4. 모래사장(6.0m × 6.0m)을 1곳 설치하고 모래포장을 하라고 했으므로 좌측 하단 부분(남서쪽) 녹지공간에 붙여서 모래사장을 설치하였고, 모래포장이므로 경계석 대신 모래막이를 설치하였다.
5. 평상형쉘터(3.0m × 3.0m) 1개를 우측 하단(남동쪽)에 설치하였고 그 위쪽으로 평벤치 2개를 설치하였다. 평상형쉘터와 평벤치는 규격이 나와 있기 때문에 규격을 정확히 맞춰 그려주어야 한다. 평상형쉘터 안에는 평상이 있기 때문에 평상형쉘터 안에 평벤치를 그려주면 안된다.
6. 동쪽과 서쪽에 차폐식재를 해야 하므로 일단 동쪽과 서쪽을 찾아야 한다. 현황도에서 위쪽이 북쪽(N) 방향이므로 도면의 좌측과 우측이 서쪽과 동쪽이 된다. 그래서 동쪽과 서쪽의 녹지공간에 섬잣나무를 교호식재 하였다.
7. 포장은 아름답게 디자인하라고 하였는데 앞의 평면도 모범답안에서 보는 바와 같이 격자형으로 아름답게 디자인 하였다. 포장을 아름답게 디자인 하라고 제시하면 앞의 평면도 모범답안의 디자인처럼 두 가지 재료를 사용하여 디자인 해주면 좋은 답이 된다.

8. 문제에서 중부지방에 식재를 해야 하기 때문에 남부지방 수종은 선택하면 안된다. 주어진 수목 중에서 광나무만 제외하면 중부지방에 식재하는데 문제가 없는 수목이다. 남부수종을 잘 골라내야 한다.
9. 7종을 선정해서 식재설계를 하라고 했기 때문에 남부수종을 제외하고 7종을 사용해서 식재설계를 해주어야 한다.
10. 식재설계한 수목과 시설물에 같은 각도로 인출선을 뽑아 수목에는 수량, 수목명, 규격을 시설물에는 수량, 시설명, 규격을 기재해준다.
11. 식재설계한 것을 참고하여 표제란을 규격에 맞춰 작성한다.
12. 방위표와 스케일(축척)을 작성한다.

■ 문제해설(단면도)

1. 먼저 답안용지에 테두리선을 규격에 맞춰 그려주며, 도면의 중심을 열십(十)자 모양의 얇은 선으로 긋고, 평면도의 중심선과 단면도의 중심선을 잘 맞춘다.
2. 단면도의 가로 중심선에 G.L(Ground Line)선을 평면도에 그어져 있는 단면도선만큼 그어주고, 수직으로 1/100 스케일 1m 간격으로 점표고 표시(1.0, 2.0, 3.0, 4.0, 5.0, (m))를 해준다(앞의 단면도 모범답안 참고).
3. 평면도의 단면도선에 걸린 시설물 및 수목을 A부분부터 시작하여 A'부분으로 평행자와 수직자를 따라 평면도의 단면도선에 맞춰 단면도에 그려준다.
4. 수목과 시설물의 높이와 폭을 맞춰 그려준다.
5. A부분부터 시작하여 A'쪽으로 가면서 하나하나 자세하게 그려준다(때로는 B-B' 단면도로 출제되는 경우가 있으나, A-A' 단면도와 그리는 방법은 똑같고 글씨만 B-B'로 기재해주면 된다).
6. 제일 먼저 현황도의 외곽부분 경계석이 나오고 섬잣나무가 식재되어있다. 다음으로 경계석과 모래사장, 모래막이의 상세도를 차례로 그려준다(평면도의 외곽부분에 경계석을 표시하지 않았더라도 실제 경계석이 있는 것으로 간주하여 단면도에서는 현황도의 외곽부분에 경계석을 그려준다).
7. 소형고압블록포장의 상세도를 그려주어야 하며, 화강석포장 상세도를 그려준다. 완성된 단면도 모범답안에서 화강석포장의 재료가 누락되어 있다.
8. 평상형쉘터를 규격에 맞추어 그려주며, 수수꽃다리와 섬잣나무를 규격에 맞추어 그려주면 된다.
9. 시설물과 수목에 인출선을 뽑아 시설명과 수목명을 기재해준다(같은 수목과 시설물은 인출선을 한 개만 뽑아서 앞부분에 기재해주면 된다).
10. 단면도가 완성되었으면 하단부분에 A-A' 단면도라는 글씨와 함께 스케일을 기재해준다.
11. 마지막으로 누락되었거나 실수한 부분을 체크하여 수정해준다.
12. 단면도에서 수목과 시설물이 아름답게 그려져야 도면이 보기 좋다.
13. 답안용지의 중심에 단면도의 그림과 글씨가 와야 통일되고 안정감이 있어 좋은 도면이 된다.
14. 인출선 작성시 G.L.선 윗부분은 높이가 높은 것은 높게, 낮은 것은 낮게 높이를 맞춰 인출선을 뽑아 주어야 안정되어 보이고 좋은 도면이 된다.
15. G.L.선 아래의 재료 인출선은 각 재료의 중앙에 점(•)을 찍어 재료명을 기재해주는데, 인출선끼리 높이를 맞춰주어야 좋은 도면이 된다.
16. G.L.선 아래 각 재료의 하단부분에 지반표시를 표시기호에 맞춰 그려주어야 한다.
17. 수목의 뿌리부분과 시설물의 기초재료 그리는 방법을 숙지한다.

02 휴게공원조경설계

- **설계문제** : 다음은 중부지방 도로변에 위치한 휴게공원의 배치도이다. 아래에 주어진 요구 조건을 반영하여 축척 1/100으로 확대하여 휴게공원을 설계하시오.

- **(현황도면)** 남쪽과 북쪽은 좋은 경관이 형성되고 있으며, 일점쇄선 안 부분이 설계대상지이다. 주차장 등의 글씨는 답안용지에 옮기지 않는다.

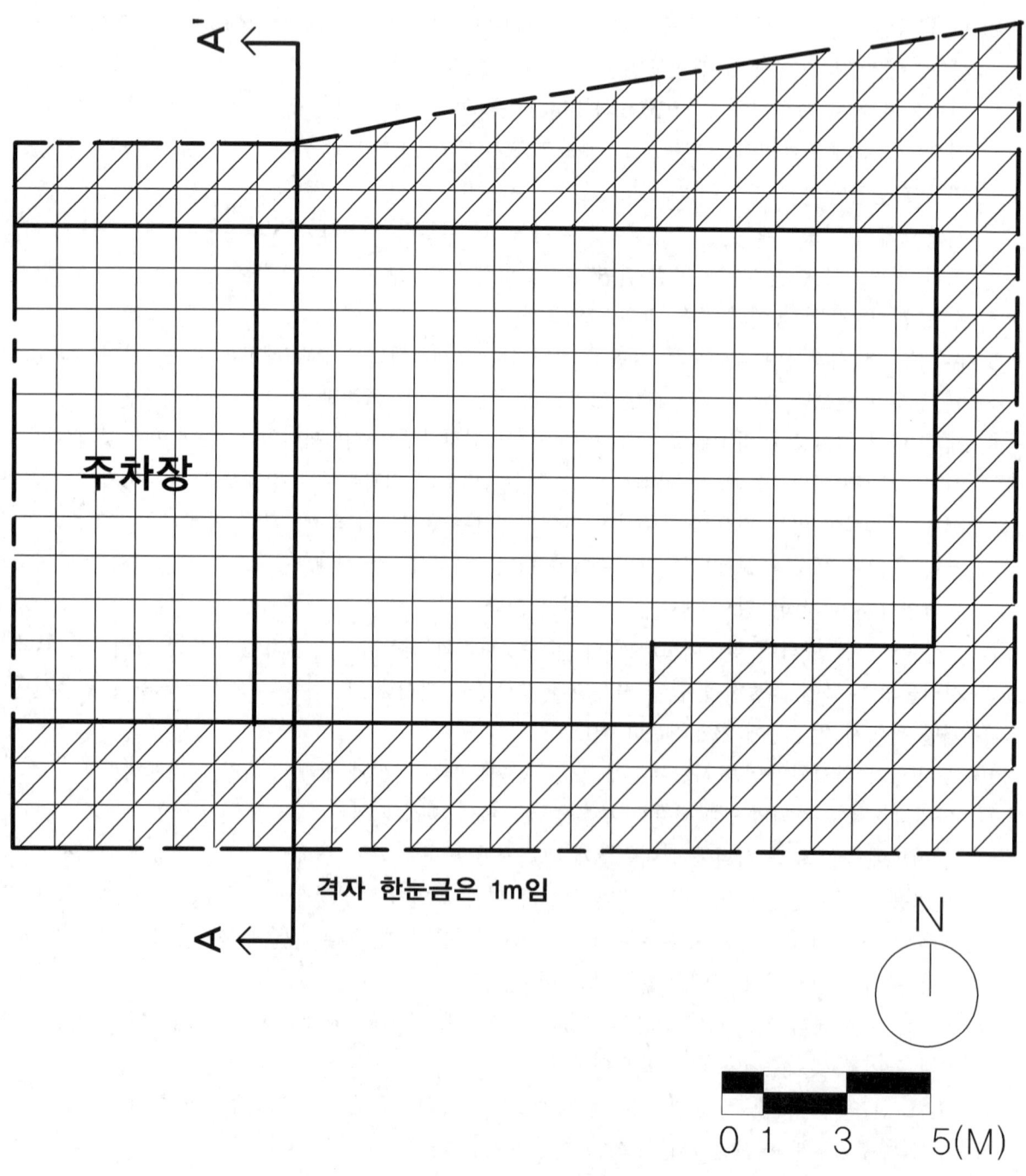

■ (요구 사항)
1. 식재, 시설물평면도를 축척 1/100으로 작성하시오.(지급용지 1)
2. 도면 우측 표제란에 작업명칭을 "휴게공원조경설계"라고 작성하시오.
3. 표제란에는 "수목 수량표"를 작성하고, 수량표 아래에는 방위표시와 막대축척을 그려 넣는다.
4. 수목 수량표에는 수목의 성상별로 상록교목, 낙엽교목, 관목으로 구분하여 작성하시오.
5. A-A' 단면도를 축척 1/100으로 작성하시오(단, 시설물의 기초, 포장재료, 중요시설물, 경계석 등을 단면도상에 나타내시오).(지급용지 2)

■ (요구 조건)
1. 설계 대상지의 현황이 휴게공간이라는 것을 고려하여 조경설계를 하시오.
2. 포장은 콘크리트로 하고, 주차장 공간에는 소형승용차 4대의 주차공간을 설계하시오.
3. 녹지는 주변보다 20㎝ 높으므로 설계시 고려한다.
4. 주차장 동쪽 휴게공간에 퍼걸러(4,000×6,000)를 1곳 설치한다(단, 서쪽 방향이 주차장이고, 동쪽 방향이 휴게공간이다).
5. 퍼걸러 내부에는 평벤치(400×1,500) 4개와 휴지통(지름 400) 1개를 설치한다.
6. 주차장에서 휴게공간으로 진입하는 곳에 계단을 설치하시오.
7. 휴게공간은 주차장보다 40㎝ 높으므로 계획 설계시 고려한다.
8. 북측과 연계된 녹지공간에는 3단으로 자연석 쌓기를 하고, 자연석 쌓기 장소에는 상록관목으로 돌틈식재(석간수(石間水))를 하시오.
9. 콘크리트 포장의 하단 재료는 잡석(300), 콘크리트(200)로 설계한다(단, 300과 200은 재료의 두께이다).
10. 식재설계는 아래수종에서 9종 선정하여 식재한다.

> 소나무(H4.0×W1.8×R20), 스트로브잣나무(H2.5×W1.2), 가문비나무(H2.5×W1.2)
> 꽃사과(H2.5×R6), 느티나무(H4.5×R20), 가중나무(H4.0×B10), 왕벚나무(H4.0×B10)
> 산수유(H2.5×W0.9), 청단풍(H2.0×R6), 옥향(H0.6×W0.9), 철쭉(H0.4×W0.5)
> 회양목(H0.3×W0.3), 철쭉(H0.3×W0.4), 꽝꽝나무(H0.3×W0.3)

■ 평면도 모범답안

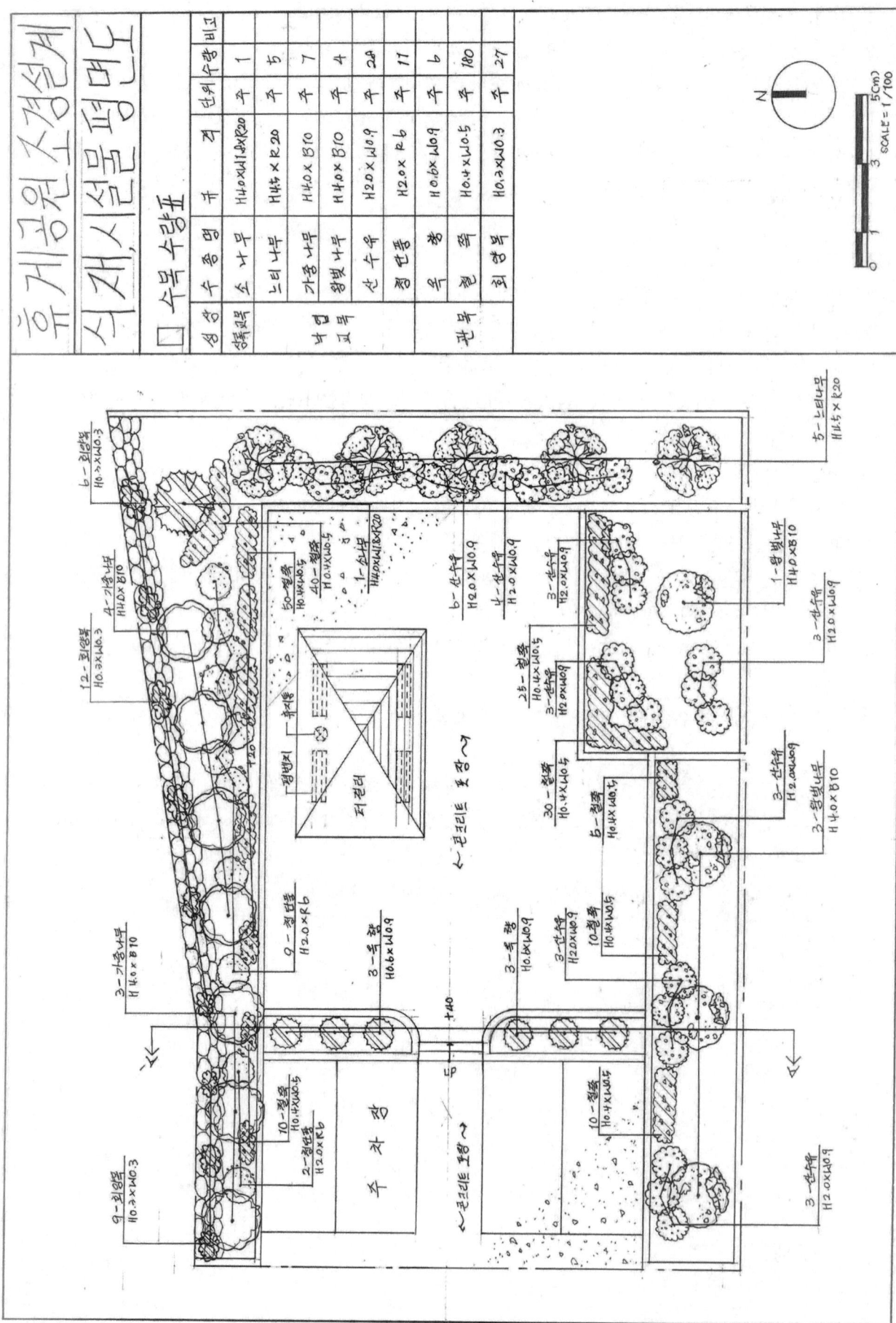

■ 단면도 모범답안

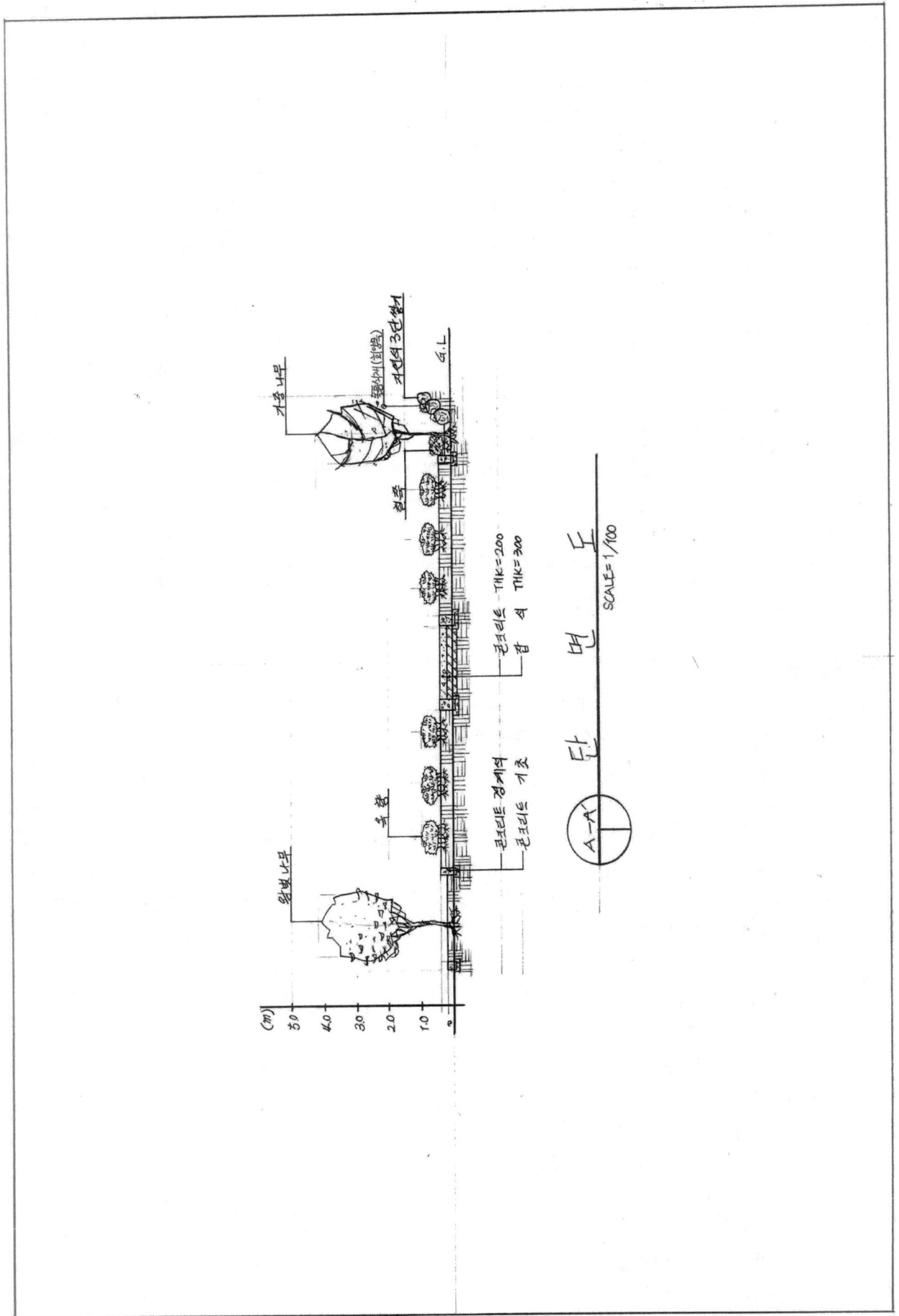

■ 문제해설(평면도)

1. 현황도면의 격자 한 눈금이 1m이기 때문에 가로와 세로의 격자수를 잘 세어야 한다. 현황도가 25m×20m이므로 현황도를 중앙에 잘 배치한다. 현황도의 외곽선은 일점쇄선으로 한다.
2. 도면의 중앙부분 휴게공간에 콘크리트 포장을 하고, 서쪽 주차장은 평면도 모범답안처럼 소형승용차 4대분의 주차공간을 설계하였다.
3. 녹지는 주변보다 20㎝가 높으므로 녹지 부분에 점표고 +20을 기재해주면 녹지가 20㎝ 높은 것을 쉽게 알 수 있다. 녹지가 20㎝ 높은 부분을 단면도상에서 나타내준다.
4. 휴게공간(동쪽)은 규격에 맞추어 퍼걸러를 설치하고, 퍼걸러 내부에 평벤치와 휴지통을 설치해준다. 퍼걸러 내부에 있는 평벤치와 휴지통은 위에서 바라보았을 때 보이지 않는 부분이기 때문에 평벤치와 휴지통을 점선으로 표시해주었다.
5. 주차장에서 휴게공간으로 진입하는 부분에 2칸의 계단을 만들었다. 또한 up표시를 해주어 위로 올라가는 방향과 계단으로 인해 점표고가 바뀌는 것을 안내해주었다.
6. 휴게공간은 주차장 보다 40㎝가 높으므로 휴게공간 부분에 점표고 +40을 기재해준다. 점표고를 표시해줄때 계단부분에 점표고를 기재해주면 쉽게 단 차이를 알 수 있다.
7. 북측과 연계된 녹지공간에 자연석 3단 쌓기를 하고 돌틈식재를 하라고 했으므로, 북측 녹지공간에 자연석을 겹쳐서 3단 쌓기를 하고, 돌틈에 상록관목인 회양목을 식재하였다.
8. 식재설계는 9종 선정하여 식재하라고 했는데, 제일 먼저 중부지방에 식재하라고 했기 때문에 남부수종인 꽝꽝나무를 제외하고 식재하여야 한다. 또한 규격이 다른 철쭉이 2개 제시되었는데 규격이 다른 2개의 철쭉을 식재하더라고 전체 식재설계의 종수는 철쭉 1종이 되므로 주의한다.
9. 인출선을 겹치지 않게 잘 그려주고 누락된 부분이 없는지 체크한다.

■ 문제해설(단면도)

1. A-A' 단면도이기 때문에 A부터 A'까지 평면도의 단면도선에 걸리는 것을 그려주면 된다.
2. A부분부터 보면 제일 먼저 현황도의 외곽선에 경계석이 있어 경계석을 그려준다.
3. 경계석 다음으로 수고 4.0m 왕벚나무가 단면도선에 걸렸기 때문에 수고와 수관폭을 맞춰서 왕벚나무를 그려주고, 그 다음 위치에 수고 2.0m 산수유를 수고에 맞춰 그려준다(단면도 모범답안에서는 누락시켰는데 바라보는 방향에 산수유가 있기 때문에 산수유를 그려주는 것이 좋다. 단면도를 그릴 때에는 침엽수와 활엽수를 구분해서 그려줘야 한다). 녹지는 주변보다 20㎝가 높기 때문에 20㎝ 높게 지반을 그려주고, 20㎝ 높은 부분에 식재가 되어야 한다. 완성된 단면도 모범답안을 참고하여 경계석을 설치하고 경계석부터 20㎝가 높은 것으로 그려주면 된다.
4. 다음으로 경계석이 걸리고 옥향이 식재되었다. 경계석 부분부터 40㎝가 높아 점표고가 +40이 되는 부분이다. 화단 다음으로 콘크리트 포장이 있는데 콘크리트 포장은 기초부분의 재료와 두께가 나와 있으므로 두께와 재료표시를 맞춰서 그려주어야 한다.
5. 단면도선의 마지막 부분으로 가면 자연석 3단쌓기와 돌틈식재가 나온다(완성된 단면도 모범답안을 참고해서 자연석 쌓기와 돌틈식재 그리는 방법을 이해해줘야 한다).
6. 단 차이가 나는 문제이기 때문에 단면도 상에 단 차이를 잘 나타내 주어야 한다.
7. G. L.선 아랫부분 각 시설물의 재료부분은 재료의 중앙에 점(•)을 찍어서 인출선과 함께 재료를 기재해준다.
8. G. L.선 윗부분에 있는 수목과 시설물에 인출선을 뽑고 각각 이름을 기재해준다.
9. G. L.선 윗부분의 인출선은 높이를 고려하여 3단(높은 것, 중간 것, 낮은 것)으로 높이를 맞추어 인출선을 그려주면 보기 좋은 도면이 된다.

03 어린이공원조경설계

- **설계문제** : 다음은 중부지방 도로변에 위치한 어린이공원의 배치도이다. 아래에 주어진 요구 조건을 반영하여 현황도면을 축척 1/100으로 확대하여 설계하시오.

- **(현황도면)** 다음의 현황은 어린이공원 배치도로, 주변은 평탄하게 정지되어 있다. 일점쇄선 안 부분이 설계대상지이다.

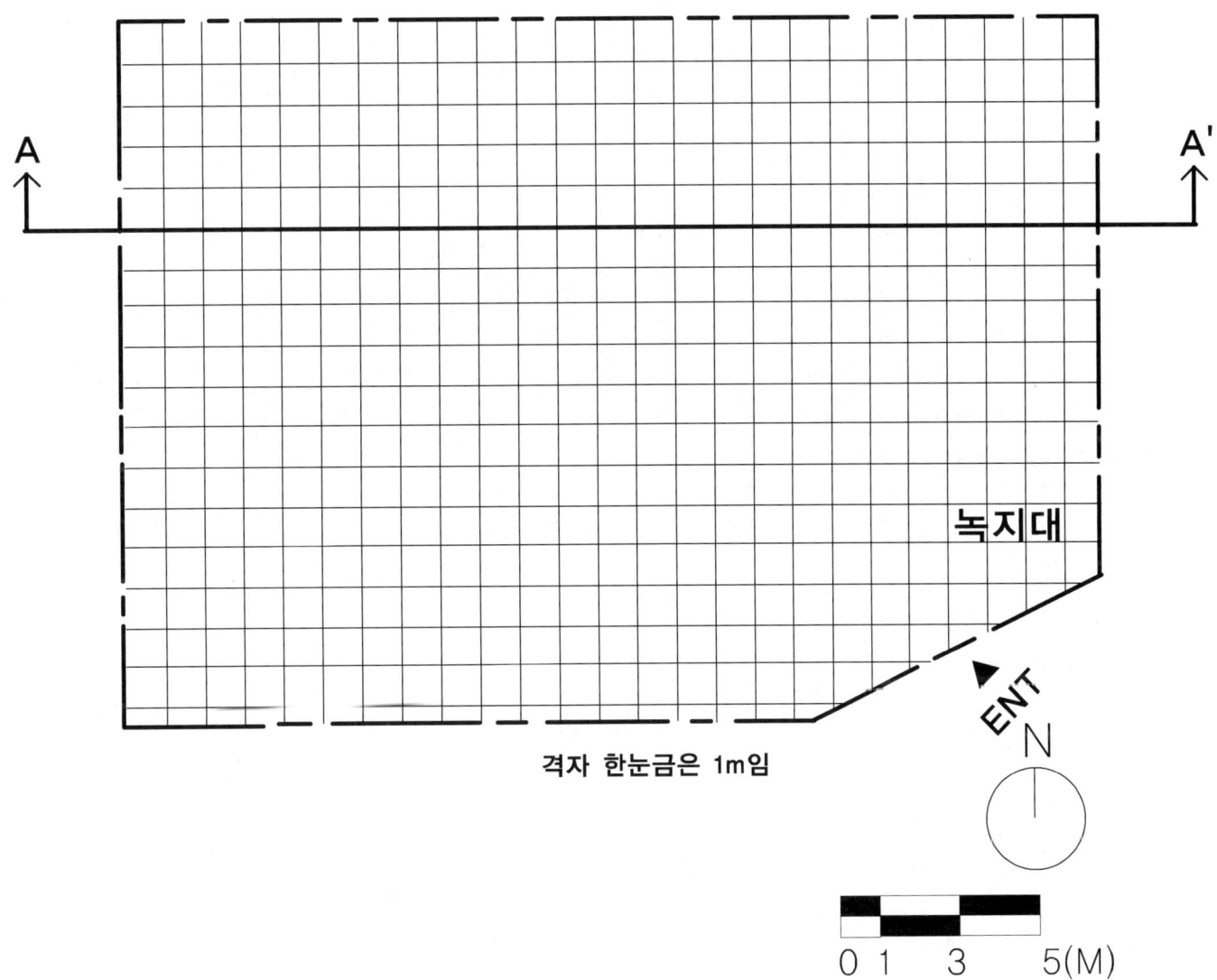

격자 한눈금은 1m임

■ (요구 사항)
1. 식재평면도를 축척 1/100으로 작성하시오.(지급용지 1)
2. 도면 우측 표제란에 작업명칭을 "어린이공원"이라고 작성하시오.
3. 표제란에는 "수목 목록표"를 작성하고, 목록표 아래쪽에는 방위표시와 막대축척을 그려 넣는다.
4. 수목 목록표에는 수목의 성상별로 상록교목, 낙엽교목, 관목으로 구분하여 작성하시오.
5. A-A' 단면도를 축척 1/100으로 작성하시오(단, 시설물의 기초, 포장재료, 중요시설물, 경계석 등을 단면도상에 나타내시오).(지급용지 2)

■ (요구 조건)
1. 설계 대상지의 현황이 어린이공원이라는 것을 고려하여 조경설계를 하시오.
2. ENT를 고려하여 원로를 설계하시오.
3. 공간을 휴게공간, 놀이공간, 체력단련공간, 다목적공간으로 구분하시오.
4. 각 공간의 성격에 맞춰 포장을 해주며, 포장재료에 맞게 화강석 경계석 또는 모래막이를 설치하시오.
5. 휴게시설에는 퍼걸러를 적당한 규격으로 설치하시오.
6. 놀이공간에는 어린이놀이시설 2종을 설치하시오.
7. 체력단련공간에는 체력단련시설을 2종 배치하시오.
8. 다목적공간에는 모래포장을 하시오.
9. 식재설계는 아래수종에서 7종 이상 선정하여 식재한다.

> 섬잣나무(H1.2×W1.2), 스트로브잣나무(H2.0×W1.0), 꽃사과(H2.5×R6)
> 느티나무(H3.5×R10), 목련(H2.5×R5), 왕벚나무(H4.0×B10)
> 청단풍(H2.0×R5), 옥향(H0.6×W0.9), 철쭉(H0.4×W0.5), 수수꽃다리(H1.5×W0.8)
> 자산홍(H0.4×W0.5), 철쭉(H0.3×W0.4), 꽝꽝나무(H0.3×W0.3)

10. 녹지대는 따로 지정해 주지 않으며, 어린이공원의 대상지 및 현황을 고려하여 식재설계를 해준다.

■ 평면도 모범답안

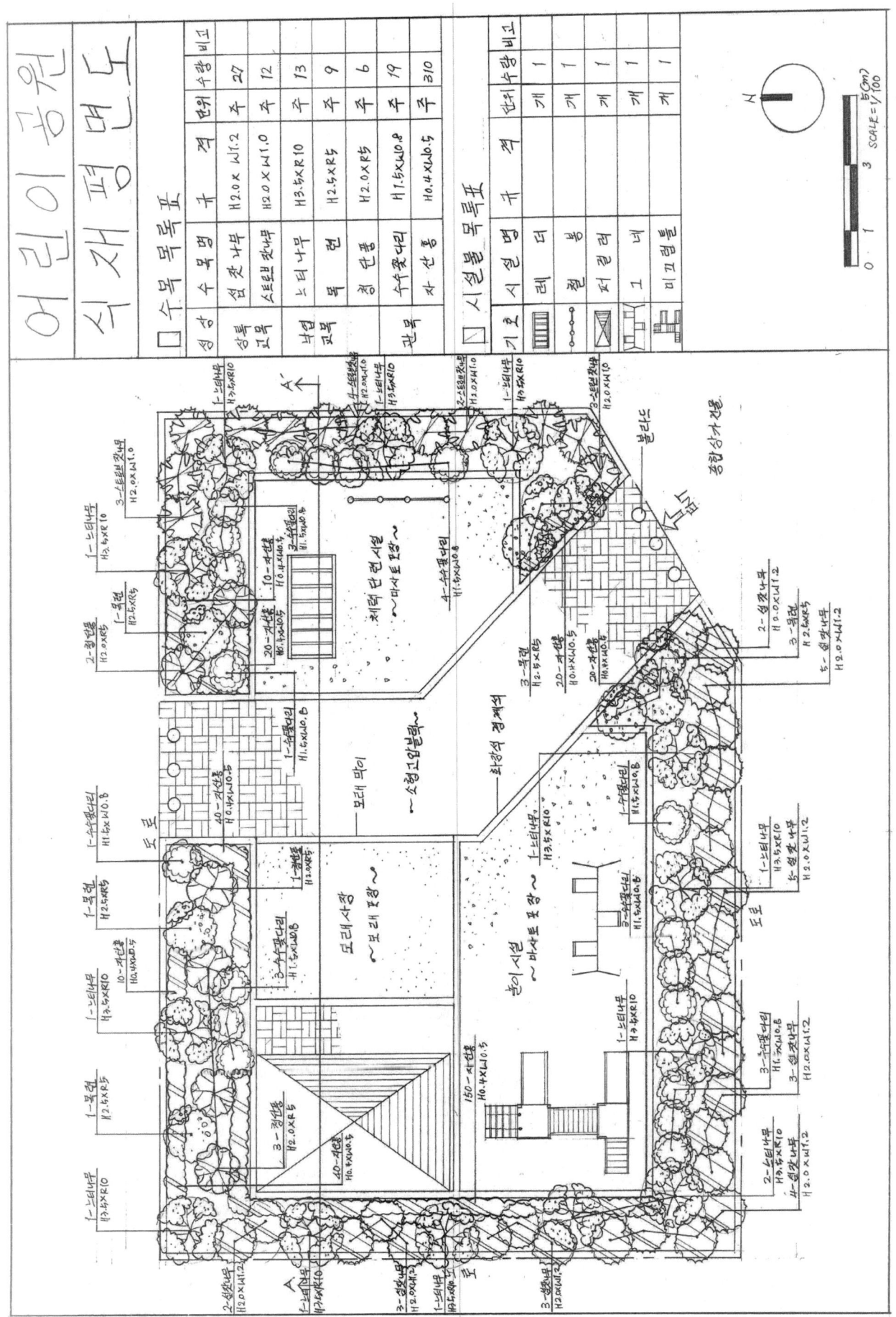

■ 단면도 모범답안

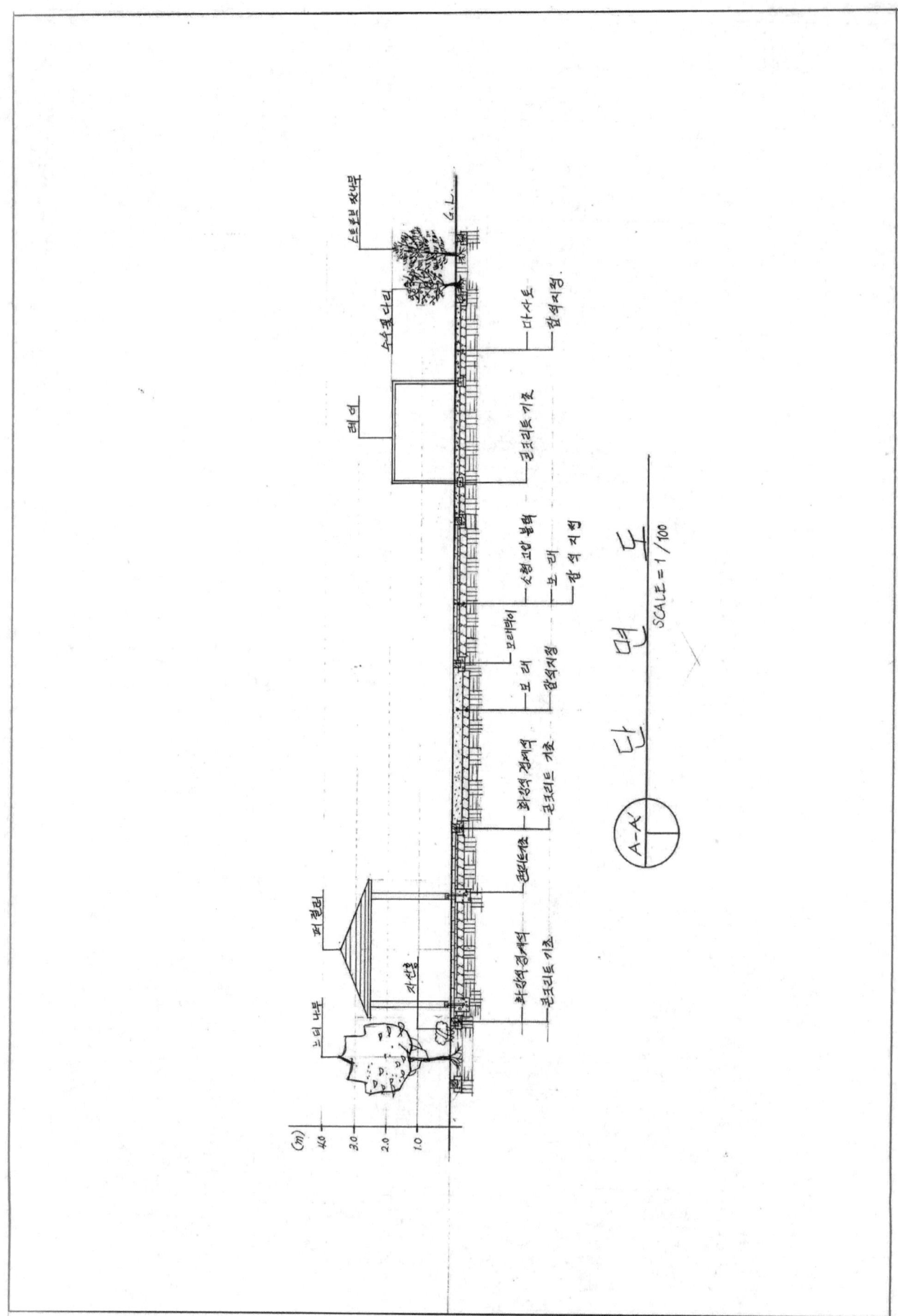

■ **문제해설(평면도)**

1. 현황도면의 격자 한 눈금이 1m이기 때문에 25m×18.5m의 공간이 나온다.
2. 표제란을 제외한 답안용지의 공간에 현황도가 중앙으로 오게 하여 현황도를 확대하여 그려준다 (단, 부지 외곽선은 문제에서 일점쇄선으로 주어졌기 때문에 일점쇄선으로 한다).
3. ENT를 기준으로 4.5m 폭으로 원로를 그려주었다.
4. 각 공간의 성격이 다르기 때문에 포장을 달리하여 공간을 분할 해주었으며, 공간분할을 했기 때문에 각 공간의 경계에 화강석 경계석을 넣어주었다. 평면도의 휴게공간 및 원로에 포장명을 기재할 때에는 평면도 모범답안에 기재되어있는 '소형고압블럭' 보다는 '소형고압블럭포장'이라고 포장명을 명기해 주는 것이 좋다.
5. 휴게공간은 왼쪽 상단(북서쪽)에 설치하여 퍼걸러(4.0m×6.0m)를 설계해 주었으며, 놀이공간은 좌측하단(남서쪽)에 마사토포장을 하고 놀이시설을 2종(미끄럼틀, 그네) 설치해주었다.
6. 체력단련공간은 우측 부분(동쪽)에 설치했으며, 마사토포장을 하였고 체력단련시설을 2종(레더, 철봉) 설치하였다.
7. 다목적공간은 좌측 상단부분(북서쪽)에 설치했으며, 모래포장을 하였다.
8. 표제란의 시설물목록표에서 시설물의 규격을 모르는 시설물은 규격을 틀리게 적는 것보다 비워놓는 것이 좋다.
9. 시설물목록표에는 규격이 나와있는 시설물인 퍼걸러 등을 기재해 주는 것이 좋다.
10. 시설물의 규격이 나와 있지 않은 시설물은 도면의 시설물 옆에 시설명을 기재해주면 쉽고 빠르게 도면을 완성할 수 있다.
11. 중부지방 도로변에 조경설계를 해야 하기 때문에 (요구 조건) 9번의 꽝꽝나무는 남부수종이기 때문에 본 설계에서는 식재해주면 안된다.

■ **문제해설(단면도)**

1. A-A' 단면도이기 때문에 평면도의 A부터 A'까지 단면도 선에 걸리는 것을 그려주면 된다.
2. A부분부터 보면 제일 먼저 현황도의 외곽선에 경계석이 있어 화강석 경계석을 그려준다.
3. 화강석 경계석 다음으로 수고 3.5m인 느티나무가 단면도선에 걸렸기 때문에 수고와 폭에 맞춰서 느티나무를 그려주고, 그 다음 위치에 수고 0.4m인 자산홍을 수고와 폭에 맞춰 그려준다.
4. 다음으로 화강석 경계석이 걸리고 휴게공간에 퍼걸러가 걸렸기 때문에 G.L선 하단부에는 소형고압블럭포장을 해주고, 단면도선 퍼걸러의 위치에 폭과 높이를 맞춰 퍼걸러를 그려준다.
5. 휴게공간을 지나 다목적공간에 모래포장을 해주며, 모래포장은 화강석 경계석 대신 모래막이를 설치해준다. 모래막이는 화강석 경계석과 디자인과 재료에서 차이가 있어야 한다.
6. 다목적공간을 지나 4.5m 폭으로 원로가 나오며, 원로의 가장자리에는 화강석 경계석이 있고, 원로는 소형고압블럭포장 상세도를 그려준다.
7. 다음으로 체력단련공간에 체력단련시설인 레더를 그려줘야 한다. 레더의 상세도를 그릴 수 있어야 한다.
8. 단면도선의 마지막 부분으로 가면 녹지공간에 수수꽃다리와 스트로브잣나무를 나무의 수고와 폭에 맞춰 그려주면 된다. 수목의 입면표현을 쉽고 아름답게 그릴 수 있어야 한다.
9. 각 시설물 및 수목에 인출선을 뽑아 시설물명과 수목명을 기재해주고, G.L선 하단부분에는 각 재료의 중앙에 점(•)을 찍어 재료명을 기재해주고 지반표시를 해준다.
10. 단면도에서 포장의 상세도와 디자인, 시설물의 기초, 화강석 경계석, 모래막이 등을 쉽게 그릴 수 있어야 한다.
11. 마지막으로 A-A' 단면도라는 글씨와 스케일을 기재해주고, 도면에서 누락된 부분을 체크한다.

04 주택정원설계

- **설계문제** : 다음은 중부지방 주택정원의 배치도이다. 아래에 주어진 요구 조건을 반영하여 현황도면을 축척 1/100으로 확대하여 주택정원 설계를 하시오.

- **(현황도면)** 남쪽은 호수, 북쪽은 산과 연계하여 좋은 경관이 펼쳐지고 있다. 남북으로는 이웃집과 인접하여있고, 동쪽과 서쪽은 도로와 인접하여 있다. 일점쇄선 안 부분이 설계대상지이며 현황도면 주변의 현황은 답안지에 그대로 옮겨준다.

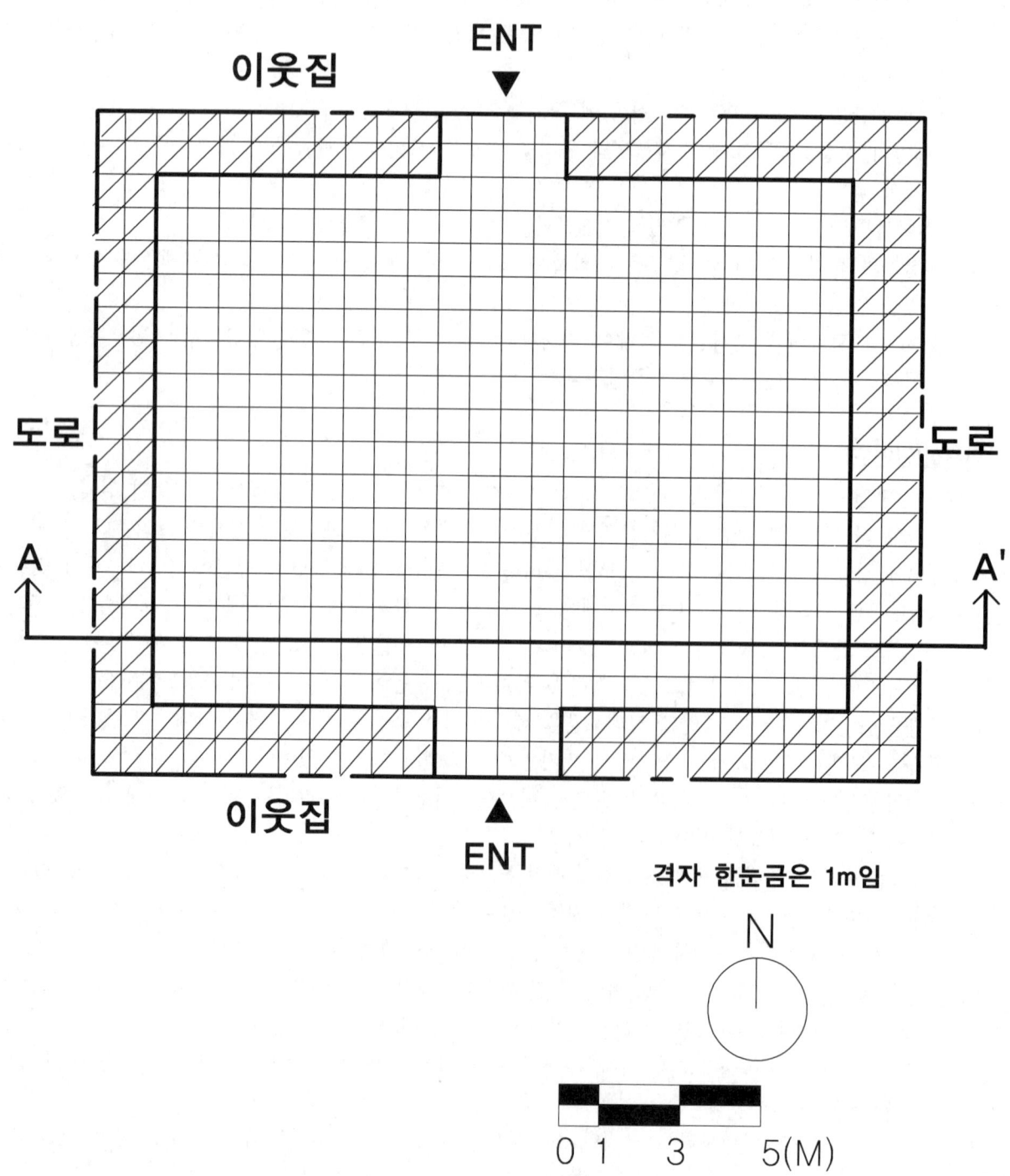

■ (요구 조건)

1. 주어진 답안지(A3 용지)에 축척 1/100으로 현황도를 확대하시오.(답안용지 1)
2. 도면의 윤곽선(외곽선)과 표제란을 규격에 맞게 완성하시오.
3. 입구(ENT)부분을 고려하여 동선설계를 하시오.
4. 수목보호대(1m×1m)를 6개 설치하고, 수목보호대를 설치한 곳에는 녹음수를 식재하시오.
5. 대상지의 공간을 휴게공간, 어린이놀이공간으로 구분하시오(단, 각 공간의 성격에 맞게 포장을 달리 하시오).
6. 휴게공간에는 퍼걸러(3m×3m) 2개와 등벤치(1.6m×0.4m) 4개, 어린이놀이공간에는 3종 이상의 어린이 놀이시설을 배치하시오.
7. 동쪽과 서쪽은 주변이 도로인 것을 인지하여 차폐식재 하시오.
8. 포장지역 이외에는 잔디를 식재한다.
9. 아래의 제시 식물 중 10종 이상을 선정하여 식재설계를 하고 인출선을 사용하여 식물명, 수량, 규격을 도면상에 표기하시오.

> 반송(H1.5×W1.0), 소나무(H3.5×R25), 옥향(H0.6×W0.9)
> 주목(H3.0×W2.0), 측백나무(H3.5×W1.2), 느티나무(H4.0×R12)
> 백목련(H2.5×R15), 자귀나무(H3.5×R10), 자작나무(H2.5×B5)
> 눈향(H0.3×W0.4), 회양목(H0.3×W0.3), 명자나무(H1.0×W0.7)
> 철쭉(H0.3×W0.4), 잔디(0.3×0.3×0.03)

10. 범례란에 수목수량표를 작성하고 방위표와 바스케일을 작성하시오.
11. 주어진 답안지(A3 용지, 답안용지 2)에 A-A' 단면도를 축척 1/100으로 작성하시오(단, 시설물의 기초부분은 상세히 나타내시오).

■ 평면도 모범답안

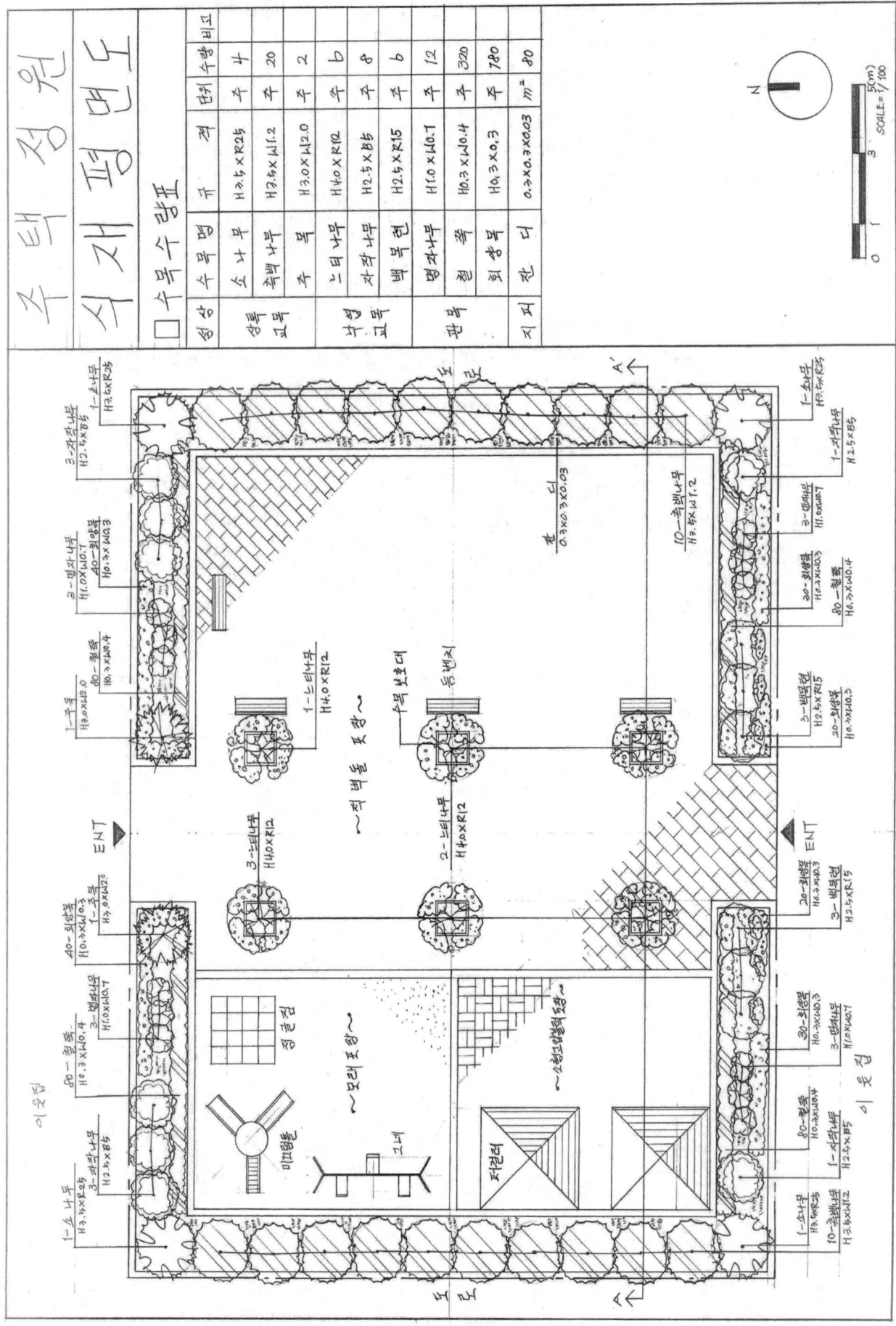

■ 단면도 모범답안

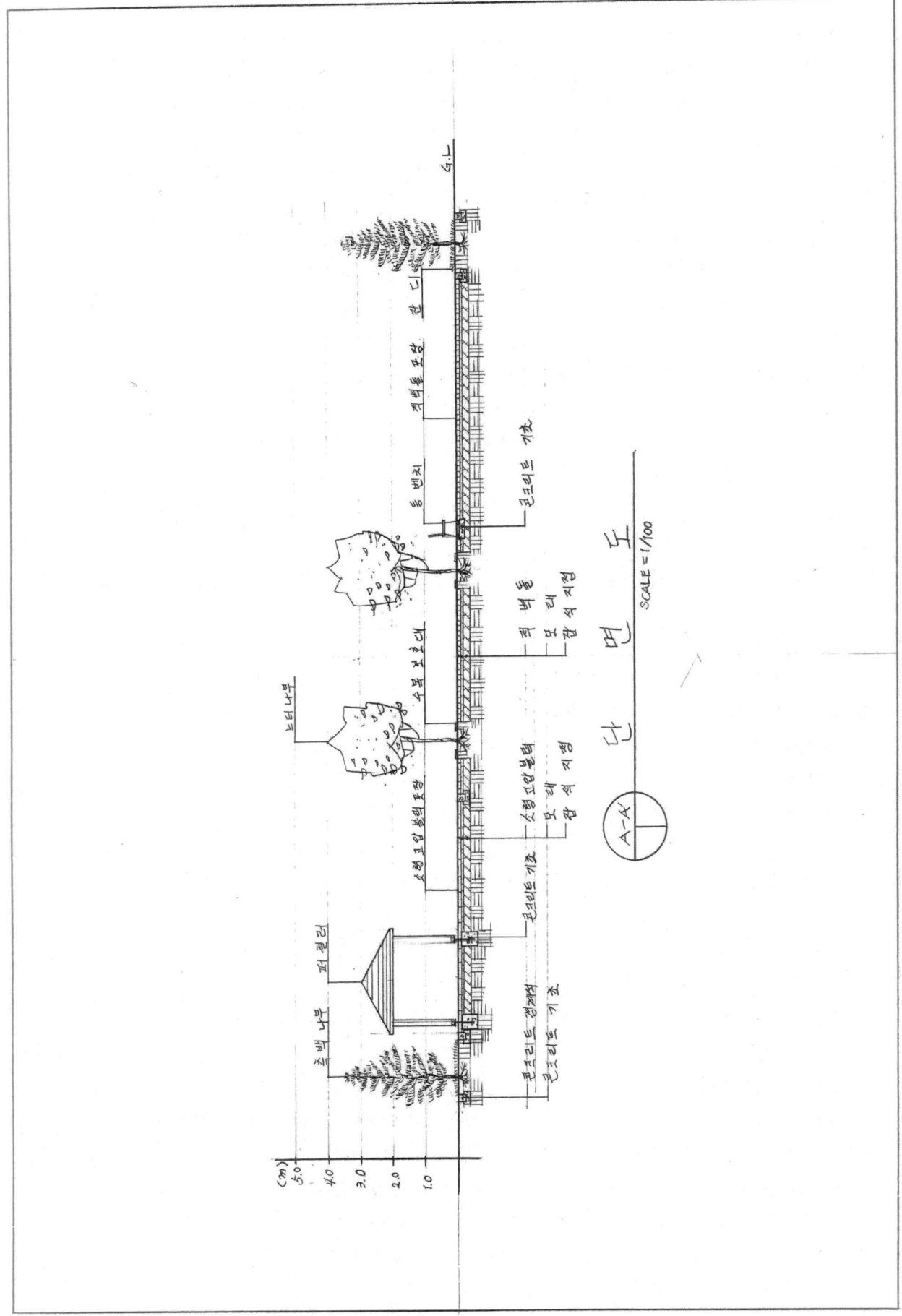

■ 문제해설(평면도)

1. 수목보호대(1m×1m)를 원로의 가장자리에 3개씩 대칭으로 6개 설치해주었으며, 녹음수로 가장 많이 사용하는 느티나무를 식재하였다(수목보호대에 녹음수를 식재하라고 하면 수고가 가장 높은 낙엽교목을 선택하는 것이 좋고, 일반적으로 느티나무와 플라타너스를 가장 많이 식재한다).
2. 휴게공간은 남서쪽으로 배치하였고, 퍼걸러(3m×3m) 2개를 설치하였다. 평면도 모범답안에서 등벤치를 휴게공간에 설치하지 않고 수목보호대 옆 녹음수에 설치하였는데 휴게공간에 설치하는 것도 좋은 답이다. 시설물수량표를 작성하라는 조건이 없기 때문에 평면도의 퍼걸러와 등벤치 주변에 시설명을 기재하였다.
3. 어린이놀이공간은 휴게공간에서 부모님들이 어린이를 잘 관찰할 수 있도록 휴게공간 옆에 설치하였으며, 미끄럼틀, 정글짐, 그네를 설치하고, 모래포장을 하였다.
4. 시험에서 휴게공간에는 퍼걸러와 벤치, 어린이놀이공간에는 어린이놀이시설을 3종 설계하라고 출제되는 경향이 많기 때문에 시설물의 평면도 그리는 방법을 꼭 기억해야한다.
5. 동쪽과 서쪽은 측백나무로 차폐식재 하였다(차폐식재 수목은 겨울철에도 잎이 남아있는 상록수가 좋다).
6. 포장지역 이외에는 잔디를 식재하였다(식재공간의 수목식재를 한 장소 이외에는 잔디를 심어주었고 부분적으로 잔디 표현을 하였다).
7. 평면도에서 인출선을 뽑을 때 인출선끼리 겹치지 않도록 유의해야 하며, 문제에 주어진 시설명을 정확히 기재해 주어야한다.
8. 마지막으로 수정할 부분이 있는지 체크하고 단면도선(A-A')을 다시 한 번 진하게 그어준다.

■ 문제해설(단면도)

1. A-A' 단면도이기 때문에 A부터 A'까지 단면도 선에 걸리는 것을 그려주면 된다.
2. A부분부터 살펴보면 제일 먼저 현황도의 외곽선에 경계석이 있어 경계석과 경계석의 기초를 그려준다.
3. 경계석 다음으로 수고 3.5m 측백나무가 단면도선에 걸렸기 때문에 수고와 폭을 맞춰 측백나무를 그려주고, 수목 식재 이외의 공간에 잔디를 상징적으로 그려준다.
4. 다음으로 경계석이 있고, 휴게공간에 퍼걸러가 걸렸기 때문에 휴게공간의 G.L.선 하단부에는 소형고압블럭포장을 해주고, 퍼걸러의 위치에 평면도의 폭에 맞춰 퍼걸러의 단면도를 그려준다(일반적인 퍼걸러의 높이는 3m로 해준다).
5. 휴게공간을 지나 원로가 나오며, 원로의 가장자리에는 경계석이 있고, 원로는 적벽돌포장의 상세도를 그려준다.
6. 원로의 중간에 수목보호대가 나오며, 수목보호대에는 녹음수가 식재되어있다. 녹음수와 수목보호대를 그려주어야 하며, 중간에 등벤치가 측면으로 보이기 때문에 등벤치를 측면도로 그려주어야 한다. 수목보호대의 단면도 그리는 방법도 단면도 모범답안을 보고 연습해 보자.
7. 원로를 지나 경계석과 잔디, 측백나무 순서로 평면도의 단면도선 위치에 맞춰 단면도를 그려주면 된다.
8. 각 수목과 시설명은 인출선을 뽑아 기재해 주고 수목과 시설물의 높이가 높은 것은 높은 것끼리, 낮은 것은 낮은 것끼리 인출선의 높이를 보기 좋게 맞춰 인출선을 작성해준다.
9. G.L선 아래부분에 인출선을 사용하여 각 재료의 중앙에 점(•)을 찍어 재료명을 기재해준다.
10. G.L선 윗부분 포장부분에 허전함을 보완해주기 위해 인출선을 사용하여 「소형고압블럭포장」과 「적벽돌포장」을 기재해주는 것도 괜찮은 답이다.

05 주택정원설계

- **설계문제** : 다음의 설계부지는 중부지방 주택정원의 배치도이다. 남쪽으로 도로가 있으며, 정원내의 고저(高低)차는 없다. 아래에 주어진 요구 조건을 반영하여 현황도면을 축척 1/100으로 확대하여 배식평면도를 작성하시오.

- **(현황도면)** 남쪽은 도로가 인접해 있고, 출입구(ENT)가 있다. 남쪽을 제외한 공간들은 이웃 주택들과 인접해 있다. 주택정원에서 안쪽 뜰로 트여있는 오픈스페이스(Open Space)의 주택정원 형태를 고려하여 설계를 하시오. 일점쇄선 안 부분이 설계대상지이며, "가", "나"는 공간을 설명하기 위한 것이므로 답안지에는 옮기지 않는다.

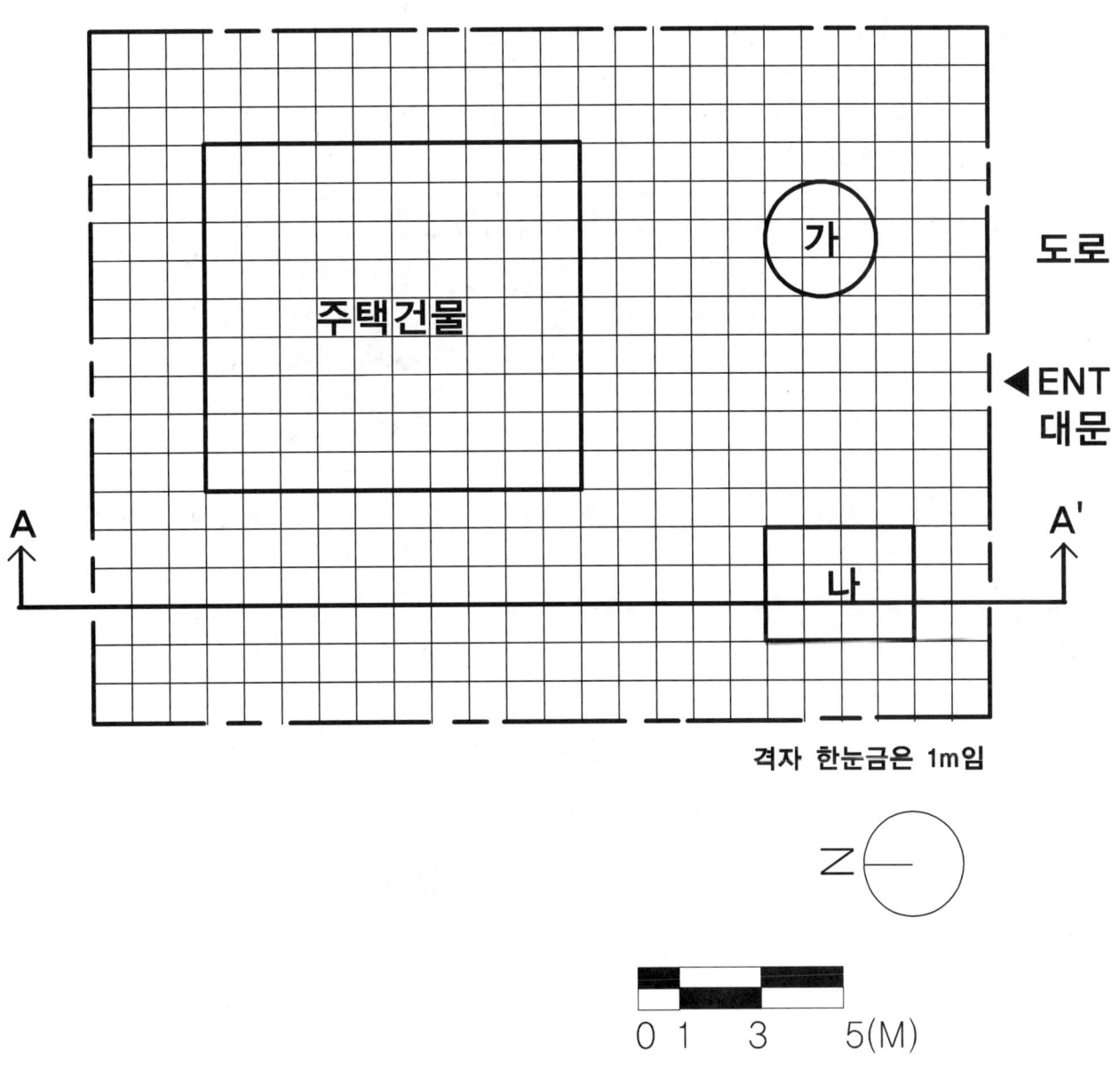

■ (요구 조건)

1. 주어진 답안지(A3 용지)에 축척 1/100으로 현황도를 확대하여 설계하시오.
2. 도면의 윤곽선과 표제란을 규격에 맞게 완성하시오.
3. "가" 지역은 반지름 1.5m의 원에 내접하는 팔각형 모양의 연못을 설치하고, 연못주변은 1.5m 폭으로 자연석 포장을 한다(단, 경계석 20cm는 폭에 포함시킨다).
4. 대문에서 현관에 이르는 정원공간에 지름 40~50cm 디딤돌놓기로 원로를 배치한다. 또한 "가" 지역의 연못까지 같은 디딤돌놓기로 배치한다.
5. "나" 지역에는 3m×4m 크기로 모래사장을 만들고, 경계는 모래막이로 처리한다.
6. 휴게공간을 조성하여 퍼걸러(3m×3m) 1개와 평벤치(1.6m×0.4m) 4개를 배치하시오.
7. 남쪽이 도로인 것을 인지하여 차폐식재 하시오.
8. 동쪽과 서쪽은 상록수와 낙엽수를 적절히 혼합하여 식재하고, 낙엽수는 단풍이 아름다운 수종을 선정하시오.
9. 건물 주위는 관목식재를 하시오.
10. 식재공간 이외에는 잔디를 상징적으로 식재하고, 표제란에 잔디를 넣어준다.
11. 아래의 제시 식물 중 10종 이상을 선정하여 식재설계를 하고 인출선을 사용하여 식물명, 수량, 규격을 도면상에 표기하시오.

> 반송(H1.5×W1.0), 소나무(H3.5×R25), 소나무(H4.0×R28), 옥향(H0.6×W0.9)
> 주목(H3.0×W2.0), 측백나무(H3.5×W1.2), 느티나무(H4.0×R12), 왕벚나무(H3.5×R12)
> 백목련(H2.5×R15), 자귀나무(H3.5×R10), 자작나무(H2.5×B5), 아왜나무(H2.5×R8)
> 눈향(H0.3×W0.4), 회양목(H0.3×W0.3), 명자나무(H1.0×W0.7)
> 철쭉(H0.3×W0.4), 잔디(0.3×0.3×0.03)

12. 범례란에 수목수량표를 상록교목, 낙엽교목, 관목, 지피로 분류하여 작성하고 방위표와 바스케일을 작성하시오.
13. 범례란에 중요시설물수량표를 작성하시오.
14. 주어진 답안지(A3 용지)에 A-A' 단면도를 축척 1/100으로 작성하시오(단, 시설물의 기초부분은 상세히 나타내시오).

■ 평면도 모범답안

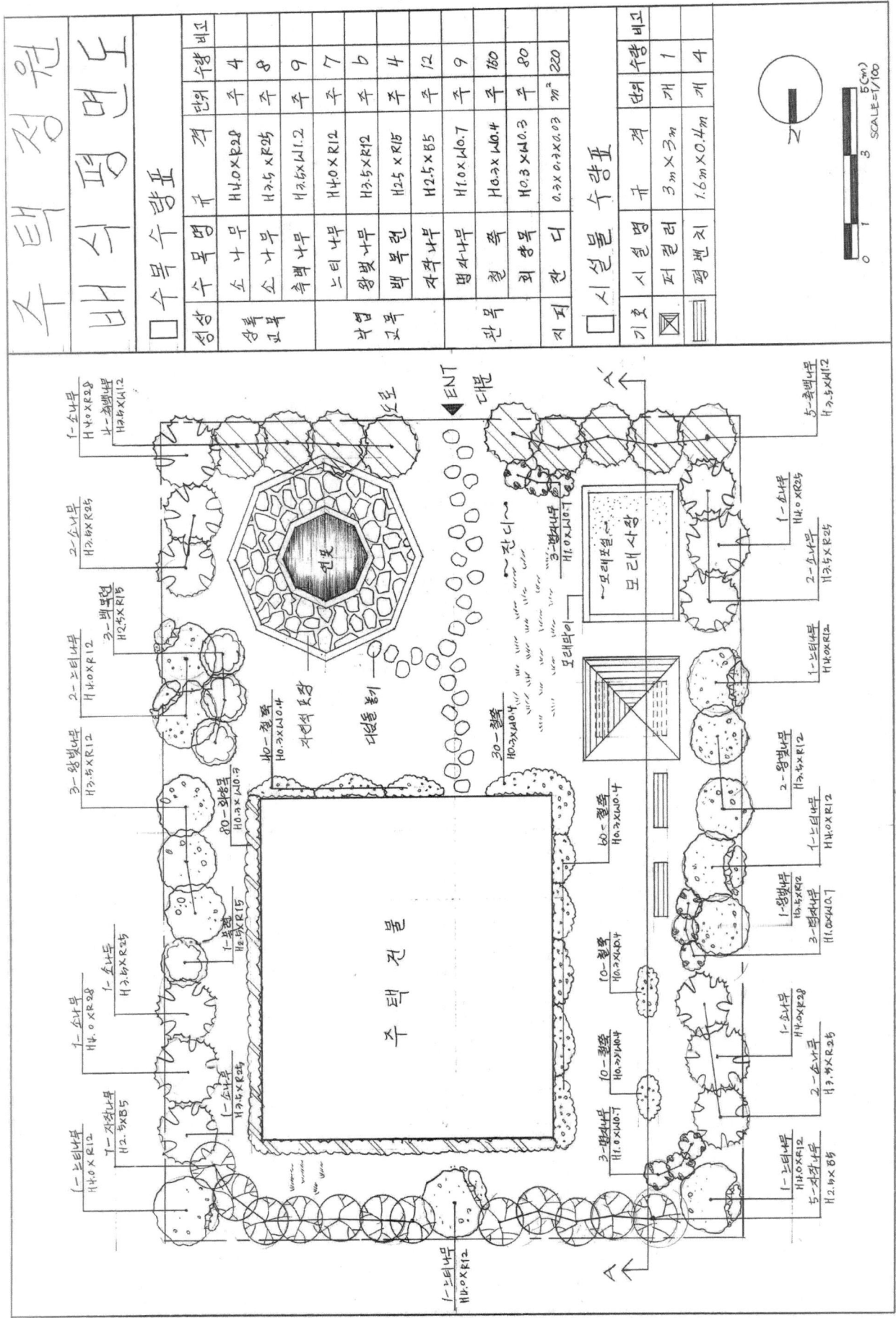

■ 단면도 모범답안

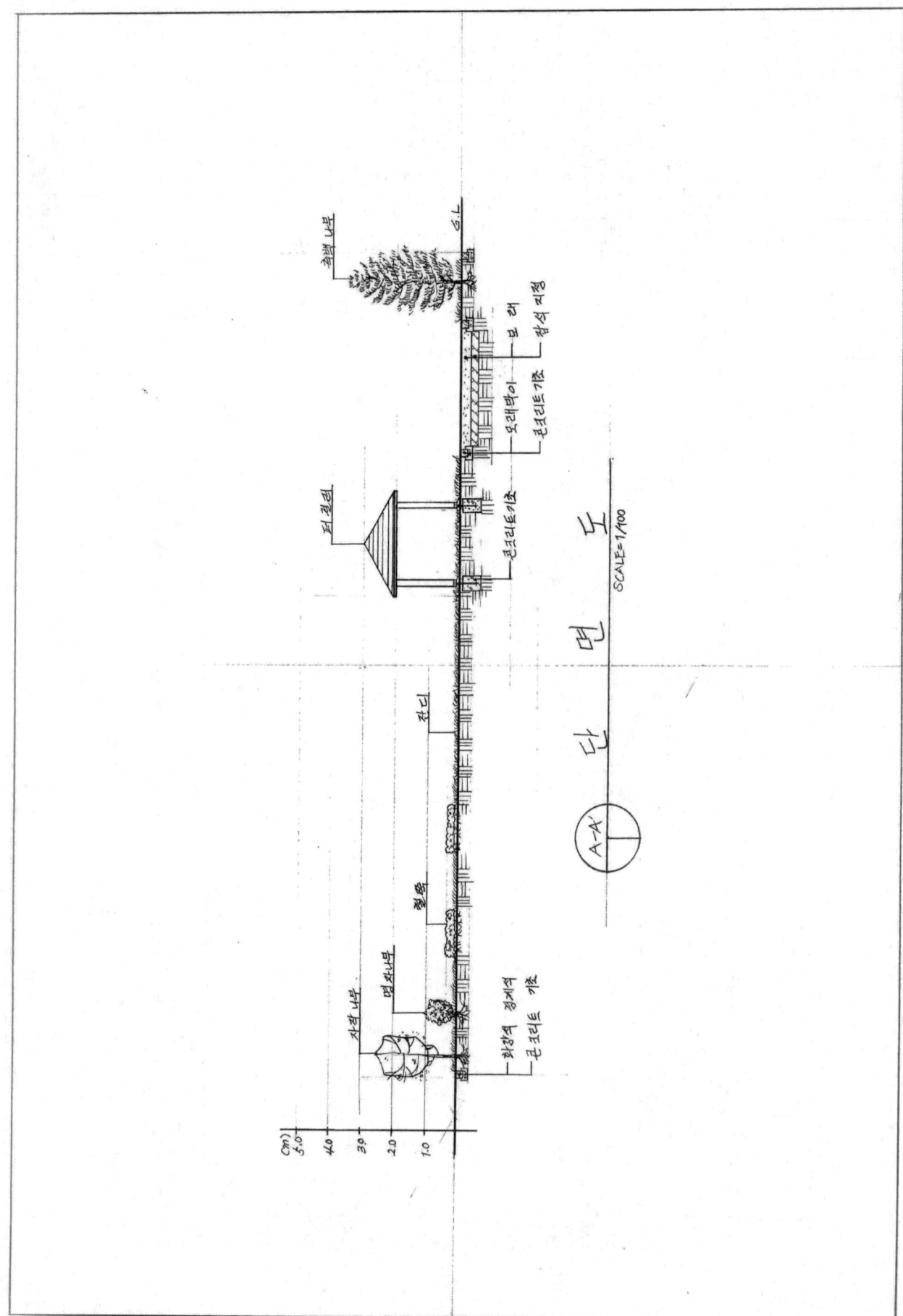

■ 문제해설(평면도)

1. 중부지방에 주택정원 설계를 해야 하므로 제일 먼저 남부지방 수종을 제외시켜야한다. (요구 조건) 11번에 나와 있는 수목 중에서 남부수종인 아왜나무는 남부수종이므로 식재하지 말아야 한다.
2. "가" 지역은 반지름 1.5m의 원에 내접하는 팔각형모양의 연못을 설치해야 한다. 일단 팔각형모양의 연못을 그리는 것이 가장 큰 어려움으로 느껴질 것이다. 먼저 반지름이 1.5m이기 때문에 지름은 3.0m 이다. 30호 템플릿 또는 컴퍼스로 반지름 1.5m를 잡아서 원을 그린다. 원의 중심을 잡고 수평자(I자)와 45도 삼각자를 이용하여 45도 각도로 가선을 긋는다. 수평선과 수직선, 45도 선의 모서리를 연결하면 팔각형모양이 나온다. 이때 반지름에 내접해야 하므로 30호 템플릿 안쪽으로 모서리 선을 연결해주어야 한다. 반지름 1.5m 안에 경계석 20㎝를 포함시켜서 완성시키면 된다. 또한 연못주변에 1.5m 폭으로 자연석 포장을 해야 하므로, 연못과 어울리게 1.5m폭을 맞춰서 자연석 포장을 해준다. 평면도 모범답안을 잘 참고하여 팔각형 그리는 방법을 연습해야 한다. 연못의 물 표현하는 방법도 연습해야 한다.
3. 남쪽 방향에 ENT 그리고 대문에서 현관까지 지름 40~50㎝의 디딤돌로 디딤돌 놓기를 해야 하므로 디딤돌의 지름을 맞춰 디딤돌 놓기를 해야 하며, 디딤돌간의 간격도 사람의 보폭을 고려하여 설계해주어야 한다. 본 문제는 북쪽(N)이 현황도면의 좌측방향이므로 주의해야 한다.
4. "나" 지역은 모래사장(3m×4m)을 규격에 맞춰서 설치해주며, 모래사장이기 때문에 경계석 대신 모래막이를 설치해준다.
5. 모래사장 북쪽(좌측)으로 퍼걸러(3m×3m) 1개와 퍼걸러 안에 평벤치(1.6m×0.4m) 2개, 퍼걸러 북쪽으로 평벤치 2개를 배치하였다. 퍼걸러 안의 평벤치는 보이지 않기 때문에 점선으로 표현하였다.
6. 남쪽이 도로이므로 측백나무를 이용하여 차폐식재를 하였다(차폐식재는 상록수를 사용한다).
7. 동쪽과 서쪽은 상록수와 낙엽수를 적당히 섞어서 혼식하였다(동쪽은 낙엽수인 느티나무와 자작나무를 상록수인 소나무를 적당히 섞어서 혼식하였으며, 낙엽수인 목련과 왕벚나무, 느티나무 그리고 상록수인 소나무를 섞어서 혼식하였다).
8. 주택건물 주변은 철쭉과 회양목으로 관목식재를 하였다.
9. 식재공간 이외에는 잔디를 식재하였는데, 잔디는 전체를 표현하지 않고 부분적으로 표시를 해준다 (단, 단면도에서는 평면도에 부분적으로 표시되지 않은 잔디식재 부분이라도 식재공간 이외에는 모두 잔디를 식재한 것으로 표시한다).
10. 현황도에서 "가", "나" 글씨는 그 지역의 설명을 나타내므로 답안용지에 현황도를 확대할 때 기재하지 말아야 한다.

■ 문제해설(단면도)

1. A부터 A'의 단면도선을 지나가면서 평면두상의 단면도선에 있는 외곽선, 경계식, 수목과 시설물, 포장 등을 잘 살펴봐야한다.
2. A부분부터 살펴 보면 제일 먼저 현황도의 외곽선이 걸린다. 평면도에서는 외곽에 경계석이 그려지지 않지만 단면도에서는 있는 것처럼 경계석을 표시해주며, 그 옆으로 자직나무와 멍자나무를 수고와 폭에 맞춰서 그려준다.
3. 수목 이외의 공간은 잔디로 표현을 해주어야 한다. 단면도 모범답안을 잘 참고한다.
4. 잔디를 지나 철쭉이 나오고 퍼걸러가 나오는데 평면도상의 너비(폭)와 수고를 맞춰 퍼걸러의 정면도나 측면도를 그려줘야 한다.
5. 다음은 모래사장을 지나가는데 모래사장은 모래포장이기 때문에 경계석 대신 모래막이를 그려주며, 평면도상의 모래사장 너비(폭)를 맞추어 단면도를 그려준다. 모래막이는 경계석과 디자인과 재료에서 차이가 있어야 하며, 모래포장의 상세도를 기억해야한다. 또한 경계석과 모래막이는 다른 재료이기 때문에 재료표시를 다르게 해주고, 인출선도 각각 뽑아 재료명을 기재해 주어야 한다.
6. 마지막으로 측백나무와 경계석을 그려주고, A-A' 단면도라는 글씨와 스케일을 기재해주면 된다.

06 주택정원설계

- **설계문제** : 다음의 설계부지는 중부지방에 있는 24m×20m 규모의 주택정원 배치도이다. 남쪽에는 대문이 있고, 현황도 주변은 주택으로 둘러싸여 있다. 아래에 주어진 요구 조건을 반영하여 현황도면을 축척 1/100으로 확대하여 배식평면도를 작성하시오.

- **(현황도면)** 남쪽은 도로와 인접해 있고 대문이 있다. 남쪽을 제외한 공간들은 이웃 주택들과 인접해 있다.(일점쇄선 안 부분이 설계대상지 임)

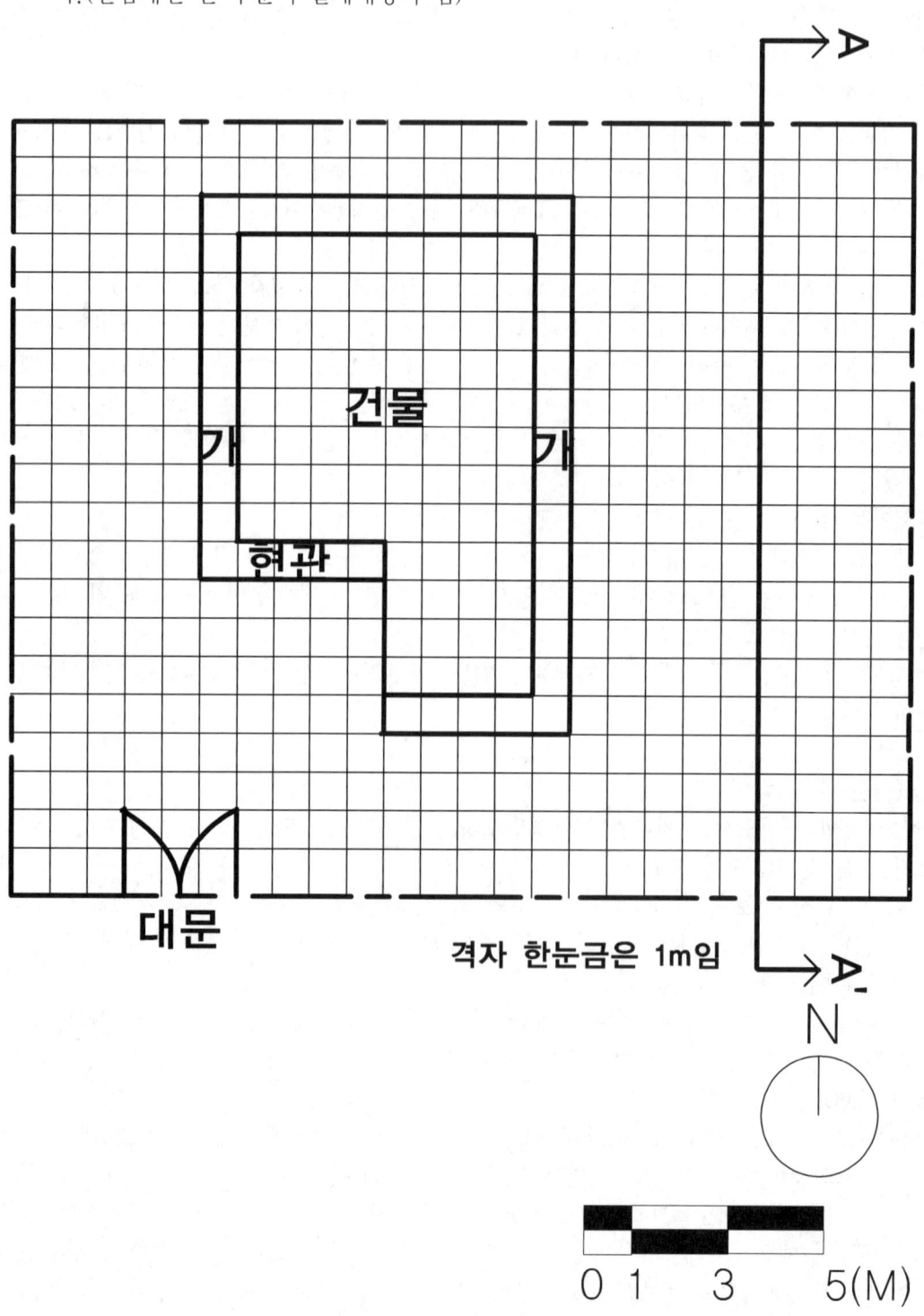

■ (요구 조건)

1. 주어진 답안지(A3 용지)에 축척 1/100으로 현황도를 확대하여 배식평면도를 작성하시오.
2. 도면의 윤곽선과 표제란을 규격에 맞게 완성하시오.
3. "가" 지역은 보도블록포장으로 하고 경계석 20cm를 포함시킨다.
4. 대문에서 현관까지의 공간은 계단참을 포함한 계단을 설치하여 디자인 한다(단, 평면도 상에만 계단을 설치하고, 계단의 단 높이는 고려하지 않는다).
5. 적당한 공간에 마운딩으로 등고선을 조작하고 군식을 한다(단, 마운딩은 1m 이하로 한다).
6. 적당한 곳에 10m²의 면적으로 부정형의 연못을 설치하는데 연못의 외곽은 자연석으로 쌓고 연못의 깊이는 1m로 설치한다(단, A-A' 단면도가 연못의 중앙을 통과하는 부분에 연못을 설치한다).
7. 적당한 장소에 평상형쉘터(4m×3m) 1개, 평벤치(1.6m×0.4m) 4개, 야외용 원형탁자 1개를 설치한다.
8. 적당한 장소에 작업공간(2m×3m)을 설치하고 작업공간에는 빨래건조대를 설치하며, 적당한 재료로 바닥을 포장하시오.
9. 동쪽과 서쪽은 상록수와 낙엽수를 적절히 혼합하여 식재한다.
10. 건물 주위는 꽃이 아름다운 관목으로 식재를 하시오.
11. 아래의 제시 수목 중 10종을 선정하여 식재설계를 하고 인출선을 사용하여 식물명, 수량, 규격을 도면상에 표기하시오.

> 소나무(H3.5×R25), 소나무(H4.0×R28), 소나무(H4.5×R30), 청단풍(H2.5×R5)
> 홍단풍(H2.5×R5), 주목(H3.0×W2.0), 측백나무(H3.5×W1.2), 느티나무(H4.0×R12)
> 왕벚나무(H3.5×R12), 백목련(H2.5×R15), 자작나무(H2.5×B5), 아왜나무(H2.5×R8)
> 식나무(H2.5×R8), 명자나무(H1.0×W0.7), 회양목(H0.3×W0.3), 옥향(H0.6×W0.9)
> 백철쭉(H0.3×W0.4), 철쭉(H0.3×W0.4), 산철쭉(H0.3×W0.4), 개나리(H0.3×W0.4)

12. 범례란에 수목수량표를 성상별로 상록교목, 낙엽교목, 관목으로 분류하여 작성하고 방위표와 바스케일을 작성하시오.
13. 주어진 답안지(A3 용지)에 A-A' 단면도를 축척 1/100으로 작성하시오(단, 시설물의 기초부분은 상세히 나타내시오).

■ 평면도 모범답안

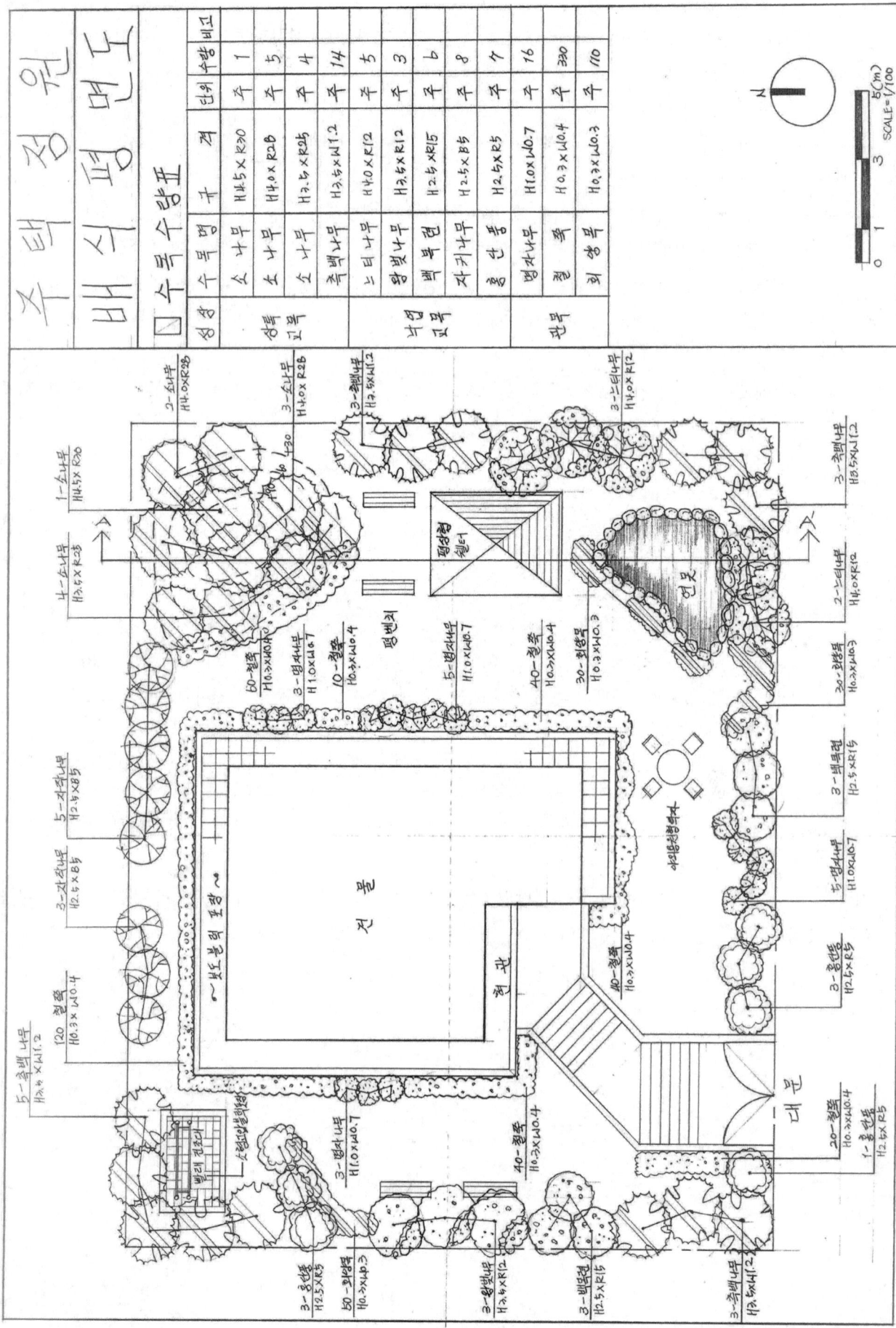

■ 단면도 모범답안

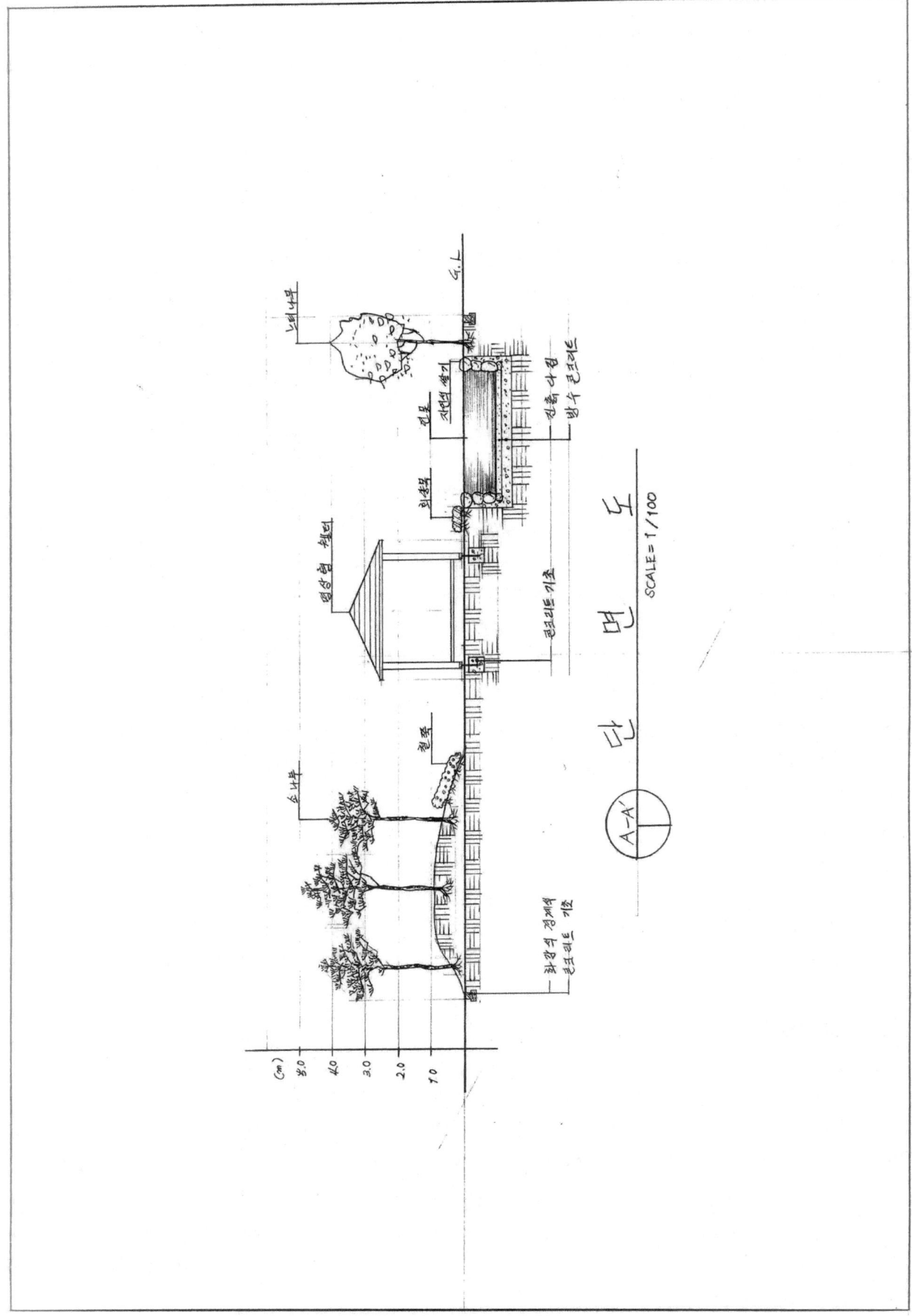

■ 문제해설(평면도)

1. 중부지방에 주택정원 설계를 해야 하므로 제일 먼저 남부지방 수종을 제외시켜야한다. (요구 조건) 11번에 제시되어 있는 수목 중에서 남부수종인 아왜나무, 식나무는 식재하지 말아야 한다.
2. "가" 지역에 보도블럭포장을 하는데 경계석 20cm를 포함시켜야 하므로 경계석을 제외한 실제 보도블럭의 폭은 80cm가 된다. 건물의 남서쪽 방향에 현관이 있는데 현관부분도 보도블럭포장을 해주어야 한다.
3. 계단을 설계할 줄 알아야 한다. 대문에서 현관까지의 위치가 굽어있기 때문에 굽어진 부분에 계단참을 설치해 주고, 계단폭을 맞추어 계단을 설계해주면 된다. 계단에도 경계석을 포함시켜 주어야 한다(완성된 평면도 모범답안 참조).
4. 마운딩 처리를 해주어야 한다. 마운딩은 앞부분의 설명을 참고하여 많이 연습해야 하며, 시험 문제에서 자주 출제되는 부분이다. 마운딩은 등고선을 조작하여 소나무를 군식하는 경우가 많다. 등고선은 점선으로 표시해주며, 1m 이하로 등고선을 조작하는 경우가 많다. 점표고를 평면도상에 표시해주어야 하며(예 : +30, +60, +90) 마운딩 처리를 할 때에 제시된 수목은 크기가 다른 소나무를 3가지 규격으로 제시하는 경우가 많으므로, 소나무 3가지 규격을 다 사용하여 마운딩 처리 후 소나무 군식을 해주는 것이 좋다(평면도 모범답안의 북동쪽 모서리 부분 참고).
5. 10㎡의 면적으로 부정형의 연못을 설치해야 하므로, 10㎡의 면적을 구해야한다. 10㎡이면 3m×3m의 면적보다 조금 크게 설계해주면 된다. 부정형(不定形, 일정하지 아니한 모양이나 양식) 연못의 개념을 이해해야 한다. 부정형의 연못은 정사각형, 직사각형, 원 등의 정형(定形, 일정한 형식이나 틀)식 모양으로 해주면 안된다. 연못의 깊이를 1m로 하라는 것은 평면도상에서는 표현이 안되고 단면도상에서 연못의 깊이를 1m로 맞춰줘야 한다(평면도 모범답안 남동쪽 참조).
6. 평상형쉘터를 연못의 북쪽에 규격에 맞추어 위치시켰고, 평벤치를 평상형쉘터의 북쪽에 2개, 건물의 서쪽 녹지공간 옆에 2개 규격에 맞추어 배치하였다.
7. 야외용 원형탁자는 건물의 남쪽 부분에 규격과 디자인을 고려하여 설계하였다.
8. 건물의 북서쪽에 작업공간을 규격에 맞추어 설치하였고, 소형고압블럭포장을 하였다. 작업공간에는 빨래건조대를 평면도 모범답안처럼 그려주었다. 좁은 면적에 설계를 해야 하기 때문에 시설명이나 포장명을 기재하는데 어려움이 있으나 인출선을 사용하여 주변에 시설명 및 포장명을 기재해주면 된다.
9. 동쪽과 서쪽은 상록수와 낙엽수를 적절히 혼합하여 식재해주면 된다. 서쪽은 상록수인 측백나무와 낙엽수인 홍단풍, 왕벚나무, 백목련을 적절히 혼합하여 식재하였으며, 동쪽은 상록수인 소나무와 측백나무 그리고 낙엽수인 느티나무를 적절히 혼합하여 식재하였다.
10. 건물주위는 꽃이 아름다운 관목인 철쭉과 명자나무로 식재하였다.
11. 설계가 완성되었으면 표제란을 작성하고, 방위표시와 스케일바(축척)를 작성한다.

■ 문제해설(단면도)

1. 평면도의 A-A' 단면도선과 단면도 답안지를 각각의 답안용지 중심에 맞춰 평면도의 단면도선이 지나는 시설물이나 수목 등을 정확하게 규격에 맞춰 그려주는 것이 중요하다.
2. 단면도선의 A위치와 A' 위치를 잘 파악해야 한다. A부분부터 보면 현황도의 경계석을 지나 마운딩 장소에 소나무 군식이 보인다. 평면도상의 마운딩 점표고와 단면도의 점표고를 잘 보고 소나무 군식을 해주어야 한다. 마운딩과 소나무 군식이 같이 묶여 나오는 경우가 많으므로 잘 이해해야 한다.
3. 마운딩 장소에 소나무 군식 후 옆쪽으로 철쭉을 식재하였기 때문에 마운딩 장소의 우측에 철쭉이 그려져야 한다. 마운딩으로 지반을 변형한 장소에 지반표시가 별도로 표시 되어야 평소 지반과 마운딩으로 변형된 지반을 쉽게 이해할 수 있다.

4. 철쭉을 지나 평상형쉘터의 측면 부분을 지나는데, 단면도선이 지나가는 길이가 평상형쉘터 측면의 길이인 4m이므로 단면도에서 4m의 폭으로 평상형쉘터를 그려주어야 한다. 단, 평면도에서 길이는 위에서 바라본 모습이기 때문에 지붕의 길이가 4m가 되고, 지붕의 길이 안에 평상형쉘터의 기둥이 들어가게 된다. 평상형쉘터의 높이는 일반적인 퍼걸러의 높이인 2.2~2.7m 정도로 맞추어 주면 된다. 평상형쉘터와 퍼걸러와의 차이점은 평상형쉘터는 퍼걸러 같은 시설물에 평상처럼 바닥이 평상형쉘터 안에 있는 것이 특징이므로, 평상형쉘터 안에는 벤치, 등벤치, 휴지통 등을 설치하지 말아야한다.

5. 다음으로 회양목을 지나 부정형의 연못을 지나간다. 연못의 외곽은 자연석쌓기를 하였기 때문에 단면도상에도 자연석쌓기를 나타내주고, 일반적인 연못의 깊이인 1m로 연못의 단면을 처리 하였다. 연못도 시험에서 자주 출제되는 부분이기 때문에 단면도와 평면도를 잘 이해하고 연못을 설계할 수 있어야한다. 연못의 물 표현도 잘 살펴보아야 한다.

6. 연못 다음으로 수고 4.0m의 느티나무를 수목의 모양과 폭을 맞춰 그려주고, 마지막으로 외곽 경계부분에 경계석의 상세도를 그려준다.

7. 마지막으로 A-A' 단면도 글씨와 스케일을 적어주면 된다.

8. 단면도선이 답안용지에 동서방향, 남북방향으로 섞여 나오기 때문에 평면도의 답안지를 단면도선의 화살표 방향으로 돌려가면서 평면도 답안지상의 단면도선을 좌측에 A, 우측에 A'가 오게 놓고 단면도를 그려주면 쉽게 단면도를 작성할 수 있다.

9. 수목 및 시설물의 이름을 G.L선 위에 인출선을 뽑아 기재해주고, G.L선 아래부분에 각 재료명을 인출선을 사용하여 기재해 주어야 한다.

07 공공정원설계

- **설계문제** : 다음의 설계부지는 중부지방에 있는 24m×20m 규모의 한 근린공원 내에 있는 공공정원으로 사방은 보행로로 둘러싸여 있고, 광장의 중앙에 직경 4m의 분수가 있다. 아래에 주어진 요구 조건을 반영하여 축척 1/100으로 확대하여 배식평면도를 작성하시오.

- **(현황도면)** 공공정원의 성격을 고려하여 현황도를 확대하고, "분수" 등의 글씨는 기재하지 않는다(일점쇄선 안 부분이 설계대상지임).

※ 경계석은 수험생들의 편의와 그리는 방법 숙지를 위해 그려놓았으므로, 그리는 방법을 숙지한다. 실제 시험에서는 경계석이 그려 나오지 않으므로 경계석 그리는 연습을 해봐야 한다.

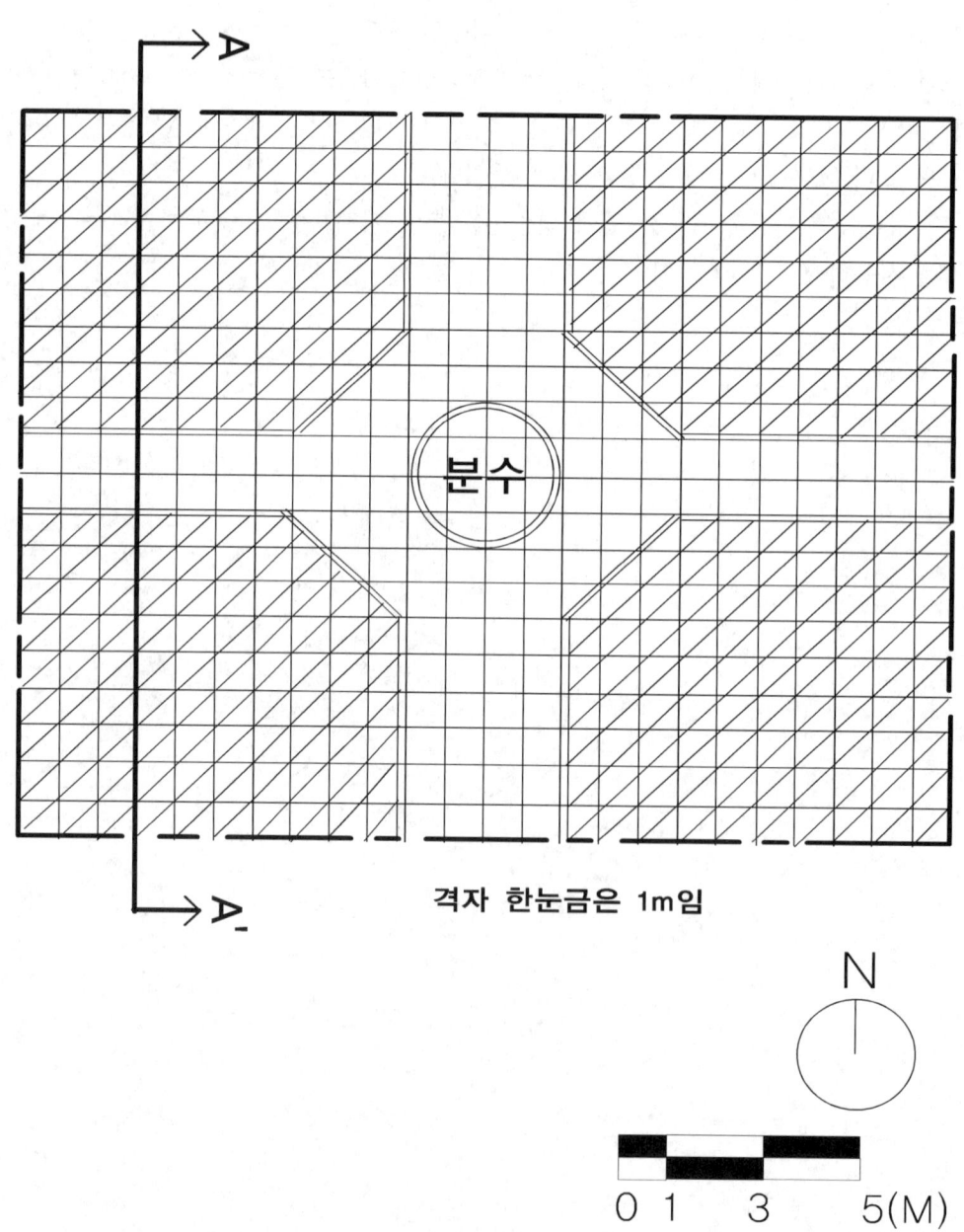

격자 한눈금은 1m임

■ (요구 조건)

1. 주어진 답안지(A3 용지)에 축척 1/100으로 현황도를 확대하여 배식평면도를 작성하시오.
2. 도면의 윤곽선과 표제란을 규격에 맞게 완성하시오.
3. "녹지" 지역은 지표면보다 50cm가 높으며, 경계는 화강암 경계석을 20cm 폭으로 설치한다.
4. 공간 내 적당하다고 생각되는 장소에 등벤치(1.6m×0.6m×0.4m) 8개를 설치하는데, 공공정원의 성격에 맞게 배치하시오.
5. 포장은 보도블럭(300×300×60)으로 하며, 디자인은 2군데만 상징적으로 표현하고 포장명을 기입한다.
6. 원로의 가장자리를 따라 녹지 부분에 관목을 식재하시오.
7. 분수는 지름 4m 원에 외접한 8각형 모양의 분수를 설치한다(단, 녹지부분과 조화되게 설치한다). 현황도에 있는 분수의 원은 그려주지 않고 위치를 잡아주는 역할을 한다.
8. 4개로 분리된 공간 중 공공정원의 성격을 이해하여 1m 이하의 높이로 마운딩 처리를 하시오(단, 마운딩 된 장소에는 소나무를 군식한다).
9. 아래의 제시 수목 중 10종을 선정하여 식재설계를 하고 인출선을 사용하여 식물명, 수량, 규격을 도면상에 표기하시오.

> 소나무(H3.5×R25), 소나무(H4.0×R28), 소나무(H4.5×R30), 청단풍(H2.5×R5)
> 홍단풍(H2.5×R5), 주목(H3.0×W2.0), 측백나무(H3.5×W1.2), 느티나무(H4.0×R12)
> 목련(H2.5×R15), 아왜나무(H2.5×R8), 배롱나무(H3.0×R8), 메타세콰이어(H4.0×R10)
> 식나무(H2.5×R8), 명자나무(H1.0×W0.7), 회양목(H0.3×W0.3), 옥향(H0.6×W0.9)
> 백철쭉(H0.3×W0.4), 철쭉(H0.3×W0.4), 산철쭉(H0.3×W0.4), 개나리(H0.3×W0.4)

10. 범례란에 수목수량표를 성상별로 상록교목, 낙엽교목, 관목으로 분류하여 작성하고 방위표와 바스케일을 작성하시오.
11. 주어진 답안지(A3 용지)에 A-A' 단면도를 축척 1/100으로 작성하시오(단, 단면도 상에서 단면 높이차가 나는 부분에 점표고를 표시하고, 시설물의 기초부분은 상세히 나타내시오).

■ 평면도 모범답안

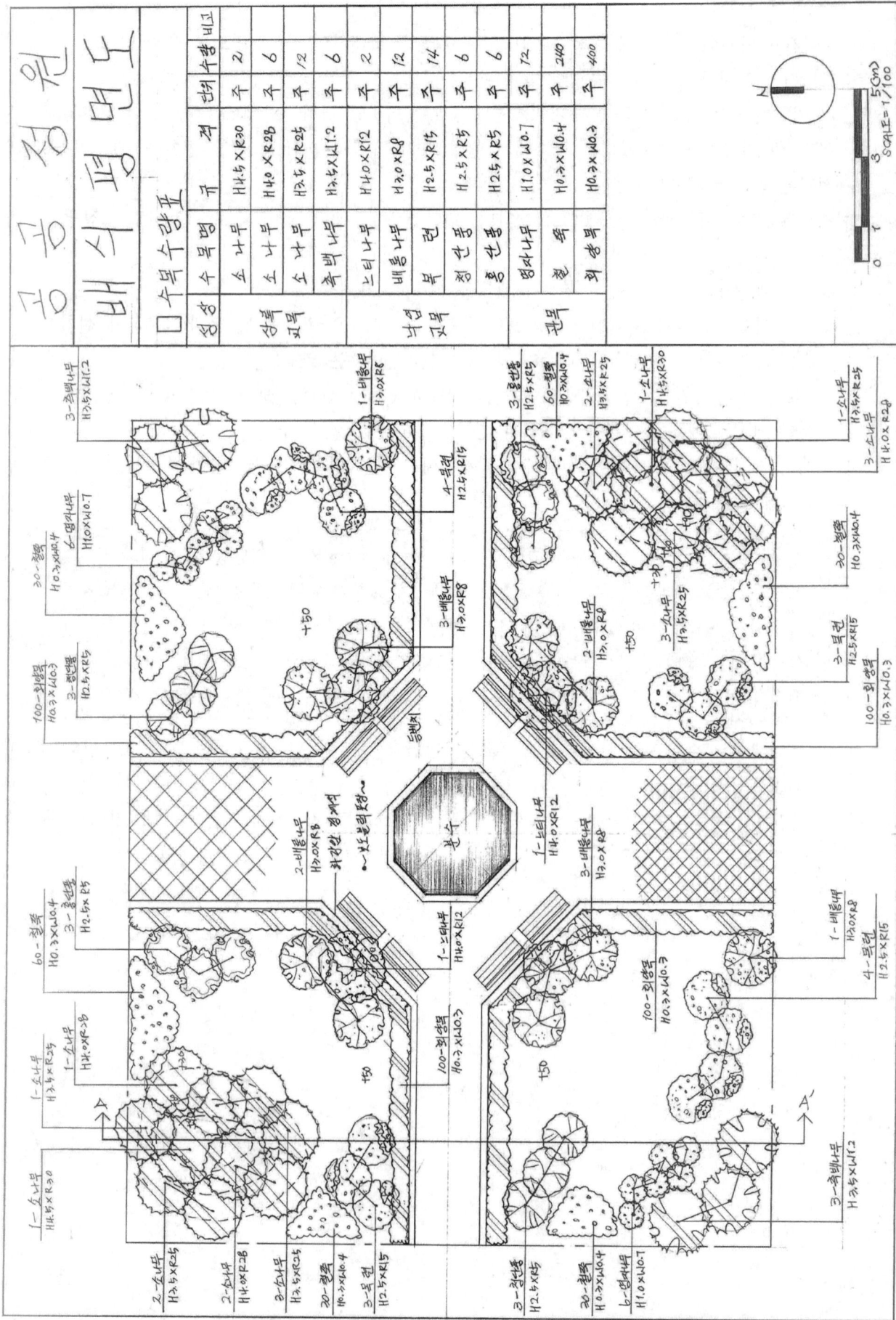

■ 단면도 모범답안

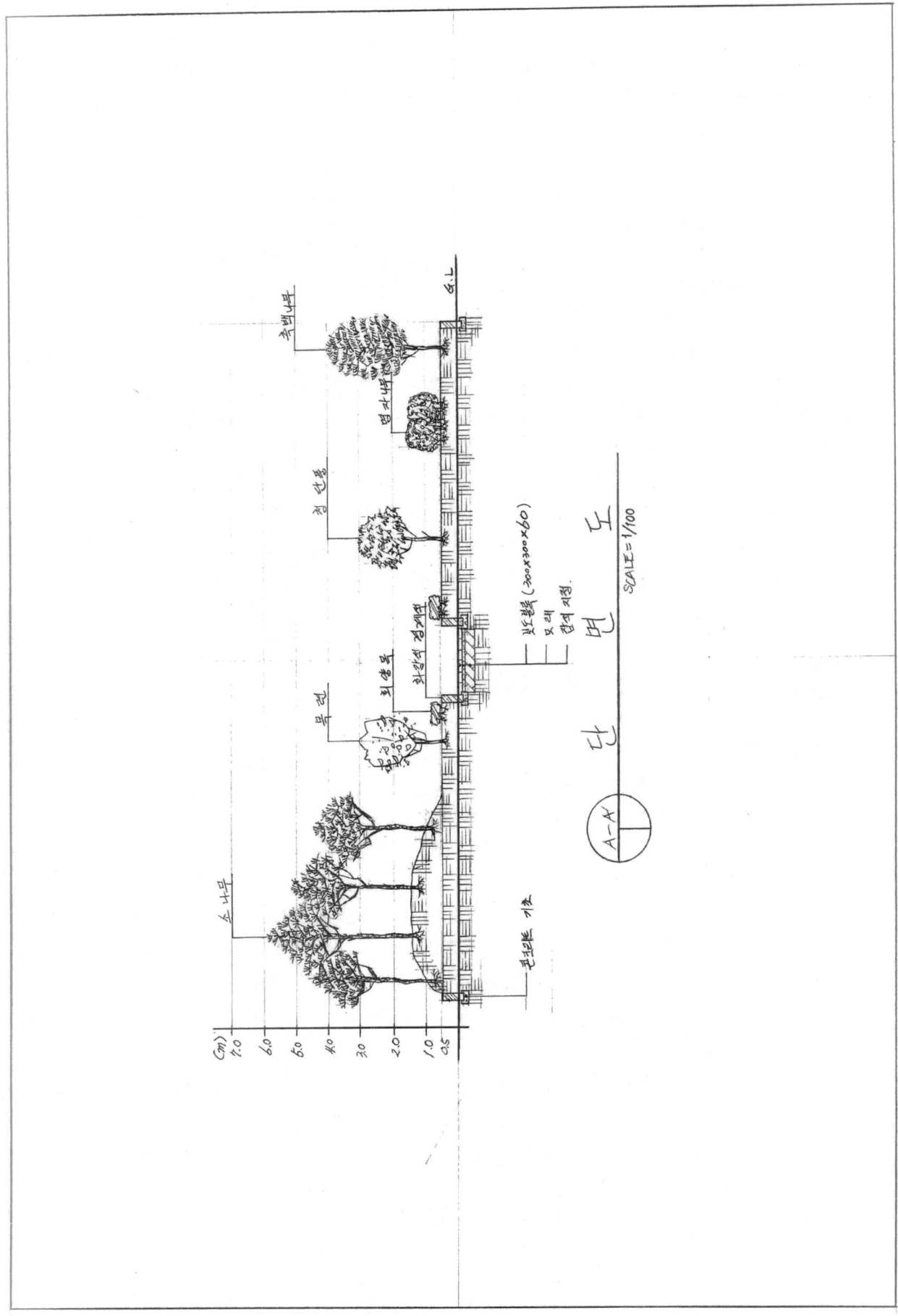

■ **문제해설(평면도)**
1. 중부지방에 공공정원 설계를 해야 하므로 제일 먼저 남부지방 수종을 제외시켜야한다. (요구 조건) 9번에 나와 있는 수목 중에서 남부수종인 아왜나무, 식나무는 식재하지 말아야한다.
2. 공공정원의 성격을 이해해야 한다. 공공정원은 가운데 광장을 중심으로 4등분이 되는 경우가 많다. 공공정원은 대칭식재를 하여야 하며, 각 공간별로 대칭식재를 해주면 된다(완성된 평면도 모범답안에서는 대각선으로 대칭식재를 하였다).
3. "녹지" 지역은 지표면보다 50cm가 높으므로 각 "녹지" 지역에 점표고인 +50을 기재해준다.
4. 등벤치를 8개 배치하라고 했기 때문에 공공정원의 성격상 2개씩 4곳의 장소에 배치해주면 된다. 등벤치를 2개씩 4곳의 장소에 대칭 설계해주면 된다(완성된 평면도 모범답안 분수 주변 등벤치 참고).
5. 규격이 나와 있는 보도블럭(300×300×60)에서 규격을 보면 가로와 세로가 300mm, 높이가 60mm 이므로 평면도상에 포장을 디자인 할 때 규격에 맞추어 정사각형 모양으로 디자인해주어야 한다. 포장은 2군데만 상징적으로 디자인 하라고 했으므로 모서리 부분 포장이 시작되는 곳에 2군데 포장 디자인을 해주는 것이 좋다. 북쪽의 포장디자인은 스케일이 맞지 않고 남쪽의 포장디자인이 스케일이 맞다.
6. 원로의 가장자리 식재공간을 따라 관목인 회양목을 식재하였다.
7. 분수는 지름 4m의 원에 외접한 8각형 모양의 분수를 설치하는데 녹지부분과 조화되게 설치해야 하므로, 녹지부분의 각도와 8각형 모양의 각도를 평행으로 맞추어 설계해주면 된다(완성된 평면도 모범답안의 가선을 참고하여 그리는 방법을 습득해야 한다). 분수에 경계석을 포함시켜야 하며, 물 표현하는 연습을 해야 아름다운 도면이 나오게 된다.
8. 공공정원의 성격을 이해하여 1m 이하로 마운딩 처리를 하고 소나무 군식을 하라고 했으므로, 공공정원의 성격상 대칭식재가 되어야 하므로, 완성된 도면을 참고하면 대각선으로 대칭식재가 되었다.

■ **문제해설(단면도)**
1. A부분부터 단면도선을 보면 제일 먼저 마운딩 처리한 곳을 지나게 된다. "녹지" 지역이 50cm 높기 때문에 0.5m 높은 위치부터 "녹지" 지역이 시작된다. 평면도상의 마운딩 점표고와 위치에 맞춰 등고선을 조작해주어야 하며, 마운딩 점표고를 고려하여 소나무의 수고에 맞추어 식재가 되어야한다. 만약 마운딩 높이가 90cm에 소나무의 수고가 4.0m이면 마운딩 장소에 완성된 소나무의 수고는 마운딩 높이와 소나무의 수고를 합해 4.9m가 되어야 한다.
2. 다음으로 목련과 회양목을 너비와 수고에 맞추어 식재해주면 된다(일반적으로 수목의 단면을 그릴 때 수목의 형태(모양)도 고려해준다).
3. 회양목 다음으로 경계석이 있고, 원로는 점표고가 0이기 때문에 0으로 점표고가 내려가야 한다.
4. 점표고가 0인 지점에 보도블럭포장이 있는데 보도블럭은 규격이 정해져 있기 때문에 높이를 고려해서 보도블럭을 그려주어야 한다(보도블럭의 높이는 60mm이다). 단면도 모범답안에는 재료명에 "보도블록"으로 기재되어 있는데, (요구 조건) 5번에서 제시된 "보도블럭"으로 재료명이 기재되어야 옳은 답이다.
5. 공공정원이기 때문에 단면도상에 대칭식재가 되어야 하는데 단면도선이 대각선으로 그어지지 않았기 때문에 본 도면의 단면도에서는 공공정원의 느낌을 살리기는 어렵다.
6. 원로를 지나 "녹지" 지역이 50cm 높기 때문에 0.5m 높은 위치에 "녹지" 지역이 시작되며, 회양목, 청단풍이 순서대로 지나게 된다.
7. 명자나무, 측백나무를 수고와 위치 그리고 폭에 맞추어 그려주면 된다.
8. 50cm 높은 위치에 경계석을 그려주고, G. L. 표시를 해준다. 또한 (요구 조건) 11번의 단면 높이 차가 나는 부분에 점표고를 기재하라고 했기 때문에 수직에 점표고 0.5를 기재해 주었다.
9. 마지막으로 A-A' 단면도 글씨와 스케일을 기재해준다.

08 어린이공원설계

- **설계문제** : 다음 설계부지는 중부지방에 있는 어린이 공원(24m×20m)으로 사방은 도로로 둘러싸여 있다. 북측은 APT 단지가 있으며, 지형은 평탄하게 정지되어있다. 아래에 주어진 요구 조건을 반영하여 현황도면을 축척 1/100으로 확대하여 배식평면도를 작성하시오.

- **(현황도면)** 일점쇄선 안 부분이 설계대상지이며, 주변 현황은 도면에 그대로 옮겨준다.

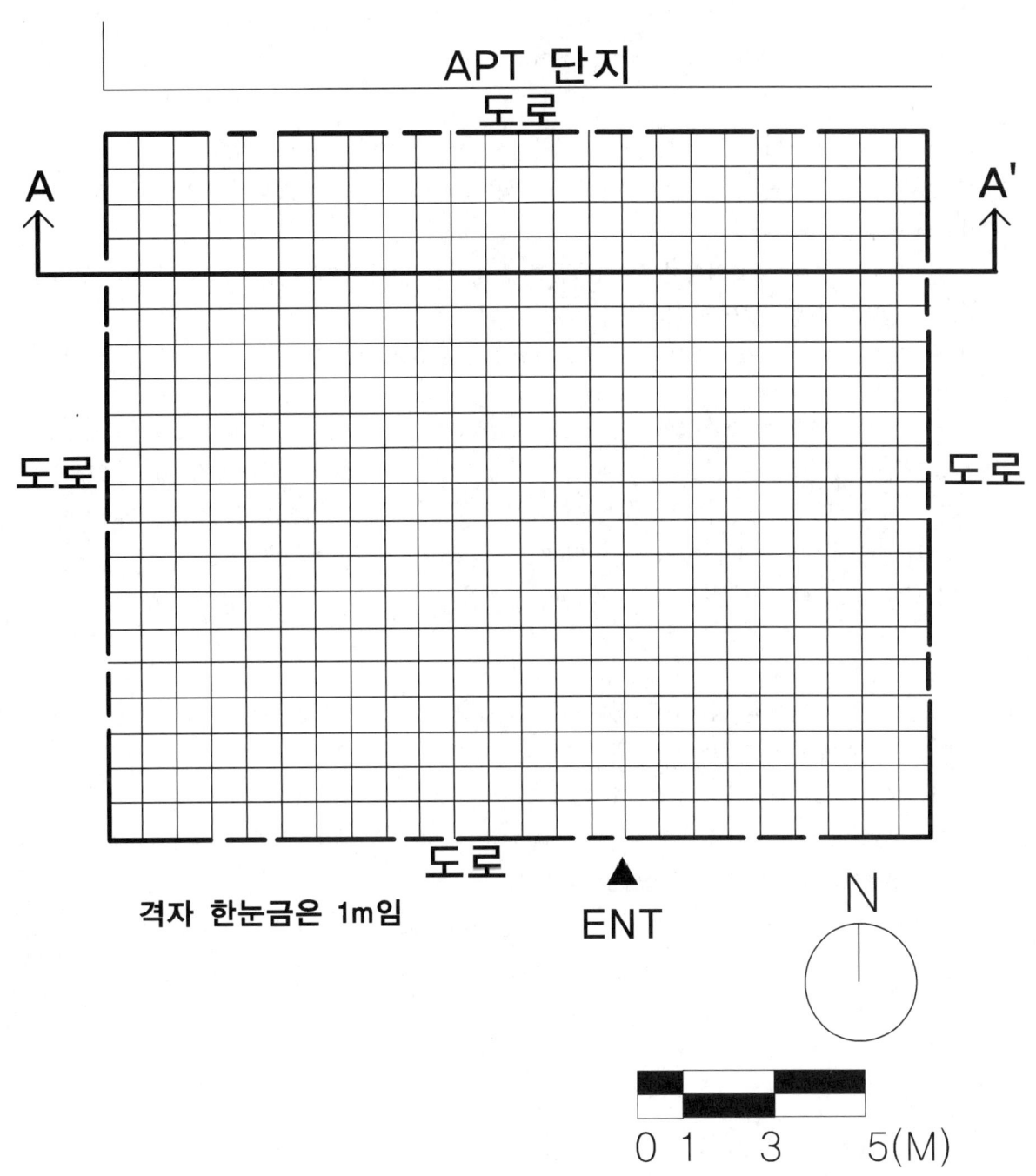

■ (요구 조건)

1. 주어진 답안지(A3 용지)에 축척 1/100으로 현황도를 확대하여 배식평면도를 작성하시오.
2. 도면의 윤곽선(외곽선)과 표제란을 규격에 맞게 완성하시오.
3. 대상지의 외곽부분은 녹지공간으로 수목을 식재해준다(단, 20㎝ 폭으로 경계석을 포함시킨다).
4. 공간은 놀이공간, 휴게공간, 체력단련공간으로 계획하고 각각 적절한 포장을 해준다(단, 놀이공간의 놀이시설 중 한 가지 이상은 A-A' 단면도에 설치해주며, 놀이공간에는 어린이 놀이시설 3개를 설치하고, 휴게공간에는 퍼걸러(3m×3m) 2개를 설치하며, 체력단련공간에는 체력단련시설물 2종을 설치한다).
5. 공간 내 적당하다고 생각되는 장소에 등벤치(1.6m×0.6m) 4개를 설치한다(단, 퍼걸러 안의 등벤치는 수량에 포함시키지 않는다).
6. 원로 포장은 점토벽돌로 포장하며, 디자인은 2~3군데만 상징적으로 표현하고 포장명을 도면에 기입한다(단, 수목보호대(1m×1m) 2개를 설치하고 수목보호대에는 녹음수(지하고 2m 이상)를 식재한다).
7. 입구 부분에는 차량의 출입을 방지할 수 있는 시설을 규격에 맞추어 설치한다.
8. 식재지역 중 한 곳을 선정하여 1m 이하로 마운딩하여, 소나무를 군식하시오(단, 마운딩은 A-A' 단면도상에 설치해준다).
9. 식재지역과 포장지역, 놀이시설 등에는 공간의 성격에 맞게 모래막이, 경계석 등을 설치하고, 평면도와 단면도상에 재료명과 디자인을 표시해준다.
10. 식재설계는 아래수종에서 교목 7종, 관목 3종을 선정하여 식재한다.

> 소나무(H3.5×R25), 소나무(H4.0×R28), 소나무(H4.5×R30), 청단풍(H2.5×R5)
> 홍단풍(H2.5×R5), 주목(H3.0×W2.0), 측백나무(H3.5×W1.2), 느티나무(H4.0×R12)
> 목련(H2.5×R15), 아왜나무(H2.5×R8), 배롱나무(H3.0×R8), 메타세콰이어(H4.0×R10)
> 식나무(H2.5×R8), 명자나무(H1.0×W0.7), 회양목(H0.3×W0.3), 옥향(H0.6×W0.9)
> 백철쭉(H0.3×W0.4), 철쭉(H0.3×W0.4), 산철쭉(H0.3×W0.4), 개나리(H0.3×W0.4)

11. 범례란에 수목수량표를 성상별로 상록교목, 낙엽교목, 관목으로 분류하여 작성하고 방위표와 바 스케일을 규격에 맞게 작성하시오.
12. 범례란에 시설물수량표를 작성하시오.
13. 주어진 답안지(A3 용지)에 A-A' 단면도를 축척 1/100으로 작성하시오(단, 시설물의 기초부분은 재료를 상세히 나타내고, 재료명을 명기하시오).

■ 평면도 모범답안

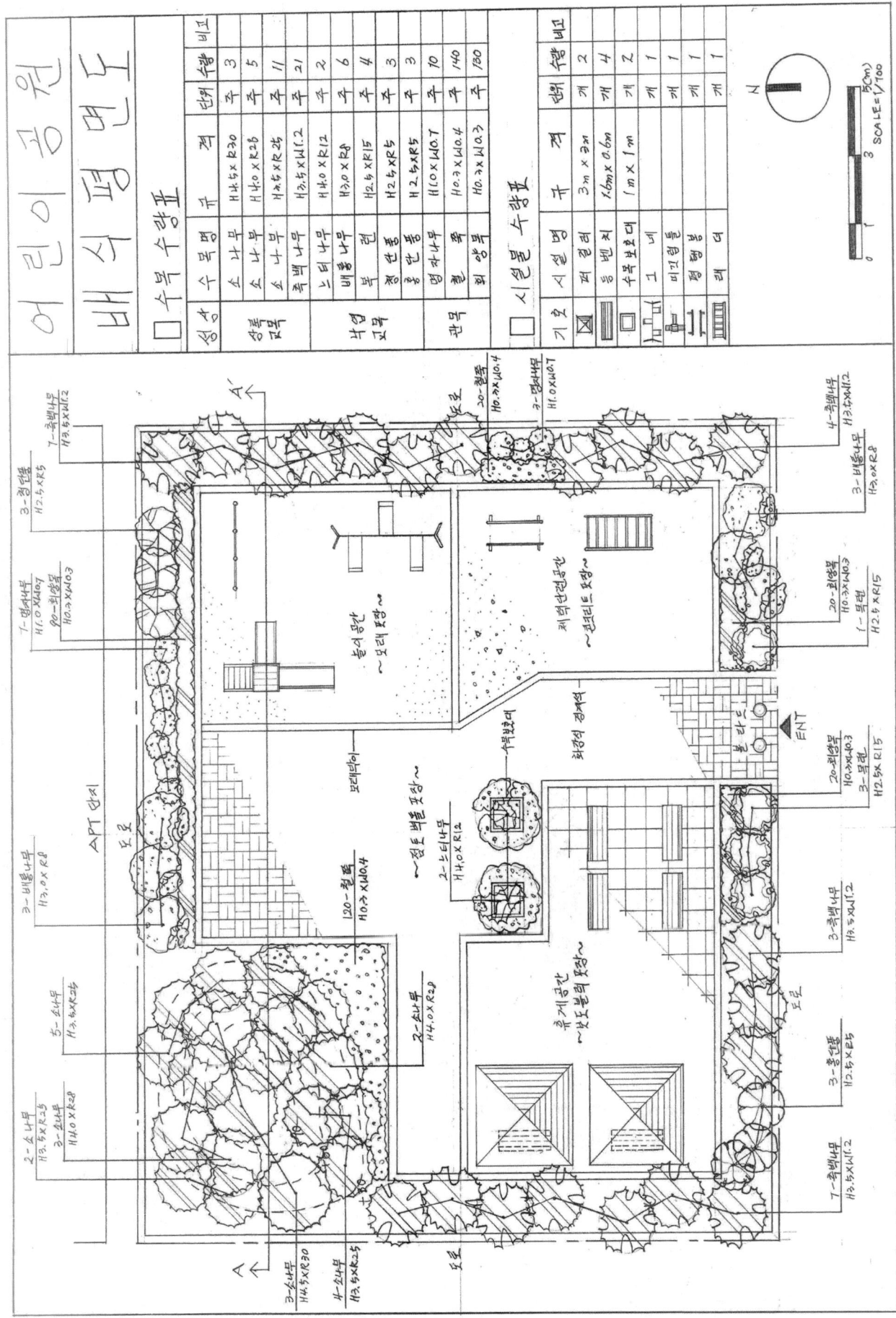

■ 단면도 모범답안

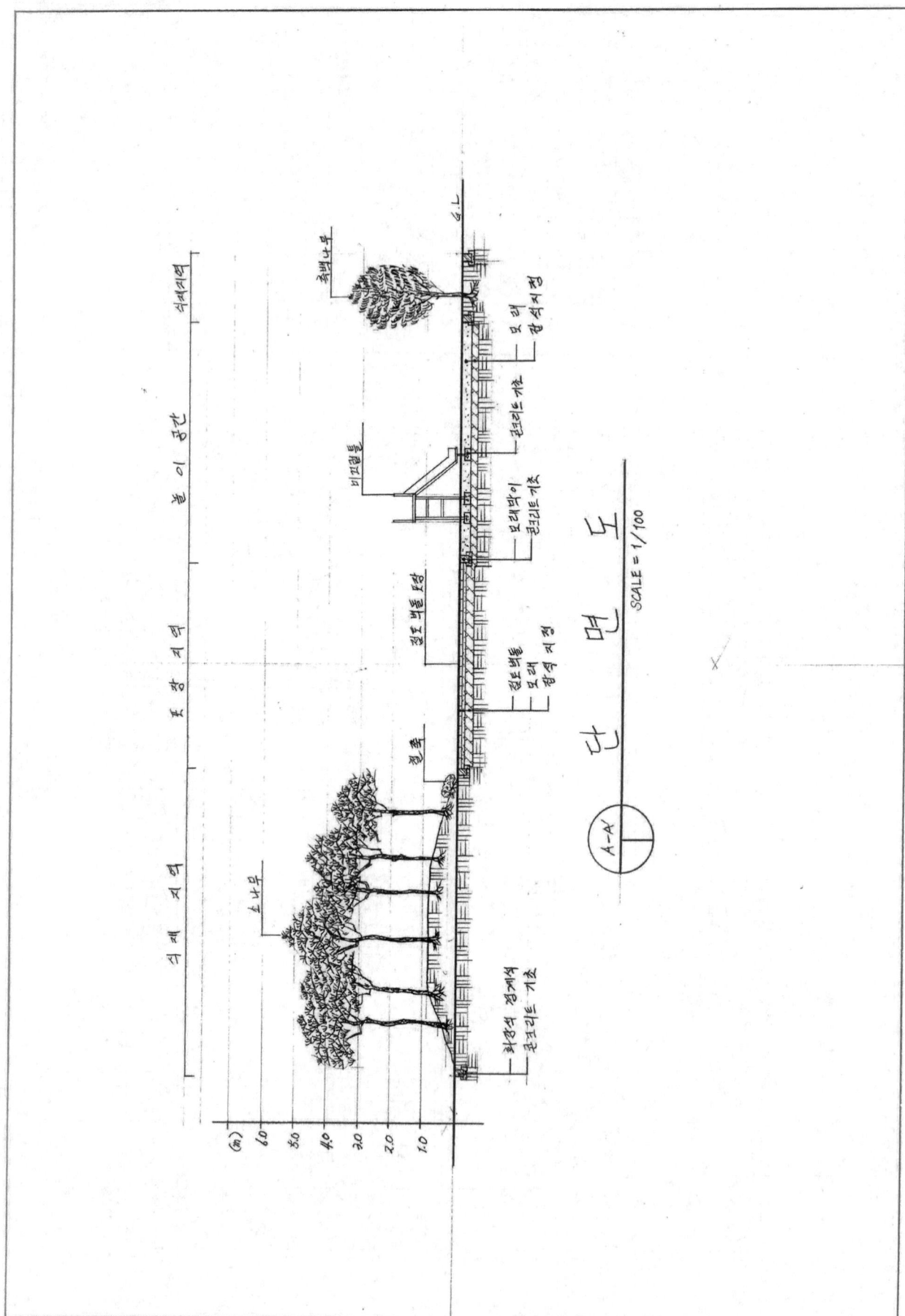

■ 문제해설(평면도)

1. 중부지방에 어린이공원 설계를 해야 하므로 제일 먼저 남부지방 수종을 제외시켜야 한다. (요구조건) 10번에 나와 있는 수목 중에서 남부지방 수종인 아왜나무, 식나무는 식재하지 말아야한다.
2. 일점쇄선 안 부분이 설계대상지이므로 일점쇄선 안 부분(24m×20m)을 답안용지에 잘 확대해 설계대상지 안에 설계가 되어야 한다. 주변의 현황인 APT 단지, 도로, ENT 등은 그대로 옮겨주고, 이름을 기재해 주어야 한다.
3. 대상지의 외곽부분은 교목으로 식재해주었고, 20cm 폭으로 경계석을 그려주었다. 문제에서 주어지지 않았더라도 식재공간의 외곽부분은 교목으로 식재를 해주는 것이 좋다.
4. 공간은 놀이공간, 휴게공간, 체력단련공간으로 구분하였고, 각 공간은 성격이 다르기 때문에 각 공간에 다른 포장재료를 사용하여 적당한 포장을 해주며, 각 포장이 재료가 다르기 때문에 포장과 포장사이에 경계석도 각각 넣어준다.
5. 놀이공간은 놀이시설 중 한 가지 이상은 단면도상에 표현이 되어야 하므로 북동쪽 단면도상에 놀이공간을 배치하였으며, 미끄럼틀을 단면도상에 표현하였고 어린이들이 안전하게 놀 수 있도록 모래포장을 하였다. 놀이시설은 그네, 미끄럼틀, 철봉을 설치하였는데, 앞 부분의 평면도 모범답안에서는 시설물수량표에 놀이시설을 넣어주었지만 도면의 시설물 옆에 시설명을 기재해주는 것도 시간을 절약할 수 있는 방법 중 하나이다(시설물수량표에서 철봉은 누락되었다).
6. 휴게공간은 남서쪽에 위치하였으며, 퍼걸러 2개와 등벤치 6개를 규격에 맞추어 설치하였고, 보도블럭포장을 하였다. 하지만 퍼걸러 안에 있는 등벤치는 위에서 바라보았을 때 보이지 않기 때문에 점선으로 표시하였고 수량에 포함시키지 않아야 하기 때문에 시설물수량표의 등벤치 수량은 4개가 된다. 또한 등벤치 4개의 위치를 위·아래로 각각 이동해 원로의 통행에 지장이 없게 해주면 좋다.
7. 체력단련공간은 남동쪽에 위치하였으며, 평행봉과 래더를 설치하였고, '콘크리트포장'을 하였다.
8. 원로의 포장은 '점토벽돌포장'을 하였으며, 포장 디자인은 입구부분에 2군데만 상징적으로 표현해 주면 된다. 또한 문제에서 주어진 대로 포장명을 정확히 기재하였다.
9. 수목보호대를 현황도의 중앙부분에 2개 설치하였으며, 지하고 2m 이상인 나무는 낙엽교목 중에서 수고가 가장 높은 나무인 느티나무를 식재하였다. 단면도에 지하고(枝下高, 가지가 없는 줄기부분의 높이로 지상에서 최초의 가지까지의 높이) 2m 이상인 수목이 지나가면 단면도에서 수목의 지하고가 2m 이상이 되게 표현해주어야 한다.
10. 입구 부분에는 차량의 출입을 방지할 수 있는 시설인 볼라드(Bollard)를 규격에 맞추어 설치한다. 일반적인 볼라드의 규격은 지름 40~50cm, 볼라드간의 간격은 2m로 배치되어야 한다.
11. 도면의 북서쪽에 1m 이하로 등고선을 점선으로 조작하여 마운딩 후 소나무를 군식하였다. 1m 이하의 마운딩은 점표고를 +30, +60, +90으로 등고선을 조작하여 계획하면 되고, (요구 조건) 10번에서 소나무의 규격이 3가지 나왔으므로 마운딩 장소에 3가지 규격의 소나무를 골고루 섞어 식재해주면 좋은 답이 된다.
12. 식재지역과 일반적인 포장지역의 경계에는 경계석을 설치해주고, 모래포장에는 모래막이를 설치해준다.
13. 교목 7종(소나무, 측백나무, 느티나무, 배롱나무, 목련, 청단풍, 홍단풍), 관목 3종(명자나무, 철쭉, 회양목)을 식재해준다. 교목 7종, 관목 3종을 정확히 식재해 주어야 한다. 마운딩 장소에 소나무 3가지 규격을 사용하여 식재하였더라도 실제 사용한 수목은 소나무 1종이 된다.
14. 수목수량표의 성상은 상록교목, 낙엽교목, 관목으로 구분해 작성하였다.
15. 시설물수량표를 작성하라고 하면, 퍼걸러나 등벤치, 평벤치 등 규격이 나와 있는 시설물만 시설물수량표에 기재해주고, 그 이외의 시설물은 도면의 시설물 주변에 직접 기재를 해주면 시간이 절약된다.

■ 문제해설(단면도)

1. 평면도상의 단면도선 A부분부터 살펴보면 부지의 외곽에 경계석이 있고, 경계석 다음으로 마운딩한 장소에 소나무 군식을 해주어야 하는데, 마운딩 높이와 소나무의 수고에 맞춰 군식처리 해주어야 한다. 군식(모아심기)이기 때문에 마운딩으로 등고선을 조작한 공간에 최대한 많은 소나무를 그려 주어야 좋다. 평면도의 마운딩 점표고를 맞춰 단면도에 그려주어야 마운딩의 정확한 표현이 된다.
2. 소나무 다음으로 철쭉을 지나 경계석의 상세도가 그려져야 한다. 소나무 군식만 있는 것보다 주변에 관목이 같이 식재되어야 자연스러운 경관의 변화가 생겨 보기 좋은 도면이 된다.
3. 경계석 다음으로 원로의 포장은 점토벽돌로 해주고, 놀이공간은 모래로 포장해준다.
4. 놀이공간 중 미끄럼틀이 단면도상에 있으므로 미끄럼틀의 단면도를 평면도상의 단면도선에 걸린 길이와 방향을 고려하여 그려주어야 한다. 미끄럼틀의 기초부분도 상세히 표현해 주어야한다. 놀이시설 중 한 가지 이상은 단면도로 표현할 수 있어야 한다.
5. 마지막으로 경계석을 지나 녹지부분에 측백나무를 수고에 맞추어 그려주면 된다. 또한 A'부분 부지의 외곽에도 경계석을 그려준다.
6. A-A' 단면도라는 글씨와 스케일을 기재해주면 단면도가 완성된다.
7. G. L선 아랫부분 재료 하단부분에 지반표시를 해주고 각 시설물 및 수목의 이름을 G.L선 윗부분에 인출선을 사용하여 기재해준다.
8. G. L선 아랫부분의 재료 중앙에 점(•)을 찍어 인출선과 함께 재료명을 기재해준다. 인출선끼리 높이를 맞춰주면 도면이 통일되어 보인다.
9. 인출선은 가선을 그어 인출선끼리 높이를 맞춰주고 수목명 및 시설명, 재료명을 기재해주면 좋다.
10. G. L선 윗부분의 인출선은 3단(가장 높은 곳 : 교목, 중간 높은 곳 : 아교목(낮은 교목), 낮은곳 : 관목 및 지피류)으로 나눠서 기재해 주는 것이 보기 좋다.
11. 단면도 모범답안 상에 제일 윗부분의 식재지역, 포장지역, 놀이공간, 식재지역 등은 공간을 구분하기 위해 그려주었는데 기재하지 않아도 된다.
12. 평면도와 비교하여 누락되거나 실수한 부분이 없는지 체크한다.

09　근린공원설계

- **설계문제** : 다음 설계부지는 중부지방에 위치하고 있는 근린공원으로 사방은 도로로 둘러싸여 있고 지형은 평탄하게 정지되어있다. 아래에 주어진 요구 조건을 반영하여 현황도면을 축척 1/100으로 확대하여 배식평면도를 작성하시오.

- **(현황도면)** 일점쇄선 안 부분이 설계대상지이며, 주변 현황은 도면에 그대로 옮겨준다.

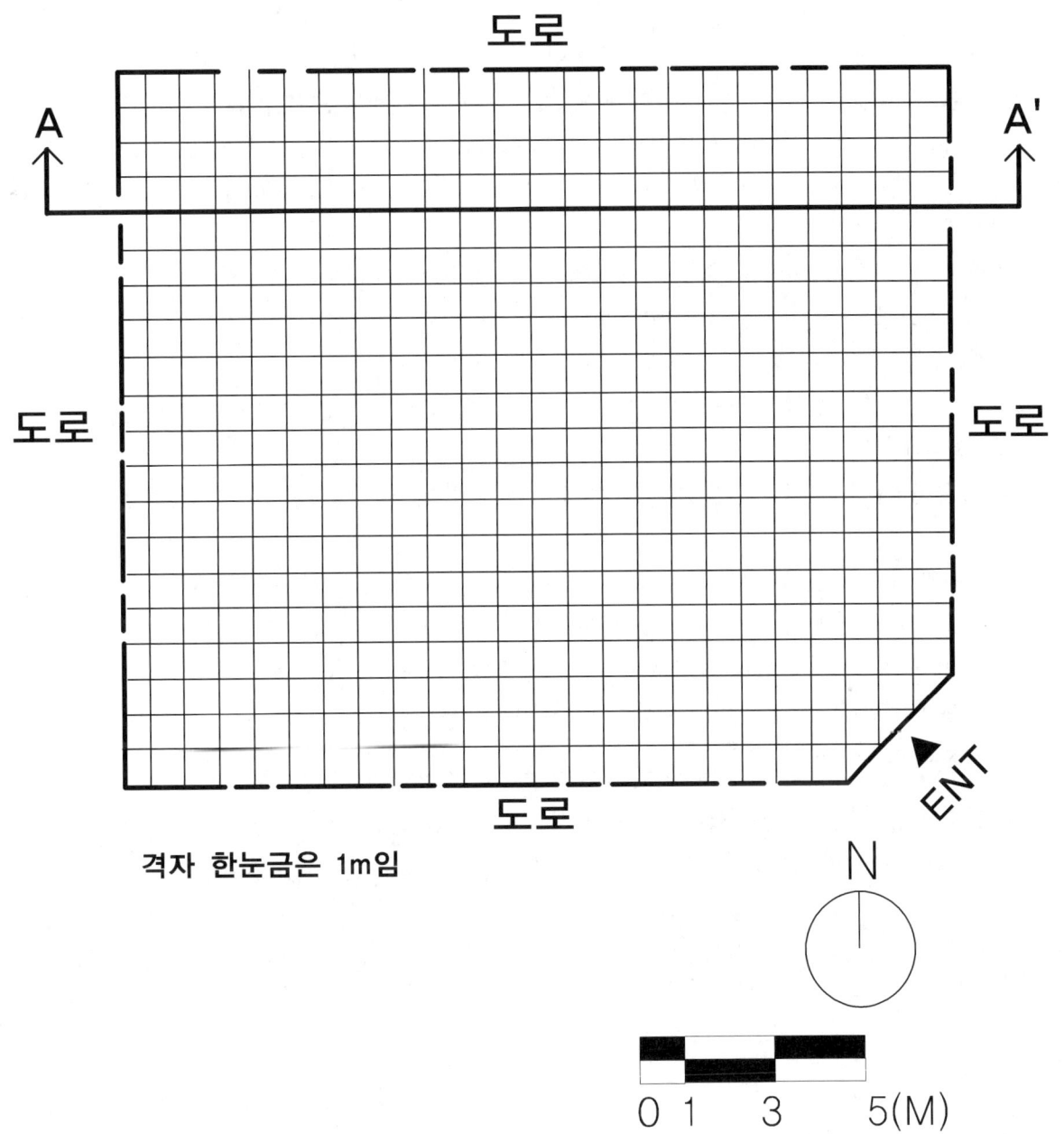

■ (요구 사항)
1. 식재평면도를 위주로 한 배식평면도를 축척 1/100으로 작성하시오.(지급용지 1)
2. 도면 오른쪽 표제란에 작업명칭을 작성하시오.
3. 표제란에는 "중요시설물수량표"와 "수목수량표"를 작성하고, 수량표 아래쪽에는 방위표시와 막대축척을 그려 넣는다(단, 전체 대상지의 길이를 고려하여 표제란의 폭을 조정하시오).
4. 도면의 전체적인 안정감을 위하여 "테두리선"을 넣어준다.
5. A-A' 단면도를 축척 1/100으로 작성하시오(단, 시설물의 기초부분은 각각의 재료를 상세히 나타내고, 재료명을 명기하시오).(지급용지 2)

■ (요구 조건)
1. 대상지의 외곽부분은 녹지공간으로 수목을 식재해준다(단, 20cm 폭으로 경계석을 포함시킨다).
2. 공간 내 적당하다고 생각되는 장소에 등받이형 벤치(1.6m×0.6m)를 설치한다.
3. 적당한 폭으로 원로를 설계하고, 포장은 화강석으로 포장하며, 디자인은 2~3군데만 상징적으로 표현하고 포장명을 도면에 기입한다(단, 20cm 폭으로 경계석을 포함시킨다).
4. 운동공간(10m×6m)을 1개소 설치하고, 운동공간에 배드민턴장(7m×3m)을 설치해주며, 포장은 고무매트포장으로 한다.
5. 적당한 장소에 어린이 놀이공간을 설치하고, 어린이 놀이시설물을 3종류 설치하시오(단, 포장은 모래포장으로 하고, 경계에는 모래막이를 설치한다).
6. 휴게공간을 설정하여 퍼걸러(4.0m×3.0m) 1개를 설치한다.
7. 적당한 곳에 부정형의 연못을 설치하시오(단, 10㎡의 면적으로 설치해주며, 연못 주변은 자연석을 쌓아준다).
8. 입구 부분에는 차량의 출입을 방지할 수 있는 시설을 규격에 맞추어 설치한다(단, 지름은 50cm로 한다).
9. 식재지역 중 한 곳을 선정하여 1m 이하로 마운딩을 하여, 소나무를 군식하시오(단, 마운딩은 A-A' 단면도상에 마운딩의 긴 변이 걸리게 설치해준다).
10. 주변이 도로인 것을 고려하여 도로주변 녹지공간에 식재를 하시오.
11. 식재설계는 아래수종에서 10종 이상을 선정하여 식재한다.

> 소나무(H3.5×R25), 소나무(H4.0×R28), 소나무(H4.5×R30), 해송(H2.5×R15)
> 청단풍(H2.5×R5), 홍단풍(H2.5×R5), 주목(H3.0×W2.0), 측백나무(H3.5×W1.2)
> 느티나무(H4.0×R12), 목련(H2.5×R15), 아왜나무(H2.5×R8), 배롱나무(H3.0×R8)
> 식나무(H2.5×R8), 명자나무(H1.0×W0.7), 회양목(H0.3×W0.3), 옥향(H0.6×W0.9)
> 백철쭉(H0.3×W0.4), 철쭉(H0.3×W0.4), 산철쭉(H0.3×W0.4), 개나리(H0.3×W0.4)

■ 평면도 모범답안

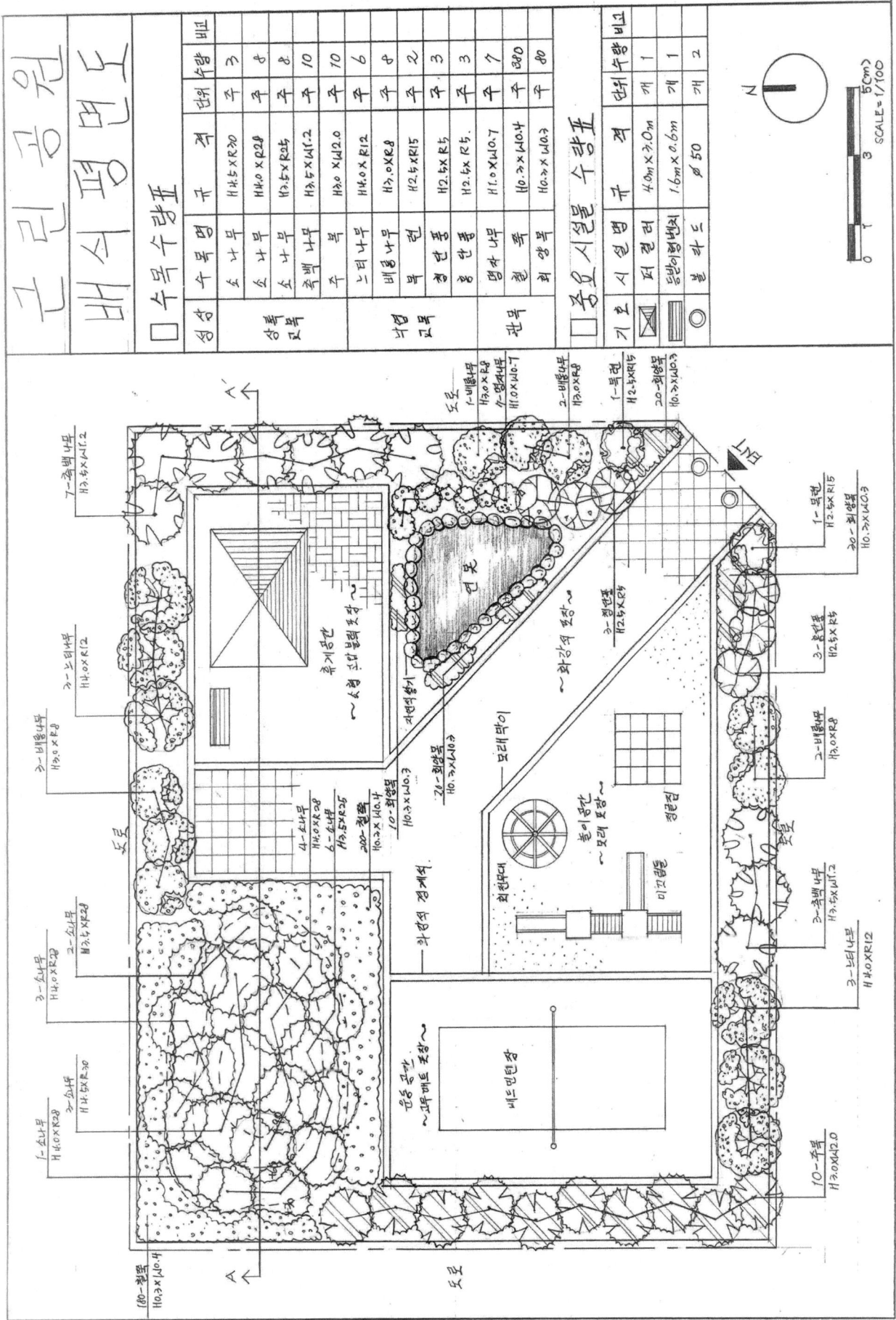

■ 단면도 모범답안

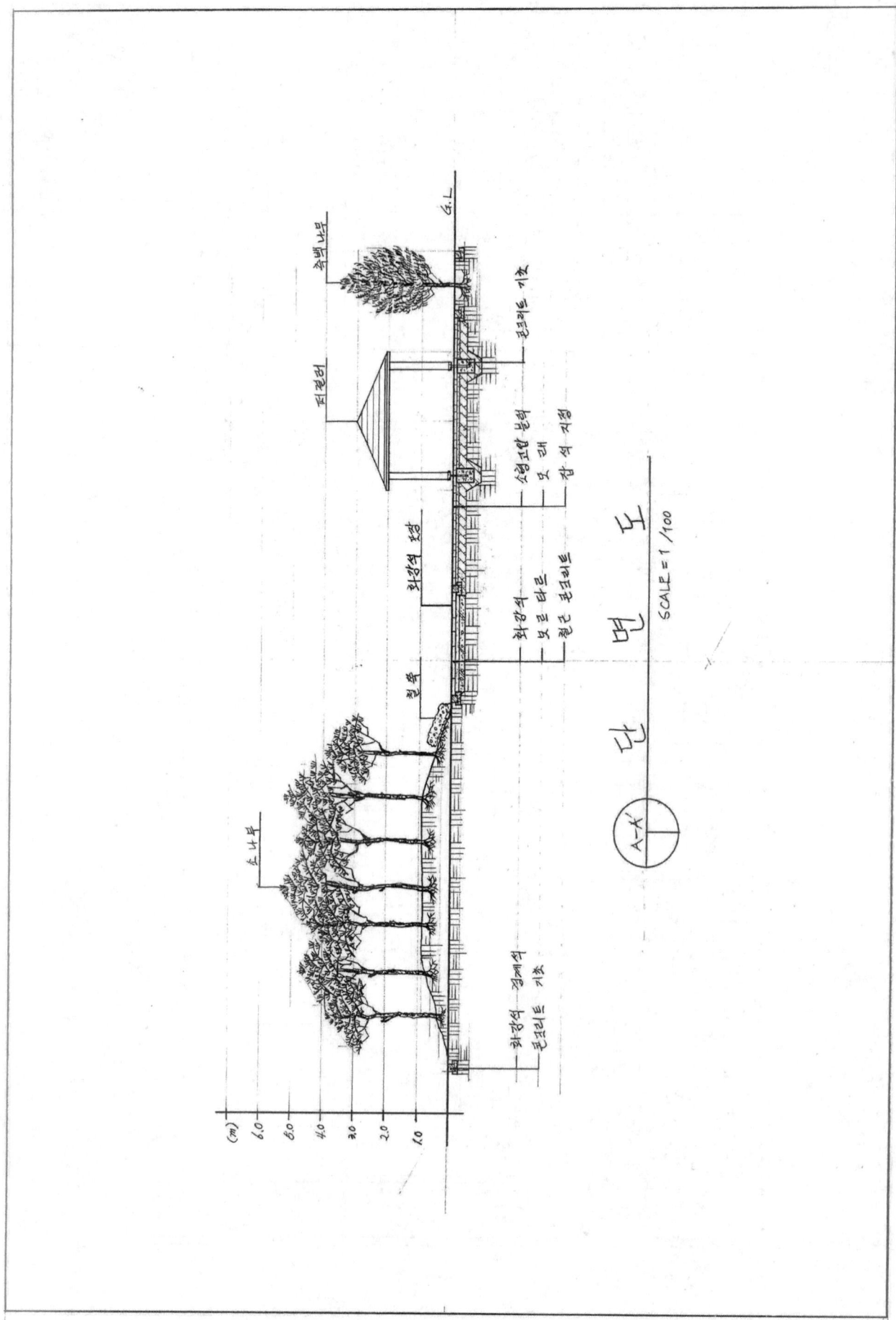

■ 문제해설(평면도)

1. 중부지방에 근린공원 설계를 해야 하므로 제일 먼저 남부지방 수종을 제외시켜야 한다. (요구 조건) 11번에 나와 있는 수목 중에서 남부지방 수종인 아왜나무, 식나무는 식재하지 말아야한다.
2. 현황도의 ENT와 도로, A-A'단면도선, 방위, 스케일 등을 도면에 기재해 주어야 한다.
3. 배식평면도를 작성하라고 했으므로 표제란에 배식평면도라고 기재해준다.
4. 표제란에 "수목수량표"와 "중요시설물수량표"를 작성하라고 했으므로 작성이 되어야 한다. "중요시설물수량표"는 "중요시설물수량표"라고 기재해 주어도 되고, "시설물수량표"라고 기재해 주어도 된다. "중요시설물수량표"에는 규격이 나와 있는 시설물인 등받이형벤치, 퍼걸러만 기재해주고, 규격이 나와 있지 않은 다른 시설물은 도면의 시설물 주변에 직접 시설명을 기재해줘서 시간을 절약해주는 것도 좋은 방법이다.
5. (요구 조건)의 1번 문제부터 보면 대상지의 외곽부분은 녹지공간으로 수목을 식재해주라고 했으므로, 외곽부분을 교목으로 식재해준다. 또한 경계석을 20cm 폭으로 포함시키라고 했으므로 녹지부분의 외곽부분에 경계석을 넣어 주었다. 도로쪽 녹지공간의 경계석은 시간이 부족하면 평면도에서는 경계석을 생략한다.
6. 북동쪽 휴게공간에 등벤치와 (요구 조건) 6번의 퍼걸러를 규격에 맞추어 1개 설치하였다.
7. ENT를 고려하여 원로를 설계하고, 경계석을 포함하여 화강석포장을 하였다.
8. 남서쪽에 운동공간을 규격에 맞추어 설계하였고, 운동공간에 배드민턴장을 설치해주며 고무매트포장을 하였다. 배드민턴장 평면도 그리는 방법을 잘 확인해보자.
9. 운동공간의 동쪽에 놀이공간을 설치하고 어린이놀이시설물(회전무대, 미끄럼틀, 정글짐)을 3종 설치하였으며, 모래포장을 하였다. 일반적으로 어린이놀이시설물 3종은 평면도로 그릴 수 있어야 한다.
10. 동쪽에 부정형의 연못을 설치하였는데 면적을 맞추어 설계해 주어야 한다.
11. 입구(ENT) 부분에는 차량의 출입을 방지할 수 있는 시설인 볼라드를 지름 50cm 규격에 맞추어 설치해주었다.
12. 식재지역 중 북서쪽에 1m 이하로 마운딩을 하여 소나무를 군식하였다(마운딩의 점표고를 바깥쪽부터 안쪽으로 차례로 +30, +60, +90 표시해주었으며, 소나무의 규격이 3가지로 출제되었기 때문에 소나무 규격 3가지를 다 사용하여 마운딩 한 곳에 소나무 군식을 해주어야 한다).

■ 문제해설(단면도)

1. A-A' 단면도를 축척 1/100으로 작성하라고 했으므로 축척에 맞추어 A-A' 단면도를 작성해야 한다.
2. 제일 먼저 단면도 답안용지의 외곽선을 긋고, 중심선을 잡고 G. L선을 긋는다.
3. 수직 점표고와 (m)를 기재해주고, 수직 점표고와 평행하게 평행(I)자를 사용하여 가선(옅은선)을 긋는다.
4. 평면도상의 단면도선 A부분부터 살펴보면 현황도의 외곽부분에 경계석을 그려준다(평면도에서 외곽부분에 경계석을 생략했더라도 단면도에서는 경계석을 그려주는 것이 좋다).
5. 경계석 다음으로 철쭉이 있어야 하는데 누락되었다. 철쭉 다음으로 평면도의 점표고에 맞춰 마운딩을 해주고 소나무 군식을 하였다. 소나무 군식은 자주 출제되는 부분이니 단면도 모범답안 도면을 잘 봐야한다.
6. 다음으로 화강석 포장이 나오는데 화강석포장의 상세도를 잘 기억해야 하며, 각 재료마다 재료의 중앙에 점(•)을 찍어서 인출선을 사용하여 재료를 표기해 줘야한다.
7. 다음으로 경계석이 있고 소형고압블럭포장이 있다(G.L선 아랫부분에는 재료가 들어가기 때문에 소형고압블럭, 모래, 잡석지정으로 기재가 되어야 한다. G.L선 위에는 단조로움을 없애기 위해 빈 공간에 화강석포장, 소형고압블럭포장이라고 기재를 해줘도 좋다. G.L선 아래 재료의 인출선과 G.L선 위의 포장명 인출선이 만나지 않게 인출선을 뽑아서 기재해주는 것이 좋다).
8. 소형고압블럭포장의 윗부분에 퍼걸러가 있으므로 퍼걸러를 규격과 위치에 맞추어 그려주며, 퍼걸러 아랫부분의 포장은 소형고압블럭으로 해주고, 퍼걸러의 기초부분도 재료와 함께 표시가 되어야 한다.
9. 소형고압블럭포장을 지나 경계석이 있고 녹지공간에 측백나무를 규격에 맞추어 그려주면 된다.
10. 마지막으로 A-A' 단면도 글씨와 함께 스케일을 기재해주면 된다.

10 근린공원설계

- **설계문제** : 다음 설계부지는 중부지방에 있는 근린공원으로 사방은 도로로 둘러싸여 있고, 지형은 평탄하게 정지되어있다. 아래에 주어진 요구 조건을 반영하여 현황도면을 축척 1/100으로 확대하여 배식평면도를 작성하시오.

- **(현황도면)** 일점쇄선 안 부분이 설계대상지이며, 주변 현황은 도면에 그대로 옮겨준다. "가"와 "나"의 글씨는 구역을 안내해주기 위한 것이므로 답안지에 옮기지 않는다.

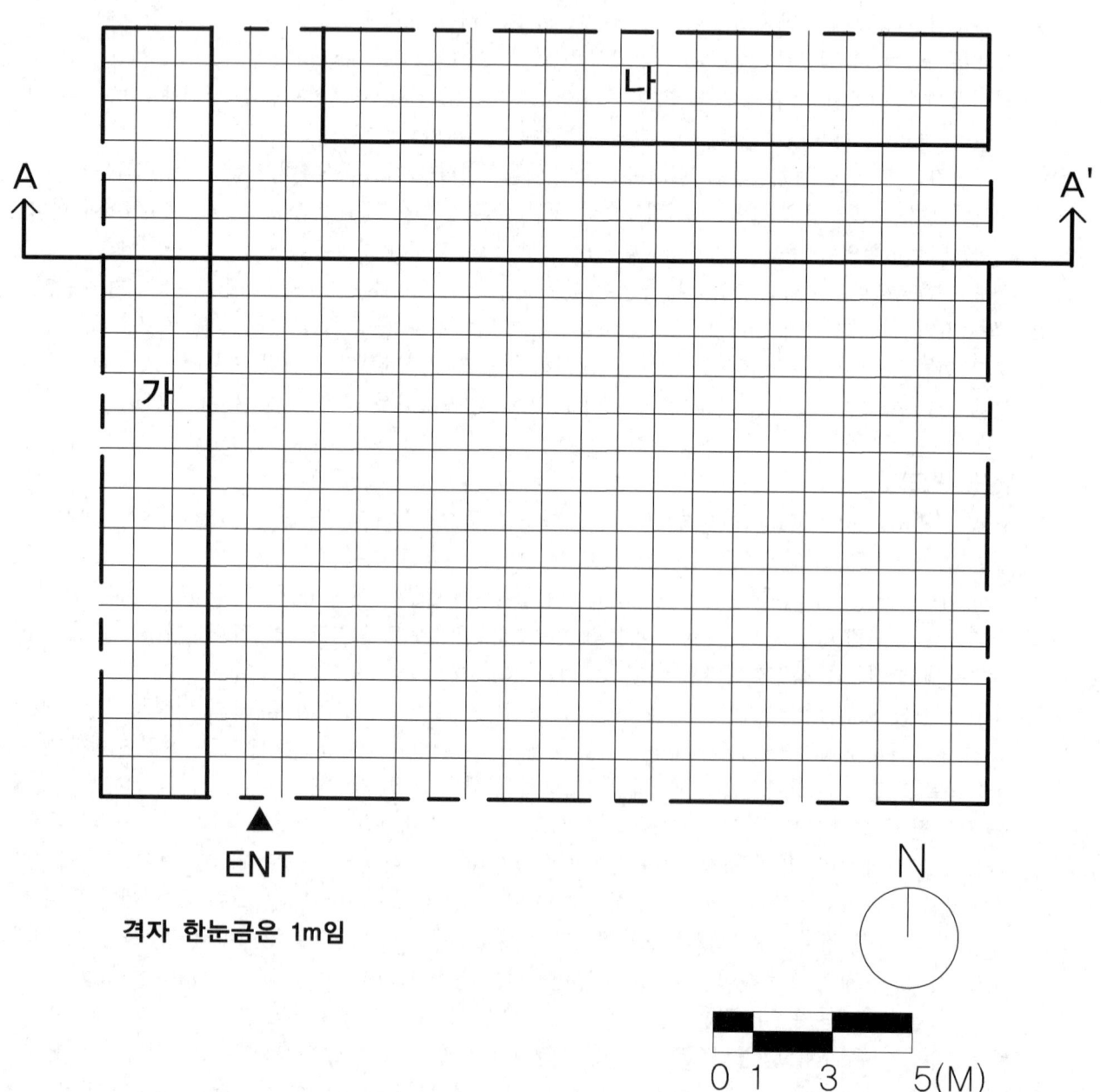

■ (요구 사항)

1. 식재평면도를 위주로 한 배식평면도를 축척 1/100으로 작성하시오.(지급용지 1)
2. 도면 오른쪽 표제란에 작업명칭을 작성하시오.
3. 표제란에는 "중요시설물수량표"와 "수목수량표"를 작성하고, 수량표 아래쪽에는 방위표시와 막대축척을 그려 넣는다(단, 전체 대상지의 길이를 고려하여 표제란의 폭을 조정하시오).
4. 도면의 전체적인 안정감을 위하여 "테두리선"을 넣어준다.
5. A-A' 단면도를 축척 1/100으로 작성하시오(단, 시설물의 기초부분은 각각의 재료를 상세히 나타내고, 재료명을 명기하시오).(지급용지 2)

■ (요구 조건)

1. "가" 지역은 차폐식재를 해준다(단, 상록수를 선정하여 2열로 교호식재한다).
2. "나" 지역은 계절감을 느낄 수 있도록 식재를 해준다.
3. 원로의 모양은 입구(ENT) 부분을 고려하여 T자 형태로 설계하시오. 적당한 폭으로 원로를 설계하고, 포장은 화강석으로 포장하며, 디자인은 2~3군데만 상징적으로 표현하고 포장명을 도면에 기입한다(단, 20cm 폭으로 경계석을 포함시킨다).
4. "가" 지역은 다른 지역에 비해 30cm 높으므로 설계시 고려한다.
5. 적당한 장소에 퍼걸러(3.0m×3.0m) 1개와 등받이형 벤치(1.6m×0.6m) 4개를 설치한다.
6. 적당한 장소에 부정형의 연못을 설치하시오(단, 연못은 10㎡의 면적으로 설치해주며, 연못 주변은 자연석을 쌓아준다).
7. 입구 부분에는 차량의 출입을 방지할 수 있는 시설을 규격에 맞추어 설치한다(단, 지름은 50cm로 한다).
8. 배수가 잘 되고 자연스러운 분위기를 위해 식재지역 중 한 곳을 선정하여 1m 이하로 마운딩을 하고 등고선의 간격은 30cm로 하며, 소나무를 군식하시오(단, 평면도에서 점표고를 표시해주고, 마운딩은 A-A' 단면도상에 마운딩의 긴 변이 걸리게 설치해준다.)
9. 단면도 상에서 단면 높이차가 나는 부분에 점표고를 표시하시오.
10. 식재설계는 아래수종에서 10종 이상을 선정하여 식재한다.

> 소나무(H3.5×R25), 소나무(H4.0×R28), 소나무(H4.5×R30), 해송(H2.5×R15)
> 청단풍(H2.5×R5), 홍단풍(H2.5×R5), 주목(H3.0×W2.0), 측백나무(H3.5×W1.2)
> 느티나무(H4.0×R12), 목련(H2.5×R15), 아왜나무(H2.5×R8), 배롱나무(H3.0×R8)
> 식나무(H2.5×R8), 명자나무(H1.0×W0.7), 회양목(H0.3×W0.3), 옥향(H0.6×W0.9)
> 백철쭉(H0.3×W0.4), 철쭉(H0.3×W0.4), 산철쭉(H0.3×W0.4), 개나리(H0.3×W0.4)

11. 식재한 수목은 인출선을 사용하여 수목명, 수량, 규격 등을 바르게 기재한다.

■ 평면도 모범답안

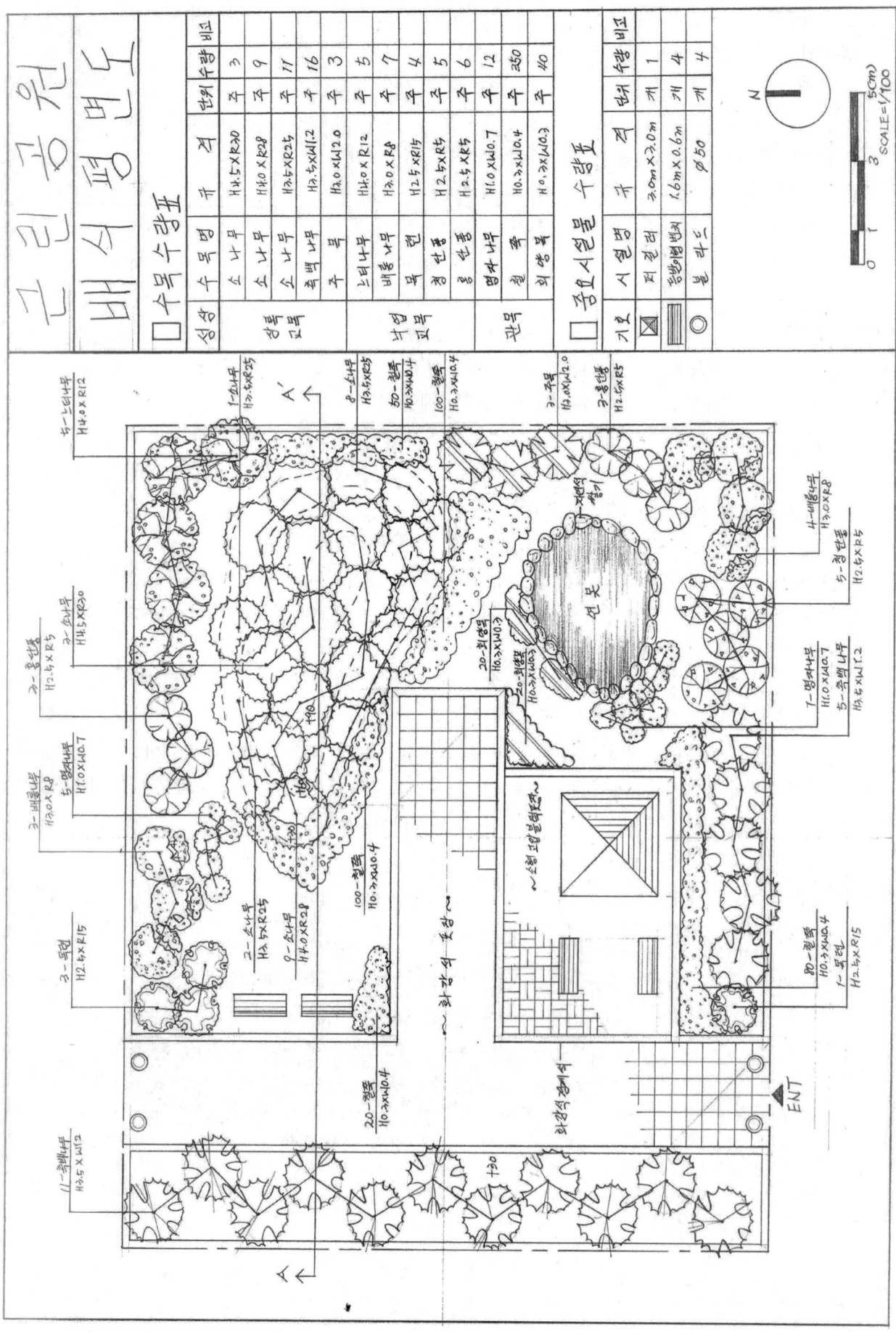

■ 단면도 모범답안

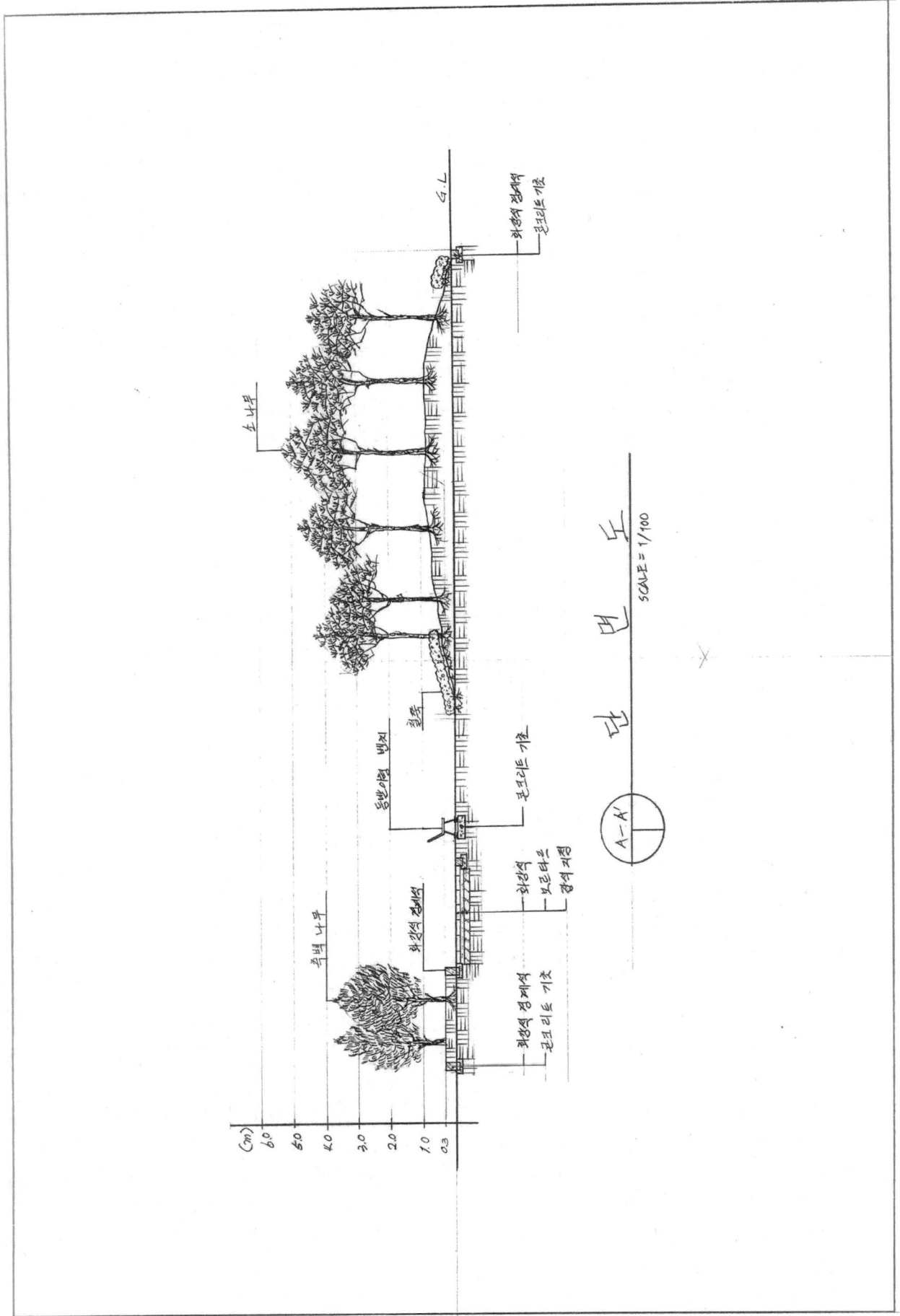

■ 문제해설(평면도)

1. 중부지방에 근린공원 설계를 해야 하므로 제일 먼저 남부지방 수종을 제외시켜야한다. (요구 조건) 10번에 나와 있는 수목 중에서 남부지방 수종인 아왜나무, 식나무는 식재하지 말아야한다.
2. 현황도의 ENT와 A-A'단면도선, 방위, 스케일 등을 도면에 기재해 주어야 한다.
3. 일점쇄선 안 부분이 설계대상지이기 때문에 현황도의 외곽선을 일점쇄선으로 그어주어야 한다(가끔씩 이점쇄선 안 부분이 설계대상지로 나오는 경우가 있으므로 문제를 잘 읽어야한다).
4. 표제란에 작업명칭을 작성하였고, "수목수량표"와 "중요시설물수량표"를 작성하였다(중요시설물수량표에는 규격이 나와 있는 퍼걸러, 등받이형벤치, 볼라드만 기재해 주고 그외 시설물은 시설물 옆에 시설명을 기재해주면 된다. 여기서 문제에 주어진 시설물명을 그대로 적어주어야 한다).
5. (요구 조건) 1번부터 살펴보면 도면의 서쪽 "가" 지역에 측백나무를 사용하여 2열 교호식재로 차폐식재를 하였다. 평면도 모범답안을 참고하여 보면 조금 더 많은 수목이 들어가면 좋은 차폐식재가 되었을 것이다.
6. "나" 지역은 도면의 북쪽 지역으로 목련과 배롱나무, 홍단풍, 느티나무를 식재하여 계절감을 느낄 수 있도록 식재하였다(완성된 도면에서 홍단풍은 계절감을 느끼기는 부족한 수목이다).
7. 원로의 모양은 ENT 부분을 고려하여 T자 형태로 설계되었고 화강석포장에 경계석을 포함시켰다.
8. "가" 지역이 다른 지역에 비해 30cm가 높기 때문에 "가" 지역에 +30이라고 점표고를 기재해준다.
9. 남쪽 중앙부분에 퍼걸러와 등받이형벤치를 규격에 맞추어 설치하였다.
10. 남동쪽에 부정형의 연못을 약10m²의 면적으로 설치하였고, 물표현을 해주었으며 연못 주변은 자연석을 쌓아주었다. 연못 주변으로 관목도 식재되었다.
11. 입구(ENT) 부분에 차량의 출입을 방지할 수 있는 시설인 볼라드(Bollard)를 규격(지름 50cm)에 맞추어 2개 설치하였다.
12. 북동쪽에 1m 이하로 마운딩을 설치하였다. 등고선의 간격은 30cm로 하여 소나무 군식을 하였다(점표고를 +30, +60, +90으로 기재해 주었으며, (요구 조건) 10번에서 규격이 다른 소나무가 3가지 나왔으므로 소나무 군식은 소나무의 규격을 3가지 다 사용하여 식재해 달라는 문제이다).

■ 문제해설(단면도)

1. A-A' 단면도를 축척 1/100으로 작성하라고 했으므로 스케일에 맞춰 A-A' 단면도를 작성해야 한다.
2. 제일 먼저 규격에 맞추어 외곽선을 그어주고, 답안지의 중심선을 잡고 G.L선을 긋는다.
3. 수직 점표고와 (m)를 기재해주고, 수직 점표고와 평행하게 평행(I)자를 사용하여 가선(옅은선)을 긋는다.
4. 평면도상의 단면도선 A부분부터 살펴보면 현황도의 외곽부분에 경계석을 그려준다(평면도에서 외곽부분에 경계석을 생략했더라도 단면도에서는 경계석을 그려주어야 한다).
5. "가" 지역이 30cm 높기 때문에 단면도에서 0.3m 높은 부분부터 "가" 지역이 시작되며, 단면도상에 0.3이라고 점표고를 써주었다(점표고는 기재하라고 하면 반드시 기재해주어야 하며, 기재하라는 말이 없으면 기재해 주지 않아도 되고 정확한 높이만 맞춰주면 된다).
6. 0.3m 높은 부분에 측백나무를 교호식재 한 것이 그려져야 한다. 단면도선의 화살표 방향이 바라보는 방향을 의미하기 때문에 비록 단면도선에 측백나무 한그루가 지나가더라도 바라본 방향을 고려하여 측백나무를 2주 교호식재로 그려주는 것이 좋다.
7. 다음으로 화강석포장을 그려주어야 하며, 경계석 다음으로 등받이형 벤치가 있다. 등받이형 벤치의 측면이 보이므로 측면도가 그려져야 하고 등받이형 벤치의 기초부분이 상세히 표시되어야 한다.
8. 철쭉이 식재되어 있고, 마운딩한 장소에 소나무 군식이 표현된다(마운딩의 점표고와 소나무의 수고를 고려해서 마운딩 장소에 식재되어지는 소나무의 높이를 맞춰 그려주어야 한다).
9. 마운딩한 장소의 지반표시는 원래지반에 지반표시를 해주고 마운딩으로 지형이 변경되었으므로 마운딩한 곳에도 지반표시를 해주어서 원지반, 마운딩 지반을 구분해준다.
10. 마지막으로 A-A' 단면도라고 기재해주고, 스케일을 기재해준다.

11 휴게공간설계

- **설계문제** : 다음 설계부지는 우리나라 중부지방 어느 도시에 있는 아파트 단지 진입로 부근에 위치한 휴게공간에 대한 조경설계를 하고자 한다. 아래에 주어진 요구 조건을 반영하여 현황도면을 축척 1/100으로 확대하여 배식평면도를 작성하시오.

- **(현황도면)** 주어진 도면을 참조하여 요구사항 및 조건들을 맞춰 배식평면도 및 단면도를 작성하시오. 일점쇄선 안 부분이 설계대상지이며, 주변 현황은 도면에 그대로 옮겨준다.

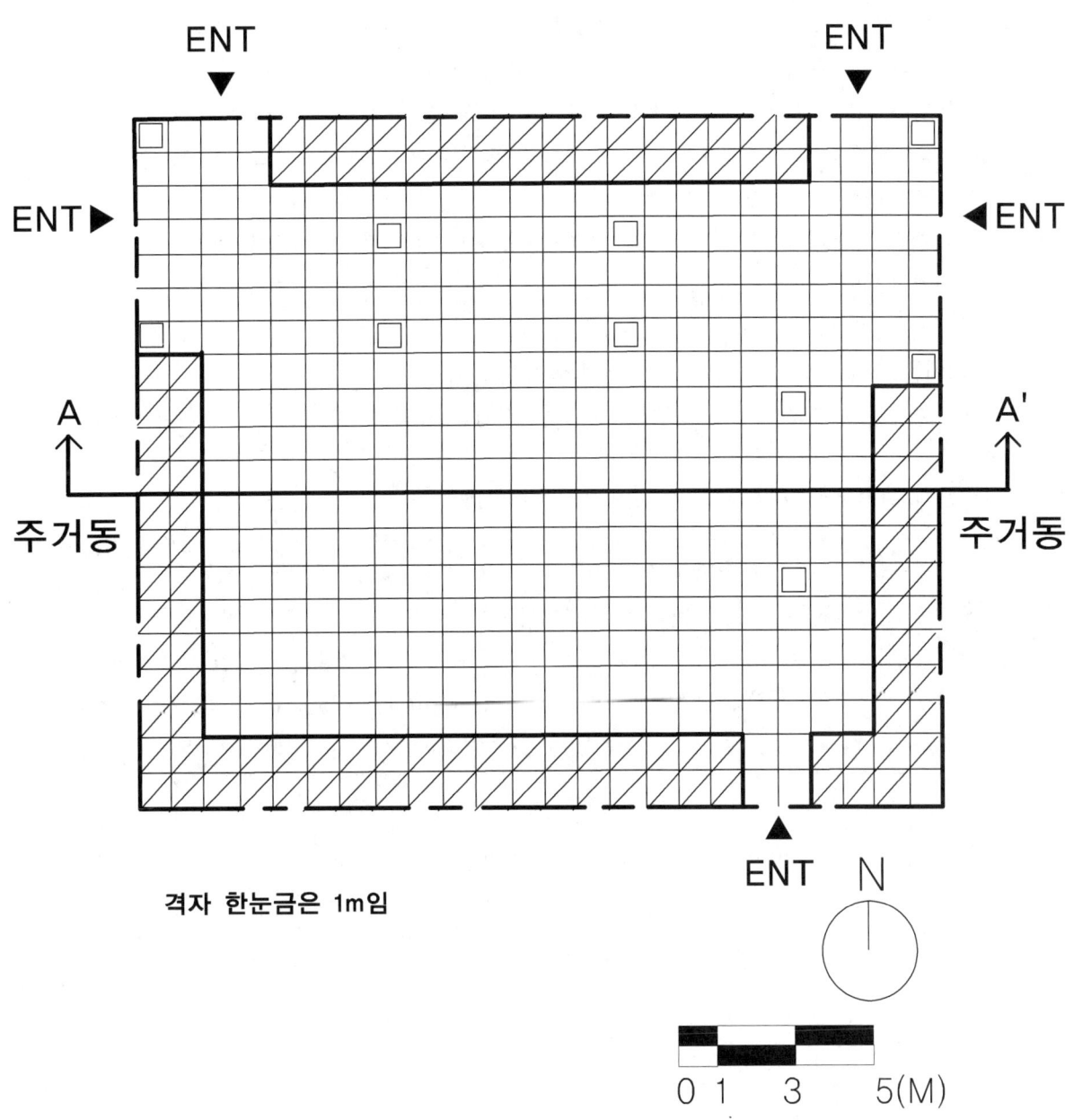

■ (요구 사항)

1. 식재평면도를 위주로 한 배식평면도를 축척 1/100으로 작성하시오.(지급용지 1)
2. 도면 오른쪽 표제란에 작업명칭을 작성하시오.
3. 표제란에는 "중요시설물수량표"와 "수목수량표"를 작성하고, 수량표 아래쪽에는 방위표시와 막대축척을 그려 넣는다(단, 전체 대상지의 길이를 고려하여 표제란의 폭을 조정하시오).
4. 도면의 전체적인 안정감을 위하여 "테두리선"을 넣어준다.
5. A-A' 단면도를 축척 1/100으로 작성하시오(단, 시설물의 기초부분은 각각의 재료를 상세히 나타내고, 재료명을 명기하시오).(지급용지 2)

■ (요구 조건)

1. 수목보호대(1.0m×1.0m)가 있는 곳에 지하고가 2m 이상인 녹음수를 식재한다.
2. 휴게공간은 계절감을 느낄 수 있도록 식재를 해준다.
3. 원로의 바닥 포장은 공간의 성격을 고려하여 포장을 해준다.
4. 포장의 디자인은 2~3군데만 상징적으로 표현하고 포장명을 도면에 기입한다.
5. 적당한 장소에 등받이 벤치(1.6m×0.6m) 4개소, 평벤치(1.6m×0.4m) 2개소, 평상형 쉘터(3.0m×3.0m) 1개소, 모래사장(5.0m×5.0m) 1개소를 설치한다.
6. 포장의 재료에 맞게 화강석 경계석과 모래막이를 설치한다(단, 평면도에 화강석 경계석과 모래막이를 명기하시오).
7. 시설물은 동선의 흐름을 방해하지 않게 설치한다.
8. 녹지대에는 경계석을 넣어준다(단, 경계석의 폭은 20cm로 한다).
9. 입구 부분에는 차량의 출입을 방지할 수 있는 시설을 규격에 맞추어 설치한다(단, 지름은 50cm로 한다).
10. 식재설계는 아래수종에서 10종을 선정하여 식재한다.

> 소나무(H3.5×R25), 해송(H2.5×R15), 향나무(H2.5×W1.2), 청단풍(H2.5×R5)
> 홍단풍(H2.5×R5), 주목(H3.0×W2.0), 측백나무(H3.5×W1.2), 동백나무(H1.5×W0.8)
> 느티나무(H4.0×R12), 목련(H2.5×R15), 아왜나무(H2.5×R8), 플라타너스(H3.5×B10)
> 식나무(H2.5×R8), 명자나무(H1.0×W0.7), 회양목(H0.3×W0.3), 옥향(H0.6×W0.9)
> 백철쭉(H0.3×W0.4), 철쭉(H0.3×W0.4), 산철쭉(H0.3×W0.4), 개나리(H0.3×W0.4)

11. 식재한 수목은 인출선을 사용하여 수목명, 수량, 규격 등을 바르게 기재한다.
12. 포장재료 및 경계, 시설물의 기초를 단면도상에 표기하시오.

■ 평면도 모범답안

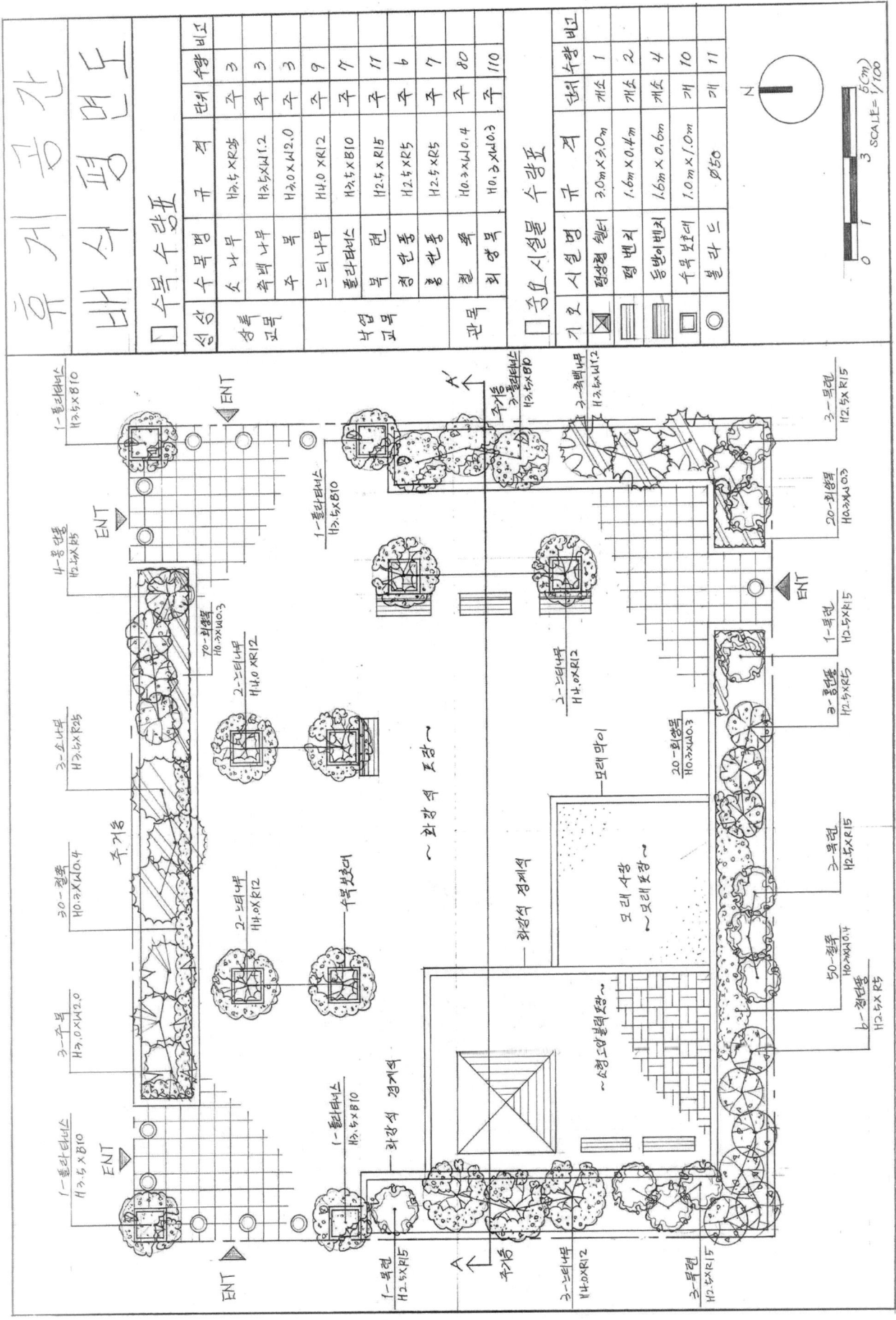

■ 단면도 모범답안

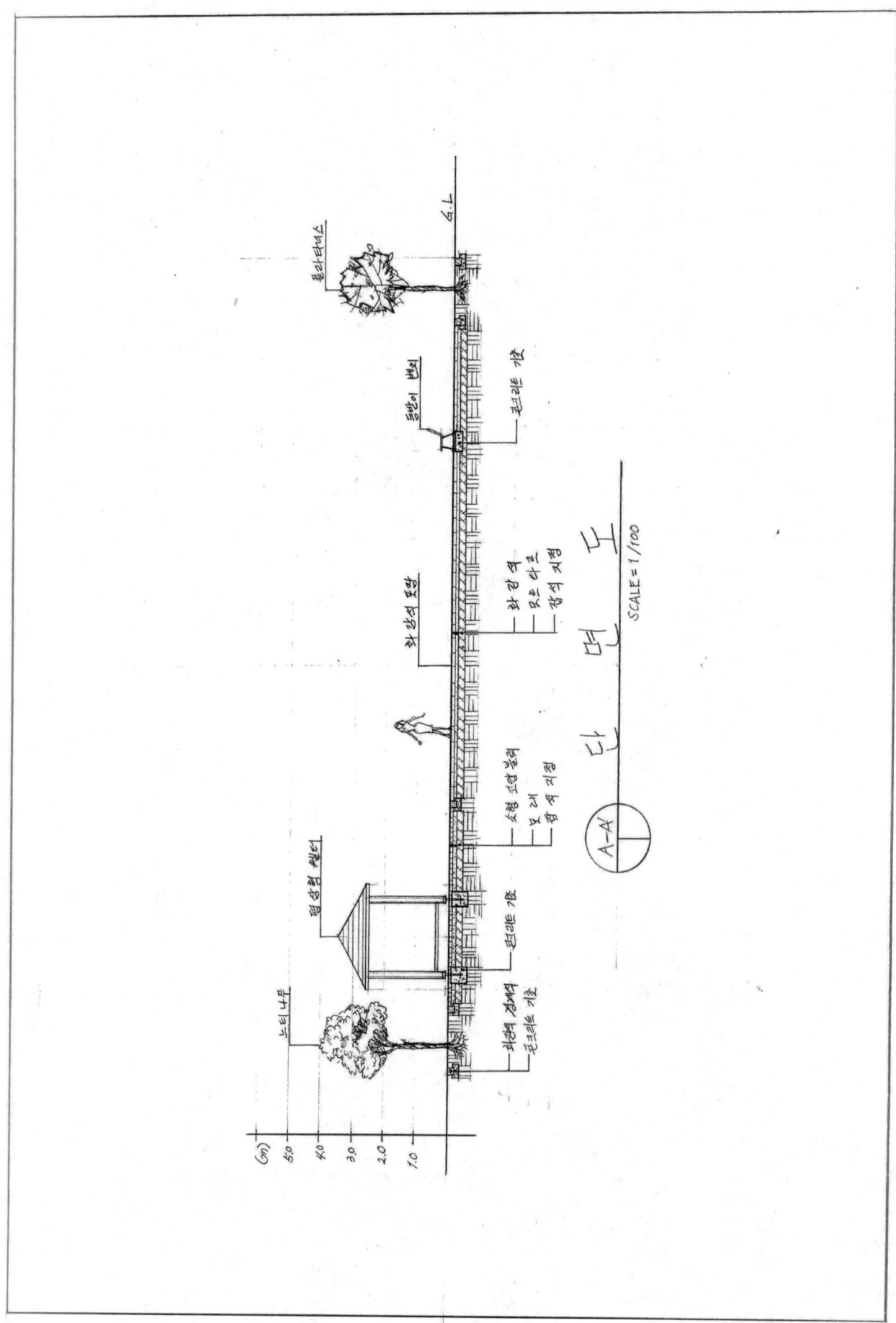

12 휴게공간설계

- **설계문제** : 다음 설계부지는 우리나라 중부지방 어느 도시에 위치해 있는 휴게공간에 대한 조경설계를 하고자 한다. 아래에 주어진 요구 조건을 반영하여 도면을 작성하시오.

- **(현황도면)** 주어진 도면을 참조하여 요구사항 및 조건들을 고려해 배식평면도 및 단면도를 작성하시오. 일점쇄선 안 부분이 설계대상지이며, 주변 현황은 도면에 그대로 옮겨준다.

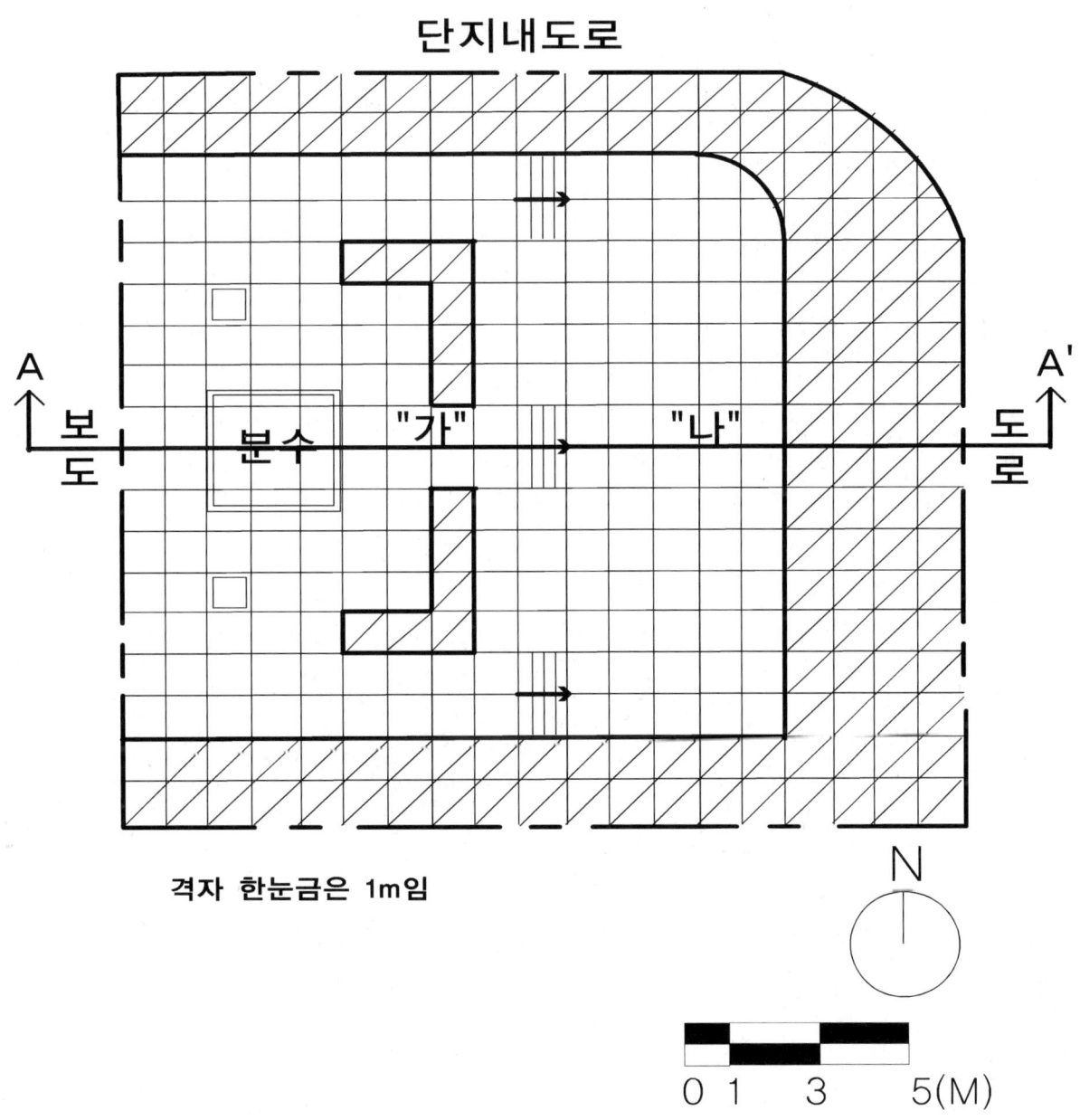

■ (요구 사항)

1. 배식평면도를 축척 1/100으로 작성하시오.(지급용지 1)
2. 도면 우측 표제란에 작업명칭을 작성하시오.
3. 표제란에는 "중요시설물수량표"와 "수목수량표"를 작성하고, 수량표 아래쪽에는 방위표시와 막대축척을 그려 넣는다(단, 전체 대상지의 길이를 고려하여 표제란의 폭을 조정하시오).
4. A-A' 단면도를 축척 1/100으로 작성하시오(단, 시설물의 기초부분은 각각의 재료를 상세히 나타내고, 재료명을 명기하시오).(지급용지 2)

■ (요구 조건)

1. 수목보호대(1.0m×1.0m)가 있는 곳에 지하고가 2m 이상인 녹음수를 단식(單式)한다.
2. "나" 지역은 "가" 지역보다 1.0m 높은 휴게공간으로 조성하고 그 높이 차이를 식수대(植樹帶)로 처리하며 식수대에는 관목을 식재한다.
3. 휴게공간에는 퍼걸러(3.5m×3.5m) 1개를 설치하고, 퍼걸러 안에는 등받이형 벤치(1.6m×0.6m) 4개, 휴지통(지름 50cm) 1개를 설치한다.
4. 원로의 바닥 포장은 공간의 성격을 고려하여 포장을 해준다.
5. 포장의 디자인은 2~3군데만 상징적으로 표현하고 포장명을 도면에 기입한다(단, "가" 지역과 "나" 지역의 포장은 다른 것으로 포장한다).
6. 시설물은 동선의 흐름을 방해하지 않게 설치한다.
7. "가" 공간의 적당한 곳에는 유도식재를 해준다.
8. A-A' 단면도상의 녹지공간 부분에는 높이 1m 이하의 마운딩을 1곳 이상 설계해주고, 평면도상에 점표고를 표시해주며, 마운딩 공간에는 소나무를 군식해준다.
9. 대상지 내의 녹지공간에는 유도식재, 경관식재, 녹음식재, 소나무 군식 등을 필요한 장소에 적당히 배식한다.
10. 식재설계는 아래수종에서 10종을 선정하여 식재한다.

> 소나무(H3.5×R25), 소나무(H4.0×R28), 소나무(H4.5×R30), 주목(H3.0×W2.0)
> 측백나무(H3.5×W1.2), 동백나무(H1.5×W0.8), 홍단풍(H2.5×R8), 중국단풍(H2.5×R8)
> 느티나무(H4.0×R12), 목련(H2.5×R9), 아왜나무(H2.5×R8), 플라타너스(H3.5×B10)
> 식나무(H2.5×R8), 명자나무(H1.0×W0.7), 회양목(H0.3×W0.3), 철쭉(H0.3×W0.4)
> 산철쭉(H0.3×W0.4), 개나리(H0.3×W0.4)

11. 식재한 수목은 인출선을 사용하여 수목명, 수량, 규격 등을 바르게 기재한다.
12. 포장재료 및 경계, 시설물의 기초, 계단 등을 단면도상에 표기하시오.

■ 평면도 모범답안

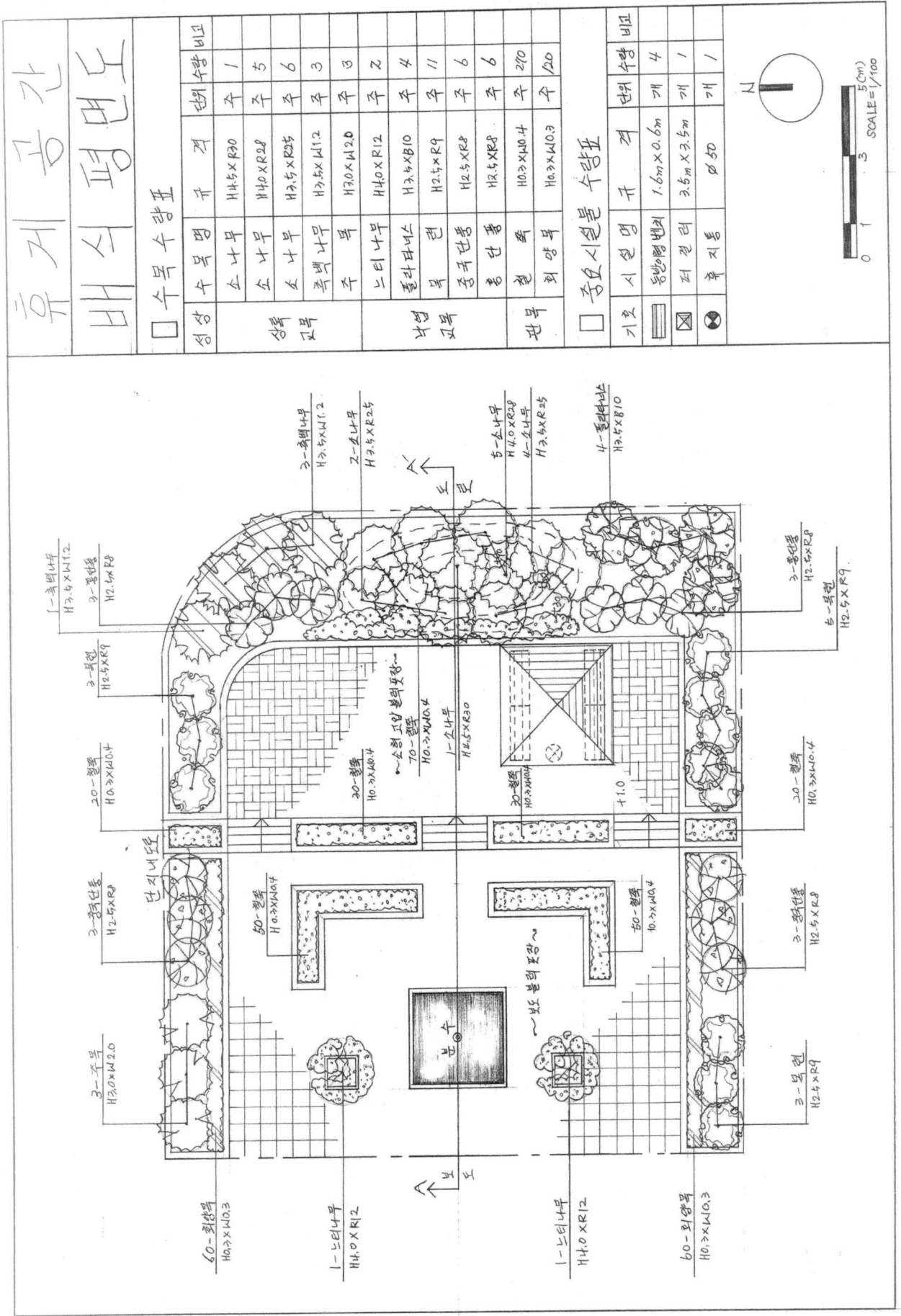

■ 단면도 모범답안

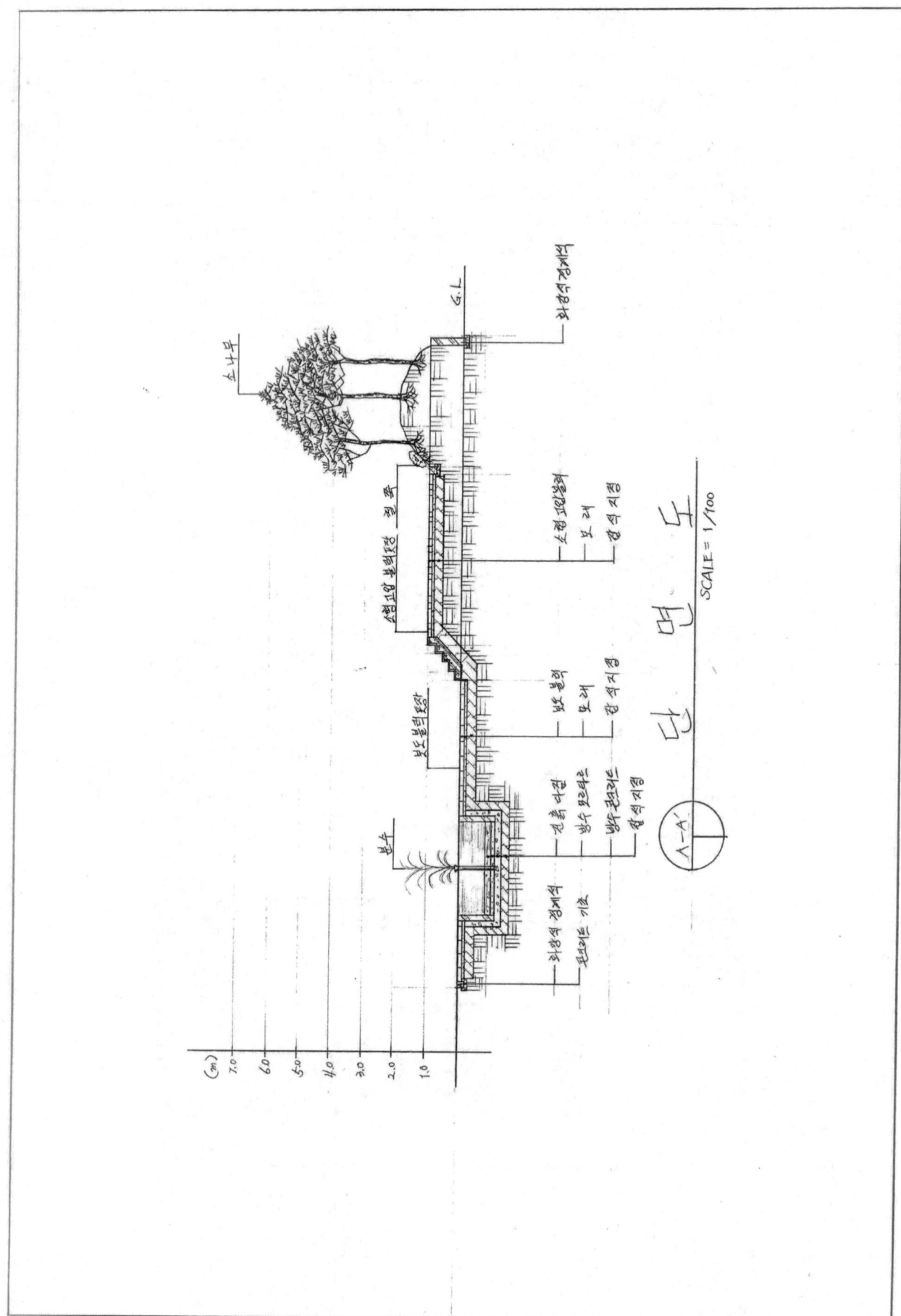

13　어린이공원설계

- **설계문제** : 다음 설계부지는 중부지방 어느 도시에 위치해 있는 어린이공원(23m×17m)에 대한 조경설계를 하고자 한다. 아래에 주어진 요구 조건을 반영하여 도면을 작성하시오.

- **(현황도면)** 주어진 도면을 참조하여 요구사항 및 조건들에 적합한 배식평면도 및 단면도를 작성하시오. 일점쇄선 안 부분이 설계대상지이며, 주변 현황은 도면에 그대로 옮겨준다.

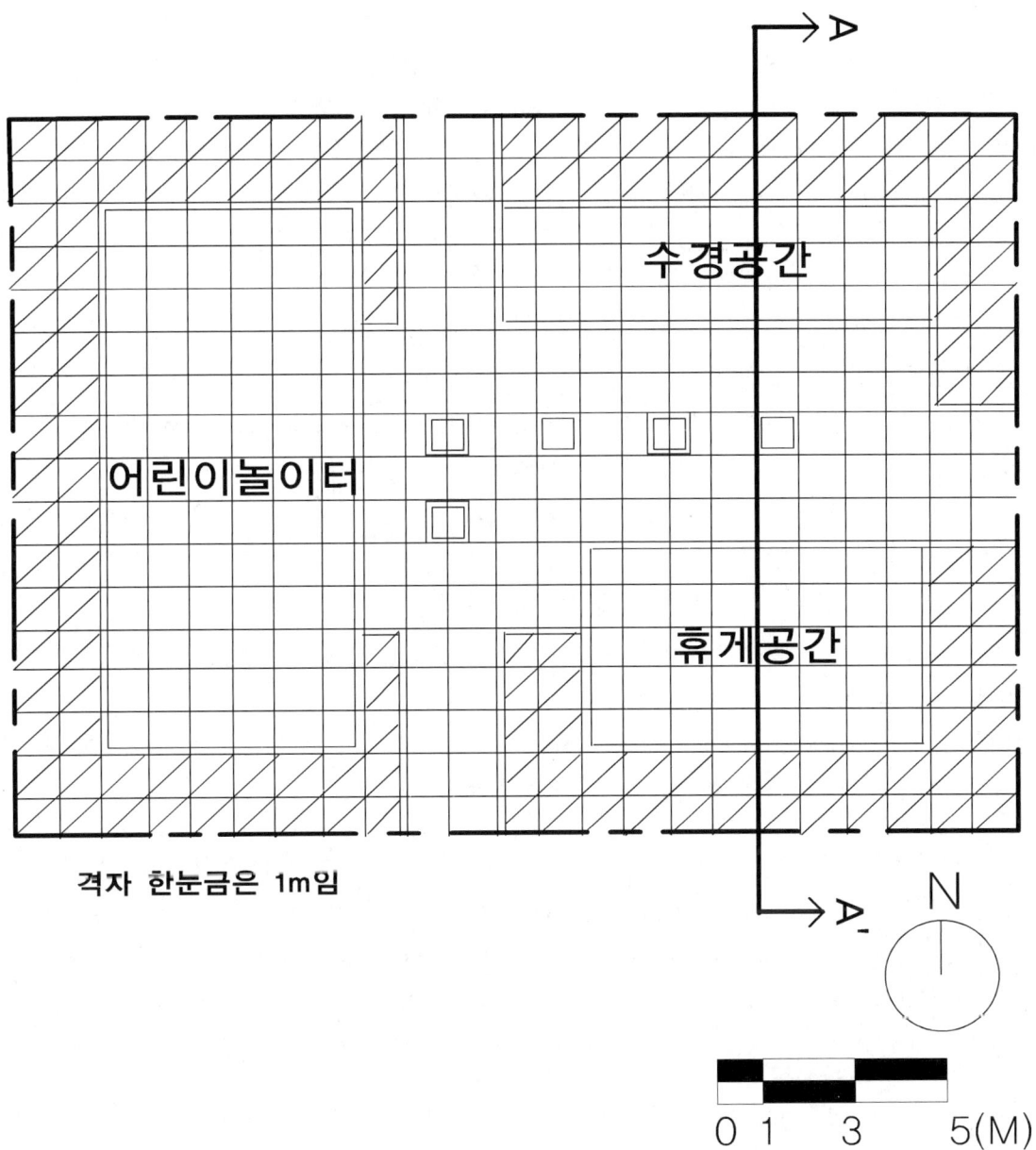

- 참고 : 본 도면 및 몇몇 도면에서는 이해를 돕기 위해 녹지 안쪽으로 경계석을 두 줄로 그려 놓았다. 실제 시험에서는 경계석이 그려나오지 않고 진한 선으로 공간경계만 두기 때문에 경계석 그리는 방법도 참고해 보고 경계석을 정확하게 그려 보아야 한다.

■ (요구 사항)

1. 배식평면도를 축척 1/100으로 작성하시오.(지급용지 1)
2. 도면 우측 표제란에 작업명칭을 "어린이공원설계"라고 작성하시오.
3. 표제란에는 "중요시설물수량표"와 "수목수량표"를 작성하고, 수량표 아래쪽에는 방위표시와 막대축척을 그려 넣는다(단, 전체 대상지의 길이를 고려하여 표제란의 폭을 조정하시오).
4. A-A' 단면도를 축척 1/100으로 작성하시오(단, 시설물의 기초부분은 각각의 재료를 상세히 나타내고, 재료명을 명기하시오).(지급용지 2)

■ (요구 조건)

1. 수목보호대(1.0m×1.0m)가 있는 곳에 지하고가 2m 이상인 녹음수를 단식(單式)한다.
2. 어린이놀이터 공간에는 어린이 놀이시설을 3종 설치하고, 모래포장으로 한다.
3. 휴게공간에는 퍼걸러(3.5m×3.5m) 1개를 설치하고, 등받이형 벤치(1.6m×0.6m) 4개, 평벤치(1.6m×0.4m) 2개, 휴지통(지름 50㎝) 1개를 설치한다.
4. 수경공간에는 분수를 3개 설치하고, 분수이외의 공간은 연못으로 물 표현을 해준다(단, 분수의 노즐을 단면도상에 1개 표현해준다).
5. 원로의 바닥 포장은 공간의 성격을 고려하여 포장을 해준다(단, 보도블록포장, 판석포장, 모래포장, 마사토포장 중에서 선택한다).
6. 각 공간에는 공간의 성격에 맞는 포장을 해준다(단, 점토블록포장, 모래포장, 마사토포장, ILP포장, 고무매트포장, 멀티콘포장 중에서 선택한다).
7. 화강암 경계석과 모래막이 등을 포장에 맞춰 설치해준다(단, 평면도와 단면도상에 재료명을 표기해준다).
8. 시설물은 동선의 흐름을 방해하지 않게 설치한다.
9. 녹지공간에는 수목을 식재해준다(단, 어린이놀이터, 수경공간, 휴게공간 주변의 녹지공간에는 0.5m 이내의 폭으로 생울타리를 조성한다).
10. 대상지 내의 녹지공간에는 유도식재, 경관식재, 녹음식재 등을 필요한 장소에 적당히 배식한다.
11. 식재설계는 아래수종에서 10종을 선정하여 식재한다.

> 소나무(H3.5×R25), 소나무(H4.0×R28), 주목(H3.0×W2.0), 측백나무(H3.5×W1.2)
> 동백나무(H1.5×W0.8), 홍단풍(H2.5×R8), 중국단풍(H2.5×R8), 꽃사과(H2.5×R6)
> 느티나무(H4.0×R12), 목련(H2.5×R9), 아왜나무(H2.5×R8), 플라타너스(H3.5×B10)
> 식나무(H2.5×R8), 병꽃나무(H1.0×W0.4), 명자나무(H1.0×W0.5)
> 회양목(H0.3×W0.3), 철쭉(H0.3×W0.4), 산철쭉(H0.3×W0.4), 개나리(H0.3×W0.4)

12. 식재한 수목은 인출선을 사용하여 수목명, 수량, 규격 등을 바르게 기재한다.

■ 평면도 모범답안

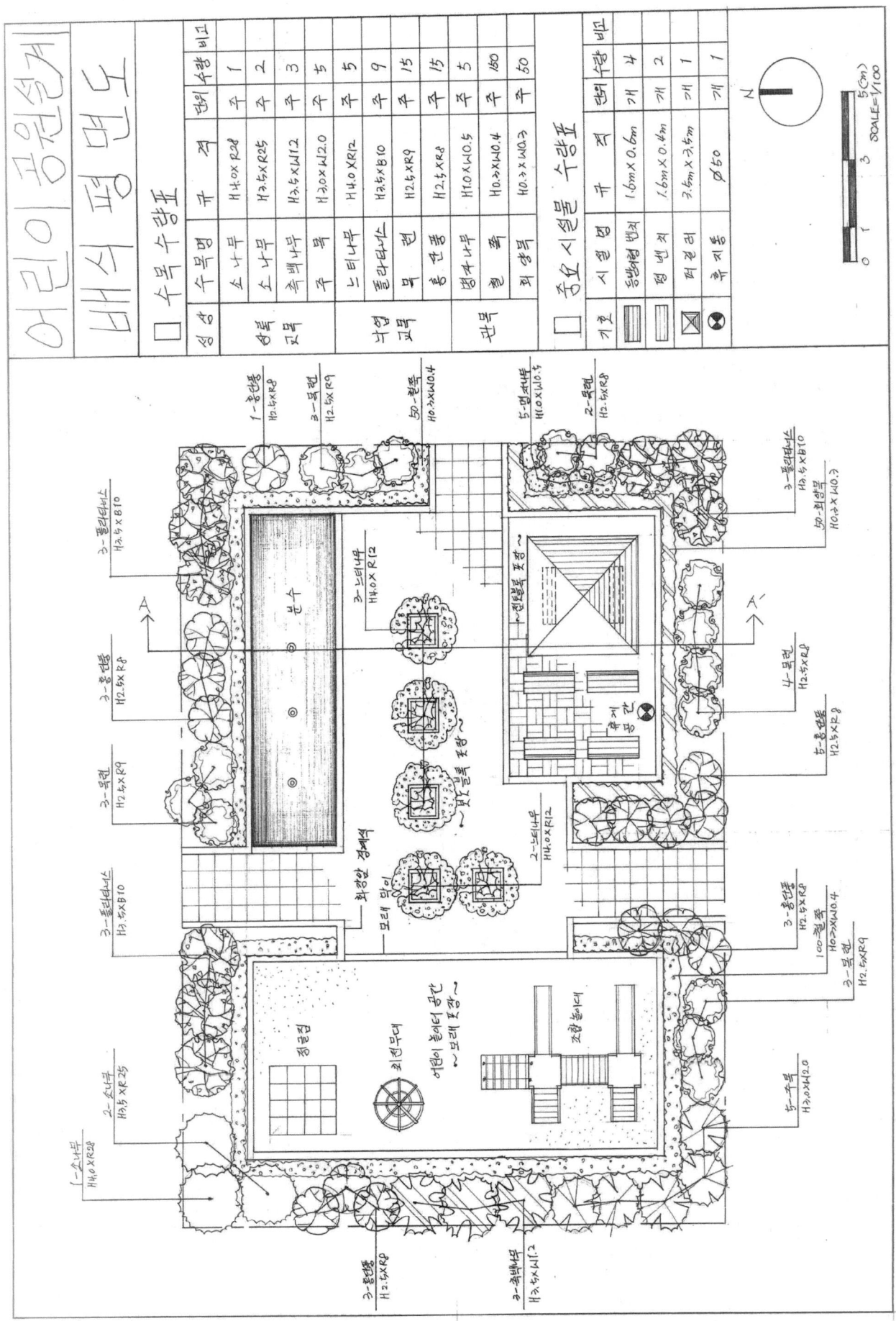

■ 단면도 모범답안

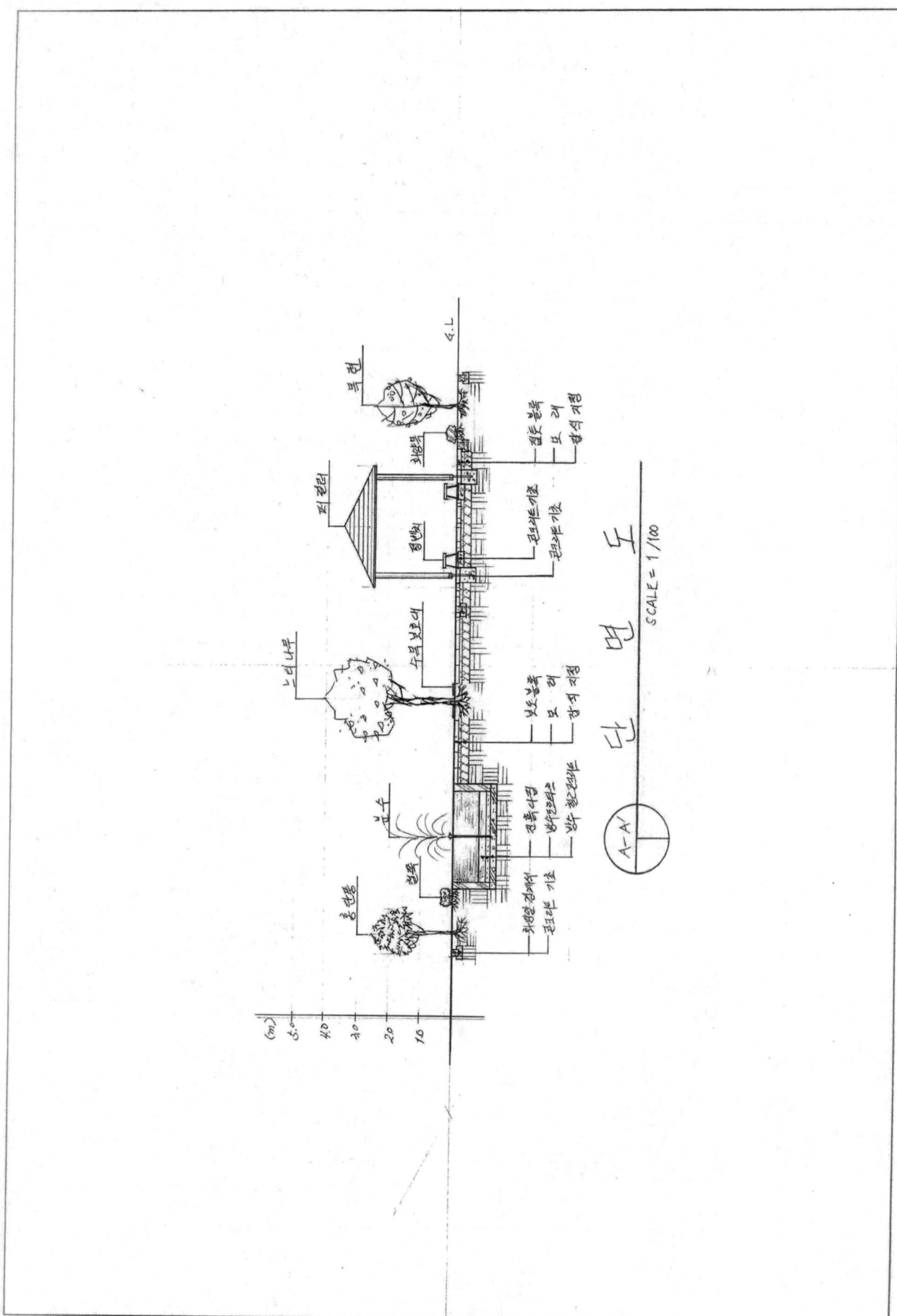

14 휴게공원설계

- **설계문제** : 다음 설계부지는 중부지방 어느 도시의 도로변에 위치해 있는 휴게공원에 대한 조경설계를 하고자 한다. 아래에 주어진 요구 조건을 반영하여 도면을 작성하시오.

- **(현황도면)** 주어진 도면을 참조하여 요구사항 및 조건들에 적합한 배식평면도 및 단면도를 작성하시오. 일점쇄선 안 부분이 설계대상지이며, 주변 현황은 도면에 그대로 옮겨준다.

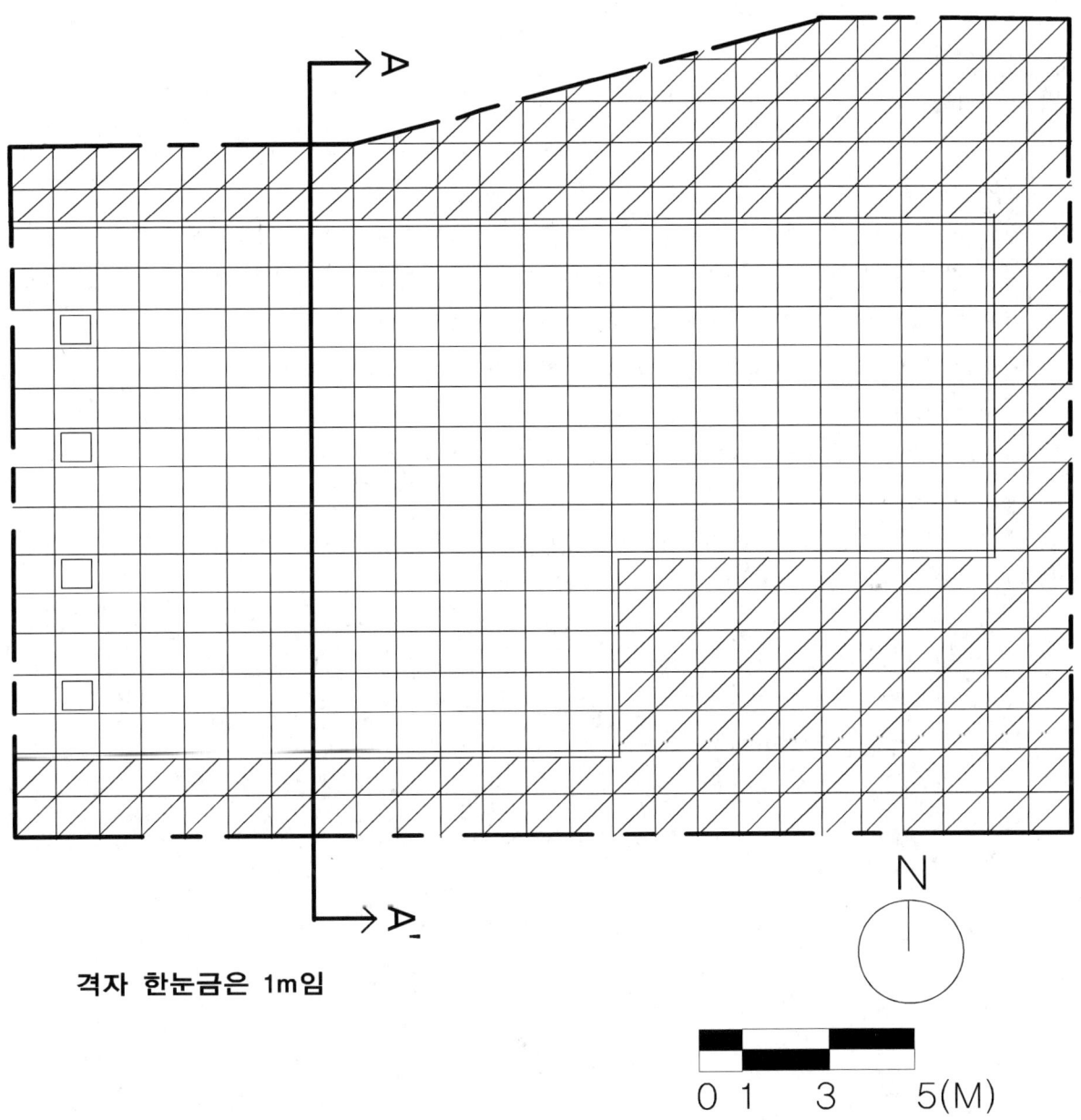

격자 한눈금은 1m임

■ (요구 사항)

1. 배식평면도를 축척 1/100으로 작성하시오.(지급용지 1)
2. 도면 우측 표제란에 작업명칭을 "휴게공원설계"라고 작성하시오.
3. 표제란에는 "중요 시설물수량표"와 "수목수량표"를 작성하고, 수량표 아래쪽에는 방위표시와 막대축척을 그려 넣는다(단, 전체 대상지의 길이를 고려하여 표제란의 폭을 조정하시오).
4. A-A' 단면도를 축척 1/100으로 작성하시오(단, 시설물의 기초부분은 각각의 재료를 상세히 나타내고, 재료명을 명기하시오).(지급용지 2)

■ (요구 조건)

1. 수목보호대(1.0m×1.0m)가 있는 곳에 녹음수를 단식(單式)한다.
2. 대상지의 공간을 휴게공간, 어린이놀이공간, 수경공간으로 구분하시오.
3. 휴게공간에는 평상형 쉘터(3.5m×3.5m) 1개, 평벤치(1.6m×0.4m) 2개, 휴지통(지름 50㎝) 1개를 설치한다.
4. 어린이놀이공간에는 어린이 놀이시설을 2종 설치하시오.
5. 수경공간에는 분수를 1개 설치하고, 분수이외의 공간은 연못으로 설계해주며, 물 표현을 해준다(단, 연못의 깊이는 1m 이내로 한다).
6. 원로의 바닥 포장은 성질이 다른 2종의 포장재를 이용하여 포장하고, 아름답게 디자인 해준다.
7. 각 공간에는 공간의 성격에 맞는 포장을 해준다(단, 점토블록포장, 벽돌포장, 화강석포장, 고무매트포장, 멀티콘 포장, 마사토포장, 모래포장 중에서 선택한다).
8. 화강암 경계석과 모래막이 등을 포장에 맞춰 설치해준다(단, 평면도와 단면도상에 재료명을 표기해준다).
9. 시설물은 동선의 흐름을 방해하지 않게 설치한다.
10. 녹지지역은 다른 지역에 비해 30㎝가 높다(단, 단면도상에 점표고를 표시해준다).
11. 녹지지역 중 한곳을 선정하여 90㎝ 정도로 마운딩을 해주고, 평면도상에 점표고를 표시해준다.
12. 식재설계는 아래수종에서 10종을 선정하여 식재한다.

> 소나무(H3.5×R25), 소나무(H4.0×R28), 소나무(H4.5×R309), 주목(H3.0×W2.0)
> 홍단풍(H2.5×R8), 중국단풍(H2.5×R8), 꽃사과(H2.5×R6)
> 느티나무(H4.0×R12), 아왜나무(H2.5×R8), 플라타너스(H3.5×B10)
> 식나무(H2.5×R8), 병꽃나무(H1.0×W0.4), 명자나무(H1.0×W0.5)
> 회양목(H0.3×W0.3), 철쭉(H0.3×W0.4), 산철쭉(H0.3×W0.4), 개나리(H0.3×W0.4)

13. 식재한 수목은 인출선을 사용하여 수목명, 수량, 규격 등을 바르게 기재한다.

■ 평면도 모범답안

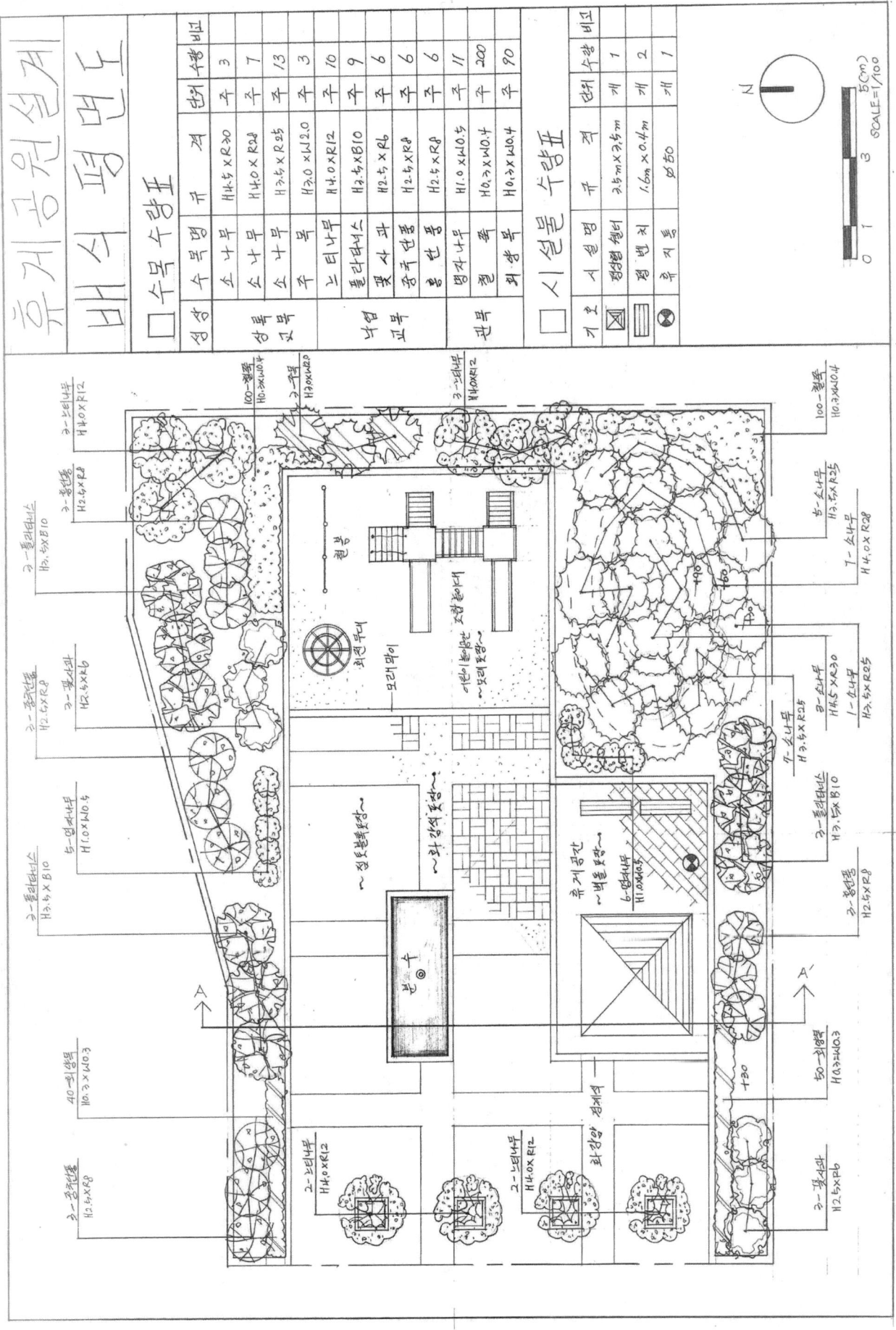

■ 단면도 모범답안

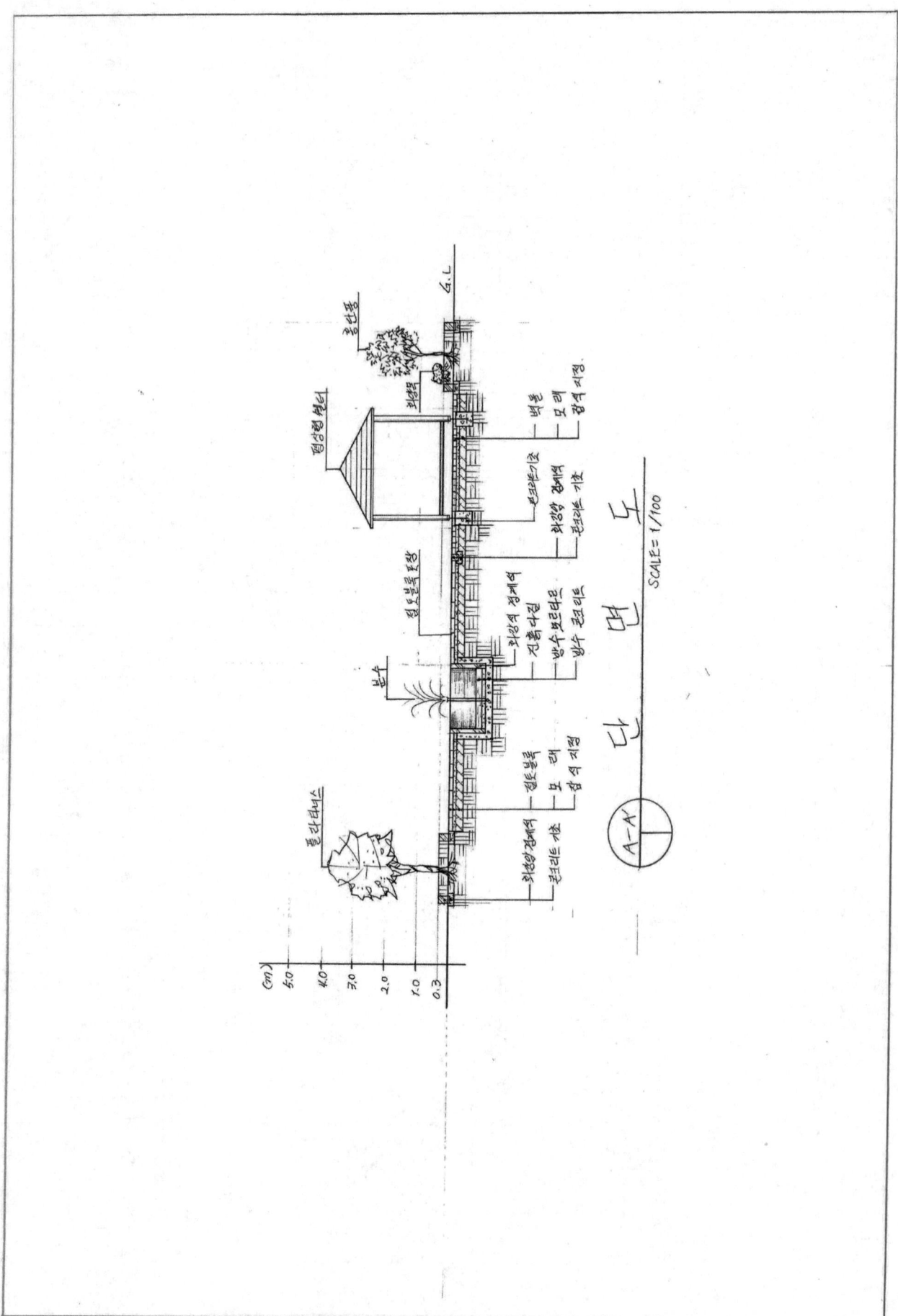

15 근린공원설계

- **설계문제** : 다음 설계부지는 중부지방 어느 도시의 근린공원(22m×16m)에 대한 조경설계를 하고자 한다. 아래에 주어진 요구 조건을 반영하여 도면을 작성하시오.

- **(현황도면)** 주어진 도면을 참조하여 요구사항 및 조건들에 적합한 배식평면도 및 단면도를 작성하시오. 일점쇄선 안 부분이 설계대상지이며, 주변 현황은 도면에 그대로 옮겨준다.

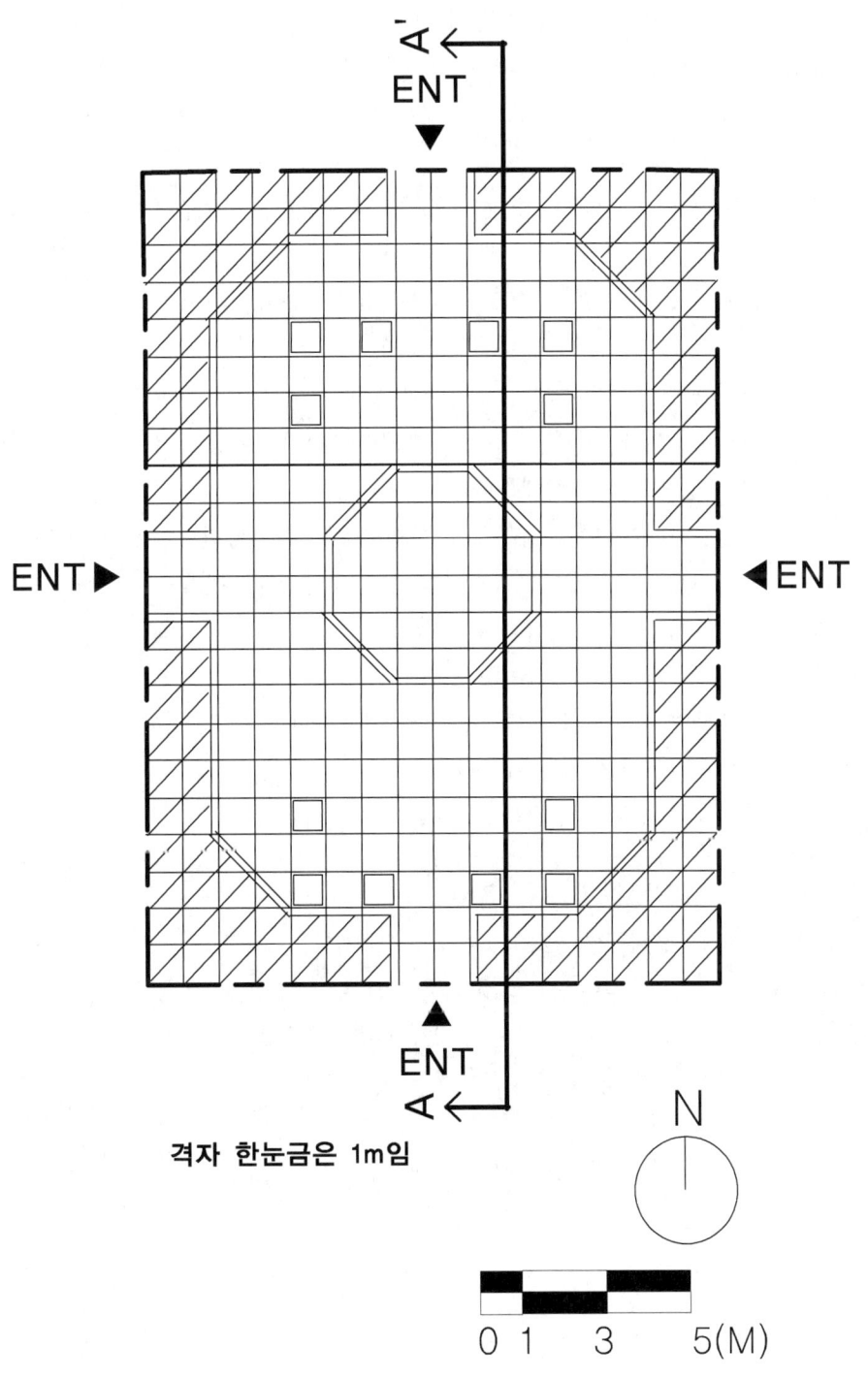

격자 한눈금은 1m임

0 1 3   5(M)

■ (요구 사항)

1. 배식평면도를 축척 1/100으로 작성하시오.(지급용지 1)
2. 도면 우측 표제란에 작업명칭을 "OO근린공원설계"라고 작성하시오.
3. 표제란에는 "시설물수량표"와 "수목수량표"를 작성하고, 수량표 아래쪽에는 방위표시와 막대축척을 그려 넣는다(단, 전체 대상지의 길이를 고려하여 표제란의 폭을 조정하시오).
4. "수목수량표"에는 수목의 성상별로 상록교목, 낙엽교목, 관목으로 구분하여 작성하시오.
5. A-A' 단면도를 축척 1/100으로 작성하시오(단, 시설물의 기초, 포장재료, 경계석 부분은 각각의 재료를 상세히 나타내고, 재료명을 명기하시오).(지급용지 2)

■ (요구 조건)

1. 수목보호대(1.0m×1.0m×0.4m)가 있는 곳에 녹음식재를 한다.
2. 대상지의 중심에는 반지름 3m에 외접하는 팔각형 연못이 있다. 팔각형 연못 안에는 분수를 1개 설치하고, 분수이외의 공간은 연못으로 설계해주며, 물 표현을 해준다(단, 연못의 깊이는 1m 이내로 한다).
3. 원로의 바닥 포장은 공간의 성격에 맞는 포장을 해준다(단, 점토블록포장, 벽돌포장, 화강석포장 중에서 선택한다).
4. 원로의 적당한 곳에 등받이형 벤치(1.6m×0.6m×0.4m) 8개, 휴지통(지름 50㎝) 4개를 대칭으로 설치한다.
5. 시설물은 동선의 흐름을 방해하지 않게 설치한다.
6. 녹지공간은 다른 지역에 비해 50㎝ 높게 성토하고 경계부는 화강암 경계석으로 처리를 해준다(단, 평면도와 단면도상에 점표고를 표시해준다).
7. 녹지지역 중 한곳을 선정하여 90㎝ 정도로 마운딩을 해주고, 평면도상에 점표고를 표시해준다.
8. 녹지공간의 식재는 공간의 중심에 있는 팔각형 연못에서 바라보았을 때 입체적인 식재가 되어 스카이라인(Skyline)이 형성되도록 배식설계를 한다.
9. 전체적인 식재의 패턴은 대칭식재를 해준다.
10. 남북방향의 ENT 부분의 녹지공간에 상록교목을 식재한다.
11. 등받이형 벤치 주변에는 녹음식재를 해준다.
12. 식재설계는 아래수종에서 9종 이상을 선정하여 식재한다.

> 소나무(H3.5×R25), 소나무(H4.0×R28), 주목(H3.0×W2.0)
> 홍단풍(H2.5×R8), 중국단풍(H2.5×R8), 꽃사과(H2.5×R6)
> 느티나무(H4.0×R12), 아왜나무(H2.5×R8), 플라타너스(H3.5×B10)
> 식나무(H2.5×R8), 병꽃나무(H1.0×W0.4), 회양목(H0.3×W0.3)
> 철쭉(H0.3×W0.4), 산철쭉(H0.3×W0.4), 개나리(H0.3×W0.4)

13. 식재한 수목은 인출선을 사용하여 수목명, 수량, 규격 등을 바르게 기재한다.

■ 평면도 모범답안

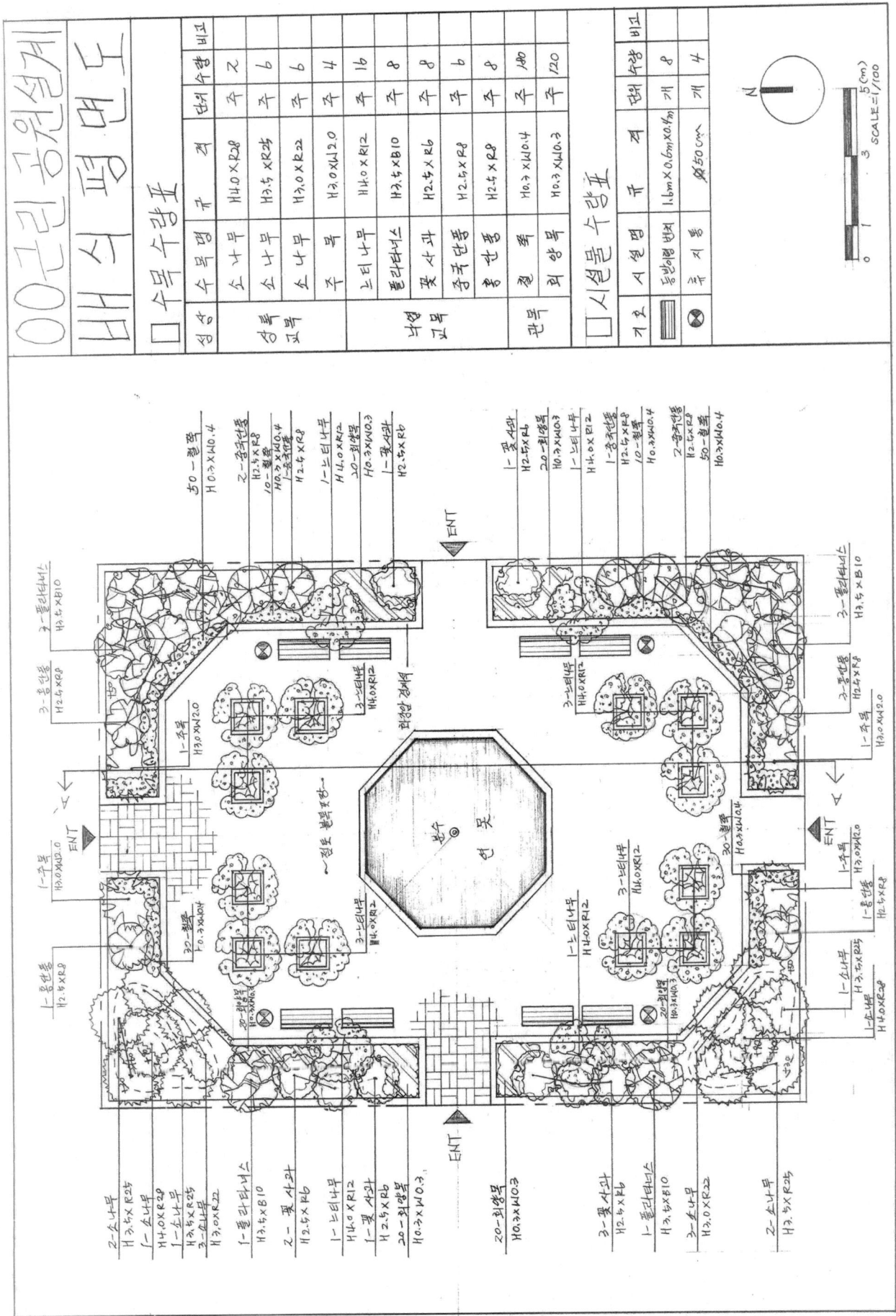

■ 단면도 모범답안

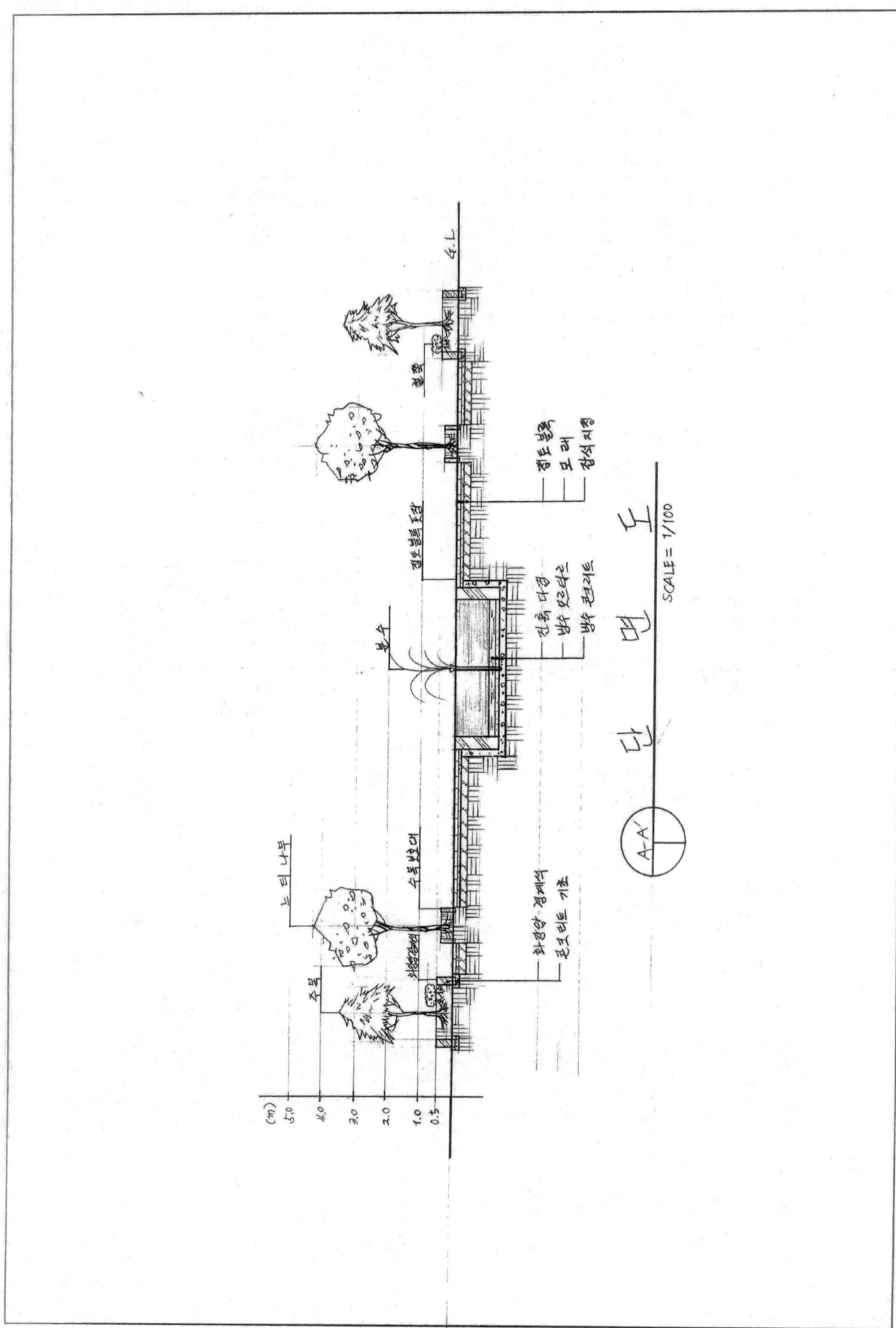

16 근린공원설계

- **설계문제** : 다음 설계부지는 중부지방 어느 도시의 근린공원에 대한 조경설계를 하고자 한다. 아래에 주어진 요구 조건을 반영하여 도면을 작성하시오.

- **(현황도면)** 주어진 도면을 참조하여 요구사항 및 조건들에 적합한 배식평면도 및 단면도를 작성하시오. 일점쇄선 안 부분이 설계대상지이며, 주변 현황은 도면에 그대로 옮겨준다.

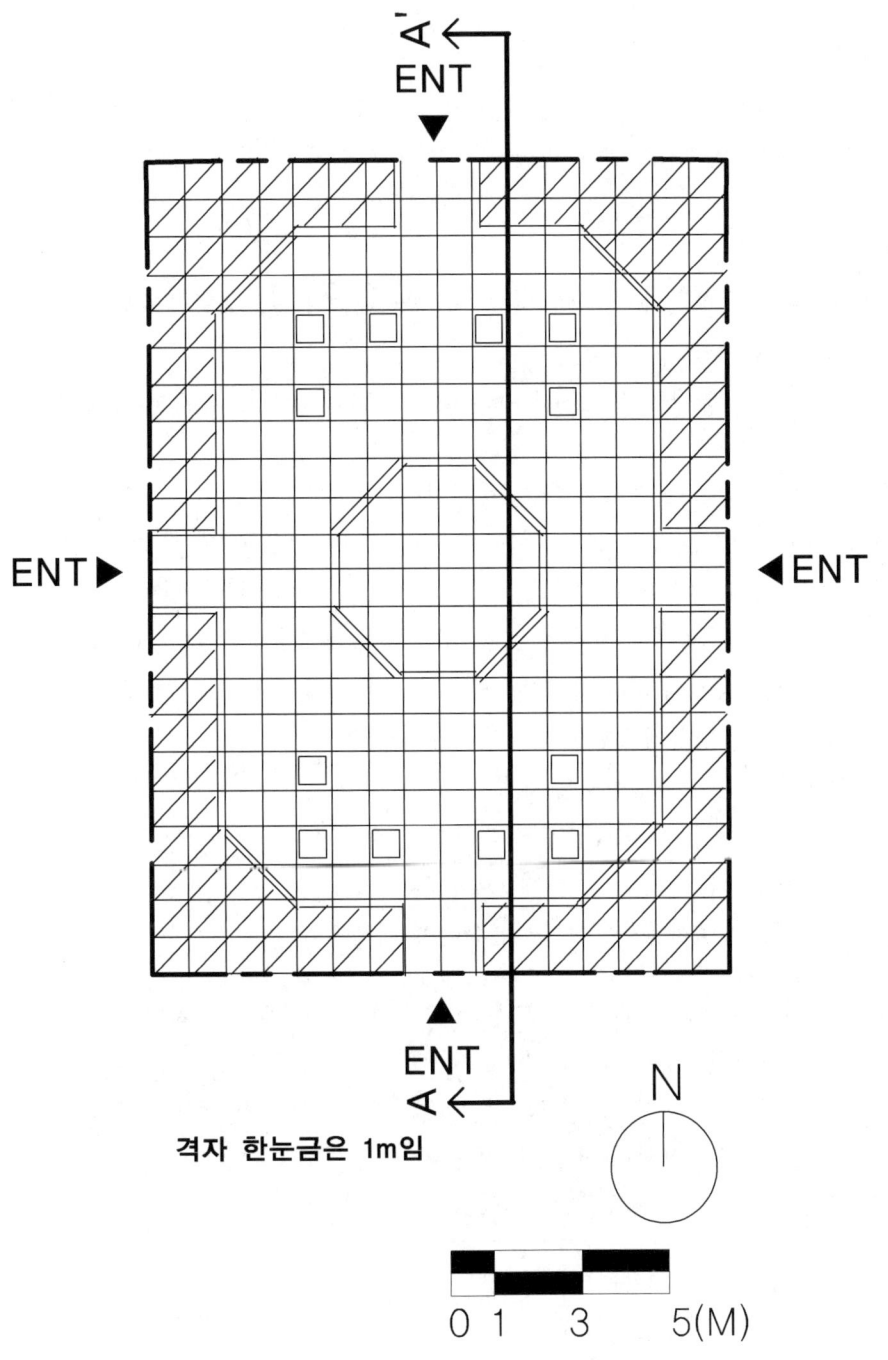

격자 한눈금은 1m임

■ **(요구 사항)**

1. 배식평면도를 축척 1/200으로 작성하시오.(지급용지 1)
2. 도면 우측 표제란에 작업명칭을 "OO근린공원설계"라고 작성하시오.
3. 표제란에는 "시설물수량표"와 "수목수량표"를 작성하고, 수량표 아래쪽에는 방위표시와 막대축척을 그려 넣는다(단, 전체 대상지의 길이를 고려하여 표제란의 폭을 조정하시오).
4. "수목수량표"에는 수목의 성상별로 상록교목, 낙엽교목, 관목으로 구분하여 작성하시오.
5. A-A' 단면도를 H=1/200, V=1/100으로 작성하시오(단, 시설물의 기초, 포장재료, 경계석 부분은 각각의 재료를 상세히 나타내고, 재료명을 명기하시오).(지급용지 2)
   ※ H = 수평, V = 수직을 나타낸다.

■ **(요구 조건)**

1. 수목보호대(1.0m×1.0m×0.4m)가 있는 곳에 녹음식재를 한다.
2. 대상지의 중심에는 반지름 3m에 외접하는 팔각형 연못이 있다. 팔각형 연못 안에는 분수를 1개 설치하고, 분수 이외의 공간은 연못으로 설계해주며, 물 표현을 해준다(단, 연못의 깊이는 1m 이내로 한다).
3. 원로의 바닥 포장은 공간의 성격에 맞는 포장을 해준다(단, 점토블록포장, 벽돌포장, 화강석포장 중에서 선택한다).
4. 원로의 적당한 곳에 등받이형 벤치(1.6m×0.6m×0.4m) 8개, 휴지통(지름 50㎝) 4개를 대칭으로 설치한다.
5. 시설물은 동선의 흐름을 방해하지 않게 설치한다.
6. 녹지공간은 다른 지역에 비해 50㎝ 높게 성토하고 경계부는 화강암 경계석으로 처리를 해준다(단, 평면도와 단면도상에 점표고를 표시해준다).
7. 녹지지역 중 한곳을 선정하여 90㎝ 정도로 마운딩을 해주고, 평면도상에 점표고를 표시해준다.
8. 녹지공간의 식재는 공간의 중심에 있는 팔각형 연못에서 바라보았을 때 입체적인 식재가 되어 스카이라인(Skyline)이 형성되도록 배식설계를 한다.
9. 전체적인 식재의 패턴은 대칭식재를 해준다.
10. 남북방향의 ENT 부분의 녹지공간에 상록교목을 식재한다.
11. 등받이형벤치 주변에는 녹음식재를 해준다.
12. 식재설계는 아래수종에서 9종 이상을 선정하여 식재한다.

> 소나무(H3.5×R25), 소나무(H4.0×R28), 주목(H3.0×W2.0)
> 홍단풍(H2.5×R8), 중국단풍(H2.5×R8), 꽃사과(H2.5×R6)
> 느티나무(H4.0×R12), 아왜나무(H2.5×R8), 플라타너스(H3.5×B10)
> 식나무(H2.5×R8), 병꽃나무(H1.0×W0.4), 회양목(H0.3×W0.3)
> 철쭉(H0.3×W0.4), 산철쭉(H0.3×W0.4), 개나리(H0.3×W0.4)

13. 식재한 수목은 인출선을 사용하여 수목명, 수량, 규격 등을 바르게 기재한다.

■ 평면도 모범답안

○○근린공원설계 배식평면도

□ 수목 수량표

성상	수목명	규격	단위	수량	비고
상록교목	소나무	H4.0×R28	주	2	
	소나무	H3.5×R25	주	8	
	주목	H3.0×W2.0	주	4	
낙엽교목	느티나무	H4.0×R12	주	16	
	플라타너스	H3.5×B10	주	2	
	꽃사과	H2.5×R6	주	8	
	중국단풍	H2.5×R8	주	6	
관목	회양목	H0.3×W0.3	주	10	
			주	340	
			주	120	

□ 시설물 수량표

기호	시설명	규격	단위	수량	비고
	등받이형벤치	1.6m×0.6m×0.4m	개	8	
○	휴지통	Ø50cm	개	4	

N
SCALE=1/200
0 1 3 5 10(cm)

■ 단면도 모범답안

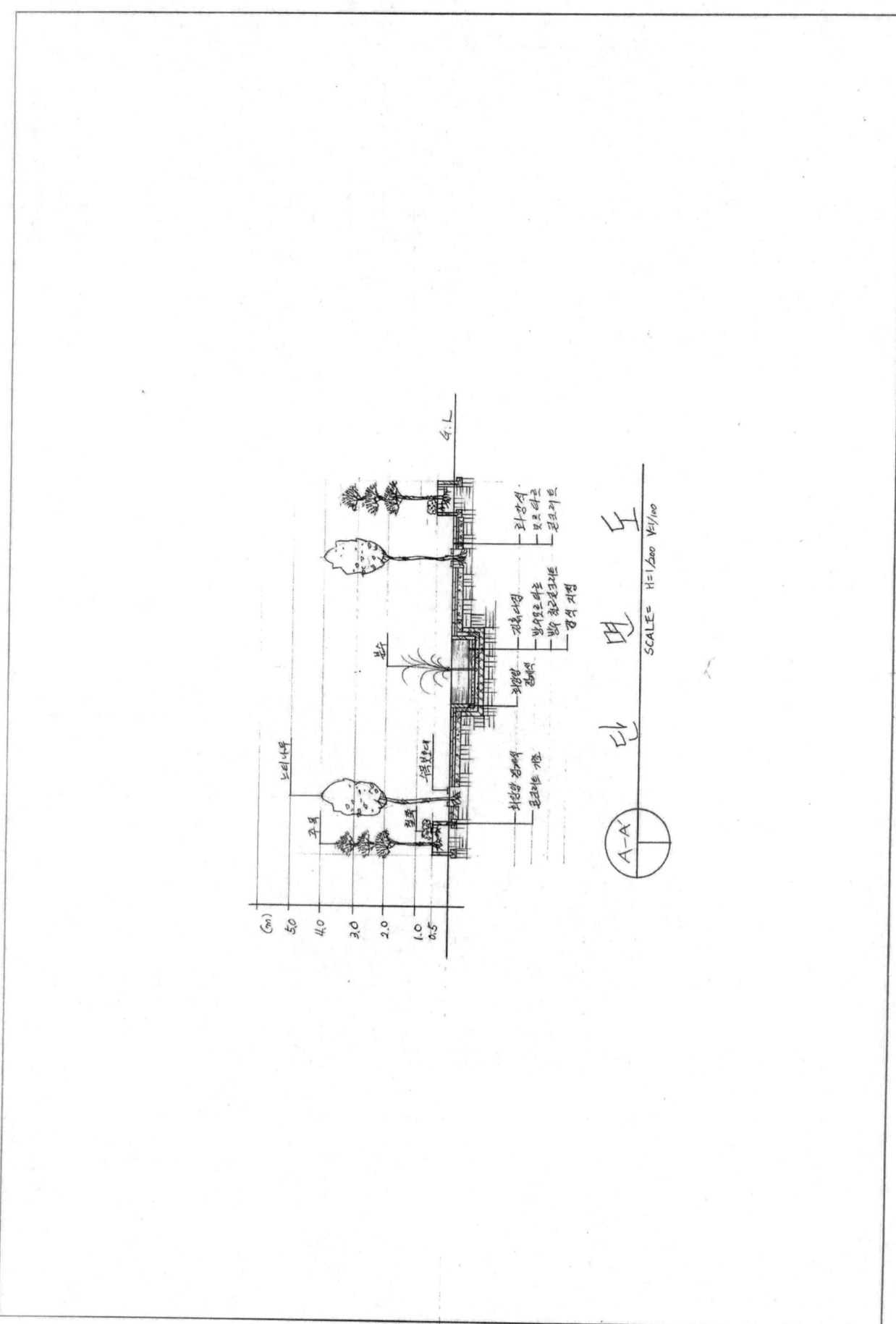

| 17 | 근린공원설계 |

- **설계문제** : 다음 설계부지는 중부지방 근린공원에 대한 조경설계를 하고자 한다. 아래에 주어진 요구조건을 반영하여 도면을 작성하시오.

- **(현황도면)** 주어진 도면을 참조하여 요구사항 및 조건들에 적합한 배식평면도 및 단면도를 작성하시오. 일점쇄선 안 부분이 설계대상지이며, 주변 현황은 도면에 그대로 옮겨준다.

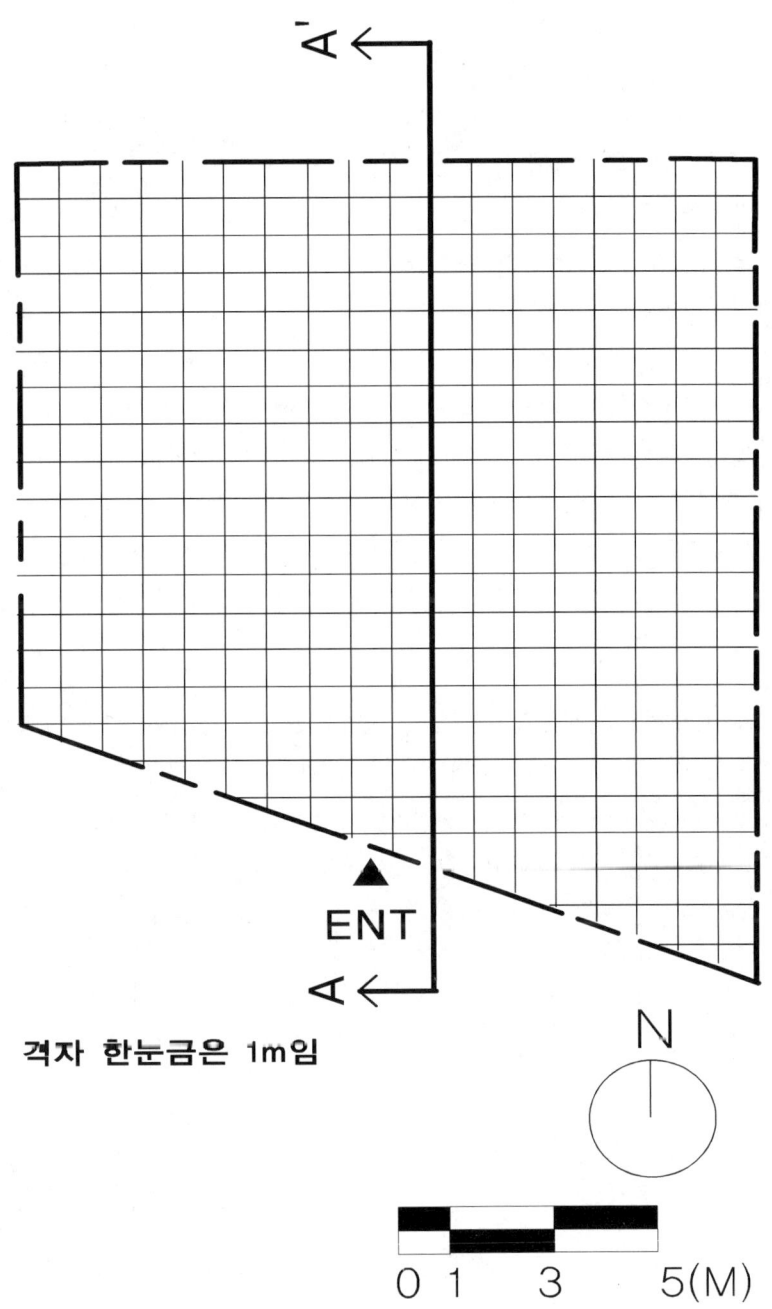

격자 한눈금은 1m임

■ (요구 사항)

1. 배식평면도를 축척 1/100으로 작성하시오.(지급용지 1)
2. 도면 우측 표제란에 작업명칭을 "OO근린공원설계"라고 작성하시오.
3. 표제란에는 "시설물수량표"와 "수목수량표"를 작성하고, 수량표 아래쪽에는 방위표시와 막대축척을 그려 넣는다(단, 전체 대상지의 길이를 고려하여 표제란의 폭을 조정하시오).
4. "수목수량표"에는 수목의 성상별로 상록교목, 낙엽교목, 관목으로 구분하여 작성하시오.
5. A-A' 단면도를 축척 1/100으로 작성하시오(단, 시설물의 기초, 포장재료, 경계석 부분은 각각의 재료를 상세히 나타내고, 재료명을 명기하시오).(지급용지 2)

■ (요구 조건)

1. 대상지의 공간을 휴게공간, 운동공간, 식재공간으로 구획하시오.
2. 휴게공간에는 퍼걸러(3.6m×3.6m) 1개, 평벤치(1.6m×0.4m) 4개를 설치하시오.
3. 운동공간에는 마사토 포장을 해주며, 운동시설을 2종 설치해준다.
4. 식재공간에는 20cm 폭으로 경계석을 설치해주며, 전체적으로 볼거리가 있도록 식재해준다.
5. 원로의 바닥 포장은 공간의 성격에 맞는 포장을 해준다(단, 점토블록포장, 벽돌포장, 화강석포장 중에서 선택한다).
6. 시설물은 동선의 흐름을 방해하지 않게 설치한다.
7. 녹지지역 중 한곳을 선정하여 90cm 정도로 마운딩을 해주고, 평면도상에 점표고를 표시해준다.
8. 플랜터와 볼라드를 적당한 위치에 설치하시오(단, 플랜터를 단면도상에 설치해준다).
9. 적당한 장소에 경관석을 3개씩 2군데 설치한다.
10. 적당한 장소에 유도식재, 녹음식재, 관상식재, 소나무 군식 등을 해준다.
11. 식재설계는 아래수종에서 10종 선정하여 식재한다(단, 상록교목 2종, 낙엽교목 4종, 관목 4종을 선정하여 배식설계 한다).

> 소나무(H4.0×R28), 소나무(H3.5×R25), 소나무(H3.0×R22), 주목(H3.0×W2.0)
> 홍단풍(H2.5×R8), 중국단풍(H2.5×R8), 꽃사과(H2.5×R6)
> 느티나무(H4.0×R12), 아왜나무(H2.5×R8), 플라타너스(H3.5×B10)
> 식나무(H2.5×R8), 병꽃나무(H1.0×W0.4), 회양목(H0.3×W0.3)
> 철쭉(H0.3×W0.4), 산철쭉(H0.3×W0.4), 개나리(H0.3×W0.4)

12. 식재한 수목은 인출선을 사용하여 수목명, 수량, 규격 등을 바르게 기재한다.

■ 평면도 모범답안

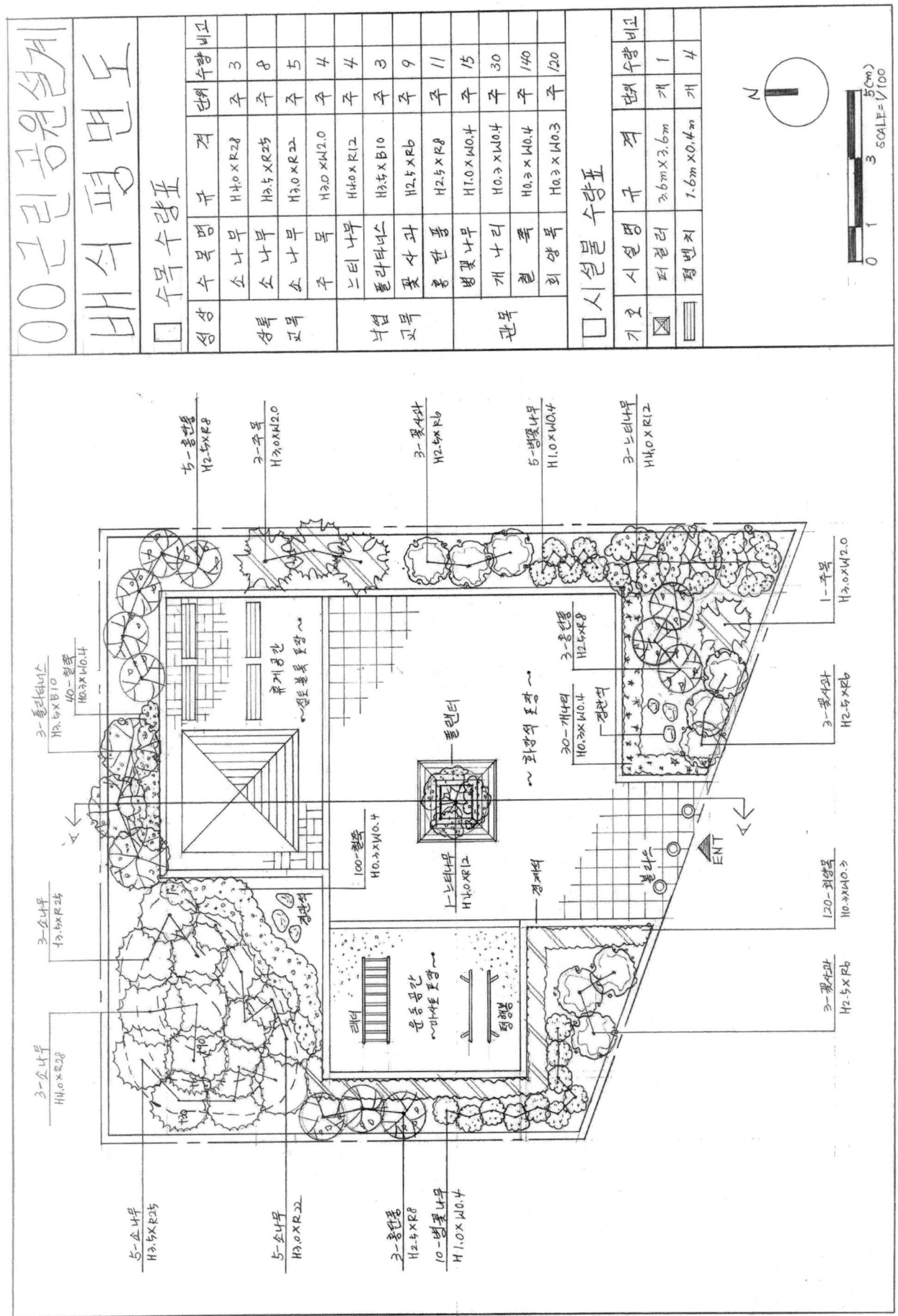

■ 단면도 모범답안

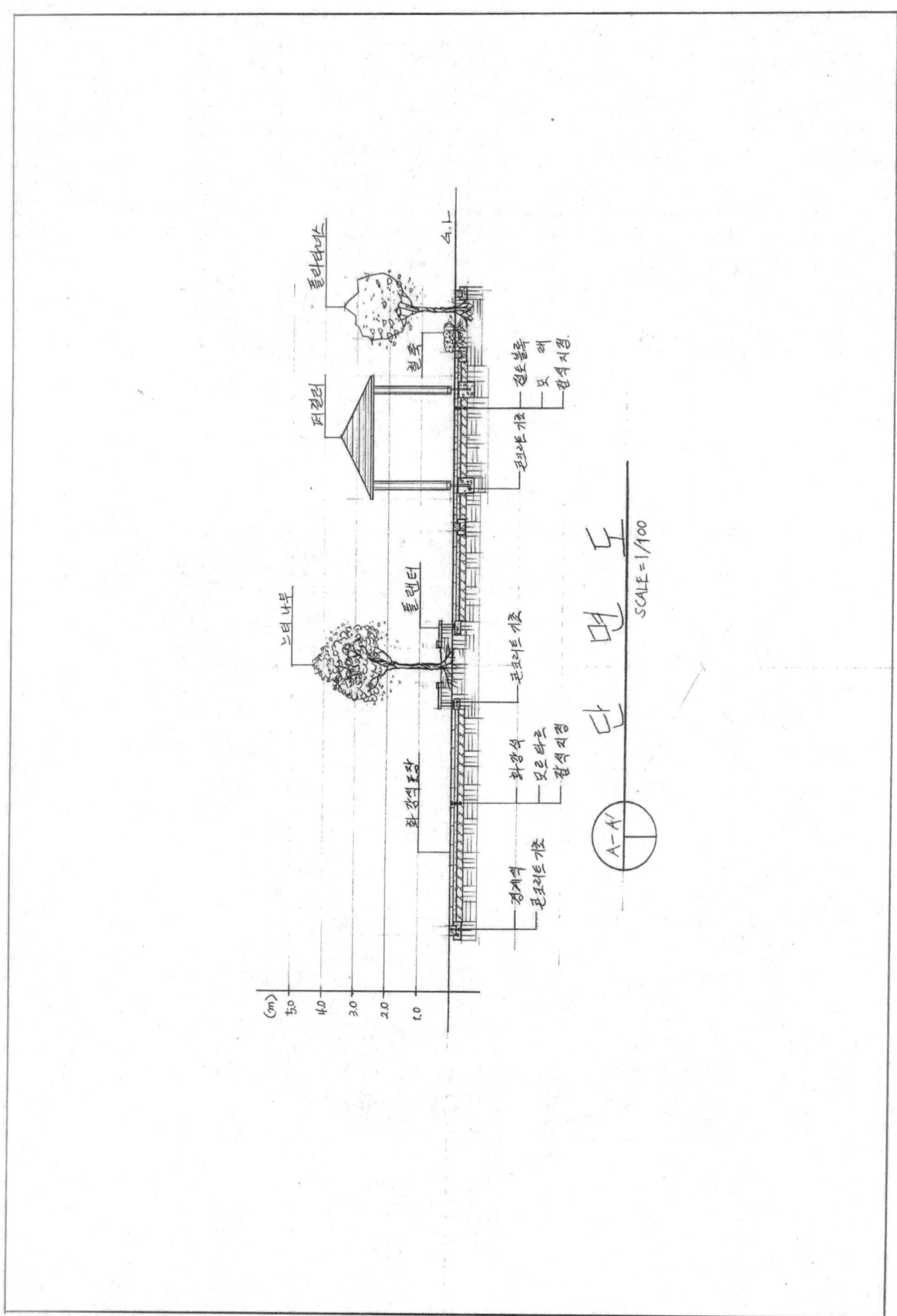

18 APT단지공원설계

- **설계문제** : 다음 설계부지는 중부지방 APT단지에 위치해 있는 APT외곽공원에 대한 조경설계를 하고자 한다. 아래에 주어진 요구 조건을 반영하여 도면을 작성하시오.

- **(현황도면)** 주어진 도면을 참조하여 요구사항 및 조건들에 적합한 배식평면도 및 단면도를 작성하시오. 일점쇄선 안 부분이 설계대상지이며, 주변 현황은 도면에 그대로 옮겨준다.

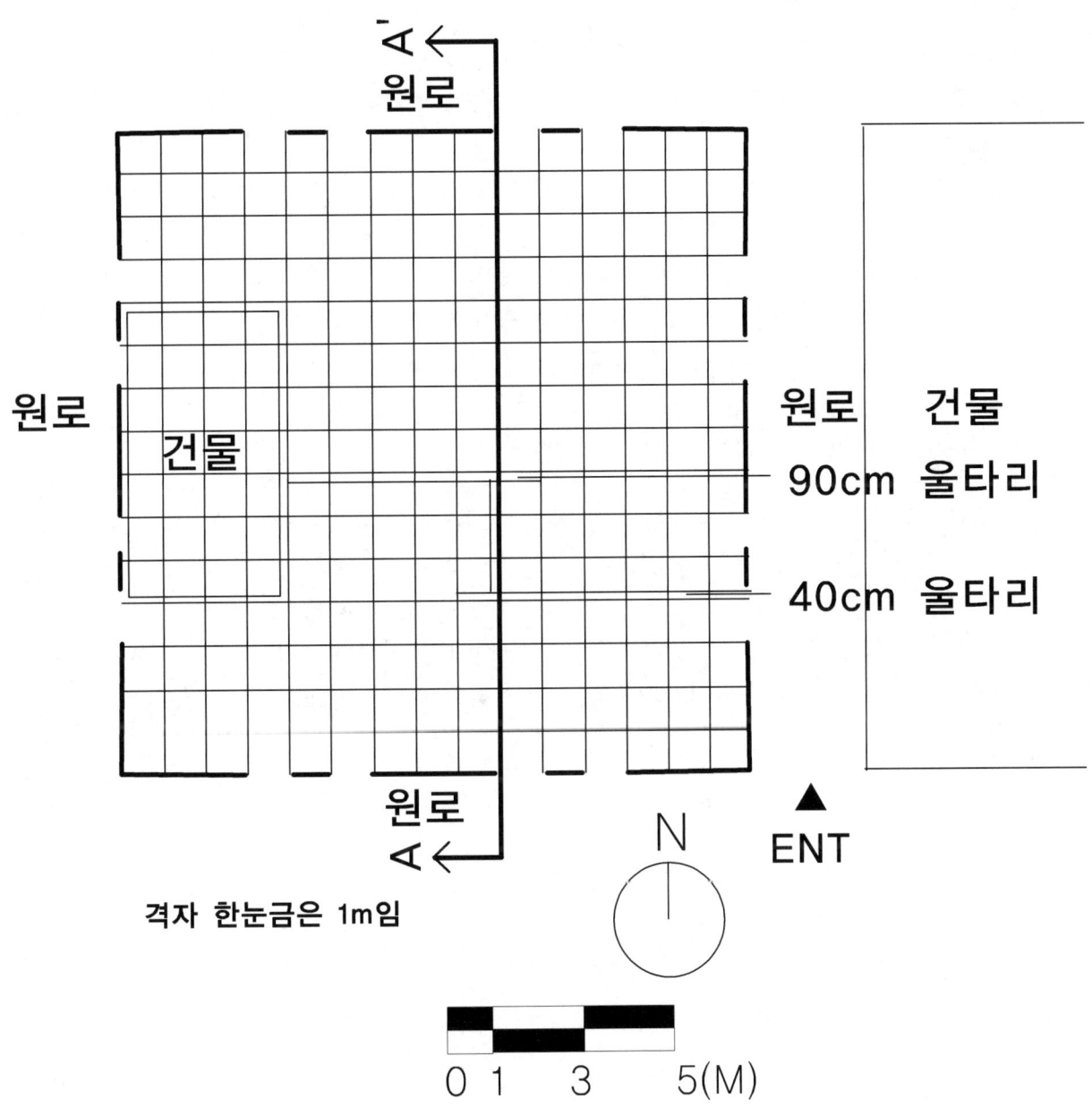

■ (요구 사항)

1. 배식평면도를 축척 1/100으로 작성하시오.(지급용지 1)
2. 도면 우측 표제란에 작업명칭을 "○○아파트단지공원설계"라고 작성하시오.
3. 표제란에는 "수목수량표"와 "시설물수량표"를 작성하고, 수량표 아래쪽에는 방위표시와 막대축척을 그려 넣는다(단, 전체 대상지의 길이를 고려하여 표제란의 폭을 조정하시오).
4. "수목수량표"에는 수목의 성상별로 상록교목, 낙엽교목, 관목, 지피류로 구분하여 작성하시오.
5. A-A' 단면도를 축척 1/100으로 작성하시오(단, 시설물의 기초, 포장재료, 경계석 부분은 각각의 재료를 상세히 나타내고, 재료명을 명기하시오).(지급용지 2)

■ (요구 조건)

1. 대상지가 아파트단지의 공원이라는 점을 착안하여 조경설계를 하시오.
2. 적당한 장소에 퍼걸러(3.0m×3.0m) 1개, 등벤치(1.6m×0.4m) 2개를 설치하시오.
3. 대상지 중 건물과 울타리를 제외한 공간은 식재공간으로 식재공간에는 전체적으로 볼거리가 있도록 식재해준다.
4. 녹지지역 중 한곳을 선정하여 90cm 정도로 마운딩을 해주고, 평면도상에 마운딩의 점표고를 표시해준다.
5. 대상지 내의 울타리 주변, 건물 주변은 관목으로 군식하시오.
6. 교목류는 상록수 : 낙엽수를 7 : 3의 비율로 홀수 식재하시오.
7. 적당한 장소에 녹음식재, 관상식재, 소나무 군식 등을 해준다.
8. 식재공간 이외의 공간에는 잔디를 식재한다.
9. 식재설계는 아래수종에서 10종 선정하여 식재한다.

> 소나무(H4.0×W2.0), 소나무(H3.5×W1.8), 소나무(H3.0×W1.7), 주목(H3.0×W2.0)
> 스트로브잣나무(H2.5×W1.2), 가문비나무(H2.5×W1.2), 꽃사과(H2.5×R6)
> 느티나무(H4.0×R12), 동백나무(H2.5×R8), 플라타너스(H3.5×B10)
> 단풍나무(H2.5×R6), 광나무(H2.5×R8), 병꽃나무(H1.0×W0.4), 회양목(H0.3×W0.3)
> 철쭉(H0.3×W0.4), 산철쭉(H0.3×W0.4), 개나리(H0.3×W0.4), 잔디(0.3×0.3×0.03)

■ 평면도 모범답안

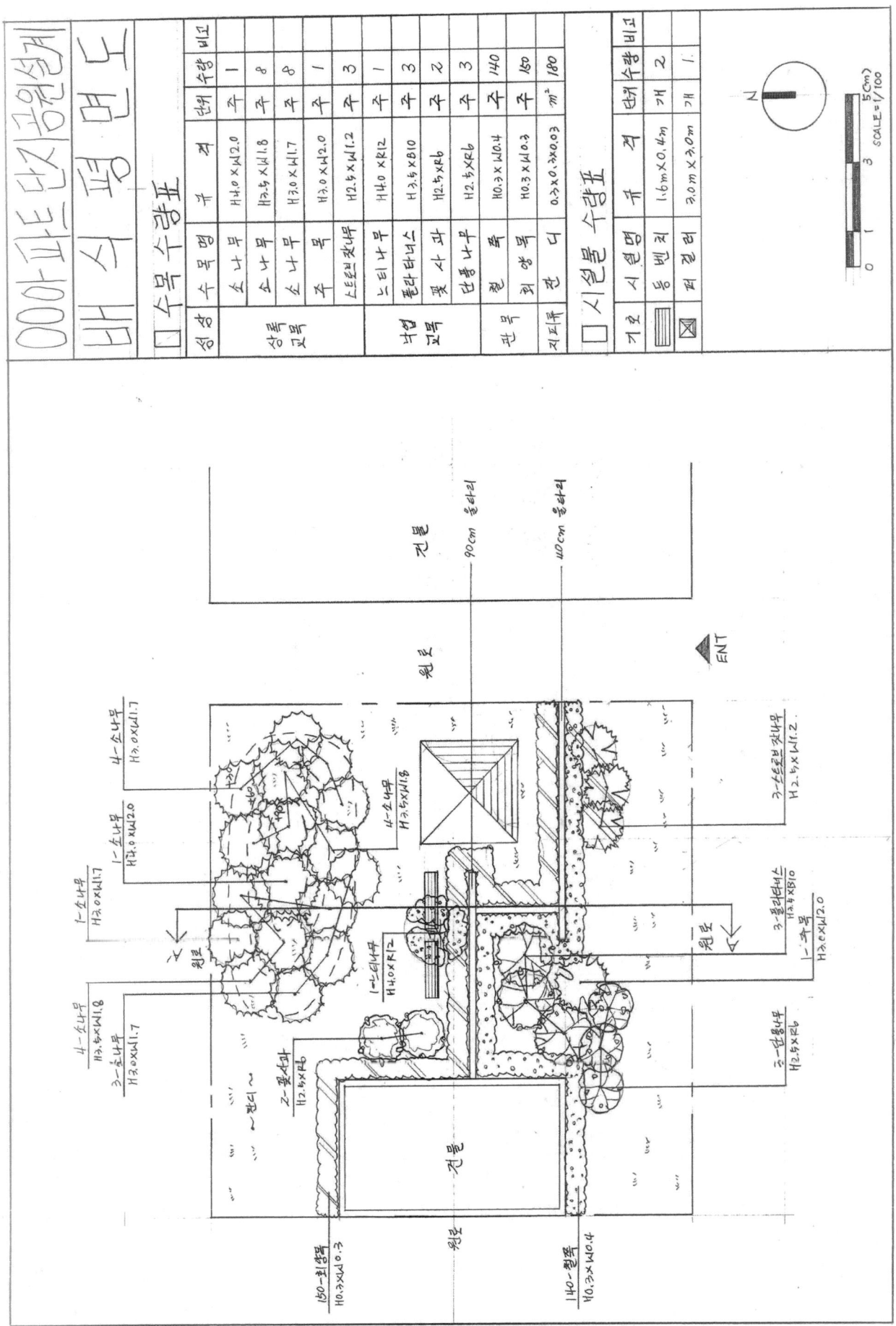

■ 단면도 모범답안

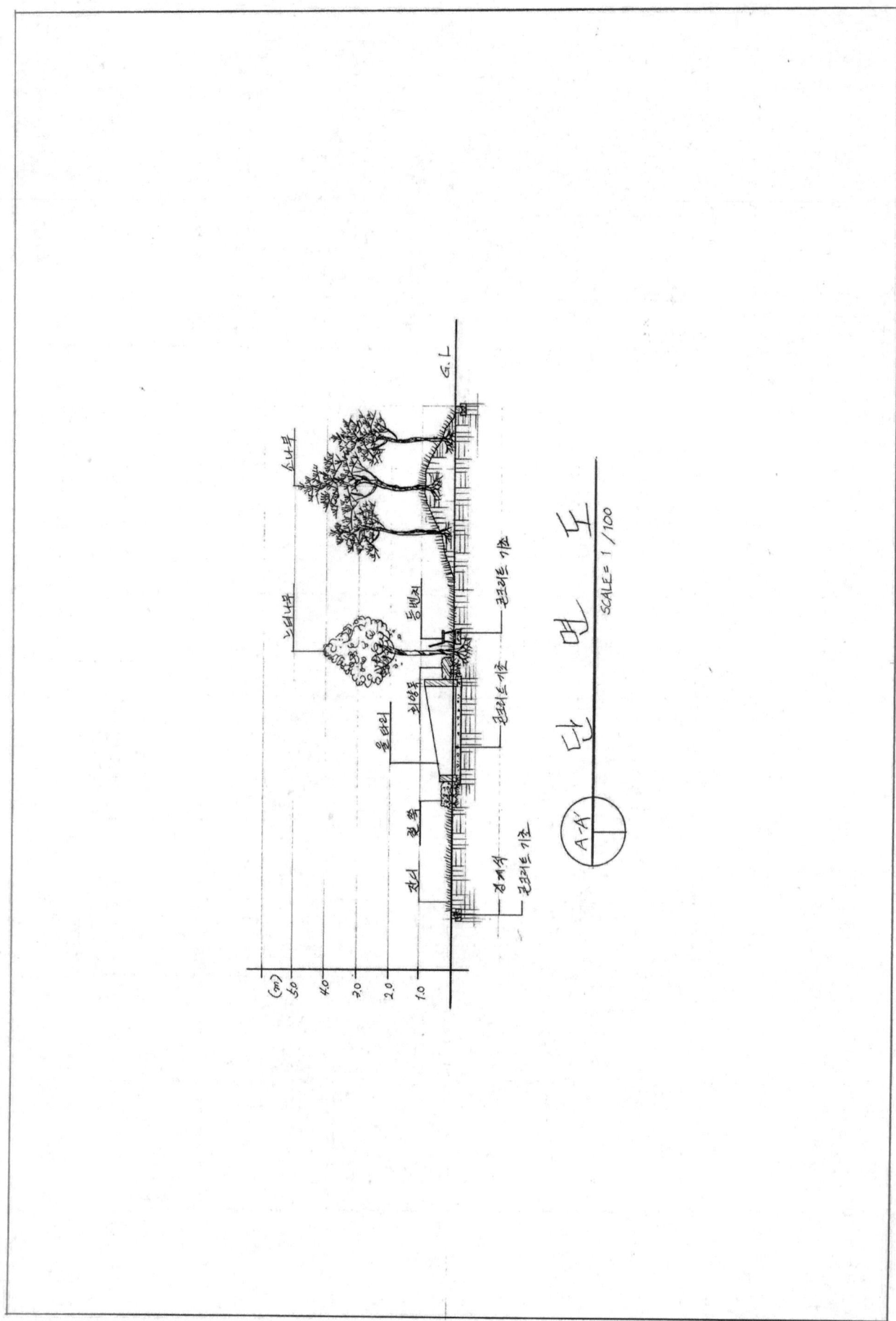

CHAPTER 04 | 부록1 - 출제예상문제

1. APT단지공원설계
2. APT진입로공원설계
3. 휴게공간조경설계
4. 휴게공간조경설계
5. 휴게공간조경설계
6. 도로변휴게공간조경설계
7. 도로변휴게공간조경설계

04 부록1 – 출제예상문제

01 APT단지공원설계

- **설계문제** : 다음 설계부지는 중부지방 APT단지에 있는 외곽 공원에 대한 조경설계를 하고자 한다. 아래에 주어진 요구 조건을 반영하여 도면을 작성하시오.

- **(현황도면)** 주어진 도면을 참조하여 요구사항 및 조건들에 적합한 배식평면도 및 단면도를 작성하시오. 일점쇄선 안 부분이 설계대상지이며, 주변 현황은 도면에 그대로 옮겨준다.

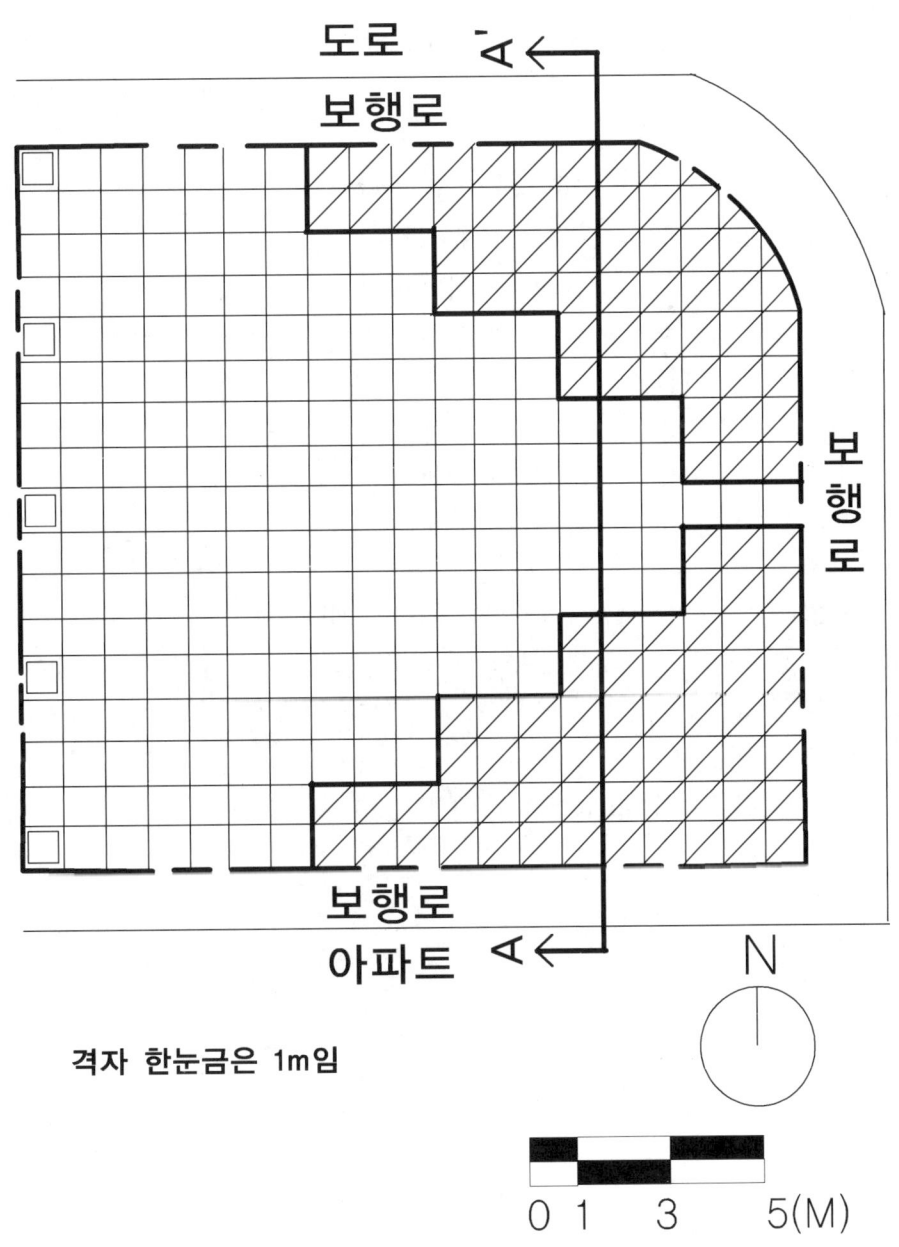

■ (요구 사항)

1. 배식평면도를 축척 1/100으로 작성하시오.(지급용지 1)
2. 도면 우측 표제란에 작업명칭을 "○○아파트단지공원설계"라고 작성하시오.
3. 표제란에는 "수목수량표"와 "시설물수량표"를 작성하고, 수량표 아래쪽에는 방위표시와 막대축척을 그려 넣는다(단, 전체 대상지의 길이를 고려하여 표제란의 폭을 조정하시오).
4. "수목수량표"에는 수목의 성상별로 상록교목, 낙엽교목, 관목, 지피로 구분하여 작성하시오.
5. A-A' 단면도를 축척 1/100으로 작성하시오(단, 시설물의 기초, 포장재료, 경계석 부분은 각각의 재료를 상세히 나타내고, 재료명을 명기하시오).(지급용지 2)

■ (요구 조건)

1. 대상지가 아파트단지의 공원이라는 점을 착안하여 조경설계를 하시오.
2. 적당한 장소에 평상형 쉘터(3.0m×3.0m) 2개소, 등벤치(1.6m×0.6m) 6개소, 모래사장(3.0m×3.0m) 1개소를 설치하시오(단, 모래사장에는 모래포장을 하고, 평행봉, 철봉대를 임의로 배치하시오).
3. 식재공간에는 전체적으로 볼거리가 있도록 식재해준다.
4. 녹지지역 중 한곳을 선정하여 90cm 정도로 마운딩을 해주고, 평면도상에 마운딩의 점표고를 표시해준다.
5. 수목보호대(1.0m×1.0m)가 있는 곳은 녹음수를 식재하시오.
6. 교목류는 상록수:낙엽수를 6:4의 비율로 식재하시오.
7. 원로의 포장은 공간의 성격을 고려하여 보도블록포장, 점토블록포장, 벽돌포장, 아스콘포장, 투수콘크리트포장 중에서 선택하여 포장하시오(단, 디자인은 2-3군데 상징적으로 해주며, 평면도와 단면도상에 포장 재료를 기재해준다).
8. 적당한 장소에 녹음식재, 관상식재, 소나무 군식 등을 해준다.
9. 식재공간에 수목식재가 되어진 공간 이외의 공간에는 잔디를 식재한다.
10. 식재설계는 아래수종에서 10종 선정하여 식재한다.

> 소나무(H4.0×W2.0), 소나무(H3.5×W1.8), 소나무(H3.0×W1.7), 주목(H3.0×W2.0)
> 스트로브잣나무(H2.5×W1.2), 가문비나무(H2.5×W1.2), 꽃사과(H2.5×R6)
> 느티나무(H4.0×R12), 동백나무(H2.5×R8), 플라타너스(H3.5×B10)
> 단풍나무(H2.5×R6), 광나무(H2.5×R8), 병꽃나무(H1.0×W0.4), 회양목(H0.3×W0.3)
> 철쭉(H0.3×W0.4), 산철쭉(H0.3×W0.4), 개나리(H0.3×W0.4), 잔디(0.3×0.3×0.03)

평면도 (모범답안)

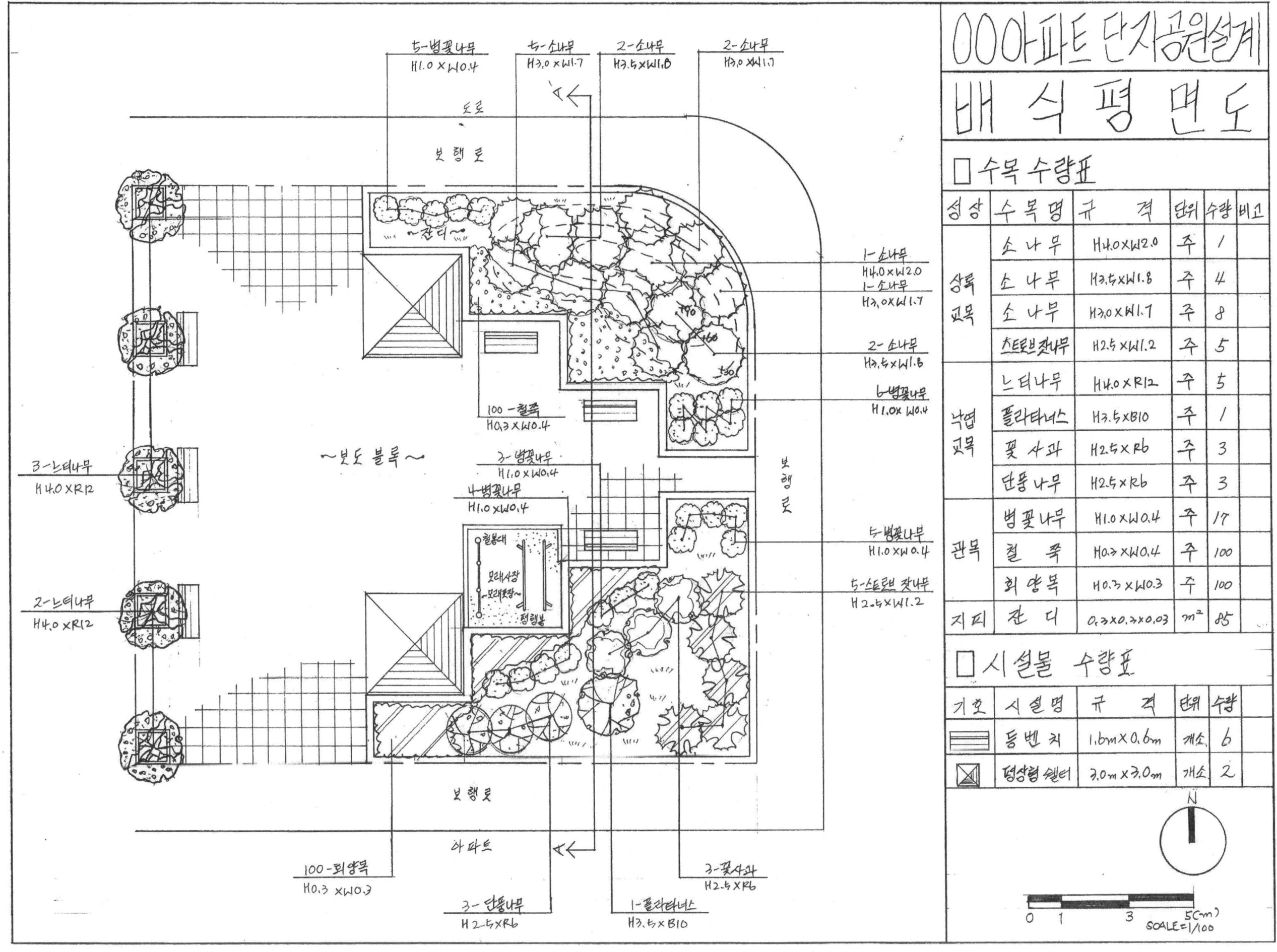

단면도(모범답안)

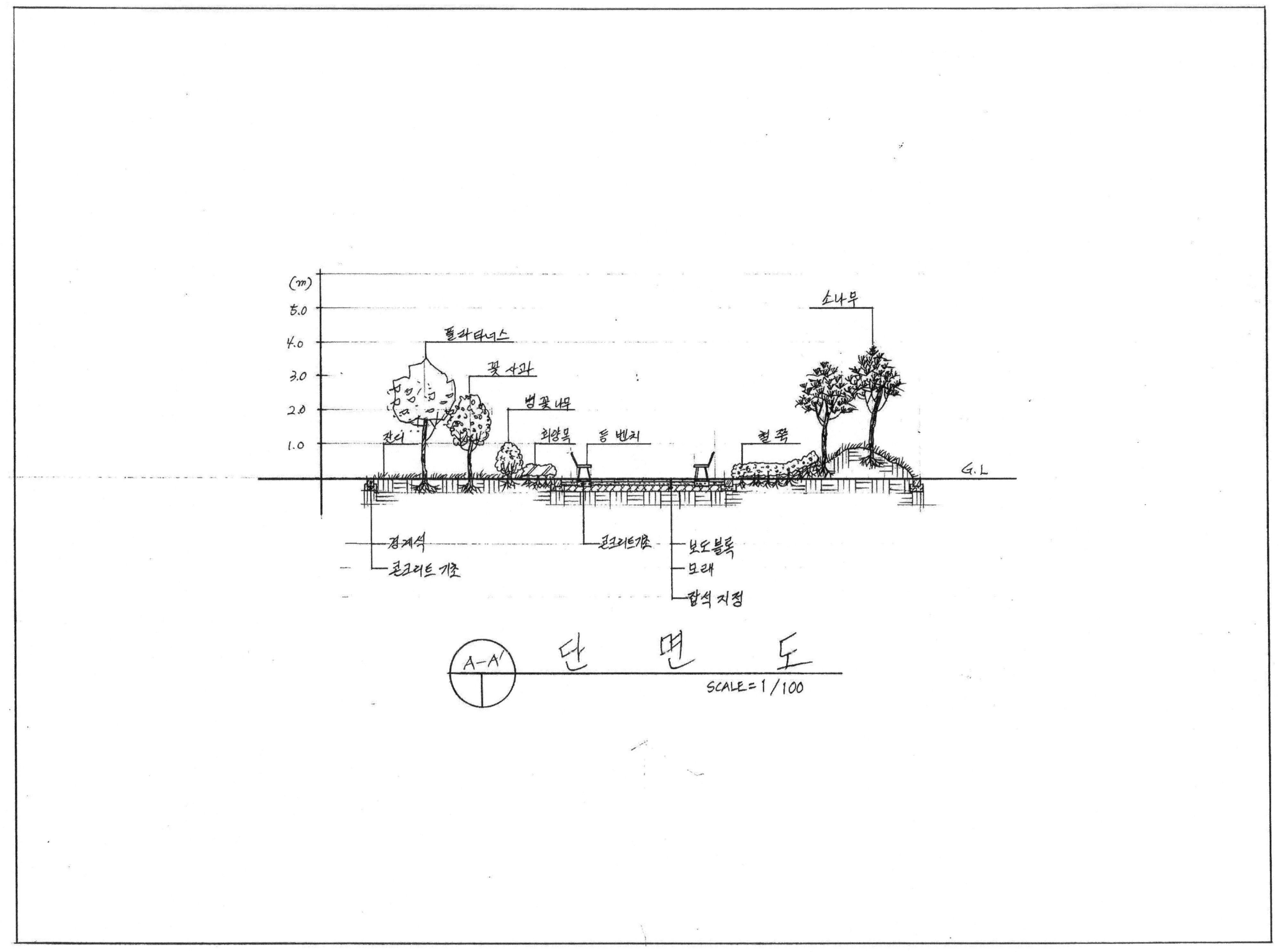

■ 문제해설(평면도)

※ 주의사항 : 모범답안과 연습하면서 실제 완성되어지는 답안지 도면의 크기는 다릅니다. 책을 출판하면서 A3용지로 답안용지를 제본할 때 실제 연습하면서 그려지는 답안과 책에 제시되어 있는 모범답안 도면의 크기가 다르므로 착각하지 말고 도면을 완성하길 바랍니다. 또한 모범답안은 참고용으로 사용하시고, 실제 그려지는 답안과 크기가 약간 다른 부분 이해바랍니다. 부득이하게 책을 출판하면서 모범답안과 실제 A3 용지에 연습할 때 그려보는 것과 규격 등이 정확하게 맞지 않는 부분 양해바랍니다. 모범답안과 실제 연습할 때 "그려지는 크기가 왜 다를까?"하고 의문하지 마시고, 연습하면서 그려왔던 스케일을 잘 맞춰서 그려주면 됩니다.

1. 설계문제 부분을 살펴보면 중부지방에 식재를 하라고 했으므로 (요구 조건) 10번 나와 있는 동백나무와 광나무는 남부수종이기 때문에 식재하지 말아야 한다.
2. (요구 사항) 부분부터 순서대로 보면 "배식평면도"를 1/100으로 작성하라고 했으므로, 스케일을 1/100으로 맞춰주고, 표제란의 두 번째 칸에 "배식평면도"라고 작업명칭을 기재해준다.
3. 표제란의 첫 번째 칸에 "○○아파트단지공원설계"라고 기재해준다.
4. 표제란에 "수목수량표"와 "시설물수량표"를 규격에 맞게 그려준다. 규격은 앞부분의 내용정리 부분을 참고한다.
5. "수목수량표"에는 수목의 성상별로 상록교목, 낙엽교목, 관목, 지피로 구분하여 작성하는데 완성된 평면도 모범답안을 참고하여 상록교목에서 상록과 교목의 글씨 줄을 바꿔서 기재해주며, "성상"칸의 가운데에 글씨가 오게 하여 보기 좋게 "성상"부분을 완성해준다.
6. (요구 조건)을 2번부터 살펴보면 도면의 남북방향으로 규격에 맞춰 평상형 쉘터를 2개소 설치하였고, 서쪽 부분과 동쪽 부분에 등벤치를 6개소 배치하였다. 시설물의 단위인 '개소'와 '개'를 문제에서 주어진 대로 정확히 기재해준다.
7. 모래사장은 남동쪽 방향으로 규격에 맞춰 배치하였고, '모래포장'을 해주며 철봉대와 평행봉을 배치하였다. 모래사장의 시설물은 규격을 모르기 때문에 "시설물수량표"에 포함시키지 않아도 되며, 도면의 시설물 부분에 시설명을 기재해줘도 좋다(완성된 평면도 모범답안 참고).
8. 식재공간에는 볼거리가 있도록 꽃이 피는 수종, 낙엽이 아름다운 수종 등으로 배치하였다.
9. 녹지지역 중 북동쪽 공간에 90㎝ 높이로 마운딩을 해주었으며, 점표고(+30, +60, +90)를 평면도상에 표시해주었다. 마운딩으로 등고선을 조작하는 방법은 앞 부분의 내용정리 부분을 참고하여 꼭 숙지해야 한다.
10. 수목보호대가 있는 서쪽 지역은 수고 4.0m인 느티나무를 식재하여 그늘을 제공해 주었다(일반적으로 수목보호대가 있는 장소에는 수고가 가장 높은 녹음수를 식재해 주는 것이 좋다).
11. 교목류 중에서 상록수 : 낙엽수의 비율을 맞춰 주어야 한다. 전체 수종이 아니라 교목에서 비율을 맞춰 주면되는데 일반적으로 6:4의 비율이라고 하면 6:4의 비율에 각각 2를 곱해주어 상록수 : 낙엽수를 12주 : 8주 또는 3을 곱해주어 18주 : 12주로 맞춰 주면 쉽게 비율을 맞출 수 있다.
12. 원로의 포장은 성격을 고려하여 '보도블록포장'을 해주었으며, 포장의 양쪽 끝 부분에 2군데 상징적으로 포장 디자인을 해주었다. 완성된 평면도 모범답안에서 포장명이 '보도블록'이라고 기재되어 있는데 평면도에서는 포장명을 '보도블록포장'이라고 기재해 주는 것이 좋다.
13. 수목보호대가 있는 서쪽에 녹음식재를 해 주었으며, 전체적으로 관상식재를 하였고, 북동쪽 마운딩 장소에 소나무 군식을 해주었다. 소나무 군식은 (요구 조건) 10번에서 규격이 다른 3종류의 소나무가 제시되어 있으므로 마운딩 장소에 3종류의 소나무를 모두 사용하여 군식을 해주는 것이 좋다.

14. 식재공간 중 식재가 된 부분이외의 공간에 잔디를 식재하고 부분적으로 잔디 표시를 해주며, '잔디'라고 기재해 주었다. "수목수량표"에 있는 잔디의 단위는 일반적으로 'm²'를 많이 사용한다.
15. 식재설계는 남부지방 수종인 동백나무와 광나무를 제외하고 10종을 선정하여 식재하였는데, 지피류인 '잔디'까지 포함시켜 10종이 되어야 한다. 또한 규격이 다른 소나무 3종을 식재하였더라도 "수목수량표"에는 소나무 3종을 다 기재해 주며, 실제 식재한 소나무는 1종이 된다.
16. 문제의 조건에 맞춰 설계를 했으면 다시 한 번 문제지와 답안지를 하나하나 비교하면서 누락된 것을 검토해준다.
17. 가장 기본적인 윤곽선, 부지외곽선(일점쇄선 또는 이점쇄선), 표제란(방위표와 스케일바, 스케일)을 다시 확인한다.
18. 평면도에서 단면도선(A-A')과 보는 방향(화살표)을 직각으로 맞춰 그려주어야 하며, 항상 화살표의 방향과 화살표, A와 A'가 빠지지 않았는지 확인한다.

■ 문제해설(단면도)

1. 제일먼저 단면도 답안지에 외곽선을 긋고 가선으로 도면의 중심을 잡아야 한다.
2. 중심의 가로선에 G. L(Ground Line)선을 그려주고 수고(높이)를 잡아주며 표고(1.0, 2.0, 3.0 등으로 기재)와 (m)를 기재해준다.
3. 평면도상의 단면도선 A부터 A'까지 화살표 방향(보는 방향)에 맞춰서 단면도선을 지나가는 것의 지상부와 지하부분을 그려주면 된다.
4. A부분부터 살펴보면 제일 먼저 부지 외곽선(경계석)과 그 다음으로 잔디가 식재되어 있다.
5. 다음으로 수고 3.5m의 플라타너스와 수고 2.5m의 꽃사과, 수고 1.0m의 병꽃나무가 차례로 지나간다. 각 수목을 수고와 수목의 모양, 수관폭에 맞춰서 평면도의 위치에 맞추어 그려주면 된다.
6. 다음으로 회양목이 지나가고, 경계석과 포장, 등벤치가 있다. 각 수목과 시설물은 평면도상의 단면도선에 걸리는 폭을 맞춰서 입면도와 측면도를 고려하여 그려주어야 한다.
7. 포장의 상세도는 앞부분 내용에서 다시 한 번 확인해 주어야 하며, G. L선 아랫부분 포장의 각 재료에는 점(•)을 각각 찍어 인출선을 사용하여 재료명을 명기해 주어야 한다(단면도 모범답안 참고).
8. 등벤치는 단면도선에 측면이 걸렸기 때문에 등벤치의 측면도와 등벤치의 지하부분(기초부분)을 그려주어야 한다.
9. 다음으로 포장부분의 경계석이 걸리고, 철쭉이 단면도선에 걸리게 된다.
10. 마지막으로 마운딩을 지나가는데 단면도선에 걸리는 마운딩의 높이와 폭을 잘 맞춰 그려주어야 한다. 또한 마운딩에는 소나무 군식이 되어야 하기 때문에 평면도상에 걸리는 소나무가 적더라도 단면도에서는 많은 소나무를 그려주는 것이 좋다. 마운딩의 점표고와 소나무의 수고를 고려하여 최종 식재되어진 소나무의 수고를 맞춰서 그려주어야 한다(예 : 점표고 60cm에 소나무의 수고 4.0m가 식재되어지면 마운딩 장소에 그려진 소나무의 최종 높이는 4.6m가 된다).
11. 마운딩 다음으로 경계석을 그려주고, A-A' 단면도라는 글씨와 스케일을 기재해주면 된다.
12. G. L선 아랫부분에 각 재료의 표시와 재료명, 지반표시를 다시 한 번 확인해준다.
13. 단면도가 완성되었으면 평면도상의 단면도선과 완성된 단면도를 잘 비교하여 누락된 부분을 확인해준다.

02 APT진입로공원설계

- **설계문제** : 다음 설계부지는 중부지방에 위치한 APT진입로공원에 대한 조경설계를 하고자 한다. 아래에 주어진 요구 조건을 반영하여 도면을 작성하시오.

- **(현황도면)** 주어진 도면을 참조하여 요구사항 및 조건들에 적합한 조경계획도 및 단면도를 작성하시오. 일점쇄선 안 부분이 설계대상지이며, 주변 현황은 도면에 그대로 옮겨준다.

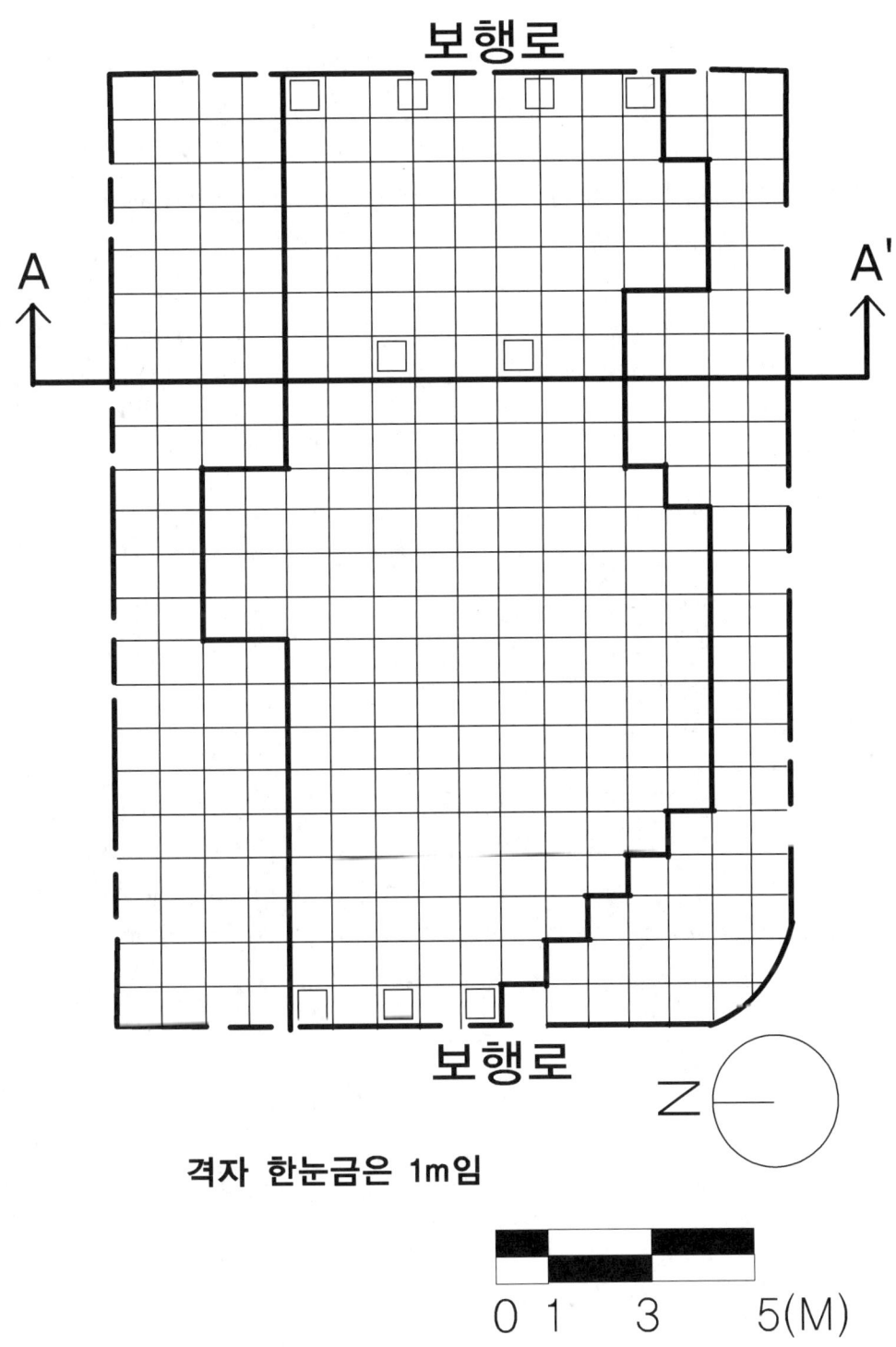

격자 한눈금은 1m임

0 1   3   5(M)

■ (요구 사항)
1. 식재평면도를 위주로 한 조경계획도를 축척 1/100으로 작성하시오.(지급용지 1)
2. 도면 우측 표제란에 작업명칭을 "○○아파트진입공원설계"라고 작성하시오.
3. 표제란에는 "수목수량표"와 "시설물수량표"를 작성하고, 수량표 아래쪽에는 방위표시와 막대축척을 그려 넣는다(단, 전체 대상지의 길이를 고려하여 표제란의 폭을 조정하시오).
4. "수목수량표"에는 수목의 성상별로 상록교목, 낙엽교목, 관목으로 구분하여 작성하시오.
5. A-A' 단면도를 축척 1/100으로 작성하시오(단, 시설물의 기초, 포장재료, 경계석 부분은 각각의 재료를 상세히 나타내고, 재료명을 명기하고 본 대상지를 이용하는 이용자를 나타내시오).(지급용지 2)

■ (요구 조건)
1. 대상지가 아파트진입로공원이라는 점을 착안하여 조경설계를 하시오.
2. 수목보호대(1.0m×1.0m)가 있는 장소에 지하고가 1.5m 이상인 녹음수를 식재하시오.
3. 적당한 장소에 평상형 쉘터(4.0m×4.0m) 2개소, 등받이형 벤치(1.6m×0.6m) 6개, 모래사장(3.0m×3.0m) 1개소를 설치하시오.
4. 녹지공간에는 전체적으로 볼거리가 있도록 식재해준다.
5. 녹지지역 중 한곳을 선정하여 90cm 정도로 마운딩을 해주고, 평면도상에 점표고를 표시해준다.
6. 적당한 장소에 다목적 공간을 계획하고, 그 안에 놀이시설을 2종 배치하시오(놀이시설은 임의로 배치한다).
7. 시설물은 동선의 흐름을 방해하지 않게 설치한다.
8. 포장은 성격을 고려하여 보도블록, 점토블록, 벽돌, 아스콘, 투수콘크리트, 마사토, 모래 중에서 선택하여 포장하시오(단, 디자인은 2~3군데 상징적으로 해주며, 평면도에서는 포장명과 단면도상에서 포장 재료를 기재해준다).
9. 녹지공간은 다른 지역에 비해 30cm가 높다(평면도와 단면도상에 점표고를 표시해준다).
10. 적당한 장소에 녹음식재, 관상식재, 소나무 군식 등을 해준다.
11. 식재설계는 아래수종에서 10종 선정하여 식재한다.

> 소나무(H4.0×W2.0), 소나무(H3.5×W1.8), 소나무(H3.0×W1.7), 주목(H3.0×W2.0)
> 스트로브잣나무(H2.5×W1.2), 가문비나무(H2.5×W1.2), 꽃사과(H2.5×R6)
> 느티나무(H4.0×R12), 동백나무(H2.5×R8), 플라타너스(H3.5×B10)
> 단풍나무(H2.5×R6), 광나무(H2.5×R8), 병꽃나무(H1.0×W0.4), 회양목(H0.3×W0.3)
> 철쭉(H0.3×W0.4), 산철쭉(H0.3×W0.4), 개나리(H0.3×W0.4)

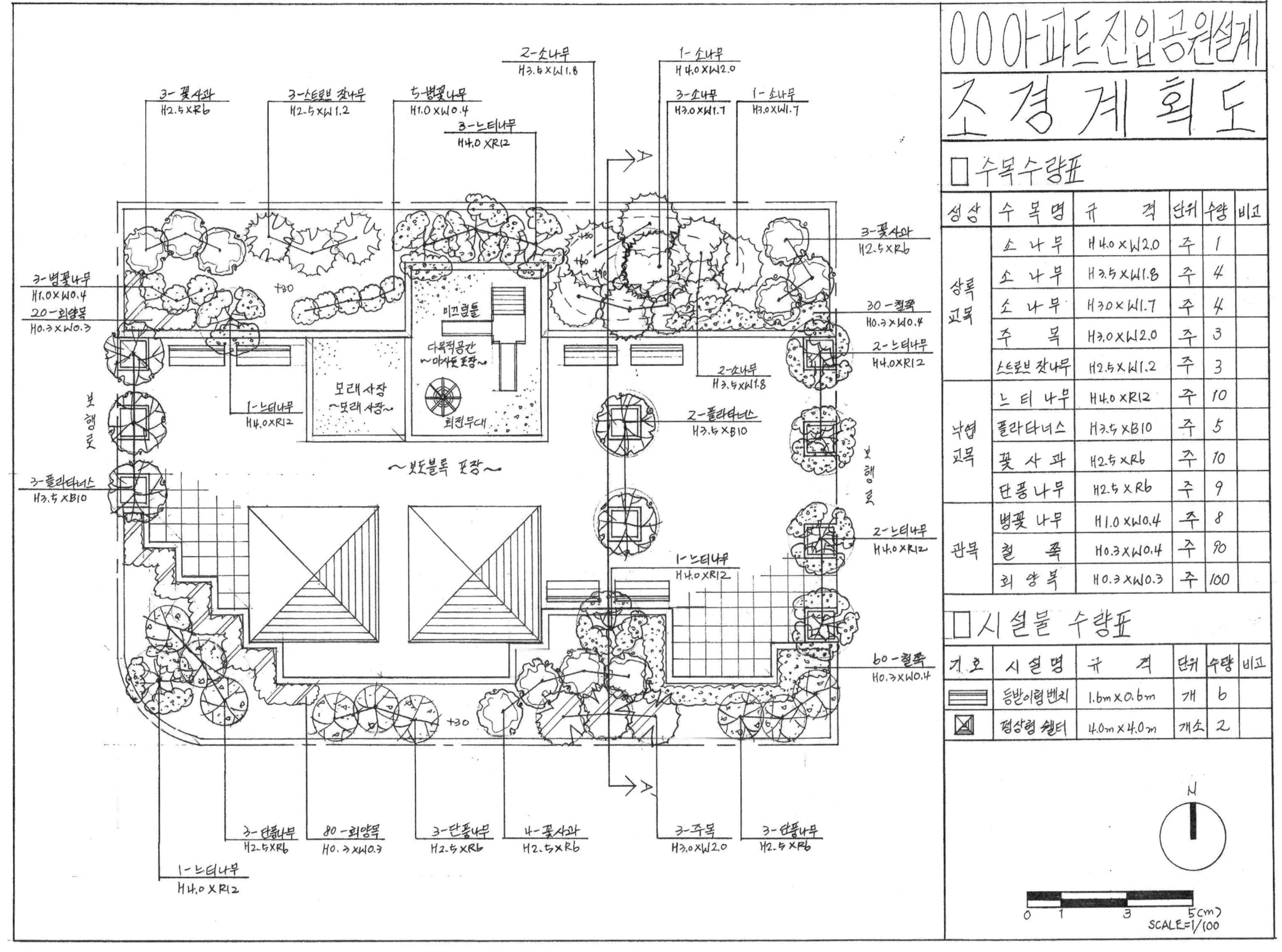

단면도(모범답안)

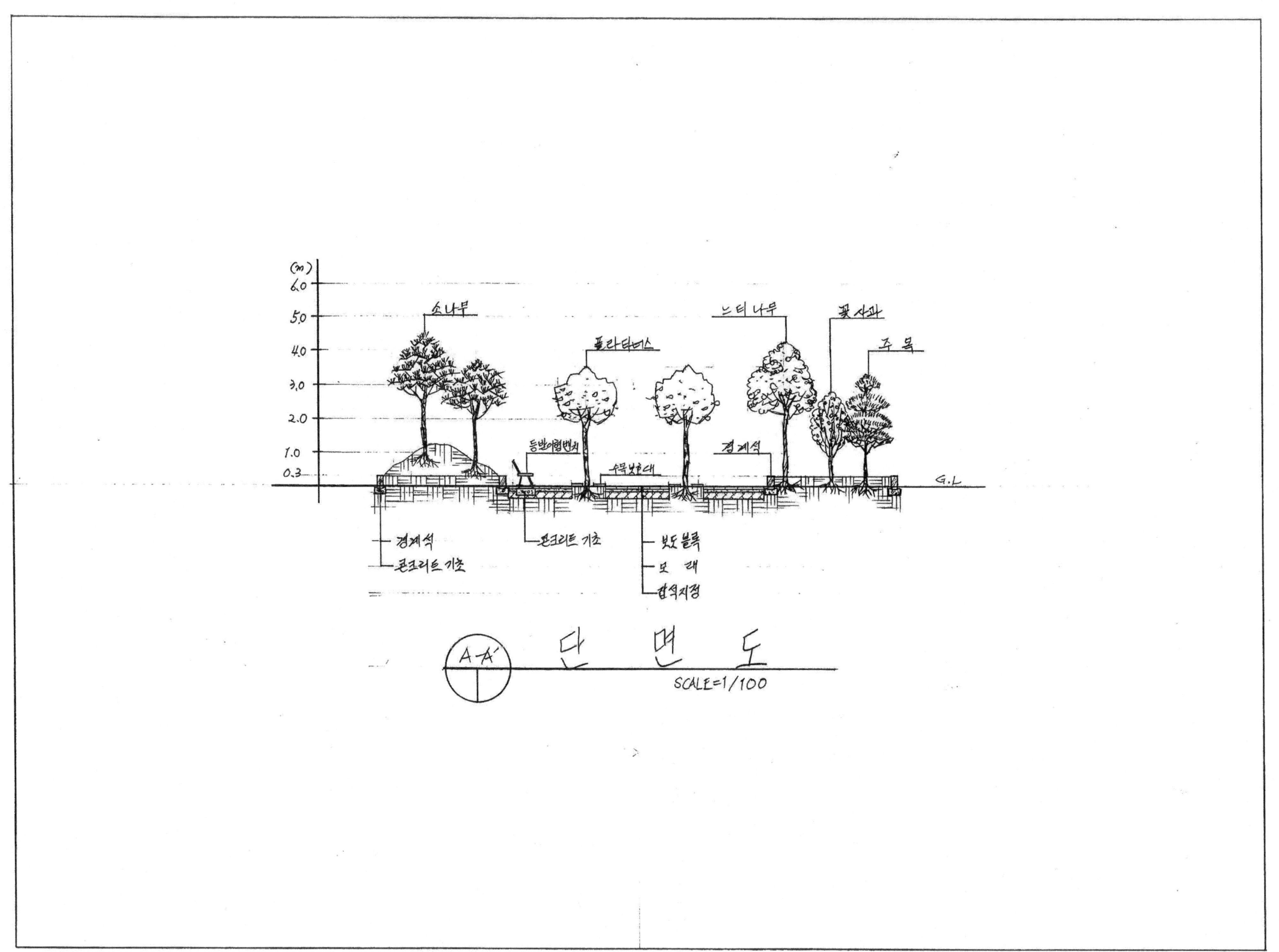

■ 문제해설(평면도)

1. (요구 사항) 부분부터 살펴보면 조경계획도를 1/100으로 작성하라고 했으므로, 현황도면의 스케일을 1/100으로 확대해서 그려주고, 표제란의 두 번째 칸에는 "조경계획도"라고 기재해주면 된다.
2. 도면 우측 표제란에 작업명칭을 "OO아파트진입공원설계"라고 작성하였다.
3. 표제란에 "수목수량표"와 "시설물수량표"를 규격에 맞추어 작성하였고, 수량표 아래에 방위표시와 막대축척, 스케일을 기재해주었다.
4. "수목수량표"에는 수목의 성상별로 상록교목, 낙엽교목, 관목으로 구분하였다.
5. 수목보호대(1.0m×1.0m)가 있는 장소에 지하고가 1.5m 이상인 플라타너스를 식재하였다(지하고가 1.5m 이상인 녹음수를 식재하라고 했으므로 녹음수 중에서 가장 수고가 큰 수목을 식재해주는 것이 좋다). 본 문제에서는 플라타너스 보다는 느티나무를 식재해 주는 것이 좋다.
6. 대상지의 남쪽 부분에 평상형 쉘터(4.0m×4.0m) 2개소, 평상형 쉘터의 동쪽(우측) 부분에 남북방향으로 등받이형 벤치(1.6m×0.6m) 6개, 평상형 쉘터의 북쪽에 모래사장(3.0m×3.0m) 1개소를 규격에 맞추어 설치하였다.
7. 녹지지역 중 한곳(북동쪽)을 선정하여 90cm 정도로 마운딩을 해주었으며, 평면도상에 점표고(+30, +60, +90)를 표시해주었다.
8. 적당한 장소(모래사장의 동쪽(우측))에 다목적 공간을 설치하였으며, 그 안에 놀이시설을 2종(미끄럼틀과 회전무대)을 배치하였다(놀이시설은 규격을 모르기 때문에 "시설물수량표"에 표기하지 않고 도면의 시설물 옆이나 시설물 주변에 시설명을 기재해 주어도 좋다).
9. 포장은 성격을 고려하여 '보도블록포장'으로 해주었으며, 평면도의 포장 끝부분이나 모서리 부분에 2군데 포장 디자인을 해주었다.
10. 녹지공간은 다른 지역에 비해 30cm가 높으므로 평면도상 녹지공간에 점표고(+30)를 표시해주었다. 점표고가 다른 지역인 각 녹지공간에 점표고를 기재해주는 것이 각 지역의 점표고를 쉽게 알 수 있어 좋다.
11. 식재설계는 중부지방에서 생육할 수 없는 남부수종(동백나무와 광나무)을 제외하고 10종을 맞춰 식재해주면 된다.
12. 현황도면에서 북쪽이 왼쪽방향을 향하므로 답안지에는 북쪽방향을 도면의 위쪽이 향하게 배치하였다.

■ 문제해설(단면도)

1. A부분부터 살펴보면 제일 먼저 부지의 외곽선(경계석)을 지나며, 그 다음으로 소나무 군식이 나온다. 여기서는 녹지부분이 +30이기 때문에 30cm 높은 부분부터 단면도의 A부분이 시작되어야 한다.
2. 다음으로 경계석이 나오고 녹지공간이 끝나기 때문에 경계석 다음의 포장 공간은 점표고가 0m인 지점이 된다. '보도블록포장'에 등받이형벤치가 측면으로 보이며, 수목보호대가 있는 곳에 플라타너스가 식재되어 있다. 등받이형벤치를 측면으로 그릴 수 있어야 하며, 수목보호대의 표시방법을 단면도 모범답안을 참고하여 그려본다. 또한 수목보호대가 있는 곳에 지하고 1.5m 이상의 녹음수를 식재하라고 했으므로, 지하고가 1.5m 이상이 되도록 플라타너스를 그려주어야 한다.
3. 2개의 수목보호대에 플라타너스를 그려주고 나면 다시 녹지공간이 시작된다. 녹지공간은 점표고가 30cm 높기 때문에 경계석부터 30cm 높게 표시가 되어야 하며, 녹지공간에 차례대로 느티나무, 꽃사과, 주목을 수고와 수관폭 그리고 수목의 형태를 맞춰 그려주어야 한다.
4. 마지막으로 경계석을 그려주고, G. L.선 아랫부분에 각 재료표시, 지반 표시와 G. L.선 윗부분에 인출선과 함께 수목명과 시설명을 기재해준다.
5. 녹지공간이 30cm 높기 때문에 점표고 표시를 해주어야 한다. 수고(높이) 0.3의 높이에 맞춰 0.3이라고 점표고를 기재해주어야 한다.

03 휴게공간조경설계

- **설계문제** : 다음 설계부지는 중북부지방에 위치한 휴게공간에 대한 조경설계를 하고자 한다. 아래에 주어진 요구 조건을 반영하여 도면을 작성하시오.

- **(현황도면)** 주어진 도면을 참조하여 요구사항 및 조건들에 적합한 조경계획도 및 단면도를 작성하시오. 일점쇄선 안 부분이 설계대상지이며, 주변 현황은 도면에 그대로 옮겨준다.

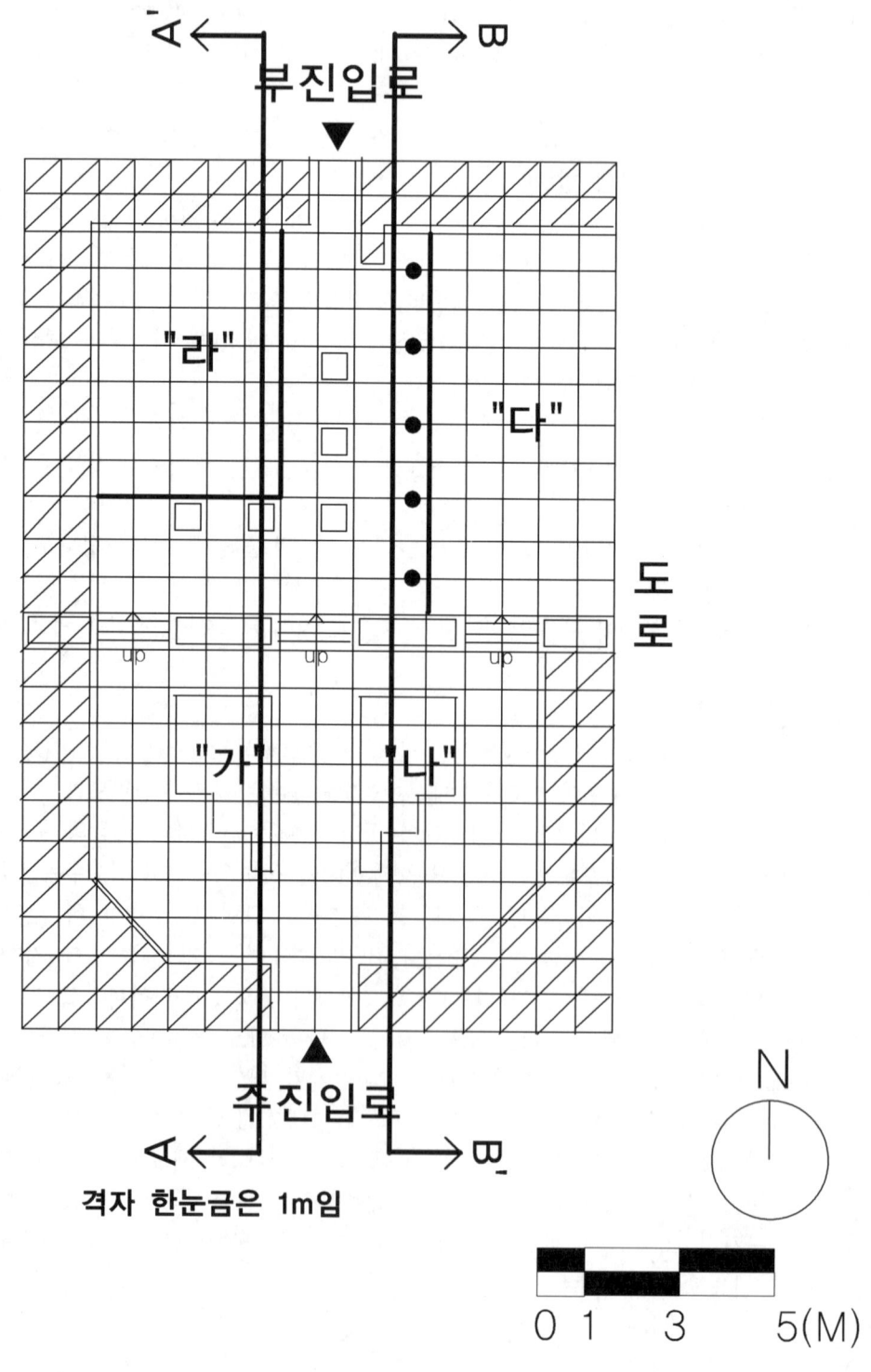

■ (요구 사항)
1. 식재평면도를 위주로 한 조경계획도를 축척 1/100으로 작성하시오.(지급용지 1)
2. 도면 우측 표제란에 작업명칭을 "OO휴게공간조경설계"라고 작성하시오.
3. 표제란에는 "수목수량표"와 "시설물수량표"를 작성하고, 수량표 아래쪽에는 방위표시와 막대축척을 그려 넣는다.
4. "수목수량표"에는 수목의 성상별로 상록교목, 낙엽교목, 관목으로 구분하여 작성하시오.
5. A-A'와 B-B' 단면도를 축척 1/100으로 작성하시오(단, 시설물의 기초, 포장재료, 경계석 부분은 재료를 상세히 나타내고, 각각의 재료에 재료명을 명기하고 본 대상지를 이용하는 이용자를 나타내시오).(지급용지 2, 지급용지 3)

■ (요구 조건)
1. 대상지가 휴게공간이라는 점을 착안하여 조경설계를 하시오.
2. "다", "라"가 있는 지역은 "가", "나"가 있는 지역보다 1.0m가 높으므로 전체적으로 계획설계시 고려한다(평면도상에 점표고를 표시하시오).
3. 단 차이가 나는 원로 공간의 포장과 각 공간의 포장은 포장재료를 달리 하여 포장한다(단, 포장 디자인은 2-3군데 상징적으로 해주며, 평면도와 단면도상에서 포장 재료를 기재해준다).
4. "가"지역은 수경공간으로 처리하시오(단, 분수 1개를 설치하고, 분수 이외의 공간은 연못으로 물 표현을 상징적으로 하시오. 연못의 깊이는 1m로 한다).
5. "나"지역은 60㎝ 정도로 마운딩을 해주고, 평면도상에 점표고를 표시해준다.
6. "다"지역은 소형자동차 4대가 주차할 수 있는 공간으로 설계하시오(단, 포장은 콘크리트포장 또는 아스콘포장으로 하시오).
7. "라"지역은 휴게공간으로 퍼걸러(3.5m×4.0m) 1개, 등받이형 벤치(1.6m×0.6m) 4개소, 휴지통(지름 50㎝) 1개를 설치하시오.
8. 수목보호대(1.0m×1.0m)가 있는 장소에 녹음수를 단식한다(단, 지하고가 2.0m 이상인 수목을 식재한다).
9. 이용자의 통행이 잦은 것을 고려하여 유도식재, 녹음식재, 경관식재, 소나무군식 등을 적당한 장소에 배식하시오.
10. 식재설계는 아래수종에서 10종 선정하여 식재한다.

> 소나무(H4.0×W2.0), 소나무(H3.5×W1.8), 소나무(H3.0×W1.7), 주목(H3.0×W2.0)
> 스트로브잣나무(H2.5×W1.2), 가문비나무(H2.5×W1.2), 꽃사과(H2.5×R6)
> 느티나무(H4.0×R12), 동백나무(H2.5×R8) 플라타너스(H3.5×B10)
> 단풍나무(H2.5×R6), 광나무(H2.5×R8), 병꽃나무(H1.0×W0.4), 회양목(H0.3×W0.3)
> 철쭉(H0.3×W0.4), 산철쭉(H0.3×W0.4), 개나리(H0.3×W0.4)

평면도(모범답안)

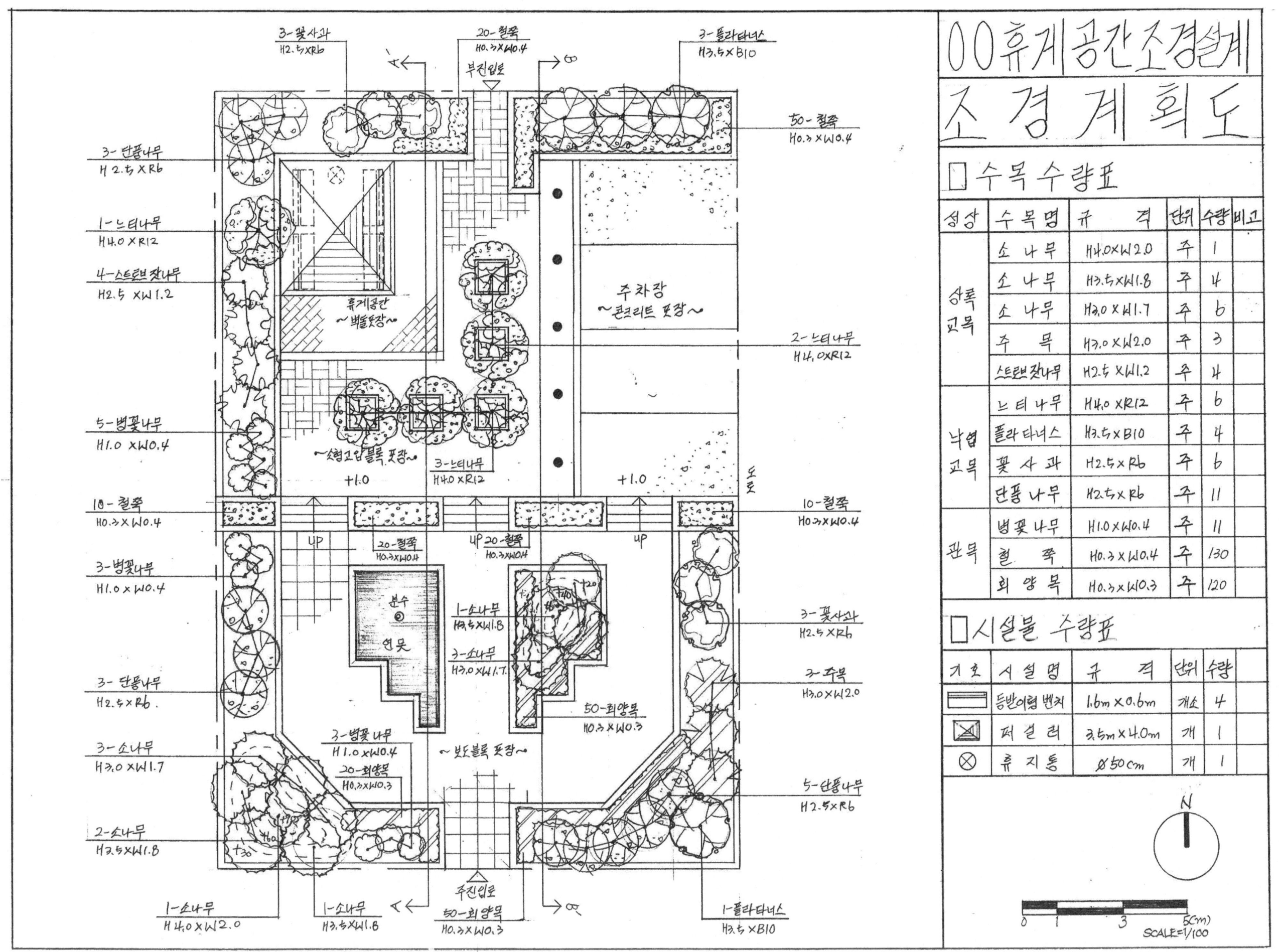

단면도(모범답안)

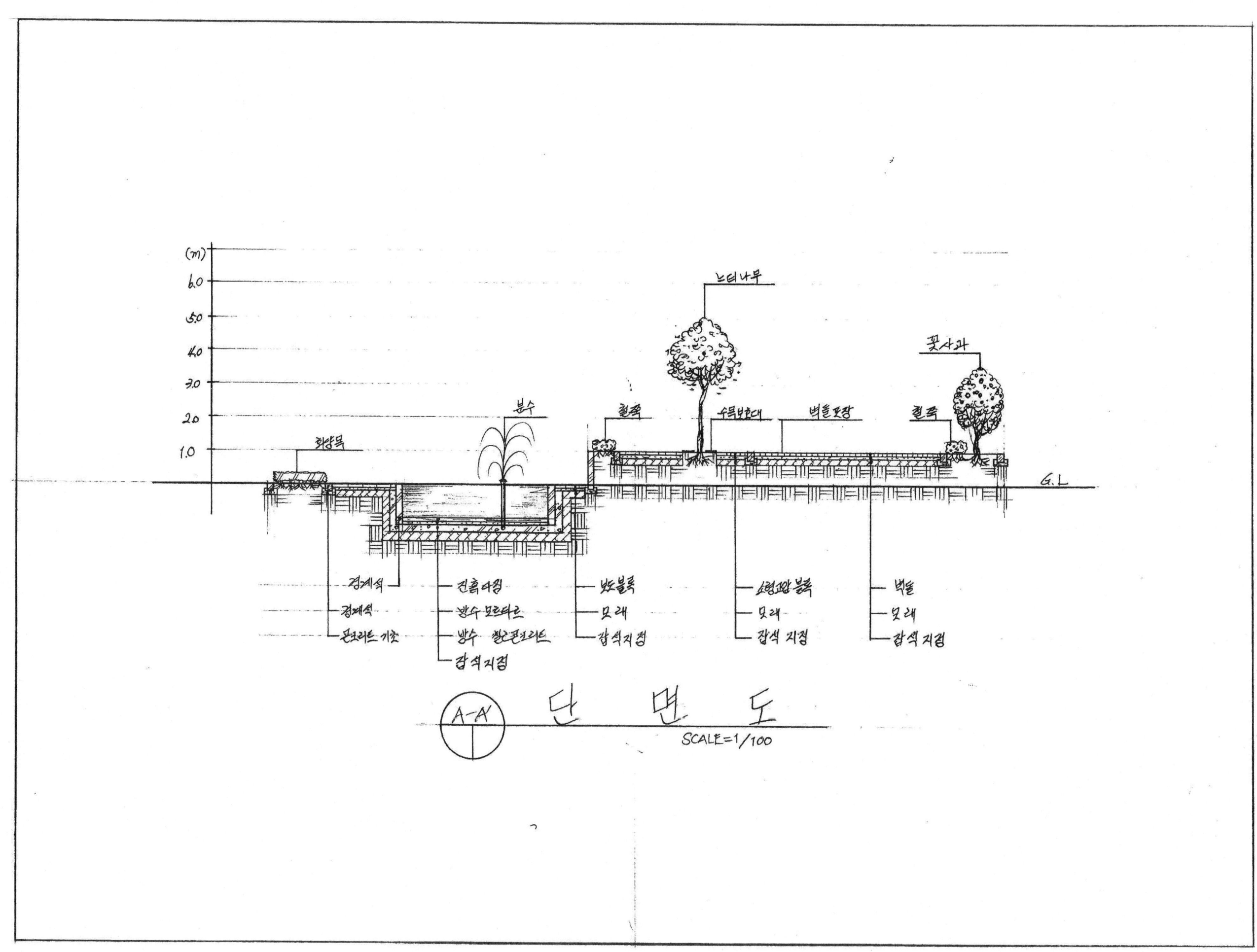

단면도(모범답안)

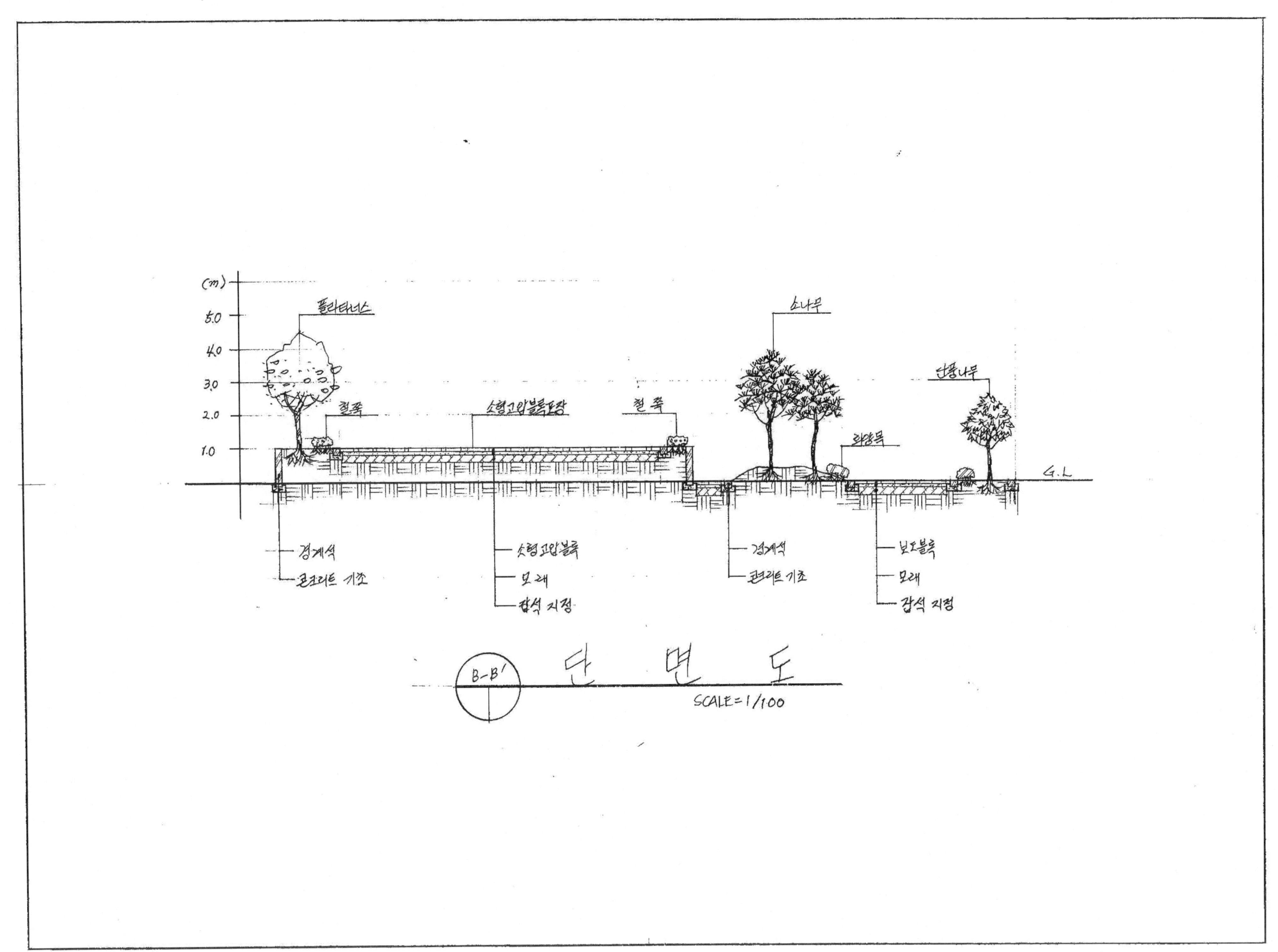

■ 문제해설(평면도)

1. (요구 조건) 부분부터 살펴보면 "다", "라"가 있는 지역은 "가", "나"가 있는 지역보다 1.0m가 높다고 했으므로 기준(점표고가 0m인 지점)을 잡아주어야 한다. "~보다"라는 말이 있는 공간이 기준(점표고가 0m인 지역)이 된다. 그러므로 점표고는 "가", "나"공간이 0m 이고, "다", "라" 공간이 +1.0m 가 된다.

2. 단 차이가 나는 원로 공간의 포장은 '소형고압블록포장'과 '보도블록포장'으로 구분하였고, 각 공간의 포장은 휴게공간에는 '벽돌포장', 주차장에는 '콘크리트포장'으로 포장 재료를 달리 하여 포장하였다. 포장의 재료가 다르면 경계석이 들어가 주어야 한다.

3. "가"지역은 수경공간으로 분수 1개를 설치하였고, 분수 이외의 공간은 연못으로 물 표현을 상징적으로 표시하였다. 물(水)표현하는 방법을 숙지하여야 한다.

4. "나"지역은 60㎝ 정도로 마운딩을 해주고 점표고(+20, +40, +60)를 표시해주었고, 마운딩한 장소에 (요구 조건) 10번에 제시되어 있는 규격이 다른 소나무를 모두 사용하여 소나무 군식을 하였다. 좁은 공간이지만 문제에 주어진 조건에 맞춰 마운딩을 해주어야 한다.

5. "다"지역은 10.0m×5.0m의 공간이기 때문에 소형자동차(2.5m×5.0m) 4대가 주차할 수 있는 공간으로 설계하였고, '콘크리트포장'을 하였다. 콘크리트포장 부분과 서쪽부분의 '소형고압블록포장'의 경계부분은 경계석으로 처리하였다. 각 공간의 성격과 포장의 재료가 다르기 때문에 공간의 포장을 달리하고 공간의 포장이 달라지면 반드시 경계석이 들어가 주어야 한다. B-B' 단면도선과 공간 구분선을 착각하면 안된다.

6. "라"지역에 퍼걸러(3.5m×4.0m) 1개, 등받이형 벤치(1.6m×0.6m) 4개소, 휴지통(지름 50㎝) 1개를 규격에 맞춰 설치하였고, '벽돌포장'을 하였다. 퍼걸러 안의 등받이형 벤치와 휴지통은 위에서 내려다보았을 때 보이지 않기 때문에 점선으로 표시하였다. 위에서 바라보았을 때 시설물의 보이지 않는 부분은 점선으로 항상 표시를 해주어야 한다.

7. 수목보호대(1.0m×1.0m)가 있는 휴게공간 주변 장소에 지하고가 2.0m 이상인 느티나무를 식재하였다. 수목보호대에 식재를 할 때는 낙엽교목중 가장 큰 수목을 식재해주는 것이 좋다.

8. (요구 조건) 10번에서 제시한 수목으로 식재설계시 남부지방 수목인 동백나무와 광나무를 제외하고 10종을 맞춰 식재해주면 된다.

■ 문제해설(단면도)

1. A-A' 단면도부터 살펴보면 A-A' 단면도선에서 제일먼저 부지외곽선(경계석)이 있고, 수고 0.3m인 회양목과 그 다음으로 경계석이 있다.

2. 다음으로 '보도블록포장'이 있고 경계석과 연못이 있다. 연못의 단면도를 그릴 수 있어야 한다. 연못의 깊이도 고려해야 한다(문세에서 주어신 연못 깊이 1.0m를 맞춰 그려주어야 한다).

3. 연못 다음으로 '보도블록포장'이 있고, 계단 옆쪽으로 식수대(수목 식재하는 공간)가 있다. 우리가 생활하는 주변에 있는 계단 옆쪽 식수대를 잘 살펴보면 대부분 45°로 비스듬히 수목이 식재되어 있거나 또는 단 차이가 있는 식수대를 보았을 것이다. 여기서는 단 차이가 있는 식수대를 그렸다.

4. 단 차이가 있는 식수대에 철쭉을 수고에 맞춰 그려준다(단 차이가 있는 식수대에는 수고가 낮은 관목을 식재해 주는 것이 좋다).

5. 다음으로 '소형고압블록포장'이 있으며, 소형고압블록포장 중간에 수목보호대와 느티나무가 있다. 수목보호대가 있는 장소에 지하고 2.0m 이상인 수목을 식재하라고 했기 때문에 단면도를 그릴 때 느티나무의 지하고가 2.0m 이상이 되게 그려져야 한다.

6. 다음에 경계석을 그려주고, 휴게공간에 '벽돌포장'을 그려주어야 한다. '소형고압블록포장'과 '벽돌포장'은 포장 재료가 다르기 때문에 포장과 포장사이에 경계석을 넣어 주어야 한다.

7. 마지막으로 식재공간에 수고 0.3m인 철쭉을 그려주고, 수고 2.5m인 꽃사과를 수고와 수관폭에 맞춰 그려주며, 경계석을 그려주면 된다.

8. 다음으로 B-B' 단면도를 살펴보면 B-B' 단면도선에서 제일 먼저 부지외곽선(경계석)과 수고 3.5m인 플라타너스와 철쭉이 있다. B가 있는 부분은 B'가 있는 부분보다 1.0m 높기 때문에 점표고 1.0m부터 단면도가 시작되어야 한다.

9. 다음으로 '소형고압블록포장'이 있으며, A-A' 단면도와 반대방향으로 식수대가 있다.

10. 식수대 다음으로 고저차이가 0m로 내려와 '보도블록포장'이 있고, 소나무 군식이 나온다.

11. 소나무 군식은 60cm 높이로 등고선을 조작하였으므로 마운딩의 최대 높이는 60cm가 된다(마운딩에서 지반의 표시는 등고선을 조작한 부분과 원래지반(G. L선 아랫부분)으로 구분하여 지반표시를 해준다). 또한 마운딩의 점표고와 소나무의 수고를 고려하여 마운딩 부분에 식재된 소나무의 수고를 잘 맞춰 그려주어야 한다.

12. 소나무 군식 다음으로 회양목을 수고와 수관폭에 맞춰 그려준다. 회양목도 마운딩된 장소에 식재되어 있기 때문에 마운딩된 장소에 그려져야 한다.

13. 다음으로 '보도블록포장'을 그려주고, 녹지공간에서 회양목과 단풍나무를 수고와 수관폭에 맞춰 그려주면 된다.

14. 단면도에서 항상 그려야 하는 부분인 포장부분과 경계석의 상세도를 다시 한 번 앞의 내용정리 부분과 단면도 모범답안을 참고하여 그리는 방법을 숙지해보자.

15. G. L.선 윗부분 수목과 시설물의 인출선과 수목명, 시설물명을 높이에 맞춰 가지런히 기재해주고, G. L.선 아랫부분의 재료명은 각 재료의 중앙에 점(•)을 찍어 인출선을 사용하여 재료명을 기재해준다.

16. B-B' 단면도 글씨와 Scale(스케일) 등을 다시 한 번 확인한다.

17. 인출선을 뽑을 때 G. L.선 윗부분은 수목과 시설물의 높이에 따라 3단(높은 것, 중간 것, 낮은 것)으로 구분하여 인출선끼리 높이를 맞춰서 그려주면 깔끔하고 통일성 있는 도면이 된다.

18. G. L.선 아랫부분의 각 시설물 기초 및 경계석 등 각 재료의 중앙에 점(•)을 찍어 인출선의 높이를 맞춰 재료명을 기재해주면 좋다.

※ 조경기능사 시험에서 A-A'와 B-B' 단면도 두 개를 작성하라는 경우는 없다. 연습을 위해서 두 개의 단면도를 작성하라고 출제하였으며, 실제 시험에서 A-A' 단면도인지 B-B' 단면도인지 잘 파악하고 문제를 풀면 된다. 시험에서는 A-A' 단면도로 출제되는 경우가 많지만 2009년도 시험부터는 혼돈을 주기 위해 B-B'라고 출제하는 경우도 있다. A-A' 단면도와 B-B' 단면도는 글씨만 다르지 작성하는 방법은 동일하다.

※ 배식평면도를 작성할 때 평면도 상의 A-A' 단면도선과 B-B' 단면도선의 화살표 방향을 현황도면과 동일하게 답안용지에 확대해서 그려줘야 한다.

04 휴게공간조경설계

- **설계문제** : 다음 설계부지는 중북부지방에 위치한 휴게공간에 대한 조경설계를 하고자 한다. 아래에 주어진 요구 조건을 반영하여 도면을 작성하시오.

- **(현황도면)** 주어진 도면을 참조하여 요구사항 및 조건들에 적합한 조경계획도 및 단면도를 작성하시오. 일점쇄선 안 부분이 설계대상지이며, 주변 현황은 도면에 그대로 옮겨준다.

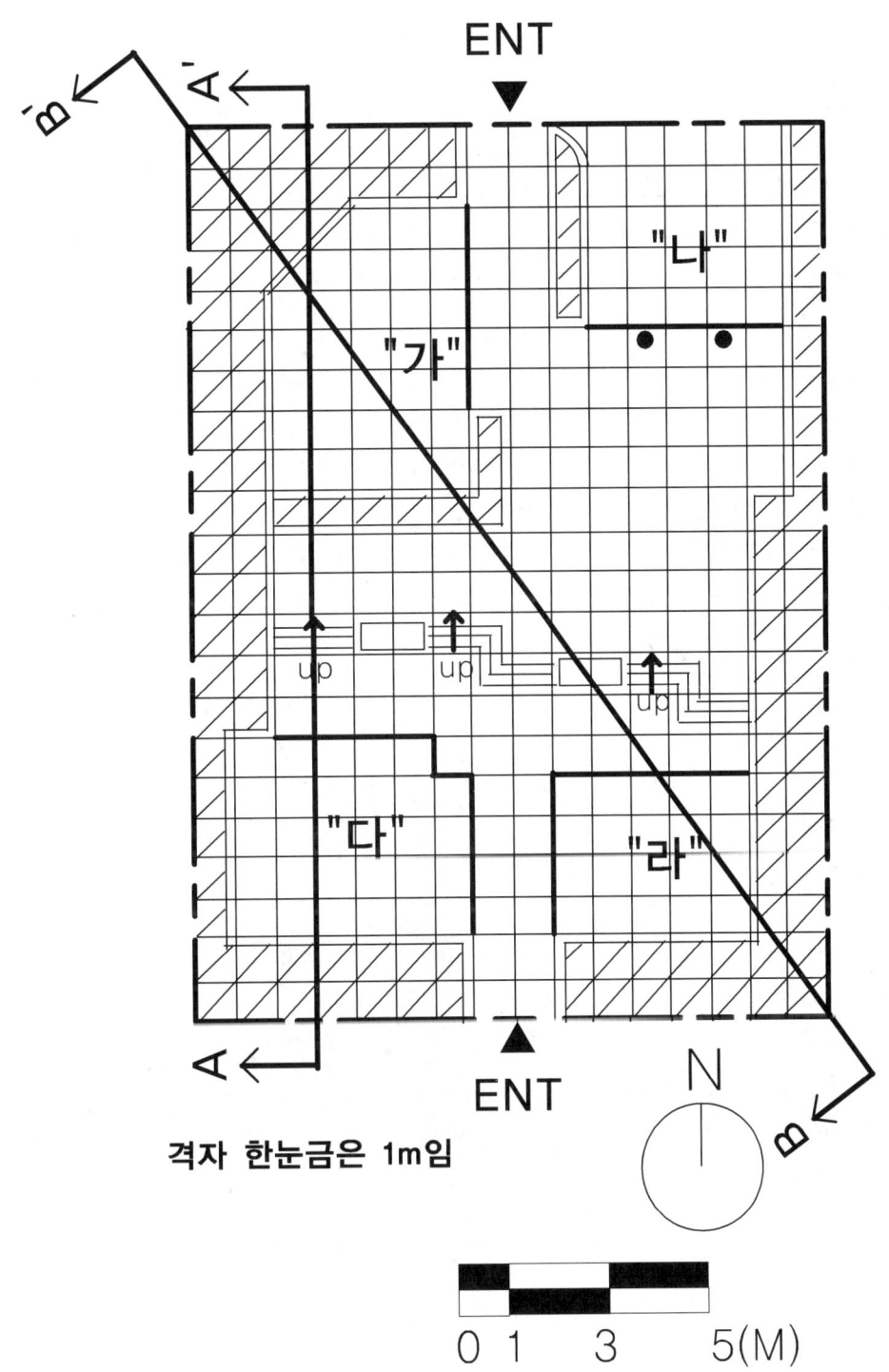

격자 한눈금은 1m임

0 1   3   5(M)

CHAPTER 4 부록1 – 출제예상문제

■ (요구 사항)

1. 식재평면도를 위주로 한 조경계획도를 축척 1/100으로 작성하시오.(지급용지 1)
2. 도면 우측 표제란에 작업명칭을 "○○휴게공간조경설계"라고 작성하시오.
3. 표제란에는 "수목수량표"와 "시설물수량표"를 작성하고, 수량표 아래쪽에는 방위표시와 막대축척을 그려 넣는다.
4. "수목수량표"에는 수목의 성상별로 상록교목, 낙엽교목, 관목으로 구분하여 작성하시오.
5. A-A'와 B-B' 단면도를 축척 1/100으로 작성하시오(단, 시설물의 기초, 포장재료, 계단, 경계석 부분은 재료를 상세히 나타내고, 각각의 재료에 재료명을 명기하며, 본 대상지를 이용하는 이용자를 나타내시오).(지급용지 2, 지급용지 3)

■ (요구 조건)

1. "가", "나"가 있는 지역은 "다", "라"가 있는 지역보다 1.0m가 높으므로 전체적으로 계획설계시 고려한다(평면도상에 점표고를 표시하시오).
2. 각 공간의 포장은 포장재료를 달리 하여 포장한다(단, 포장 디자인은 2-3군데 상징적으로 해주며, 평면도와 단면도상에서 포장 재료를 기재해준다). 각 공간의 경계는 화강암 경계석 또는 모래막이를 설치해준다.
3. "가"공간은 휴게공간으로 평상형쉘터(3.5m×3.5m) 1개소, 등받이형 벤치(1.6m×0.6m) 4개, 평벤치(1.6m×0.4m) 2개, 휴지통(지름 50㎝) 1개를 설치하시오.
4. "나"공간은 주차공간으로 소형승용차 2대의 공간을 설치하시오.
5. "다"공간은 어린이놀이공간으로 어린이 놀이시설 3종을 설치하시오.
6. "라"공간은 다목적공간으로 마사토포장을 하고, 운동시설 2종을 설치하시오.
7. 수목보호대(1.0m×1.0m)가 있는 장소에 녹음수를 단식한다(단, 수목보호대가 있는 곳에는 지하고가 2.0m 이상인 수목을 식재한다).
8. 자연스러운 분위기를 위해 녹지공간 중 한 곳을 선정하여 90㎝ 정도로 마운딩을 해주고, 평면도상에 점표고를 표시해준다.
9. 이용자의 통행이 잦은 것을 고려하여 유도식재, 녹음식재, 경관식재, 소나무군식 등을 적당한 장소에 배식하시오.
10. 식재설계는 아래수종에서 10종 선정하여 식재한다.

> 소나무(H4.0×W2.0), 소나무(H3.5×W1.8), 소나무(H3.0×W1.7), 주목(H3.0×W2.0)
> 스트로브잣나무(H2.5×W1.2), 가문비나무(H2.5×W1.2), 꽃사과(H2.5×R6)
> 느티나무(H4.0×R12), 동백나무(H2.5×R8), 플라타너스(H3.5×B10)
> 단풍나무(H2.5×R6), 광나무(H2.5×R8), 병꽃나무(H1.0×W0.4), 회양목(H0.3×W0.3)
> 철쭉(H0.3×W0.4), 산철쭉(H0.3×W0.4), 개나리(H0.3×W0.4), 꽝꽝나무(H0.3×W0.3)

평면도 (모범답안)

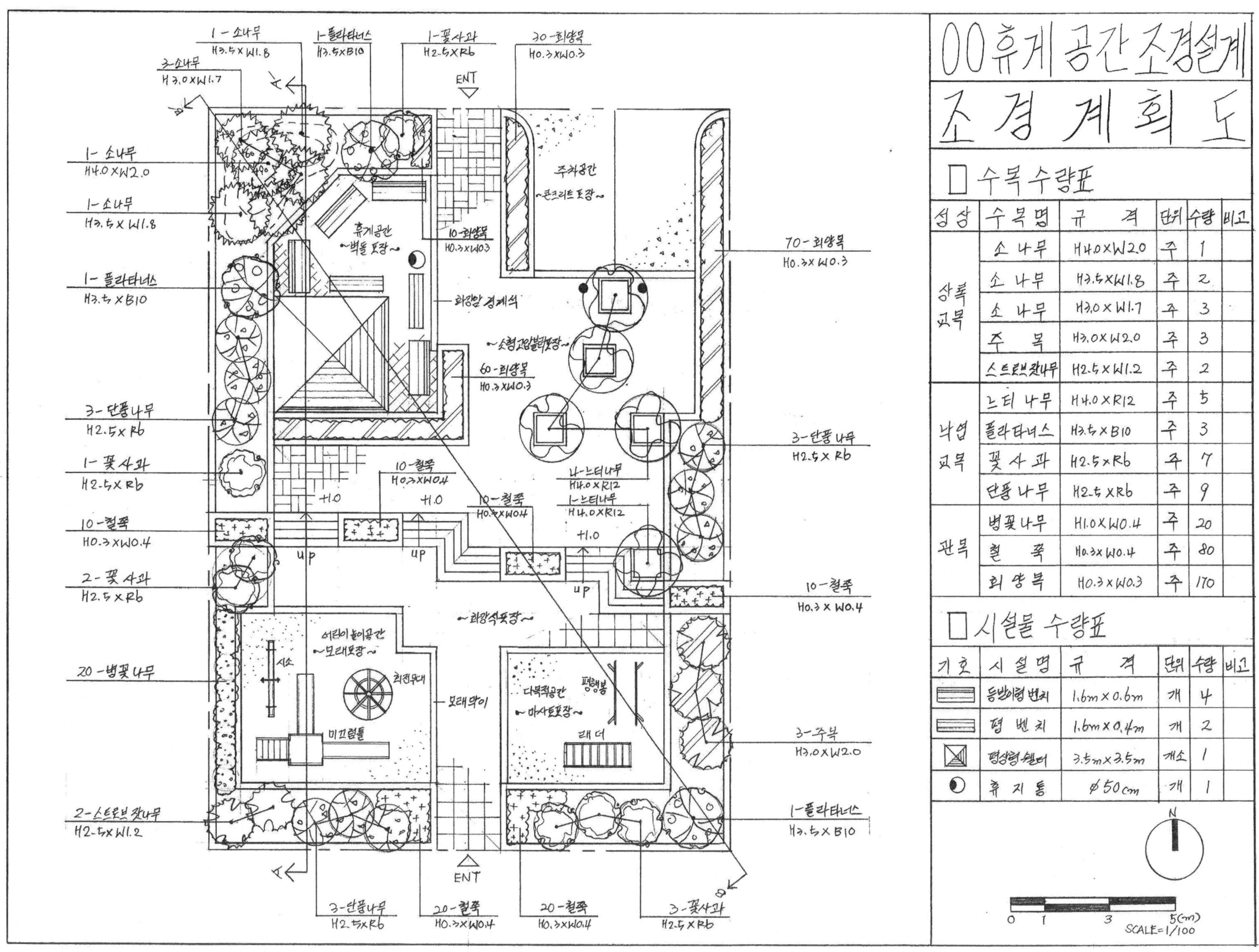

단면도(모범답안)

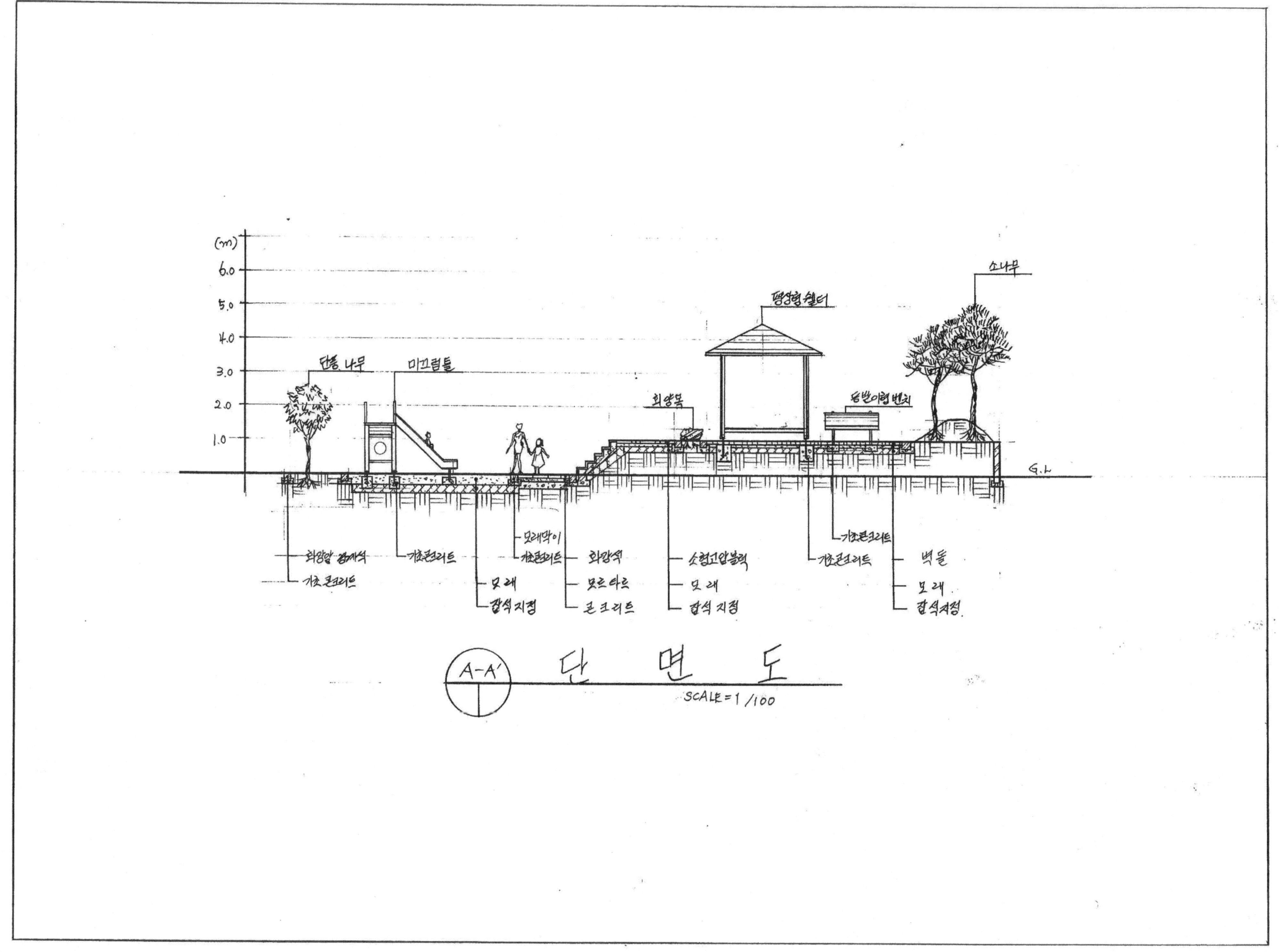

단면도(모범답안)

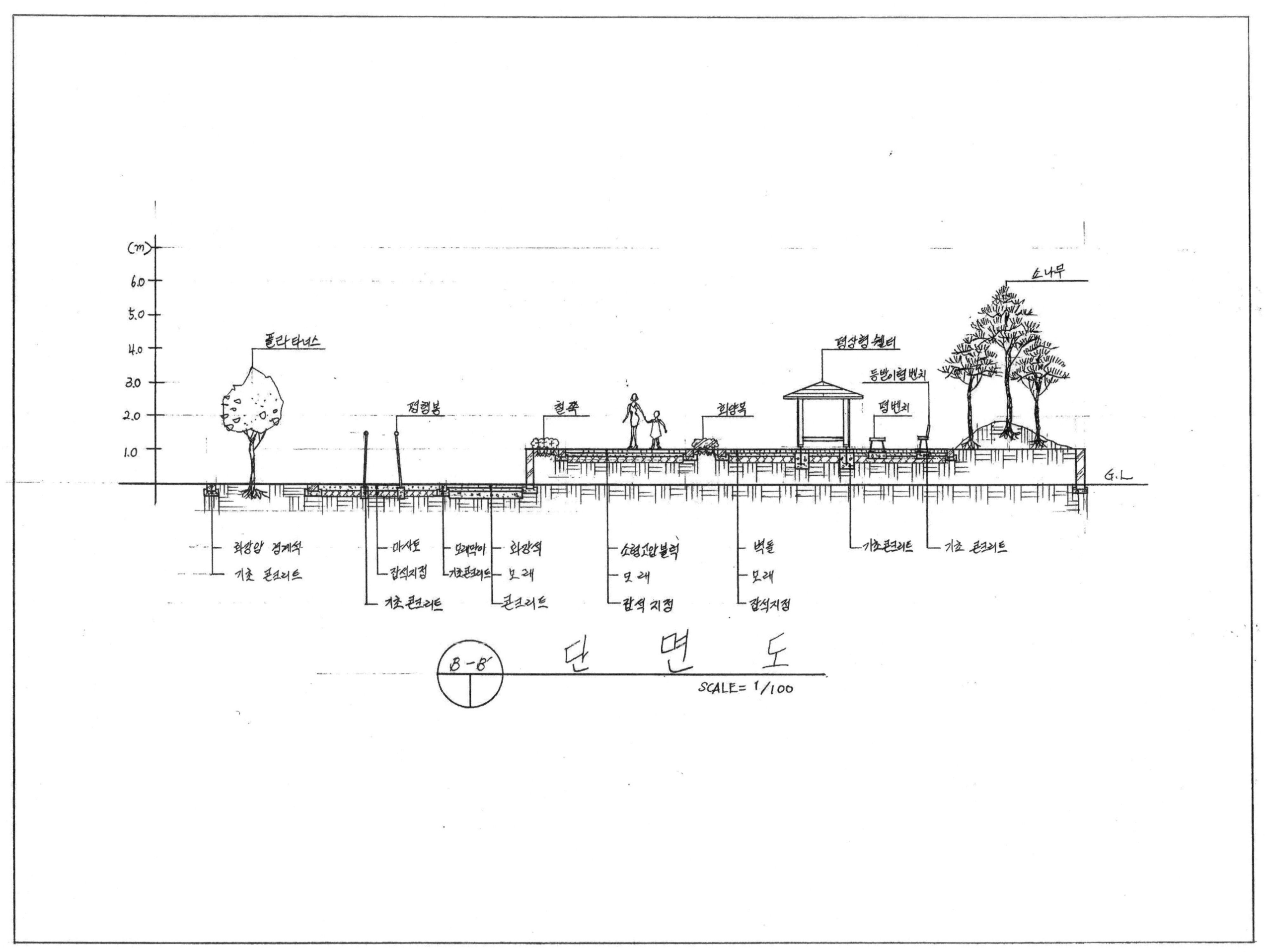

■ **문제해설(평면도)**

1. 제일 먼저 (설계문제) 부분부터 살펴보면 중북부지방에 식재를 하라고 했기 때문에 (요구 조건) 10번 문제부터 살펴보아야 한다. 동백나무, 광나무, 꽝꽝나무는 남부지방 수종이기 때문에 본 대상지에 식재하면 안된다.
2. (요구 사항) 부분을 살펴보면 조경계획도를 1/100으로 작성하라고 했기 때문에 표제란의 두 번째 작업명칭에 "조경계획도"라고 기재해준다.
3. 작업명칭을 "○○휴게공간조경설계" 라고 작성하였고, 표제란에 수목수량표와 시설물수량표를 작성하였다.
4. (요구 조건) 부분을 살펴보면 "가", "나"가 있는 지역은 "다", "라"가 있는 지역보다 1.0m가 높다고 했으므로, 기준(점표고가 0m인 지역)을 잡아주어야 한다. "~보다"라는 말이 있는 공간이 기준(점표고가 0m인 지역)이 된다. 그러므로 점표고는 "다", "라"공간이 0m 이고, "가"와 "나"가 있는 공간이 +1.0m 가 된다.
5. 각 공간 중 휴게공간은 '벽돌포장', 주차공간은 '콘크리트포장', 어린이놀이공간은 '모래포장', 다목적공간은 '마사토포장'으로 포장하였고, 단 차이가 나는 원로의 포장도 '소형고압블럭포장' 과 '화강석포장'으로 구분하였다. 각 공원은 포장의 재료가 다르기 때문에 포장이 변경되는 장소에는 화강암 경계석을 넣어주어야 한다.
6. 휴게공간에 평상형쉘터(3.5m×3.5m) 1개소, 등받이형 벤치(1.6m×0.6m) 4개, 평벤치(1.6m×0.4m) 2개, 휴지통(지름 50cm) 1개를 규격과 모양에 맞추어 설치하였다. 시설물수량표를 작성할 때 단위에서 "개", "개소" 부분은 문제에서 주어진 대로 기재하여야 한다.
7. "나"공간은 주차공간으로 소형승용차 2대의 공간으로 설계하였다. 일반적인 소형차의 규격은 2.3m×5.0m 이상이기 때문에 2.5m×5.0m 2대의 주차공간이 설계된다. 또한 주차장의 좌우측 녹지 부분에는 관목을 식재하였다. 교목을 식재하기에는 공간도 부족하고 교목을 식재하면 수목의 높이 때문에 다른 차량이 보이지 않아 사고의 위험이 있어서 관목을 식재해 주는 것이 좋다.
8. "다"공간은 어린이놀이공간으로 어린이 놀이시설 3종(시소, 회전무대, 미끄럼틀)을 규격에 맞추어 설치하였다. 어린이 놀이시설은 시험에서 자주 출제되기 때문에 3종 이상 평면도로 그릴 수 있어야 한다.
9. "라"공간은 다목적공간으로 '마사토포장'을 하고, 운동시설 2종(평행봉, 래더)을 설치하였다. 각 공간에 다른 재료를 사용하여 포장을 달리 해야 하기 때문에 각 포장별 평면도 포장기호와 디자인을 기억해야 한다.
10. 수목보호대(1.0m×1.0m)가 있는 장소에 녹음수인 느티나무를 식재하였다(수목보호대가 있는 장소에 지하고가 2.0m 이상인 수목을 식재하라고 하면, 낙엽수 중에서 가장 수고가 높은 수목을 식재해주면 된다).
11. 녹지공간 중 좌측 상단(북서쪽)에 90cm 정도로 마운딩을 해주고, 평면도상에 점표고(+30, +60, +90)를 표시해주며, 소나무를 군식 하였다(소나무 군식 부분은 앞 부분에서 많이 설명되었기 때문에 본 문제에서는 설명을 생략한다).
12. 입구(ENT)부분에 관목을 사용하여 유도식재를 하였고, 낙엽교목을 식재하여 녹음식재와 경관식재를 하였다.
13. 식재설계는 남부수종인 동백나무, 광나무, 꽝꽝나무를 제외하고 10종을 선정하여 식재하였으며, 마운딩 장소에 규격이 다른 소나무 3종을 사용하였더라도 실제 사용한 소나무는 1종이 되므로 유의해야 한다.

■ 문제해설(단면도)

1. A-A' 단면도와 B-B' 단면도를 같이 출제하였다. 실제 기능사 시험에서는 단면도를 2개 그리라는 문제는 출제되지 않으며, 연습할 때만 2가지 방법으로 연습을 해보면 된다. 시험에서 A-A'단면도와 B-B'단면도는 혼돈을 주기위해 B-B' 단면도라는 문제가 주어지며, A-A'단면도와 글씨만 다르지 그리는 방법은 동일하다.

2. A-A' 단면도부터 살펴보면 제일먼저 평면도의 부지외곽선(화강암 경계석)이 있고, 수고 2.5m인 단풍나무와 그 다음으로 화강암 경계석이 있다.

3. 다음으로 어린이놀이공간에 '모래포장'이 있다. 어린이놀이공간에 미끄럼틀이 단면도선에 걸리게 되므로 미끄럼틀을 단면으로 그릴 수 있어야 한다. 어린이놀이공간의 미끄럼틀 기초부분도 단면도 상에 표시가 되어야 하며, 모래포장도 단면도로 표현되어야 한다. 단면도로 어린이 놀이시설을 1종이상은 그릴 수 있어야 한다.

4. 어린이놀이공간은 '모래포장'이기 때문에 화강암 경계석 대신 모래막이를 설치하였다. 화강암 경계석과 모래막이는 재료와 디자인에서 차이가 있기 때문에 모래막이에 약간의 디자인을 하여 화강암 경계석과는 차별을 두었다. 화강암 경계석과 모래막이는 재료와 재료명이 다르기 때문에 인출선을 별도로 뽑아 재료명을 명기해 주었다.

5. 다음으로 '화강석포장'을 지나가고, 계단이 나온다. 계단 그리는 방법을 기억해야 하며, 평면도에서 계단의 선이 그어진 만큼 계단의 단이 그려져야 한다. 평면도 모범답안에서는 5단의 계단으로 계단이 설계되었다.

6. 계단 다음은 점표고가 1.0m인 공간이고 포장은 '소형고압블럭포장'이다. 다음으로 화강암 경계석이 있고 회양목이 식재되어있다. 평면도와 단면도상 같은 위치에 있는 포장의 포장명을 다르게 기재하면 감점요인이 되므로 유의하여 작성하여야 한다.

7. 다음으로 화강암 경계석이 있고, 휴게공간으로 접어들어 평상형쉘터가 있다. 평상형쉘터는 파고라와 다르게 파고라 같은 시설물 안에 평상이 있는 것이 특징이다. 그러므로 평상형쉘터 안에는 평상을 한 줄로 그어주면 좋은 답이 된다. 단면도 모범답안 평상형쉘터 부분을 참조한다.

8. 다음으로 등받이형벤치가 정면으로 걸리며, 휴게공간은 '벽돌포장'이므로 휴게공간 전체에 '벽돌포장'이 되어야 한다.

9. 휴게공간 다음으로 화강암 경계석이 있고, 마운딩 된 곳에 소나무 군식이 되어있다. 소나무 군식을 단면도에 표시를 할 때에는 마운딩으로 등고선 조작한 것을 점표고에 맞춰 잘 표시되어야 하며, 점표고에 소나무의 수고를 합쳐 최종적으로 소나무가 그려져야 한다. 소나무 군식 다음으로 화강암 경계석이 있다. 또한 (요구 사항) 5번에 이용자를 나타내라고 했으므로 이용자를 단면도상에 그려주었다.

10. 마지막으로 G.L.선(Ground Line)을 확인하고 인출선을 살펴보며, A-A' 단면도라는 글씨와 스케일을 기재해준다.

11. B-B'의 단면도를 살펴보면 본 문제에서는 조금 더 어렵고 당황하게 하기 위해서 대각선으로 단면도선을 제시하였다. 대각선 단면도가 출제되면 평면도의 종이를 비스듬히 놓고 단면도 답안지 종이의 G.L.선과 평면도의 단면도선을 평행하게 맞추어 각각의 위치에 맞춰 단면도를 그려주면 된다.

12. B 부분부터 살펴보면 제일 먼저 화강암 경계석이 있고, 다음으로 수고 3.5m인 플라타너스가 식재되어 있다. 화강암 경계석 아래 기초 콘크리트 부분도 표시되어야 한다.

13. 다음으로 화강암 경계석이 있고 다목적공간이 나온다. 다목적공간은 '마사토포장'이 되어있으며, 평행봉이 측면으로 그려져야 한다. 평행봉의 측면 모습과 평행봉의 기초부분을 자세히 그렸으며, 비록 단면도선이 대각선으로 그려지더라도 평면도상 단면도선의 폭만큼 단면도에 시설물을 그려주면 된다.

14. 다음으로 '화강석포장'이 있으며 단 차이가 있는 공간에 철쭉이 식재되었다. 본 도면에서는 단 차이(1.0m)를 주고 그 위에 철쭉을 식재하였다. 단 차이가 나는 부분을 사선으로 그어주고 그 사선 위에 철쭉을 식재해 주어도 틀린 답은 아니다.
15. 단 차이가 있는 부분을 지나 '소형고압블럭포장'이 그려졌으며, (요구 사항) 5번에 이용자를 그리라고 했기 때문에 이 부분에 이용자를 그려주었다.
16. 다음으로 화강암 경계석이 있고 회양목이 식재되어 있으며, 화강암 경계석이 있다.
17. 휴게공간에는 '벽돌포장'이 포장되어 있고, 평상형쉘터와 평벤치가 측면으로 그려진다. 평상형쉘터와 평벤치를 측면으로 그릴 수 있어야 한다.
18. 다음으로 화강암 경계석이 있고, 마운딩 장소에 소나무 군식이 되어있다. 그리고 화강암 경계석이 있다.
19. 각 시설명 및 수목명을 기재해 준다(G. L. 선 윗부분의 시설명 및 수목명은 제일 높은 것(교목 및 시설물 중 높은 것), 중간 것(작은 교목 등), 낮은 것(관목, 시설물 중 낮은 것)으로 구분하여 3단으로 기재해주는 것이 통일성 있고 깔끔하게 보인다).
20. G. L.선 아랫부분은 각 시설물의 재료에 점(•)을 찍고 인출선을 뽑아 기재되어야 한다. 재료 인출선은 가선을 그어 줄을 맞춰서 기재해주면 깔끔하고 아름다운 도면이 된다.
21. 마지막으로 B-B' 단면도라고 기재하고, 스케일을 기재해준다.

05 휴게공간조경설계

- **설계문제** : 다음 설계부지는 중북부지방에 위치한 휴게공간에 대한 조경설계를 하고자 한다. 아래에 주어진 요구 조건을 반영하여 도면을 작성하시오.

- **(현황도면)** 주어진 도면을 참조하여 요구사항 및 조건들에 적합한 조경계획도 및 단면도를 작성하시오. 일점쇄선 안 부분이 설계대상지이며, 주변 현황은 도면에 그대로 옮겨준다.

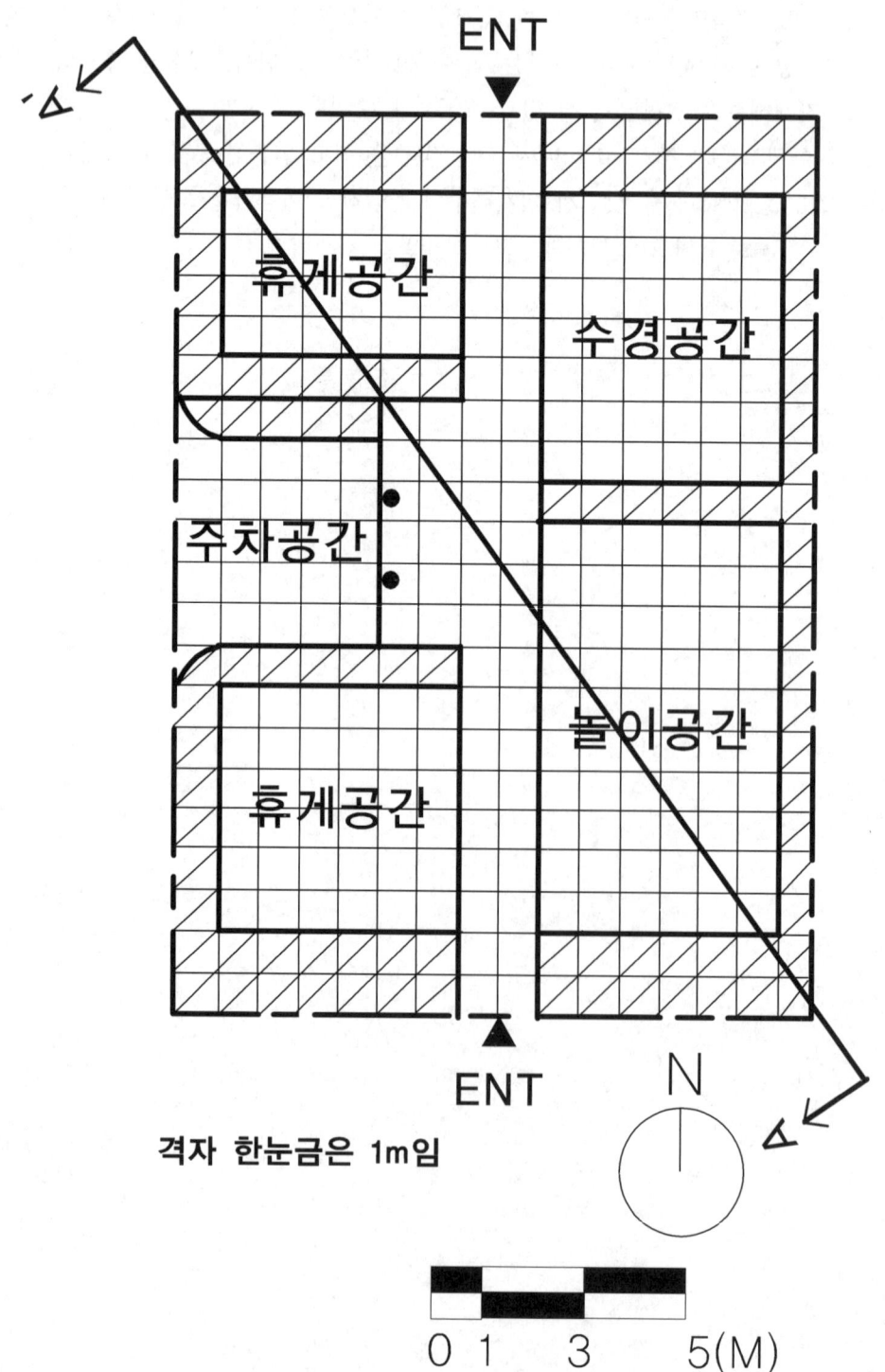

격자 한눈금은 1m임

■ (요구 사항)

1. 식재평면도를 위주로 한 조경계획도를 축척 1/100으로 작성하시오.(지급용지 1)
2. 도면 우측 표제란에 작업명칭을 "OO휴게공간조경설계"라고 작성하시오.
3. 표제란에는 "수목수량표"와 "시설물수량표"를 작성하고, 수량표 아래쪽에는 방위표시와 막대축척을 그려 넣는다.
4. "수목수량표"에는 수목의 성상별로 상록교목, 낙엽교목, 관목으로 구분하여 작성하시오.
5. A-A' 단면도를 축척 1/100으로 작성하시오(단, 시설물의 기초, 포장재료, 계단, 중요시설물, 경계석, 본 대상지를 이용하는 이용자 등을 단면도상에 나타내시오).(지급용지 2)

■ (요구 조건)

1. 설계 대상지의 현황이 휴게공간이라는 것을 고려하여 조경설계를 하시오.
2. 각 휴게공간은 파고라(3,500×3,500) 1개소, 등받이형 벤치(1,600×600) 4개, 평벤치(1,600×400) 2개, 휴지통(지름 500) 1개를 설치하시오.
3. 수경공간은 수경시설을 설치하시오(수경공간의 전체 공간은 연못으로 물 표현을 해주고, 연못의 깊이는 1.0m로 하며, 분수를 1개 설치한다).
4. 주차공간은 소형승용차(2,500×5,000) 2대가 주차할 수 있는 공간으로 설계하시오.
5. 놀이공간은 어린이놀이터로 설계하고, 어린이놀이시설을 3종 이상 설치하시오.
6. 각 공간의 포장은 포장재료를 달리 하여 모래, 마사토, 콘크리트, 투수콘크리트, 보도블록, 소형고압블록, 벽돌, 점토벽돌 중에서 선택하여 포장한다(단, 포장 디자인은 2-3군데 상징적으로 해주며, 평면도에는 포장명을 단면도상에는 포장 재료를 기재해준다).
7. 이용자의 통행이 잦은 것을 고려하여 유도식재, 녹음식재, 경관식재 등을 적당한 장소에 배식하시오.
8. 식재설계는 아래수종에서 10종 선정하여 식재한다.

> 소나무(H4.0×W2.0), 소나무(H3.5×W1.8), 소나무(H3.0×W1.7), 주목(H3.0×W2.0)
> 스트로브잣나무(H2.5×W1.2), 가문비나무(H2.5×W1.2), 꽃사과(H2.5×R6)
> 느티나무(H4.0×R12), 동백나무(H2.5×R8), 플라타너스(H3.5×B10)
> 단풍나무(H2.5×R6), 광나무(H2.5×R8), 병꽃나무(H1.0×W0.4), 회양목(H0.3×W0.3)
> 개나리(H0.3×W0.4), 철쭉(H0.3×W0.4), 산철쭉(H0.3×W0.4), 꽝꽝나무(H0.3×W0.3)

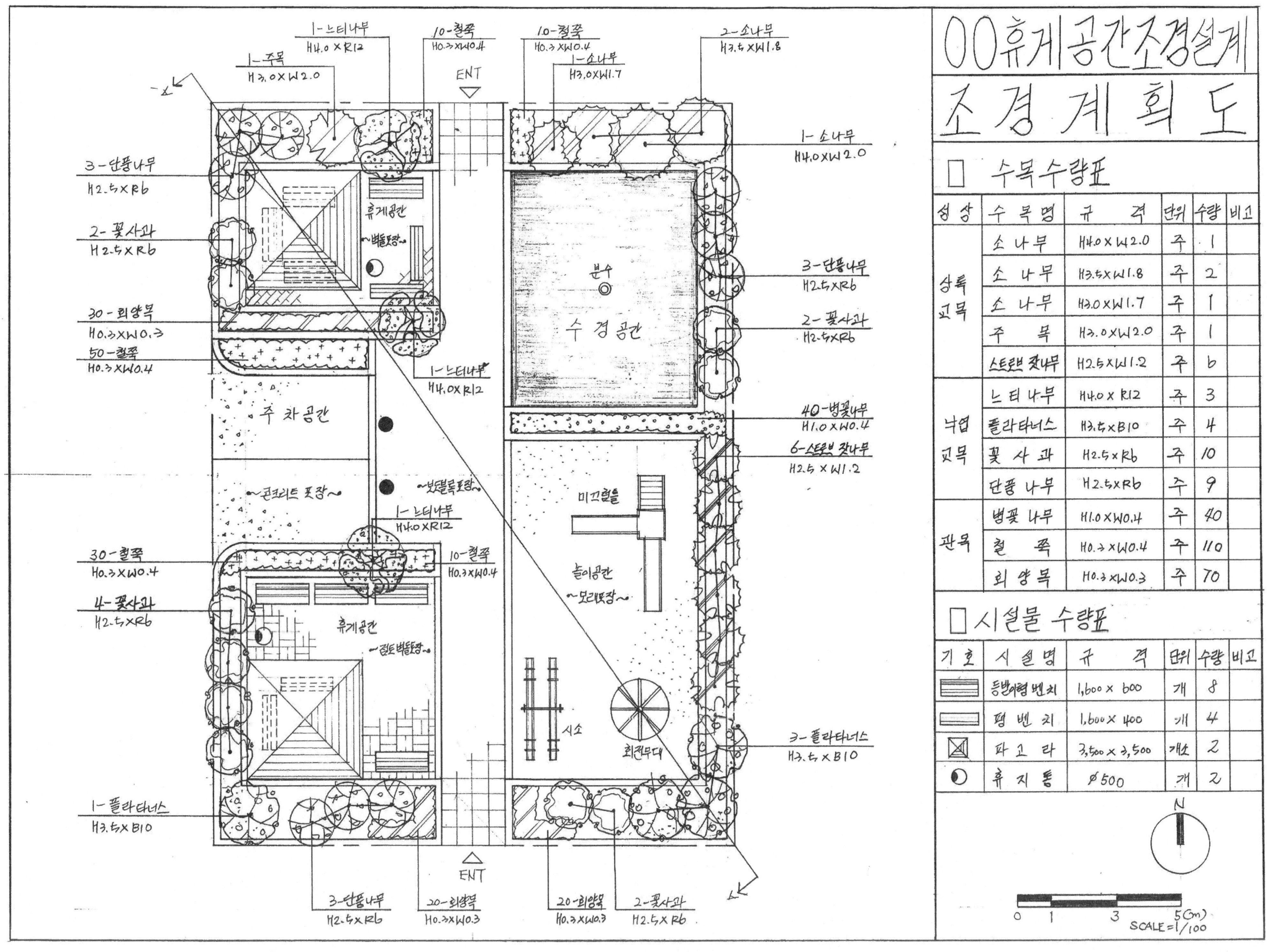

단면도(모범답안)

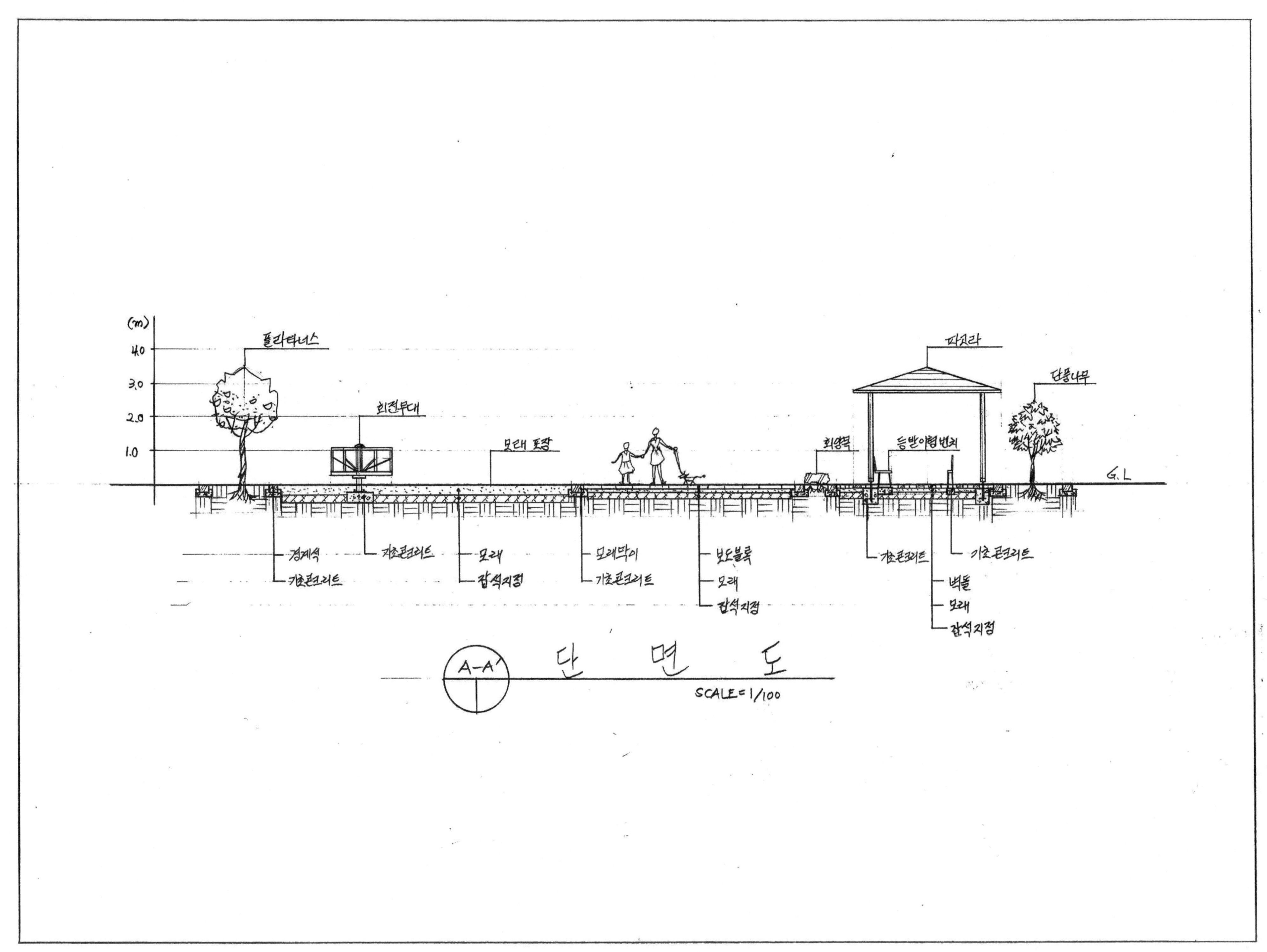

A-A' 단면도 SCALE=1/100

■ 문제해설(평면도)

1. 제일 먼저 설계문제의 조건을 보면 중북부지방에 설계하라고 했기 때문에 (요구 조건)의 8번 문제에서 동백나무, 광나무, 꽝꽝나무는 남부수종이기 때문에 중북부지방에 설계되어서는 안된다.
2. 본 문제에서는 휴게공간이 2군데이다. 각 휴게공간은 파고라(3,500×3,500) 1개소, 등받이형 벤치(1,600×600) 4개, 평벤치(1,600×400) 2개, 휴지통(지름 500) 1개를 설치하라고 했기 때문에 규격에 맞추어 각각의 휴게공간에 시설물을 설치해 주었다.
3. 수경공간(북동쪽)은 수경공간의 중앙에 분수를 1개 설치하고 물 표현을 해주었다.
4. 주차공간(서쪽)은 소형승용차(2,500×5,000) 2대가 주차할 수 있는 공간으로 설계하였고, '콘크리트포장'을 하였다. 또한 주차공간의 남쪽과 북쪽의 녹지공간에 수고 0.3m인 철쭉 관목을 식재하였다. 주차공간 주변 녹지공간에는 되도록 관목을 식재해주어야 주차장에서 지나가는 차량을 잘 볼 수 있어 사고를 예방할 수 있다.
5. 놀이공간(남동쪽)은 어린이놀이터로 설계하였고, 어린이놀이시설 3종(미끄럼틀, 시소, 회전무대)을 설치하였으며, '모래포장'을 하였다. 평면도 모범답안처럼 되도록이면 시설물 중 1개는 단면도선에 걸려서 그려주는 것이 좋다. 또한 3개를 배치할 때에는 정삼각형으로 보기 좋게 배치해 주는 것이 좋다.
6. 각 공간의 포장은 포장재료를 달리 하여 휴게공간1은 '벽돌포장', 주차공간은 '콘크리트포장', 휴게공간2는 '점토벽돌포장', 놀이공간은 '모래포장'을 하였다. 많은 종류의 포장이 나오기 때문에 각각의 포장 평면도 그리는 방법과 디자인을 기억해야 한다.
7. 인출선을 바르게 뽑아 주고, 표제란을 규격에 맞추어 정확하게 작성해준다.
8. 방위표와 스케일바, 스케일을 규격에 맞추어 설계해준다.

■ 문제해설(단면도)

1. A-A'단면도를 작성해야 한다. 제일 먼저 답안지 용지에 외곽선을 긋고, 열십자(+)로 가선을 그어 답안용지의 중심선을 잡는다.
2. 평면도상 단면도선(A-A')에 맞추어 단면도 답안지 가로 중심선에 G. L.선을 긋는다.
3. G. L. 선에 수직으로 점표고를 표기해주고(1.0, 2.0, 3.0, 4.0, (m)), 수고를 따라 평행하게 가선을 그어 각 시설물 및 수목의 수고를 파악하기 위한 선을 그어준다.
4. 이제 단면도 그릴 기본준비가 끝났으니 평면도의 단면도선 A부분부터 단면도를 그려본다.
5. 제일 먼저 평면도의 외곽부분에 해당하는 장소에 경계석을 그려주고 수고 3.5m인 플라타너스를 그려준다. 경계석의 기초부분도 자세하게 표현되어야 한다.
6. 다음으로 경계석이 있고, 놀이공간에 '모래포장'이 그려져야 한다. 또한 단면도에 회전무대가 걸렸기 때문에 회전무대를 그려주었다. 회전무대의 기초부분도 표현이 되어야 한다. 단면도 모범답안에서는 모래포장의 G. L.선 윗부분이 허전하기 때문에 인출선을 사용하여 G. L.선의 윗부분에 '모래포장'이라고 포장명을 기재해 주었다.
7. 다음으로 원로에 '보도블록포장'이 되어있으며, 다음으로 경계석이 있고 회양목이 식재되어 있으니, 다음으로 경계석이 있다. 문제에서 이용자를 표현하라고 했으므로 이 공간에 이용자를 표현하였다.
8. 다음으로 휴게공간에 '벽돌포장'이 되어있으며, 휴게공간 안에 파고라와 등받이형벤치를 규격에 맞춰 그려주어야 한다. 휴게공간 다음으로 경계석이 있고 수고 2.5m인 단풍나무와 경계석이 있다.
9. G. L.선 윗부분의 각 시설물 및 수목에 인출선을 뽑아 시설명 및 수목명을 기재해주고, G. L.선 아랫부분의 재료 중앙에 점(•)을 찍고 인출선을 뽑아 재료명을 기재해준다.
10. 마지막으로 A-A' 단면도라고 기재해주고, 스케일을 기재해준다.

06 도로변휴게공간조경설계

- **설계문제** : 다음 설계부지는 중북부지방에 위치한 도로변휴게공간에 대한 조경설계를 하고자 한다. 아래에 주어진 요구 조건을 반영하여 도면을 작성하시오.

- **(현황도면)** 주어진 도면을 참조하여 요구사항 및 조건들에 적합한 조경계획도 및 단면도를 작성하시오. 일점쇄선 안 부분이 설계대상지이며, 주변 현황은 도면에 그대로 옮겨준다.

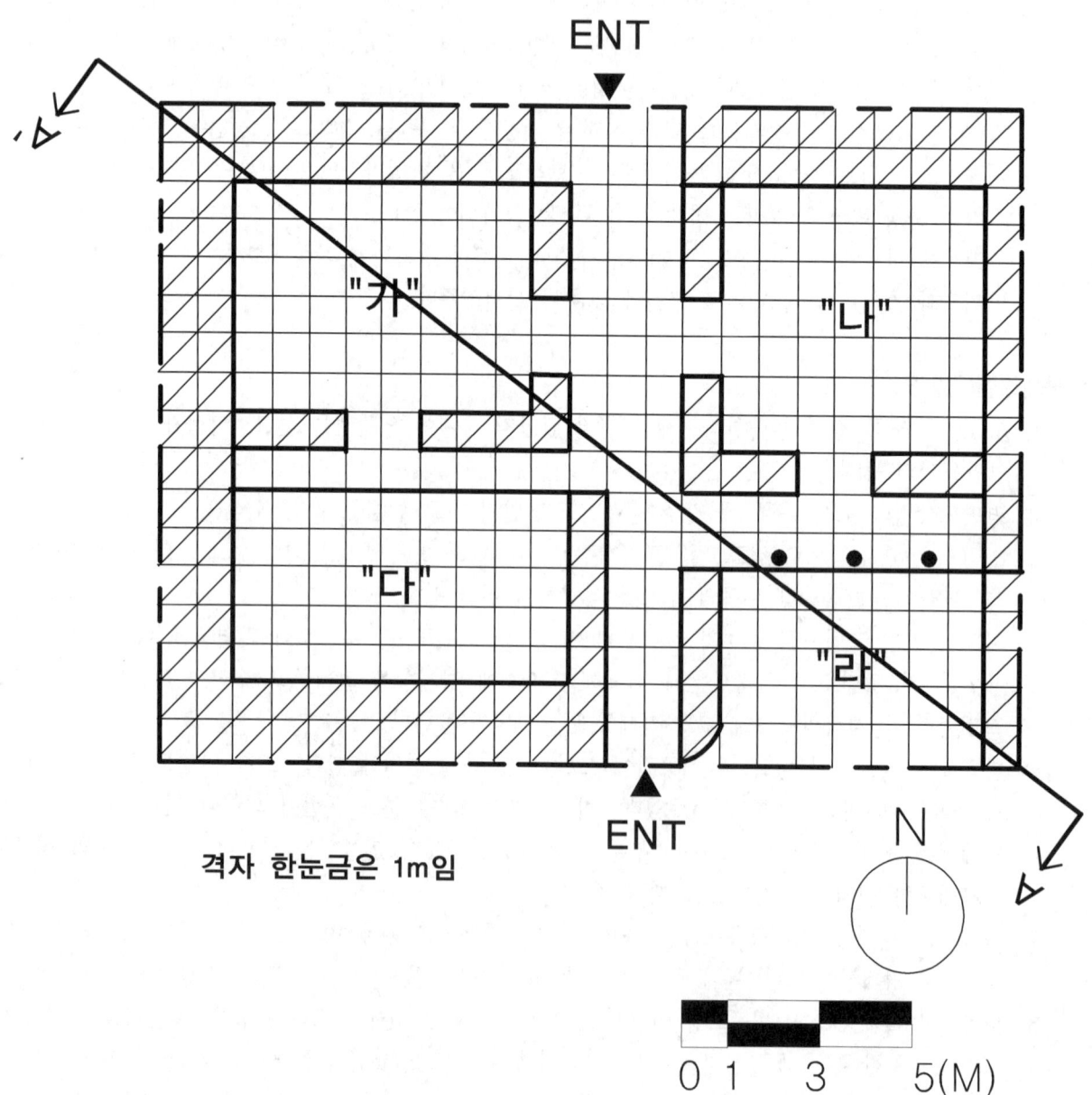

- **(요구 사항)**
    1. 식재평면도를 위주로 한 조경계획도를 축척 1/100으로 작성하시오.(지급용지 1)
    2. 도면 우측 표제란에 작업명칭을 "OO도로변휴게공간조경설계"라고 작성하시오.
    3. 표제란에는 "수목수량표"와 "시설물수량표"를 작성하고, 수량표 아래쪽에는 방위표시와 막대축척을 그려 넣는다.
    4. "수목수량표"에는 수목의 성상별로 상록교목, 낙엽교목, 관목으로 구분하여 작성하시오.
    5. A-A' 단면도를 축척 1/100으로 작성하시오(단, 시설물의 기초, 포장재료, 중요시설물, 경계석, 본 대상지를 이용하는 이용자 등을 단면도상에 나타내시오).(지급용지 2)

- **(요구 조건)**
    1. 설계 대상지의 현황이 도로변 휴게공간이라는 것을 고려하여 조경설계를 하시오.
    2. "가" 공간은 휴게공간으로 이용자들의 편안한 휴식을 위해 파고라(3,500×3,500) 1개소, 평상형쉘터(3,000×3,000) 1개소와 앉아서 쉴 수 있게 등받이형 벤치(1,600×600) 2개, 평벤치(1,600×400) 2개, 휴지통(지름 500) 1개를 설치하시오.
    3. "나" 공간은 다목적공간으로 설계하시오.
    4. "다" 공간은 어린이놀이공간으로 어린이놀이시설을 3종 이상 배치하시오.
    5. "라" 공간은 주차공간으로 소형승용차 3대가 주차할 수 있는 공간으로 설계하시오.
    6. 각 공간의 포장은 포장재료를 달리 하여 모래, 마사토, 콘크리트, 투수콘크리트, 보도블록, 소형고압블록, 벽돌, 점토벽돌 중에서 선택하여 포장한다(단, 포장 디자인은 2-3군데 상징적으로 해주며, 평면도에는 포장명을 단면도상에는 포장 재료를 기재해준다).
    7. 이용자의 통행이 잦은 것을 고려하여 유도식재, 녹음식재, 경관식재 등을 적당한 장소에 배식하시오.
    8. 포장지역을 제외한 곳에는 되도록 식재를 하시오.
    9. 식재설계는 아래수종에서 10종 선정하여 식재한다.

    > 소나무(H4.0×W2.0), 주목(H3.0×W2.0), 스트로브잣나무(H2.5×W1.2)
    > 가문비나무(H2.5×W1.2), 꽃사과(H2.5×R6), 느티나무(H4.0×R12)
    > 동백나무(H2.5×R8), 플라타너스(H3.5×B10), 단풍나무(H2.5×R6)
    > 광나무(H2.5×R8), 병꽃나무(H1.0×W0.4), 회양목(H0.3×W0.3), 개나리(H0.3×W0.4)
    > 명자나무(H0.3×W0.3), 철쭉(H0.3×W0.4), 꽝꽝나무(H0.3×W0.3)

평면도(모범답안)

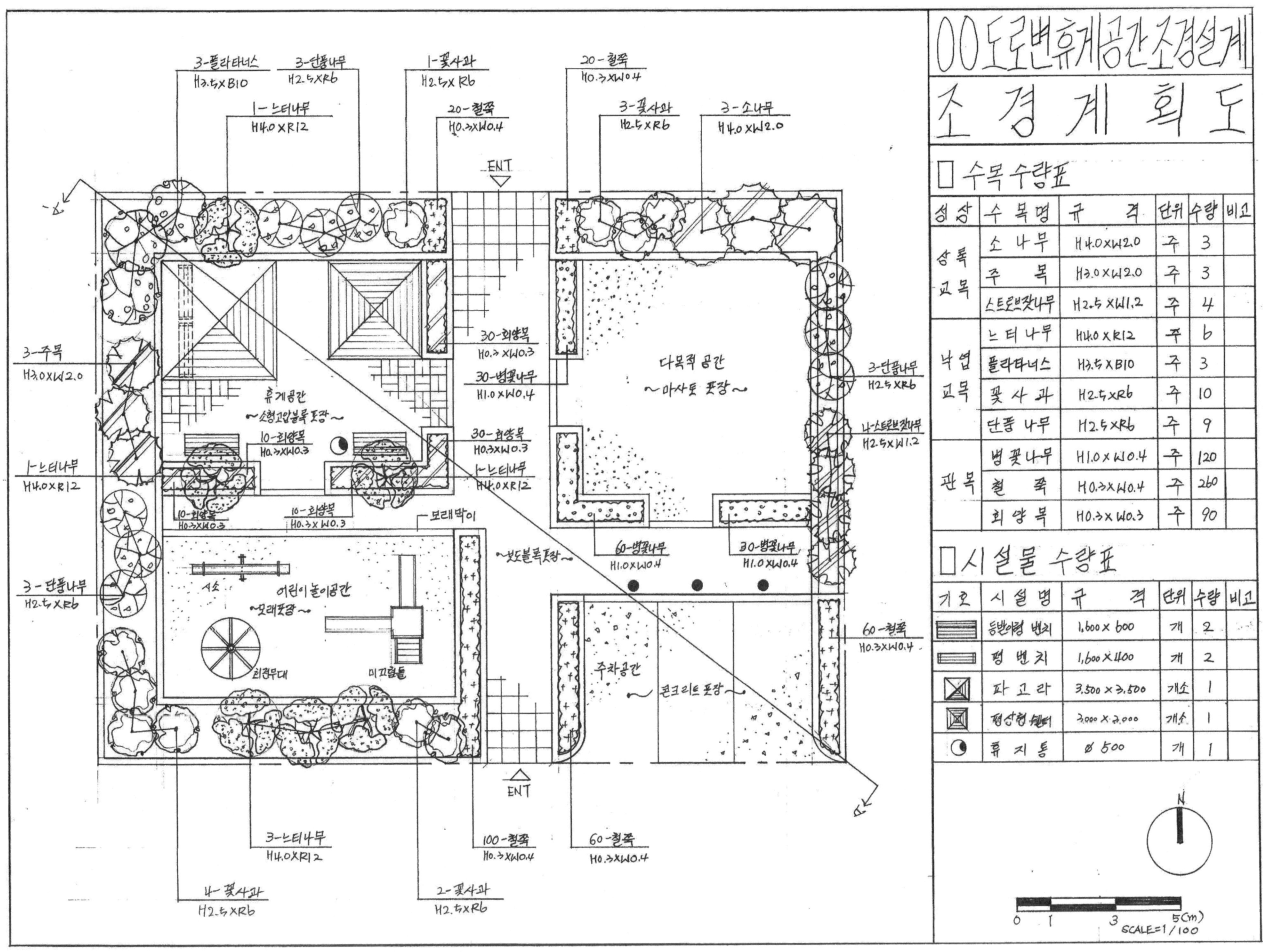

단면도(모범답안)

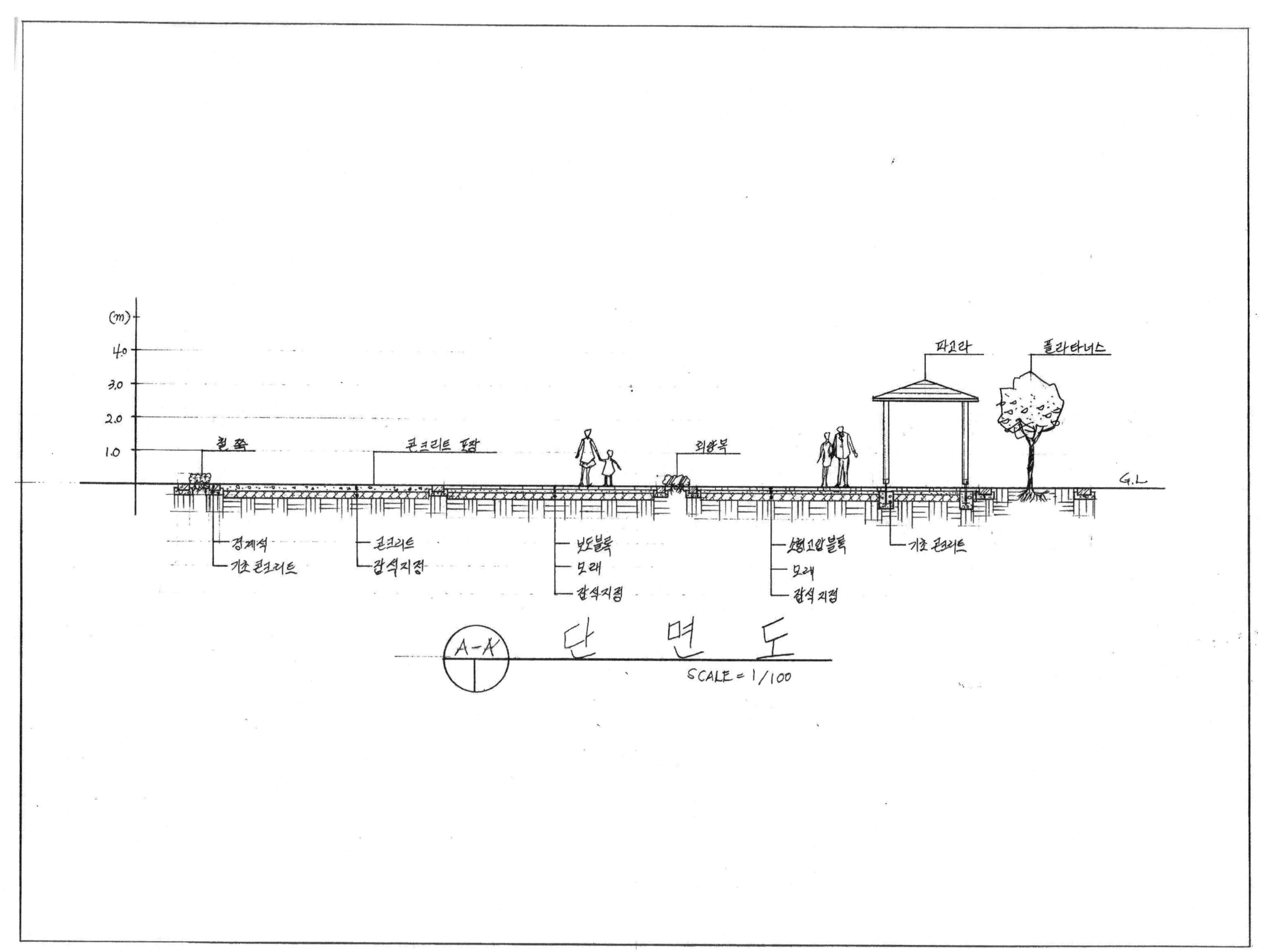

■ 문제해설(평면도)

1. 현황도를 답안지의 중앙에 오게 확대하여 배치하고 외곽은 일점쇄선으로 하라고 했기 때문에 일점쇄선으로 외곽선을 그어 주었고, 현황도에 나와 있는 글씨를 그대로 기재하며, 각 공간을 구획하였다. 또한 단면도선을 현황도에 나와 있는 데로 그려주었다. 제일먼저 중북부지방에 설계하라고 했기 때문에 (요구 조건)의 9번 문제에서 동백나무, 광나무, 꽝꽝나무는 남부수종이기 때문에 중북부지방에 설계되어서는 안된다.
2. "가" 공간은 휴게공간으로 파고라(3,500×3,500) 1개소, 평상형쉘터(3,000×3,000) 1개소, 등받이형 벤치(1,600×600) 2개, 평벤치(1,600×400) 2개, 휴지통(지름 500) 1개를 규격과 모양에 맞춰 설계하였고, '소형고압블록포장'을 하였다. 시설물의 단위인 "개소"와 "개"는 문제에서 주어진 대로 기재해 주어야 한다.
3. "나" 공간은 다목적공간으로 설계하였고, '마사토포장'을 하였다.
4. "다" 공간은 어린이놀이공간으로 어린이놀이시설 3종(시소, 회전무대, 미끄럼틀)을 설계하였고, '모래포장'을 하였다. 어린이놀이시설은 자주 출제되는 부분이기 때문에 그리는 방법을 꼭 숙지해야 시간도 절약되고 좋다.
5. "라" 공간은 주차공간으로 소형승용차(2.5m×5.0m) 3대가 주차할 수 있게 설계하였고, '콘크리트포장'을 하였다. 주차공간 설계방법은 평면도 모범답안을 참고하여 잘 그려주어야 한다.
6. 각 공간의 포장은 포장재료를 달리 하여 휴게공간은 '소형고압블록포장', 다목적공간은 '마사토포장', 어린이놀이공간은 '모래포장', 주차공간은 '콘크리트포장'으로 설계하였다. 또한 각 포장은 모서리 부분에 2군데만 상징적으로 디자인 하고 포장명을 기재하였다. 각 포장의 디자인 방법을 꼭 숙지하여 아름답고 정확하게 포장을 그려주어야 한다.
7. 이용자의 통행이 잦은 것을 고려하여 입구부분에 관목으로 유도식재, 녹지공간에 녹음식재, 녹지공간에 경관식재를 하였다.
8. 남부수종을 제외하고 상록교목 3종, 낙엽교목 4종, 관목 3종 총 10종을 식재하였다. 수목수량표에 수목을 기재할 때에는 각 성상별로 수고가 높은 것을 윗부분에 배치하는 것이 좋다.
9. 시설물수량표에는 규격이 나와 있는 시설물만 기재하였고, 규격이 없는 시설물은 도면의 시설물 옆 부분에 직접 시설명을 기재하였다.
10. 마지막으로 방위표와 스케일바를 그려주고, 스케일을 기재해준다.

■ 문제해설(단면도)

1. A-A'단면도를 작성해야 한다. 제일 먼저 답인지 용지에 외곽선을 긋고, 열십자(+)로 가선을 그어 중심선을 잡는다.
2. 평면도상 단면도선(A-A')에 맞추어 단면도 답안지 가로 중심선에 G. L.선을 긋는다.
3. G. L. 선에 수직으로 점표고를 표기해주고(1.0, 2.0, 3.0, 4.0, (m)), 수고를 따라 평행하게 가선을 그어 각 시설물 및 수목의 수고를 파악하기 위한 선을 그어준다.
4. 이제 단면도 그릴 기본준비가 끝났으니 평면도의 단면도선 A부분부터 단면도를 그려본다.
5. 제일 먼저 평면도의 외곽부분에 해당하는 장소에 경계석을 그려주고 수고 0.3m인 철쭉을 폭과 수고에 맞춰 그려준다. 경계석의 단면을 표현해야 하며, 경계석의 재료명도 기재가 되어야 한다.
6. 다음으로 경계석이 있고 다음으로 주차공간에 '콘크리트포장'과 경계석이 있다. '콘크리트포장'의 상세도를 그릴 수 있어야 한다. 본 도면에서 주차공간의 G. L.선 윗부분이 허전하기 때문 '콘크리트포장'이라고 인출선을 뽑아 포장 상부에 포장명을 기재해주었다.

7. 다음으로 원로에 '보도블록포장'이 그려지고, 이용자를 '보도블록포장' 부분에 그려주었다. 이용자를 그리라고 문제에서 출제되는 경우가 자주 있으므로 이용자를 쉽고 빠르게 깔끔하게 그리는 방법을 연습한다.
8. 회양목을 수고와 폭에 맞춰 그려주고, 휴게공간에 '소형고압블록포장'을 그려주었으며, 파고라를 평면도상의 단면도선 폭에 맞춰 그려주었다. 휴게공간에 이용자를 다시 한 번 그려주었다.
9. 녹지부분 양 옆에 경계석을 그려주고, 플라타너스를 수고와 규격에 맞추어 그려주었다.
10. G. L.선 윗부분의 각 시설물 및 수목에 인출선을 뽑아 시설명 및 수목명을 기재해주고, G. L.선 아랫부분의 재료 중앙에 점(•)을 찍어 인출선을 사용하여 재료명을 기재해준다. G. L.선 윗부분의 인출선은 수목 및 시설물의 높이가 높은 것은 높게, 낮은 것은 낮게 통일시켜 인출선을 그려주며, G. L.선 아랫부분의 인출선도 높이를 맞춰 인출선을 그려주면 보기 좋은 도면이 된다.
11. 마지막으로 A-A' 단면도라고 기재해주고, 스케일을 기재해준다.
12. 도면을 수정하면서 지워지거나 지저분해진 부분을 체크하여 수정하고, G. L.선을 다시 한번 그려준다.

07 도로변휴게공간조경설계

■ **설계문제** : 다음 설계부지는 중북부지방 도로변휴게공간에 대한 조경설계를 하고자 한다. 아래에 주어진 요구 조건을 반영하여 도면을 작성하시오.

■ **(현황도면)** 주어진 도면을 참조하여 요구사항 및 조건들에 적합한 조경계획도 및 단면도를 작성하시오. 일점쇄선 안 부분이 설계대상지이며, 주변 현황은 도면에 그대로 옮겨준다.

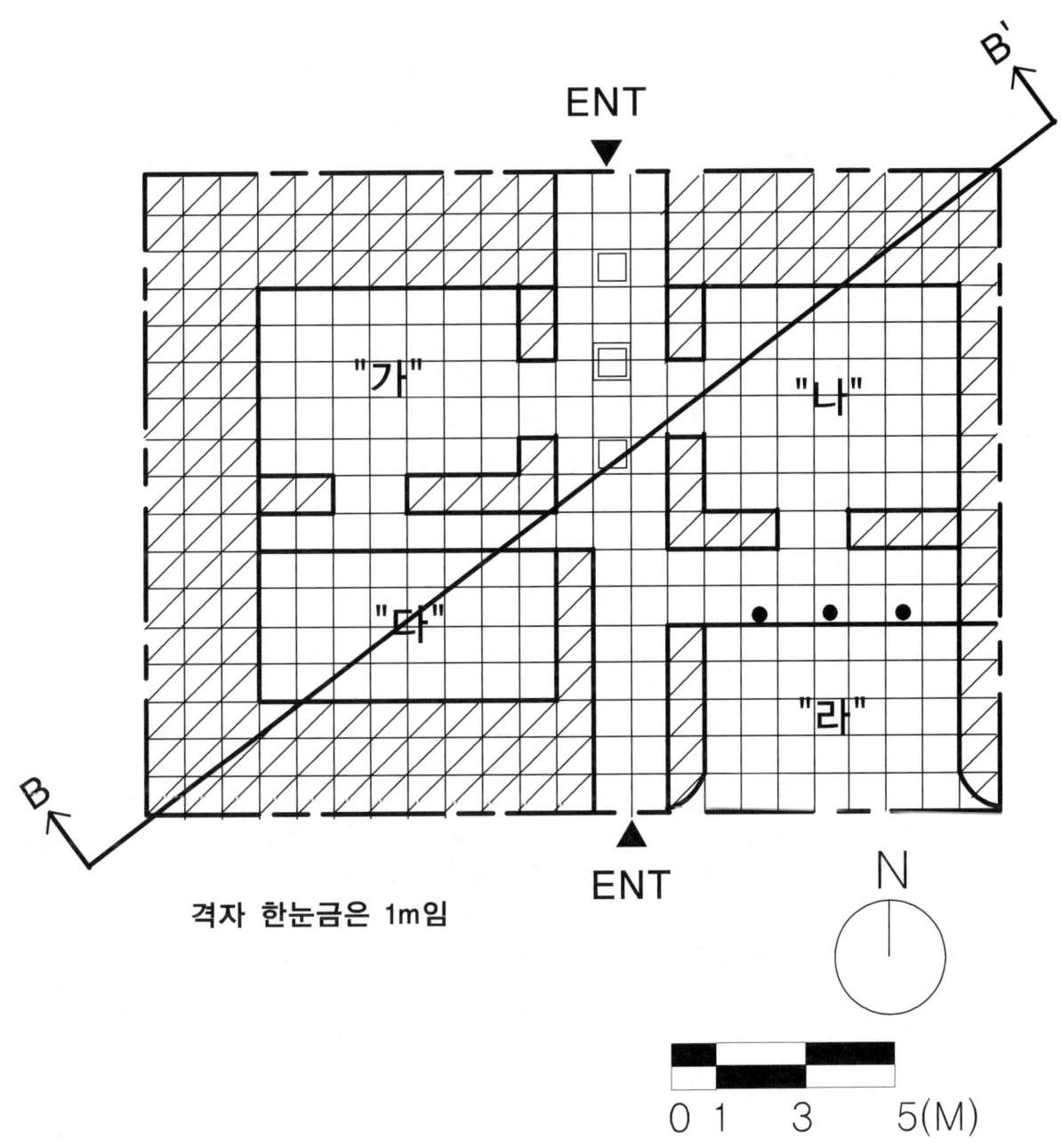

■ (요구 사항)

1. 식재평면도를 위주로 한 조경계획도를 축척 1/100으로 작성하시오.(지급용지 1)
2. 도면 우측 표제란에 작업명칭을 "OO도로변휴게공간조경설계"라고 작성하시오.
3. 표제란에는 "수목수량표"와 "시설물수량표"를 작성하고, 수량표 아래쪽에는 방위표시와 막대축척을 그려 넣는다.
4. "수목수량표"에는 수목의 성상별로 상록교목, 낙엽교목, 관목으로 구분하여 작성하시오.
5. B-B' 단면도를 축척 1/100으로 작성하시오(단, 시설물의 기초, 포장재료, 중요시설물, 경계석, 본 대상지를 이용하는 이용자 등을 단면도상에 나타내시오).(지급용지 2)

■ (요구 조건)

1. 설계 대상지의 현황이 도로변 휴게공간이라는 것을 고려하여 조경설계를 하시오.
2. "가" 공간은 휴게공간으로 이용자들의 편안한 휴식을 위해 퍼걸러(3,500×3,500) 1개소와 앉아서 쉴 수 있게 등받이형 벤치(1,600×600) 2개, 평벤치(1,600×400) 2개, 휴지통(지름 500) 1개를 설치하시오.
3. "나" 공간은 수경공간으로 물의 깊이는 60cm로 설계하시오.
4. "다" 공간은 어린이놀이공간으로 어린이놀이시설을 3종 이상 배치하시오.
5. "라" 공간은 주차공간으로 소형승용차 3대가 주차할 수 있는 공간으로 설계하시오.
6. 각 공간의 포장은 포장재료를 달리 하여 모래, 마사토, 콘크리트, 투수콘크리트, 보도블록, 소형고압블록, 벽돌, 점토벽돌 중에서 선택하여 포장한다(단, 포장 디자인은 2-3군데 상징적으로 표현해주며, 평면도에는 포장명을 단면도상에는 포장 재료를 기재해준다).
7. 수목보호대 (1.0m×1.0m)가 있는 장소에 녹음수를 단식하시오.
8. 녹지공간의 적당한 장소에 마운딩을 하시오.
9. 이용자의 통행이 잦은 것을 고려하여 유도식재, 녹음식재, 경관식재, 소나무 군식 등을 적당한 장소에 배식하시오.
10. 포장지역을 제외한 곳에는 되도록 식재를 하시오.
11. 식재설계는 아래수종에서 10종 선정하여 식재한다.

> 소나무(H4.0×W2.0), 소나무(H3.5×W1.8), 소나무(H3.0×W1.6)
> 스트로브잣나무(H2.5×W1.2), 가문비나무(H2.5×W1.2), 꽃사과(H2.5×R6)
> 느티나무(H4.0×R12), 동백나무(H2.5×R8), 플라타너스(H3.5×B10)
> 광나무(H2.5×R8), 병꽃나무(H1.0×W0.4), 회양목(H0.3×W0.3), 개나리(H0.3×W0.4)
> 명자나무(H0.3×W0.3), 철쭉(H0.3×W0.4), 꽝꽝나무(H0.3×W0.3)

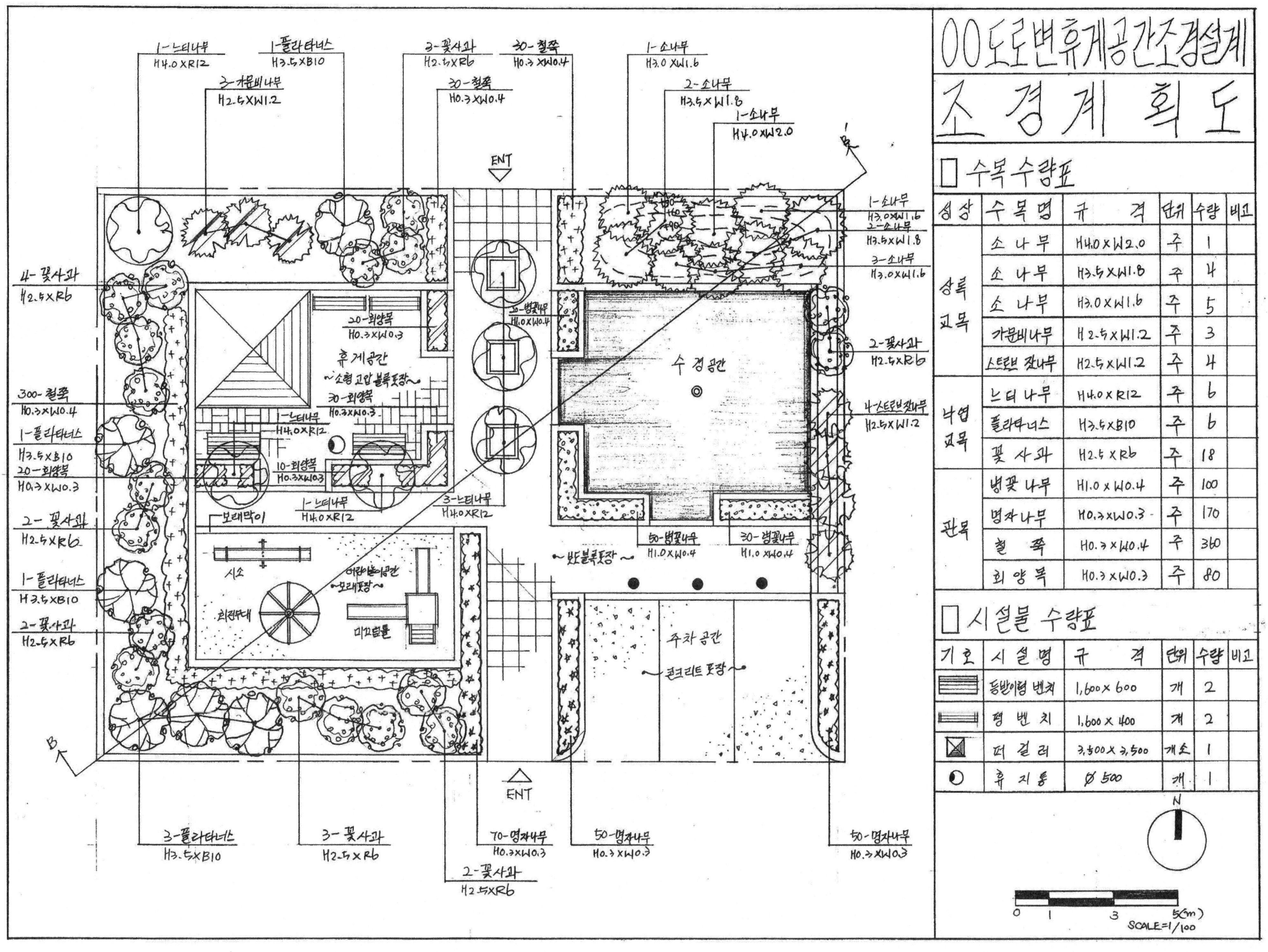

단면도(모범답안)

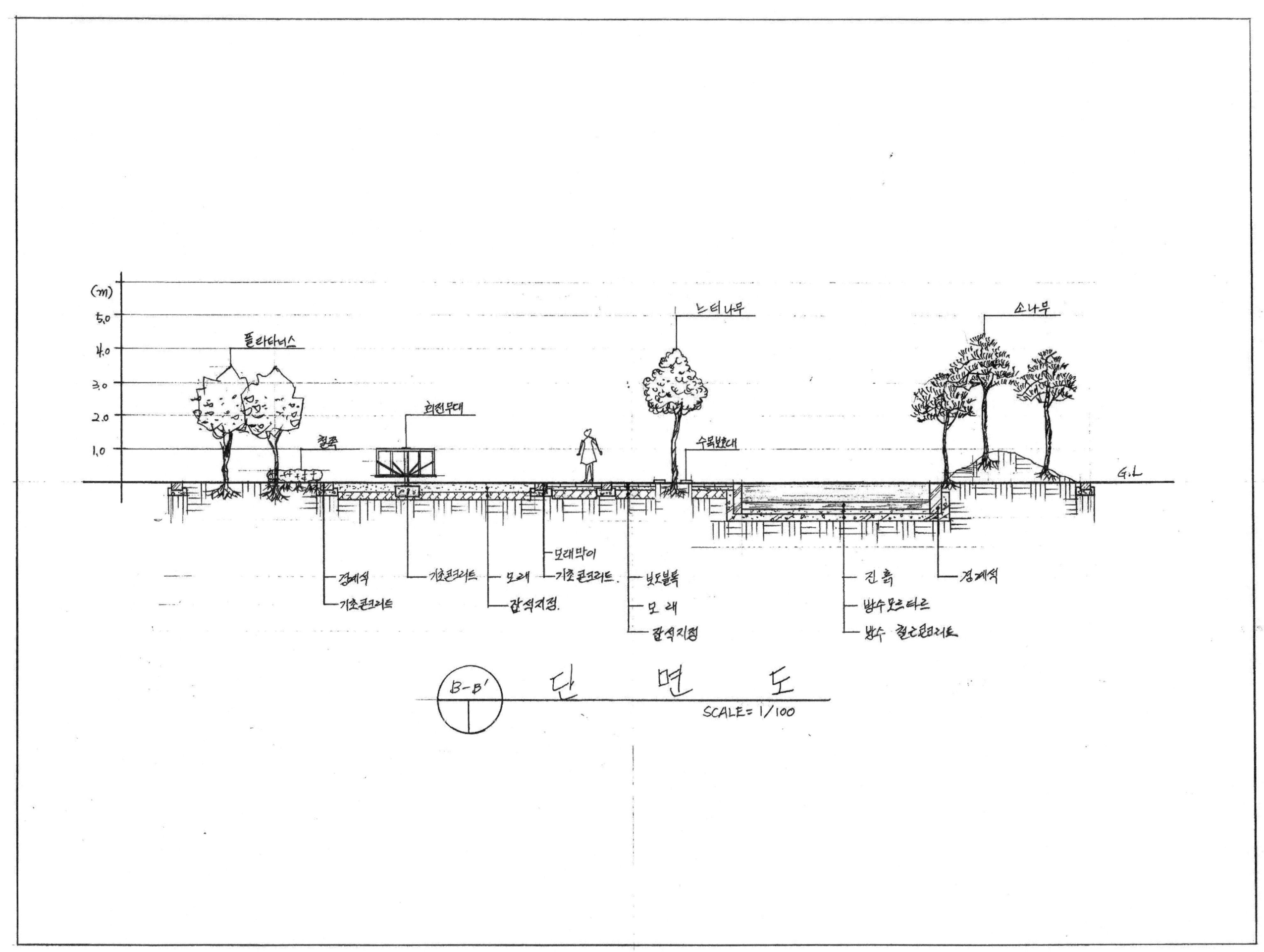

■ **문제해설(평면도)**

1. 현황도를 답안지의 중앙에 오게 확대하여 배치하고 외곽은 일점쇄선으로 하라고 했기 때문에 일점쇄선으로 외곽선을 그어 주었고, 현황도에 나와 있는 글씨를 그대로 기재하며, 각 공간을 구획하였다(시험에서는 혼돈을 주기 위해 한번씩 외곽을 이점쇄선으로 그려주는 경우가 있다. 이 때에는 외곽부분을 이점쇄선으로 현황도를 확대해 주어야 한다). 또한 단면도선을 현황도에 나와 있는 데로 그려주었다. 제일먼저 중북부지방에 설계하라고 했기 때문에 (요구 조건)의 11번 문제에서 동백나무, 광나무, 꽝꽝나무는 남부수종이기 때문에 중북부지방에 설계되어서는 안된다.

2. "가" 공간은 휴게공간으로 퍼걸러(3,500×3,500) 1개소, 등받이형 벤치(1,600×600) 2개, 평벤치(1,600×400) 2개, 휴지통(지름 500) 1개를 규격에 맞추어 설치하였고, '소형고압블록포장'을 하였다. 등받이형 벤치와 평벤치의 디자인에는 차이가 있으므로 평면도 모범답안과 내용정리 부분을 확인하여 다시 한 번 등받이형 벤치와 평벤치의 디자인을 확인해야한다.

3. "나" 공간은 수경공간으로 분수노즐을 표현해 주었다(물의 깊이는 60cm로 설계하라고 했는데 평면도에서는 물의 깊이가 나타나지 않고, 단면도에서 물의 깊이를 60cm로 표시를 해주어야 한다).

4. "다" 공간은 어린이놀이공간으로 어린이놀이시설 3종(시소, 회전무대, 미끄럼틀)을 배치하였고, '모래포장'을 하였다. 어린이놀이공간은 시설물끼리 간격을 맞춰 안전사고를 예방하고 보기 좋게 배열해 주는 것이 좋다.

5. "라" 공간은 주차공간으로 소형승용차 3대가 주차할 수 있는 공간으로 설계하였고, '콘크리트포장'을 하였다. 소형승용차의 주차장 규격을 기억해야 한다.

6. 휴게공간은 '소형고압블록포장', 어린이놀이공간은 '모래포장', 주차공간은 '콘크리트포장'으로 각 공간의 성격에 맞춰 포장을 달리 하였다. 각 공간의 포장은 포장재료가 다르기 때문에 경계석을 넣어주어 포장이 다른 것을 나타내준다. 항상 포장을 다르게 하면 포장과 포장 사이에 경계석이 그려져야 한다.

7. 수목보호대 (1.0m×1.0m)가 있는 장소에 녹음수 중에서 가장 수고가 높은 수목인 느티나무를 식재하였다. 수목보호대가 있는 장소에는 항상 녹음수 중에서 수고가 가장 높은 수목을 식재한다.

8. 녹지의 북동쪽에 등고선을 조작하여 마운딩을 하였으며, 소나무를 군식하였다. 소나무 군식시에는 (요구 조건)의 11번에 소나무의 규격이 3가지가 나왔기 때문에 크기가 다른 소나무를 3가지 다 사용하여 군식을 해주는 것이 좋다. 소나무 군식을 할 때에는 인출선이 겹치는 것에 유의하여 배식을 해주어야 한다. 또한 마운딩 장소에 소나무를 많이 식재해 주어야 도면이 아름답고 좋다.

9. 이용자의 통행이 잦은 것을 고려하여 입구부분에 관목으로 유도식재를 하였고, 녹지공간에 녹음식재와 경관식재를 하였다. 유도식재는 길을 안내해 주는 기능이 있으므로 입구부분을 관목으로 식재해주는 것이 좋다.

10. 남부수종을 제외하고 상록교목 3종(소나무는 3가지 규격이 사용되었더라고 1종을 사용한 것으로 간주한다.), 낙엽교목 3종, 관목 4종 총 10종을 식재하였다. 수목수량표에 수목을 기재할 때에는 각 성상별로 수고가 높은 것을 윗부분에 배치하는 것이 좋다.

11. 시설물수량표에는 규격이 나와 있는 시설물만 기재하였고, 규격이 없는 시설물은 도면의 시설물 옆 부분에 직접 시설명을 기재하였다.

12. 각 수목 및 시설물에 인출선을 그어주어 수목명과 시설명을 기재해주고, 인출선끼리 겹치지 않게 인출선을 그려준다. 또한 인출선끼리 높이를 맞춰서 그려주는 것이 보기가 좋다.

13. 방위표시와 스케일바를 그려주고, 스케일을 기재해준다.

■ 문제해설(단면도)

1. B-B'단면도를 작성해야 한다(시험에서는 혼돈을 주기 위해 A-A' 단면도 대신 B-B' 단면도를 작성하라고 하는 경우가 있다. 그러나 단면도 그리는 방법은 똑같고 A대신 B로만 기재를 해주면 된다). 제일 먼저 답안지 용지에 외곽선을 긋고, 열십자(+)로 가선을 그어 중심선을 잡는다.
2. 평면도상 단면도선(B-B')에 맞추어 단면도 답안지의 가로 중심선에 G. L.선을 긋는다. 대각선 단면도가 출제되면 평면도의 종이를 비스듬히 놓고 단면도 답안지 종이의 G. L.선과 평면도의 단면도선을 평행하게 맞추어 각각의 위치에 맞춰 단면도를 그려준다.
3. G. L.선에 수직으로 점표고를 표기해주고(1.0, 2.0, 3.0, 4.0, 5.0, (m)), 수고를 따라 평행하게 가선을 그어 각 시설물 및 수목의 수고를 파악하기 위한 선을 그어준다.
4. 이제 단면도 그릴 기본준비가 끝났으니 평면도의 단면도선 B부분부터 단면도를 그려본다.
5. 제일 먼저 평면도의 외곽부분에 해당하는 장소에 경계석을 그려주고 수고 3.5m인 플라타너스 2주와 수고 0.3m인 철쭉을 폭과 수고에 맞춰 그려준다. 수목을 그려줄 때에는 각 수목의 디자인을 수목의 모습과 비슷하게 그려주어야 한다.
6. 경계석을 시작으로 어린이놀이공간은 '모래포장'을 해주고, 단면도상에 회전무대가 걸렸기 때문에 회전무대의 단면도를 그려주어야 한다. 회전무대의 기초부분도 표현되어야 한다.
7. 경계석 다음으로 원로에 '보도블록포장'을 해주었고, 수목보호대와 느티나무를 식재해주었다. 수목보호대 그리는 방법은 단면도 모범답안을 통해 다시 한 번 확인해보고, 본 대상지를 이용하는 이용자를 그리라고 했기 때문에 '보도블록포장' 부분에 이용자를 그려주었다.
8. 다음으로 수경공간을 그려주어야 한다. 수경공간의 물의 깊이는 60㎝로 해주었고, 물 표현을 해주었으며, 물 하단부분은 진흙, 방수모르타르, 방수 철근콘크리트 등 재료를 규격과 디자인에 맞추어 배치하였다.
9. 다음으로 녹지공간에 마운딩을 그려주고 소나무 군식을 해주었다. 마운딩한 장소에도 지반 표시를 해준다. 원래지반과 마운딩한 지반을 구분해주기 위해서 원래지반과 마운딩지반에 각각 지반표시를 따로 해준다. 마운딩 지반과 원래지반을 표시할 때 마운딩 지반과 원래지반의 중간에 공간을 비워두어 각각의 지반이 다름을 표시해준다.
10. G. L.선 윗부분에 있는 각 시설물 및 수목에 인출선을 뽑아 시설명 및 수목명을 기재해주고, G. L.선 아랫부분의 재료 중앙에 점(•)을 찍어 인출선을 사용하여 재료명을 기재해준다. G. L.선 윗부분의 수목명 및 시설명의 인출선은 수목 및 시설물의 높이를 고려해서 3단(높은 것, 중간 것, 낮은 것)으로 구분하여 그려준다. 또한 G. L.선 아랫부분의 재료 인출선도 높이를 맞춰 그려주면 보기 좋다.
11. 같은 수목명 및 시설명, 재료 등은 디자인이 같기 때문에 앞부분에 인출선을 사용하여 수목명, 시설명, 재료를 기재해 주면 된다.
12. 마지막으로 B-B' 단면도라고 기재해주고, 스케일을 기재해준다.
13. 누락되거나 지워진 부분, 지저분한 부분 등을 체크해서 수정한다.

CHAPTER 05 | 부록2 – 과년도기출문제

1. 도로변소공원조경설계
2. 도로변소공원조경설계
3. 도로변소공원조경설계
4. 도로변소공원조경설계
5. 도로변소공원조경설계
6. 소공원조경설계
7. 도로변소공원조경설계
8. 도로변소공원조경설계
9. 도로변소공원조경설계
10. 야외무대 소공원 조경설계
11. 도로변소공원조경설계
12. 도로변소공원조경설계
13. 옥상조경 설계
14. 도로변소공원조경설계
15. 도로변소공원조경설계
16. 도로변소공원조경설계
17. 도로변소공원조경설계
18. 소공원조경설계
19. 도로변소공원조경설계(2020.1회)
20. 도로변소공원조경설계(2020.2회)
21. 휴게공간조경설계(2020.3회)
22. 도로변빈공간조경설계(2020.5회)
23. 도로변소공원조경설계(2021.1회)
24. 도로변소공원조경설계(2021.2회)
25. 옥상조경설계(2021.3회)
26. 도로변소공원설계(2021.5회)
27. 도로변소공원조경설계(2022.1회)
28. 도로변빈공간조경설계(2022.2회)
29. 야외무대 소공원 조경설계(2022.3회)
30. 도로변소공원조경설계(2022.5회)
31. 도로변빈공간설계(2023.1회)
32. 도로변소공원설계(2023.2회)
33. 어린이소공원조경설계(2023.3회)
34. 도로변휴게공간조경설계(2023.4회)
35. 도로변빈공간조경설계(2024.1회)
36. 도로변빈공간설계(2024.2회)
37. 도로변소공원설계(2024.3회)
38. 도로변소공원조경설계(2024.5회)
39. 다목적공간조경설계(2025년 1회)

05 부록2 - 과년도기출문제

01 도로변소공원조경설계

- **설계문제**: 다음 설계부지는 중부지방 도로변소공원에 대한 조경설계를 하고자 한다. 아래에 주어진 요구 조건을 반영하여 도면을 작성하시오.

- **(현황도면)** 주어진 도면을 참조하여 요구사항 및 조건들에 적합한 배식평면도 및 단면도를 작성하시오. 일점쇄선 안 부분이 설계대상지이며, 주변 현황은 도면에 그대로 옮겨준다.

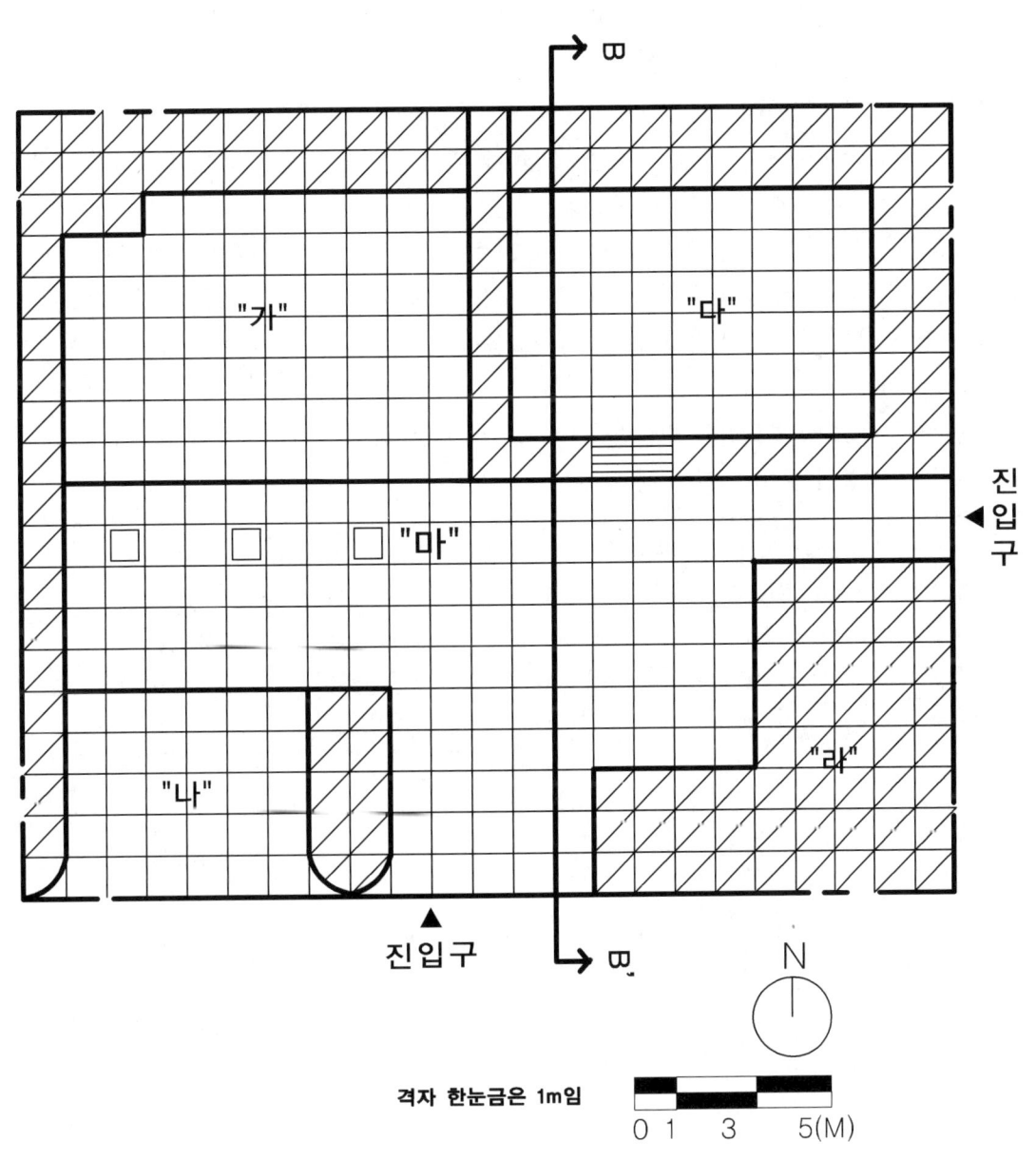

■ (요구 사항)

1. 조경계획도를 위주로 한 배식평면도를 축척 1/100으로 작성하시오.(지급용지 1)
2. 도면 우측 표제란에 작업명칭을 "ㅁㅁ어린이소공원조경설계"라고 작성하시오.
3. 표제란에는 "수목 수량표"와 "시설물 수량표"를 작성하고, 수량표 아래쪽에는 방위표시와 막대축척을 그려 넣는다.
4. 수목 수량표에는 수목의 성상별로 상록교목, 낙엽교목, 관목으로 구분하여 작성하시오.
5. B-B' 단면도를 축척 1/100으로 작성하시오(단, 시설물의 기초, 포장재료, 계단, 중요시설물, 경계석 등을 단면도상에 나타내시오).(지급용지 2)

■ (요구 조건)

1. 설계 대상지의 현황이 도로변소공원이라는 것을 고려하여 조경설계를 하시오.
2. "다"가 있는 공간은 "가", "나", "마"가 있는 공간보다 0.6m 높으므로 계획 설계시 고려한다.
3. "가" 공간은 어린이 놀이공간으로 어린이놀이시설을 3종 이상 배치하시오.
4. "나" 공간은 주차공간으로 소형승용차(2,500×5,000) 2대가 주차할 수 있는 공간으로 설계하시오.
5. "다" 공간은 휴식공간으로 이용자들의 편안한 휴식과 어린이들의 놀이를 관찰하기 위해 파고라 (3,500×3,500) 1개와 앉아서 쉴 수 있는 등벤치를 계획 설계하시오.
6. "라" 공간은 식재공간으로 등고선을 조작하여 소나무 군식을 하시오. 단, 점표고를 평면도상에 기재한다.
7. "마" 공간은 동적휴식공간으로 평벤치 3개와 필요에 의해 수목보호대를 추가 설치하여 낙엽활엽수를 식재하시오.
8. 각 공간의 포장은 포장재료를 달리 하여 모래, 마사토, 콘크리트, 투수콘크리트, 보도블록, 소형고압블록, 벽돌, 점토벽돌, 고무칩 중에서 선택하여 포장한다(단, 포장 디자인은 2-3군데 상징적으로 해준다).
9. 이용자의 통행이 잦은 것을 고려하여 유도식재, 녹음식재, 경관식재, 소나무 군식 등을 적당한 장소에 배식하시오.
10. 포장지역을 제외한 곳(현황도면의 빗금친 부분)에는 식재를 하시오.
11. 식재설계는 아래수종에서 10종 이상 선정하여 식재한다.

```
소나무(H4.0×W2.0), 소나무(H3.5×W1.8), 소나무(H3.0×W1.6), 주목(H3.0×W1.6)
스트로브잣나무(H2.5×W1.2), 가문비나무(H2.5×W1.2), 꽃사과(H2.5×R6)
느티나무(H4.0×R12), 동백나무(H2.5×R8), 플라타너스(H3.5×B10)
광나무(H2.5×R8), 단풍나무(H2.0×R7), 회양목(H0.3×W0.3), 개나리(H0.3×W0.4)
명자나무(H0.3×W0.3), 철쭉(H0.3×W0.4), 꽝꽝나무(H0.3×W0.3)
```

평면도(모범답안)

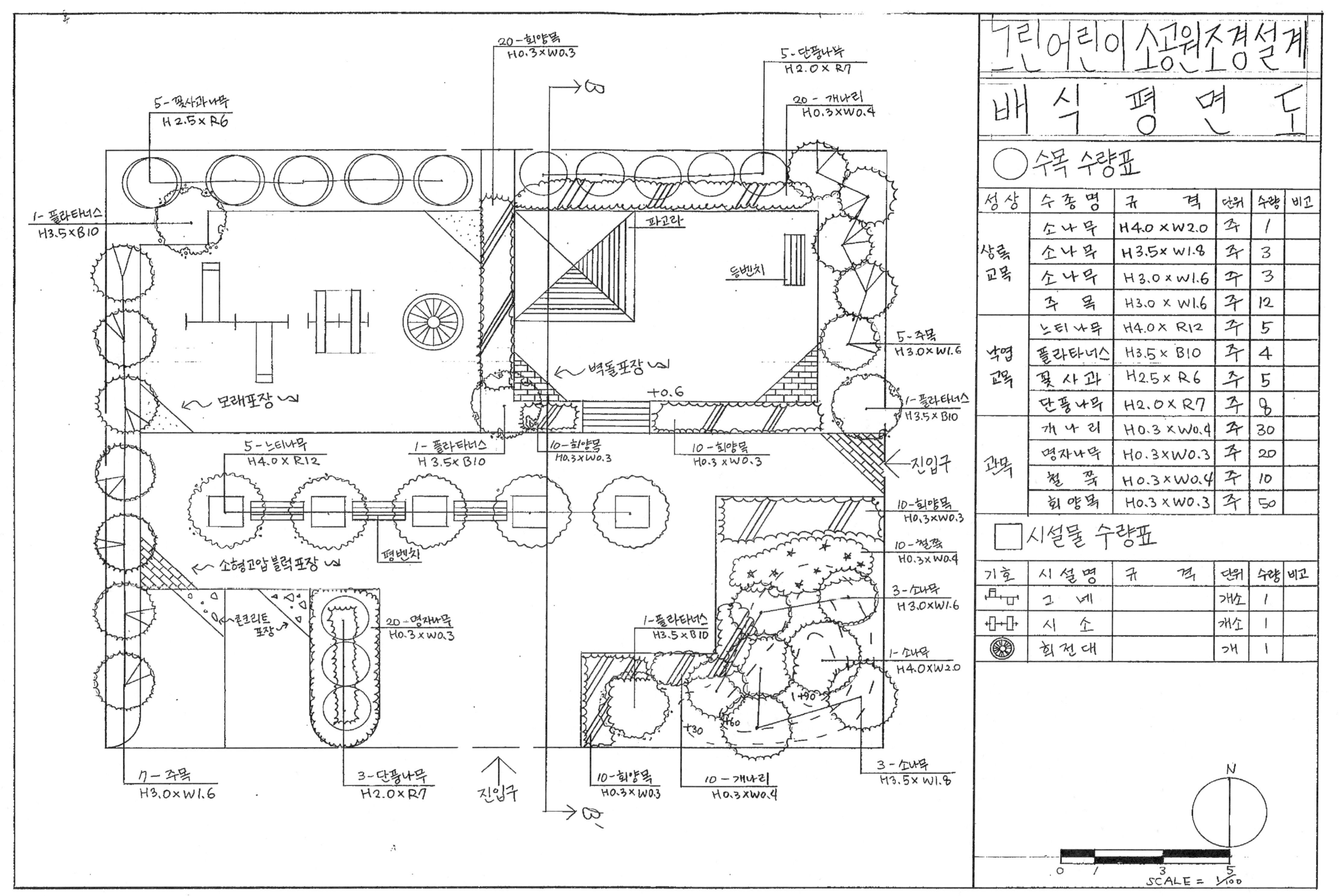

단면도(모범답안)

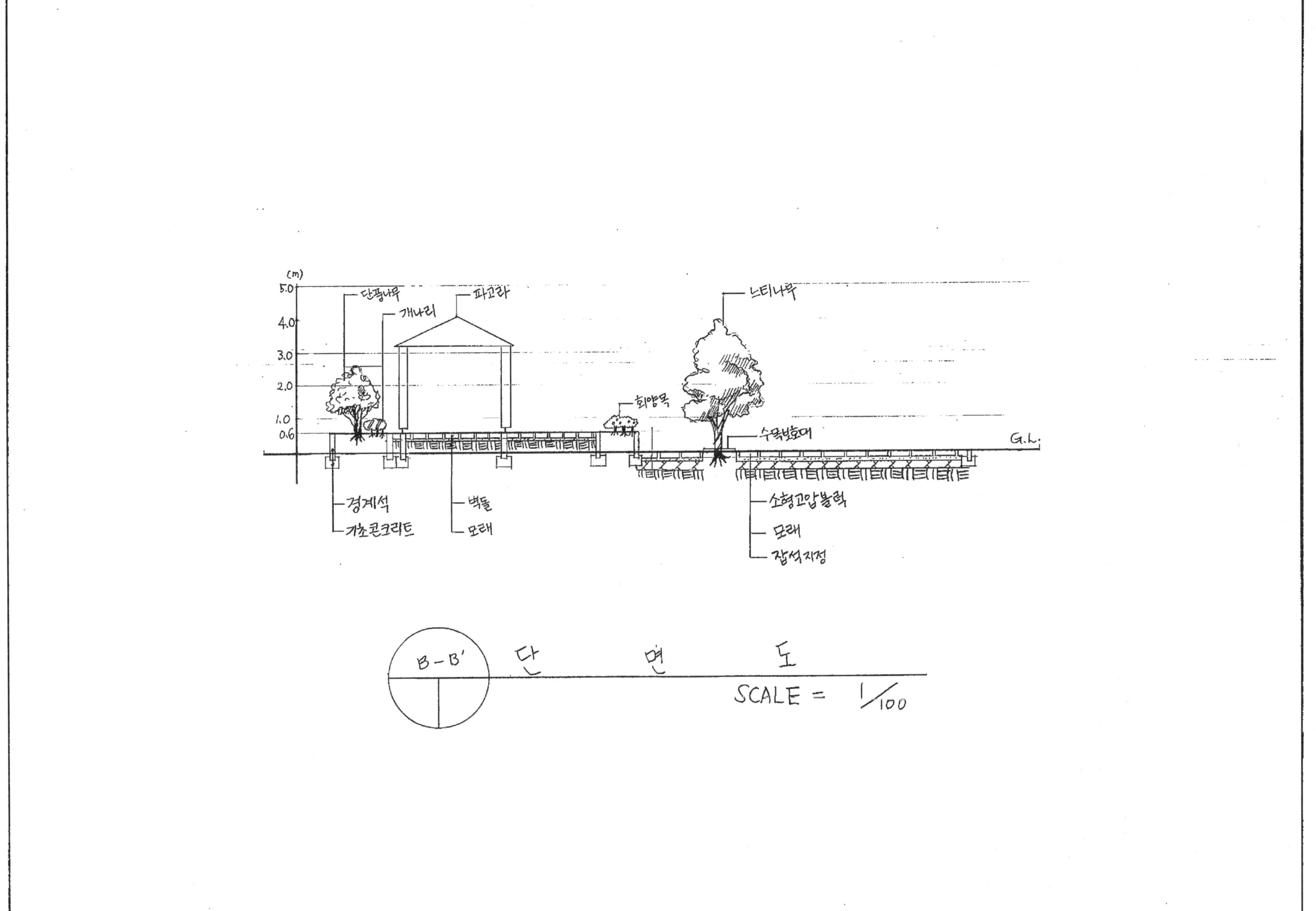

■ 문제해설(평면도)

1. 일점쇄선 안 부분이 설계대상지이므로 현황도를 테두리선과 표제란을 제외한 답안지의 가운데에 배치되도록 해주고, 현황도의 외곽은 일점쇄선으로 그려주며, 주변 현황인 진입구를 기재해주고, 방위표와 스케일을 그려준다. 평면도에 있는 단면도선과 B-B'화살표선은 90도가 되도록 그려주어야 한다. 테두리선과 표제란을 제외한 공간의 중심을 열십자(+)로 가선을 그어 중심선을 잡아주면 현황도를 확대해서 답안지에 옮기는데 시간을 절약할 수 있다.

2. (요구 사항)부터 살펴보면 조경계획도를 위주로 한 배식평면도를 축척 1/100으로 작성하라고 했으므로 표제란의 두 번째 칸 제목은 배식평면도가 된다. 축척은 현황도면의 격자 1눈금이 1m이므로 격자의 개수를 잘 세어 현황도를 확대해주어야 한다.

3. 표제란에 작업명칭을 "ㅁㅁ어린이소공원조경설계"라고 기재해 주고, 작업명칭과 배식평면도 글씨의 좌우 여백을 맞춰주면 도면이 보기 좋다. 작업명칭은 표제란의 제일 윗부분에 쓰이는 글씨이기 때문에 깔끔하고 정확한 글씨로 작성되어야 좋은 도면이 된다.

4. 표제란에 수목수량표와 시설물수량표를 작성하였으며, 수목수량표의 수목명과 규격은 문제에 제시된 대로 기재해주어야하고, 시설물수량표의 시설명과 규격, 단위를 문제에서 제시된 대로 기재해준다.

5. 수목수량표의 성상은 상록교목, 낙엽교목, 관목으로 구분하였다. 성상부분의 작성은 평면도 모범답안처럼 성상 칸의 중앙에 글씨가 오도록 배치하는 것이 보기 좋다. 또한 표에서 선이 삐져나오지 않게 깔끔하게 그려주는 것이 좋다.

6. (요구 조건 10.)을 살펴보면 포장지역을 제외한 곳에는 모두 식재를 하라고 했기 때문에 현황도면의 빗금친 녹지공간에는 빈 공간 없이 식재를 해주어야 한다. 입구부분과 주차장주변을 제외한 외곽부분은 교목을 식재해주는 것이 좋다. 또한 교목 하단부에 군데군데 관목을 같이 식재해주면 자연스러운 식재분위기를 느낄 수 있어서 좋다.

7. "다" 공간은 "가", "나", "마"가 있는 공간보다 0.6m 높게 계획하라고 했는데 "~보다"라는 말이 있는 공간인 "가", "나", "마" 공간이 기준점(점표고가 0인 공간)이 되며, "다" 공간의 점표고는 +0.6이 된다. 계단의 UP표시를 통해 전체 대상지가 0.6m 높은 것으로 생각하고 설계를 하면 된다. 그러므로 계단 UP표시 옆 부분에 점표고(+0.6)를 기재해 주면 쉽게 단차이가 나는 것을 알 수 있다.

8. "가" 공간은 어린이 놀이공간으로 어린이 놀이시설을 그네, 시소, 회전대 3종류 설치하고, '모래포장' 을 하였다.

9. "나" 공간은 주차공간으로 소형승용차 2대가 주차할 수 있는 공간으로 설계하였고, '콘크리트포장' 을 하여 모서리 부분에 2군데 포장디자인을 하고 포장명을 기재하였다.

10. "다" 공간은 휴식공간으로 파고라 1개와 등벤치 1개를 규격에 맞춰 배치하고, '벽돌포장' 을 하였다. 또한 등벤치는 휴식을 위해 설치하기 때문에 낙엽교목아래 그늘이 있는 장소에 설치해주는 것이 더 좋은 답이 된다. 본 평면도 모범답안의 등벤치는 주목(상록침엽교목) 주변에 설치하였기 때문에 좋은 답은 아니다.

11. "라" 공간은 식재공간으로 소나무 군식과 점표고를 표기하라고 하였다. 등고선 장소에는 되도록 소나무 군식을 해주는 것이 좋다. 소나무 군식은 문제에서 주어진 소나무 3가지 규격을 다 사용하여 식재를 해주며, 비록 좁은 장소에 소나무 군식(群植, 모아심기)을 하더라도 많은 소나무를 식재해주어야 한다. 또한 소나무 주변으로 관목을 식재해주는 것이 좋으며 인출선끼리 겹치는 것에 유의해야 한다. 등고선으로 지형을 변화시키는 소나무 군식 장소에 등고선 1개당 30㎝씩 점표고가 높기 때문에 등고선의 바깥쪽에서 안쪽으로 점표고(+30, +60, +90)도 기재되어야 한다.

12. "마" 공간은 동적휴식공간으로 수목보호대에 식재한 느티나무(낙엽활엽교목) 주변에 평벤치를 규격에 맞춰 3개 배치하였고, '소형고압블럭포장'을 하였다. 수목보호대에 식재되는 수목은 낙엽활엽교목 중 가장 규격이 큰 수목을 식재하여 그늘을 만들어 주는 것이 좋다.
13. 각 공간의 포장은 '모래포장', '벽돌포장', '콘크리트포장', '소형고압블럭포장'으로 구분하여 포장하였고, 각 포장의 모서리 부분에 2-3군데 포장디자인을 하여, 포장명을 기재하였다.
14. 진입구 주변에 관목으로 유도식재, 수목식재 공간에 녹음식재와 경관식재, "라" 공간에 소나무 군식을 하였다.
15. 식재설계는 소나무 군식 장소에 소나무 3가지 규격을 사용하여 식재하였더라도 실제 사용한 수목은 소나무 1종이 되므로 10종을 맞춰서 식재하였다. 또한 중부지역에 식재를 하라고 했기 때문에 남부수종은 식재하지 말아야한다. 남부수종을 다시 한 번 확인해보자.
16. 인출선이 정확하게 기재가 되었는지 확인하고, 도면을 수정하면서 지워지거나 흐려진 부분을 체크하여 보기 좋게 평면도를 완성한다.
17. 인출선끼리 각도를 맞춰서 작성해주며, 같은 수목끼리 인출선을 사용하여 연결할 때 한 번에 인출선을 그어 수목을 연결하지 말고 수목 중심에서 한주씩 인출선을 그어 수목을 연결해 주는 게 좋다.

■ 문제해설(단면도)

1. 단면도 답안지 용지에 테두리선을 규격에 맞추어 긋고, 테두리선 안쪽으로 열십자(+)로 가선을 그어 중심선을 잡는다. 평면도의 단면도선(B-B')에 맞추어 단면도 답안지 가로 중심선에 G. L.선을 긋는다. G. L.선에 수직으로 점표고를 표기해주고(예 : 1.0, 2.0, 3.0, 4.0, 5.0 (m)), 수고를 따라 G. L.선과 평행하게 가선을 그어 각 시설물 및 수목의 수고를 파악하기 위한 선을 그어준다.
2. B 부분부터 보면 60cm 높은 부분부터 공간이 시작되는데, 공간의 시작부분에 경계석이 있고 단풍나무와 개나리가 식재되어 있다. 평면도 모범답안에서는 대상지의 경계부분에 경계석이 그려지지 않았더라도 실제는 경계석이 있는 것으로 간주하여 단면도에서는 경계부분에 경계석을 그려주는 것이 좋다.
3. 휴식공간의 경계부분에 경계석이 있고, 경계석 다음으로 파고라를 그려주고 '벽돌포장'을 해준다. 휴식공간 다음으로 식재공간에 식수대(Plant Box)를 통해 회양목이 식재되어 있고 점표고가 0.6m 낮은 지역이 된다. 식수대 부분에는 키가 작은 관목을 식재해주는 것이 좋으며, 식수대를 그리는 방법은 단면도 모범답안처럼 단차이를 0.6m 그려주고 식재를 해주는 것도 좋고, 다른 방법은 식수대의 폭만큼 45도의 각도로 비스듬하게 지형을 그려주고 식재를 해주어도 맞는 답이다.
4. 휴식공간 다음으로 동적휴식공간이 있으며, 수목보호대와 느티나무가 식재되어 있고, '소형고압블럭포장'이 있다. B부분의 경계부분에 경계석을 그려주며 B'부분의 경계부분은 점표고 0m에서 마무리 되어야 한다.
5. G. L.선 윗부분의 수목 및 시설물에 인출선을 3단(제일 높은 것(교목 및 시설물 중 높은 것), 중간 것(작은 교목 등), 낮은 것(관목, 시설물 중 낮은 것))으로 구분하여 기재해주는 것이 통일성 있고 깔끔하게 보인다.
6. G. L.선 아랫부분은 각 시설물의 재료가 기재되어야 한다. 각 재료의 중앙에 점(•)을 찍어 재료명을 기재해주고, 재료명을 기재할 때 가선을 그어 줄을 맞춰서 재료명을 기재해주면 깔끔하고 아름다운 도면이 된다.
7. 마지막으로 B-B' 단면도라고 기재해주며, 스케일을 기재해주면 된다.

02 도로변소공원조경설계

■ **설계문제** : 다음 설계부지는 중부지방 도로변소공원에 대한 조경설계를 하고자 한다. 아래에 주어진 요구 조건을 반영하여 도면을 작성하시오.

■ **(현황도면)** 주어진 도면을 참조하여 요구사항 및 조건들에 적합한 조경계획도 및 단면도를 작성하시오. 이점쇄선 안 부분이 설계대상지이며, 주변 현황은 도면에 그대로 옮겨준다.

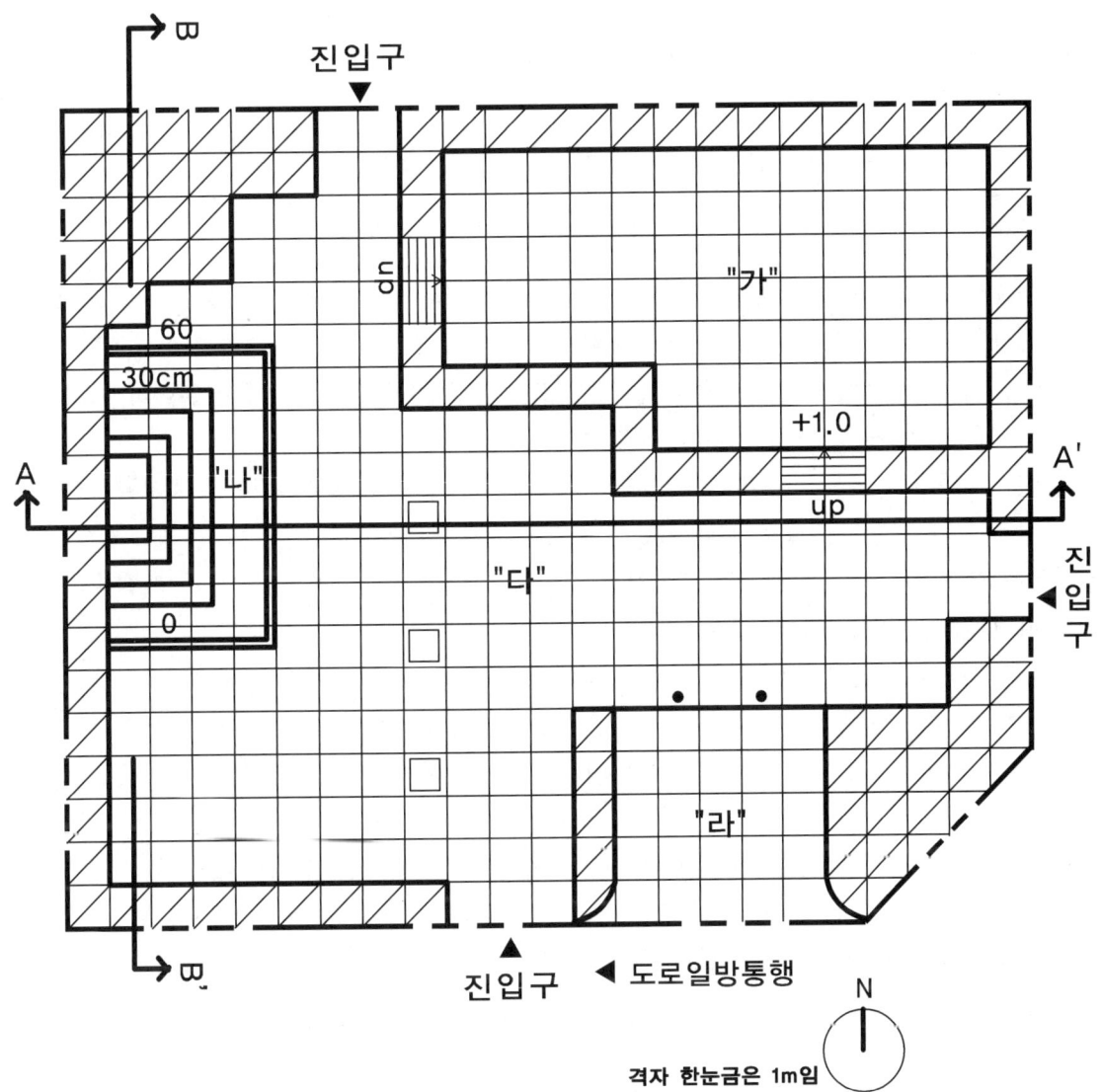

■ (요구 사항)

우리나라 중부지역에 위치한 도로변의 빈 공간에 대한 조경설계를 하고자 합니다. 주어진 현황도 및 아래 사항을 참조하여 설계조건에 따라 조경계획도를 작성합니다.(단, 2점쇄선안 부분이 조경설계 대상지로 합니다)

1. 식재 평면도를 위주로 한 조경계획도를 축척 1/100로 작성하십시오.(지급용지-1)
2. 도면 오른쪽 위에 작업명칭을 작성하십시오.
3. 도면 오른쪽에는 "주요 시설물 수량표와 수목(식재) 수량표"를 작성하고, 수량표 아래쪽 "방위표시와 막대축척"을 반드시 그려 넣으시오.(단, 전체 대상지의 길이를 고려하여 범례표의 폭을 조정할 수 있습니다.)
4. 도면의 전체적인 안정감을 위하여 "테두리선"을 작성하십시오.
5. A-A' 단면도와 B-B' 단면도를 축척 1/100로 작성하십시오.(지급용지-2)

■ (요구 조건)

1. 해당 지역은 도로변의 자투리 공간을 이용하여 휴식 및 어린이들이 즐길 수 있는 도로변 소공원으로, 공원의 특징을 고려하여 조경계획도를 작성하시오.
2. 포장지역을 제외한 곳에는 모두 식재를 실시하시오.(단, 녹지공간은 빗금친 부분이며, 경사의 차이가 발생하는 곳은 분위기를 고려하여 식재를 적절하게 실시하시오.)
3. 포장지역은 "소형고압블록, 콘크리트, 고무칩, 마사토, 투수콘크리트 등" 적당한 재료를 선택하여 재료의 사용이 적합한 장소에 기호로 표현하고, 포장명을 반드시 기입하시오.
4. "가"지역은 놀이공간으로 계획하고, 대상지는 주변보다 1m 높은 지역으로 그 안에 어린이놀이시설을 3종 배치(미끄럼틀, 시소, 그네) 하시오.
5. "다"지역은 휴식공간으로 이용자들의 편안한 휴식을 위해 파고라(3,500×3,500mm) 1개와 앉아서 휴식을 즐길 수 있도록 등벤치 2개를 설치하고, 수목보호대(3개)에 동일한 수종의 낙엽교목을 식재하시오.
6. "라"지역은 주차공간으로 소형자동차(2,500 × 5,000mm) 2대가 주차할 수 있는 공간으로 계획하고 설계하시오.
7. "나"지역은 소형 벽천·연못으로 계류형 단(실선) 1개당 30cm가 높으며, 담수용 바닥은 '다' 지역과 동일한 높이이며, 담수 가이드 라인은 전체적으로 "다"지역에 비해 60cm가 높게 설치된다.
8. 대상지 내에는 경사지 및 공간의 성격에 따라 차폐식재, 유도식재, 녹음식재, 경관식재, 소나무 군식 등의 식재 패턴을 적절히 배식하고, 필요에 따라 수목보호대는 추가로 설치하여 포장내에 식재를 할 수 있습니다.

9. 수목은 아래에 주어진 수종 중에서 종류가 다른 10가지를 반드시 선정하여 골고루 안정적인 배식이 될 수 있도록 계획하며, 인출선을 이용하여 수량, 수종명칭, 규격을 반드시 표기하시오.

> 소나무(H4.0×W2.0), 소나무(H3.0×W1.5), 소나무(H2.5×W1.2)
> 스트로브잣나무(H2.5×W1.2), 스트로브잣나무(H2.0×W1.0)
> 왕벚나무(H4.5×B12), 버즘나무(H3.5×B8), 느티나무(H3.0×R6)
> 청단풍(H2.5×R8), 다정큼나무(H1.0×W0.6), 동백나무(H2.5×R8)
> 중국단풍(H2.5×R5), 굴거리나무(H2.5×W0.6), 자귀나무(H2.5×R6)
> 태산목(H1.5×W0.5), 먼나무(H2.0×R5), 산딸나무(H2.0×R5), 산수유(H2.5×R7)
> 꽃사과(H2.5×R5), 수수꽃다리(H1.5×W0.6), 병꽃나무(H1.0×W0.4)
> 쥐똥나무(H1.0×W0.3), 명자나무(H0.6×W0.4), 산철쭉(H0.3×W0.4)
> 자산홍(H0.3×W0.3), 영산홍(H0.4×W0.4), 조릿대(H0.6×7가지)

10. A-A' 단면도와 B-B' 단면도는 경사, 포장재료, 경계선 및 기타 시설물의 기초, 주변의 수목, 주요 시설물, 이용자 등을 단면도상에 반드시 표기하고, 높이 차를 한눈에 볼 수 있도록 설계하시오.

평면도(모범답안)

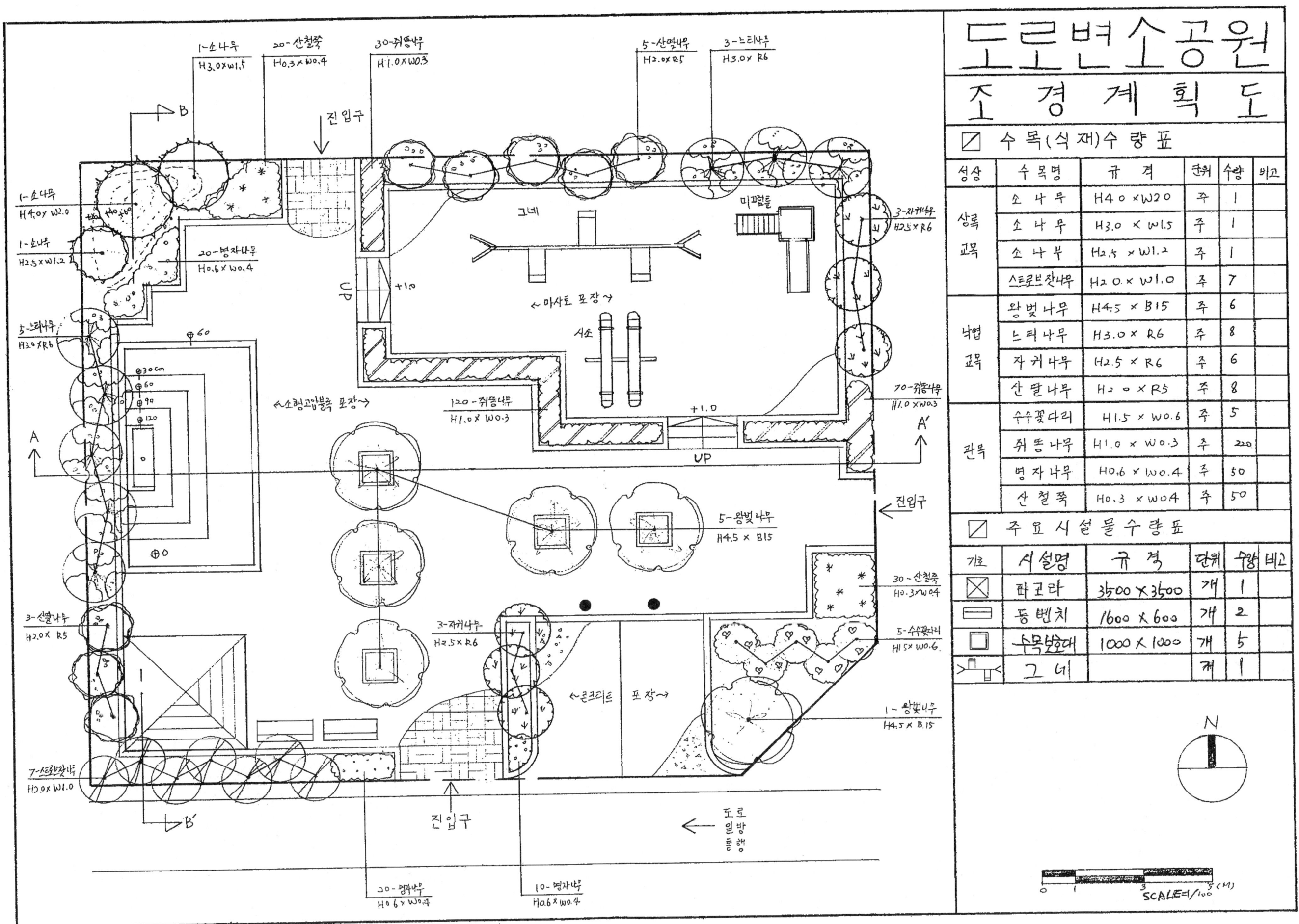

단면도(모범답안)

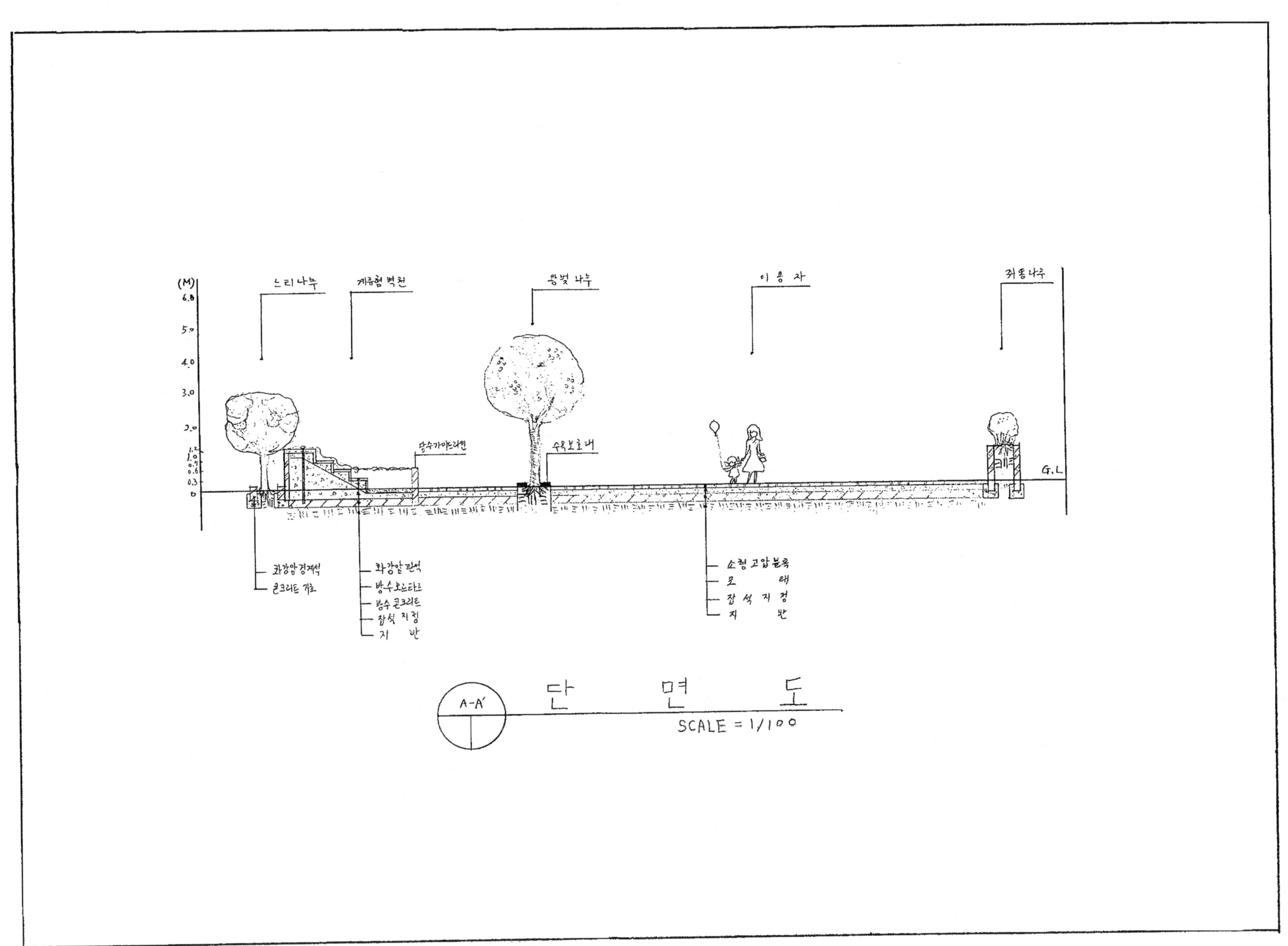

단면도(모범답안)

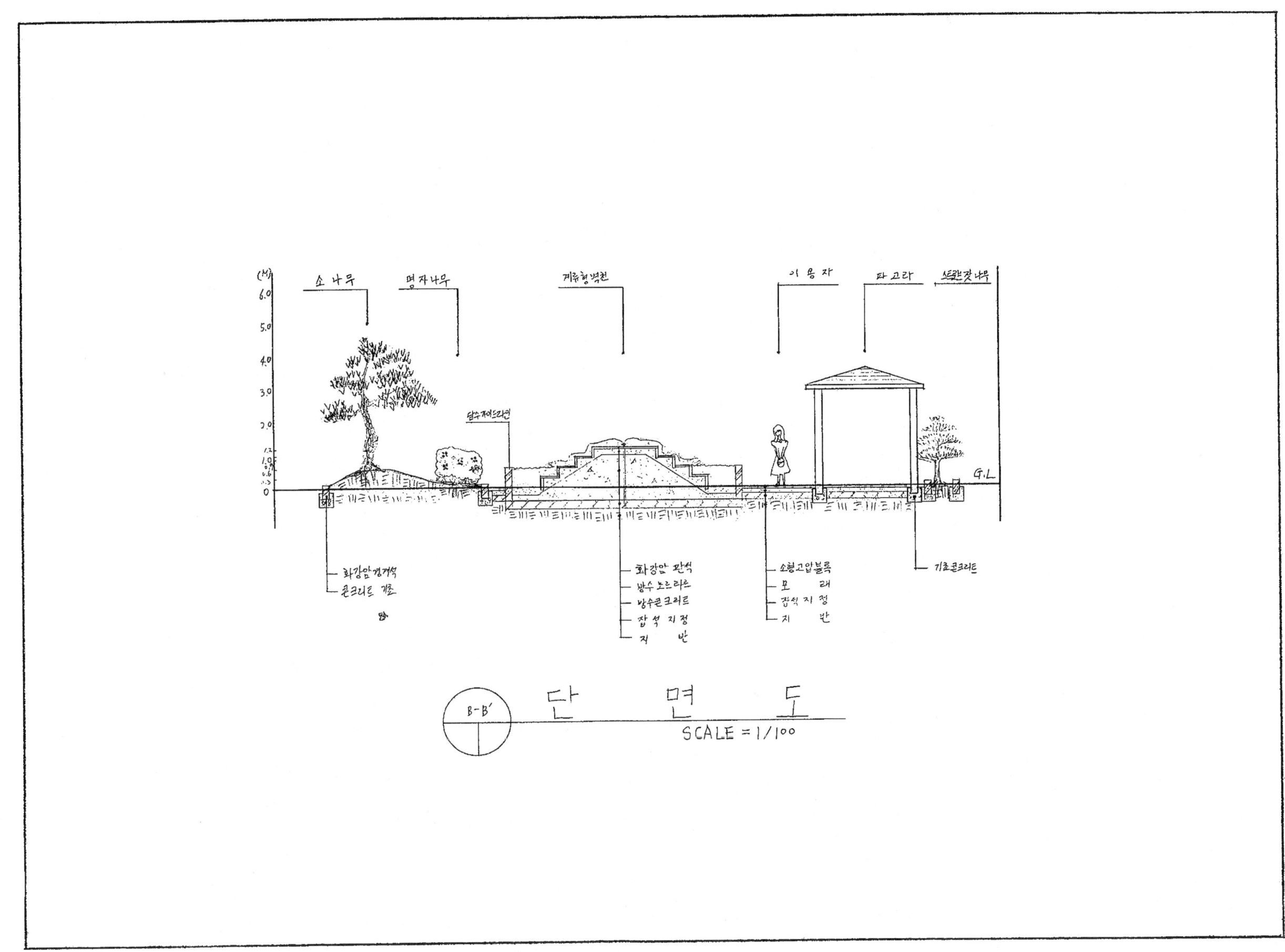

■ **문제해설(평면도)**

1. 이점쇄선 안 부분이 설계대상지 이므로 현황도를 테두리선과 표제란을 제외한 답안지의 가운데에 배치되도록 해주고, 현황도의 외곽은 이점쇄선으로 그려주며, 주변 현황인 진입구를 기재해주고, 방위표와 스케일을 그려준다. 평면도에 있는 단면도선과 A-A', B-B'화살표선은 90도가 되도록 그려주어야 한다. 테두리선과 표제란을 제외한 공간의 중심을 열십자(+)로 가선을 그어 중심선을 잡아주면 현황도를 확대해서 답안지에 옮기는데 시간을 절약할 수 있다.
2. (요구 사항)부터 살펴보면 식재평면도를 위주로 한 조경계획도를 축척 1/100으로 작성하라고 했으므로 표제란의 두 번째 칸 제목은 조경계획도가 된다. 축척은 현황도면의 격자 1눈금이 1m이므로 격자의 개수를 잘 세어 현황도를 확대해주어야 한다.
3. 표제란에 작업명칭을 "도로변소공원"이라고 기재해 주고, 작업명칭과 배식평면도 글씨의 좌우 여백을 맞춰주면 도면이 보기 좋다. 작업명칭은 표제란의 제일 윗부분에 쓰이는 글씨이기 때문에 깔끔하고 정확한 글씨로 작성되어야 좋은 도면이 된다.
4. 표제란에 수목수량표와 시설물수량표를 작성하였으며, 수목수량표의 수목명과 규격은 문제에 제시된 대로 기재해 주어야하고, 시설물수량표의 시설명과 규격, 단위를 문제에서 제시된 대로 기재해준다.
5. 수목수량표의 성상은 상록교목, 낙엽교목, 관목으로 구분하였다. 성상부분의 작성은 평면도 모범답안처럼 성상 칸의 중앙에 글씨가 오도록 배치하는 것이 보기 좋다. 또한 표에서 선이 삐져나오지 않게 깔끔하게 그려주는 것이 좋다.
6. (설계조건 2)를 살펴보면 포장지역을 제외한 곳에는 모두 식재를 하라고 했기 때문에 현황도의 빗금친 녹지공간에는 빈 공간 없이 식재를 해주어야 한다. 진입구부분과 주차장주변을 제외한 외곽부분은 교목을 식재해주는 것이 좋다. 또한 교목 하단부에 군데군데 관목을 같이 식재해주면 자연스러운 식재분위기를 느낄 수 있어서 좋다. 경사의 차이가 발생하는 "가"공간과 "다"공간의 식수대에 관목을 식재하였다.
7. "가"지역은 "나", "다", "라"지역보다 1.0m 높게 위치해있고, 놀이공간으로 어린이놀이시설 3종(그네, 미끄럼틀, 시소)을 배치하고 '마사토포장'을 하였다.
8. "다"지역은 휴식공간으로 파고라 1개와 등벤치 2개를 적당한 위치에 배치하고 '소형고압블록포장'을 하였다. 수목보호대에 낙엽교목 중 가장 규격이 큰 수목인 왕벚나무를 식재해 주었다.
9. "라"지역은 주차공간으로 소형승용차 2대가 주차할 수 있는 공간으로 설계하였고, '콘크리트포장'을 하여 모서리 부분에 2군데 포장디자인을 하고 포장명을 기재하였다.
10. "나"지역은 소형 벽천·연못으로 실선 1개당 30cm씩 높아진다. 또한 "다"지역에 비해 60cm가 높으므로 점표고를 기재해주면 좋다. 소형 벽천·연못은 새로 자주 출제되는 문제이기 때문에 평면도와 단면도를 그리는 방법을 꼭 기억해 두어야 한다.
11. "다"지역은 추기로 수목보호대를 설계하여 왕벚나무를 식재해 주었다. 또한 벽천 주변의 식재공간에 소나무 군식을 해주었다. 등고선 장소에는 되도록 소나무 군식을 해주는 것이 좋다. 소나무 군식은 문제에서 주어진 소나무 3가지 규격을 다 사용하여 식재를 해주며, 비록 좁은 장소에 소나무 군식(群植, 모아심기)을 하더라도 많은 소나무를 식재해주어야 한다. 또한 소나무 주변으로 관목을 식재해주는 것이 좋으며 인출선끼리 겹치는 것에 유의해야 한다. 등고선으로 지형을 변화시키는 소나무 군식 장소에 등고선 1개당 20cm씩 점표고가 높기 때문에 등고선의 바깥쪽에서 안쪽으로 점표고(+20, +40, +60)도 기재되어야 한다.

12. 보기에 주어진 수종 중 중부지역에 식재하라고 했기 때문에 남부수종을 제외하고 10가지 수목을 식재해주면 된다.
13. 각 공간의 포장은 '마사토포장', '소형고압블록포장', '콘크리트포장'으로 구분하여 포장하였고, 각 포장의 모서리 부분에 2-3군데 포장디자인을 하였으며, 포장명을 기재하였다.
14. 식재설계는 소나무 군식 장소에 소나무 3가지 규격을 사용하여 식재하였더라도 실제 사용한 수목은 소나무 1종이 되므로 10종을 맞춰서 식재하였다.
15. 인출선이 정확하게 기재가 되었는지 확인하고, 도면을 수정하면서 지워지거나 흐려진 부분을 체크하여 보기 좋게 평면도를 완성한다.
16. 인출선끼리 각도를 맞춰서 작성해주며, 같은 수목끼리 인출선을 사용하여 연결할 때 한 번에 인출선을 그어 수목을 연결하지 말고 수목 중심에서 한주씩 인출선을 그어 수목을 연결해 주는 게 좋다.

■ 문제해설(단면도)

1. 단면도 답안지 용지에 테두리선을 규격에 맞추어 긋고, 테두리선 안쪽으로 열십자(+)로 가선을 그어 중심선을 잡는다. 평면도의 단면도선(A-A'와 B-B')에 맞추어 단면도 답안지 가로 중심선에 G. L.선을 긋는다. G. L.선에 수직으로 점표고를 표기해주고(예 : 1.0, 2.0, 3.0, 4.0, 5.0 (m)), 수고를 따라 G. L.선과 평행하게 가선을 그어 각 시설물 및 수목의 수고를 파악하기 위한 선을 그어 준다.
2. A-A'단면도의 A 부분부터 보면 공간의 시작부분에 화강암경계석이 있고 느티나무가 식재되어 있다. 평면도 모범답안에서는 대상지의 경계부분에 경계석이 그려지지 않았더라도 실제는 경계석이 있는 것으로 간주하여 단면도에서는 경계부분에 경계석을 그려주는 것이 좋다.
3. 다음은 소형 벽천·연못 중 벽천이 제일먼저 그려져야 한다. 벽천이 점점 낮아지는 모양으로 그려져야 하며, 연못에는 물표현을 해주고, 담수 가이드라인이 60cm이므로 높이를 맞춰 그려준다.
4. 다음으로 휴식공간에 '소형고압블록포장'이 그려지고 수목보호대와 함께 왕벚나무를 그려준다. 또한 이용자를 그려주고 식수대 부분에 관목인 쥐똥나무와 화강암경계석을 그려준다.
5. A-A' 단면도라고 기재해주며, 스케일을 기재해주면 된다.
6. B-B' 단면도를 보면 화강암경계석이 있고 마운딩 장소에 소나무가 식재되어 있다. 마운딩 장소에 단면도 선이 지나가면 되도록 다양한 규격의 소나무와 관목을 섞어 식재해주면 좋은 답이 된다. 본 모범답안에는 마운딩 장소에 소나무가 1그루 식재되어 있어 군식의 느낌이 들지 않기 때문에 다양한 규격의 소나무와 관목을 더 그려주면 좋은 답이 된다.
7. 다음은 소형 벽천·연못 중 벽천이 30cm씩 점점 높아지다가 정점에서 30cm씩 점점 낮아지는 형태의 벽천이 된다. 연못에는 물표현을 해주며 벽천 양쪽으로 담수 가이드 라인을 60cm 높이로 그려준다.
8. 휴식공간에 '소형고압블록포장'이 그려지고 이용자와 파고라가 위치해 있다. 파고라의 규격과 상세도를 기억하여 그려주며, 다음으로 식수대에 스트로브잣나무가 위치해 있고 B' 부분의 경계부분에 화강암경계석을 그려준다.

9. G. L.선 윗부분의 수목 및 시설물에 인출선을 3단(제일 높은 것(교목 및 시설물 중 높은 것), 중간 것(작은 교목 등), 낮은 것(관목, 시설물 중 낮은 것))으로 구분하여 기재해주는 것이 통일성 있고 깔끔하게 보인다.
10. G. L.선 아랫부분은 각 시설물의 재료가 기재되어야 한다. 각 재료의 중앙에 점(•)을 찍어 재료명을 기재해주고, 재료명을 기재할 때 가선을 그어 줄을 맞춰서 재료명을 기재해주면 깔끔하고 아름다운 도면이 된다.
11. 마지막으로 B-B' 단면도라고 기재해주며, 스케일을 기재해주면 된다.
12. 본 단면도 모범답안 G. L. 선에 수직으로 기재된 점표고의 스케일이 실제 스케일보다 크게 그려졌으므로 오해하지 말고 참고하면 된다.
13. 본 문제의 단면도는 실제 시험에서는 A-A' 단면도와 B-B' 단면도 두 개를 동시에 그리라고 출제되는 경우는 없으며, 본 기출문제가 자주 출제되는 문제이기 때문에 연습으로 두 개의 단면도를 그려보았다.

03 도로변소공원조경설계

■ **수험자 유의사항**

1) 수험자는 각 문제의 제한 시간내에 작업을 완료하여야 합니다.
2) 답안지의 수험자 성명과 수목명은 반드시 흑색필기구(연필 제외)로 하며, 그 외의 필기구를 사용할 때에는 채점대상에서 제외합니다.
3) 조경설계 사항은 제도용 연필만을 사용해서 작성하여야 하며, 다른 필기구를 사용할 때는 채점대상에서 제외합니다.
4) 주어진 문제의 요구조건에 위배되는 설계도면 및 지급된 용지 2매인 시설물배치도+식재설계평면도(조경계획도) 1매, 단면도 1매가 모두 작성되어야 채점대상이 되며, 1매라도 설계가 미완성인 것은 미완성으로 채점대상에서 제외됩니다.
5) 수험자가 전 과정 조경설계, 수목감별, 조경시공 작업을 응시하지 않으면 채점대상에서 제외합니다.
6) 답안지의 수검번호 및 성명의 기재는 반드시 인쇄된 곳에 기록하여야 합니다.
7) 수험자는 수검시간 중 타인과의 대화를 금합니다.
8) 수험자는 도면 작성시 성명을 작성하는 곳을 제외하고 범례표(표제란)에 성명을 작성하지 않습니다.

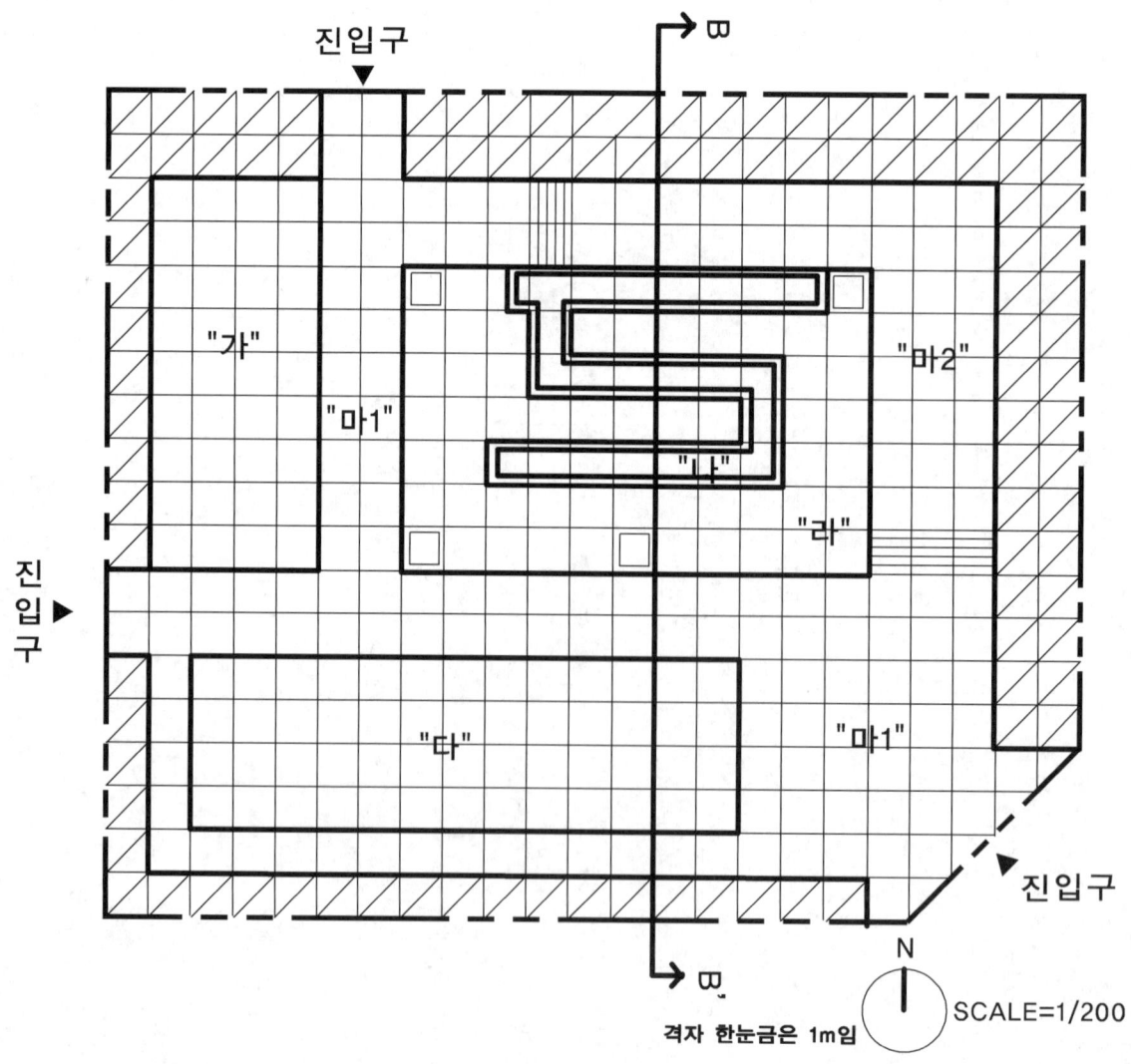

■ **(요구 사항)**

우리나라 중부지역에 위치한 도로변의 빈 공간에 대한 조경설계를 하고자 합니다. 주어진 현황도 및 아래 사항을 참조하여 설계조건에 따라 조경계획도를 작성합니다.(단, 2점쇄선안 부분이 조경설계 대상지로 합니다.)

1) 식재 평면도를 위주로 한 조경계획도를 축척 1/100로 작성하십시오.(지급용지-1)
2) 도면 오른쪽 위에 작업명칭을 작성하십시오.
3) 도면 오른쪽에는 "주요 시설물 수량표와 수목(식재) 수량표"를 작성하고, 수량표 아래쪽 "방위표시와 막대축척"을 반드시 그려 넣으시오.(단, 전체 대상지의 길이를 고려하여 범례표의 폭을 조정할 수 있습니다.)
4) 도면의 전체적인 안정감을 위하여 "테두리선"을 작성하십시오.
5) B – B' 단면도를 축척 1/100로 작성하십시오.(지급용지-2)

■ **(설계조건)**

1) 해당 지역은 도로변의 자투리 공간을 이용하여 휴식 및 어린이들이 즐길 수 있는 도로변 소공원으로, 공원의 특징을 고려하여 조경계획도를 작성하시오.
2) 포장지역을 제외한 곳에는 모두 식재를 실시하시오.(단, 녹지공간은 빗금친 부분이며, 경사의 차이가 발생하는 곳은 분위기를 고려하여 식재를 적절하게 실시하시오.)
3) 포장지역은 "소형고압블록, 콘크리트, 고무칩, 마사토, 투수콘크리트 등" 적당한 재료를 선택하여 재료의 사용이 적합한 장소에 기호로 표현하고, 포장명을 반드시 기입하시오.
4) "다" 지역은 어린이 놀이공간으로 그 안에 회전무대(H1,100×W2,300), 4연식 철봉(H2,200×L4,000), 단주식 미끄럼대(H2,700×L4,200×W1,000) 3종을 배치하시오.
5) "가" 지역은 정적인 휴식공간으로 이용자들의 편안한 휴식을 위해 장파고라(6,000×3,500) 1개와 앉아서 휴식을 즐길 수 있도록 등벤치 1개를 계획 설계하시오.
6) "라" 지역은 "나" 연못의 인접지역으로 수목보호대 3개에 동일한 낙엽교목을 식재하고, 평벤치 2개를 설치하시오.
7) "나" 지역은 연못으로 물이 차 있으며, "라"와 "마1" 지역보다 60cm 정도 낮은 위치로 계획하시오.
8) "마1" 지역은 공간과 공간을 연결하는 연계동선으로 대상지의 설계 성격에 맞게 적절한 포장을 선택하시오.
9) "마2" 지역은 "마1"과 "라" 지역보다 1m 높은 지역으로 산책로 주변에 등벤치 3개를 설치하고, 벤치 주변에 휴지통 1개소를 함께 설치하시오.
10) "나" 시설은 폭 1m의 장방형 정형식 케스케이드(계류)로 약 9m 정도 흘러가 연못과 합류된다. 3번의 단차로 자연스럽게 연못으로 흘러들어가며, "마2" 지역과 거의 동일한 높이를 유지하고 있으므로, "라" 지역과는 옹벽을 설치하여 단 차이를 자연스럽게 해소하시오.
11) 대상지 내에는 유도식재, 녹음식재, 경관식재, 소나무 군식 등의 식재패턴을 필요한 곳에 적절히 배식하고, 필요에 따라 수목보호대를 추가로 설치하여 포장 내에 식재를 할 수 있습니다.

12) 수목은 아래에 주어진 수종 중에서 종류가 다른 10가지를 반드시 선정하여 골고루 안정적인 배식이 될 수 있도록 계획하며, 인출선을 이용하여 수량, 수종명칭, 규격을 반드시 표기하시오.

> 소나무(H4.0×W2.0), 소나무(H3.0×W1.5), 소나무(H2.5×W1.2)
> 스트로브잣나무(H2.5×W1.2), 스트로브잣나무(H2.0×W1.0)
> 왕벚나무(H4.5×B12), 버즘나무(H3.5×B8), 느티나무(H3.0×R6)
> 청단풍(H2.5×R8), 다정큼나무(H1.0×W0.6), 동백나무(H2.5×R8)
> 중국단풍(H2.5×R5), 굴거리나무(H2.5×W0.6), 자귀나무(H2.5×R6)
> 태산목(H1.5×W0.5), 먼나무(H2.0×R5), 산딸나무(H2.0×R5), 산수유(H2.5×R7)
> 꽃사과(H2.5×R5), 수수꽃다리(H1.5×W0.6), 병꽃나무(H1.0×W0.4)
> 쥐똥나무(H1.0×W0.3), 명자나무(H0.6×W0.4), 산철쭉(H0.3×W0.4)
> 자산홍(H0.3×W0.3), 영산홍(H0.4×W0.4), 조릿대(H0.6×7가지)

13) B-B' 단면도는 경사, 포장재료, 경계선 및 기타 시설물의 기초, 주변의 수목, 주요 시설물, 이용자 등을 단면도상에 반드시 표기하고, 높이 차를 한눈에 볼 수 있도록 설계하시오.

평면도 (모범답안)

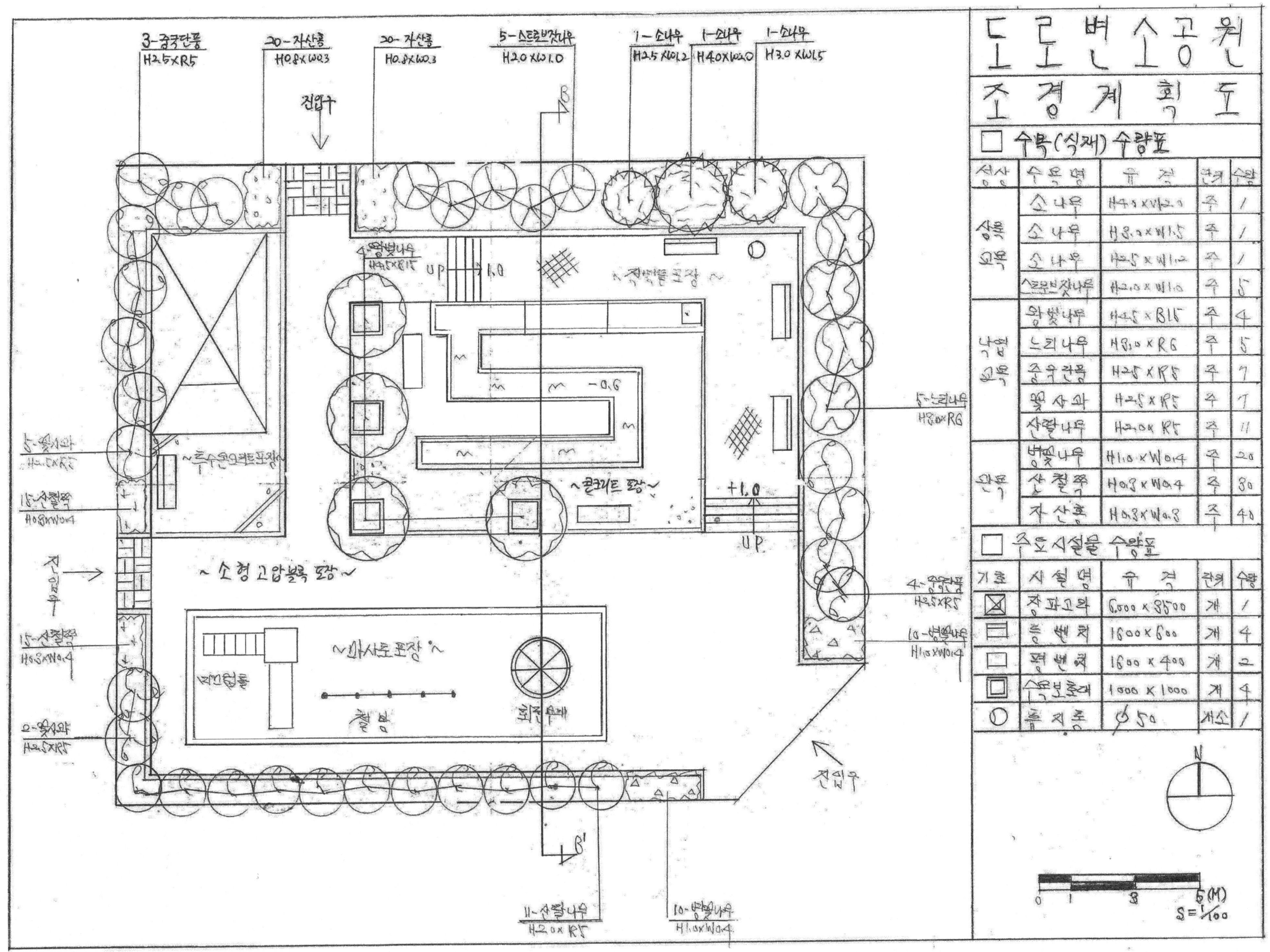

단면도(모범답안)

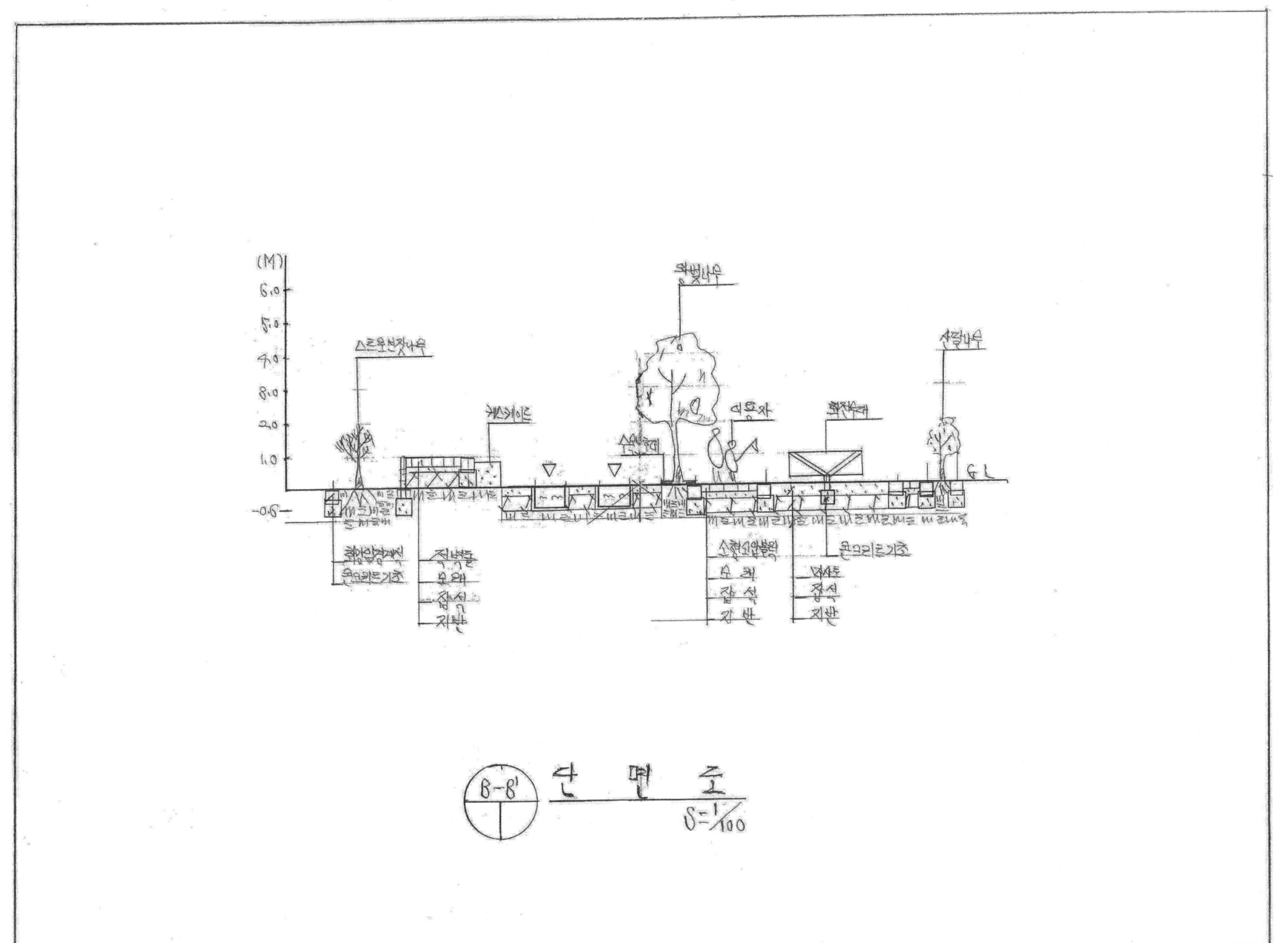

04 도로변소공원조경설계

■ **수험자 유의사항**

1) 수험자는 각 문제의 제한 시간내에 작업을 완료하여야 합니다.
2) 답안지의 수험자 성명과 수목명은 반드시 흑색필기구(연필 제외)로 하며, 그 외의 필기구를 사용할 때에는 채점대상에서 제외합니다.
3) 조경설계 사항은 제도용 연필만을 사용해서 작성하여야 하며, 다른 필기구를 사용할 때는 채점대상에서 제외합니다.
4) 주어진 문제의 요구조건에 위배되는 설계도면 및 지급된 용지 2매인 시설물배치도+식재설계평면도(수목배치도) 1매, 단면도 1매가 모두 작성되어야 채점대상이 되며, 1매라도 설계가 미완성인 것은 미완성으로 채점대상에서 제외됩니다.
5) 수험자가 전 과정 조경설계, 수목감별, 조경시공 작업을 응시하지 않으면 채점대상에서 제외합니다.
6) 답안지의 수검번호 및 성명의 기재는 반드시 인쇄된 곳에 기록하여야 합니다.
7) 수험자는 수검시간 중 타인과의 대화를 금합니다.
8) 수험자는 도면 작성시 성명을 작성하는 곳을 제외하고 범례표(표제란)에 성명을 작성하지 않습니다.

〈현황도〉

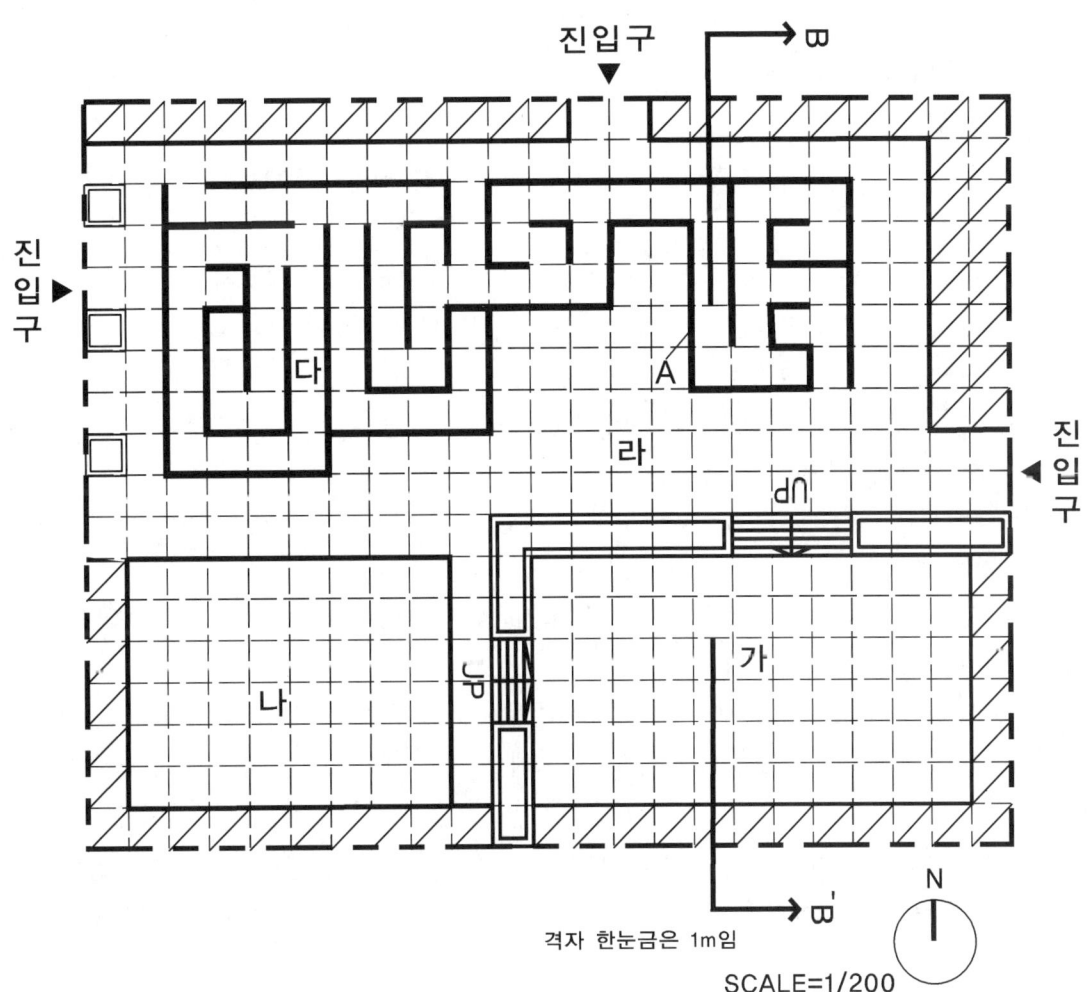

격자 한눈금은 1m임

SCALE=1/200

■ (요구 사항)

우리나라 중부지역에 위치한 도로변의 빈 공간에 대한 조경설계를 하고자 합니다. 주어진 현황도 및 아래 사항을 참조하여 설계조건에 따라 조경계획도를 작성합니다.(단, 2점쇄선안 부분이 조경설계 대상지로 합니다.)

1) 식재 평면도를 위주로 한 조경계획도를 축척 1/100로 작성하십시오.(지급용지-1)
2) 도면 오른쪽 위에 작업명칭을 작성하십시오.
3) 도면 오른쪽에는 "주요 시설물 수량표와 수목(식재) 수량표"를 함께 작성하고, 수량표 아래쪽 여백을 이용하여 "방위표시와 막대축척"을 반드시 그려 넣으시오.(단, 전체 대상지의 길이를 고려하여 범례표의 폭을 조정 할 수 있다.)
4) 도면의 전체적인 안정감을 위하여 "테두리선"을 작성하십시오.
5) 도로변 소공원 부지내의 B-B' 단면도를 축척 1/100로 작성하십시오.(지급용지-2)
6) 반드시 식재 평면도는 성상, 수목명, 규격, 단위, 수량을 명기하여 작성하시오.

■ (설계조건)

1) 해당 지역은 도로변의 자투리 공간을 이용하여 휴식 및 어린이들이 즐길 수 있는 미로 및 놀이소공원으로, 공원의 특징을 고려하여 조경계획도를 작성하시오.
2) 포장지역을 제외한 곳에는 모두 식재를 실시하시오.(단, 녹지공간은 빗금 친 부분이며, 분위기를 고려하여 식재를 실시하시오.)
3) 포장지역은 "점토벽돌, 화강석블럭, 콘크리트, 고무칩, 마사토, 투수콘크리트 등" 적당한 재료를 선택하여 재료의 사용이 적합한 장소에 기호로 표현하고, 포장명칭을 반드시 기입하시오.
4) "라" 지역은 진입 및 각 공간을 원활하게 연결시킬 수 있도록 계획하며, 보행흐름에 지장이 없도록 설계하시오.
5) "나" 지역은 정적인 휴식공간으로 파고라(3000×5000mm) 1개소를 설치하십시오.
6) 대상지 내에 보행자 통행에 지장을 주지 않는 곳에 2인용 평상형 벤치(1200×500mm) 3개(단, 파고라 안에 설치된 벤치는 제외)와 휴지통 3개소를 설치하십시오.
7) "가" 지역은 놀이공간으로 계획하고, 그 안에 어린이 놀이시설물을 3종류(회전무대, 3연식 철봉, 정글짐, 2연식 시소 등) 배치하시오.
8) "다" 지역은 어린이의 미로공간으로 담장(A)의 소재와 두께는 자유롭게 선정하며, 가급적 높이는 1m 정도로 설계하시오.
9) "가" 지역은 "나", "다", "라" 지역보다 높이 차가 1m 발생하며, 그 높이 차이를 식수대(Plant box)로 처리하였으므로 적합한 조치를 하시오.
10) 대상지 내에는 유도식재, 녹음식재, 경관식재, 소나무 군식 등의 식재패턴을 필요한 곳에 배식하고, 3개의 수목보호대에는 녹음식재를 실시하고, 필요에 따라 수목보호대를 추가로 설치하여 포장 내에 식재를 하시오.
11) 수목은 아래에 주어진 수종 중에서 종류가 다른 10가지를 반드시 선정하여 골고루 안정적인 배식이 될 수 있도록 계획하며, 인출선을 이용하여 수량, 수종명칭, 규격을 반드시 표기하시오.

> 소나무(H4.0×W2.0), 소나무(H3.0×W1.5), 소나무(H2.5×W1.2)
> 스트로브잣나무(H2.5×W1.2), 스트로브잣나무(H2.0×W1.0)
> 왕벚나무(H4.5×B15), 버즘나무(H3.5×B8), 느티나무(H4.5×R20)
> 청단풍(H2.5×R8), 다정큼나무(H1.0×W0.6), 동백나무(H2.5×R8)
> 중국단풍(H2.5×R5), 굴거리나무(H2.5×W0.6), 자귀나무(H2.5×R6)
> 태산목(H1.5×W0.5), 먼나무(H2.0×R5), 산딸나무(H2.0×R5), 산수유(H2.5×R7)
> 꽃사과(H2.5×R5), 수수꽃다리(H1.5×W0.6), 병꽃나무(H1.0×W0.4)
> 쥐똥나무(H1.0×W0.3), 명자나무(H0.6×W0.4), 산철쭉(H0.3×W0.4)
> 자산홍(H0.3×W0.3), 영산홍(H0.4×W0.3), 조릿대(H0.6×7가지)

12) B-B' 단면도는 경사, 포장재료, 경계선 및 기타 시설물의 기초, 주변의 수목, 주요 시설물, 이용자 등을 단면도상에 반드시 표기하고, 높이 차를 한눈에 볼 수 있도록 설계하시오.

평면도(모범답안)

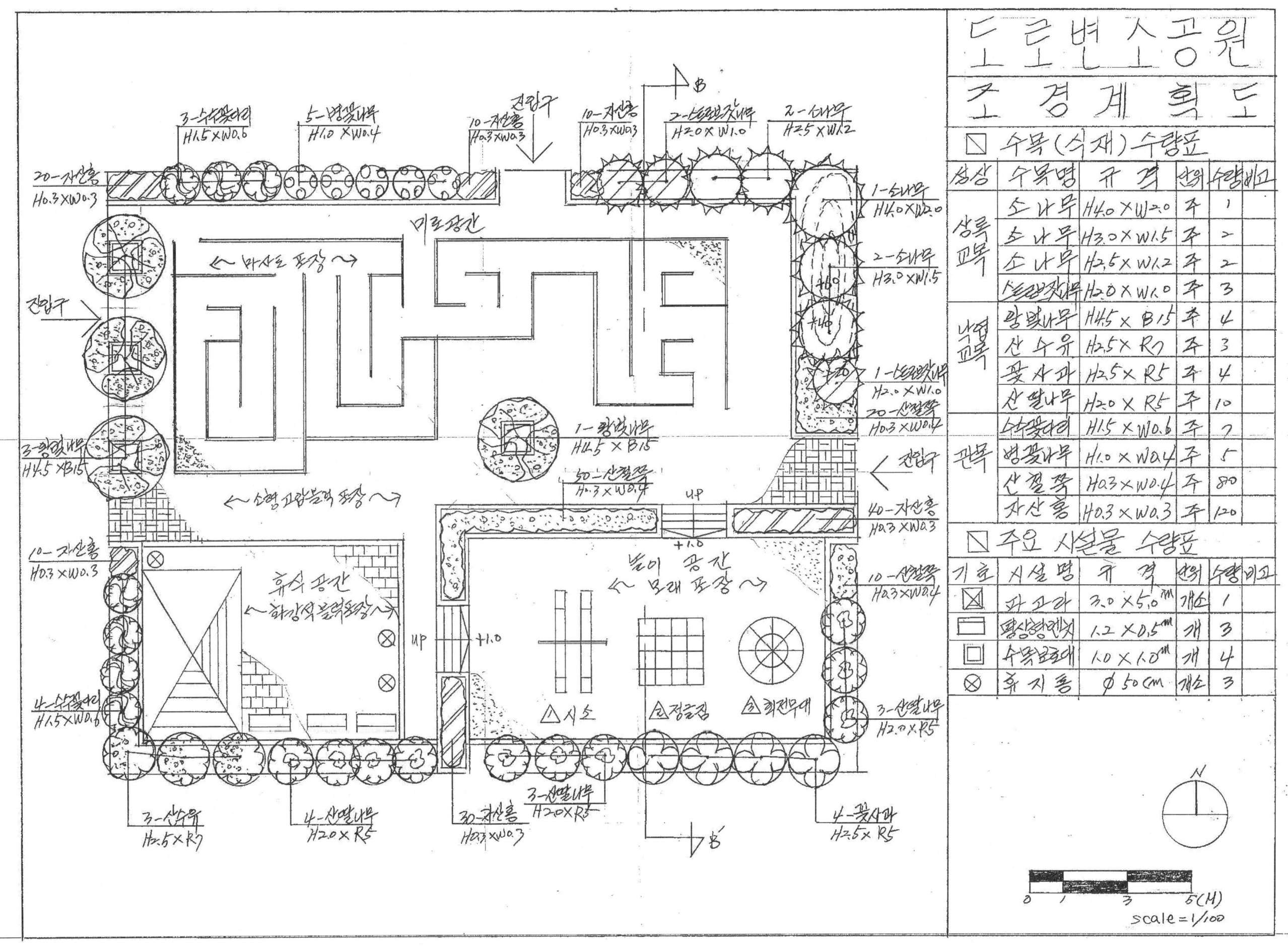

단면도(모범답안)

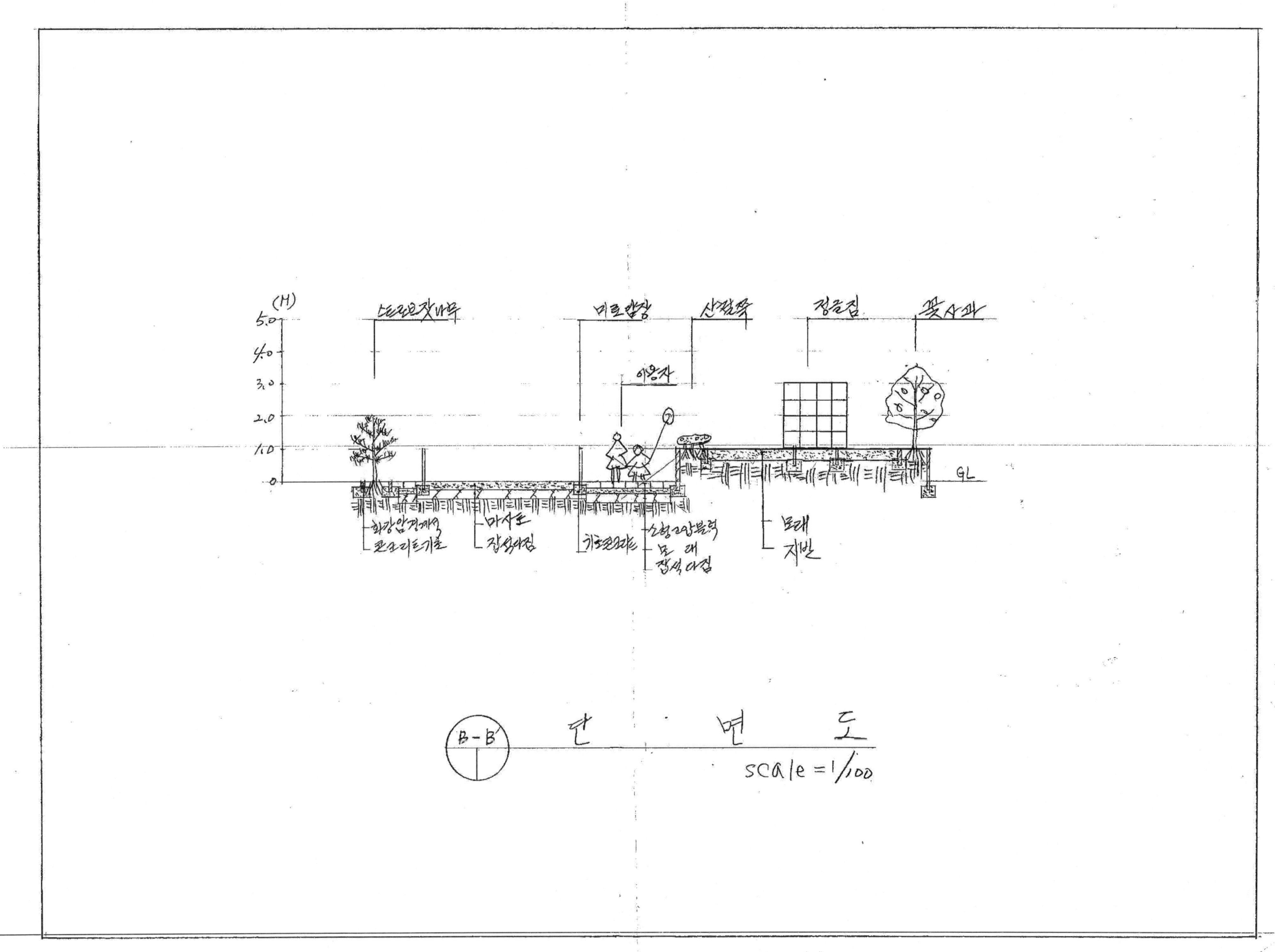

■ 문제해설(평면도)

1. 이점쇄선 안 부분이 설계대상지 이므로 현황도를 테두리선과 표제란을 제외한 답안지의 가운데에 배치되도록 해주고, 현황도의 외곽은 이점쇄선으로 그려주며, 주변 현황인 진입구를 기재해주고, 방위표와 스케일을 그려준다. 평면도에 있는 단면도선과 B-B' 화살표선은 90도가 되도록 그려주어야 한다. 테두리선과 표제란을 제외한 공간의 중심을 열십자(+) 또는 좌우 대각선을 X자로 가선을 그어 중심선을 잡아주면 현황도를 확대해서 답안지에 옮기는데 시간을 절약할 수 있다.

2. (요구 사항)부터 살펴보면 식재 평면도를 위주로 한 조경계획도를 축척 1/100으로 작성하라고 했으므로 표제란의 두 번째 칸 제목은 조경계획도가 된다. 축척은 현황도면의 격자 1눈금이 1m이므로 격자의 개수를 잘 세어 현황도를 확대해주어야 한다.

3. 표제란에 작업명칭을 기재해 주고, 작업명칭과 배식평면도 글씨의 좌우 여백을 맞춰주면 도면이 보기 좋다. 작업명칭은 표제란의 제일 윗부분에 쓰이는 글씨이기 때문에 깔끔하고 정확한 글씨로 작성되어야 좋은 도면이 된다.

4. 표제란에 주요 시설물 수량표와 수목(식재) 수량표를 작성하였으며, 수목(식재)수량표의 수목명과 규격은 문제에 제시된 대로 기재해 주어야하고, 주요 시설물 수량표의 시설명과 규격, 단위를 문제에서 제시된 대로 기재해준다.

5. 수목수량표의 성상은 상록교목, 낙엽교목, 관목으로 구분하였다. 성상부분의 작성은 평면도 모범 답안처럼 성상 칸의 중앙에 글씨가 오도록 배치하는 것이 보기 좋다. 또한 표에서 선이 삐져나오지 않게 깔끔하게 그려주는 것이 좋다.

6. (설계조건 2)를 살펴보면 포장지역을 제외한 곳에는 모두 식재를 하라고 했기 때문에 현황도의 빗금 친 녹지공간에는 빈 공간 없이 식재를 해주어야 한다. 진입구 부분을 제외한 외곽 부분은 교목을 식재해주는 것이 좋다. 또한 교목 하단부에 군데군데 관목을 같이 식재해주면 다층식재가 되어 자연스러운 식재 분위기를 느낄 수 있어서 좋다.

7. 포장 지역은 소형고압블럭, 화강석블럭, 모래, 마사토 포장을 하였고, 각 공간의 모서리에 2~3군데 상징적으로 기호로 표시했으며 포장명칭을 기입하였다.

8. "나" 지역은 정적인 휴식공간으로 '화강석블럭포장'을 하였으며 파고라(3,000×5,000mm) 1개소를 설치하였고, 2인용 평상형 벤치(1,200×500mm) 3개와 휴지통 3개소를 설치하였다.

9. "가" 지역은 "나", "다", "라" 지역보다 1.0m 높게 위치해 있고, 놀이공간으로 어린이 놀이시설물 3종류(시소, 정글짐, 회전무대)를 배치하고 '모래포장'을 하였다. 또한 높이 차이를 식수대(Plant Box)로 처리하여 산철쭉과 자산홍을 식재하였다. 식수대에는 키가 큰 교목보다는 관목을 식재하여 주는 것이 좋다.

10. "다" 지역은 어린이의 미로공간으로 1m의 높이로 설계하였다.

11. "라" 지역에 추가로 수목보호대를 설계하여 왕벚나무를 식재해 주었고 미로 공간 우측 식재 공간에 소나무 군식을 해주었다. 등고선 장소에는 되도록 소나무 군식을 해주는 것이 좋다. 소나무 군식은 문제에서 주어진 소나무 3가지 규격을 다 사용하여 식재를 해주며, 비록 좁은 장소에 소나무 군식(群植, 모아심기)을 하더라도 많은 소나무를 식재해주어야 한다. 또한 소나무 주변으로 관목을 식재해주는 것이 좋으며 인출선끼리 겹치는 것에 유의해야 한다. 등고선으로 지형을 변화시키는 소나무 군식 장소에 등고선 1개당 20cm씩 점표고가 높기 때문에 등고선의 바깥쪽에서 안쪽으로 점표고(+20, +40, +60)도 기재되어야 한다.

12. 중부지역에 식재하라고 했기 때문에 보기에 주어진 수종 중 남부 수종을 제외하고 10가지 수목을 식재해주면 된다.

13. 인출선이 정확하게 기재가 되었는지 확인하고, 도면을 수정하면서 지워지거나 흐려진 부분을 체크하여 보기 좋게 평면도를 완성한다.
14. 인출선끼리 각도를 맞춰서 작성해주며, 같은 수목끼리 인출선을 사용하여 연결할 때 한 번에 인출선을 그어 수목을 연결하지 말고 수목 중심에서 한주씩 인출선을 그어 수목을 연결해 주는 게 좋다.

■ 문제해설(단면도)

1. 단면도 답안지 용지에 테두리선을 규격에 맞추어 긋고, 테두리선 안쪽으로 열십자(+) 또는 좌우 대각선을 X자로 가선을 그어 중심선을 잡는다. 평면도의 단면도선(A-A'와 B-B')에 맞추어 단면도 답안지 가로 중심선에 G.L.선을 긋는다. G.L.선에 수직으로 점표고를 표기해주고(예 : 1.0, 2.0, 3.0, 4.0, 5.0(m)), 수고를 따라 G.L.선과 평행하게 가선을 그어 각 시설물 및 수목의 수고를 파악하기 위한 선을 그어준다.
2. B-B' 단면도의 B 부분부터 보면 공간의 시작부분에 화강암경계석이 있고 스트로브잣나무가 식재되어 있다. 평면도 모범답안에서는 대상지의 경계부분에 경계석이 그려지지 않았더라도 실제는 경계석이 있는 것으로 간주하여 단면도에서는 경계부분에 경계석을 그려주는 것이 좋다.
3. 다음은 처음 접해보는 미로공간이 그려져야 한다. 미로공간은 처음 접해보는 부분인데 관광지 등에 있는 미로공원을 생각하면 쉽게 그릴 수 있다. 높이는 가급적 1m 정도로 설계하라고 했으므로 1m로 설계하였고 미로공간의 포장은 '마사토포장'을 하였다.
4. 다음으로 놀이공간에 정글짐을 그려주며 포장은 '모래포장'을 하였다. 미로공간과 놀이공간 사이에 1m의 단차이가 발생한 부분은 식수대(Plant Box)를 통해 단차이를 그려주었으며, 식수대에는 산철쭉과 자산홍을 식재하였다.
5. 마지막으로 식재공간에 꽃사과를 규격에 맞춰 그려주고, 경계에 화강암경계석을 그려준다.
6. G.L.선 윗부분의 수목 및 시설물에 인출선을 3단(제일 높은 것(교목 및 시설물 중 높은 것), 중간 것(작은 교목 등), 낮은 것(관목, 시설물 중 낮은 것))으로 구분하여 기재해주는 것이 통일성 있고 깔끔하게 보인다.
7. G.L.선 아랫부분은 각 시설물의 재료가 기재되어야 한다. 각 재료의 중앙에 점(•)을 찍어 재료명을 기재해주고, 재료명을 기재할 때 가선을 그어 줄을 맞춰서 재료명을 기재해주면 깔끔하고 아름다운 도면이 된다.
8. 마지막으로 B-B' 단면도라고 기재해주며, 스케일을 기재해주면 된다.

05 도로변소공원조경설계

■ **수험자 유의사항**

1) 수험자는 각 문제의 제한 시간내에 작업을 완료하여야 합니다.
2) 답안지의 수험자 성명과 수목명은 반드시 흑색필기구(연필 제외)로 하며, 그 외의 필기구를 사용할 때에는 채점대상에서 제외합니다.
3) 조경설계 사항은 제도용 연필만을 사용해서 작성하여야 하며, 다른 필기구를 사용할 때는 채점대상에서 제외합니다.
4) 주어진 문제의 요구조건에 위배되는 설계도면 및 지급된 용지 2매인 시설물배치도+식재설계평면도(수목배치도) 1매, 단면도 1매가 모두 작성되어야 채점대상이 되며, 1매라도 설계가 미완성인 것은 미완성으로 채점대상에서 제외됩니다.
5) 수험자가 전 과정 조경설계, 수목감별, 조경시공 작업을 응시하지 않으면 채점대상에서 제외합니다.
6) 답안지의 수검번호 및 성명의 기재는 반드시 인쇄된 곳에 기록하여야 합니다.
7) 수험자는 수검시간 중 타인과의 대화를 금합니다.
8) 수험자는 도면 작성시 성명을 작성하는 곳을 제외하고 범례표(표제란)에 성명을 작성하지 않습니다.

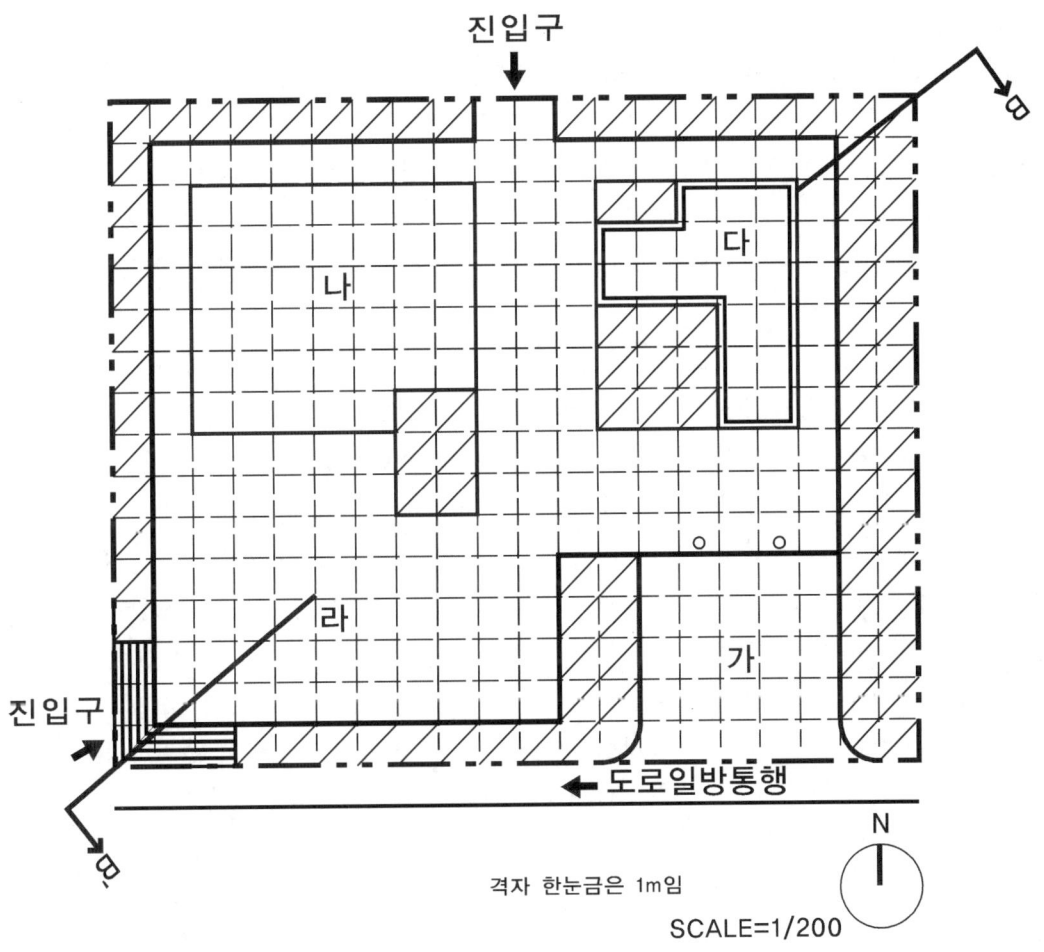

격자 한눈금은 1m임
SCALE=1/200

■ (요구 사항)

우리나라 중부지역에 위치한 도로변의 빈 공간에 대한 조경설계를 하고자 한다. 주어진 현황도 및 아래 사항을 참조하여 설계조건에 따라 조경계획도를 작성합니다.(단, 2점쇄선안 부분을 조경설계 대상지로 합니다.)

1) 식재 평면도를 위주로 한 조경계획도를 축척 1/100로 작성하십시오.(지급용지-1)
2) 도면 오른쪽 위에 작업명칭을 작성하십시오.
3) 도면 오른쪽에는 "주요 시설물 수량표와 수목(식재) 수량표"를 함께 작성하고, 수량표 아래쪽 여백을 이용하여 "방위표시와 막대축척"을 반드시 그려 넣으시오.(단, 전체 대상지의 길이를 고려하여 범례표의 폭을 조정 할 수 있다.)
4) 도면의 전체적인 안정감을 위하여 "테두리선"을 작성하십시오.
5) 도로변 소공원 부지내의 B-B' 단면도를 축척 1/100로 작성하십시오.(지급용지-2)
6) 반드시 식재 평면도는 성상, 수목명, 규격, 단위, 수량을 명기하여 작성하시오.

■ (설계조건)

1) 해당 지역은 도로변의 자투리 공간을 이용하여 휴식 및 어린이들이 즐길 수 있는 도로변 소공원으로, 공원의 특징을 고려하여 조경계획도를 작성하시오.
2) 포장지역을 제외한 곳에는 모두 식재를 실시하시오.(단, 녹지공간은 빗금 친 부분이며, 분위기를 고려하여 식재를 실시하시오.)
3) 포장지역은 "점토벽돌, 화강석블럭, 콘크리트, 고무칩, 마사토, 투수콘크리트 등" 적당한 재료를 선택하여 재료의 사용이 적합한 장소에 기호로 표현하고, 포장명칭을 반드시 기입하시오.
4) "가" 지역은 주차공간으로 소형자동차(2500×5000mm) 2대가 주차할 수 있는 공간으로 계획하고 설계하시오.
5) "나" 지역은 놀이공간으로 계획하고, 그 안에 어린이 놀이시설물을 3종류 배치하시오.
6) "다" 지역은 수(水) 공간으로 수심이 60cm 깊이로 설계하시오.
7) "라" 지역은 휴식공간으로 이용자들의 편안한 휴식을 위해 파고라(3500×3500mm) 1개와 앉아서 휴식을 즐길 수 있도록 파고라 하부에 등벤치 4개, 외부공간에 등벤치 4개를 계획 설계하시오.
8) 대상지역은 진입구에 계단이 위치해 있으며 높이 차가 1m 높은 것으로 보고 설계한다.
9) 대상지 내에는 유도식재, 녹음식재, 경관식재, 소나무 군식 등의 식재패턴을 필요한 곳에 배식하고, 필요에 따라 수목보호대를 추가로 설치하여 포장 내에 식재를 하시오.
10) 수목은 아래에 주어진 수종 중에서 종류가 다른 10가지를 반드시 선정하여 골고루 안정적인 배식이 될 수 있도록 계획하며, 인출선을 이용하여 수량, 수종명칭, 규격을 반드시 표기하시오.

> 소나무(H4.0×W2.0), 소나무(H3.0×W1.5), 소나무(H2.5×W1.2)
> 스트로브잣나무(H2.5×W1.2), 스트로브잣나무(H2.0×W1.0)
> 왕벚나무(H4.5×B15), 버즘나무(H3.5×B8), 느티나무(H4.5×R20)
> 청단풍(H2.5×R8), 다정큼나무(H1.0×W0.6), 동백나무(H2.5×R8)
> 중국단풍(H2.5×R5), 굴거리나무(H2.5×W0.6), 자귀나무(H2.5×R6)
> 태산목(H1.5×W0.5), 먼나무(H2.0×R5), 산딸나무(H2.0×R5), 산수유(H2.5×R7)
> 꽃사과(H2.5×R5), 수수꽃다리(H1.5×W0.6), 병꽃나무(H1.0×W0.4)
> 쥐똥나무(H1.0×W0.3), 명자나무(H0.6×W0.4), 산철쭉(H0.3×W0.4)
> 자산홍(H0.3×W0.3), 영산홍(H0.4×W0.3), 조릿대(H0.6×7가지)

11) B-B' 단면도는 경사, 포장재료, 경계선 및 기타 시설물의 기초, 주변의 수목, 주요 시설물, 이용자 등을 단면도상에 반드시 표기하고, 높이 차를 한눈에 볼 수 있도록 설계하시오.

평면도(모범답안)

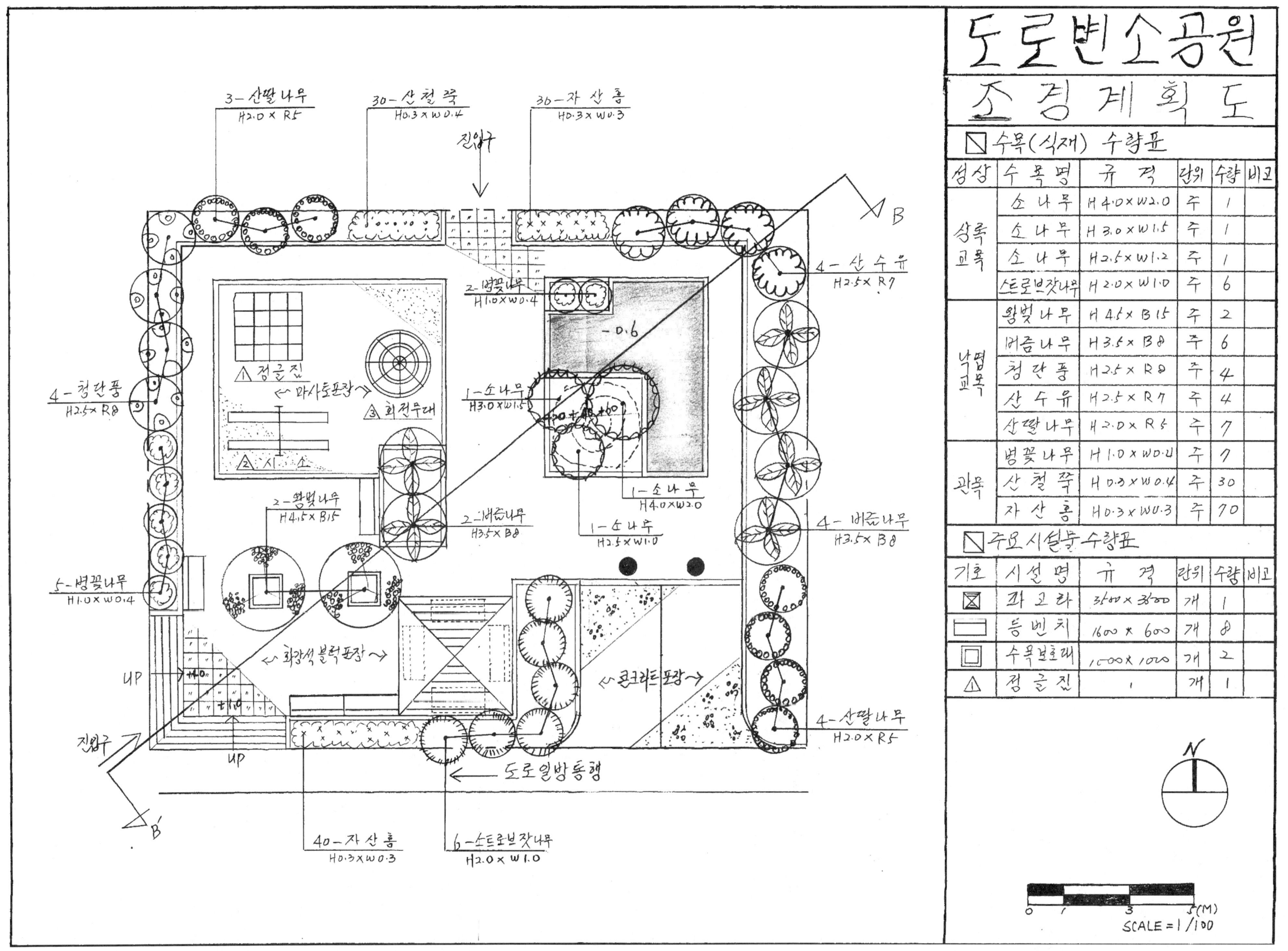

단면도(모범답안)

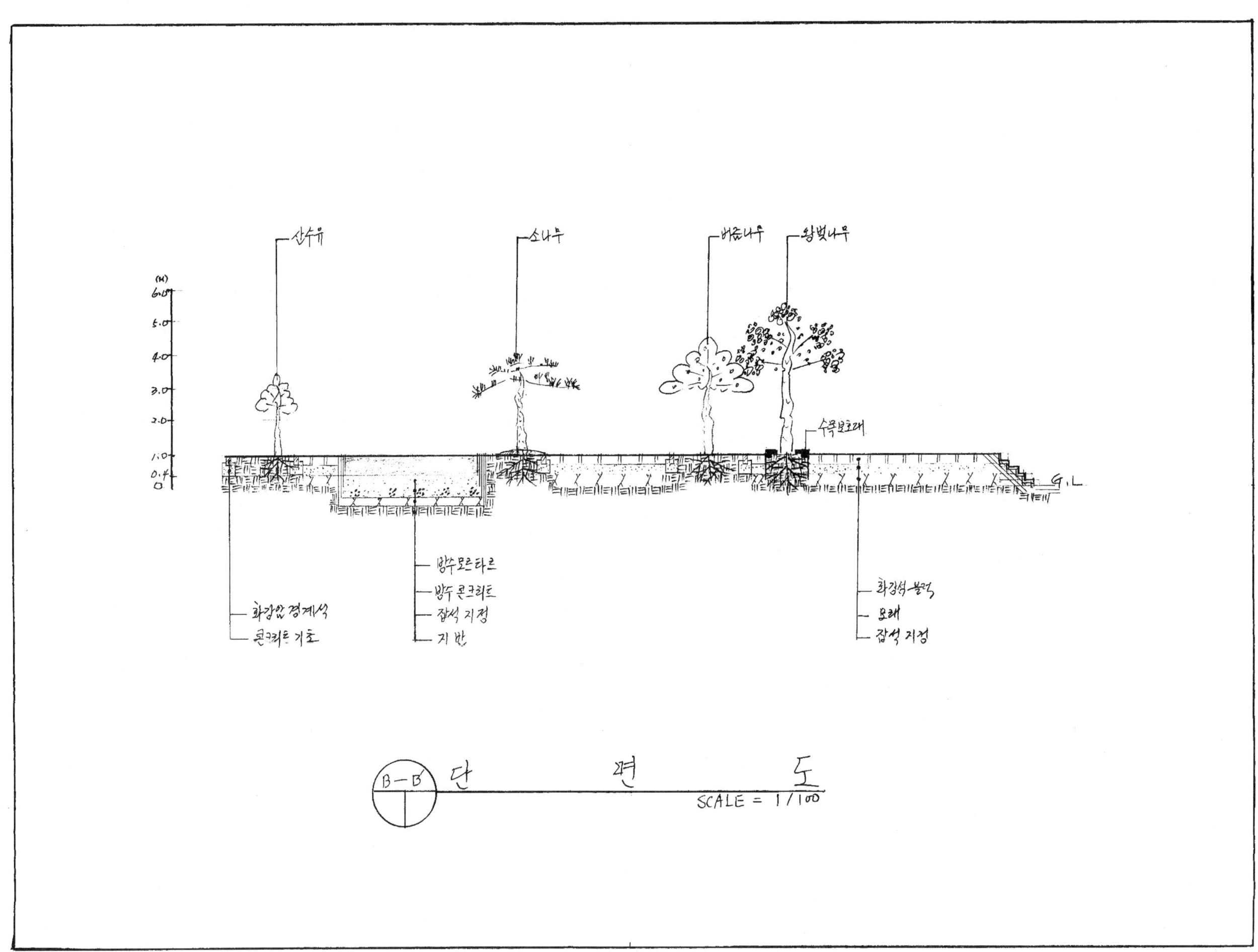

■ 문제해설(평면도)

1. 이점쇄선 안 부분이 설계대상지 이므로 현황도를 테두리선과 표제란을 제외한 답안지의 가운데에 배치되도록 해주고, 현황도의 외곽은 이점쇄선으로 그려주며, 주변 현황인 진입구와 도로일방통행을 기재해주고, 방위표와 스케일을 그려준다. 평면도에 있는 단면도선과 B-B'화살표선은 90도가 되도록 그려주어야 한다. 테두리선과 표제란을 제외한 공간의 중심을 열십자(+) 또는 좌우 대각선을 X자로 가선을 그어 중심선을 잡아주면 현황도를 확대해서 답안지에 옮기는데 시간을 절약할 수 있다.

2. (요구 사항)부터 살펴보면 식재 평면도를 위주로 한 조경계획도를 축척 1/100으로 작성하라고 했으므로 표제란의 두 번째 칸 제목은 조경계획도가 된다. 축척은 현황도면의 격자 1눈금이 1m이므로 격자의 개수를 잘 세어 현황도를 확대해주어야 한다.

3. 표제란에 작업명칭을 기재해 주고, 작업명칭과 조경계획도 글씨의 좌우 여백을 맞춰주면 도면이 보기 좋다. 작업명칭은 표제란의 제일 윗부분에 쓰이는 글씨이기 때문에 깔끔하고 정확한 글씨로 작성되어야 좋은 도면이 된다.

4. 표제란에 주요 시설물 수량표와 수목(식재) 수량표를 작성하였으며, 수목(식재)수량표의 수목명과 규격은 문제에 제시된 대로 기재해 주어야하고, 주요 시설물 수량표의 시설명과 규격, 단위를 문제에서 제시된 대로 기재해준다.

5. 수목수량표의 성상은 상록교목, 낙엽교목, 관목으로 구분하였다. 성상부분의 작성은 평면도 모범답안처럼 성상 칸의 중앙에 글씨가 오도록 배치하는 것이 보기 좋다. 또한 표에서 선이 삐져나오지 않게 깔끔하게 그려주는 것이 좋다.

6. (설계조건 2)를 살펴보면 포장지역을 제외한 곳에는 모두 식재를 하라고 했기 때문에 현황도의 빗금 친 녹지공간에는 빈 공간 없이 식재를 해주어야 한다. 진입구를 제외한 외곽부분은 교목을 식재해주는 것이 좋다. 또한 교목 하단부에 군데군데 관목을 같이 식재해주면 다층식재가 되어 자연스러운 식재분위기를 느낄 수 있어서 좋다.

7. 포장지역은 마사토, 화강석블럭, 콘크리트포장을 하였고, 각 공간의 모서리에 2~3군데 상징적으로 기호로 표시했으며 포장명칭을 기입하였다.

8. "가" 지역은 주차공간으로 '콘크리트포장'을 하였으며, 소형자동차(2500×5,000mm) 2대가 주차할 수 있는 공간으로 설계하였다.

9. "나" 지역은 놀이공간으로 어린이 놀이시설물 3종류(시소, 정글짐, 회전무대)를 배치하고 '마사토 포장'을 하였다.

10. "다" 지역은 수(水) 공간으로 수심 60cm 깊이로 설계하였다. 평면도에서는 수심이 표현되지 않기 때문에 점표고(-0.6m)를 표기해 주었다.

11. "라" 지역은 휴식공간으로 파고라 1개와 파고라 하부에 등벤치 4개, 외부에 등벤치 4개를 설치하였다. 파고라 하부에 설치한 등벤치는 위에서 내려다보았을 때 보이지 않기 때문에 짐선으로 표시해 주어야 하며, 포장은 '화강석블럭포장'을 하였다.

12. 진입구에 계단이 위치해 있기 때문에 평면도상에서는 점표고(+1.0m)를 표기해 주었다.

13. 소나무 군식은 설계조건 10에서 주어진 소나무 3가지 규격을 다 사용하여 식재를 해주며, 비록 좁은 장소에 소나무 군식(群植, 모아심기)을 하더라도 많은 소나무를 식재해주어야 한다. 또한 소나무 주변으로 관목을 식재해주는 것이 좋으며 인출선끼리 겹치는 것에 유의해야 한다. 등고선으로 지형을 변화시키는 소나무 군식 장소에 등고선 1개당 20cm씩 점표고가 높기 때문에 등고선의 바깥쪽에서 안쪽으로 점표고(+20, +40, +60)도 기재되어야 한다.

14. 중부지역에 식재하라고 했기 때문에 보기에 주어진 수종 중 남부수종을 제외하고 10가지 수목을 식재해주면 된다.
15. 인출선이 정확하게 기재가 되었는지 확인하고, 도면을 수정하면서 지워지거나 흐려진 부분을 체크하여 보기 좋게 평면도를 완성한다.
16. 인출선끼리 각도를 맞춰서 작성해주며, 같은 수목끼리 인출선을 사용하여 연결할 때 한 번에 인출선을 그어 수목을 연결하지 말고 수목 중심에서 한 주씩 인출선을 그어 수목을 연결해 주는 게 좋다.

■ **문제해설(단면도)**

1. 단면도 답안지 용지에 테두리선을 규격에 맞추어 긋고, 테두리선 안쪽으로 열십자(+) 또는 좌우 대각선을 X자로 가선을 그어 중심선을 잡는다. 평면도의 단면도선(A-A'와 B-B')에 맞추어 단면도 답안지 가로 중심선에 G.L.선을 긋는다. G.L.선에 수직으로 점표고를 표기해주고(예 : 1.0, 2.0, 3.0, 4.0, 5.0, 6.0(m)), 수고를 따라 G.L.선과 평행하게 가선을 그어 각 시설물 및 수목의 수고를 파악하기 위한 선을 그어준다.
2. B-B' 단면도선이 대각선으로 그어져 있어 약간 어려움을 느끼지만 평면도의 B-B' 단면도선을 단면도의 G.L.선과 평행하게 놓고 그리면 쉽게 그릴 수 있다. 평면도의 단면도선 B 부분부터 보면 대상지의 시작부분에 화강암경계석이 있고 산수유가 식재되어 있다. B' 부분 진입구가 1m 높은 곳에 위치해 있기 때문에 단면도선 B가 시작하는 점표고는 1.0m가 된다. 평면도 모범답안에서는 대상지의 경계부분에 경계석이 그려지지 않았더라도 실제는 경계석이 있는 것으로 간주하여 단면도에서는 경계부분에 경계석을 그려주는 것이 좋다.
3. 다음은 수(水)공간이 그려져야 한다. 수공간의 수심을 고려하여 단면도를 그려주며, 수공간의 재료도 잘 기억해 두어야 한다.
4. 다음으로 식재공간에 소나무 군식이 그려져야 한다. 소나무 군식은 원지반의 점표고에 마운딩의 점표고를 고려하여 지반이 표시되어야 하며, 소나무의 규격을 고려하여 수목이 그려져야 한다. 다음으로 휴식공간의 '화강석블럭포장'을 지나 화단에 버즘나무가 식재되어 있다.
5. 휴식공간에 추가로 설치된 수목보호대를 그려주고 왕벚나무를 그려준다. 마지막으로 계단을 그려준다.
6. G.L.선 윗부분의 수목 및 시설물에 인출선을 3단(제일 높은 것(교목 및 시설물 중 높은 것), 중간 것(작은 교목 등), 낮은 것(관목, 시설물 중 낮은 것))으로 구분하여 기재해주는 것이 통일성 있고 깔끔하게 보인다.
7. G.L.선 아랫부분은 각 시설물의 재료가 기재되어야 한다. 각 재료의 중앙에 점(•)을 찍어 재료명을 기재해주고, 재료명을 기재할 때 가선을 그어 줄을 맞춰서 재료명을 기재해주면 깔끔하고 아름다운 도면이 된다.
8. 마지막으로 B-B' 단면도라고 기재해주며, 스케일을 기재해주면 된다.

06　소공원조경설계

■ 수험자 유의사항

1) 수험자는 각 문제의 제한 시간내에 작업을 완료하여야 합니다.
2) 답안지의 수험자 성명과 수목명은 반드시 흑색필기구(연필 제외)로 하며, 그 외의 필기구를 사용할 때에는 채점대상에서 제외합니다.
3) 조경설계 사항은 제도용 연필만을 사용해서 작성하여야 하며, 다른 필기구를 사용할 때는 채점대상에서 제외합니다.
4) 주어진 문제의 요구조건에 위배되는 설계도면 및 지급된 용지 2매인 시설물배치도+식재설계평면도(수목배치도) 1매, 단면도 1매가 모두 작성되어야 채점대상이 되며, 1매라도 설계가 미완성인 것은 미완성으로 채점대상에서 제외됩니다.
5) 수험자가 전 과정 조경설계, 수목감별, 조경시공 작업을 응시하지 않으면 채점대상에서 제외합니다.
6) 답안지의 수검번호 및 성명의 기재는 반드시 인쇄된 곳에 기록하여야 합니다.
7) 수험자는 수검시간 중 타인과의 대화를 금합니다.
8) 수험자는 도면 작성시 성명을 작성하는 곳을 제외하고 범례표(표제란)에 성명을 작성하지 않습니다.

〈현황도〉

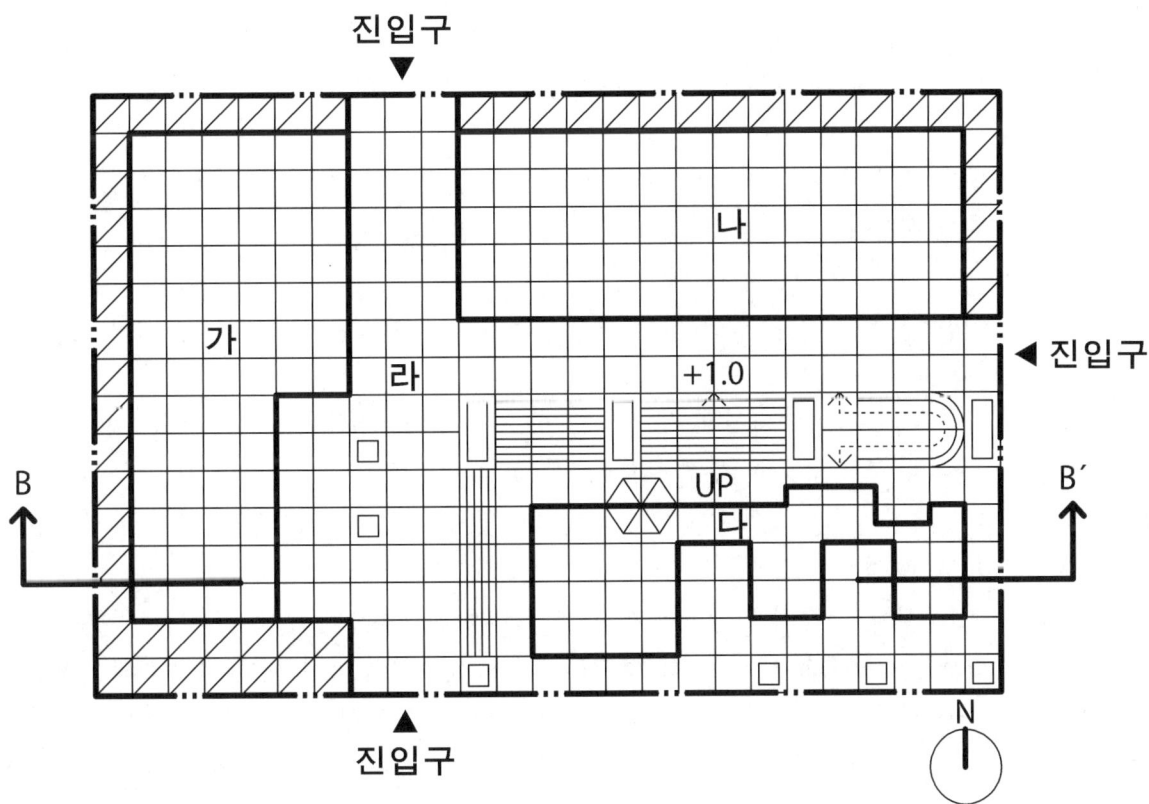

참조 : 격자 한눈금이 1M
SCALE=1/100

■ (요구 사항)

우리나라 중부지역에 위치한 소공원에 대한 조경설계를 하고자 한다. 주어진 현황도 및 아래 사항을 참조하여 설계조건에 따라 조경계획도를 작성합니다.(단, 2점쇄선 안 부분을 조경설계 대상지로 합니다.)

1) 식재 평면도를 위주로 한 조경계획도를 축척 1/100로 작성하십시오.(지급용지-1)
2) 도면 오른쪽 위에 작업명칭을 작성하십시오.
3) 도면 오른쪽에는 "주요 시설물 수량표와 수목(식재) 수량표"를 함께 작성하고, 수량표 아래쪽 여백을 이용하여 "방위표시와 막대축척"을 반드시 그려 넣으시오.(단, 전체 대상지의 길이를 고려하여 범례표의 폭을 조정 할 수 있다.)
4) 도면의 전체적인 안정감을 위하여 "테두리선"을 작성하십시오.
5) 소공원 부지내의 B - B´ 단면도를 축척 1/100로 작성하십시오.(지급용지-2)
6) 반드시 식재 평면도는 성상, 수목명, 규격, 단위, 수량을 명기하여 작성하시오.

■ (설계조건)

1) 해당 지역은 자투리 공간을 이용하여 휴식 및 어린이들이 즐길 수 있는 소공원으로, 공원의 특징을 고려하여 조경계획도를 작성하시오.
2) 포장지역을 제외한 곳에는 모두 식재를 실시하시오.(단, 녹지공간은 빗금 친 부분이며, 분위기를 고려하여 식재를 실시하시오.)
3) 포장지역은 "점토벽돌, 화강석블럭, 콘크리트, 고무칩, 마사토, 투수콘크리트 등" 적당한 재료를 선택하여 재료의 사용이 적합한 장소에 기호로 표현하고, 포장명칭을 반드시 기입하시오.
4) "라" 지역은 진입 및 각 공간을 원활하게 연결시킬 수 있도록 계획하며, 보행흐름에 지장이 없도록 설계하시오.
5) "가" 지역은 정적인 휴식공간으로 파고라(3000 × 3000mm) 1개소를 설치하십시오.
6) 대상지 내에 보행자 통행에 지장을 주지 않는 곳에 2인용 평상형 벤치(1200 × 500mm) 3개(단, 파고라 안에 설치된 벤치는 제외)를 설치하시오.
7) "나" 지역은 놀이공간으로 계획하고, 그 안에 어린이 놀이시설물을 3종류(회전무대, 3연식 철봉, 정글짐, 2연식 시소 등) 배치하시오.
8) "다" 지역은 광장 및 수공간(도섭지)으로 광장은 주변보다 1m 낮으며, 도섭지의 수심은 0.3m이다. 또한 램프(Ramp, 장애자 및 유모차 용)가 있으므로 설계시 유의하시오.
9) "다" 지역은 "가", "나", "라" 지역보다 높이 차가 1m 낮게 발생하며, 그 높이 차이를 식수대(Plant box)로 처리하였으므로 적합한 조치를 하십시오.
10) 대상지 내에는 유도식재, 녹음식재, 경관식재 등의 식재패턴을 필요한 곳에 배식하고, 수목보호대에는 녹음식재를 실시하며, 필요에 따라 수목보호대를 추가로 설치하여 포장 내에 식재를 하시오.
11) 수목은 아래에 주어진 수종 중에서 종류가 다른 10가지를 반드시 선정하여 골고루 안정적인 배식이 될 수 있도록 계획하며, 인출선을 이용하여 수량, 수종명칭, 규격을 반드시 표기하시오

| 소나무(H4.0×W2.0), 소나무(H3.0×W1.5), 소나무(H2.5×W1.2)
| 스트로브잣나무(H2.5×W1.2), 스트로브잣나무(H2.0×W1.0)
| 왕벚나무(H4.5×B15), 버즘나무(H3.5×B8), 느티나무(H4.5×R20)
| 청단풍(H2.5×R8), 다정큼나무(H1.0×W0.6), 동백나무(H2.5×R8)
| 중국단풍(H2.5×R5), 굴거리나무(H2.5×W0.6), 자귀나무(H2.5×R6)
| 태산목(H1.5×W0.5), 먼나무(H2.0×R5), 산딸나무(H2.0×R5), 산수유(H2.5×R7)
| 꽃사과(H2.5×R5), 수수꽃다리(H1.5×W0.6), 병꽃나무(H1.0×W0.4)
| 쥐똥나무(H1.0×W0.3), 명자나무(H0.6×W0.4), 산철쭉(H0.3×W0.4)
| 자산홍(H0.3×W0.3), 영산홍(H0.4×W0.3), 조릿대(H0.6×7가지)

11) B − B′ 단면도는 경사, 포장재료, 경계선 및 기타 시설물의 기초, 주변의 수목, 주요 시설물, 이용자 등을 단면도상에 반드시 표기하고, 높이 차를 한눈에 볼 수 있도록 설계하시오.

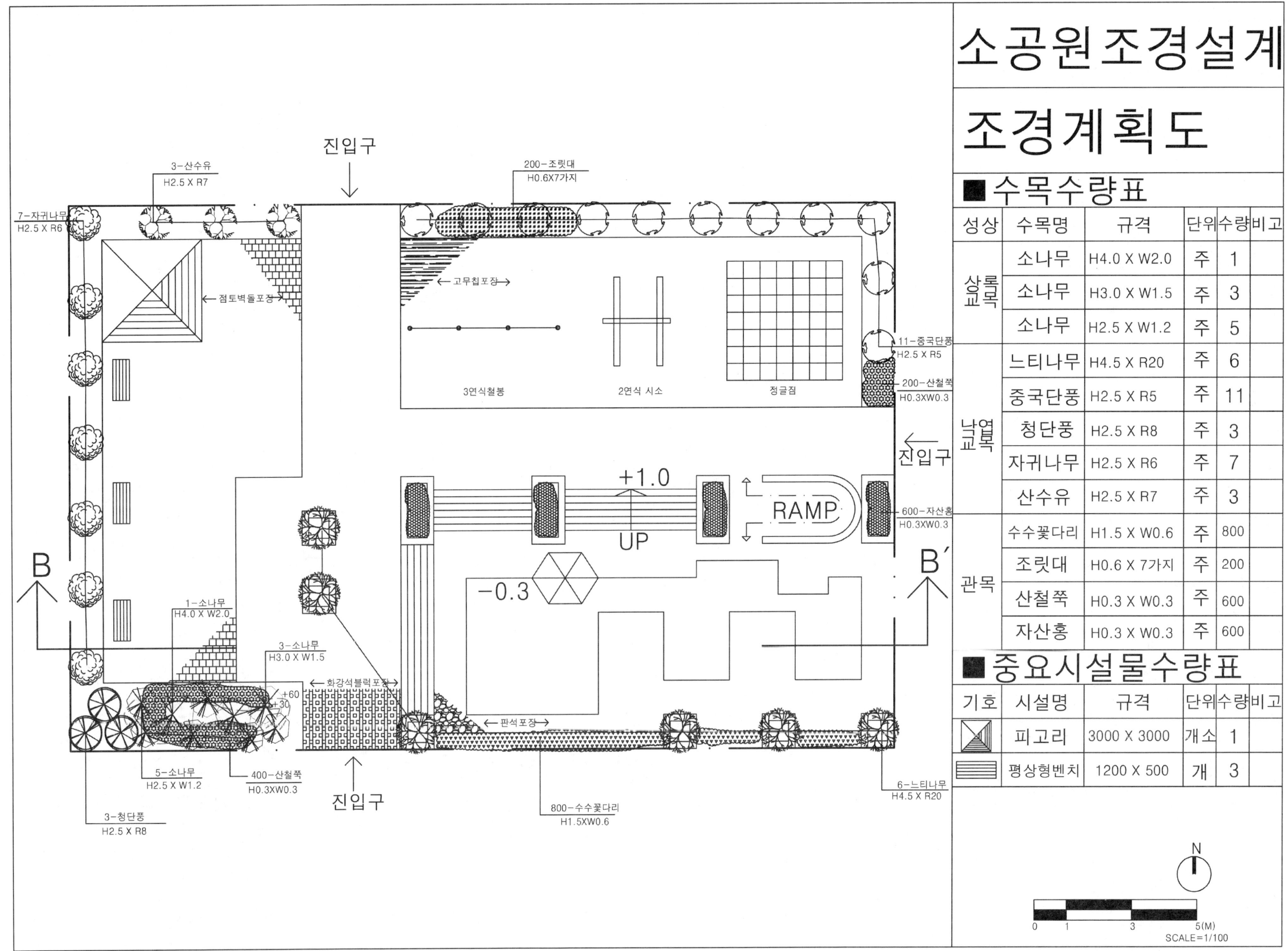

단면도(모범답안)

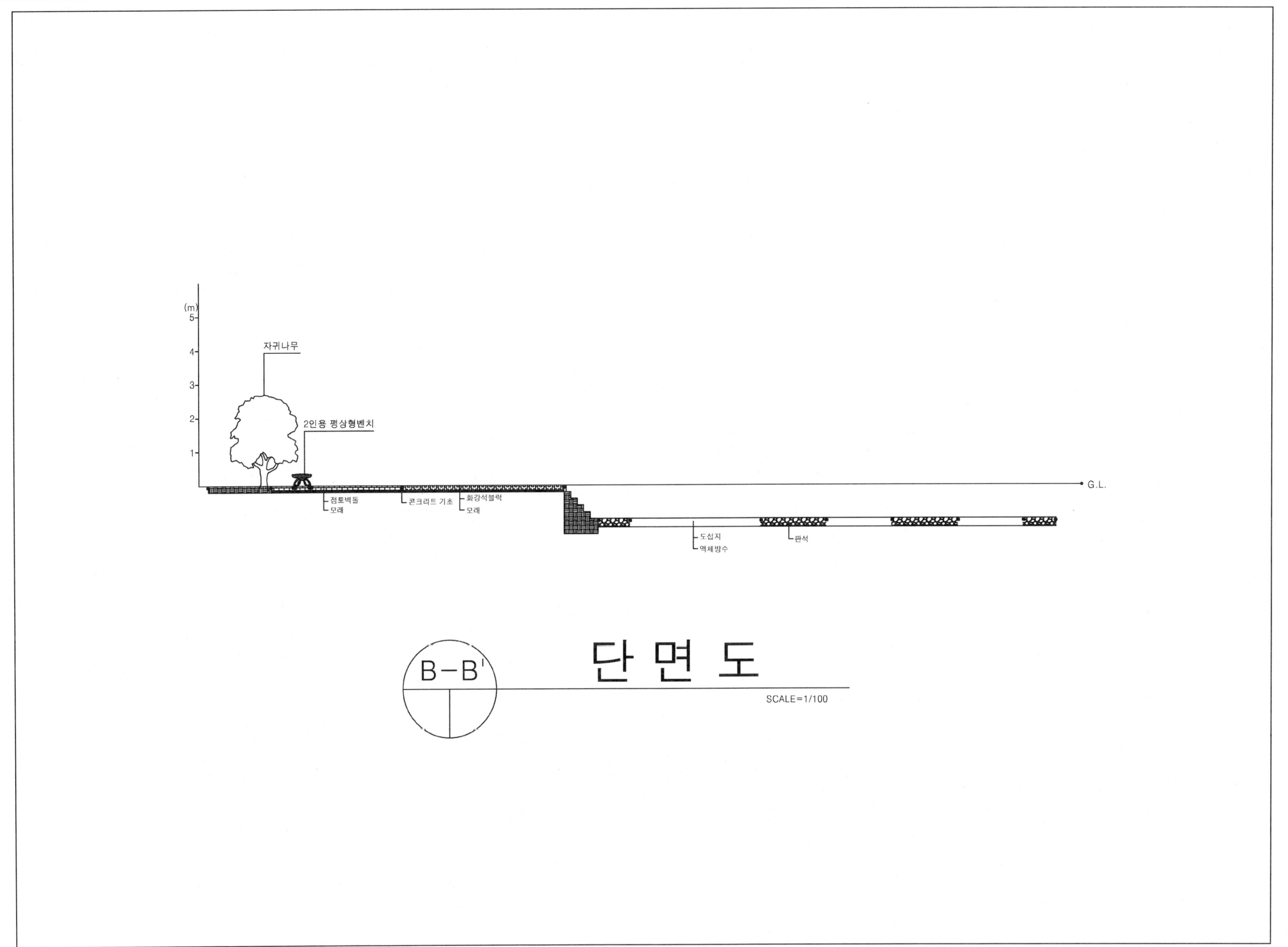

07 도로변소공원조경설계

■ **수험자 유의사항**

1) 수험자는 각 문제의 제한 시간내에 작업을 완료하여야 합니다.
2) 답안지의 수험자 성명과 수목명은 반드시 흑색필기구(연필 제외)로 하며, 그 외의 필기구를 사용할 때에는 채점대상에서 제외합니다.
3) 조경설계 사항은 제도용 연필만을 사용해서 작성하여야 하며, 다른 필기구를 사용할 때는 채점대상에서 제외합니다.
4) 주어진 문제의 요구조건에 위배되는 설계도면 및 지급된 용지 2매인 시설물배치도+식재설계평면도(수목배치도) 1매, 단면도 1매가 모두 작성되어야 채점대상이 되며, 1매라도 설계가 미완성인 것은 미완성으로 채점대상에서 제외됩니다.
5) 수험자가 전 과정 조경설계, 수목감별, 조경시공 작업을 응시하지 않으면 채점대상에서 제외합니다.
6) 답안지의 수검번호 및 성명의 기재는 반드시 인쇄된 곳에 기록하여야 합니다.
7) 수험자는 수검시간 중 타인과의 대화를 금합니다.
8) 수험자는 도면 작성시 성명을 작성하는 곳을 제외하고 범례표(표제란)에 성명을 작성하지 않습니다.

〈현황도〉

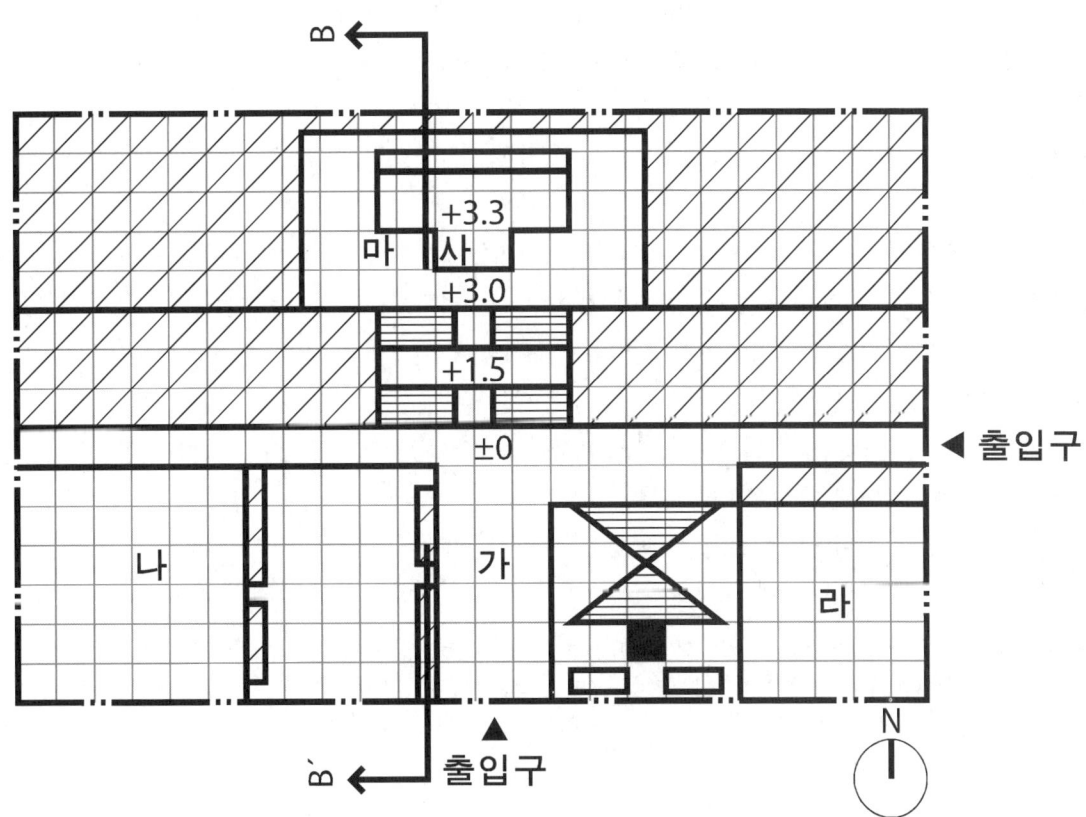

참조 : 격자 한눈금이 1M
SCALE=1/100

■ (요구 사항)

우리나라 중부지역에 위치한 도로변 소공원에 대한 조경설계를 하고자 한다. 주어진 현황도 및 아래 사항을 참조하여 설계조건에 따라 조경계획도를 작성합니다.(단, 2점쇄선 안 부분을 조경설계 대상지로 합니다.)

1) 식재 평면도를 위주로 한 조경계획도를 축척 1/100로 작성하십시오.(지급용지-1)
2) 도면 오른쪽 위에 작업명칭을 작성하십시오.
3) 도면 오른쪽에는 "주요 시설물 수량표와 수목(식재) 수량표"를 함께 작성하고, 수량표 아래쪽 여백을 이용하여 "방위표시와 막대축척"을 반드시 그려 넣으시오.(단, 전체 대상지의 길이를 고려하여 범례표의 폭을 조정 할 수 있다.)
4) 도면의 전체적인 안정감을 위하여 "테두리선"을 작성하십시오.
5) 소공원 부지내의 B - B´ 단면도를 축척 1/100로 작성하십시오.(지급용지-2)

■ (설계조건)

1) 대상지역은 도심지에 휴식과 놀이를 위한 도로변 소공원으로 공간의 특징을 고려하여 조경계획도를 작성하시오.
2) 포장지역을 제외한 곳에는 모두 식재를 실시하시오.(단, 녹지공간은 빗금 친 부분이며, 반드시 공간의 성격에 맞도록 수종을 선정하여 식재를 실시하시오.)
3) "가" 지역은 보행을 겸한 광장으로 공간의 성격에 맞도록 포장재료를 선정하여 포장하시오.
4) "나" 지역은 놀이공간으로 정글짐, 회전무대, 3연식 철봉, 2연식 시소 중 3가지를 선택하여 설치하시오.
5) "다" 지역은 휴게공간으로 파고라(4000 × 3000mm) 1개와 평의자(1500 × 430mm) 2개가 설치되어 있다.
6) "라" 지역은 주차공간으로 2.5m × 5m 2대를 설치할 수 있도록 계획하고, 공간의 성격에 맞는 포장재료를 선정하시오.
7) 포장재료는 "소형고압블록, 마사토, 화강석판석, 적벽돌, 황토, 고무칩, 투수콘크리트 등" 적당한 재료를 선택하여 재료의 사용이 적합한 장소에 기호로 표현하고, 포장명칭을 반드시 기입하시오.
8) "나" 지역 앞의 3m × 0.5m, 2m × 0.5m의 식수지역에 설계자의 임의로 초화류를 이용하여 띠식재를 실시하시오.
9) "사" 지역은 기념공간으로 조형물 1m × 1m × 0.8m 1개를 설치하시오.
10) 기념공간에 0.5m 넓이의 조형부조를 설치하시오.
11) 계단 옆의 경사면 식수대(Plant Box)에 적당한 수종을 식재하시오.
12) "마" 지역은 화강석을 이용하여 포장하시오.
13) 수목은 아래에 주어진 수종 중에서 종류가 다른 10가지를 반드시 선정하여 골고루 안정적인 배식이 될 수 있도록 계획하며, 인출선을 이용하여 수량, 수종명칭, 규격을 반드시 표기하시오

> 소나무(H3.5×W1.5), 소나무(H3.0×W1.5), 전나무(H2.5×W1.2)
> 스트로브잣나무(H2.5×W1.2), 서양측백(H2.0×W1.0), 독일가문비(H2.0×W1.2)
> 느티나무(H3.5×B8), 가중나무(H3.0×B8), 매화나무(H2.5×R8)
> 네군도단풍(H2.5×R8), 복자기(H2.0×R5), 다정큼나무(H1.0×W0.6)
> 모과나무(H2.5×R6), 산딸나무(H2.0×R5), 동백나무(H2.5×R8)
> 꽃사과(H2.5×R5), 굴거리나무(H2.0×W0.6), 아왜나무(H3.0×R7)
> 자귀나무(H2.5×R6), 태산목(H1.5×W0.5), 산수유(H2.5×R7), 후박나무(H2.5×R6)
> 식나무(H2.5×R6), 병꽃나무(H1.0×W0.4), 쥐똥나무(H1.0×W0.3)
> 명자나무(H0.6×W0.4), 사철나무(H0.8×W0.3), 자산홍(H0.3×W0.3)
> 잔디(300×300×30)

12) B - B´ 단면도는 경사, 포장재료, 경계선 및 기타 시설물의 기초, 주변의 수목, 주요 시설물, 이용자 등을 단면도상에 반드시 표기하고, 높이 차를 한눈에 볼 수 있도록 설계하시오.

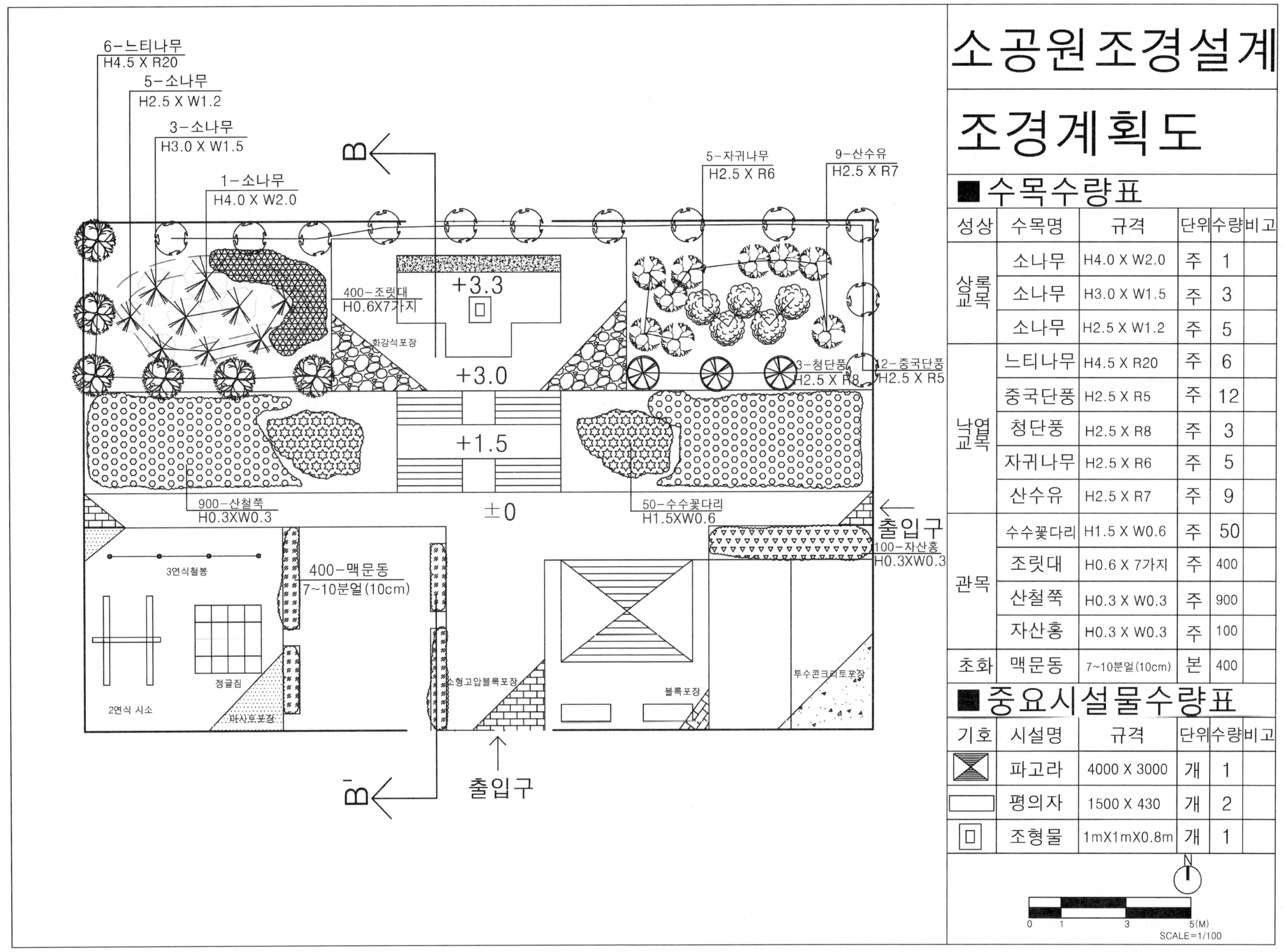

단면도(모범답안)

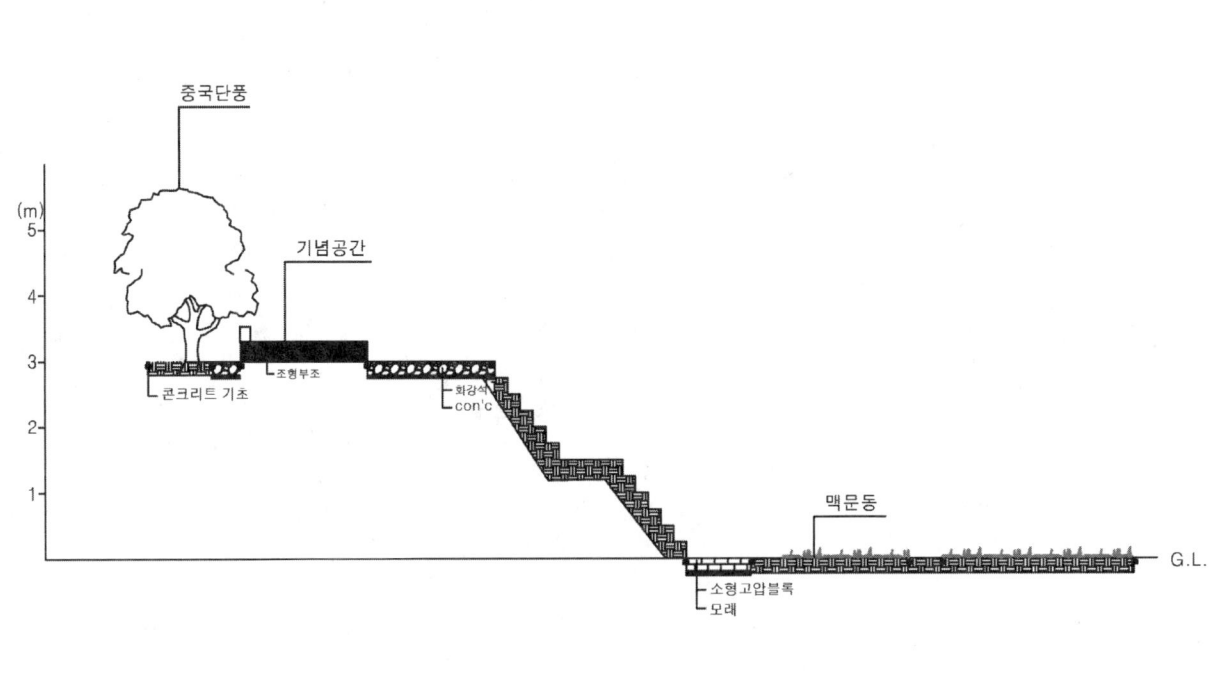

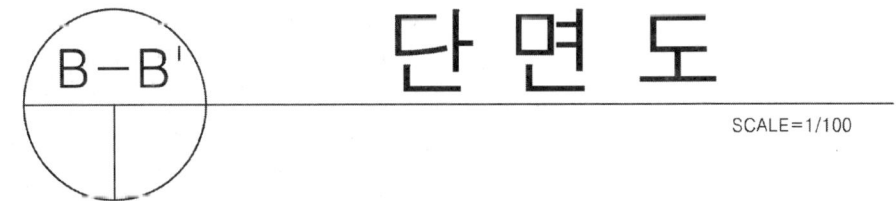

08 도로변소공원조경설계

■ 수험자 유의사항

1) 수험자는 각 문제의 제한 시간내에 작업을 완료하여야 합니다.
2) 답안지의 수험자 성명과 수목명은 반드시 흑색필기구(연필 제외)로 하며, 그 외의 필기구를 사용할 때에는 채점대상에서 제외합니다.
3) 조경설계 사항은 제도용 연필만을 사용해서 작성하여야 하며, 다른 필기구를 사용할 때는 채점대상에서 제외합니다.
4) 주어진 문제의 요구조건에 위배되는 설계도면 및 지급된 용지 2매인 시설물배치도+식재설계평면도(수목배치도) 1매, 단면도 1매가 모두 작성되어야 채점대상이 되며, 1매라도 설계가 미완성인 것은 미완성으로 채점대상에서 제외됩니다.
5) 수험자가 전 과정 조경설계, 수목감별, 조경시공 작업을 응시하지 않으면 채점대상에서 제외합니다.
6) 답안지의 수검번호 및 성명의 기재는 반드시 인쇄된 곳에 기록하여야 합니다.
7) 수험자는 수검시간 중 타인과의 대화를 금합니다.
8) 수험자는 도면 작성시 성명을 작성하는 곳을 제외하고 범례표(표제란)에 성명을 작성하지 않습니다.

〈현황도〉

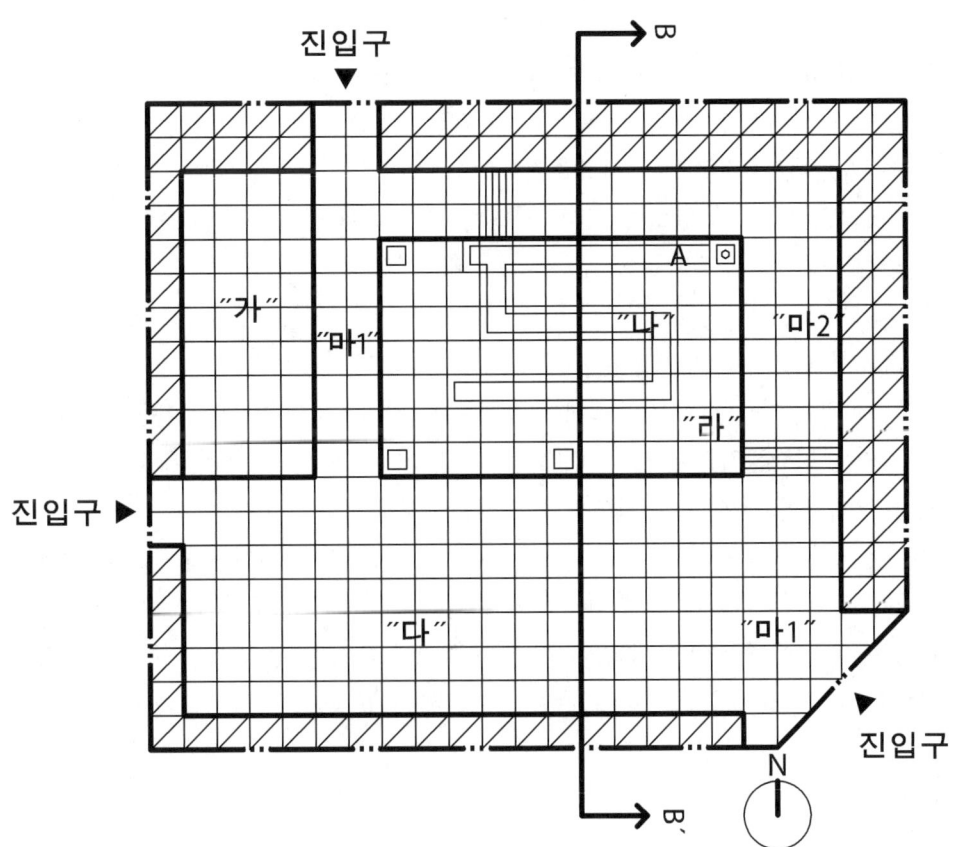

참고 : 격자 한눈금은 1M 임
SCALE=1/200

■ (요구 사항)

우리나라 중부지역에 위치한 도로변의 빈 공간에 대한 조경설계를 하고자 합니다. 주어진 현황도 및 아래 사항을 참조하여 설계조건에 따라 조경계획도를 작성합니다.(단, 2점쇄선안 부분이 조경설계 대상지로 합니다.)

1) 식재 평면도를 위주로 한 조경계획도를 축척 1/100로 작성하십시오.(지급용지-1)
2) 도면 오른쪽 위에 작업명칭을 작성하십시오.
3) 도면 오른쪽에는 "주요 시설물 수량표와 수목(식재) 수량표"를 작성하고, 수량표 아래쪽 "방위표시와 막대축척"을 반드시 그려 넣으시오.(단, 전체 대상지의 길이를 고려하여 범례표의 폭을 조정 할 수 있습니다.)
4) 도면의 전체적인 안정감을 위하여 "테두리선"을 작성하십시오.
5) B - B´ 단면도를 축척 1/100로 작성하십시오.(지급용지-2)

■ (설계조건)

1) 해당 지역은 도로변의 자투리 공간을 이용하여 휴식 및 어린이들이 즐길 수 있는 도로변 소공원으로, 공원의 특징을 고려하여 조경계획도를 작성하시오.
2) 포장지역을 제외한 곳에는 모두 식재를 실시하시오.(단, 녹지공간은 빗금친 부분이며, 경사의 차이가 발생하는 곳은 분위기를 고려하여 식재를 적절하게 실시하시오.)
3) 포장지역은 "소형고압블록, 콘크리트, 고무칩, 마사토, 투수콘크리트 등" 적당한 재료를 선택하여 재료의 사용이 적합한 장소에 기호로 표현하고, 포장명을 반드시 기입하시오.
4) "다" 지역은 어린이 놀이공간으로 그 안에 회전무대(H1100×W2300), 4연식 철봉(H2200×L4000), 단주식 미끄럼대(H2700×L4200×W1000) 3종을 배치하시오.
5) "가" 지역은 정적인 휴식공간으로 이용자들의 편안한 휴식을 위해 장파고라(6000×3500) 1개와 앉아서 휴식을 즐길 수 있도록 등벤치 1개를 계획 설계하시오.
6) "라" 지역은 "나" 연못의 인접지역으로 수목보호대 3개에 동일한 낙엽교목을 식재하고, 평벤치 2개를 설치하시오.
7) "나" 지역은 연못으로 물이 차 있으며, "라"와 "마1" 지역보다 60cm 정도 낮은 위치로 계획하시오.
8) "마1" 지역은 공간과 공간을 연결하는 연계동선으로 대상지의 설계 성격에 맞게 적절한 포장을 선택하시오.
9) "마2" 지역은 "마1"과 "라" 지역보다 1m 높은 지역으로 산책로 주변에 등벤치 3개를 설치하고, 벤치 주변에 휴지통 1개소를 함께 설치하시오.
10) "A" 시설은 폭 1m의 장방형 정형식 케스케이드(계류)로 약9m 정도 흘러가 연못과 합류된다. 3번의 단차로 자연스럽게 연못으로 흘러들어 가며, "마2" 지역과 거의 동일한 높이를 유지하고 있으므로, "라" 지역과는 옹벽을 설치하여 단 차이를 자연스럽게 해소하시오.
11) 대상지 내에는 유도식재, 녹음식재, 경관식재, 소나무 군식 등의 식재패턴을 필요한 곳에 적절히 배식하고, 필요에 따라 수목보호대를 추가로 설치하여 포장 내에 식재를 할 수 있습니다.
12) 수목은 아래에 주어진 수종 중에서 종류가 다른 10가지를 반드시 선정하여 골고루 안정적인 배식이 될 수 있도록 계획하며, 인출선을 이용하여 수량, 수종명칭, 규격을 반드시 표기하시오.

> 소나무(H4.0×W2.0), 소나무(H3.0×W1.5), 소나무(H2.5×W1.2)
> 스트로브잣나무(H2.5×W1.2), 스트로브잣나무(H2.0×W1.0)
> 왕벚나무(H4.5×B12), 버즘나무(H3.5×B8), 느티나무(H4.5×R20)
> 청단풍(H2.5×R8), 다정큼나무(H1.0×W0.6), 동백나무(H2.5×R8)
> 중국단풍(H2.5×R5), 굴거리나무(H2.5×W0.6), 자귀나무(H2.5×R6)
> 태산목(H1.5×W0.5), 먼나무(H2.0×R5), 산딸나무(H2.0×R5), 산수유(H2.5×R7)
> 꽃사과(H2.5×R5), 수수꽃다리(H1.5×W0.6), 병꽃나무(H1.0×W0.4)
> 쥐똥나무(H1.0×W0.3), 명자나무(H0.6×W0.4), 산철쭉(H0.3×W0.4)
> 자산홍(H0.3×W0.3), 영산홍(H0.4×W0.4), 조릿대(H0.6×7가지)

13) B - B′ 단면도는 경사, 포장재료, 경계선 및 기타 시설물의 기초, 주변의 수목, 주요 시설물 등을 단면도상에 반드시 표기하고, 높이 차를 한눈에 볼 수 있도록 설계하시오.

평면도(모범답안)

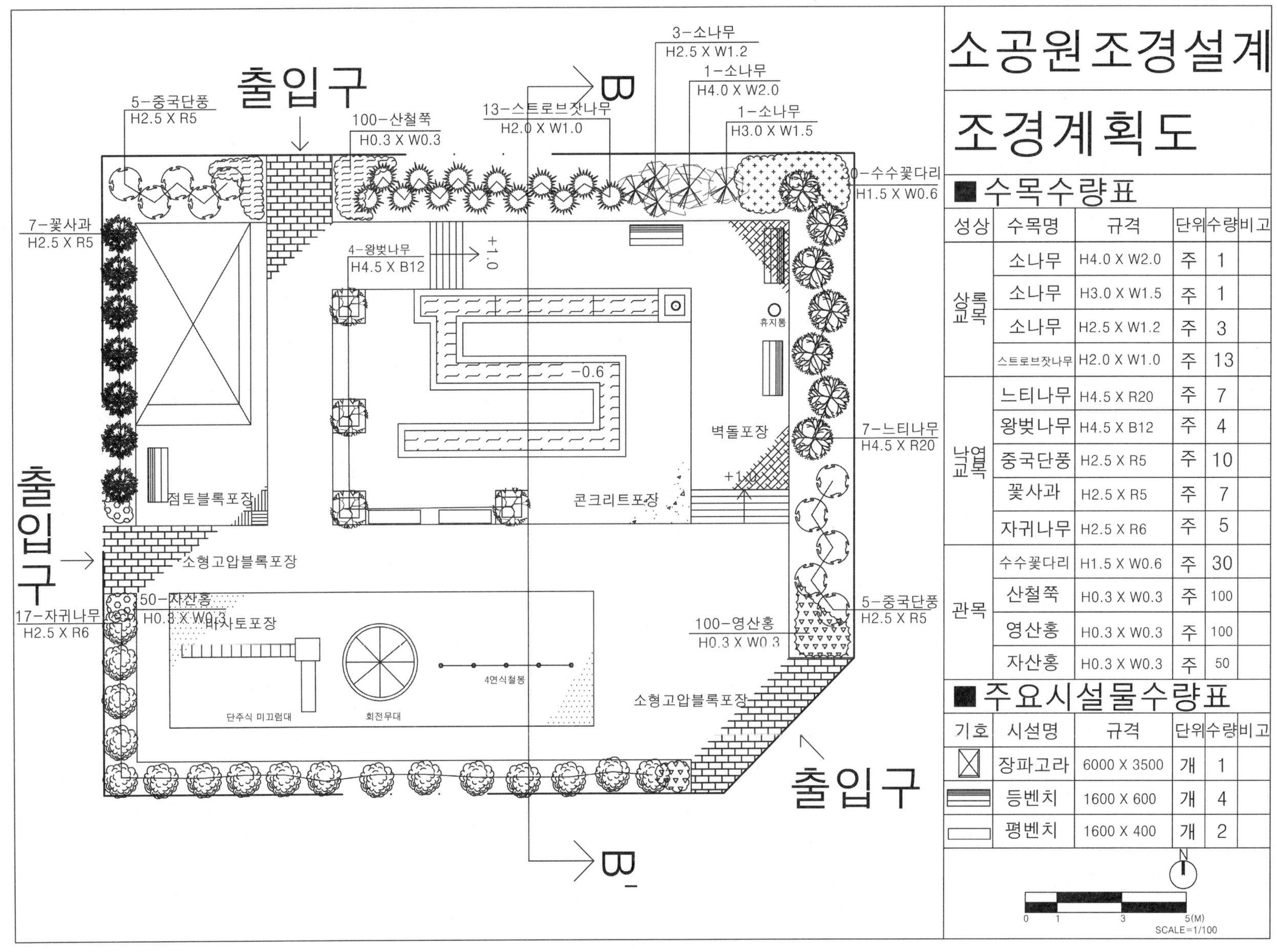

단면도(모범답안)

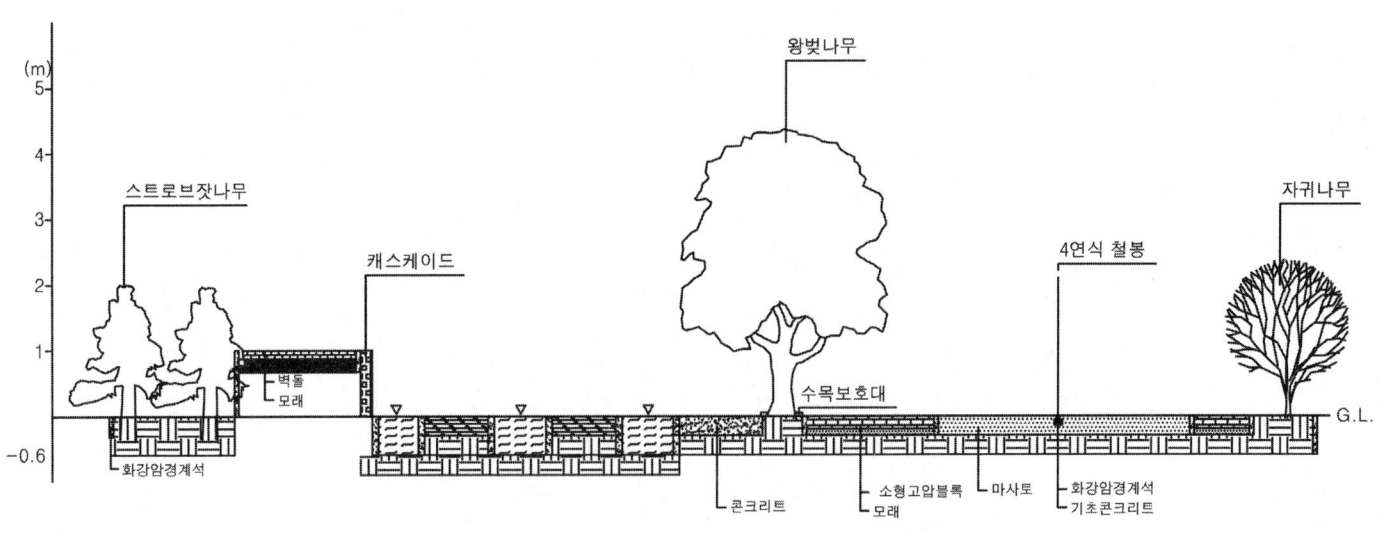

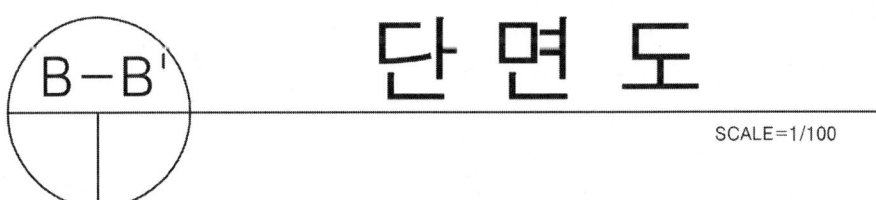

09 도로변소공원조경설계

■ **수험자 유의사항**

1) 조경설계 사항은 제도용 연필만을 사용해서 작성하여야 하며, 다른 필기구를 사용할 때에는 채점대상에서 제외한다.
2) 주어진 문제의 요구조건에 위배되는 설계도면 및 지급된 용지 2매인 조경계획도 1매, 단면도 1매가 모두 작성되어야 채점대상이 되며, 1매라도 설계가 미완성인 것은 미완성으로 채점대상에서 제외됩니다.
3) 수험자가 전 과정 조경설계, 수목감별, 조경시공 작업을 응시하지 않으면 채점대상에서 제외합니다.
4) 답안지의 수검번호 및 성명의 기재는 반드시 인쇄된 곳에 기록하여야 합니다.
5) 수험자는 수검시간 중 타인과의 대화를 금합니다.
6) 수험자는 도면 작성시 성명을 작성하는 곳을 제외하고 범례표(표제란)에 성명을 작성하지 않습니다.

〈현황도〉

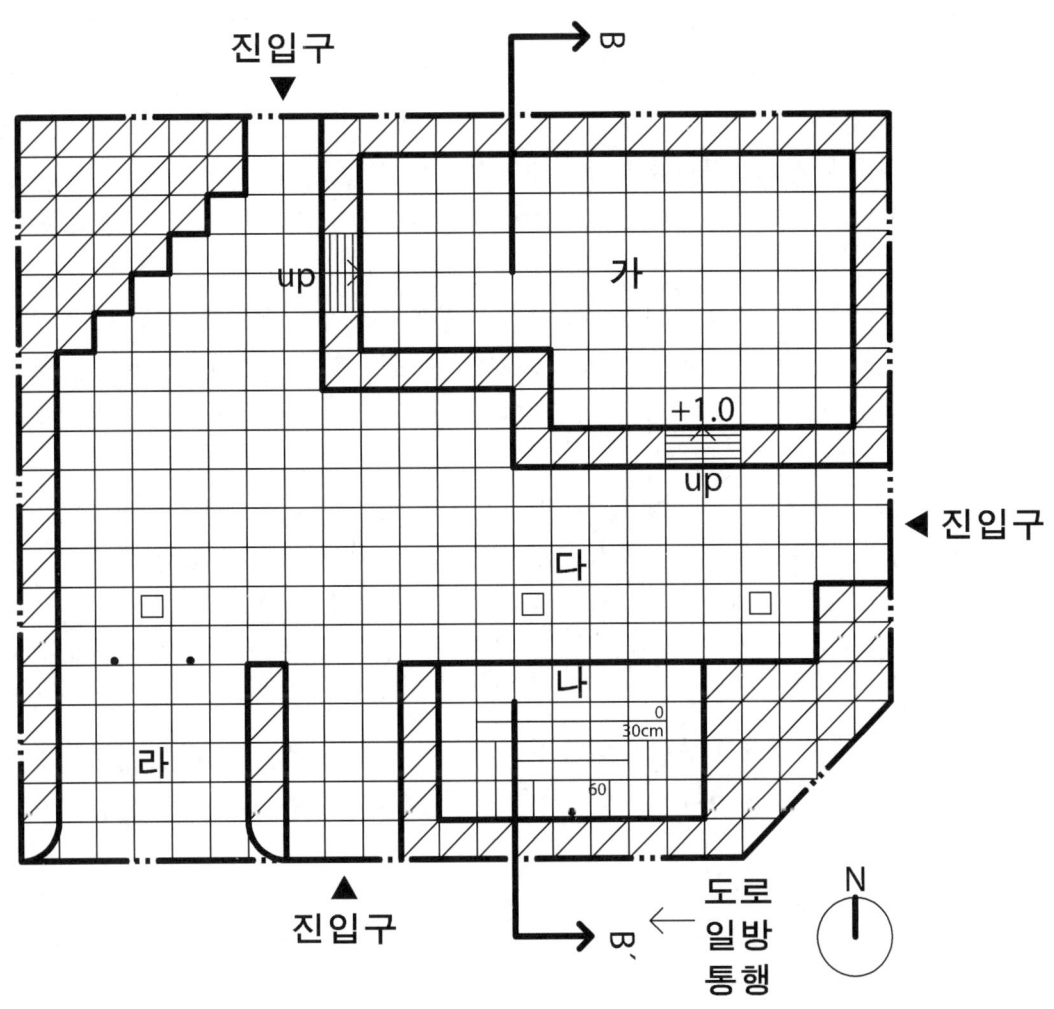

*참조 : 격자 한 눈금이 1M

■ (요구 사항)

우리나라 중부지역에 위치한 도로변의 빈 공간에 대한 조경설계를 하고자 합니다. 주어진 현황도 및 아래 사항을 참조하여 설계조건에 따라 조경계획도를 작성합니다.(단, 2점쇄선안 부분이 조경설계 대상지로 합니다.)

1) 식재 평면도를 위주로 한 조경계획도를 축척 1/100로 작성하십시오.(지급용지-1)
2) 도면 오른쪽 위에 작업명칭을 작성하십시오.
3) 도면 오른쪽에는 "주요 시설물 수량표와 수목(식재) 수량표"를 작성하고, 수량표 아래쪽 "방위표시와 막대축척"을 반드시 그려 넣으시오.(단, 전체 대상지의 길이를 고려하여 범례표의 폭을 조정 할 수 있습니다.)
4) 도면의 전체적인 안정감을 위하여 "테두리선"을 작성하십시오.
5) B - B´ 단면도를 축척 1/100로 작성하십시오.(지급용지-2)

■ (설계조건)

1) 해당 지역은 도로변의 자투리 공간을 이용하여 휴식 및 어린이들이 즐길 수 있는 도로변 소공원으로, 공원의 특징을 고려하여 조경계획도를 작성하시오.
2) 포장지역을 제외한 곳에는 모두 식재를 실시하시오.(단, 녹지공간은 빗금친 부분이며, 경사의 차이가 발생하는 곳은 분위기를 고려하여 식재를 적절하게 실시하시오.)
3) 포장지역은 "소형고압블록, 콘크리트, 고무칩, 마사토, 투수콘크리트 등" 적당한 재료를 선택하여 재료의 사용이 적합한 장소에 기호로 표현하고, 포장명을 반드시 기입하시오.
4) "가" 지역은 놀이공간으로 계획하고, 대상지는 주변 보다 1m 높은 지역으로 그 안에 어린이놀이시설을 3종 배치(미끄럼틀, 시소, 그네) 하시오.
5) "다" 지역은 휴식공간으로 이용자들의 편안한 휴식을 위해 파고라(3,500×3,500mm) 1개와 앉아서 휴식을 즐길 수 있도록 등벤치 2개를 설치하고, 수목보호대(3개)에 동일한 수종의 낙엽교목을 식재하시오
6) "라" 지역은 주차공간으로 소형자동차(2,500×5,000mm) 2대가 주차할 수 있는 공간으로 계획하고 설계하시오.
7) "나" 지역은 소형 벽천·연못으로 계류형 단(실선) 1개당 30cm가 높으며, 담수용 바닥은 '다' 지역과 동일한 높이이며, 담수 가이드 라인은 전체적으로 "다" 지역에 비해 60cm가 높게 설치된다.
8) 대상지 내에는 경사지 및 공간의 성격에 따라 차폐식재, 유도식재, 녹음식재, 경관식재, 소나무 군식 등의 식재 패턴을 적절히 배식하고, 필요에 따라 수목보호대는 추가로 설치하여 포장내에 식재를 할 수 있습니다.
9) 수목은 아래에 주어진 수종 중에서 종류가 다른 10가지를 반드시 선정하여 골고루 안정적인 배식이 될 수 있도록 계획하며, 인출선을 이용하여 수량, 수종명칭, 규격을 반드시 표기하시오.

> 소나무(H4.0×W2.0), 소나무(H3.0×W1.5), 소나무(H2.5×W1.2)
> 스트로브잣나무(H2.5×W1.2), 스트로브잣나무(H2.0×W1.0)
> 왕벚나무(H4.5×B12), 버즘나무(H3.5×B8), 느티나무(H3.0×R6)
> 청단풍(H2.5×R8), 다정큼나무(H1.0×W0.6), 동백나무(H2.5×R8)
> 중국단풍(H2.5×R5), 굴거리나무(H2.5×W0.6), 자귀나무(H2.5×R6)
> 태산목(H1.5×W0.5), 먼나무(H2.0×R5), 산딸나무(H2.0×R5), 산수유(H2.5×R7)
> 꽃사과(H2.5×R5), 수수꽃다리(H1.5×W0.6), 병꽃나무(H1.0×W0.4)
> 쥐똥나무(H1.0×W0.3), 명자나무(H0.6×W0.4), 산철쭉(H0.3×W0.4)
> 자산홍(H0.3×W0.3), 영산홍(H0.4×W0.4), 조릿대(H0.6×7가지)

10) B – B´ 단면도는 경사, 포장재료, 경계선 및 기타 시설물의 기초, 주변의 수목, 주요 시설물 등을 단면도상에 반드시 표기하고, 높이 차를 한눈에 볼 수 있도록 설계하시오.

평면도(모범답안)

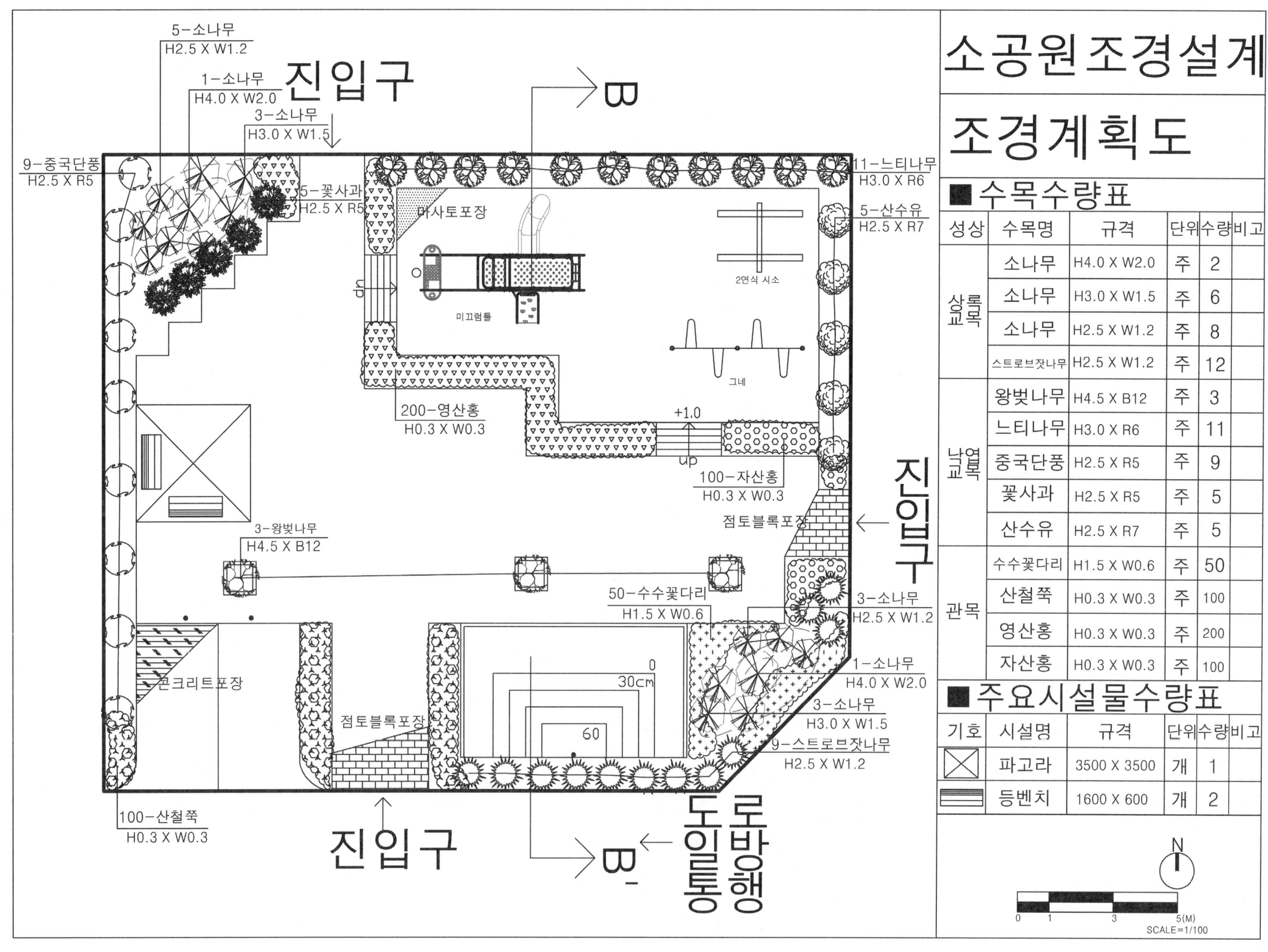

단면도(모범답안)

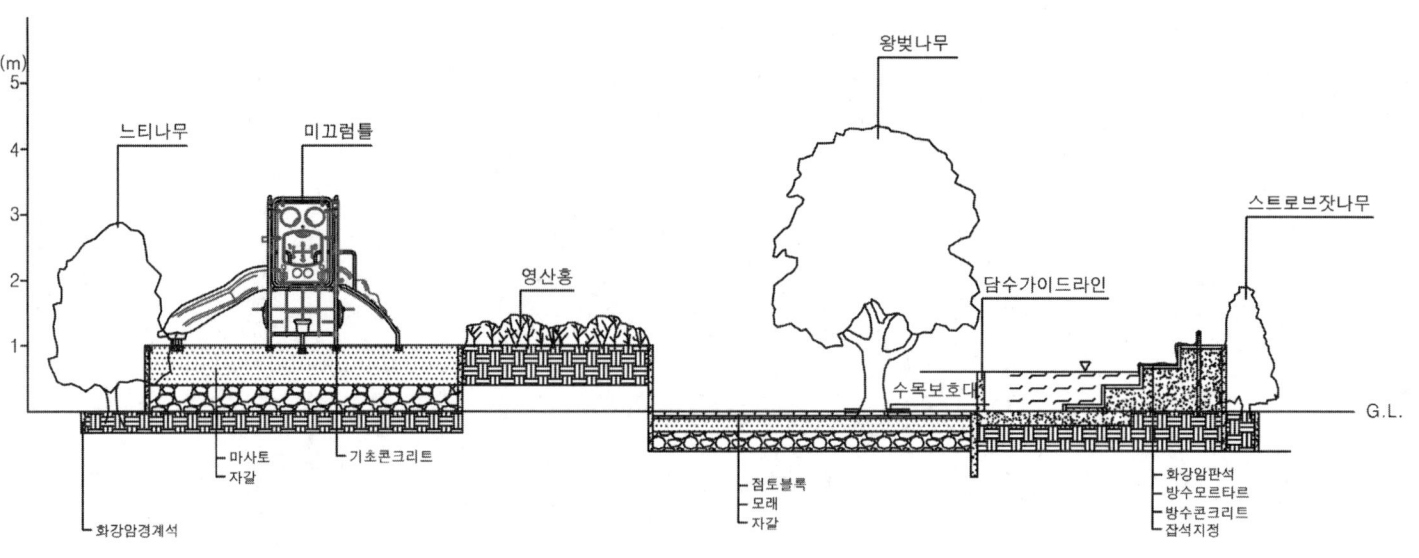

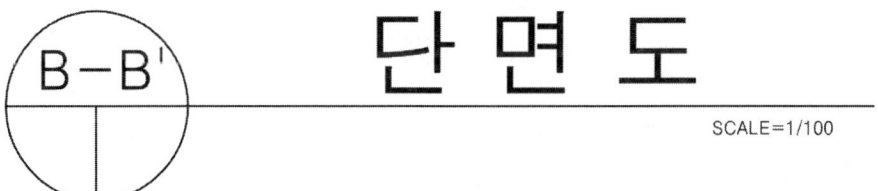

단면도(모범답안)

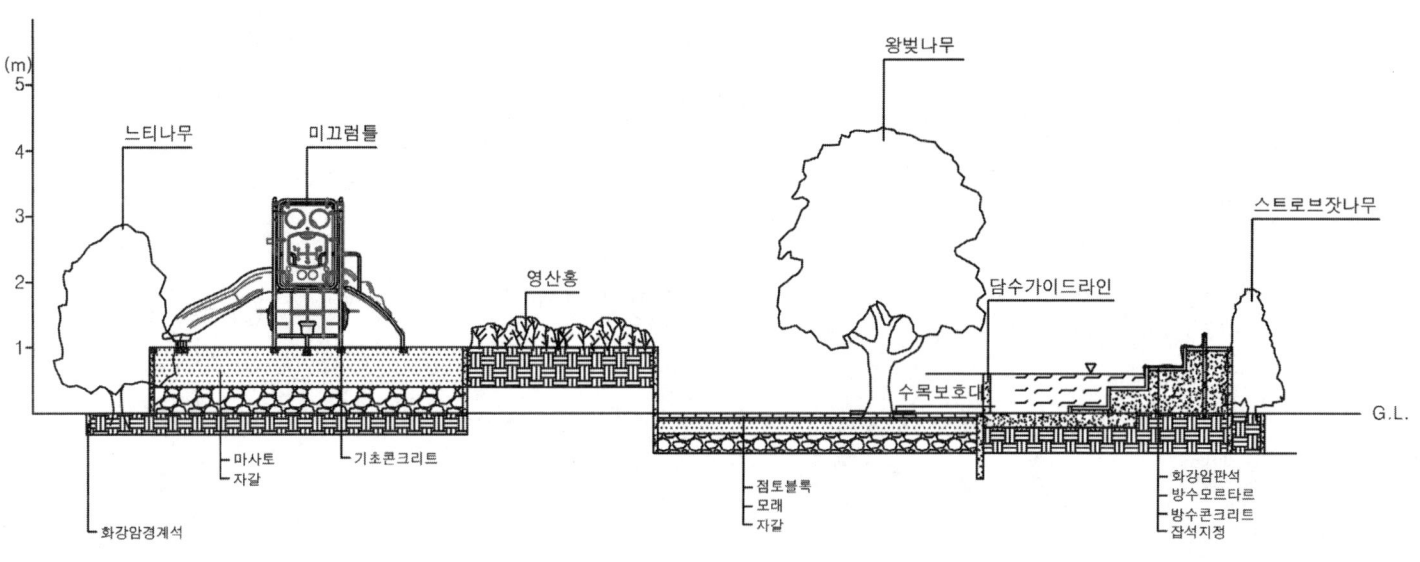

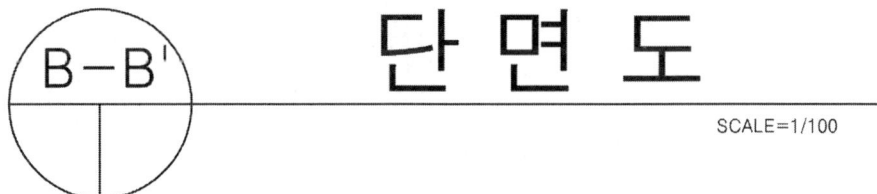

단면도 B-B'
SCALE=1/100

10 야외무대 소공원 조경설계

■ 수험자 유의사항

1) 수험자는 각 문제의 제한 시간내에 작업을 완료하여야 합니다.
2) 답안지의 수험자 성명과 수목명은 반드시 흑색필기구(연필 제외)로 하며, 그 외의 필기구를 사용할 때에는 채점대상에서 제외합니다.
3) 조경설계 사항은 제도용 연필만을 사용해서 작성하여야 하며, 다른 필기구를 사용할 때는 채점대상에서 제외합니다.
4) 주어진 문제의 요구조건에 위배되는 설계도면 및 지급된 용지 2매인 시설물배치도+식재설계평면도(수목배치도) 1매, 단면도 1매가 모두 작성되어야 채점대상이 되며, 1매라도 설계가 미완성인 것은 미완성으로 채점대상에서 제외됩니다.
5) 수험자가 전 과정 조경설계, 수목감별, 조경시공 작업을 응시하지 않으면 채점대상에서 제외합니다.
6) 답안지의 수검번호 및 성명의 기재는 반드시 인쇄된 곳에 기록하여야 합니다.
7) 수험자는 수검시간 중 타인과의 대화를 금합니다.
8) 수험자는 도면 작성시 성명을 작성하는 곳을 제외하고 범례표(표제란)에 성명을 작성하지 않습니다.

〈현황도〉

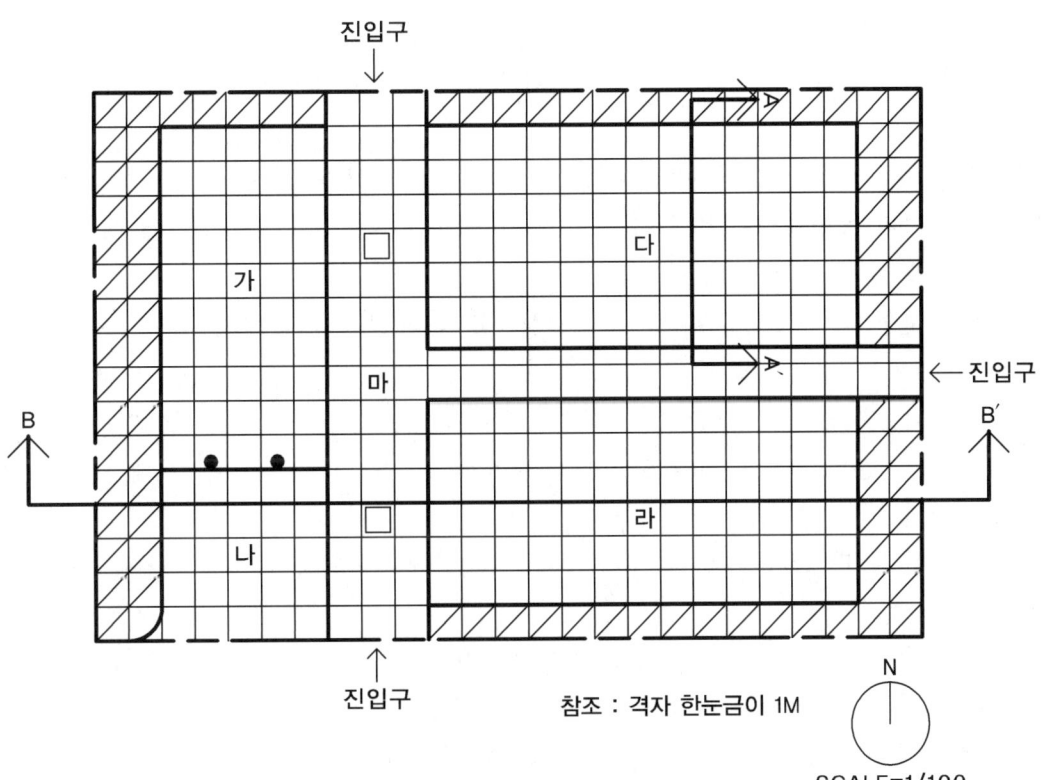

■ (요구 사항)

우리나라 중부지역에 위치한 야외무대 소공원에 대한 조경설계를 하고자 한다. 주어진 현황도 및 아래 사항을 참조하여 설계조건에 따라 조경계획도를 작성합니다.(단, 2점쇄선 안 부분을 조경설계 대상지로 합니다.)

1) 식재 평면도를 위주로 한 조경계획도를 축척 1/100로 작성하십시오.(지급용지-1)
2) 도면 오른쪽 위에 작업명칭을 작성하십시오.
3) 도면 오른쪽에는 "수목 수량표와 주요 시설물 수량표"를 함께 작성하고, 수량표 아래쪽 여백을 이용하여 "방위표시와 막대축척"을 반드시 그려 넣으시오.(단, 전체 대상지의 길이를 고려하여 범례표의 폭을 조정 할 수 있다.)
4) 도면의 전체적인 안정감을 위하여 "테두리선"을 작성하십시오.
5) 야외무대 소공원 부지내의 A - A´ 상세도의 축척은 논스케일과 B - B´ 단면도를 축척 1/100로 작성하십시오.(지급용지-2, 3)
6) 반드시 식재 평면도는 성상, 수목명, 규격, 단위, 수량을 명기하여 작성하시오.

■ (설계조건)

1) 해당 지역은 휴식 및 어린이들이 즐길 수 있는 야외무대가 있는 소공원으로, 공원의 특징을 고려하여 조경계획도를 작성하시오.
2) 포장지역을 제외한 곳에는 모두 식재를 실시하시오.(단, 녹지공간은 빗금 친 부분이며, 분위기를 고려하여 식재를 실시하시오.)
3) 포장지역은 "점토벽돌, 인조화강석블럭, 화강석, 콘크리트, 투수콘크리트, 고무칩, 마사토, 방부목 등" 적당한 재료를 선택하여 재료의 사용이 적합한 장소에 기호로 표현하고, 포장명칭을 반드시 기입하시오.
4) "가" 지역은 휴식공간으로 파고라(3000 × 3000mm) 1개를 설치하십시오.
5) 대상지 내에 보행자 통행에 지장을 주지 않는 곳에 평의자(1600 × 400mm) 2개 이상(단, 파고라 안에 설치된 벤치는 제외)을 설치하십시오.
6) "나" 지역은 주차공간으로 2.5m × 5m 2대를 설치할 수 있도록 계획하고, 공간의 성격에 맞는 포장재료를 선정하시오.
7) "다" 지역은 야외무대 공간으로 계획하고, 공간의 성격에 맞는 포장재료를 선정하시오.
8) "라" 지역은 놀이공간으로 계획하고, 그 안에 어린이 놀이시설물을 3종류(회전무대, 3연식 철봉, 정글짐, 2연식 시소 등) 배치하시오.
9) "마" 지역은 진입 및 각 공간을 원활하게 연결시킬 수 있도록 계획하며, 보행흐름에 지장이 없도록 설계하시오.
10) 대상지 내에는 유도식재, 녹음식재, 경관식재 등의 식재패턴을 필요한 곳에 배식하고, 수목보호대에는 녹음식재를 실시하며, 필요에 따라 수목보호대를 추가로 설치하여 포장 내에 식재를 하시오.
11) 수목은 아래에 주어진 수종 중에서 종류가 다른 10가지를 반드시 선정하여 골고루 안정적인 배식이 될 수 있도록 계획하며, 인출선을 이용하여 수량, 수종명칭, 규격을 반드시 표기하시오

> 소나무(H4.0×W2.0), 소나무(H3.0×W1.5), 소나무(H2.5×W1.2)
> 스트로브잣나무(H2.5×W1.2), 스트로브잣나무(H2.0×W1.0)
> 왕벚나무(H4.5×B15), 버즘나무(H3.5×B8), 느티나무(H4.5×R20)
> 청단풍(H2.5×R8), 다정큼나무(H1.0×W0.6), 동백나무(H2.5×R8)
> 중국단풍(H2.5×R5), 굴거리나무(H2.5×W0.6), 자귀나무(H2.5×R6)
> 태산목(H1.5×W0.5), 먼나무(H2.0×R5), 산딸나무(H2.0×R5), 산수유(H2.5×R7)
> 꽃사과(H2.5×R5), 수수꽃다리(H1.5×W0.6), 병꽃나무(H1.0×W0.4)
> 쥐똥나무(H1.0×W0.3), 명자나무(H0.6×W0.4), 산철쭉(H0.3×W0.4)
> 자산홍(H0.3×W0.3), 영산홍(H0.4×W0.3), 조릿대(H0.6×7가지)

12) A - A´ 상세도와 B - B´ 단면도는 경사, 포장재료, 경계선 및 기타 시설물의 기초, 주변의 수목, 주요 시설물, 이용자 등을 단면도상에 반드시 표기하고, 높이 차를 한눈에 볼 수 있도록 설계하시오.

계획도(모범답안)

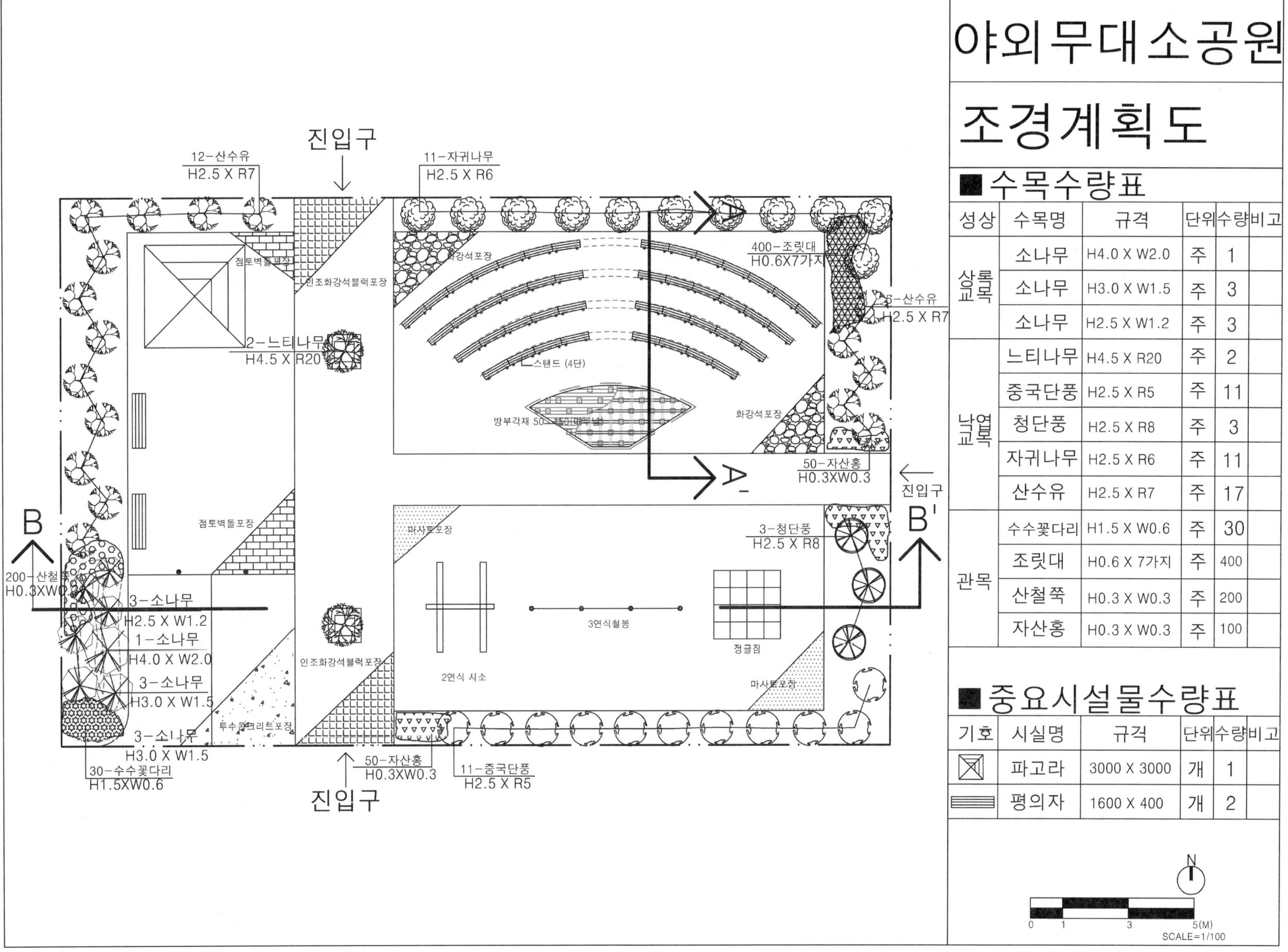

상세도(모범답안)

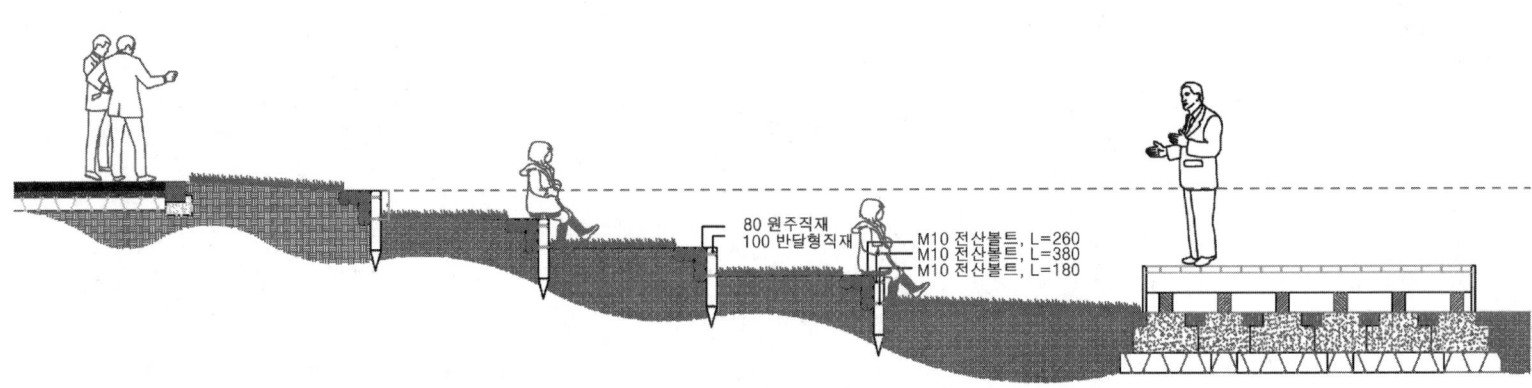

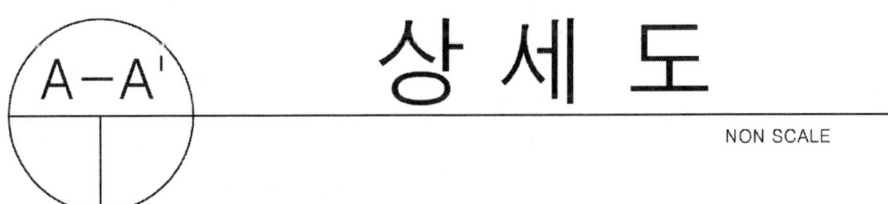

단면도(모범답안)

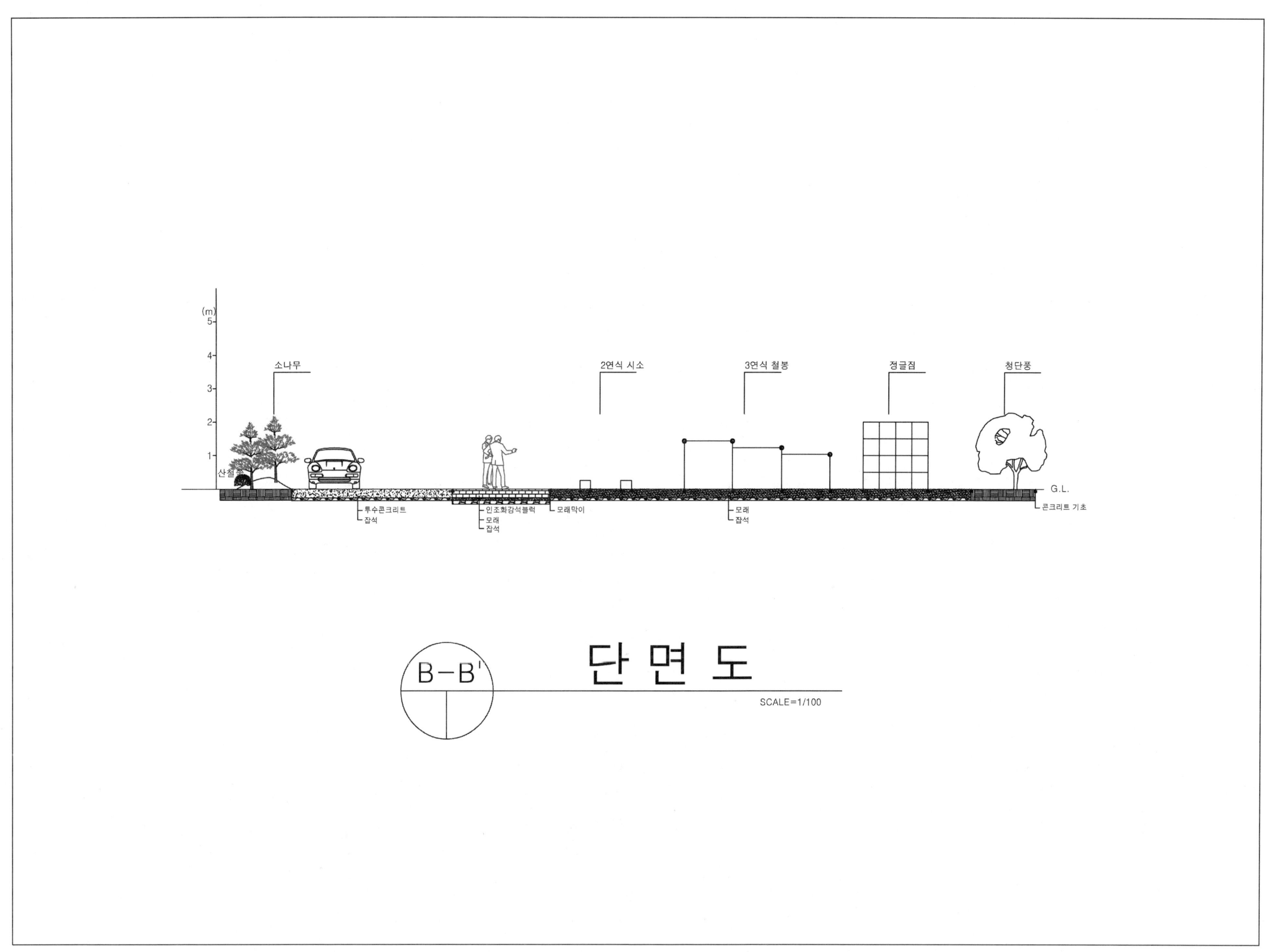

11 도로변소공원조경설계

■ 수험자 유의사항

1) 조경설계 사항은 제도용 연필만을 사용해서 작성하여야 하며, 다른 필기구를 사용할 때에는 채점대상에서 제외한다.
2) 주어진 문제의 요구조건에 위배되는 설계도면 및 지급된 용지 3매인 시설물배치도+식재설계평면도(수목배치도) 1매, 단면도 2매가 모두 작성되어야 채점대상이 되며, 1매라도 설계가 미완성인 것은 미완성으로 채점대상에서 제외됩니다.
3) 수험자가 전 과정 조경설계, 수목감별, 조경시공 작업을 응시하지 않으면 채점대상에서 제외합니다.
4) 답안지의 수검번호 및 성명의 기재는 반드시 인쇄된 곳에 기록하여야 합니다.
5) 수험자는 수검시간 중 타인과의 대화를 금합니다.
6) 수험자는 도면 작성시 성명을 작성하는 곳을 제외하고 범례표(표제란)에 성명을 작성하지 않습니다.

〈현황도〉

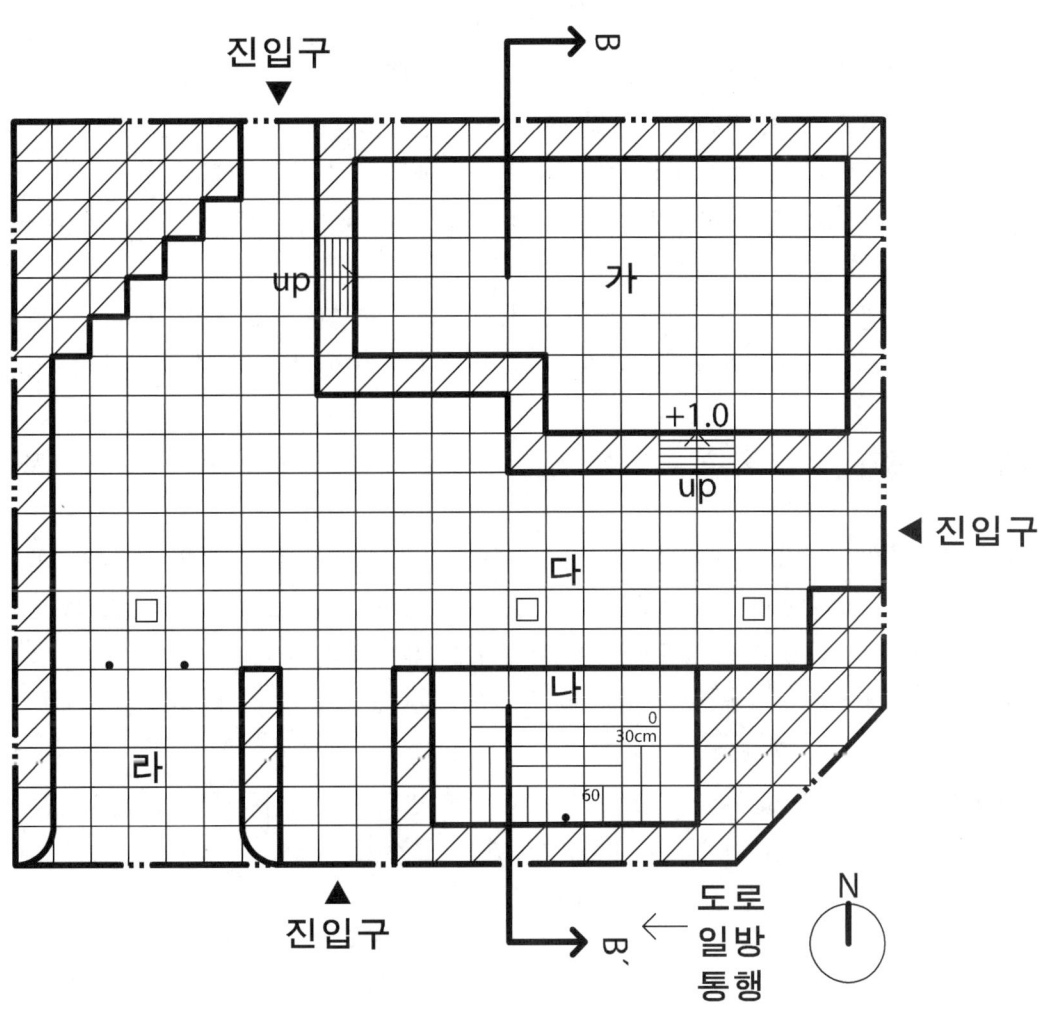

*참조 : 격자 한 눈금이 1M

■ (요구 사항)

우리나라 중부지역에 위치한 도로변의 빈 공간에 대한 조경설계를 하고자 합니다. 주어진 현황도 및 아래 사항을 참조하여 설계조건에 따라 조경계획도를 작성합니다.(단, 2점쇄선안 부분이 조경설계 대상지로 합니다.)

1) 식재 평면도를 위주로 한 조경계획도를 축척 1/100로 작성하십시오.(지급용지-1)
2) 도면 오른쪽 위에 작업명칭을 작성하십시오.
3) 도면 오른쪽에는 "주요 시설물 수량표와 수목(식재) 수량표"를 작성하고, 수량표 아래쪽 "방위표시와 막대축척"을 반드시 그려 넣으시오.(단, 전체 대상지의 길이를 고려하여 범례표의 폭을 조정 할 수 있습니다.)
4) 도면의 전체적인 안정감을 위하여 "테두리선"을 작성하십시오.
5) B - B′ 단면도를 축척 1/100로 작성하십시오.(지급용지-2)

■ (설계조건)

1) 해당 지역은 도로변의 자투리 공간을 이용하여 휴식 및 어린이들이 즐길 수 있는 도로변 소공원으로, 공원의 특징을 고려하여 조경계획도를 작성하시오.
2) 포장지역을 제외한 곳에는 모두 식재를 실시하시오.(단, 녹지공간은 빗금친 부분이며, 경사의 차이가 발생하는 곳은 분위기를 고려하여 식재를 적절하게 실시하시오.)
3) 포장지역은 "소형고압블록, 콘크리트, 고무칩, 마사토, 투수콘크리트, 화강석, 점토블럭 등" 적당한 재료를 선택하여 재료의 사용이 적합한 장소에 기호로 표현하고, 포장명을 반드시 기입하시오.
4) "가" 지역은 놀이공간으로 계획하고, 대상지는 주변 보다 1m 높은 지역으로 그 안에 어린이놀이시설을 3종 배치(미끄럼틀, 시소, 그네) 하시오.
5) "다" 지역은 휴식공간으로 이용자들의 편안한 휴식을 위해 파고라(3,500 × 3,500mm) 1개와 앉아서 휴식을 즐길 수 있도록 등벤치 2개를 설치하고, 수목보호대(3개)에 동일한 수종의 낙엽교목을 식재하시오
6) "라" 지역은 주차공간으로 소형자동차(2,500 × 5,000mm) 2대가 주차할 수 있는 공간으로 계획하고 설계하시오.
7) "나" 지역은 소형 벽천·연못으로 계류형 단(실선) 1개당 30cm가 높으며, 담수용 바닥은 '다' 지역과 동일한 높이이며, 담수 가이드 라인은 전체적으로 "다" 지역에 비해 60cm가 높게 설치된다.
8) 대상지 내에는 경사지 및 공간의 성격에 따라 차폐식재, 유도식재, 녹음식재, 경관식재, 소나무 군식 등의 식재 패턴을 적절히 배식하고, 필요에 따라 수목보호대는 추가로 설치하여 포장내에 식재를 할 수 있습니다.
9) 수목은 아래에 주어진 수종 중에서 종류가 다른 10가지를 반드시 선정하여 골고루 안정적인 배식이 될 수 있도록 계획하며, 인출선을 이용하여 수량, 수종명칭, 규격을 반드시 표기하시오.

> 소나무(H4.0×W2.0), 소나무(H3.0×W1.5), 소나무(H2.5×W1.2)
> 스트로브잣나무(H2.5×W1.2), 스트로브잣나무(H2.0×W1.0)
> 왕벚나무(H4.5×B12), 버즘나무(H3.5×B8), 느티나무(H3.0×R6)
> 청단풍(H2.5×R8), 다정큼나무(H1.0×W0.6), 동백나무(H2.5×R8)
> 중국단풍(H2.5×R5), 굴거리나무(H2.5×W0.6), 자귀나무(H2.5×R6)
> 태산목(H1.5×W0.5), 먼나무(H2.0×R5), 산딸나무(H2.0×R5), 산수유(H2.5×R7)
> 꽃사과(H2.5×R5), 수수꽃다리(H1.5×W0.6), 병꽃나무(H1.0×W0.4)
> 쥐똥나무(H1.0×W0.3), 명자나무(H0.6×W0.4), 산철쭉(H0.3×W0.4)
> 자산홍(H0.3×W0.3), 영산홍(H0.4×W0.4), 조릿대(H0.6×7가지)

10) B - B' 단면도는 경사, 포장재료, 경계선 및 기타 시설물의 기초, 주변의 수목, 주요 시설물 등을 단면도상에 반드시 표기하고, 높이 차를 한눈에 볼 수 있도록 설계하시오.

평면도(모범답안)

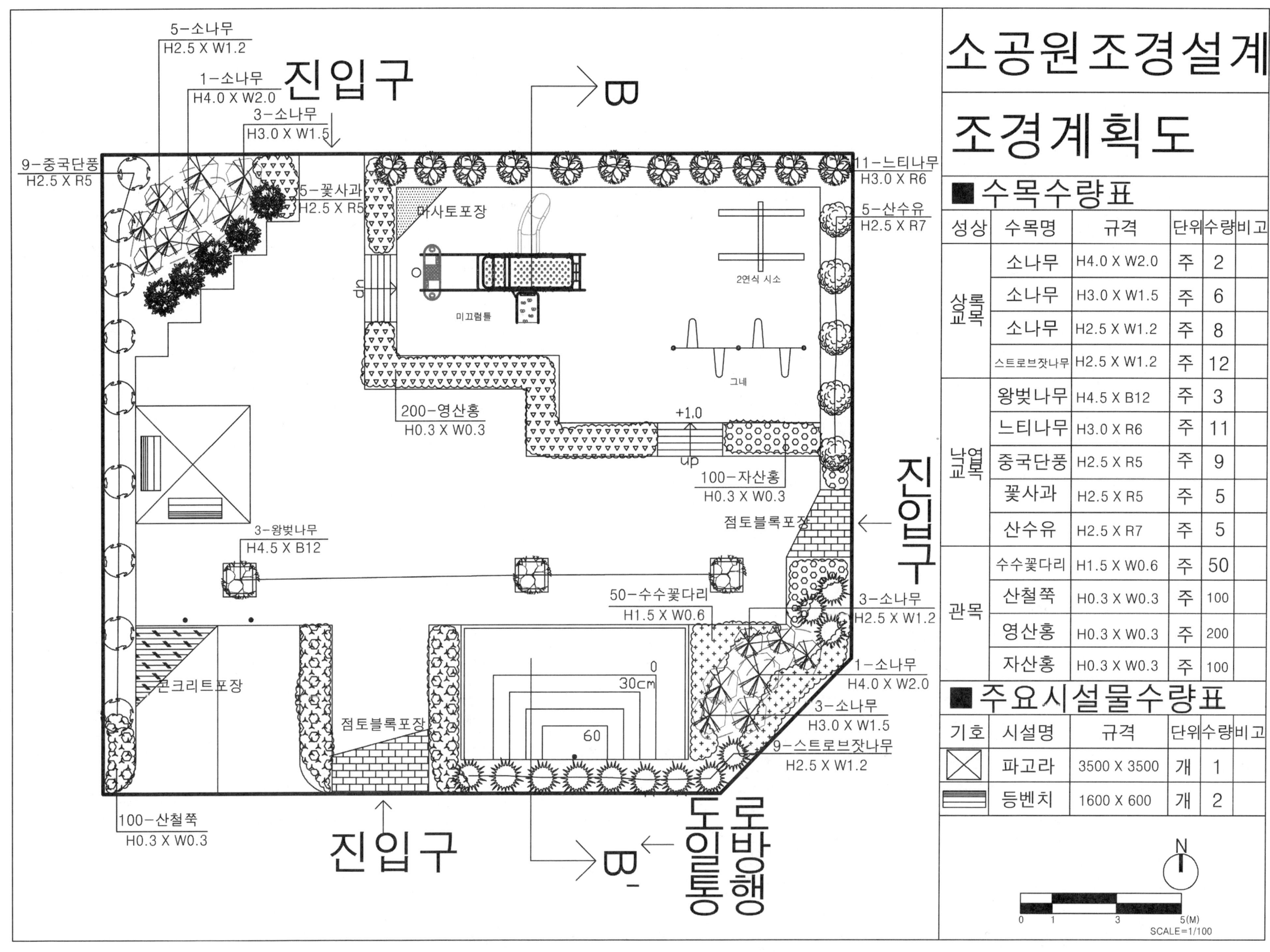

단면도(모범답안)

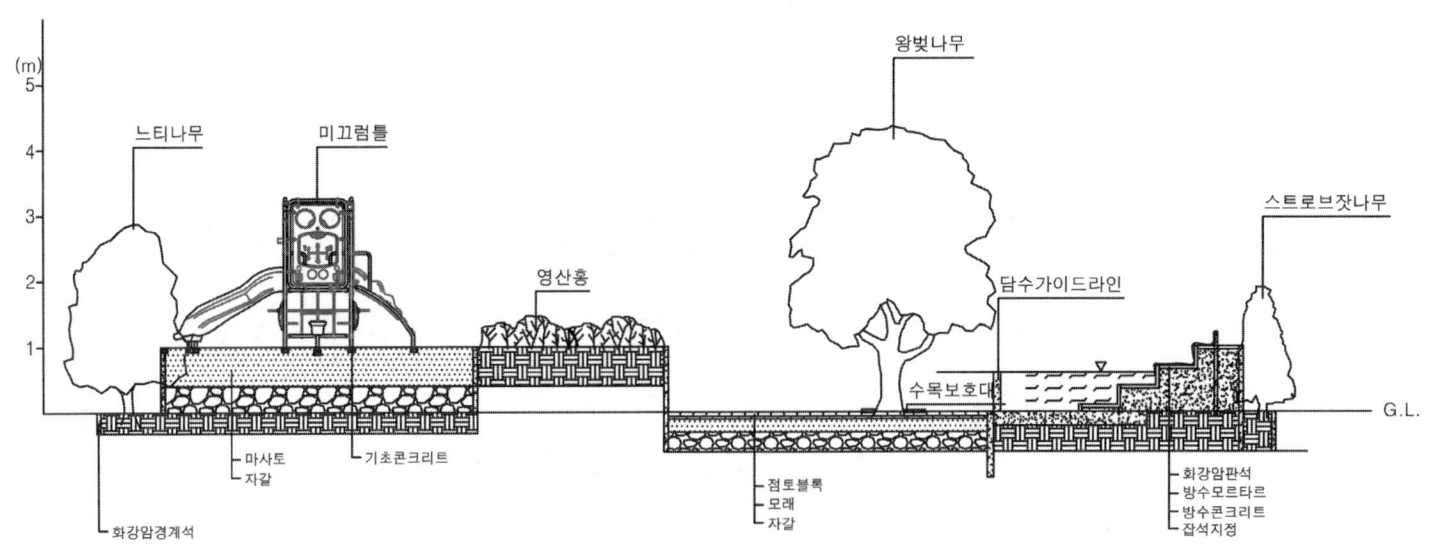

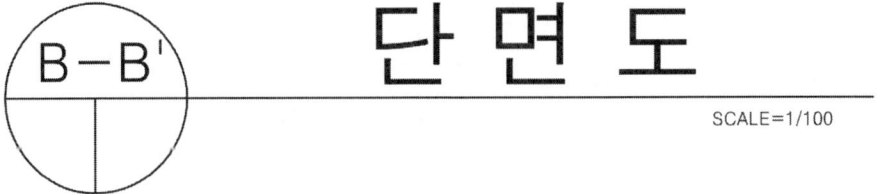

단면도 B-B'
SCALE=1/100

12 도로변소공원조경설계(2018년 1회)

■ 수험자 유의사항

1) 수험자는 각 문제의 제한 시간내에 작업을 완료하여야 합니다.
2) 답안지의 수험자 성명과 수목명은 반드시 흑색필기구(연필 제외)로 하며, 그 외의 필기구를 사용할 때에는 채점대상에서 제외합니다.
3) 조경설계 사항은 제도용 연필만을 사용해서 작성하여야 하며, 다른 필기구를 사용할 때는 채점대상에서 제외합니다.
4) 주어진 문제의 요구조건에 위배되는 설계도면 및 지급된 용지 2매인 시설물배치도+식재설계평면도(수목배치도) 1매, 단면도 1매가 모두 작성되어야 채점대상이 되며, 1매라도 설계가 미완성인 것은 미완성으로 채점대상에서 제외됩니다.
5) 수험자가 전 과정 조경설계, 수목감별, 조경시공 작업을 응시하지 않으면 채점대상에서 제외합니다.
6) 답안지의 수검번호 및 성명의 기재는 반드시 인쇄된 곳에 기록하여야 합니다.
7) 수험자는 수검시간 중 타인과의 대화를 금합니다.
8) 수험자는 도면 작성시 성명을 작성하는 곳을 제외하고 범례표(표제란)에 성명을 작성하지 않습니다.

〈현황도〉

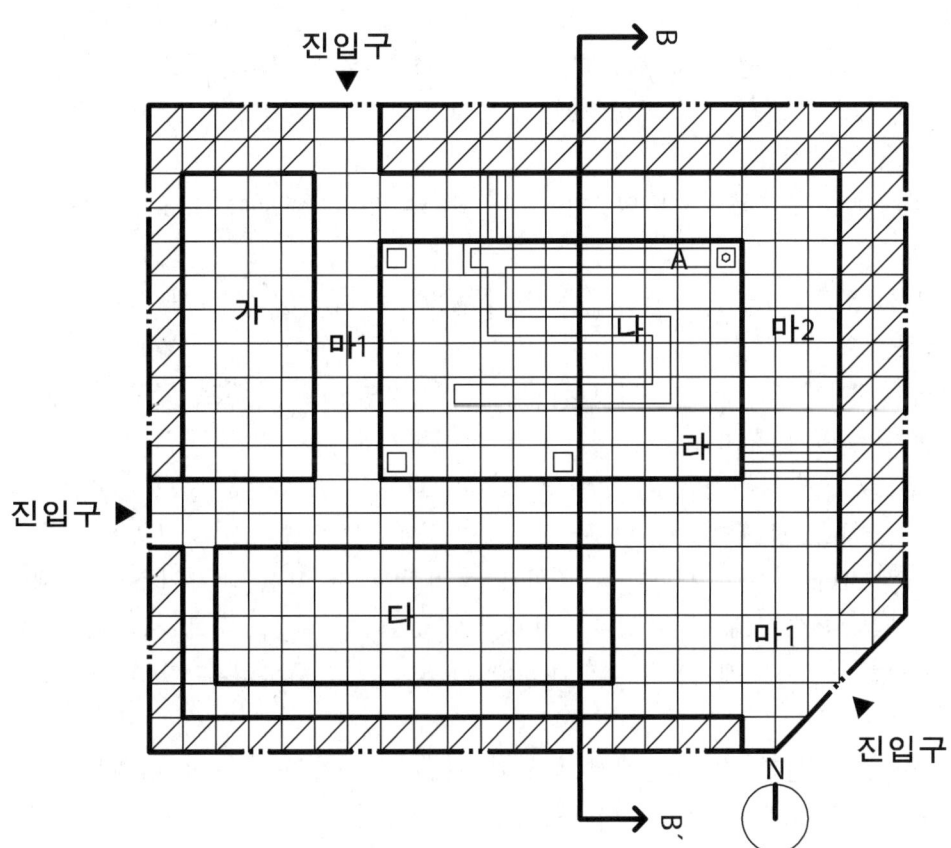

참조 : 격자 한눈금이 1M   SCALE=1/200

■ (요구 사항)

우리나라 중부지역에 위치한 도로변의 빈 공간에 대한 조경설계를 하고자 합니다. 주어진 현황도 및 아래 사항을 참조하여 설계조건에 따라 조경계획도를 작성합니다.(단, 2점쇄선안 부분이 조경설계 대상지로 합니다.)

1) 식재 평면도를 위주로 한 조경계획도를 축척 1/100로 작성하십시오.(지급용지-1)
2) 도면 오른쪽 위에 작업명칭을 작성하십시오.
3) 도면 오른쪽에는 "주요 시설물 수량표와 수목(식재) 수량표"를 작성하고, 수량표 아래쪽 "방위표시와 막대축척"을 반드시 그려 넣으시오.(단, 전체 대상지의 길이를 고려하여 범례표의 폭을 조정 할 수 있습니다.)
4) 도면의 전체적인 안정감을 위하여 "테두리선"을 작성하십시오.
5) B – B´ 단면도를 축척 1/100로 작성하십시오.(지급용지-2)

■ (설계조건)

1) 해당 지역은 도로변의 자투리 공간을 이용하여 휴식 및 어린이들이 즐길 수 있는 도로변 소공원으로, 공원의 특징을 고려하여 조경계획도를 작성하시오.
2) 포장지역을 제외한 곳에는 모두 식재를 실시하시오.(단, 녹지공간은 빗금친 부분이며, 경사의 차이가 발생하는 곳은 분위기를 고려하여 식재를 적절하게 실시하시오.)
3) 포장지역은 "소형고압블록, 콘크리트, 고무칩, 마사토, 투수콘크리트 등" 적당한 재료를 선택하여 재료의 사용이 적합한 장소에 기호로 표현하고, 포장명을 반드시 기입하시오.
4) "다"지역은 어린이 놀이공간으로 그 안에 어린이 놀이시설 3종을 배치하시오.
5) "가"지역은 정적인 휴식공간으로 이용자들의 편안한 휴식을 위해 장파고라(6000 × 3500) 1개와 앉아서 휴식을 즐길 수 있도록 등벤치 1개를 계획 설계하시오.
6) "라" 지역은 "나" 연못의 인접지역으로 수목보호대 3개에 동일한 낙엽교목을 식재하고, 평벤치 2개를 설치하시오.
7) "나" 지역은 연못으로 물이 차 있으며, "라"와 "마1" 지역보다 50cm 정도 낮은 위치로 계획하시오.
8) "마1" 지역은 공간과 공간을 연결하는 연계동선으로 대상지의 설계 성격에 맞게 적절한 포장을 선택하시오.
9) "마2" 지역은 "마1"과 "라" 지역보다 1m 높은 지역으로 산책로 주변에 등벤치 3개를 설치하고, 벤치 주변에 휴지통 1개소를 함께 설치하시오.
10) "A" 시설은 폭 1m의 장방형 정형식 케스케이드(계류)로 약9m 정도 흘러가 연못과 합류된다. 3번의 단차로 자연스럽게 연못으로 흘러들어 가며, "마2" 지역과 거의 동일한 높이를 유지하고 있으므로, "라" 지역과는 옹벽을 설치하여 단 차이를 자연스럽게 해소하시오.
11) 대상지 내에는 유도식재, 녹음식재, 경관식재, 소나무 군식 등의 식재패턴을 필요한 곳에 적절히 배식하고, 필요에 따라 수목보호대를 추가로 설치하여 포장 내에 식재를 할 수 있습니다.
12) 수목은 아래에 주어진 수종 중에서 종류가 다른 10가지를 반드시 선정하여 골고루 안정적인 배식이 될 수 있도록 계획하며, 인출선을 이용하여 수량, 수종명칭, 규격을 반드시 표기하시오.

소나무(H4.0×W2.0), 소나무(H3.0×W1.5), 소나무(H2.5×W1.2)
스트로브잣나무(H2.5×W1.2), 스트로브잣나무(H2.0×W1.0)
왕벚나무(H4.5×B12), 버즘나무(H3.5×B8), 느티나무(H4.5×R20)
청단풍(H2.5×R8), 다정큼나무(H1.0×W0.6), 동백나무(H2.5×R8)
중국단풍(H2.5×R5), 굴거리나무(H2.5×W0.6), 자귀나무(H2.5×R6)
태산목(H1.5×W0.5), 먼나무(H2.0×R5), 산딸나무(H2.0×R5), 산수유(H2.5×R7)
꽃사과(H2.5×R5), 수수꽃다리(H1.5×W0.6), 병꽃나무(H1.0×W0.4)
쥐똥나무(H1.0×W0.3), 명자나무(H0.6×W0.4), 산철쭉(H0.3×W0.4)
자산홍(H0.3×W0.3), 영산홍(H0.4×W0.4), 조릿대(H0.6×7가지)

13) B - B´ 단면도는 경사, 포장재료, 경계선 및 기타 시설물의 기초, 주변의 수목, 주요 시설물 등을 단면도상에 반드시 표기하고, 높이 차를 한눈에 볼 수 있도록 설계하시오.

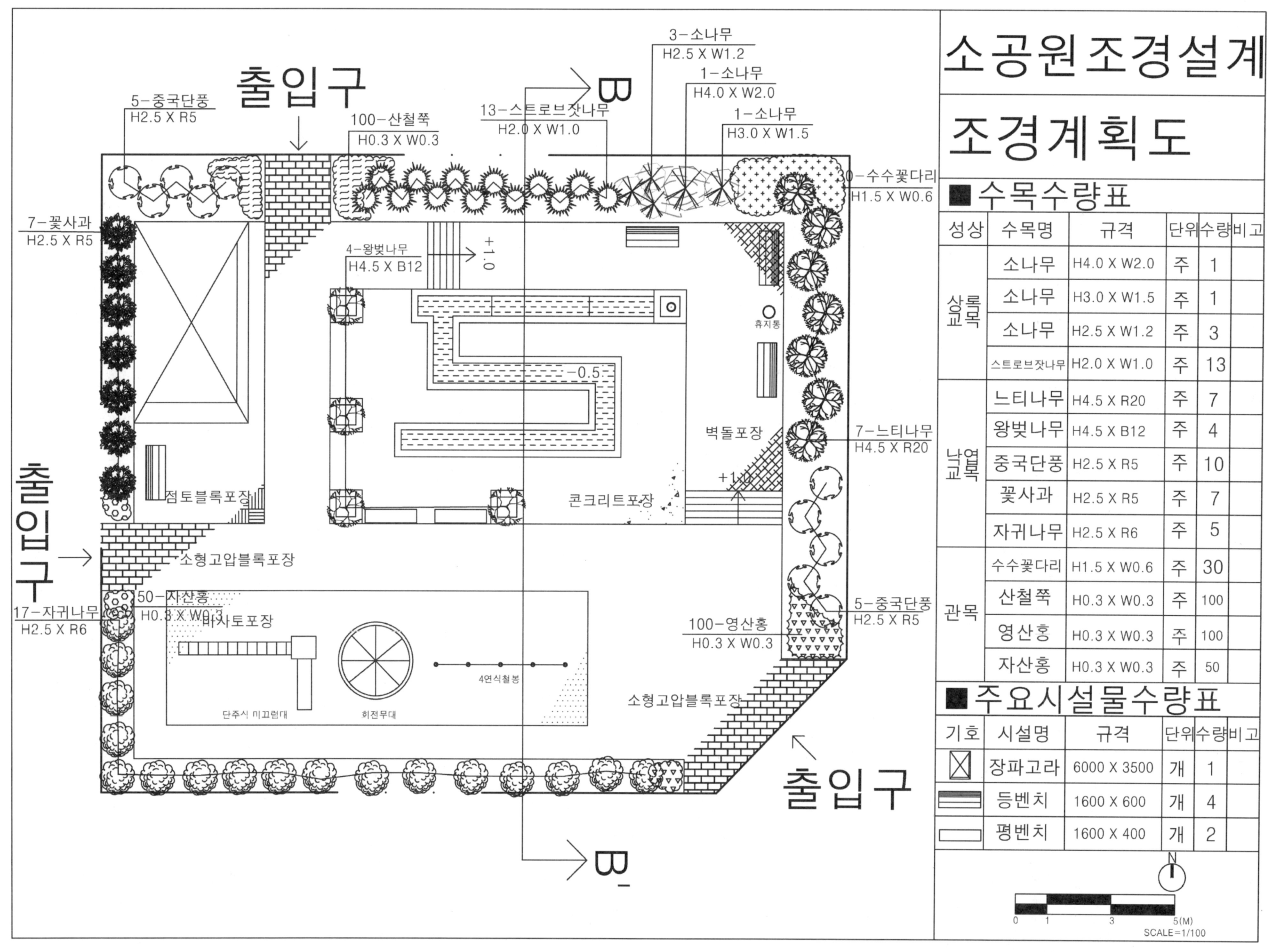

단면도(모범답안)

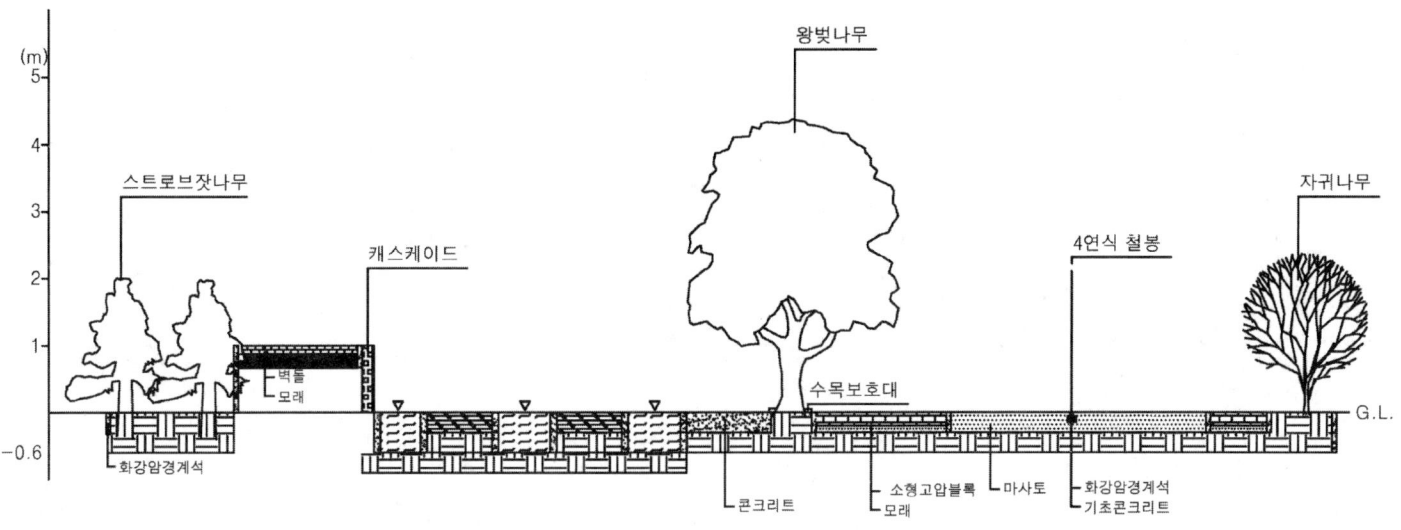

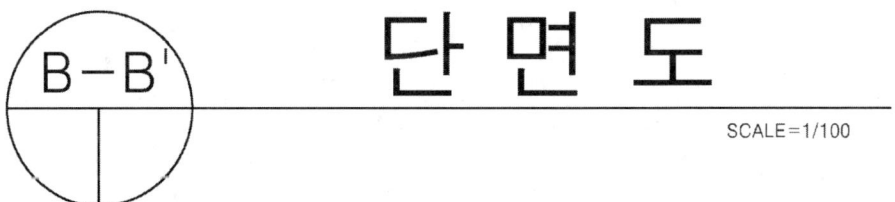

단면도

SCALE=1/100

13　옥상조경 설계(2018년 2회)

■ 수험자 유의사항

1) 수험자는 각 문제의 제한 시간내에 작업을 완료하여야 합니다.
2) 답안지의 수험자 성명과 수목명은 반드시 흑색필기구(연필 제외)로 하며, 그 외의 필기구를 사용할 때에는 채점대상에서 제외합니다.
3) 조경설계 사항은 제도용 연필만을 사용해서 작성하여야 하며, 다른 필기구를 사용할 때는 채점대상에서 제외합니다.
4) 주어진 문제의 요구조건에 위배되는 설계도면 및 지급된 용지 2매인 식재평면도 1매, 상세도 1매가 모두 작성되어야 채점대상이 되며, 1매라도 설계가 미완성인 것은 미완성으로 채점대상에서 제외됩니다.
5) 수험자가 전 과정 조경설계, 수목감별, 조경시공 작업을 응시하지 않으면 채점대상에서 제외합니다.
6) 답안지의 수검번호 및 성명의 기재는 반드시 인쇄된 곳에 기록하여야 합니다.
7) 수험자는 수검시간 중 타인과의 대화를 금합니다.
8) 수험자는 도면 작성시 성명을 작성하는 곳을 제외하고 범례표(표제란)에 성명을 작성하지 않습니다.

〈현황도〉

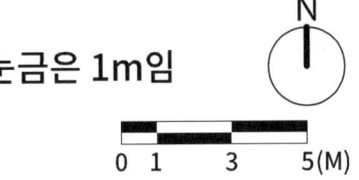

참조 : 격자 한눈금은 1m임

■ **(요구 사항)**

우리나라 남부지역에 위치한 건축물 옥상에 대한 조경설계를 하고자 합니다. 주어진 현황도 및 아래 사항을 참조하여 설계조건에 따라 조경계획도를 작성합니다.(단, 2점쇄선안 부분이 조경설계 대상지로 합니다.)

1) 식재 평면도를 위주로 한 조경계획도를 축척 1/100로 작성하십시오.(지급용지-1)
2) 도면 오른쪽 위에 작업명칭을 작성하십시오.
3) 도면 오른쪽에는 "주요 시설물 수량표와 수목(식재) 수량표"를 작성하고, 수량표 아래 "방위표시와 막대축척"을 반드시 그려 넣으시오.(단, 전체 대상지의 길이를 고려하여 범례표의 폭을 조정 할 수 있습니다.)
4) 도면의 전체적인 안정감을 위하여 "테두리선"을 작성하십시오.
5) B - B′ 상세도를 스케일 없이 작성하십시오.(지급용지-2)

■ **(설계조건)**

1) 해당 지역은 남부지역에 위치한 건축물 옥상에 휴식 및 경관을 향상시킬 수 있는 옥상조경으로, 옥상조경의 특징을 고려하여 조경계획도를 작성하시오.
2) 식재공간에는 모두 식재를 실시하시오.
3) 옥상조경의 성격을 고려하여 배수체계를 설계하시오.
4) 이용자들의 편안한 휴식을 위해 육각 파고라를 설계하시오.
5) 대상지 내에는 옥상조경의 식재패턴을 필요한 곳에 적절히 배식하시오.
6) 식재수종은 옥상조경에 사용 가능한 수종을 임의로 선정하여 식재하시오.
7) B - B′ 상세도는 기타 시설물의 기초, 주변의 수목, 주요 시설물, 배수체계 등을 상세도상에 반드시 표기하고, 높이 차를 한눈에 볼 수 있도록 설계하시오.

평면도(모범답안)

옥상 조경설계
조경계획도

■수목수량표

성상	수목명	규격	단위	수량	비고
상록교목	주목	H3.0 X W1.5	주	3	
	반송	H2.5 X W1.5	주	5	
낙엽교목	공작단풍	H2.5 X R5	주	3	
	라일락	H1.5 X R3	주	10	
지피	비단세덤	8cm	본	2000	
	세덤(알붐)	8cm	본	1000	
	노랑세덤	8cm	본	1000	
	흰꽃세덤	8cm	본	1000	

■주요시설물수량표

기호	시설명	규격	단위	수량	비고
⊗	육각파고라	Ø3160	개	1	

SCALE=1/100

상세도(모범답안)

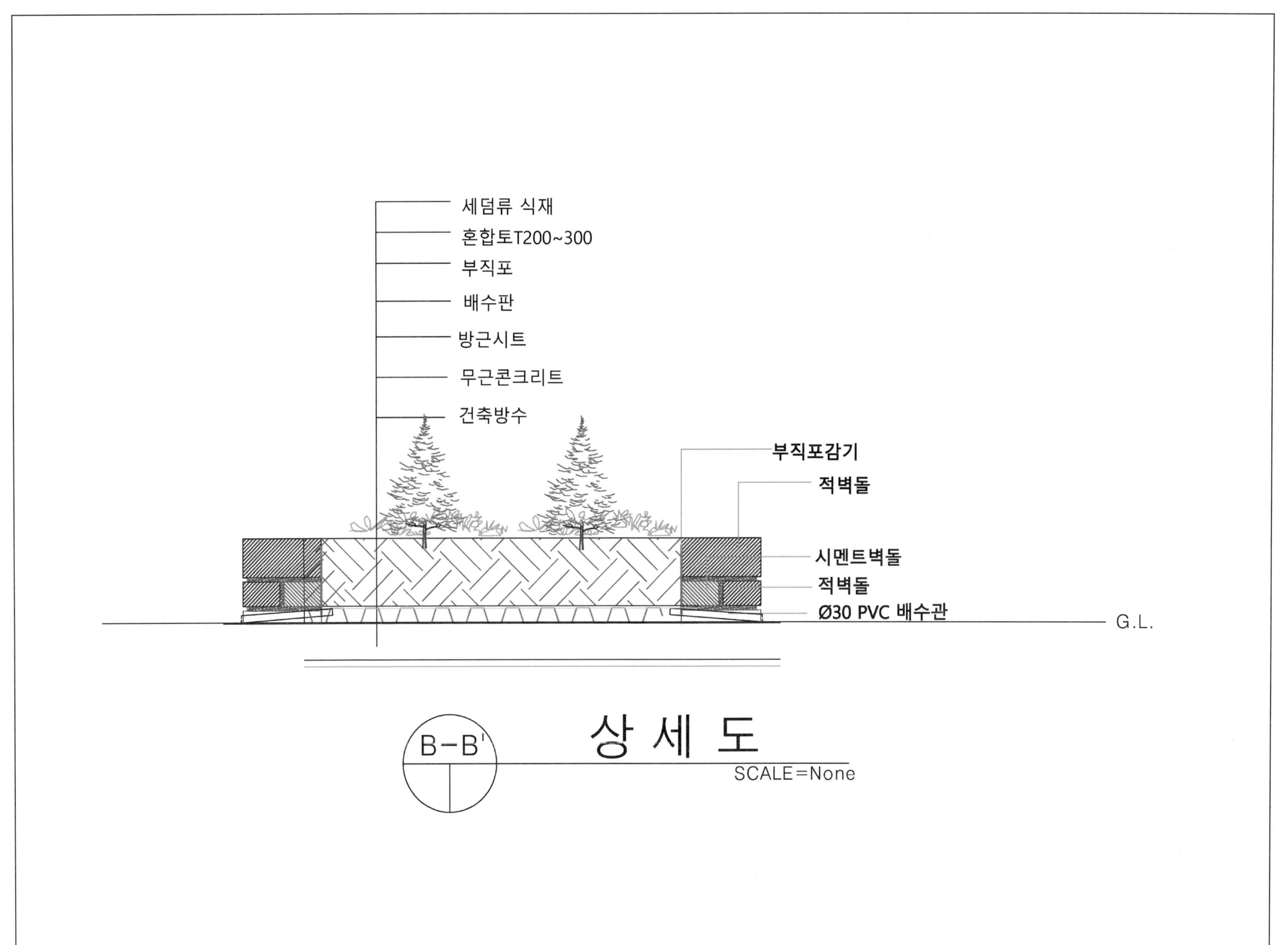

14 도로변소공원조경설계(2018년 3회)

■ 수험자 유의사항

1) 조경설계 사항은 제도용 연필만을 사용해서 작성하여야 하며, 다른 필기구를 사용할 때에는 채점대상에서 제외한다.
2) 주어진 문제의 요구조건에 위배되는 설계도면 및 지급된 용지 2매에 시설물배치도+식재설계평면도(수목배치도) 1매, 단면도 1매가 모두 작성되어야 채점대상이 되며, 1매라도 설계가 미완성인 것은 미완성으로 채점대상에서 제외됩니다.
3) 수험자가 전 과정 조경설계, 수목감별, 조경시공 작업을 응시하지 않으면 채점대상에서 제외합니다.
4) 답안지의 수검번호 및 성명의 기재는 반드시 인쇄된 곳에 기록하여야 합니다.
5) 수험자는 수검시간 중 타인과의 대화를 금합니다.
6) 수험자는 도면 작성시 성명을 작성하는 곳을 제외하고 범례표(표제란)에 성명을 작성하지 않습니다.

〈현황도〉

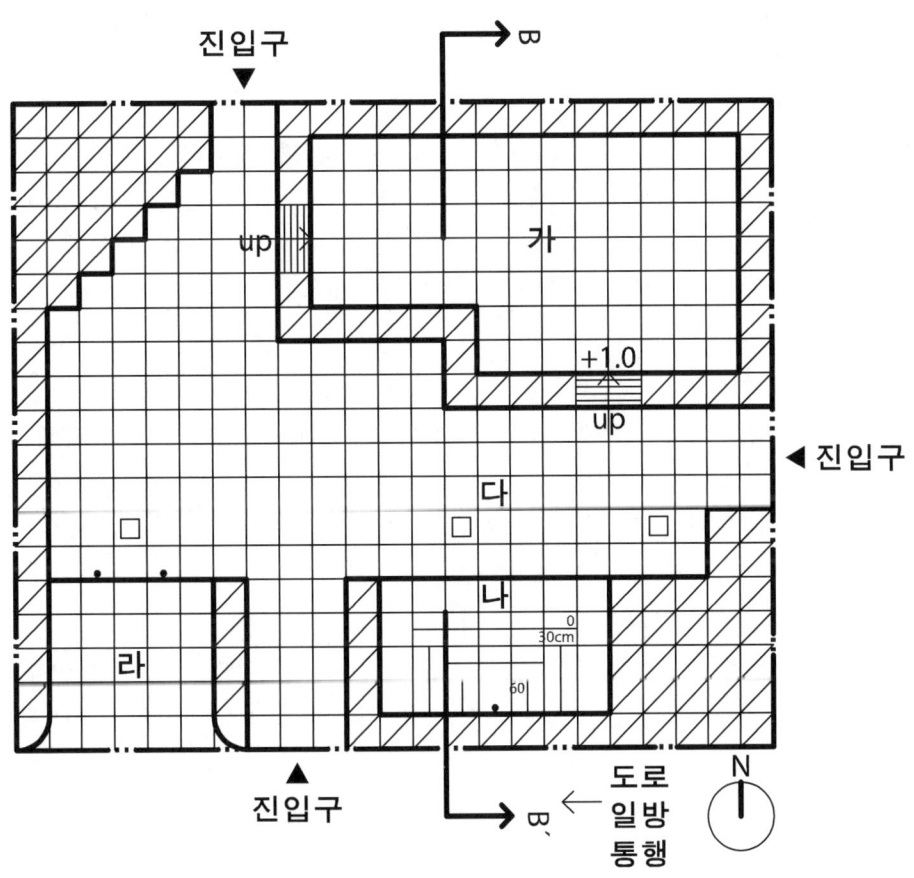

■ **(요구 사항)**

우리나라 중부지역에 위치한 도로변의 빈 공간에 대한 조경설계를 하고자 합니다. 주어진 현황도 및 아래 사항을 참조하여 설계조건에 따라 조경계획도를 작성합니다.(단, 2점쇄선안 부분이 조경설계 대상지로 합니다.)

1) 식재 평면도를 위주로 한 조경계획도를 축척 1/100로 작성하십시오.(지급용지-1)
2) 도면 오른쪽 위에 작업명칭을 작성하십시오.
3) 도면 오른쪽에는 "주요 시설물 수량표와 수목(식재) 수량표"를 작성하고, 수량표 아래쪽 "방위표시와 막대축척"을 반드시 그려 넣으시오.(단, 전체 대상지의 길이를 고려하여 범례표의 폭을 조정 할 수 있습니다.)
4) 도면의 전체적인 안정감을 위하여 "테두리선"을 작성하십시오.
5) B - B´ 단면도를 축척 1/100로 작성하십시오.(지급용지-2)

■ **(설계조건)**

1) 해당 지역은 도로변의 자투리 공간을 이용하여 휴식 및 어린이들이 즐길 수 있는 도로변 소공원으로, 공원의 특징을 고려하여 조경계획도를 작성하시오.
2) 포장지역을 제외한 곳에는 모두 식재를 실시하시오.(단, 녹지공간은 빗금친 부분이며, 경사의 차이가 발생하는 곳은 분위기를 고려하여 식재를 적절하게 실시하시오.)
3) 포장지역은 "점토블록, 콘크리트, 고무칩, 마사토, 투수콘크리트 등" 적당한 재료를 선택하여 재료의 사용이 적합한 장소에 기호로 표현하고, 포장명을 반드시 기입하시오.
4) "가" 지역은 놀이공간으로 계획하고, 대상지는 주변 보다 1m 높은 지역으로 그 안에 어린이놀이시설을 3종 배치(미끄럼틀, 시소, 그네) 하시오.
5) "다" 지역은 휴식공간으로 이용자들의 편안한 휴식을 위해 파고라(3,500 × 3,500mm) 1개와 앉아서 휴식을 즐길 수 있도록 등벤치 2개를 설치하고, 수목보호대(3개)에 동일한 수종의 낙엽교목을 식재하시오
6) "라" 지역은 주차공간으로 소형자동차(2,500 × 5,000mm) 2대가 주차할 수 있는 공간으로 계획하고 설계하시오.
7) "나" 지역은 소형 벽천·연못으로 계류형 단(실선) 1개당 30cm가 높으며, 담수용 바닥은 '다' 지역과 동일한 높이이며, 담수 가이드 라인은 전체적으로 "다" 지역에 비해 60cm가 높게 설치된다.
8) 대상지 내에는 경사지 및 공간의 성격에 따라 차폐식재, 유도식재, 녹음식재, 경관식재, 소나무 군식 등의 식재 패턴을 적절히 배식하고, 필요에 따라 수목보호대는 추가로 설치하여 포장내에 식재를 할 수 있습니다.
9) 수목은 아래에 주어진 수종 중에서 종류가 다른 10가지를 반드시 선정하여 골고루 안정적인 배식이 될 수 있도록 계획하며, 인출선을 이용하여 수량, 수종명칭, 규격을 반드시 표기하시오.

> 소나무(H4.0×W2.0), 소나무(H3.0×W1.5), 소나무(H2.5×W1.2)
> 스트로브잣나무(H2.5×W1.2), 스트로브잣나무(H2.0×W1.0)
> 왕벚나무(H4.5×B12), 버즘나무(H3.5×B8), 느티나무(H3.0×R6)
> 청단풍(H2.5×R8), 다정큼나무(H1.0×W0.6), 동백나무(H2.5×R8)
> 중국단풍(H2.5×R5), 굴거리나무(H2.5×W0.6), 자귀나무(H2.5×R6)
> 태산목(H1.5×W0.5), 먼나무(H2.0×R5), 산딸나무(H2.0×R5), 산수유(H2.5×R7)
> 꽃사과(H2.5×R5), 수수꽃다리(H1.5×W0.6), 병꽃나무(H1.0×W0.4)
> 쥐똥나무(H1.0×W0.3), 명자나무(H0.6×W0.4), 산철쭉(H0.3×W0.4)
> 자산홍(H0.3×W0.3), 영산홍(H0.4×W0.4), 조릿대(H0.6×7가지)

10) B – B´ 단면도는 경사, 포장재료, 경계선 및 기타 시설물의 기초, 주변의 수목, 주요 시설물 등을 단면도상에 반드시 표기하고, 높이 차를 한눈에 볼 수 있도록 설계하시오.

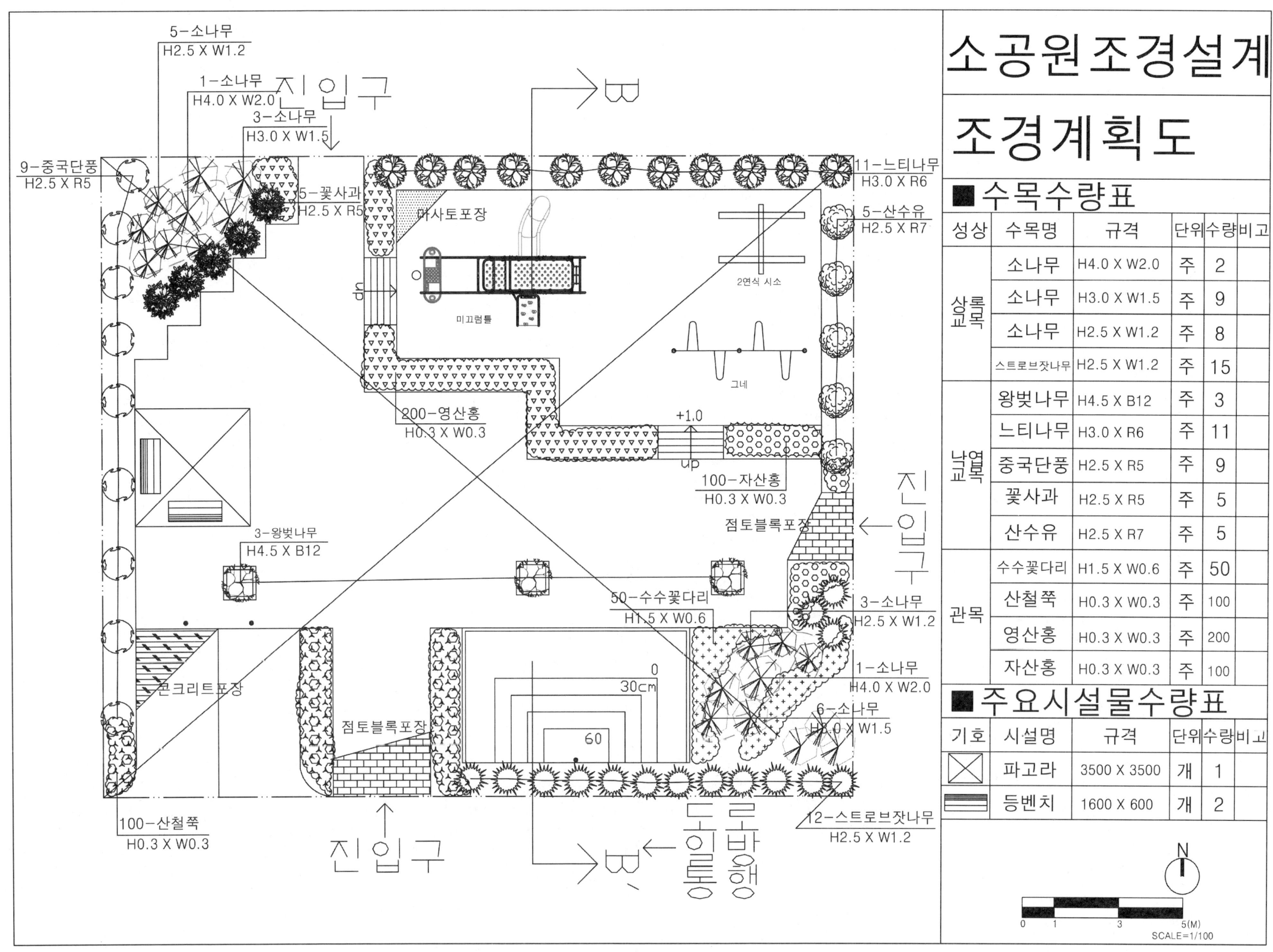

단면도(모범답안)

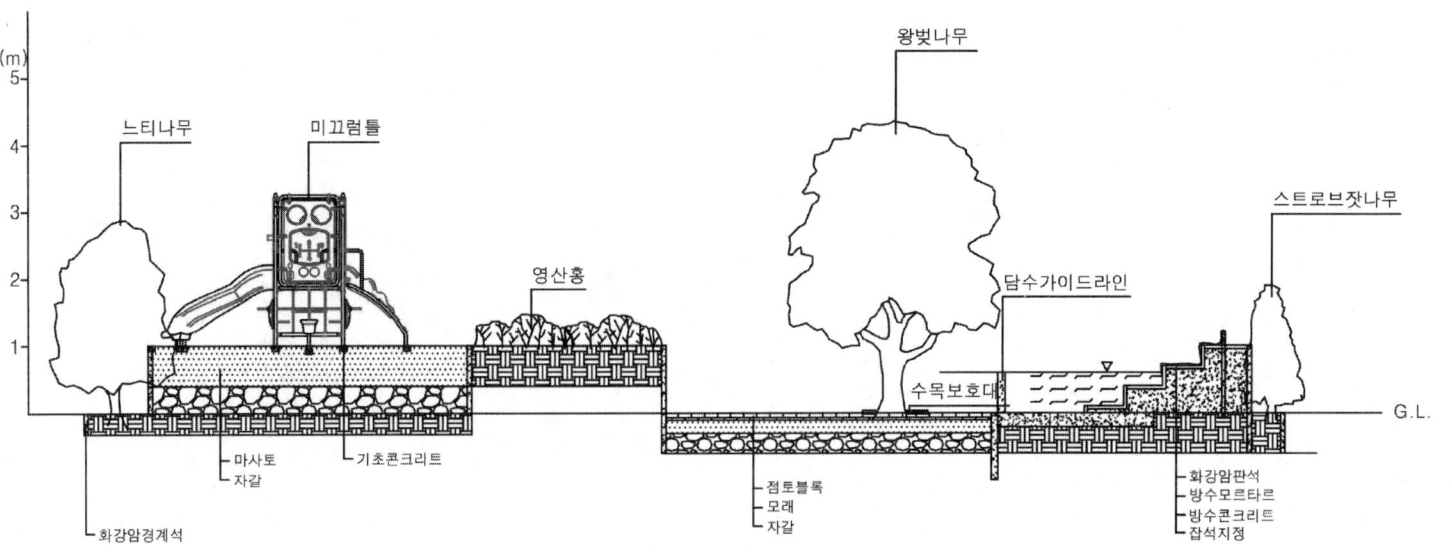

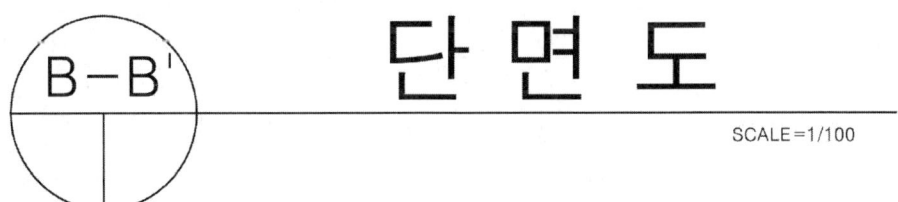

단면도

SCALE=1/100

15 도로변소공원조경설계(2019년 1회)

■ 수험자 유의사항

1) 조경설계 사항은 제도용 연필만을 사용해서 작성하여야 하며, 다른 필기구를 사용할 때에는 채점대상에서 제외한다.
2) 주어진 문제의 요구조건에 위배되는 설계도면 및 지급된 용지 3매인 시설물배치도+식재설계평면도(수목배치도) 1매, 단면도 2매가 모두 작성되어야 채점대상이 되며, 1매라도 설계가 미완성인 것은 미완성으로 채점대상에서 제외됩니다.
3) 수험자가 전 과정 조경설계, 수목감별, 조경시공 작업을 응시하지 않으면 채점대상에서 제외합니다.
4) 답안지의 수검번호 및 성명의 기재는 반드시 인쇄된 곳에 기록하여야 합니다.
5) 수험자는 수검시간 중 타인과의 대화를 금합니다.
6) 수험자는 도면 작성시 성명을 작성하는 곳을 제외하고 범례표(표제란)에 성명을 작성하지 않습니다.

〈현황도〉

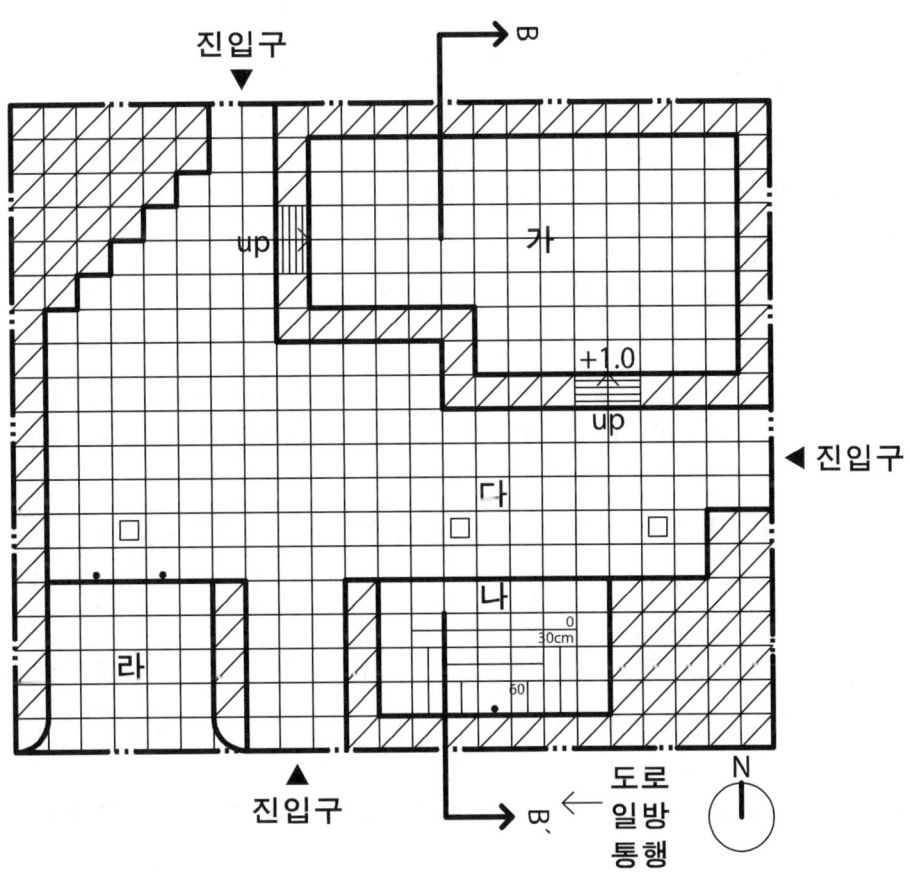

*참조 : 격자 한 눈금이 1M

■ **(요구 사항)**

우리나라 중부지역에 위치한 도로변의 빈 공간에 대한 조경설계를 하고자 합니다. 주어진 현황도 및 아래 사항을 참조하여 설계조건에 따라 조경계획도를 작성합니다.(단, 2점쇄선안 부분이 조경설계 대상지로 합니다.)

1) 식재 평면도를 위주로 한 조경계획도를 축척 1/100로 작성하십시오.(지급용지-1)
2) 도면 오른쪽 위에 작업명칭을 작성하십시오.
3) 도면 오른쪽에는 "주요 시설물 수량표와 수목(식재) 수량표"를 작성하고, 수량표 아래쪽 "방위표시와 막대축척"을 반드시 그려 넣으시오.(단, 전체 대상지의 길이를 고려하여 범례표의 폭을 조정 할 수 있습니다.)
4) 도면의 전체적인 안정감을 위하여 "테두리선"을 작성하십시오.
5) B - B´ 단면도를 축척 1/100로 작성하십시오.(지급용지-2)

■ **(설계조건)**

1) 해당 지역은 도로변의 자투리 공간을 이용하여 휴식 및 어린이들이 즐길 수 있는 도로변 소공원으로, 공원의 특징을 고려하여 조경계획도를 작성하시오.
2) 포장지역을 제외한 곳에는 모두 식재를 실시하시오.(단, 녹지공간은 빗금친 부분이며, 경사의 차이가 발생하는 곳은 분위기를 고려하여 식재를 적절하게 실시하시오.)
3) 포장지역은 "소형고압블록, 콘크리트, 고무칩, 마사토, 투수콘크리트 등" 적당한 재료를 선택하여 재료의 사용이 적합한 장소에 기호로 표현하고, 포장명을 반드시 기입하시오.
4) "가" 지역은 놀이공간으로 계획하고, 대상지는 주변 보다 1m 높은 지역으로 그 안에 어린이놀이시설을 3종 배치(미끄럼틀, 시소, 그네) 하시오.
5) "다" 지역은 휴식공간으로 이용자들의 편안한 휴식을 위해 파고라(3,500 × 3,500mm) 1개와 앉아서 휴식을 즐길 수 있도록 등벤치 2개를 설치하고, 수목보호대(3개)에 동일한 수종의 낙엽교목을 식재하시오
6) "라" 지역은 주차공간으로 소형자동차(2,500 × 5,000mm) 2대가 주차할 수 있는 공간으로 계획하고 설계하시오.
7) "나" 지역은 소형 벽천·연못으로 계류형 단(실선) 1개당 30cm가 높으며, 담수용 바닥은 '다' 지역과 동일한 높이이며, 담수 가이드 라인은 전체적으로 "다" 지역에 비해 60cm가 높게 설치된다.
8) 대상지 내에는 경사지 및 공간의 성격에 따라 차폐식재, 유도식재, 녹음식재, 경관식재, 소나무 군식 등의 식재 패턴을 적절히 배식하고, 필요에 따라 수목보호대는 추가로 설치하여 포장내에 식재를 할 수 있습니다.
9) 수목은 아래에 주어진 수종 중에서 종류가 다른 10가지를 반드시 선정하여 골고루 안정적인 배식이 될 수 있도록 계획하며, 인출선을 이용하여 수량, 수종명칭, 규격을 반드시 표기하시오.
10) B - B´ 단면도는 경사, 포장재료, 경계선 및 기타 시설물의 기초, 주변의 수목, 주요 시설물 등을 단면도상에 반드시 표기하고, 높이 차를 한눈에 볼 수 있도록 설계하시오.

소나무(H4.0×W2.0), 소나무(H3.0×W1.5), 소나무(H2.5×W1.2)
스트로브잣나무(H2.5×W1.2), 스트로브잣나무(H2.0×W1.0)
왕벚나무(H4.5×B12), 버즘나무(H3.5×B8), 느티나무(H3.0×R6)
청단풍(H2.5×R8), 다정큼나무(H1.0×W0.6), 동백나무(H2.5×R8)
중국단풍(H2.5×R5), 굴거리나무(H2.5×W0.6), 자귀나무(H2.5×R6)
태산목(H1.5×W0.5), 먼나무(H2.0×R5), 산딸나무(H2.0×R5), 산수유(H2.5×R7)
꽃사과(H2.5×R5), 수수꽃다리(H1.5×W0.6), 병꽃나무(H1.0×W0.4)
쥐똥나무(H1.0×W0.3), 명자나무(H0.6×W0.4), 산철쭉(H0.3×W0.4)
자산홍(H0.3×W0.3), 영산홍(H0.4×W0.4), 조릿대(H0.6×7가지)

10) B - B´ 단면도는 경사, 포장재료, 경계선 및 기타 시설물의 기초, 주변의 수목, 주요 시설물 등을 단면도상에 반드시 표기하고, 높이 차를 한눈에 볼 수 있도록 설계하시오.

평면도(모범답안)

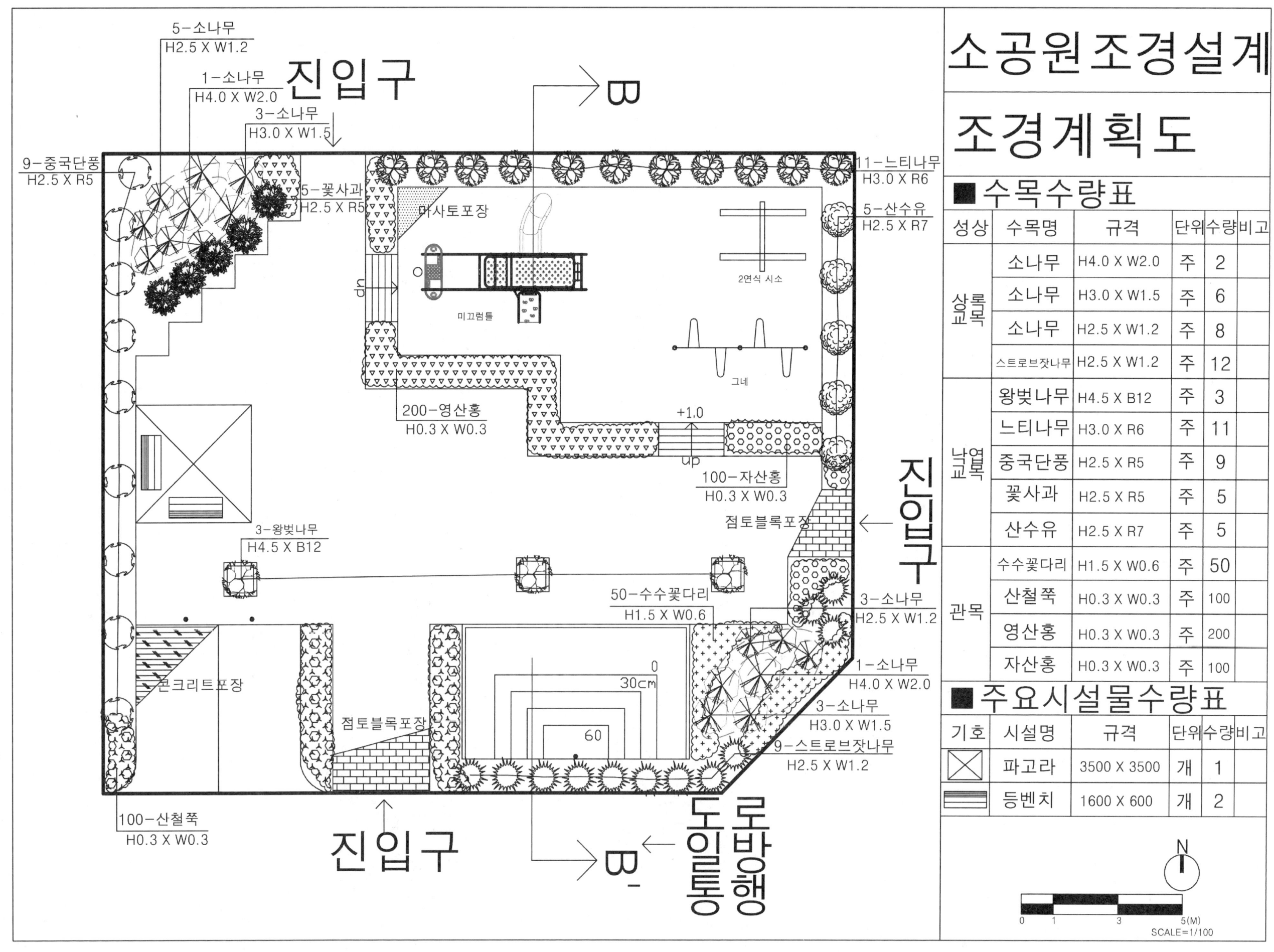

단면도(모범답안)

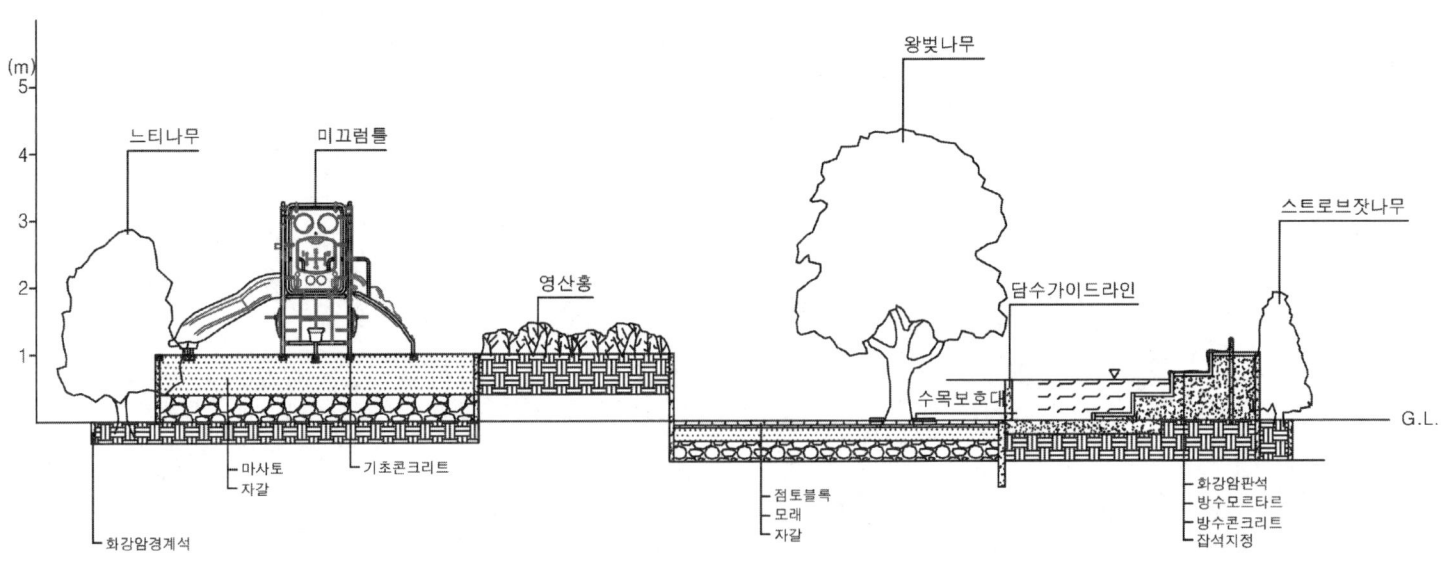

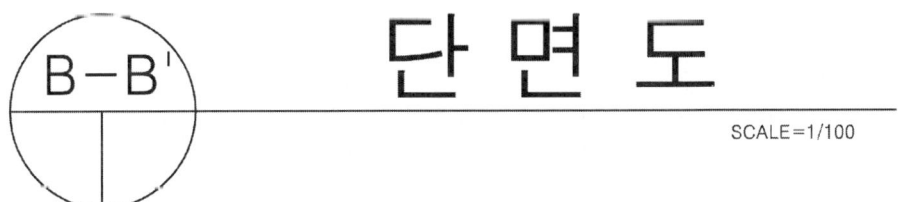

B-B' 단면도
SCALE=1/100

16 도로변소공원조경설계(2019년 2회)

■ 수험자 유의사항

1) 조경설계 사항은 제도용 연필만을 사용해서 작성하여야 하며, 다른 필기구를 사용할 때에는 채점대상에서 제외한다.
2) 주어진 문제의 요구조건에 위배되는 설계도면 및 지급된 용지 3매인 시설물배치도+식재설계평면도(수목배치도) 1매, 단면도 2매가 모두 작성되어야 채점대상이 되며, 1매라도 설계가 미완성인 것은 미완성으로 채점대상에서 제외됩니다.
3) 수험자가 전 과정 조경설계, 수목감별, 조경시공 작업을 응시하지 않으면 채점대상에서 제외합니다.
4) 답안지의 수검번호 및 성명의 기재는 반드시 인쇄된 곳에 기록하여야 합니다.
5) 수험자는 수검시간 중 타인과의 대화를 금합니다.
6) 수험자는 도면 작성시 성명을 작성하는 곳을 제외하고 범례표(표제란)에 성명을 작성하지 않습니다.

〈현황도〉

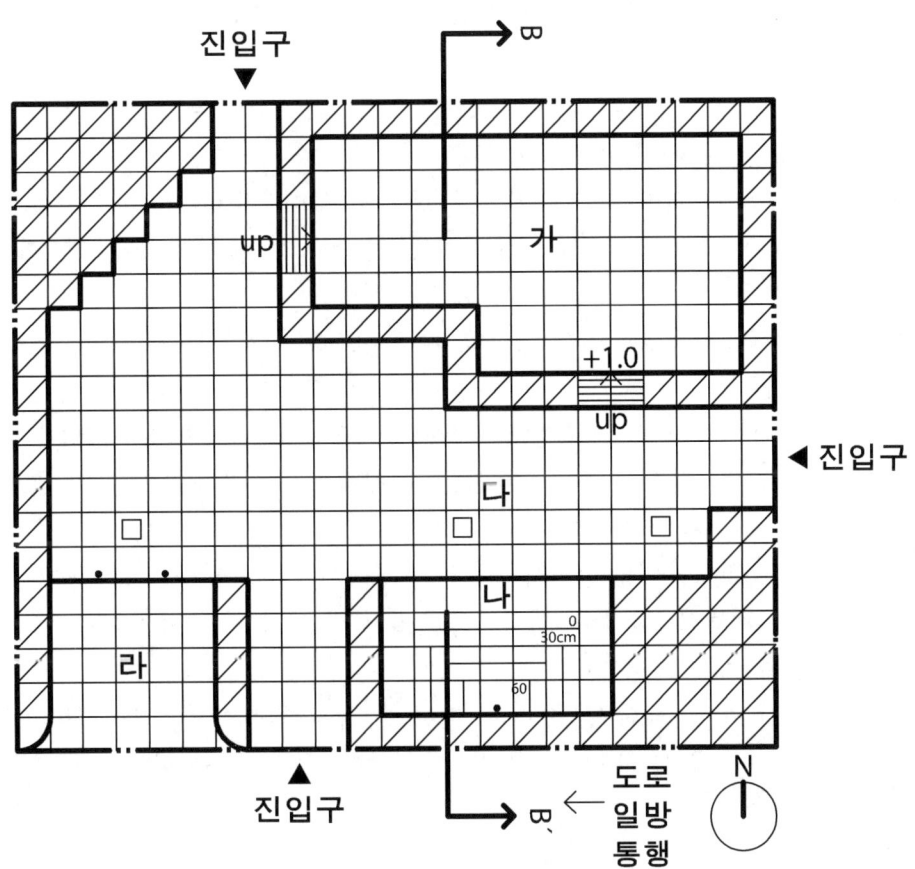

*참조 : 격자 한 눈금이 1M

■ (요구 사항)

우리나라 중부지역에 위치한 도로변의 빈 공간에 대한 조경설계를 하고자 합니다. 주어진 현황도 및 아래 사항을 참조하여 설계조건에 따라 조경계획도를 작성합니다.(단, 2점쇄선안 부분이 조경설계 대상지로 합니다.)

1) 식재 평면도를 위주로 한 조경계획도를 축척 1/100로 작성하십시오.(지급용지-1)
2) 도면 오른쪽 위에 작업명칭을 작성하십시오.
3) 도면 오른쪽에는 "주요 시설물 수량표와 수목(식재) 수량표"를 작성하고, 수량표 아래쪽 "방위표시와 막대축척"을 반드시 그려 넣으시오.(단, 전체 대상지의 길이를 고려하여 범례표의 폭을 조정 할 수 있습니다.)
4) 도면의 전체적인 안정감을 위하여 "테두리선"을 작성하십시오.
5) B - B´ 단면도를 축척 1/100로 작성하십시오.(지급용지-2)

■ (설계조건)

1) 해당 지역은 도로변의 자투리 공간을 이용하여 휴식 및 어린이들이 즐길 수 있는 도로변 소공원으로, 공원의 특징을 고려하여 조경계획도를 작성하시오.
2) 포장지역을 제외한 곳에는 모두 식재를 실시하시오.(단, 녹지공간은 빗금친 부분이며, 경사의 차이가 발생하는 곳은 분위기를 고려하여 식재를 적절하게 실시하시오.)
3) 포장지역은 "소형고압블록, 콘크리트, 고무칩, 마사토, 투수콘크리트, 화강석, 점토블럭 등" 적당한 재료를 선택하여 재료의 사용이 적합한 장소에 기호로 표현하고, 포장명을 반드시 기입하시오.
4) "가" 지역은 놀이공간으로 계획하고, 대상지는 주변 보다 1m 높은 지역으로 그 안에 어린이놀이시설을 3종 배치(미끄럼틀, 시소, 그네) 하시오.
5) "다" 지역은 휴식공간으로 이용자들의 편안한 휴식을 위해 파고라(3,500 × 3,500mm) 1개와 앉아서 휴식을 즐길 수 있도록 등벤치 2개를 설치하고, 수목보호대(3개)에 동일한 수종의 낙엽교목을 식재하시오
6) "라" 지역은 주차공간으로 소형자동차(2,500 × 5,000mm) 2대가 주차할 수 있는 공간으로 계획하고 설계하시오.
7) "나" 지역은 소형 벽천·연못으로 계류형 단(실선) 1개당 30cm가 높으며, 담수용 바닥은 '다' 지역과 동일한 높이이며, 담수 가이드 라인은 전체적으로 "다" 지역에 비해 60cm가 높게 설치된다.
8) 대상지 내에는 경사지 및 공간의 성격에 따라 차폐식재, 유도식재, 녹음식재, 경관식재, 소나무 군식 등의 식재 패턴을 적절히 배식하고, 필요에 따라 수목보호대는 추가로 설치하여 포장내에 식재를 할 수 있습니다.
9) 수목은 아래에 주어진 수종 중에서 종류가 다른 10가지를 반드시 선정하여 골고루 안정적인 배식이 될 수 있도록 계획하며, 인출선을 이용하여 수량, 수종명칭, 규격을 반드시 표기하시오.

> 소나무(H4.0×W2.0), 소나무(H3.0×W1.5), 소나무(H2.5×W1.2)
> 스트로브잣나무(H2.5×W1.2), 스트로브잣나무(H2.0×W1.0)
> 왕벚나무(H4.5×B12), 버즘나무(H3.5×B8), 느티나무(H3.0×R6)
> 청단풍(H2.5×R8), 다정큼나무(H1.0×W0.6), 동백나무(H2.5×R8)
> 중국단풍(H2.5×R5), 굴거리나무(H2.5×W0.6), 자귀나무(H2.5×R6)
> 태산목(H1.5×W0.5), 먼나무(H2.0×R5), 산딸나무(H2.0×R5), 산수유(H2.5×R7)
> 꽃사과(H2.5×R5), 수수꽃다리(H1.5×W0.6), 병꽃나무(H1.0×W0.4)
> 쥐똥나무(H1.0×W0.3), 명자나무(H0.6×W0.4), 산철쭉(H0.3×W0.4)
> 자산홍(H0.3×W0.3), 영산홍(H0.4×W0.4), 조릿대(H0.6×7가지)

10) B - B′ 단면도는 경사, 포장재료, 경계선 및 기타 시설물의 기초, 주변의 수목, 주요 시설물 등을 단면도상에 반드시 표기하고, 높이 차를 한눈에 볼 수 있도록 설계하시오

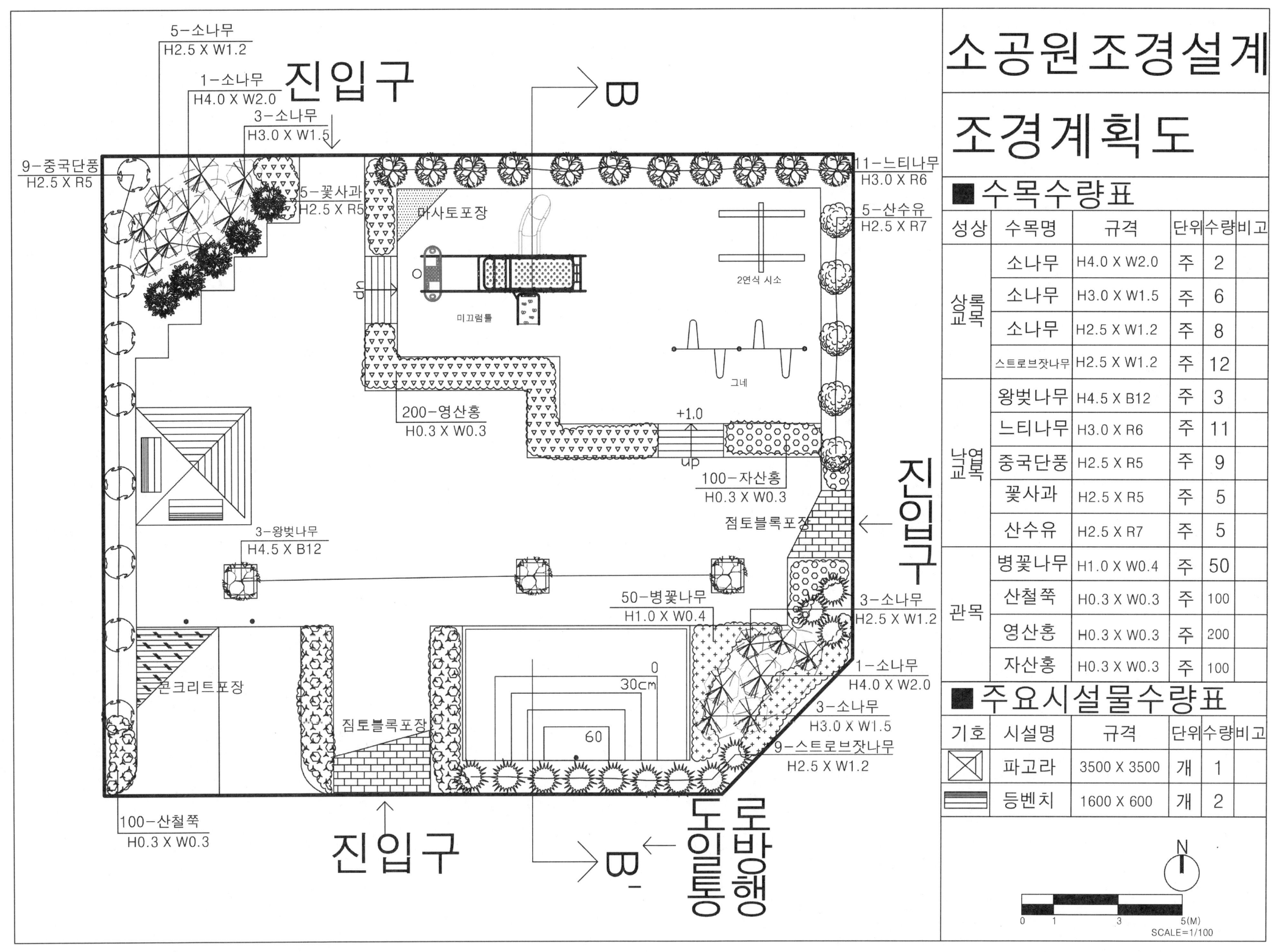

단면도(모범답안)

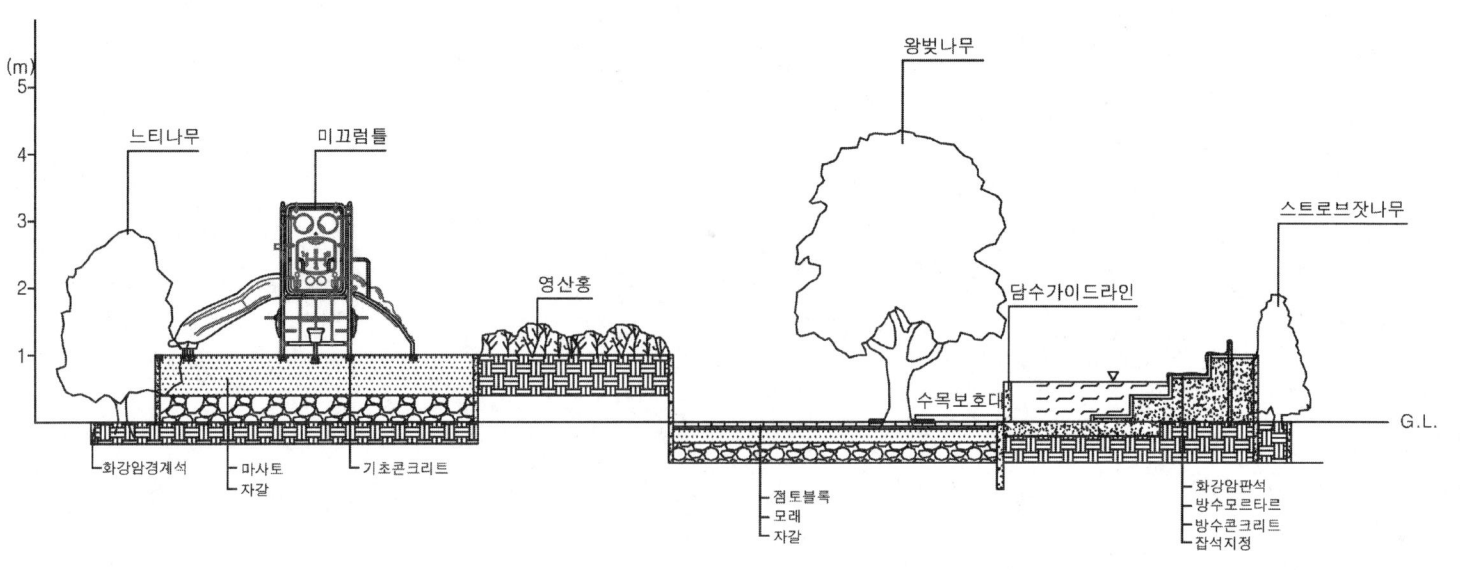

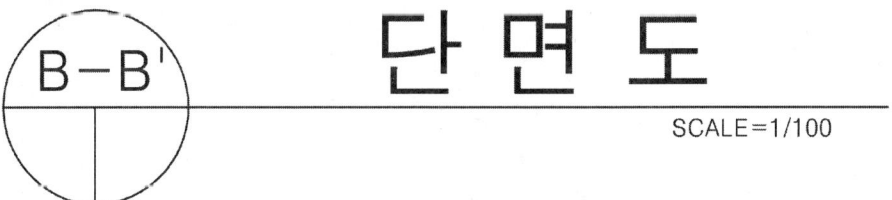

단면도
SCALE=1/100

17　도로변소공원조경설계(2019년 3회)

■ **수험자 유의사항**

1) 수험자는 각 문제의 제한 시간내에 작업을 완료하여야 합니다.
2) 답안지의 수험자 성명과 수목명은 반드시 흑색필기구(연필 제외)로 하며, 그 외의 필기구를 사용할 때에는 채점대상에서 제외합니다.
3) 조경설계 사항은 제도용 연필만을 사용해서 작성하여야 하며, 다른 필기구를 사용할 때는 채점대상에서 제외합니다.
4) 주어진 문제의 요구조건에 위배되는 설계도면 및 지급된 용지 2매인 시설물배치도+식재설계평면도(수목배치도) 1매, 단면도 1매가 모두 작성되어야 채점대상이 되며, 1매라도 설계가 미완성인 것은 미완성으로 채점대상에서 제외됩니다.
5) 수험자가 전 과정 조경설계, 수목감별, 조경시공 작업을 응시하지 않으면 채점대상에서 제외합니다.
6) 답안지의 수검번호 및 성명의 기재는 반드시 인쇄된 곳에 기록하여야 합니다.
7) 수험자는 수검시간 중 타인과의 대화를 금합니다.
8) 수험자는 도면 작성시 성명을 작성하는 곳을 제외하고 범례표(표제란)에 성명을 작성하지 않습니다.

〈현황도〉

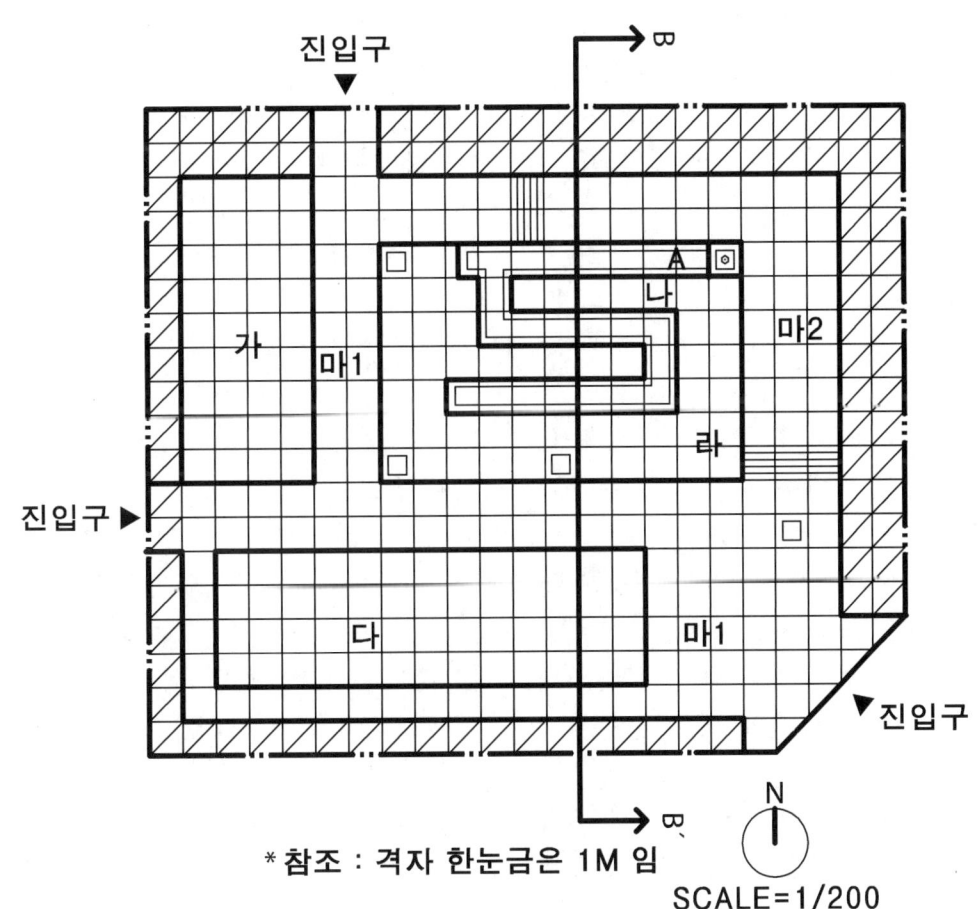

*참조 : 격자 한눈금은 1M 임

SCALE=1/200

■ (요구 사항)

우리나라 중부지역에 위치한 도로변의 빈 공간에 대한 조경설계를 하고자 합니다. 주어진 현황도 및 아래 사항을 참조하여 설계조건에 따라 조경계획도를 작성합니다.(단, 2점쇄선안 부분이 조경설계 대상지로 합니다.)

1) 식재 평면도를 위주로 한 조경계획도를 축척 1/100로 작성하십시오.(지급용지-1)
2) 도면 오른쪽 위에 작업명칭을 작성하십시오.
3) 도면 오른쪽에는 "주요 시설물 수량표와 수목(식재) 수량표"를 작성하고, 수량표 아래쪽 "방위표시와 막대축척"을 반드시 그려 넣으시오.(단, 전체 대상지의 길이를 고려하여 범례표의 폭을 조정 할 수 있습니다.)
4) 도면의 전체적인 안정감을 위하여 "테두리선"을 작성하십시오.
5) B - B´ 단면도를 축척 1/100로 작성하십시오.(지급용지-2)

■ (설계 조건)

1) 해당 지역은 도로변의 자투리 공간을 이용하여 휴식 및 어린이들이 즐길 수 있는 도로변 소공원으로, 공원의 특징을 고려하여 조경계획도를 작성하시오.
2) 포장지역을 제외한 곳에는 모두 식재를 실시하시오.(단, 녹지공간은 빗금친 부분이며, 경사의 차이가 발생하는 곳은 분위기를 고려하여 식재를 적절하게 실시하시오.)
3) 포장지역은 "소형고압블록, 콘크리트, 고무칩, 마사토, 투수콘크리트 등" 적당한 재료를 선택하여 재료의 사용이 적합한 장소에 기호로 표현하고, 포장명을 반드시 기입하시오.
4) "다" 지역은 어린이 놀이공간으로 그 안에 회전무대(H1100 × W2300), 4연식 철봉(H2200 × L4000), 단주식 미끄럼대(H2700 × L4200 × W1000) 3종을 배치하시오.
5) "가" 지역은 정적인 휴식공간으로 이용자들의 편안한 휴식을 위해 장파고라(6000 × 3500) 1개와 앉아서 휴식을 즐길 수 있도록 등벤치 1개를 계획 설계하시오.
6) "라" 지역은 "나" 연못의 인접지역으로 수목보호대 3개에 동일한 낙엽교목을 식재하고, 평벤치 2개를 설치하시오.
7) "나" 지역은 연못으로 물이 차 있으며, "라"와 "마1" 지역보다 60cm 정도 낮은 위치로 계획하시오.
8) "마1" 지역은 공간과 공간을 연결하는 연계동선으로 대상지의 설계 성격에 맞게 적절한 포장을 선택하시오.
9) "마2" 지역은 "마1"과 "라" 지역보다 1m 높은 지역으로 산책로 주변에 등 벤치 3개를 설치하고, 벤치 주변에 휴지통 1개소를 함께 설치하시오.
10) "A" 시설은 폭 1m의 장방형 정형식 케스케이드(계류)로 약9m 정도 흘러가 연못과 합류된다. 3번의 단차로 자연스럽게 연못으로 흘러들어 가며, "마2" 지역과 거의 동일한 높이를 유지하고 있으므로, "라" 지역과는 옹벽을 설치하여 단 차이를 자연스럽게 해소하시오.
11) 대상지 내에는 유도식재, 녹음식재, 경관식재, 소나무 군식 등의 식재패턴을 필요한 곳에 적절히 배식하고, 필요에 따라 수목보호대를 추가로 설치하여 포장 내에 식재를 할 수 있습니다.
12) 수목은 아래에 주어진 수종 중에서 종류가 다른 10가지를 반드시 선정하여 골고루 안정적인 배식이 될 수 있도록 계획하며, 인출선을 이용하여 수량, 수종명칭, 규격을 반드시 표기하시오.

소나무(H4.0×W2.0), 소나무(H3.0×W1.5), 소나무(H2.5×W1.2)
스트로브잣나무(H2.5×W1.2), 스트로브잣나무(H2.0×W1.0)
왕벚나무(H4.5×B12), 버즘나무(H3.5×B8), 느티나무(H4.5×R20)
청단풍(H2.5×R8), 다정큼나무(H1.0×W0.6), 동백나무(H2.5×R8)
중국단풍(H2.5×R5), 굴거리나무(H2.5×W0.6), 자귀나무(H2.5×R6)
태산목(H1.5×W0.5), 먼나무(H2.0×R5), 산딸나무(H2.0×R5), 산수유(H2.5×R7)
꽃사과(H2.5×R5), 수수꽃다리(H1.5×W0.6), 병꽃나무(H1.0×W0.4)
쥐똥나무(H1.0×W0.3), 명자나무(H0.6×W0.4), 산철쭉(H0.3×W0.4)
자산홍(H0.3×W0.3), 영산홍(H0.4×W0.4), 조릿대(H0.6×7가지)

13) B - B´ 단면도는 경사, 포장재료, 경계선 및 기타 시설물의 기초, 주변의 수목, 주요 시설물 등을 단면도상에 반드시 표기하고, 높이 차를 한눈에 볼 수 있도록 설계하시오.

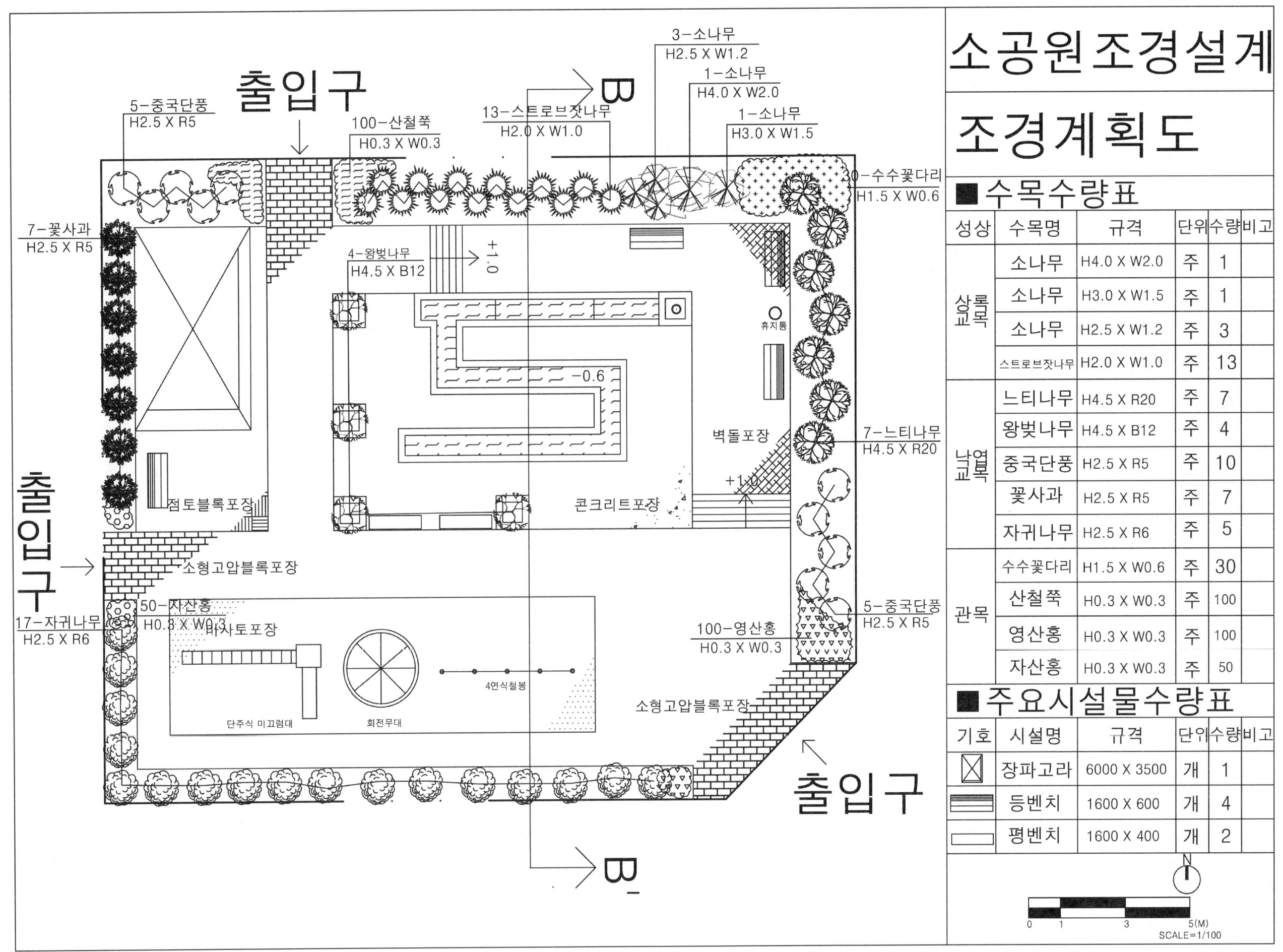

단면도(모범답안)

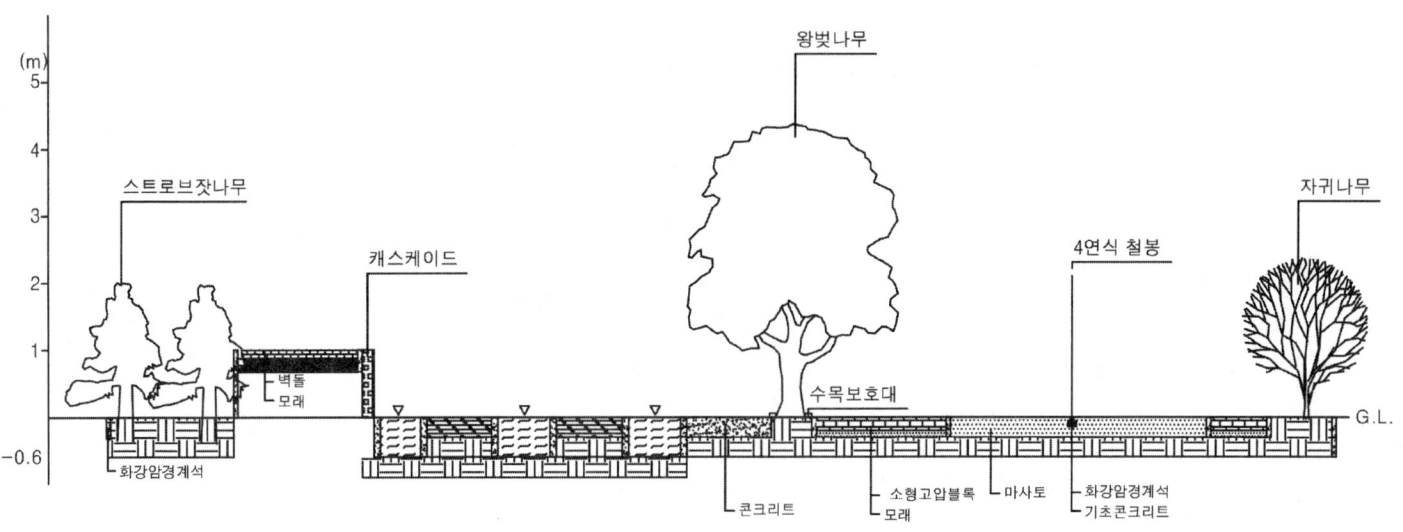

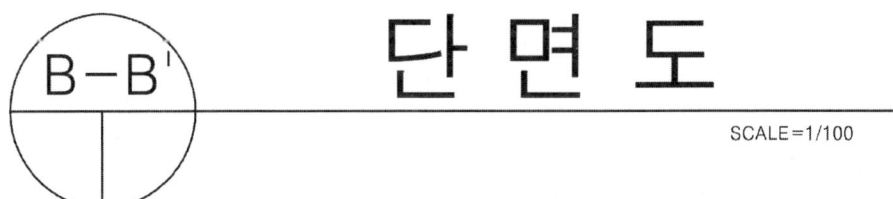

단면도

SCALE=1/100

18 소공원조경설계(2019년 4회)

■ 수험자 유의사항

1) 수험자는 각 문제의 제한 시간내에 작업을 완료하여야 합니다.
2) 답안지의 수험자 성명과 수목명은 반드시 흑색필기구(연필 제외)로 하며, 그 외의 필기구를 사용할 때에는 채점대상에서 제외합니다.
3) 조경설계 사항은 제도용 연필만을 사용해서 작성하여야 하며, 다른 필기구를 사용할 때는 채점대상에서 제외합니다.
4) 주어진 문제의 요구조건에 위배되는 설계도면 및 지급된 용지 2매인 시설물배치도+식재설계평면도(수목배치도) 1매, 단면도 1매가 모두 작성되어야 채점대상이 되며, 1매라도 설계가 미완성인 것은 미완성으로 채점대상에서 제외됩니다.
5) 수험자가 전 과정 조경설계, 수목감별, 조경시공 작업을 응시하지 않으면 채점대상에서 제외합니다.
6) 답안지의 수검번호 및 성명의 기재는 반드시 인쇄된 곳에 기록하여야 합니다.
7) 수험자는 수검시간 중 타인과의 대화를 금합니다.
8) 수험자는 도면 작성시 성명을 작성하는 곳을 제외하고 범례표(표제란)에 성명을 작성하지 않습니다.

〈현황도〉

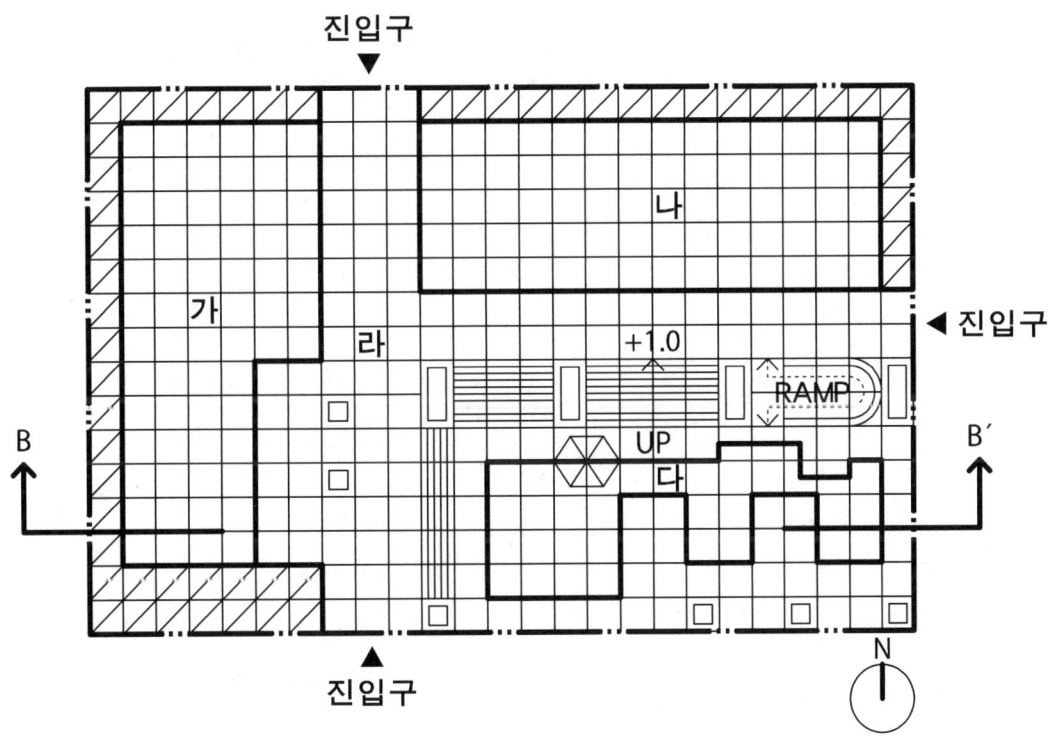

참조 : 격자 한눈금이 1M
SCALE=1/100

■ (요구 사항)

우리나라 중부지역에 위치한 소공원에 대한 조경설계를 하고자 한다. 주어진 현황도 및 아래 사항을 참조하여 설계조건에 따라 조경계획도를 작성합니다.(단, 2점쇄선 안 부분을 조경설계 대상지로 합니다.)

1) 식재 평면도를 위주로 한 조경계획도를 축척 1/100로 작성하십시오.(지급용지-1)
2) 도면 오른쪽 위에 작업명칭을 작성하십시오.
3) 도면 오른쪽에는 "주요 시설물 수량표와 수목(식재) 수량표"를 함께 작성하고, 수량표 아래쪽 여백을 이용하여 "방위표시와 막대축척"을 반드시 그려 넣으시오.(단, 전체 대상지의 길이를 고려하여 범례표의 폭을 조정 할 수 있다.)
4) 도면의 전체적인 안정감을 위하여 "테두리선"을 작성하십시오.
5) 소공원 부지내의 B - B´ 단면도를 축척 1/100로 작성하십시오.(지급용지-2)
6) 반드시 식재 평면도는 성상, 수목명, 규격, 단위, 수량을 명기하여 작성하시오.

■ (설계 조건)

1) 해당 지역은 자투리 공간을 이용하여 휴식 및 어린이들이 즐길 수 있는 소공원으로, 공원의 특징을 고려하여 조경계획도를 작성하시오.
2) 포장지역을 제외한 곳에는 모두 식재를 실시하시오.(단, 녹지공간은 빗금 친 부분이며, 분위기를 고려하여 식재를 실시하시오.)
3) 포장지역은 "점토벽돌, 화강석블럭, 콘크리트, 고무칩, 마사토, 투수콘크리트 등" 적당한 재료를 선택하여 재료의 사용이 적합한 장소에 기호로 표현하고, 포장명칭을 반드시 기입하시오.
4) "라" 지역은 진입 및 각 공간을 원활하게 연결시킬 수 있도록 계획하며, 보행흐름에 지장이 없도록 설계하시오.
5) "가" 지역은 정적인 휴식공간으로 파고라(3000 × 3000mm) 1개소를 설치하십시오.
6) 대상지 내에 보행자 통행에 지장을 주지 않는 곳에 2인용 평상형 벤치(1200 × 500mm) 3개(단, 파고라 안에 설치된 벤치는 제외)를 설치하십시오.
7) "나" 지역은 놀이공간으로 계획하고, 그 안에 어린이 놀이시설물을 3종류(회전무대, 3연식 철봉, 정글짐, 2연식 시소 등) 배치하시오.
8) "다" 지역은 광장 및 수공간(도섭지)으로 광장은 주변보다 1m 낮으며, 도섭지의 수심은 0.3m이다. 또한 램프(Ramp, 장애자 및 유모차 용)가 있으므로 설계시 유의하시오.
9) "다" 지역은 "가", "나", "다" 지역보다 높이 차가 1m 낮게 발생하며, 그 높이 차이를 식수대(Plant box)로 처리하였으므로 적합한 조치를 하십시오.
10) 대상지 내에는 유도식재, 녹음식재, 경관식재 등의 식재패턴을 필요한 곳에 배식하고, 수목보호대에는 녹음식재를 실시하며, 필요에 따라 수목보호대를 추가로 설치하여 포장 내에 식재를 하시오.
11) 수목은 아래에 주어진 수종 중에서 종류가 다른 10가지를 반드시 선정하여 골고루 안정적인 배식이 될 수 있도록 계획하며, 인출선을 이용하여 수량, 수종명칭, 규격을 반드시 표기하시오.

> 소나무(H4.0×W2.0), 소나무(H3.0×W1.5), 소나무(H2.5×W1.2)
> 스트로브잣나무(H2.5×W1.2), 스트로브잣나무(H2.0×W1.0)
> 왕벚나무(H4.5×B15), 버즘나무(H3.5×B8), 느티나무(H4.5×R20)
> 청단풍(H2.5×R8), 다정큼나무(H1.0×W0.6), 동백나무(H2.5×R8)
> 중국단풍(H2.5×R5), 굴거리나무(H2.5×W0.6), 자귀나무(H2.5×R6)
> 태산목(H1.5×W0.5), 먼나무(H2.0×R5), 산딸나무(H2.0×R5), 산수유(H2.5×R7)
> 꽃사과(H2.5×R5), 수수꽃다리(H1.5×W0.6), 병꽃나무(H1.0×W0.4)
> 쥐똥나무(H1.0×W0.3), 명자나무(H0.6×W0.4), 산철쭉(H0.3×W0.4)
> 자산홍(H0.3×W0.3), 영산홍(H0.4×W0.3), 조릿대(H0.6×7가지)

12) B - B´ 단면도는 경사, 포장재료, 경계선 및 기타 시설물의 기초, 주변의 수목, 주요 시설물, 이용자 등을 단면도상에 반드시 표기하고, 높이 차를 한눈에 볼 수 있도록 설계하시오.

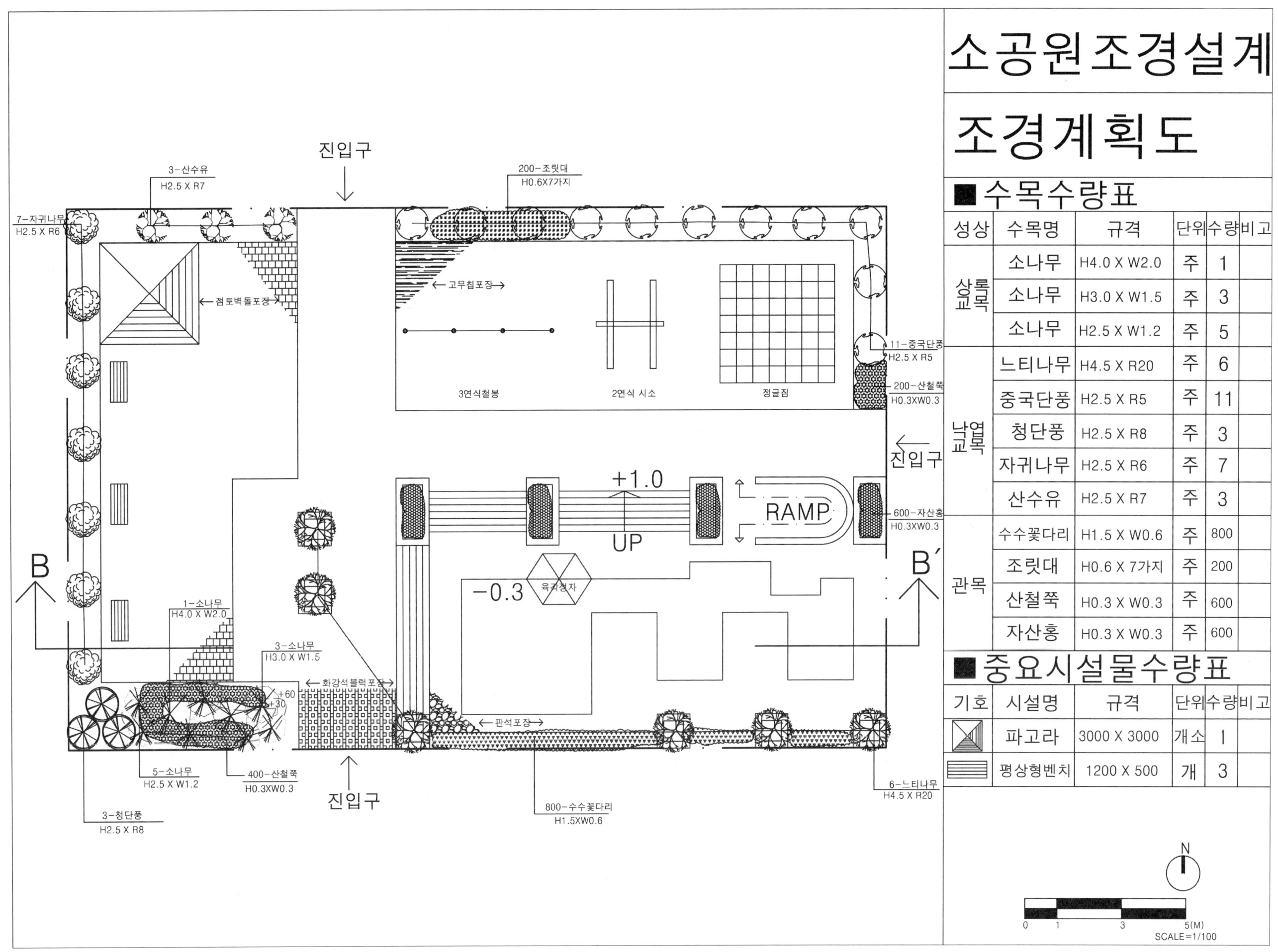

단면도(모범답안)

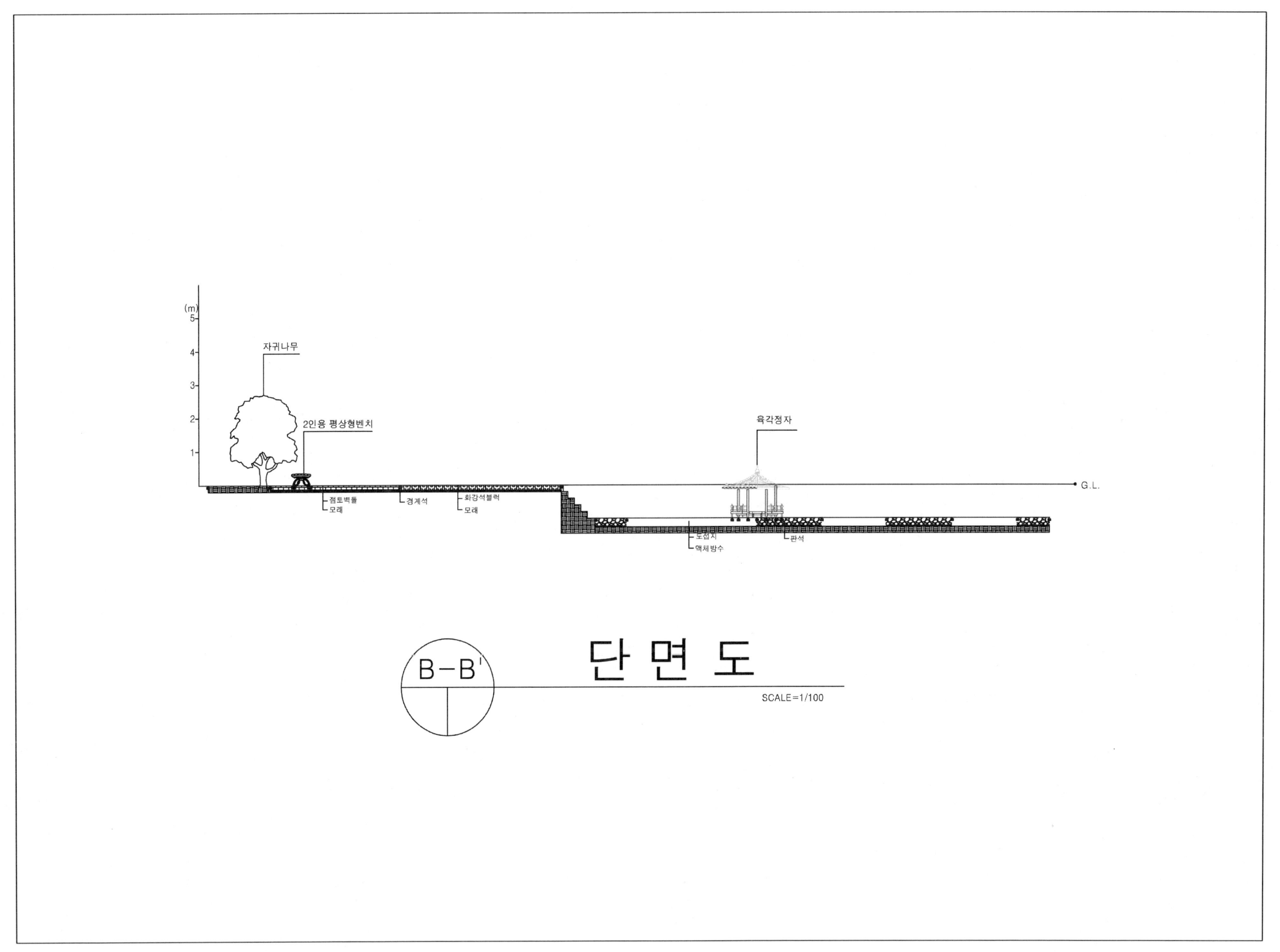

B-B' 단면도
SCALE=1/100

19 도로변소공원조경설계(2020년 1회)

■ **수험자 유의사항**

1) 수험자는 각 문제의 제한 시간내에 작업을 완료하여야 합니다.
2) 답안지의 수험자 성명과 수목명은 반드시 흑색필기구(연필 제외)로 하며, 그 외의 필기구를 사용할 때에는 채점대상에서 제외합니다.
3) 조경설계 사항은 제도용 연필만을 사용해서 작성하여야 하며, 다른 필기구를 사용할 때는 채점대상에서 제외합니다.
4) 주어진 문제의 요구조건에 위배되는 설계도면 및 지급된 용지 2매인 시설물배치도+식재설계평면도(수목배치도) 1매, 단면도 1매가 모두 작성되어야 채점대상이 되며, 1매라도 설계가 미완성인 것은 미완성으로 채점대상에서 제외됩니다.
5) 수험자가 전 과정 조경설계, 수목감별, 조경시공 작업을 응시하지 않으면 채점대상에서 제외합니다.
6) 답안지의 수검번호 및 성명의 기재는 반드시 인쇄된 곳에 기록하여야 합니다.
7) 수험자는 수검시간 중 타인과의 대화를 금합니다.
8) 수험자는 도면 작성시 성명을 작성하는 곳을 제외하고 범례표(표제란)에 성명을 작성하지 않습니다.

〈현황도〉

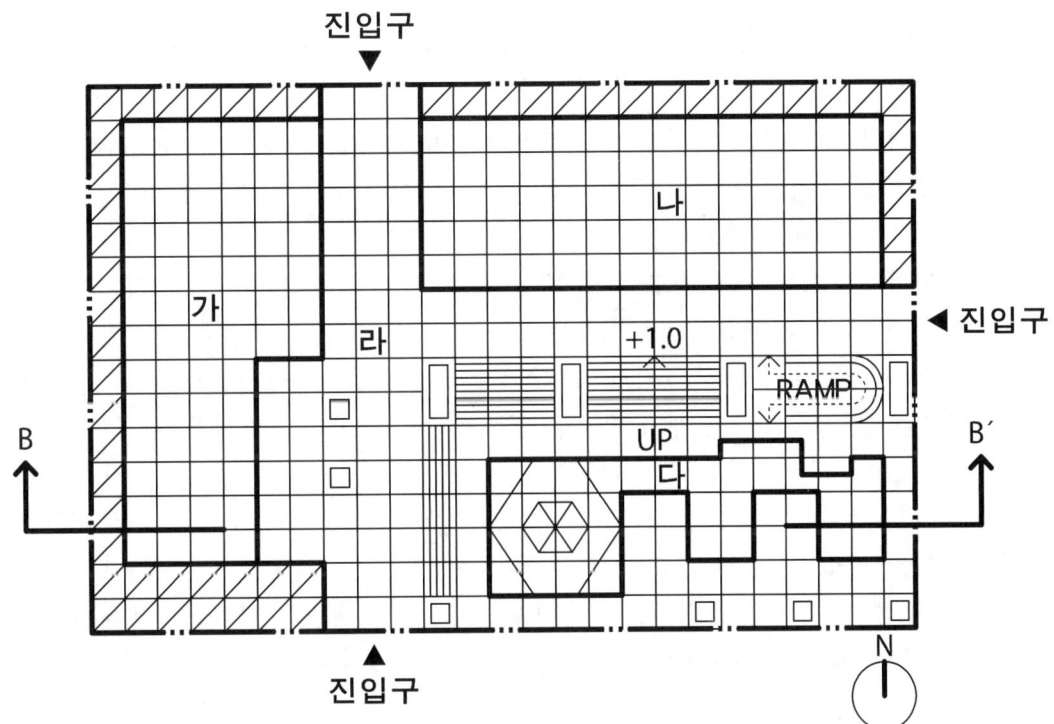

참조 : 격자 한눈금이 1M
SCALE=1/100

■ (요구 사항)

우리나라 중부지역에 위치한 소공원에 대한 조경설계를 하고자 한다. 주어진 현황도 및 아래 사항을 참조하여 설계조건에 따라 조경계획도를 작성합니다.(단, 2점쇄선 안 부분을 조경설계 대상지로 합니다.)

1) 식재 평면도를 위주로 한 조경계획도를 축척 1/100로 작성하십시오.(지급용지-1)
2) 도면 오른쪽 위에 작업명칭을 작성하십시오.
3) 도면 오른쪽에는 "주요시설물 수량표와 수목(식재) 수량표"를 함께 작성하고, 수량표 아래쪽 여백을 이용하여 "방위표시와 막대축척"을 반드시 그려 넣으시오.(단, 전체 대상지의 길이를 고려하여 범례표의 폭을 조정 할 수 있다.)
4) 도면의 전체적인 안정감을 위하여 "테두리선"을 작성하십시오.
5) 소공원 부지내의 B - B´ 단면도를 축척 1/100로 작성하십시오.(지급용지-2)
6) 반드시 식재 평면도는 성상, 수목명, 규격, 단위, 수량을 명기하여 작성하시오..

■ (설계 조건)

1) 해당 지역은 자투리 공간을 이용하여 휴식 및 어린이들이 즐길 수 있는 도로변 소공원으로, 공원의 특징을 고려하여 조경계획도를 작성하시오.
2) 포장지역을 제외한 곳에는 모두 식재를 실시하시오.(단, 녹지공간은 빗금 친 부분이며, 분위기를 고려하여 식재를 실시하시오.)
3) 포장지역은 "점토벽돌, 화강석블럭, 콘크리트, 고무칩, 마사토, 투수콘크리트 등" 적당한 재료를 선택하여 재료의 사용이 적합한 장소에 기호로 표현하고, 포장명칭을 반드시 기입하시오.
4) "라" 지역은 진입 및 각 공간을 원활하게 연결시킬 수 있도록 계획하며, 보행흐름에 지장이 없도록 설계하시오.
5) "가" 지역은 정적인 휴식공간으로 파고라(3000 × 3000mm) 1개소를 설치하십시오.
6) 대상지 내에 보행자 통행에 지장을 주지 않는 곳에 2인용 평상형벤치(1200 × 500mm) 3개(단, 파고라 안에 설치된 벤치는 제외)를 설치하십시오.
7) "나" 지역은 놀이공간으로 계획하고, 그 안에 어린이 놀이시설물을 3종류(회전무대, 3연식 철봉, 정글짐, 2연식 시소 등) 배치하시오.
8) "다" 지역은 광장 및 수공간(도섭지)으로 광장은 주변보다 1m 낮으며, 도섭지의 수심은 0.3m이다. 또한 램프(Ramp, 장애자 및 유모차 용)가 있으므로 설계시 유의하시오.
9) "다" 지역은 "가", "나", "다" 지역보다 높이 차가 1m 낮게 발생하며, 육각정자 주변으로 산책을 할 수 있도록 데크포장을 하고, 그 높이 차이를 식수대(Plant box)로 처리하였으므로 적합한 조치를 하시오.
10) 대상지 내에는 유도식재, 녹음식재, 경관식재 등의 식재패턴을 필요한 곳에 배식하고, 수목보호대에는 녹음식재를 실시하며, 필요에 따라 수목보호대와 휴지통을 추가로 설치하여 포장 내에 식재를 하시오.
11) 수목은 아래에 주어진 수종 중에서 종류가 다른 12가지를 반드시 선정하여 골고루 안정적인 배식이 될 수 있도록 계획하며, 인출선을 이용하여 수량, 수종명칭, 규격을 반드시 표기하시오.

소나무(H4.0×W2.0), 소나무(H3.0×W1.5), 소나무(H2.5×W1.2)
스트로브잣나무(H2.5×W1.2), 스트로브잣나무(H2.0×W1.0)
왕벚나무(H4.5×B15), 버즘나무(H3.5×B8), 느티나무(H4.5×R20)
청단풍(H2.5×R8), 다정큼나무(H1.0×W0.6), 동백나무(H2.5×R8)
중국단풍(H2.5×R5), 굴거리나무(H2.5×W0.6), 자귀나무(H2.5×R6)
태산목(H1.5×W0.5), 먼나무(H2.0×R5), 산딸나무(H2.0×R5), 산수유(H2.5×R7)
꽃사과(H2.5×R5), 수수꽃다리(H1.5×W0.6), 병꽃나무(H1.0×W0.4)
쥐똥나무(H1.0×W0.3), 명자나무(H0.6×W0.4), 산철쭉(H0.3×W0.4)
자산홍(H0.3×W0.3), 영산홍(H0.4×W0.3), 조릿대(H0.6×7가지)

12) B - B′ 단면도는 경사, 포장재료, 경계선 및 기타 시설물의 기초, 주변의 수목, 주요 시설물, 이용자 등을 단면도상에 반드시 표기하고, 높이 차를 한눈에 볼 수 있도록 설계하시오.

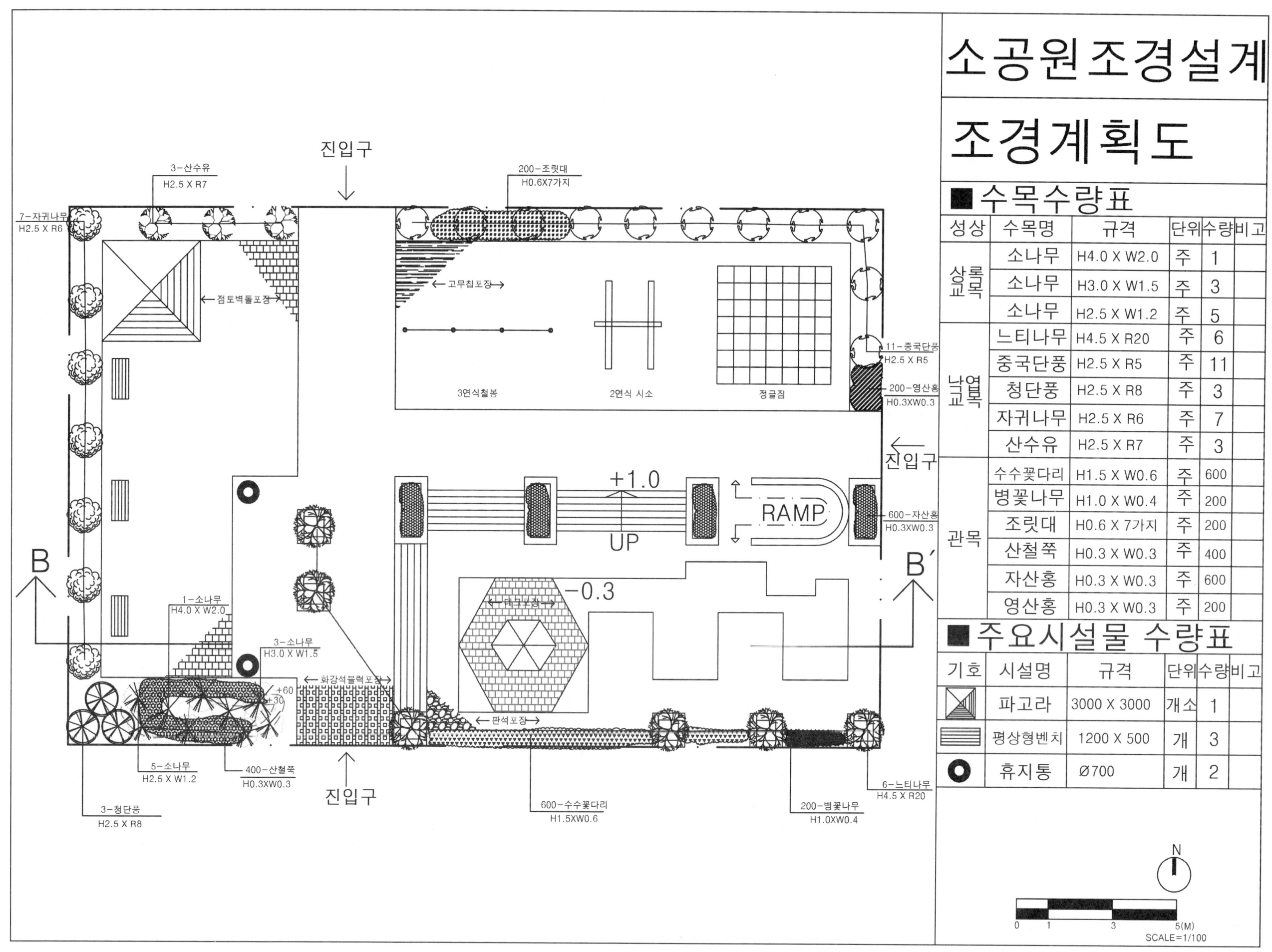

단면도(모범답안)

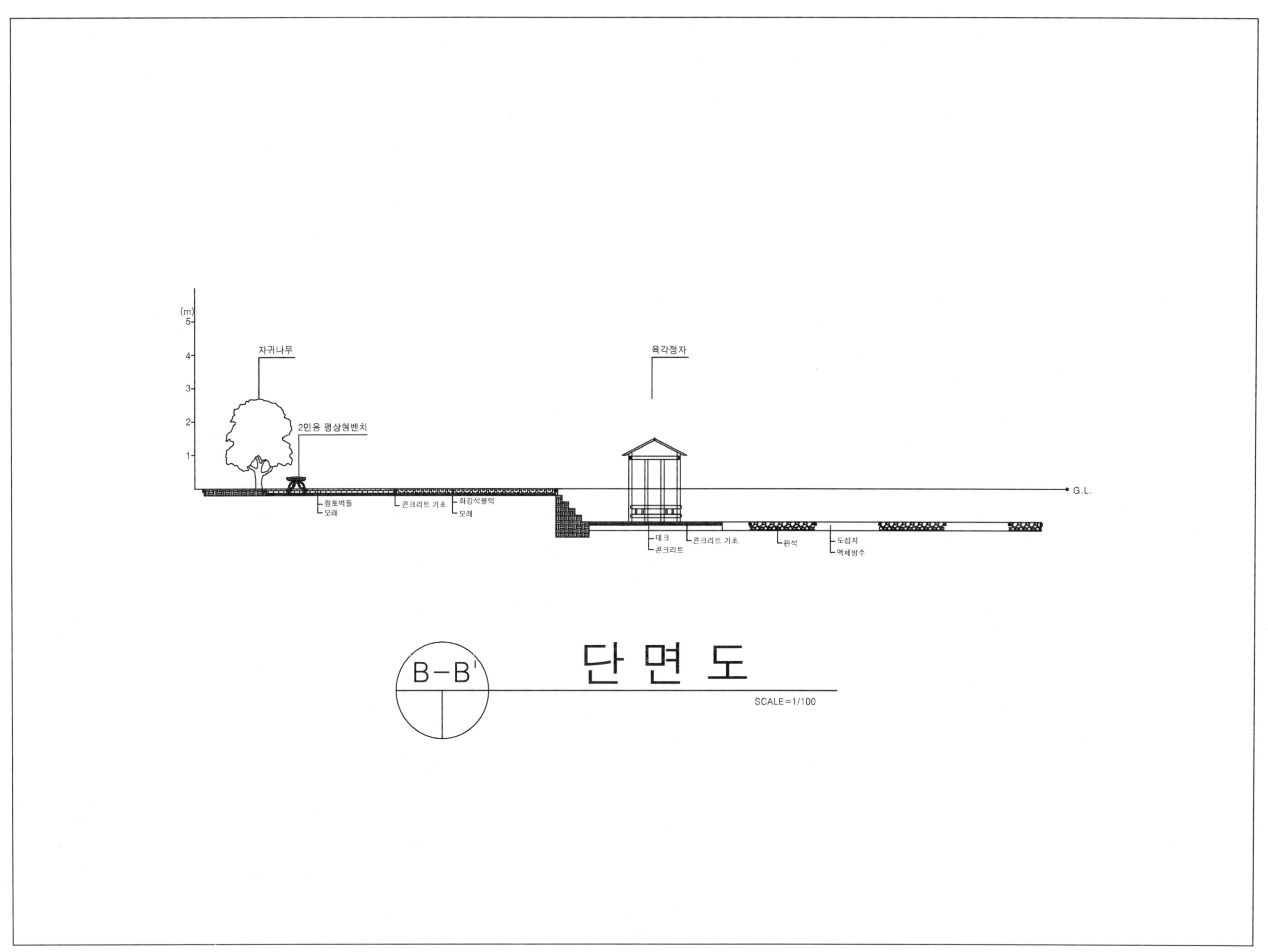

B-B' 단면도
SCALE=1/100

20 도로변소공원조경설계(2020년 2회)

■ **수험자 유의사항**

1) 수험자는 각 문제의 제한 시간내에 작업을 완료하여야 합니다.
2) 답안지의 수험자 성명과 수목명은 반드시 흑색필기구(연필 제외)로 하며, 그 외의 필기구를 사용할 때에는 채점대상에서 제외합니다.
3) 조경설계 사항은 제도용 연필만을 사용해서 작성하여야 하며, 다른 필기구를 사용할 때는 채점대상에서 제외합니다.
4) 주어진 문제의 요구조건에 위배되는 설계도면 및 지급된 용지 2매인 시설물배치도+식재설계평면도(수목배치도) 1매, 단면도 1매가 모두 작성되어야 채점대상이 되며, 1매라도 설계가 미완성인 것은 미완성으로 채점대상에서 제외됩니다.
5) 수험자가 전 과정 조경설계, 수목감별, 조경시공 작업을 응시하지 않으면 채점대상에서 제외합니다.
6) 답안지의 수검번호 및 성명의 기재는 반드시 인쇄된 곳에 기록하여야 합니다.
7) 수험자는 수검시간 중 타인과의 대화를 금합니다.
8) 수험자는 도면 작성시 성명을 작성하는 곳을 제외하고 범례표(표제란)에 성명을 작성하지 않습니다.

〈현황도〉

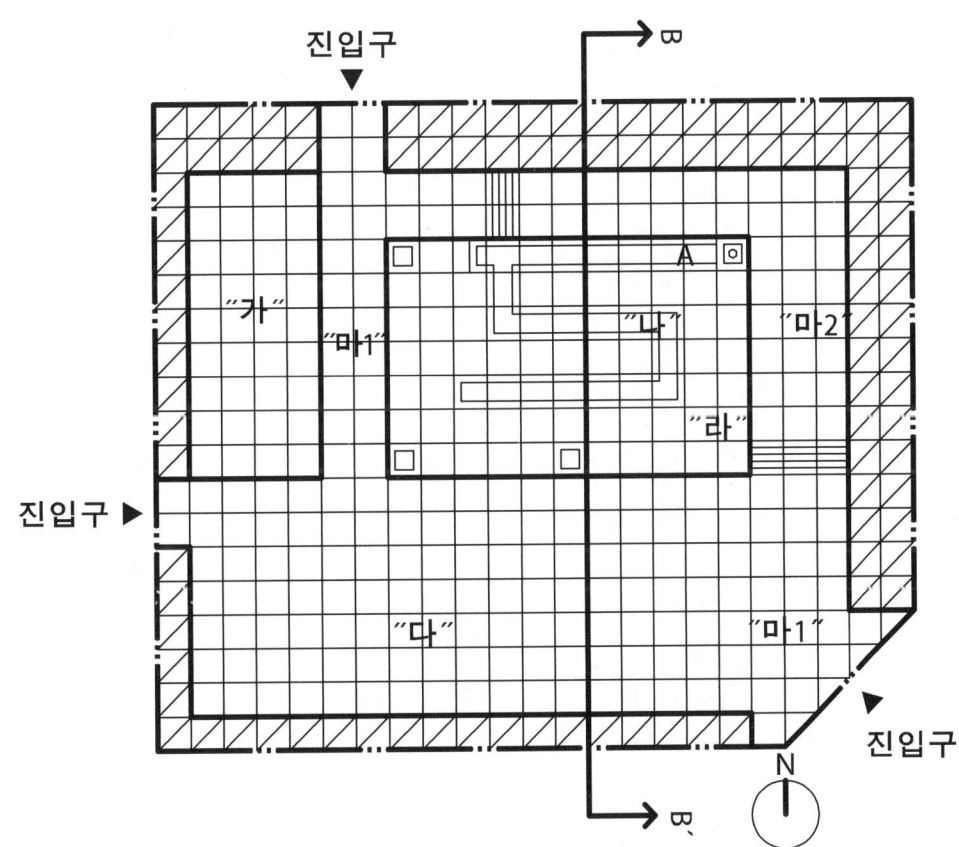

참고 : 격자 한눈금은 1M 임
SCALE=1/200

■ (요구 사항)

우리나라 중부지역에 위치한 도로변의 빈 공간에 대한 조경설계를 하고자 합니다. 주어진 현황도 및 아래 사항을 참조하여 설계조건에 따라 조경계획도를 작성합니다.(단, 2점쇄선안 부분이 조경설계 대상지로 합니다.)

1) 식재 평면도를 위주로 한 조경계획도를 축척 1/100로 작성하십시오.(지급용지-1)
2) 도면 오른쪽 위에 작업명칭을 작성하십시오.
3) 도면 오른쪽에는 "주요 시설물 수량표와 수목(식재) 수량표"를 작성하고, 수량표 아래쪽 "방위표시와 막대축척"을 반드시 그려 넣으시오.(단, 전체 대상지의 길이를 고려하여 범례표의 폭을 조정 할 수 있습니다.)
4) 도면의 전체적인 안정감을 위하여 "테두리선"을 작성하십시오.
5) B - B′ 단면도를 축척 1/100로 작성하십시오.(지급용지-2)

■ (설계 조건)

1) 해당 지역은 도로변의 자투리 공간을 이용하여 휴식 및 어린이들이 즐길 수 있는 도로변 소공원으로, 공원의 특징을 고려하여 조경계획도를 작성하시오.
2) 포장지역을 제외한 곳에는 모두 식재를 실시하시오.(단, 녹지공간은 빗금친 부분이며, 경사의 차이가 발생하는 곳은 분위기를 고려하여 식재를 적절하게 실시하시오.)
3) 포장지역은 "소형고압블록, 콘크리트, 고무칩, 마사토, 투수콘크리트 등" 적당한 재료를 선택하여 재료의 사용이 적합한 장소에 기호로 표현하고, 포장명을 반드시 기입하시오.
4) "다" 지역은 어린이 놀이공간으로 그 안에 회전무대(H1100 × W2300), 4연식 철봉(H2200 × L4000), 단주식 미끄럼대(H2700 × L4200 × W1000) 3종을 배치하시오.
5) "가" 지역은 정적인 휴식공간으로 이용자들의 편안한 휴식을 위해 장파고라(6000 × 3500) 1개와 앉아서 휴식을 즐길 수 있도록 등벤치 1개를 계획 설계하시오.
6) "라" 지역은 "나" 연못의 인접지역으로 수목보호대 3개에 동일한 낙엽교목을 식재하고, 평벤치 2개를 설치하시오.
7) "나" 지역은 연못으로 물이 차 있으며, "라"와 "마1" 지역보다 60cm 정도 낮은 위치로 계획하시오.
8) "마1" 지역은 공간과 공간을 연결하는 연계동선으로 대상지의 설계 성격에 맞게 적절한 포장을 선택하시오.
9) "마2" 지역은 "마1"과 "라" 지역보다 1m 높은 지역으로 산책로 주변에 등벤치 3개를 설치하고, 벤치 주변에 휴지통 1개소를 함께 설치하시오.
10) "A" 시설은 폭 1m의 장방형 정형식 케스케이드(계류)로 약9m 정도 흘러가 연못과 합류된다. 3번의 단차로 자연스럽게 연못으로 흘러들어 가며, "마2" 지역과 거의 동일한 높이를 유지하고 있으므로, "라" 지역과는 옹벽을 설치하여 단 차이를 자연스럽게 해소하시오.
11) 대상지 내에는 유도식재, 녹음식재, 경관식재, 소나무 군식 등의 식재패턴을 필요한 곳에 적절히 배식하고, 필요에 따라 수목보호대를 추가로 설치하여 포장 내에 식재를 할 수 있습니다.
12) 수목은 아래에 주어진 수종 중에서 종류가 다른 12가지를 반드시 선정하여 골고루 안정적인 배식이 될 수 있도록 계획하며, 인출선을 이용하여 수량, 수종명칭, 규격을 반드시 표기하시오.

소나무(H4.0×W2.0), 소나무(H3.0×W1.5), 소나무(H2.5×W1.2)
스트로브잣나무(H2.5×W1.2), 스트로브잣나무(H2.0×W1.0)
왕벚나무(H4.5×B12), 버즘나무(H3.5×B8), 느티나무(H4.5×R20)
청단풍(H2.5×R8), 다정큼나무(H1.0×W0.6), 동백나무(H2.5×R8)
중국단풍(H2.5×R5), 굴거리나무(H2.5×W0.6), 자귀나무(H2.5×R6)
태산목(H1.5×W0.5), 먼나무(H2.0×R5), 산딸나무(H2.0×R5), 산수유(H2.5×R7)
꽃사과(H2.5×R5), 수수꽃다리(H1.5×W0.6), 병꽃나무(H1.0×W0.4)
쥐똥나무(H1.0×W0.3), 명자나무(H0.6×W0.4), 산철쭉(H0.3×W0.4)
자산홍(H0.3×W0.3), 영산홍(H0.4×W0.4), 조릿대(H0.6×7가지)

13) B - B′ 단면도는 경사, 포장재료, 경계선 및 기타 시설물의 기초, 주변의 수목, 주요 시설물 등을 단면도상에 반드시 표기하고, 높이 차를 한눈에 볼 수 있도록 설계하시오.

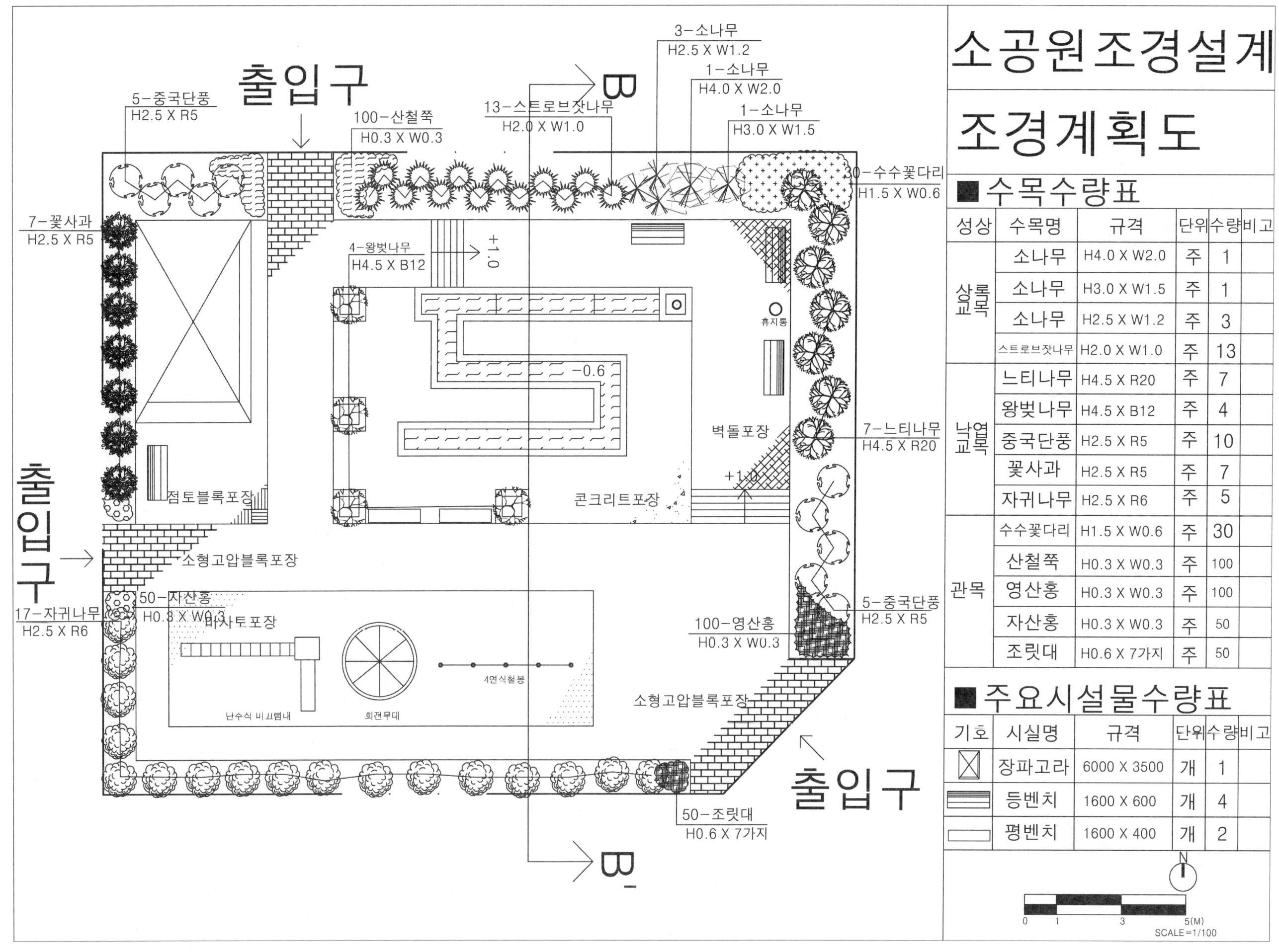

단면도(모범답안)

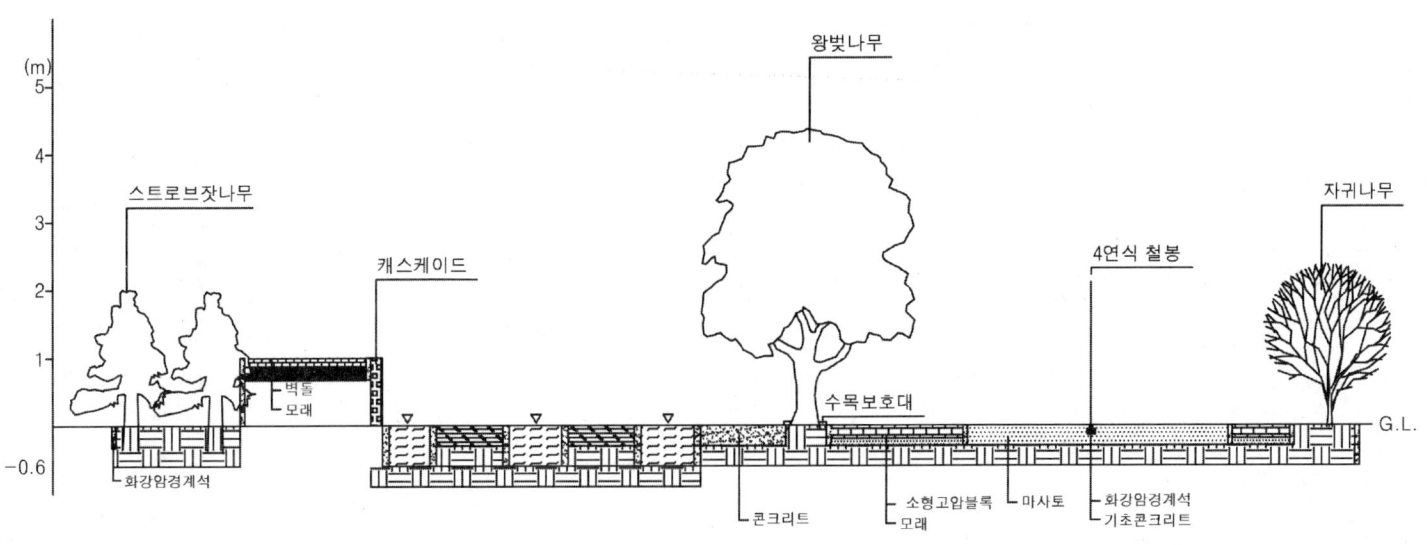

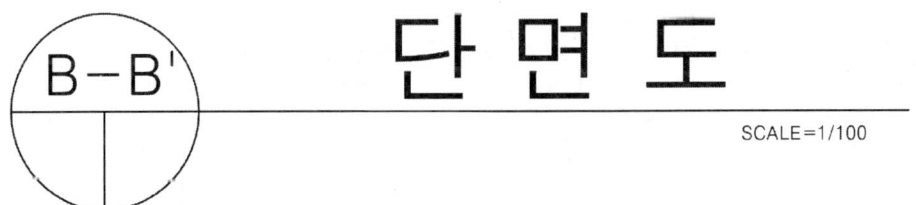

SCALE=1/100

21 휴게공간조경설계(2020년 3회)

- **설계문제** : 다음 설계부지는 중북부지방 휴게공간에 대한 조경설계를 하고자 한다. 아래에 주어진 요구조건을 반영하여 도면을 작성하시오.

- **(현황도면)** 주어진 도면을 참조하여 요구사항 및 조건들에 적합한 조경계획도 및 단면도를 작성하시오. 일점쇄선 안 부분이 설계대상지이며, 주변 현황은 도면에 그대로 옮겨준다.

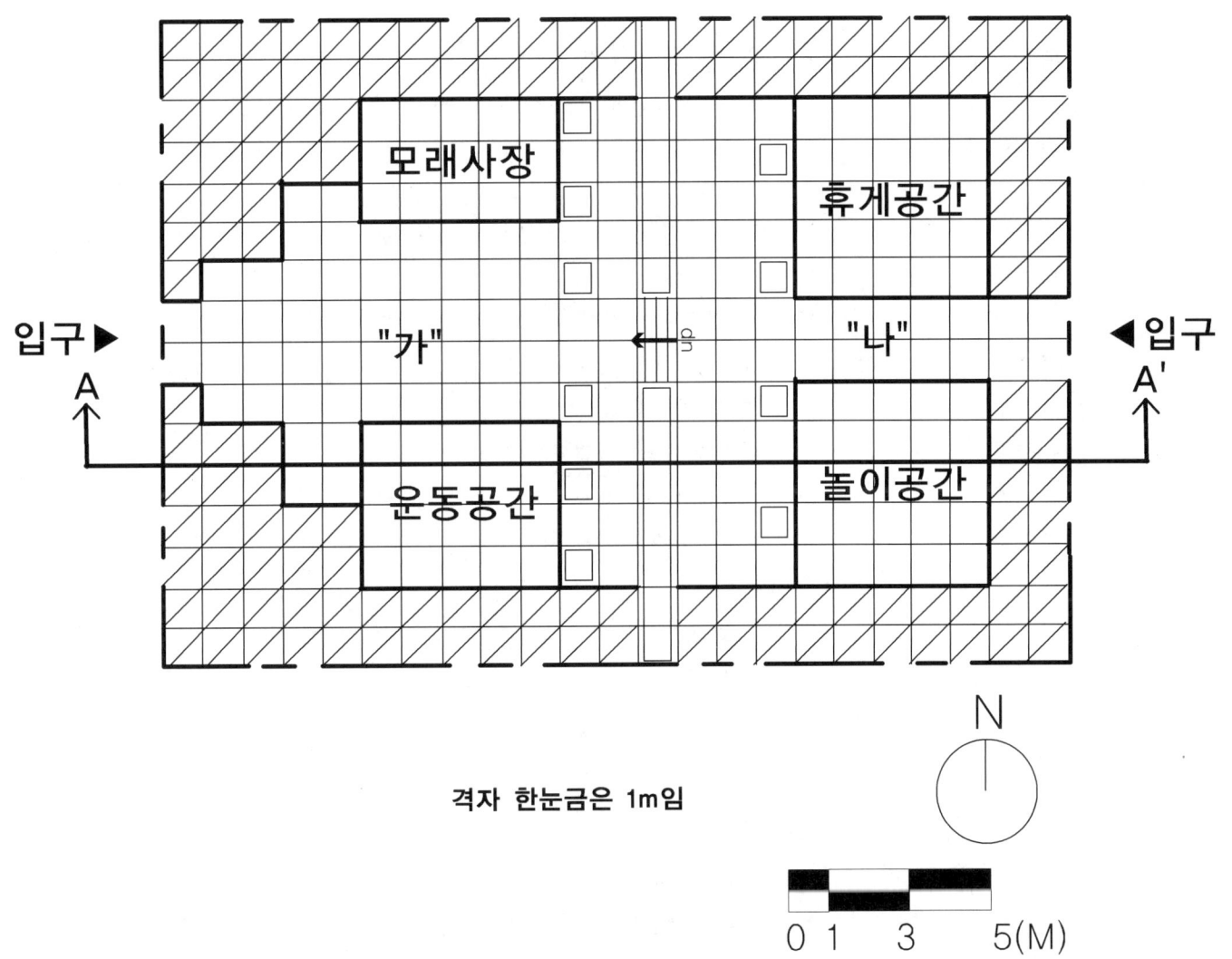

■ (요구 사항)
1. 식재평면도를 위주로 한 조경계획도를 축척 1/100으로 작성하시오.(지급용지 1)
2. 도면 우측 표제란에 작업명칭을 "OO휴게공간조경설계"라고 작성하시오.
3. 표제란에는 "수목수량표"와 "시설물수량표"를 작성하고, 수량표 아래쪽에는 방위표시와 막대축척을 그려 넣는다.
4. "수목수량표"에는 수목의 성상별로 상록교목, 낙엽교목, 관목으로 구분하여 작성하시오.
5. A-A' 단면도를 축척 1/100으로 작성하시오(단, 시설물의 기초, 포장재료, 경계석 부분은 재료를 상세히 나타내고, 각각의 재료에 재료명을 명기하며 본 대상지를 이용하는 이용자를 나타내시오). (지급용지 2)

■ (요구 조건)
1. 대상지가 휴게공간이라는 점을 착안하여 조경설계를 하시오.
2. "가"지역은 "나"지역보다 1.0m가 높으므로 전체적으로 계획설계시 고려한다(평면도상에 점표고를 표시하시오).
3. 단 차이가 나는 원로 공간의 포장과 각 공간의 포장은 포장재료를 달리 하여 포장한다(단, 포장 디자인은 2-3군데 상징적으로 디자인 해주며, 평면도에는 포장명을 단면도에는 포장 재료를 기재해준다).
4. 모래사장은 모래포장을 하며 모래포장의 경계는 모래막이를 설치해준다.
5. 휴게공간은 퍼걸러(3.0m×3.0m) 1개, 등받이형 벤치(1.6m×0.6m) 4개소, 평벤치(1.6m×0.4m) 2개소, 휴지통(지름 50cm) 1개를 설치하시오.
6. 운동공간은 운동시설을 2종 배치한다(단, 단면도상에 운동 시설물을 그려준다).
7. 놀이공간은 어린이 놀이시설 2종을 배치한다(단, 단면도상에 놀이 시설물을 1개 이상 그려준다).
8. 수목보호대(1.0m×1.0m)가 있는 장소에 녹음수를 단식한다(단, 수목보호대에는 지하고가 2.0m 이상인 수목을 식재한다).
9. 경관의 향상을 위해 녹지지역 중 두 곳을 선정하여 90cm 정도로 마운딩을 해주고, 평면도상에 점표고를 표시해준다.
10. 이용자의 통행이 잦은 것을 고려하여 유도식재, 녹음식재, 경관식재, 소나무군식 등을 적당한 장소에 배식하시오.
11. 식재설계는 아래수종에서 10종 선정하여 식재한다.

> 소나무(H4.0×W2.0), 소나무(H3.5×W1.8), 소나무(H3.0×W1.7), 주목(H3.0×W2.0)
> 스트로브잣나무(H2.5×W1.2), 가문비나무(H2.5×W1.2), 꽃사과(H2.5×R6)
> 느티나무(H4.0×R12), 동백나무(H2.5×R8), 플라타너스(H3.5×B10)
> 단풍나무(H2.5×R6), 광나무(H2.5×R8), 병꽃나무(H1.0×W0.4), 회양목(H0.3×W0.3)
> 철쭉(H0.3×W0.4), 산철쭉(H0.3×W0.4), 개나리(H0.3×W0.4)

12. 각 공간의 경계는 화강암 경계석 또는 모래막이를 설치해주고, 각 공간은 다른 재료로 포장을 해준다.

평면도 (모범답안)

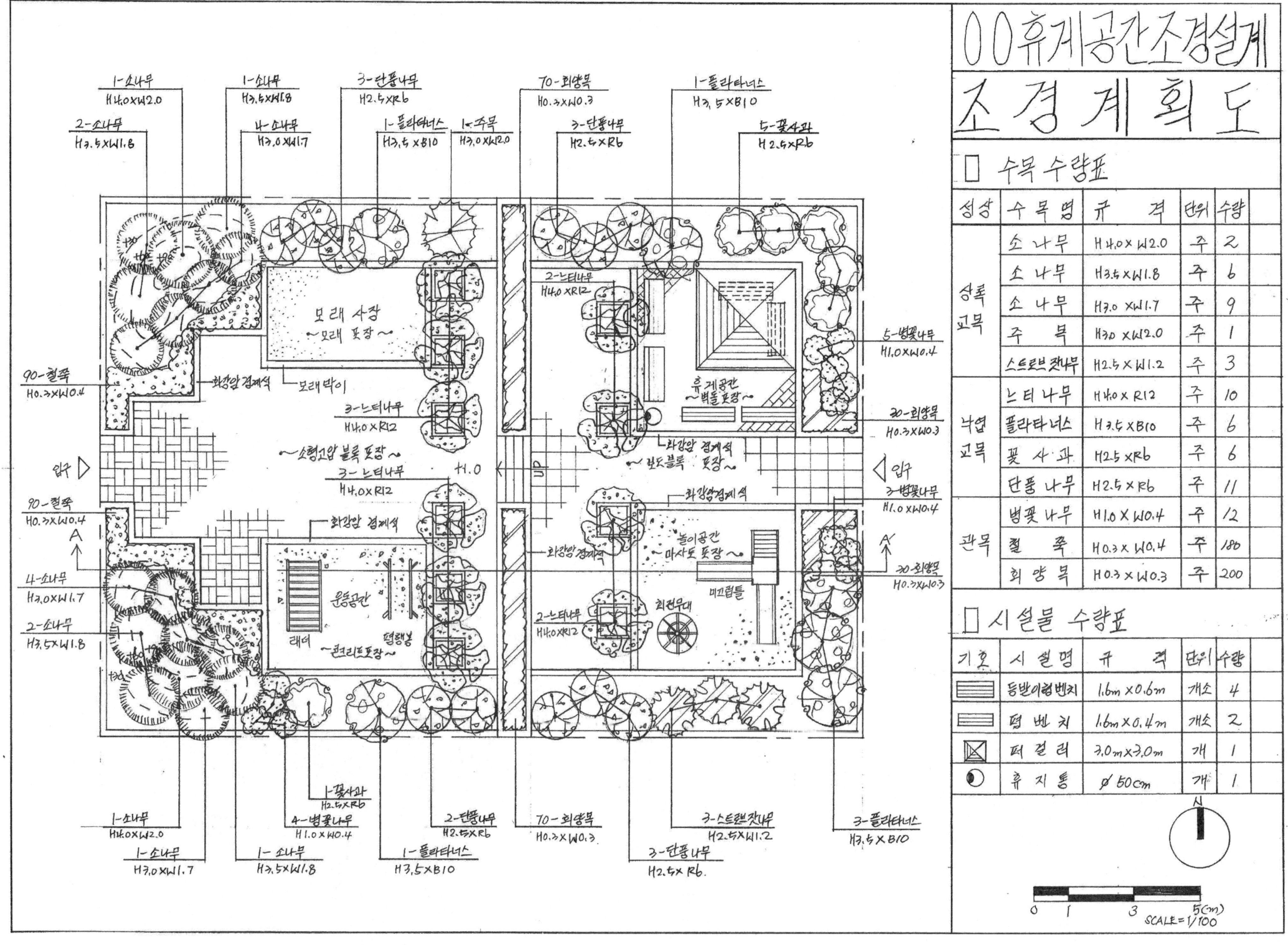

단면도(모범답안)

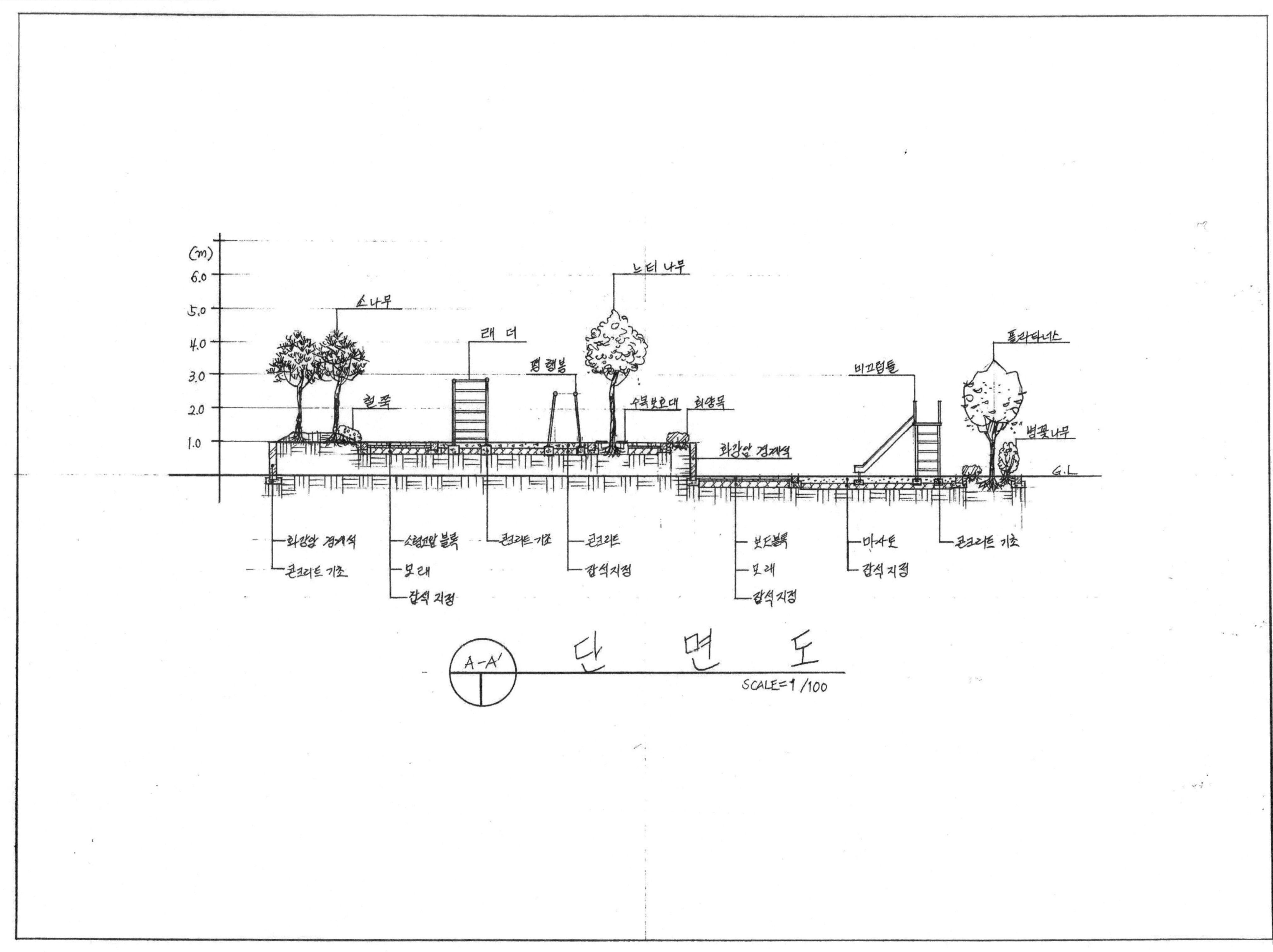

■ 문제해설(평면도)

1. (요구 조건) 부분부터 살펴보면 "가"지역은 "나"지역보다 1.0m가 높으므로 "나"지역이 기준(점표고가 0m인 지점)이 된다. 그러므로 "가"지역에 +1.0이라고 점표고를 기재해주면 평면도상의 점표고를 쉽게 알 수 있다.
2. 단 차이가 나는 원로 공간에 '소형고압블록포장'과 '보도블록포장'으로 포장 재료를 달리 하여 포장하였고, 포장 디자인은 각 포장의 모서리 부분에 2군데 상징적으로 디자인 해주었다. 각 포장의 디자인 방법을 숙지해야 한다.
3. 모래사장에는 '모래포장'을 하였고, 모래로 포장을 하였기 때문에 경계는 화강암 경계석 대신 모래막이를 설치해주었다. 일반 포장의 경계는 화강암 경계석(경계석)을 설치해주고, '모래포장'에는 화강암 경계석 대신 모래막이를 설치해주는 것이 좋다.
4. 휴게공간에는 퍼걸러(3.0m×3.0m) 1개, 등받이형 벤치(1.6m×0.6m) 4개소, 평벤치(1.6m×0.4m) 2개소, 휴지통(지름 50cm) 1개를 규격에 맞추어 설치하였다. 퍼걸러 안에 등받이형 벤치를 2개소 설치하였으며, 퍼걸러 안의 등받이형 벤치는 위에서 내려다보았을 때 보이지 않기 때문에 점선으로 표시를 해 주어야 한다(참고 : 퍼걸러 안에는 벤치를 설치할 수 있지만 평상형쉘터(쉘터 안에 평상이 바닥으로 되어 있는 것) 안에는 벤치를 설치하면 안 된다). 문제에서 시설물의 단위가 '개', '개소'로 구분되기 때문에 시설물수량표 작성시 정확히 시설명에 맞춰 '개'와 '개소'로 구분하여 단위를 기재해주어야 한다.
5. 운동공간에는 운동시설 2종(레더와 평행봉)을 배치하였고, '콘크리트포장'을 하였다. 운동시설 2종을 단면도선에 걸리게 그려주었다.
6. 놀이공간에는 어린이 놀이시설 2종(미끄럼틀과 회전무대)을 배치하고 '마사토포장'을 하였다.
7. 수목보호대(1.0m×1.0m)가 있는 장소에 지하고가 2.0m 이상인 수목인 느티나무를 식재하였다. 지하고가 2.0m 이상이기 때문에 녹음수 중에서 수고가 가장 큰 느티나무를 식재하는 것이 좋다. 지하고가 2.0m 이상 되게 단면도에서 느티나무를 그려주면 된다.
8. 녹지지역 중 두 곳(북서쪽과 남서쪽)을 선정하여 90cm 정도로 마운딩을 해주었고, 평면도상에 점표고(+30, +60, +90)를 표시해주었다. 또한 마운딩한 장소에 소나무 군식을 하였다. 소나무를 군식한 장소에는 되도록 (요구 조건) 11번 보기에 제시되어 있는 소나무의 규격을 모두 사용하여 식재해주는 것이 좋다. 또한 마운딩 장소에 많은 소나무를 식재하는 것이 좋으며, 관목도 같이 식재하여 주면 좋다. 마운딩 장소에 소나무 군식을 할 때에는 인출선끼리 서로 겹치지 않게 유의해야 한다.
9. 유도식재(입구 주변에 길을 유도하기 위한 식재로 관목을 사용), 녹음식재(그늘을 제공해 주는 식재), 경관식재(경관을 돋보이기 위한 식재), 소나무 군식을 적당한 장소에 배식하였다. 유도식재와 소나무 군식은 시험에서 자주 출제되는 부분이니 다시 한번 내용과 그리는 방법을 숙지해야 한다.
10. 식재설계는 남부수종인 동백나무와 광나무를 제외하고 10종을 맞춰 식재해주었다. 마운딩 장소에 소나무 3가지 규격을 사용하여 식재하였더라도 소나무는 같은 수종이기 때문에 (요구 조건) 11번에서 전체 10종 중에 소나무는 1종으로 인지된다.
11. 각 공간의 경계는 화강암 경계석 또는 모래막이를 설치해주었다. 모래막이는 모래포장을 한 곳에 화강암 경계석 대신 설치해주면 된다. 화강암 경계석과 모래막이는 디자인에서 차이가 있으므로 단면도 모범답안을 참고하여 비교해서 그려본다.
12. "시설물수량표"에는 규격이 제시되어 있는 시설물(등받이형벤치, 평벤치, 퍼걸러, 휴지통)만 "시설물수량표"에 기재해 주고 규격이 없는 시설물(레더, 평행봉, 미끄럼틀, 회전무대)은 평면도의 시설물 부분에 시설명을 기재해주면 된다.
13. 평면도 설계가 끝나면 지워지거나 누락된 부분이 없는지 다시 한 번 확인한다.
14. 문제와 평면도 설계한 것을 다시 한 번 확인한다. 화강암 경계석, 요구조건 등을 확인하고 표제란의 작업명, 방위표, 스케일 등을 확인한다.
15. 마지막으로 윤곽선, 대상지의 외곽선(일점쇄선 또는 이점쇄선), 단면도선 등은 다시 한 번 그어준다.

■ 문제해설(단면도)

1. A부분부터 살펴보면 점표고가 1.0m 높은 부분부터 시작하므로 화강암 경계석이 1.0m 높은 곳에서 단면도가 시작한다.
2. 화강암 경계석 다음으로 마운딩한 장소에 소나무 군식이 나온다. 마운딩은 점표고가 +30 주변에 단면도선이 걸리므로 +30과 +60사이의 높이가 된다. 그러므로 등고선의 높이는 약 45cm 정도로 그려주면 된다. 소나무 군식은 등고선을 조작한 다음 조작한 등고선 상에 (요구 조건) 11번 보기에 제시되어 있는 소나무의 규격을 모두 사용하여 공간에 빈틈없이 식재해 주면된다. 단면도선에 걸린 소나무가 적더라도 단면도선의 화살표 방향(바라보는 방향)을 고려하여 단면도에는 많은 소나무를 그려주는 것이 좋다.
3. 소나무 군식 다음에 철쭉이 식재되어 있고, 화강암 경계석이 있다.
4. 포장공간에 '소형고압블록포장'이 있으며 다음으로 운동공간에 레더와 평행봉을 단면도선이 지나간다. 레더와 평행봉을 단면도로 그릴 수 있어야 하며, '콘크리트포장' 기초부분 재료와 상세도를 그려주었다.
5. 다음으로 포장공간에 평면도상의 단면도선 위치를 맞춰 수목보호대와 지하고 2.0m 이상인 느티나무를 그려주었다. 여기서 주의할 것은 단면도상에 느티나무의 지하고를 2.0m이상으로 정확히 표시해주어야 하며, 수목보호대를 그릴 수 있어야 한다.
6. 다음으로 식수대에 회양목이 있다. 식수대 주변으로는 경계석이 있으며, 식수대를 기준으로 점표고가 1.0m 차이 있는 것을 이해해야 한다.
7. 단차이가 나는 공간에 식수대를 처리할 수 있어야 한다. 식수대(植樹帶)는 물 마시는 공간이 아니라 식재하는 공간으로 관목을 식재해주면 된다.
8. 다시 점표고 0m의 위치에 '보도블록포장'이 있으며, 다음으로 놀이공간에 '마사토포장'이 되어있고, 미끄럼틀의 위치에 규격을 맞춰 미끄럼틀을 그려주면 된다.
9. 시험문제에서 어린이놀이시설 3종을 그리라고 출제되는 경우가 많으므로 평면도로 어린이놀이시설을 3종 이상 그릴 수 있어야 하며, 단면도 및 상세도로 1종 이상은 어린이놀이시설을 자신 있게 그릴 수 있어야 한다.
10. 다음으로 녹지공간에 화강암 경계석이 들어가며 회양목과 플라타너스, 병꽃나무를 수고와 수관폭, 수목의 형태에 맞춰 그려주고 화강암 경계석을 마지막으로 그려주면 단면도가 완성된다.
11. 단면도를 평면도의 단면도선과 잘 비교해서 누락된 것이 없는지 확인하고, G. L.(Ground line)선 아랫부분에 지반을 표시해준다. G. L.선 윗부분에 있는 수목명과 시설명은 G. L.선 윗부분으로 인출선을 뽑아서 기재해주면 되고, G. L.선 아랫부분에 있는 각각의 재료명은 G. L.선 아랫부분으로 인출선을 뽑아 기재해준다. 완성된 단면도 모범답안을 잘 확인해본다.
12. 마지막으로 A-A' 단면도라고 기재해주고, 스케일을 기재해준다.

※ 단면도에서 수목표현은 침엽수와 낙엽수를 구분하여 그려주어야 하며, 각 수목의 모양과 형태에 맞게 수목을 그려주는 것이 좋다.
※ 시험에서 자주 출제되는 시설물은 평면도 및 단면도, 상세도를 규격에 맞춰 정확히 보기 좋게 그려주어야 한다.
※ 인출선을 뽑을 때 수목 및 시설물의 높이가 높은 것은 높게, 낮은 것은 낮게 인출선끼리 높이를 맞춰 보기 좋게 그려준다.
※ 지반표시를 쉽고 보기 좋게 그리는 방법을 숙지한다.

22. 도로변빈공간조경설계(2020년 5회)

- **설계문제** : 우리나라 중부지역에 위치한 도로변의 빈 공간에 대한 조경설계를 하고자 한다. 주어진 현황도 및 아래 사항을 참조하여 설계조건에 따라 조경계획도를 작성합니다(단, 2점 쇄선 안 부분을 조경설계 대상지로 합니다).

- **(현황도면)** 주어진 도면을 참조하여 요구사항 및 조건들에 적합한 조경계획도를 작성하시오.

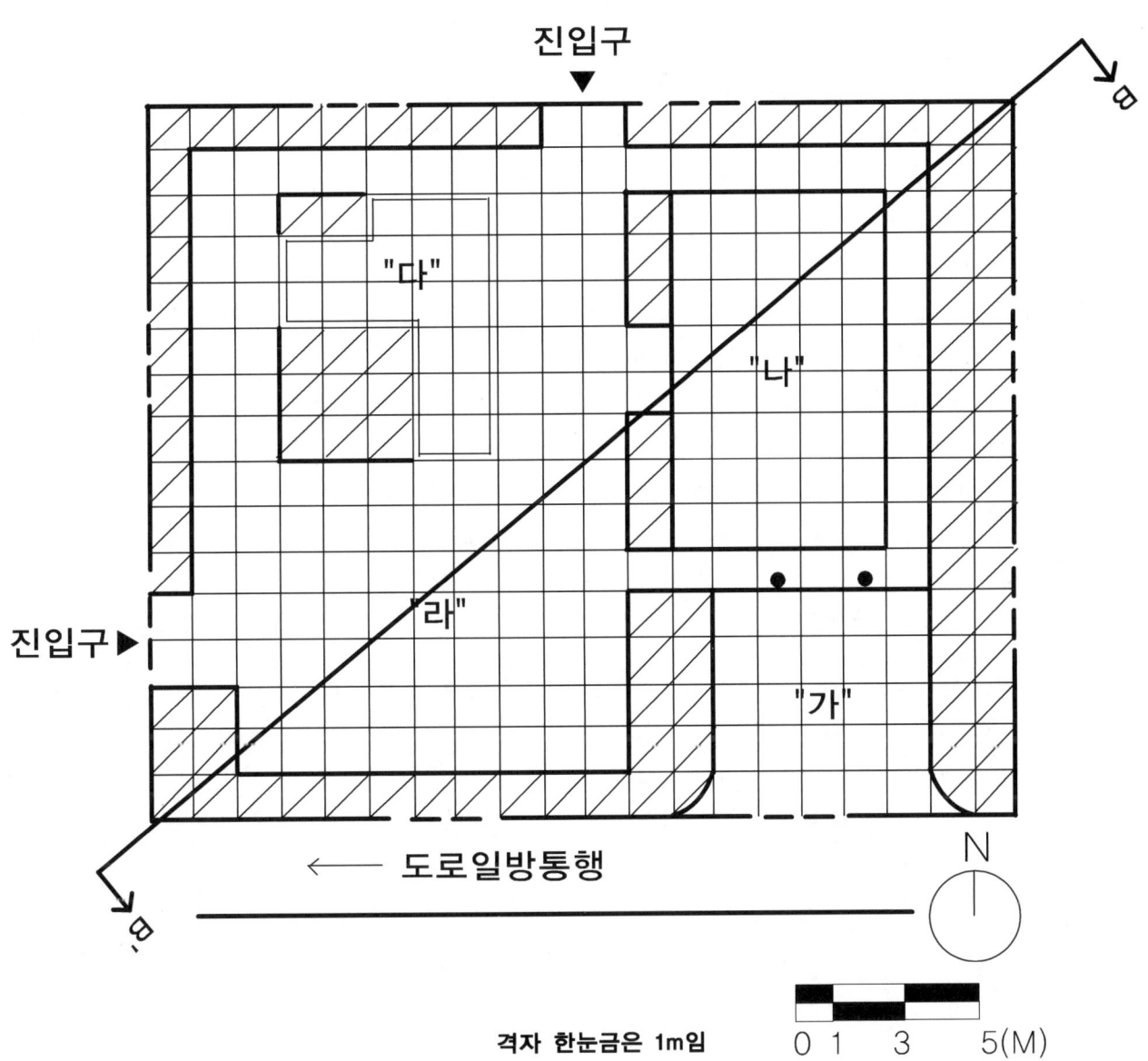

■ (요구 사항)

1. 식재평면도를 위주로 한 조경계획도를 축척 1/100로 작성하십시오.(지급용지-1)
2. 도면 오른쪽 위에 작업명칭을 작성하십시오.
3. 도면 오른쪽에는 "주요 시설물 수량표와 수목(식재) 수량표"를 함께 작성하고, 수량표 아래쪽 여백을 이용하여 "방위표시와 막대축척"을 반드시 그려 넣으시오(단, 전체 대상지의 길이를 고려하여 범례표의 폭을 조정할 수 있다).
4. 도면의 전체적인 안정감을 위하여 "테두리선"을 작성하십시오.
5. 도로변 소공원 부지내의 B-B' 단면도를 축척 1/100으로 작성하십시오.(지급용지-2)

■ (설계 조건)

1. 해당 지역은 도로변의 자투리 공간을 이용하여 휴식 및 어린이들이 즐길 수 있는 소공원으로, 공원의 특징을 고려하여 조경계획도를 작성하시오.
2. 포장지역을 제외한 곳에는 모두 식재를 실시하시오(녹지공간은 현황도면의 빗금 친 부분이며, 분위기를 고려하여 식재를 실시하시오).
3. 포장지역은 "소형고압블록, 콘크리트, 마사토, 모래, 투수콘트리트 등" 적당한 재료를 선택하여 재료의 사용이 적합한 장소에 기호로 표현하고, 포장명칭을 반드시 기입하시오.
4. "가"지역은 주차공간으로 소형자동차(2500×5000mm) 2대가 주차할 수 있는 공간으로 계획하고 설계하시오.
5. "나"지역은 놀이공간으로 계획하고, 그 안에 어린이 놀이시설물을 3종류 배치하시오.
6. "다"지역은 수(水)공간으로 수심이 60cm 깊이로 되도록 설계하시오.
7. "라"지역은 휴식공간으로 이용자들의 편안한 휴식을 위해 파고라(3,500×3,500mm) 1개와 앉아서 휴식을 즐길 수 있도록 등벤치 2개를 계획 설계하시오.
8. 대상지 내에는 유도식재, 녹음식재, 경관식재, 소나무 군식 등의 식재 패턴을 필요한 곳에 배식하고, 필요에 따라 수목보호대를 추가로 설치하여 포장 내에 식재를 하시오.
9. 수목은 아래에 주어진 수종 중에서 종류가 다른 10가지를 반드시 선정하여 골고루 안정적인 배식이 될 수 있도록 계획하며, 인출선을 이용하여 수량, 수종명칭, 규격을 반드시 표기하시오.

> 소나무(H4.0×W2.0), 소나무(H3.0×W1.5), 소나무(H2.5×W1.2)
> 스트로브잣나무(H2.5×W1.2), 스트로브잣나무(H2.0×W1.0), 왕벚나무(H4.5×B15)
> 버즘나무(H3.5×B8), 느티나무(H3.0×R6), 청단풍(H2.5×R8), 다정큼나무(H1.0×W0.6)
> 동백나무(H2.5×R8), 중국단풍(H2.5×R5), 굴거리나무(H2.5×W0.6), 자귀나무(H2.5×R6)
> 태산목(H1.5×W0.5), 먼나무(H2.0×R5), 산딸나무(H2.0×R5), 산수유(H2.5×R7)
> 꽃사과(H2.5×R5), 수수꽃다리(H1.5×W0.6), 병꽃나무(H1.0×W0.4), 쥐똥나무(H1.0×W0.3)
> 명자나무(H0.6×W0.4), 산철쭉(H0.3×W0.4), 자산홍(H0.3×W0.3), 영산홍(H0.4×W0.3)
> 조릿대(H0.6×7가지)

10. B-B'의 단면도는 경사, 포장재료, 경계선 및 기타 시설물의 기초, 주변의 수목, 중요 시설물, 이용자 등을 단면도상에 반드시 표기하고 높이 차를 한눈에 볼 수 있도록 설계하시오.

평면도(모범답안)

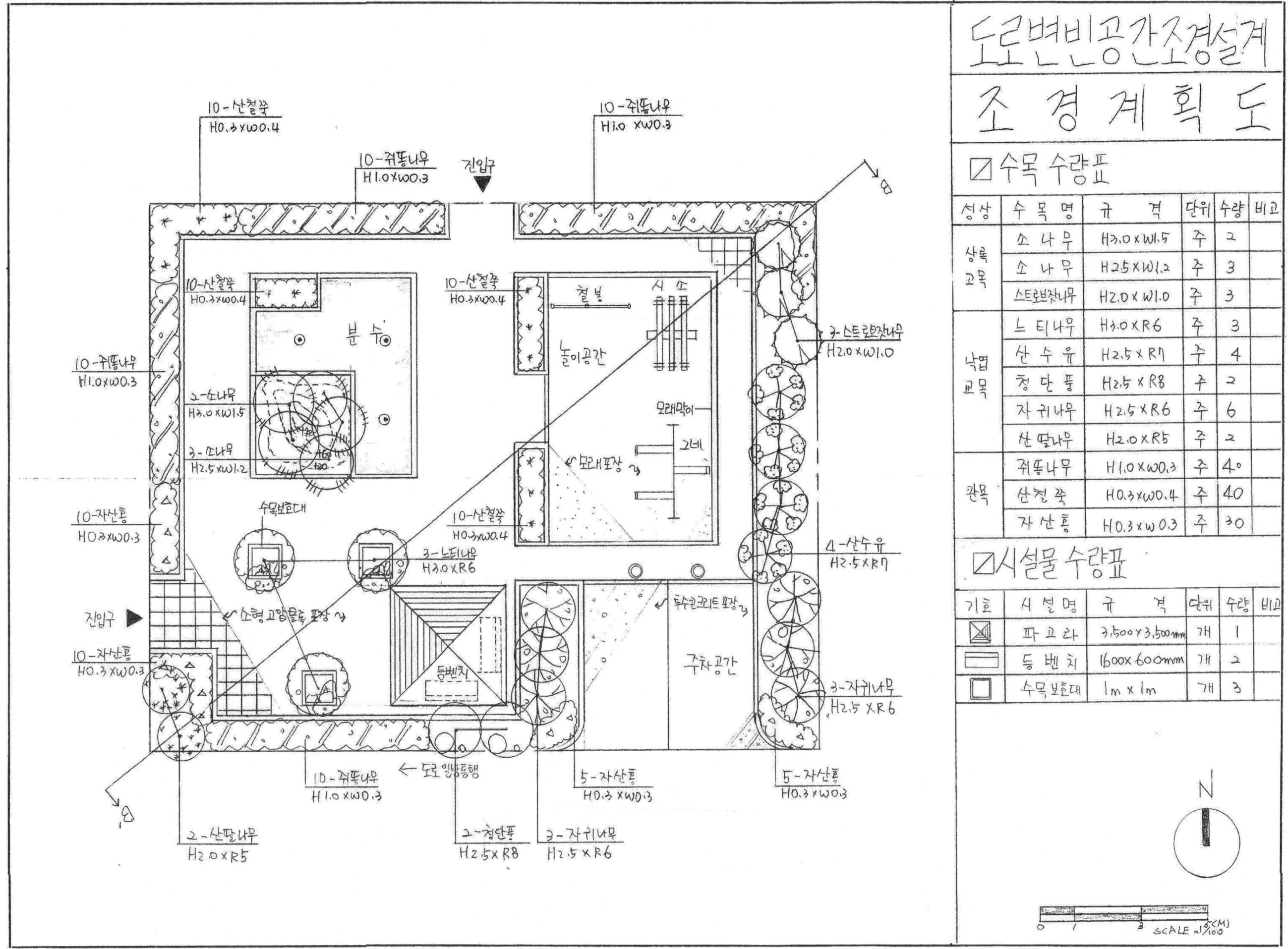

단면도 (모범답안)

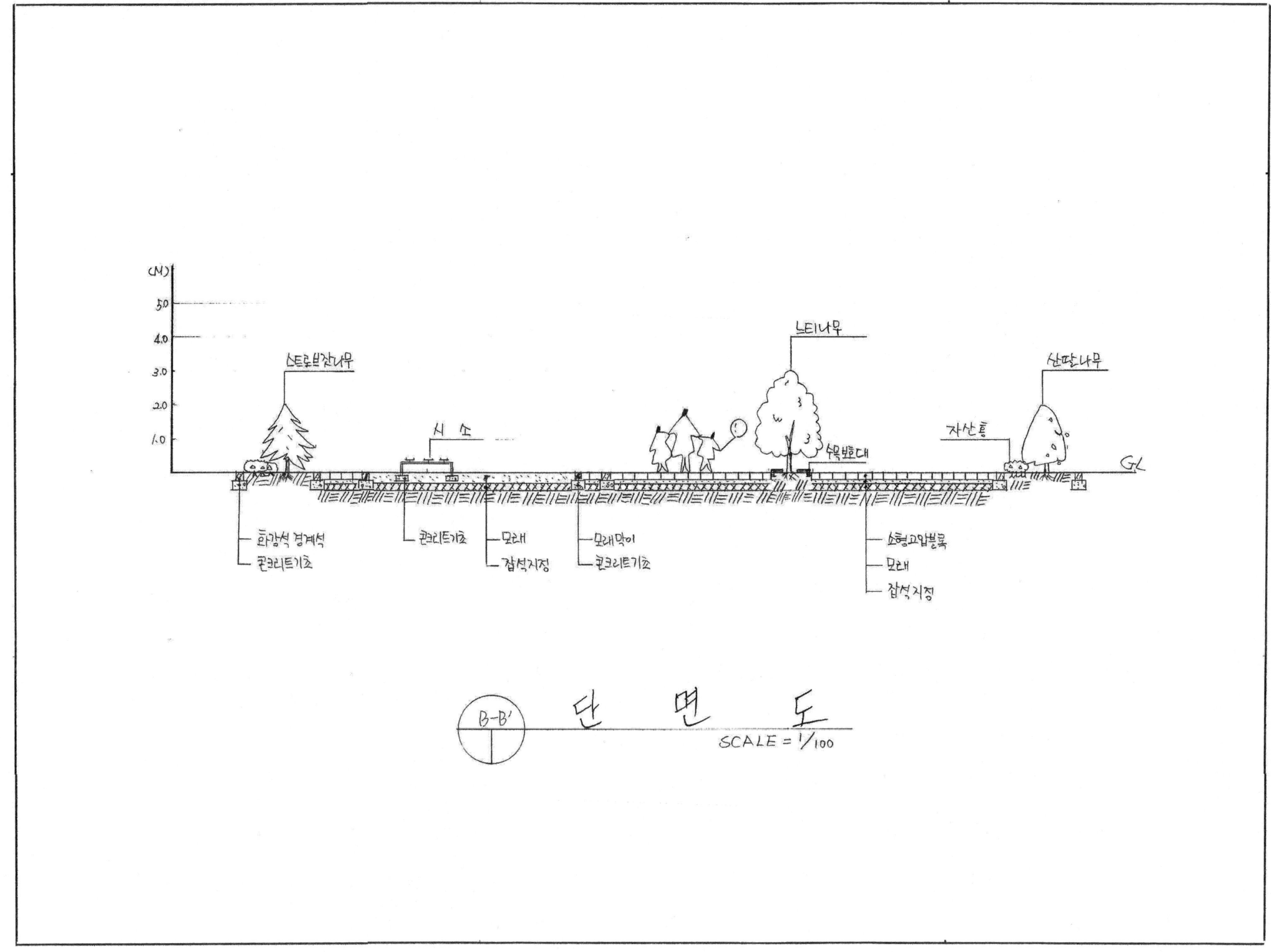

■ 문제해설(평면도)

1. 이점쇄선 안 부분이 설계대상지이므로 현황도를 답안지의 가운데에 배치되도록 해주고, 외곽은 이점쇄선이 되도록 그려주며, 주변 현황인 진입구, 도로일방통행을 기재해주고, 방위표와 스케일을 그려준다. 평면도에 있는 단면도선과 B-B'화살표 선은 90도가 되도록 그려주어야 한다.
2. (요구 사항)부터 살펴보면 식재평면도를 위주로 한 조경계획도를 축척 1/100으로 작성하라고 했으므로 표제란의 두 번째 칸 제목은 조경계획도가 된다. 축척은 현황도면의 격자 1눈금이 1m이므로 격자의 개수를 잘 세어 현황도를 확대해주어야 한다.
3. 표제란에 작업명칭을 "도로변빈공간조경설계"라고 기재해 주고, 작업명칭과 조경계획도 글씨의 좌우 여백을 맞춰주면 도면이 보기 좋다. 작업명칭은 표제란의 제일 윗부분에 쓰이는 글씨이기 때문에 깔끔하고 정확한 글씨로 작성되어야 좋은 도면이 된다.
4. 표제란에 수목수량표와 시설물수량표를 작성하였으며, 수목수량표의 수목명과 규격은 문제에 제시된 대로 기재해주어야 하고, 시설물수량표의 시설명과 규격, 단위를 문제에서 제시된 대로 기재해준다.
5. 수목수량표의 성상은 상록교목, 낙엽교목, 관목으로 구분하였다. 성상부분의 작성은 평면도 모범답안처럼 성상 칸의 중앙에 글씨가 오도록 배치하는 것이 보기 좋다.
6. (설계 조건)을 살펴보면 포장지역을 제외한 곳에는 모두 식재를 하라고 했기 때문에 녹지공간에는 빈 공간 없이 식재를 해주어야 한다. 평면도 모범답안에서는 외곽부분에 관목을 많이 식재하였는데, 입구부분을 제외한 외곽부분은 교목을 식재해 주는 것이 좋다. 또한 교목 하단부에 군데군데 관목을 같이 식재해주면 자연스러운 식재분위기를 느낄 수 있어서 좋다.
7. 포장지역은 각 지역의 성격을 고려하여 적당한 위치에 주어진 포장을 하였고, 각 포장의 모서리에 포장디자인을 하고 포장명을 기입하였다.
8. "가"지역은 주차공간으로 소형자동차 2대가 주차할 수 있는 공간으로 설계하였고, '투수콘크리트 포장'을 하였다.
9. "나"지역은 놀이공간으로 어린이 놀이시설물을 철봉, 시소, 그네 3종류 설치하고, '모래포장'을 하였다. 놀이공간은 대부분 '모래포장'을 하며, 평면도 모범답안에서 어린이 놀이시설물을 배치하는데 균형 없게 배치하는 것 보다 보기 좋게 삼각형 모양이나 공간의 중심에 일렬로 균형을 잡아서 배치하는 것이 더 좋은 답이 된다.
10. "다"지역은 수(水)공간으로 수심이 60cm 깊이가 되도록 설계하라고 했는데, 평면도에서는 수(水)공간의 수심이 표현되지는 않고, 단면도선이 수(水)공간을 지나가면 단면도에서 수심을 고려해서 그려주면 된다. 평면도 모범답안에서는 수(水)공간에 물표현을 안했는데 물표현을 해주어야 더 좋은 답이 된다. 연못이나 수(水)공간은 시험에 자주 출제되는 부분이기 때문에 쉽고 아름답게 물표현 하는 방법을 이해해야 한다.
11. "라"지역은 휴식공간으로 파고라 1개와 등벤치 2개를 규격에 맞춰 배치하고, '소형고압블록포장'을 하였다. 시설물수량표를 작성할 때 규격이 나와 있는 시설물만 시설물수량표에 작성을 해주고, 규격이 나와 있지 않은 시설물은 평면도의 시설물 주변에 시설명을 기재해 주면 시간이 절약되어 좋다. 평면도 모범답안에서 등벤치를 시설물수량표에 작성하고 시설물 주변에 등벤치라고 기재했는데 시설물수량표에 작성을 하고 시설물 주변에는 기재를 하지 않아도 좋다.
12. 진입구 주변에 관목으로 유도식재, 수목식재 공간에 녹음식재와 경관식재, 수(水)공간 아래에 소나무 군식을 하였는데, 평면도 모범답안에서는 소나무 군식장소에 문제에서 주어진 소나무 3가지 규격을 다 사용하지 않고 식재를 하였는데, 3가지의 소나무 규격을 다 사용하여 소나무 군식을 해주는 것이 좋다.

13. 원로에 수목보호대를 설치하여 포장 내에 식재(느티나무)를 하였다(일반적인 수목보호대의 규격은 1m×1m 이다). 수목보호대에 수목을 식재할 때에는 낙엽교목 중 가장 큰 수목을 식재해 주는 것이 좋다.
14. 식재설계는 소나무 군식 장소에 소나무 2가지 규격을 사용하여 식재하였더라도 실제 사용한 수목은 소나무 1종이 되므로 10종을 맞춰서 식재하였다. 또한 중부지역에 식재를 하라고 했기 때문에 남부수종은 식재하지 말아야한다. 남부수종을 다시 한 번 확인해보자.
15. 누락되거나 지워진 부분이 없는지 확인하고, 방위표시와 스케일바 등을 반드시 그려준다.

■ 문제해설(단면도)

1. 평면도의 B-B'단면도선을 잘 보아야 한다. 일반적으로 많이 연습해왔던 단면도선과 문제의 단면도선이 뒤집어져 있고 대각선으로 단면도선이 있는 것을 볼 수 있다. 평면도 답안지를 돌려서 단면도선 B가 왼쪽에 오게 B'가 오른쪽에 오게 답안지를 돌린다.
2. 단면도 그릴 준비가 되었으면 단면도 답안지 용지에 테두리선을 규격에 맞추어 긋고, 열십자(+)로 가선을 그어 중심선을 잡는다. 평면도의 단면도선(B-B')에 맞추어 단면도 답안지 가로 중심선에 G. L.선을 긋는다. G. L.선에 수직으로 점표고를 표기해주고(예 : 1.0, 2.0, 3.0, 4.0, 5.0 (m)), 수고를 따라 G. L.선과 평행하게 가선을 그어 각 시설물 및 수목의 수고를 파악하기 위한 선을 그어준다.
3. B 부분부터 보면 대상지의 경계부분에 화강석 경계석이 나오고 자산홍과 스트로브잣나무가 나온다. 평면도 모범답안에서는 대상지의 경계부분에 화강석 경계석이 그려지지 않았더라도 실제는 화강석 경계석이 있는 것으로 간주하여 단면도에서는 경계부분에 화강암 경계석을 그려주는 것이 좋다. 화강석 경계석의 디자인과 재료, 규격 등을 다시 한 번 확인한다.
4. 다음으로 '소형고압블록포장'이 있고, 모래막이를 지나 놀이공간에 '모래포장'이 있다. 화강석 경계석과 모래막이는 디자인과 재료에서 차이가 있어야 하며, '모래포장'에 시소가 있으므로 시소의 상세도를 그려주어야 한다.
5. '모래포장'을 지나 모래막이가 있고, 다음으로 '소형고압블록포장'이 조금 걸렸더라도 '소형고압블록포장'을 그려주어야 한다. 다음으로 식수대(Plant Box)의 화강석 경계석이 있고, '소형고압블록포장'이 길게 나온다. '소형고압블록포장' 윗부분이 허전하기 때문에 (설계 조건) 10번의 이용자를 이 공간에 그려주었다.
6. '소형고압블록포장'에 수목보호대와 함께 느티나무가 식재되어 진다. 포장된 부분에 수목보호대를 이용하여 수목식재가 되며, 수목보호대와 함께 느티나무가 그려져야 하므로 그리는 방법을 다시 한 번 숙지한다.
7. 마지막으로 '소형고압블록포장'을 지나 식재공간에 자산홍과 산딸나무를 수목의 수형 및 수고, 수관폭 등을 고려하여 그려준다.
8. G. L.선 윗부분의 수목 및 시설물에 인출선을 3단(제일 높은 것(교목 및 시설물 중 높은 것), 중간 것(작은 교목 등), 낮은 것(관목, 시설물 중 낮은 것))으로 구분하여 기재해주는 것이 통일성 있고 깔끔하게 보인다.
9. 인출선을 그릴 때 같은 수목이나 시설물은 디자인이 같기 때문에 앞부분이나 인출선을 작성하기 좋은 곳의 수목이나 시설물에 인출선을 사용하여 수목명이나 시설명을 한 번만 기재해 주면 된다.

10. G. L.선 아랫부분은 각 시설물의 재료가 기재되어야 한다. 각 재료의 중앙에 점(•)을 찍어 재료명을 기재해주고, 재료명을 작성할 때 가선을 그어 줄을 맞춰서 재료명을 기재해주면 깔끔하고 아름다운 도면이 된다. G. L.선 아랫부분의 재료 기재 공간에 재료[소형고압블록] 대신 포장명[소형고압블록포장]을 기재하면 안된다.
11. 마지막으로 B-B' 단면도라고 기재해주며, 스케일을 기재해주면 된다.
12. 단면도 선이 지나가는 수목식재 공간에는 되도록 관목과 교목을 같이 식재해주면 자연스러운 식재가 되어 보기 좋은 단면도가 되므로 단면도선이 있는 공간에는 되도록 다층식재(교목과 관목을 같이 식재)를 해주는 것이 좋다.

23. 도로변소공원조경설계(2021년 1회)

■ 수험자 유의사항

1) 수험자는 각 문제의 제한 시간내에 작업을 완료하여야 합니다.
2) 답안지의 수험자 성명과 수목명은 반드시 흑색필기구(연필 제외)로 하며, 그 외의 필기구를 사용할 때에는 채점대상에서 제외합니다.
3) 조경설계 사항은 제도용 연필만을 사용해서 작성하여야 하며, 다른 필기구를 사용할 때는 채점대상에서 제외합니다.
4) 주어진 설계도면 및 지급된 용지 2매에 시설물배치도+식재설계평면도(수목배치도) 1매, 단면도 1매가 모두 작성되어야 채점대상이 되며, 1매라도 설계가 미완성인 것은 미완성으로 채점대상에서 제외됩니다.
5) 수험자가 전 과정 조경설계, 수목감별, 조경시공 작업을 응시하지 않으면 채점대상에서 제외합니다.
6) 답안지의 수검번호 및 성명의 기재는 반드시 인쇄된 곳에 기록하여야 합니다.
7) 수험자는 수검시간 중 타인과의 대화를 금합니다.
8) 수험자는 도면 작성 시 성명을 작성하는 곳을 제외하고 범례표(표제란)에 성명을 작성하지 않습니다.

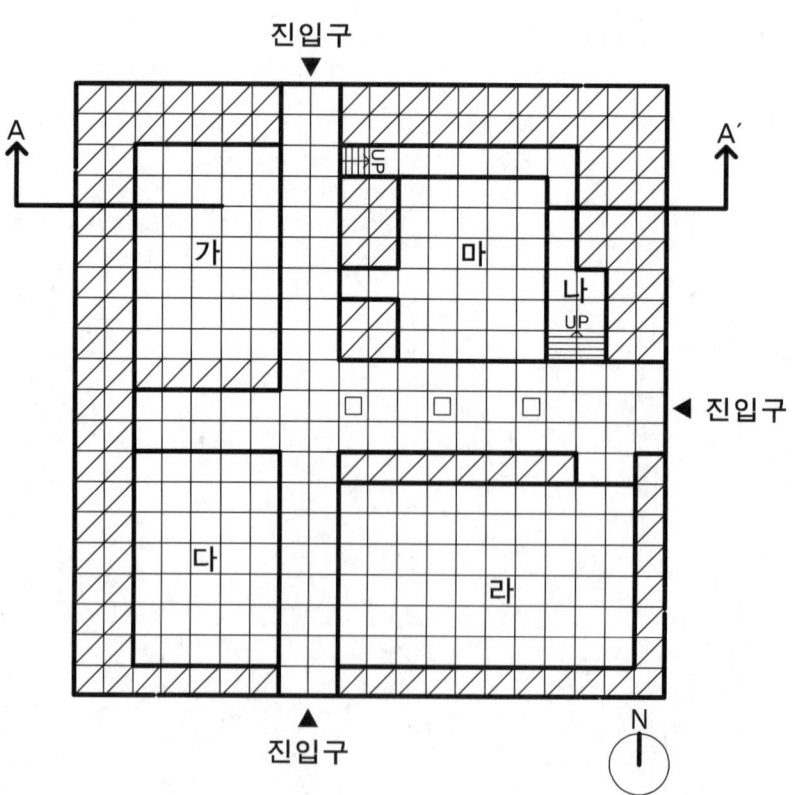

〈현황도〉

SCALE=1/100
참고 : 격자 한눈금은 1M

■ (요구 사항)

대전지역에 위치한 소공원에 대한 조경설계를 하고자 한다. 주어진 현황도 및 아래 사항을 참조하여 설계조건에 따라 조경계획도를 작성합니다.(단, 2점쇄선 안 부분을 조경설계 대상지로 합니다.)

1) 식재 평면도를 위주로 한 조경계획도를 축척 1/100로 작성하십시오.(지급용지-1)
2) 도면 오른쪽 위에 작업명칭을 작성하십시오.
3) 도면 오른쪽에는 "시설물 수량표와 수목(식재) 수량표"를 함께 작성하고, 수량표 아래쪽 여백을 이용하여 "방위표시와 막대축척"을 반드시 그려 넣으시오.(단, 전체 대상지의 길이를 고려하여 범례표의 폭을 조정 할 수 있다.)
4) 도면의 전체적인 안정감을 위하여 "테두리선"을 작성하십시오.
5) 소공원 부지내의 A - A′ 단면도를 축척 1/100로 작성하십시오.(지급용지-2)
6) 반드시 식재 평면도는 성상, 수목명, 규격, 단위, 수량을 명기하여 작성하시오.

■ (설계 조건)

1) 해당 지역은 자투리 공간을 이용하여 휴식 및 어린이들이 즐길 수 있는 도로변 소공원으로, 공원의 특징을 고려하여 조경계획도를 작성하시오.
2) 포장지역을 제외한 곳에는 모두 식재를 실시하시오.(단, 녹지공간은 빗금 친 부분이며, 분위기를 고려하여 식재를 실시하시오.)
3) 포장지역은 "소형고압블럭, 점토벽돌, 화강석블럭, 고무칩, 모래, 마사토, 투수콘크리트 등" 적당한 재료를 선택하여 재료의 사용이 적합한 장소에 기호로 표현하고, 포장명칭을 반드시 기입하시오.
4) "가" 공간은 휴식공간으로 파고라(3,500 × 3,500mm) 1개소를 설치하시오.
5) "나" 공간은 보행로로 주변보다 1m 높다.
6) "다" 공간은 놀이공간으로 계획하고, 그 안에 어린이 놀이시설물을 3종류(회전무대, 그네, 시소, 정글짐 등)를 배치하시오.
7) "라" 공간은 운동공간으로 테니스장을 설계하시오.
8) "마" 공간은 수공간으로 주통행로보다 0.6m가 낮다.
9) 대상지 내에 보행자 통행에 지장을 주지 않는 곳에 등벤치(1,600 × 600mm), 평벤치(1,600 × 400mm), 휴지통(∅50)을 추가로 설치하십시오.
10) 주동선 입구에 차량의 통행을 방지하는 시설을 설치하시오.
11) 대상지 내에는 유도식재, 녹음식재, 경관식재, 소나무 군식 등의 식재패턴을 필요한 곳에 배식하고, 수목보호대에는 녹음식재를 실시하시오.
12) 수목은 아래에 주어진 수종 중에서 종류가 다른 12가지를 반드시 선정하여 골고루 안정적인 배식이 될 수 있도록 계획하며, 인출선을 이용하여 수량, 수종명칭, 규격을 반드시 표기하시오.

> 소나무(H4.0×W2.0), 소나무(H3.5×W1.8), 소나무(H3.0×W1.6)
> 주목(H3.0×W1.8), 스트로브잣나무(H2.5×W1.2)
> 왕벚나무(H4.5×B20), 느티나무(H4.0×R12), 플라타너스(H3.5*B10)
> 꽃사과(H2.5×R6), 홍단풍(H2.5×R6), 산딸나무(H2.5×R5)
> 회양목(H0.3×W0.3), 철쭉(H0.4×W0.4), 자산홍(H0.4×W0.4)

13) A - A′ 단면도는 경사, 포장재료, 경계선 및 기타 시설물의 기초, 주변의 수목, 주요 시설물, 이용자 등을 단면도상에 반드시 표기하고, 높이 차를 한눈에 볼 수 있도록 설계하시오.

소나무(H4.0×W2.0), 소나무(H3.5×W1.8), 소나무(H3.0×W1.6)
주목(H3.0×W1.8), 스트로브잣나무(H2.5×W1.2)

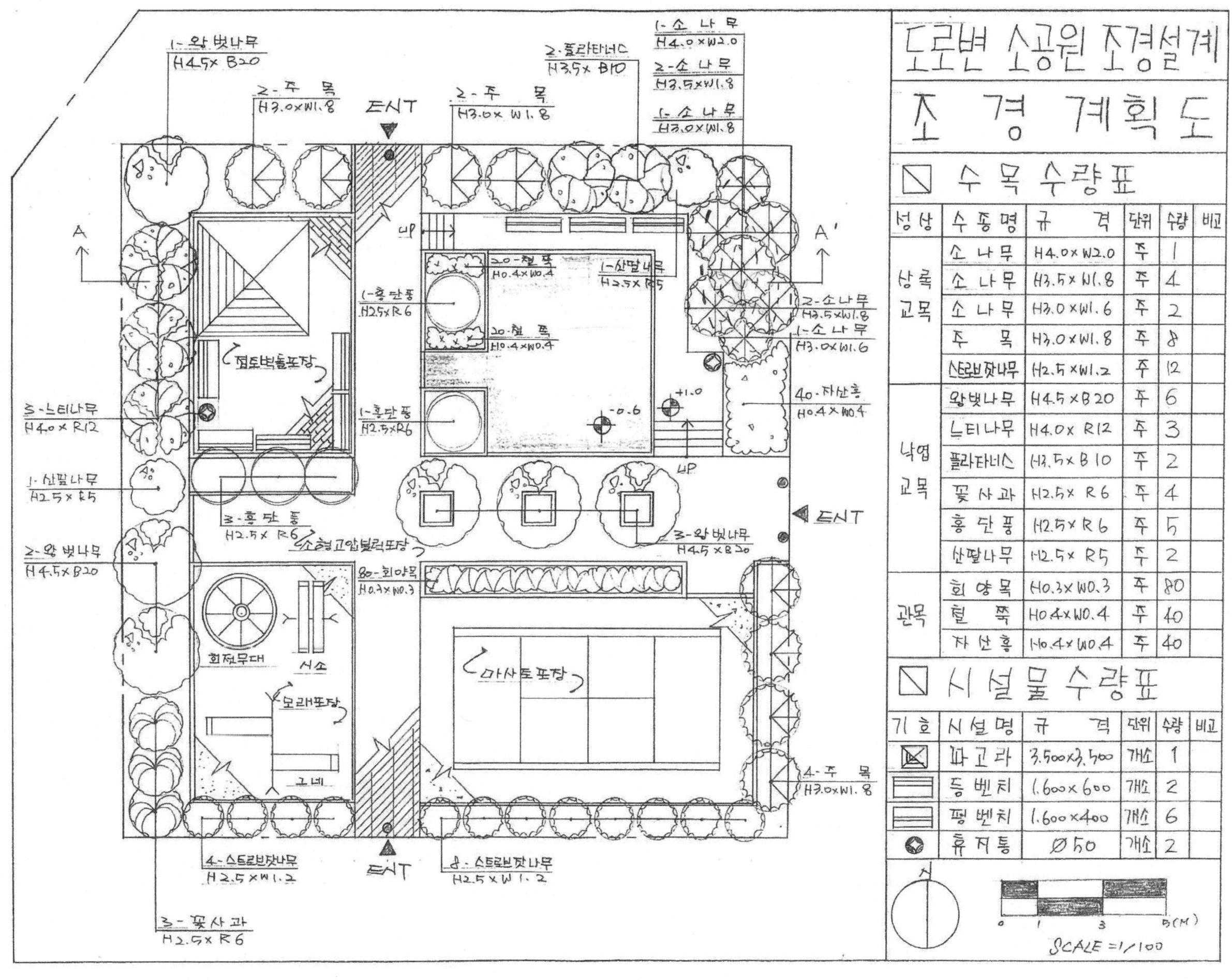

단면도(모범답안)

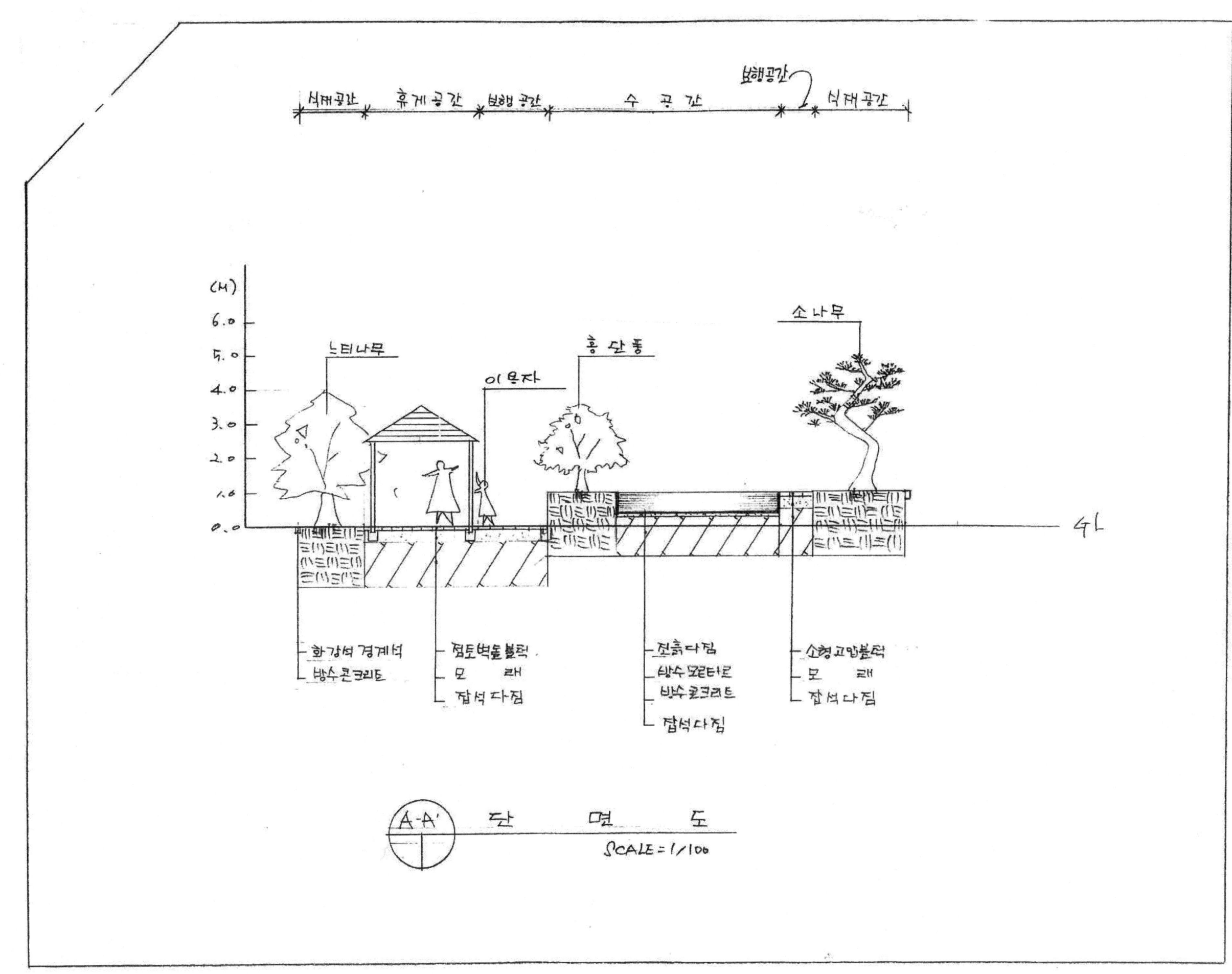

24 도로변소공원조경설계(2021년 2회)

■ **수험자 유의사항**

1) 수험자는 각 문제의 제한 시간내에 작업을 완료하여야 합니다.
2) 답안지의 수험자 성명과 수목명은 반드시 흑색필기구(연필 제외)로 하며, 그 외의 필기구를 사용할 때에는 채점대상에서 제외합니다.
3) 조경설계 사항은 제도용 연필만을 사용해서 작성하여야 하며, 다른 필기구를 사용할 때는 채점대상에서 제외합니다.
4) 주어진 설계도면 및 지급된 용지 2매에 시설물배치도+식재설계평면도(수목배치도) 1매, 단면도 1매가 모두 작성되어야 채점대상이 되며, 1매라도 설계가 미완성인 것은 미완성으로 채점대상에서 제외됩니다.
5) 수험자가 전 과정 조경설계, 수목감별, 조경시공 작업을 응시하지 않으면 채점대상에서 제외합니다.
6) 답안지의 수검번호 및 성명의 기재는 반드시 인쇄된 곳에 기록하여야 합니다.
7) 수험자는 수검시간 중 타인과의 대화를 금합니다.
8) 수험자는 도면 작성시 성명을 작성하는 곳을 제외하고 범례표(표제란)에 성명을 작성하지 않습니다.

〈현황도〉

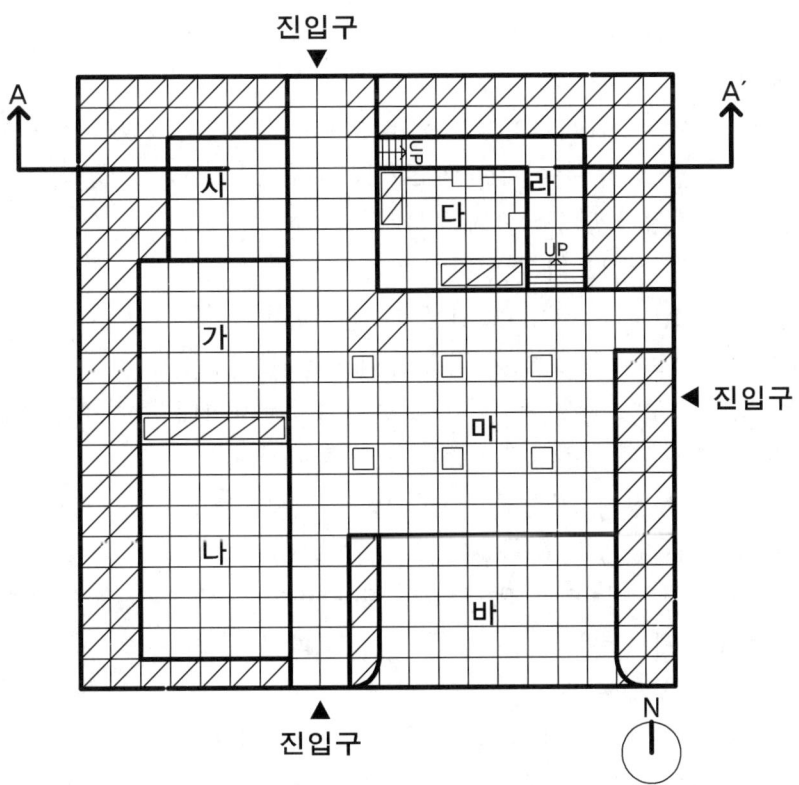

SCALE=1/100
참고 : 격자 한눈금은 1M

■ (요구 사항)

우리나라 중부지역에 위치한 소공원에 대한 조경설계를 하고자 한다. 주어진 현황도 및 아래 사항을 참조하여 설계조건에 따라 조경계획도를 작성합니다.(단, 2점쇄선 안 부분을 조경설계 대상지로 합니다.)

1) 식재 평면도를 위주로 한 조경계획도를 축척 1/100로 작성하십시오.(지급용지-1)
2) 도면 오른쪽 위에 작업명칭을 작성하십시오.
3) 도면 오른쪽에는 "시설물 수량표와 수목(식재) 수량표"를 함께 작성하고, 수량표 아래쪽 여백을 이용하여 "방위표시와 막대축척"을 반드시 그려 넣으시오.(단, 전체 대상지의 길이를 고려하여 범례표의 폭을 조정 할 수 있다.)
4) 도면의 전체적인 안정감을 위하여 "테두리선"을 작성하십시오.
5) 소공원 부지내의 A - A' 단면도를 축척 1/100로 작성하십시오.(지급용지-2)
6) 반드시 식재 평면도는 성상, 수목명, 규격, 단위, 수량을 명기하여 작성하시오.

■ (설계 조건)

1) 해당 지역은 자투리 공간을 이용하여 휴식 및 어린이들이 즐길 수 있는 도로변 소공원으로, 공원의 특징을 고려하여 조경계획도를 작성하시오.
2) 포장지역을 제외한 곳에는 모두 식재를 실시하시오.(단, 녹지공간은 빗금 친 부분이며, 분위기를 고려하여 식재를 실시하시오.)
3) 포장지역은 "소형고압블럭, 점토벽돌, 화강석블럭, 고무칩, 모래, 마사토, 투수콘크리트 등" 적당한 재료를 선택하여 재료의 사용이 적합한 장소에 기호로 표현하고, 포장명칭을 반드시 기입하시오.
4) "가" 공간은 휴게공간으로 파고라(3,500 × 3,500mm) 1개소를 설치하시오.
5) "나" 공간은 어린이들을 위한 놀이공간으로 계획하고, 그 안에 어린이 놀이시설물을 3종류(회전무대, 그네, 시소, 정글짐 등)를 배치하시오.
6) "다" 공간은 수공간으로 주변보다 0.6m가 높다.
7) "라" 공간은 주변보다 1.0m 높으며 조명등을 설치하시오.
8) "마" 공간은 보행공간으로 수목보호대에 녹음식재를 실시하시오.
9) "바" 공간은 주차공간으로 소형자동차 2대, 장애인자동차 1대 주차공간으로 계획하시오.
10) "사" 공간은 운동공간으로 운동기구 2종류를 배치하시오.
11) 대상지 내에 보행자 통행에 지장을 주지 않는 곳에 등벤치(1,600 × 600mm), 평벤치(1,600 × 400mm), 휴지통(∅50)을 추가로 설치하십시오.
12) 주동선 입구와 주차공간 주변으로 차량의 통행을 방지하는 시설을 설치하시오.
13) 대상지 내에는 유도식재, 녹음식재, 경관식재, 소나무 군식 등의 식재패턴을 필요한 곳에 배식하시오.
14) 수목은 아래에 주어진 수종 중에서 종류가 다른 12가지를 반드시 선정하여 골고루 안정적인 배식이 될 수 있도록 계획하며, 인출선을 이용하여 수량, 수종명칭, 규격을 반드시 표기하시오

> 소나무(H4.0×W2.0), 소나무(H3.0×W1.5), 소나무(H2.5×W1.2), 스트로브잣나무(H2.5×W1.2)
> 왕벚나무(H4.5×B15), 버즘나무(H3.5×B8), 느티나무(H4.5×R20), 청단풍(H2.5*R8)
> 중국단풍(H2.5×R5), 자귀나무(H2.5×R6), 산딸나무(H2.0×R5), 꽃사과(H2.5*R5)
> 산철쭉(H0.3×W0.4), 자산홍(H0.3×W0.3), 영산홍(H0.4×W0.3)

15) A – A' 단면도는 경사, 포장재료, 경계선 및 기타 시설물의 기초, 주변의 수목, 주요 시설물, 이용자 등을 단면도상에 반드시 표기하고, 높이 차를 한눈에 볼 수 있도록 설계하시오.

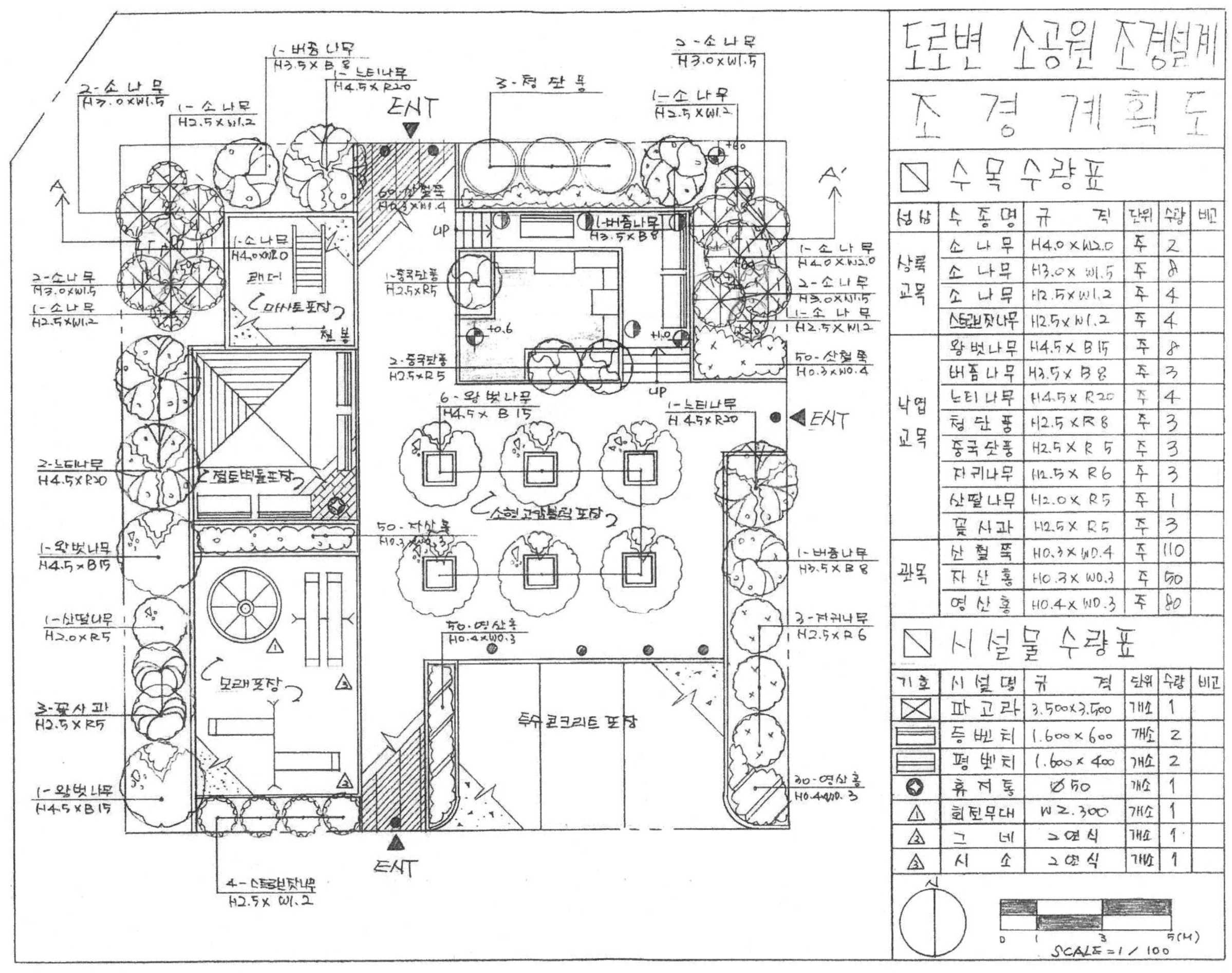

단면도(모범답안)

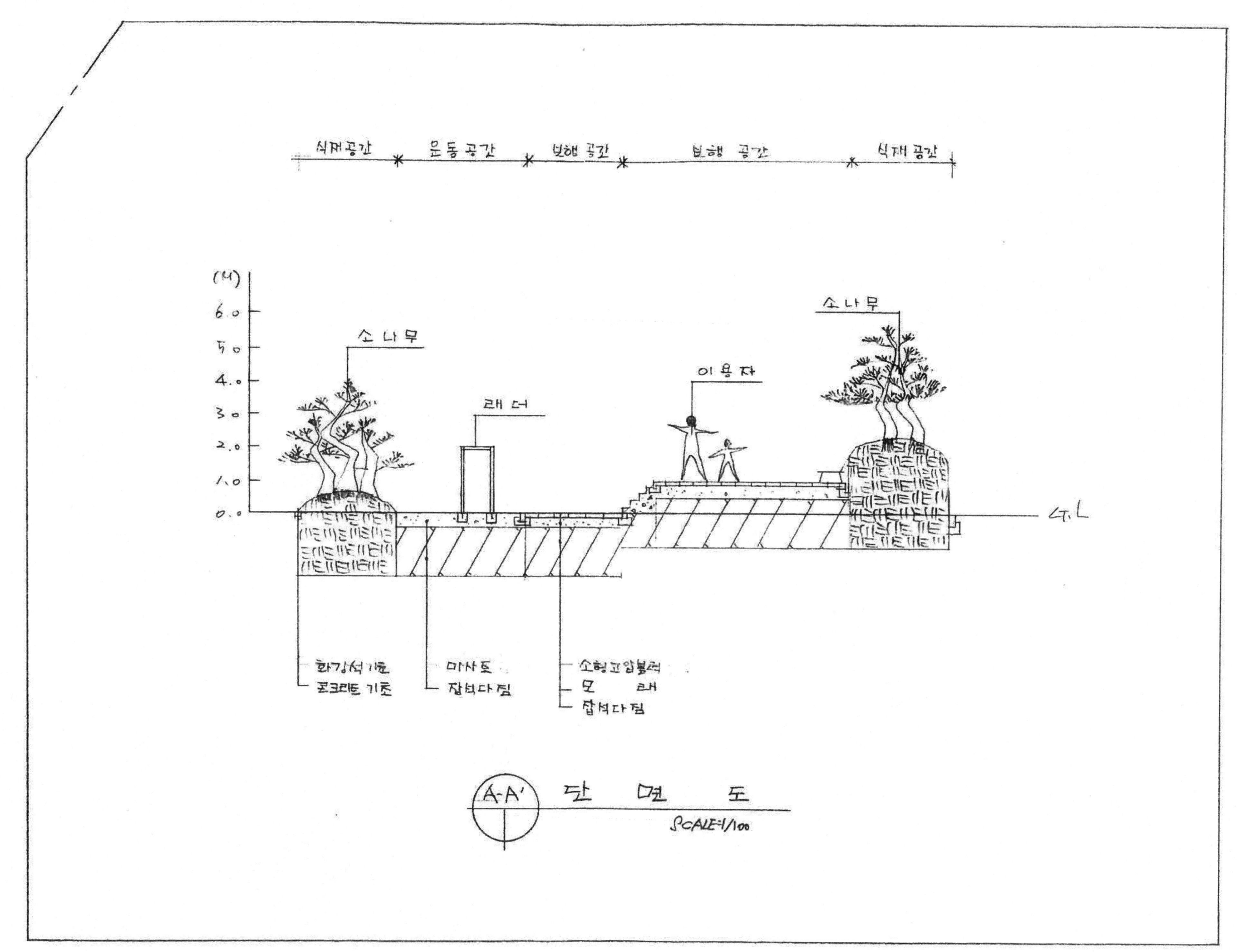

25 옥상조경설계(2021년 3회)

■ **수험자 유의사항**

1) 수험자는 각 문제의 제한 시간내에 작업을 완료하여야 합니다.
2) 답안지의 수험자 성명과 수목명은 반드시 흑색필기구(연필 제외)로 하며, 그 외의 필기구를 사용할 때에는 채점대상에서 제외합니다.
3) 조경설계 사항은 제도용 연필만을 사용해서 작성하여야 하며, 다른 필기구를 사용할 때는 채점대상에서 제외합니다.
4) 주어진 설계도면 및 지급된 용지 2매에 시설물배치도+식재설계평면도(조경계획도) 1매, 단면도 1매가 모두 작성되어야 채점대상이 되며, 1매라도 설계가 미완성인 것은 미완성으로 채점대상에서 제외됩니다.
5) 수험자가 전 과정 조경설계, 수목감별, 조경시공 작업을 응시하지 않으면 채점대상에서 제외합니다.
6) 답안지의 수검번호 및 성명의 기재는 반드시 인쇄된 곳에 기록하여야 합니다.
7) 수험자는 수검시간 중 타인과의 대화를 금합니다.
8) 수험자는 도면 작성시 성명을 작성하는 곳을 제외하고 범례표(표제란)에 성명을 작성하지 않습니다.

〈현황도〉

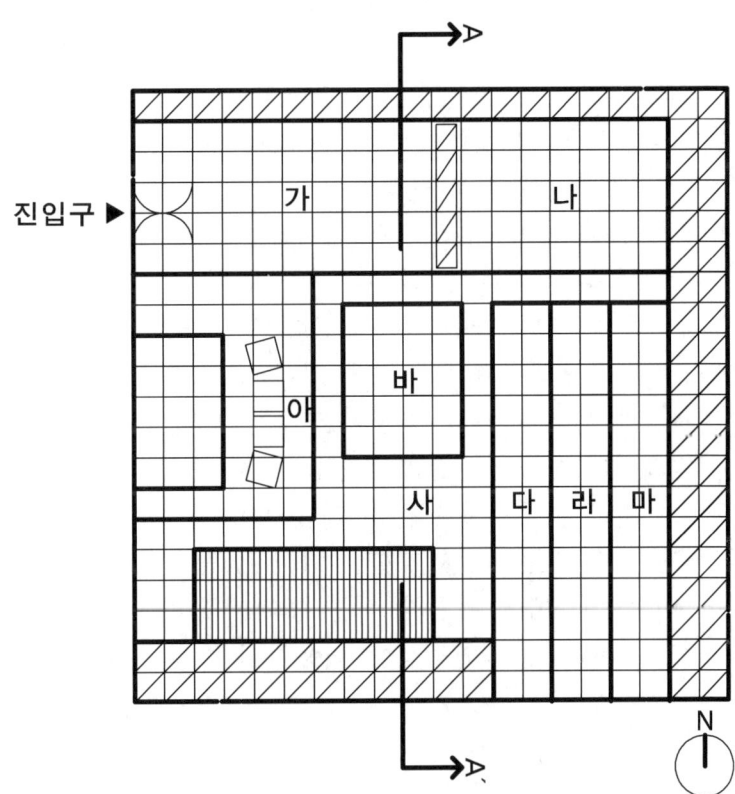

SCALE=1/100
참고 : 격자 한눈금은 1M

■ (요구 사항)

우리나라 남부지역에 위치한 건물의 옥상에 조경설계를 하고자 한다. 주어진 현황도 및 아래 사항을 참조하여 설계조건에 따라 조경계획도를 작성합니다.(단, 2점쇄선 안 부분을 조경설계 대상지로 합니다.)

1) 식재 평면도를 위주로 한 조경계획도를 축척 1/100로 작성하십시오.(지급용지-1)
2) 도면 오른쪽 위에 작업명칭을 작성하십시오.
3) 도면 오른쪽에는 "시설물 수량표와 수목(식재) 수량표"를 함께 작성하고, 수량표 아래쪽 여백을 이용하여 "방위표시와 막대축척"을 반드시 그려 넣으시오.(단, 전체 대상지의 길이를 고려하여 범례표의 폭을 조정 할 수 있다.)
4) 도면의 전체적인 안정감을 위하여 "테두리선"을 작성하십시오.
5) 부지내의 A - A′ 단면도를 축척 1/100로 작성하십시오.(지급용지-2)
6) 반드시 식재 평면도는 성상, 수목명, 규격, 단위, 수량을 명기하여 작성하시오.

■ (설계 조건)

1) 해당 지역 건물의 옥상에 위치한 옥상조경의 특징을 고려하여 조경계획도를 작성하시오.
2) 포장지역을 제외한 곳에는 모두 식재를 실시하시오.(단, 녹지공간은 빗금 친 부분이며, 분위기를 고려하여 식재를 실시하시오.)
3) 포장지역은 "소형고압블럭, 점토벽돌, 화강석블럭, 고무칩, 모래, 마사토, 조약돌, 자연석 판석 등" 적당한 재료를 선택하여 재료의 사용이 적합한 장소에 기호로 표현하고, 포장명칭을 반드시 기입하시오.
4) "가" 공간은 휴게공간으로 파고라(3,000 × 3,000mm) 1개소, 등벤치(1,600 × 600mm) 3개소, 휴지통(Ø50) 1개소를 설치하시오.
5) "나" 공간은 어린이들을 위한 놀이공간으로 계획하고, 그 안에 어린이 놀이시설물을 2종류(회전무대, 2연식 그네, 시소, 정글짐 등)를 배치하시오.
6) "다", "라", "마" 공간은 야생화 가든으로 조성하시오. 또한 야간에 야생화를 감상할 수 있도록 조명등을 배치하고 주변보다 0.2m 높게 계획하시오.
7) "바" 공간은 평평한 지형에 변화를 주어 경관을 연출하시오.
8) "사" 공간은 보행로로 계획하고 그늘시렁 하부에는 식재를 하지 마시오.
9) "아" 공간은 수공간으로 수조는 주변보다 0.6m가 낮다.
10) 북쪽으로는 시선을 차단할 수 있는 차폐식재를 계획하고, 동쪽으로는 경관식재를 계획하시오.
11) 수목은 아래에 주어진 수종 중에서 종류가 다른 12가지를 반드시 선정하여 골고루 안정적인 배식이 될 수 있도록 계획하며, 인출선을 이용하여 수량, 수종명칭, 규격을 반드시 표기하시오.

소나무(H4.0×W2.0), 소나무(H3.0×W1.5), 소나무(H2.5×W1.2) 주목(H3.0×W1.8), 스트로브잣나무(H2.5×W1.2), 반송(H2.0×W2.0) 왕벚나무(H4.5×B15), 느티나무(H4.0×R15), 플라타너스(H3.5*R15) 꽃사과(H2.5*R6), 홍단풍(H2.5*R6), 산딸나무(H2.5×R5) 회양목(H0.3×W0.3), 철쭉(H0.4×W0.4), 자산홍(H0.3×W0.3) 옥잠화(H0.5*W0.4), 비비추(H0.4×W0.4), 벌개미취(H0.3×W0.3) 용담(H0.3×W0.3), 초롱꽃((H0.5×W0.3), 상사화(H0.3×W0.3)

12) A - A′ 단면도는 경사, 포장재료, 경계선 및 기타 시설물의 기초, 주변의 수목, 주요 시설물, 이용자 등을 단면도상에 반드시 표기하고, 높이 차를 한눈에 볼 수 있도록 설계하시오.

평면도(모범답안)

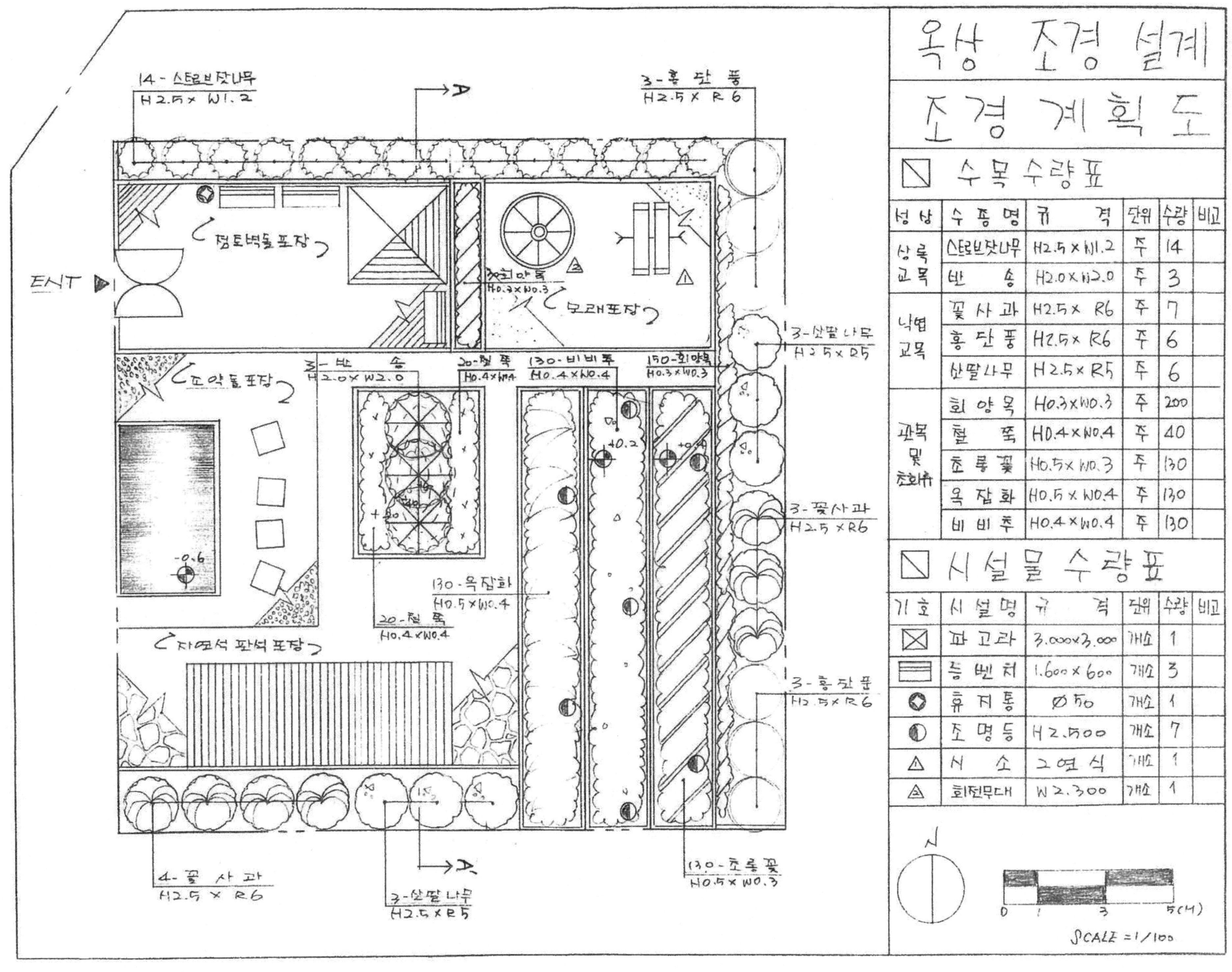

단면도(모범답안)

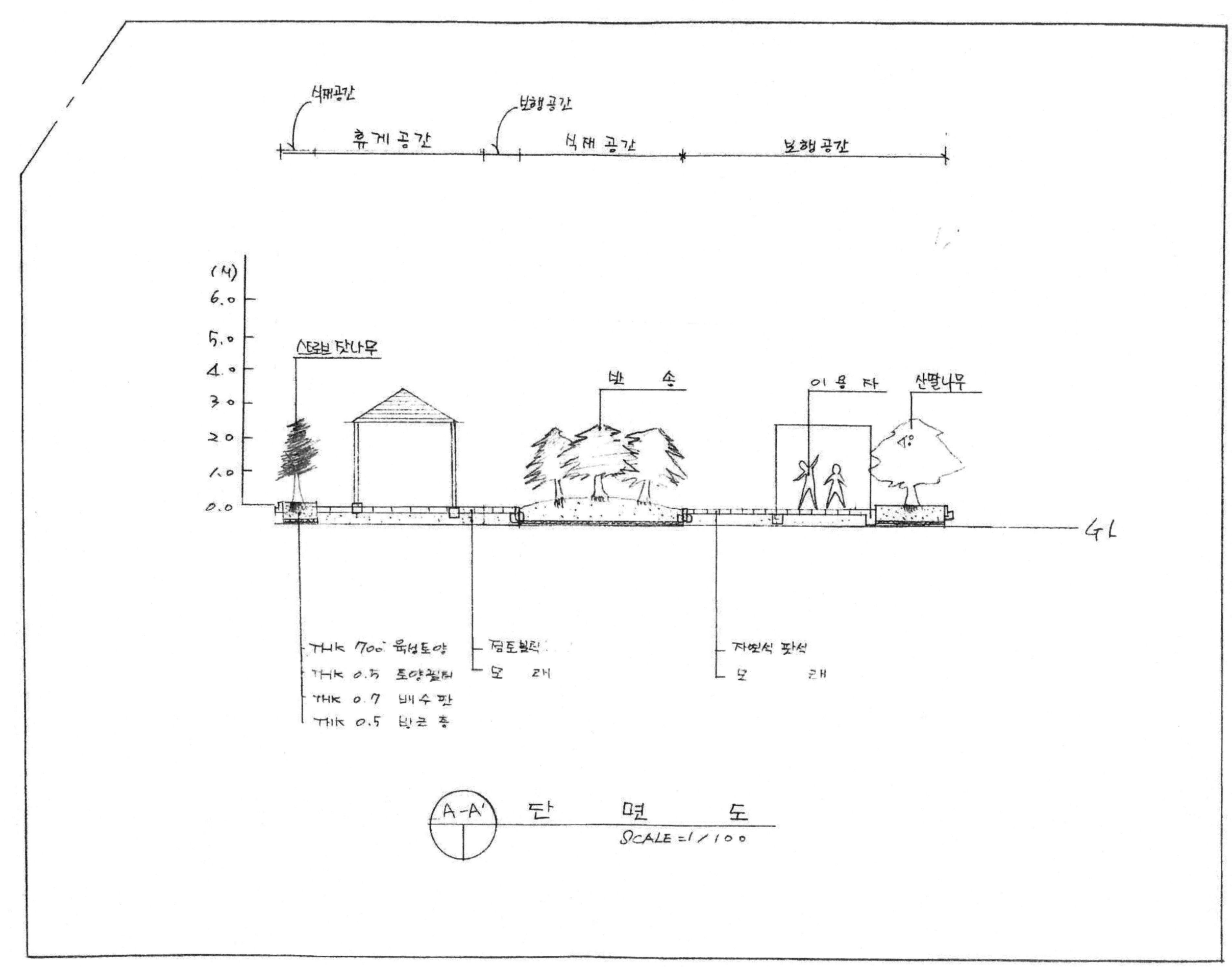

26 도로변소공원설계(2021년 5회)

- **설계문제** : 다음 설계부지는 중부지방에 위치한 도로변소공원에 대한 조경설계를 하고자 한다. 아래에 주어진 요구 조건을 반영하여 도면을 작성하시오.

- **(현황도면)** 주어진 도면을 참조하여 요구사항 및 조건들에 적합한 배식평면도 및 단면도를 작성하시오. 일점쇄선 안 부분이 설계대상지이며, 주변 현황은 도면에 그대로 옮겨준다.

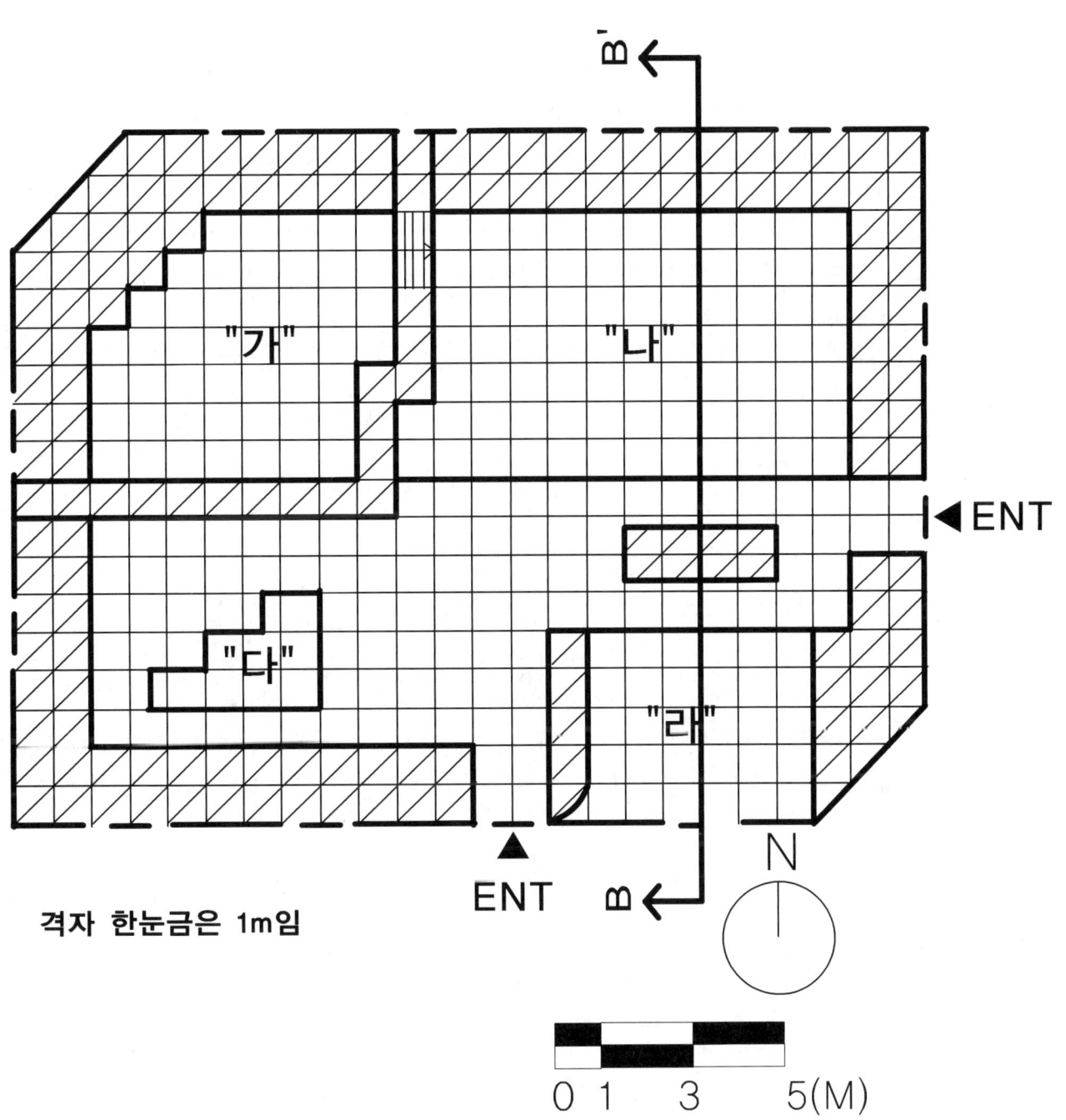

격자 한눈금은 1m임

■ (요구 사항)

1. 조경계획도를 위주로 한 배식평면도를 축척 1/100으로 작성하시오.(지급용지 1)
2. 도면 우측 표제란에 작업명칭을 "△△도로변소공원조경설계"라고 작성하시오.
3. 표제란에는 "수목수량표"와 "시설물수량표"를 작성하고, 수량표 아래쪽에는 방위표시와 막대축척을 그려 넣는다.
4. "수목수량표"에는 수목의 성상별로 상록교목, 낙엽교목, 관목으로 구분하여 작성하시오.
5. A-A' 단면도를 축척 1/100으로 작성하시오(단, 시설물의 기초, 포장재료, 계단, 시설물, 주변수목, 경계, 본 대상지를 이용하는 이용자 등을 단면도상에 반드시 표기하시오).(지급용지 2)

■ (요구 조건)

1. 설계 대상지의 현황이 도로변소공원이라는 것을 고려하여 조경설계를 하시오.
2. "가" 공간은 휴게공간으로 퍼걸러(3500×3500) 1개, 등벤치 3개를 배치하시오.
3. "나" 공간은 놀이공간으로 놀이시설을 3종 임의로 배치하시오.
4. "다" 공간은 식재공간으로 등고선 1개당 20cm씩 높으며, 전체적으로 다른 지역에 비해 60cm 높다.
5. "라" 공간은 주차공간으로 소형승용차(3000×5000) 2대가 주차할 수 있는 공간으로 설계하시오.
6. 각 공간의 포장은 공간의 성격에 맞추어 포장재료를 달리 하여 소형고압블록, 콘크리트, 마사토, 모래, 투수콘크리트 중에서 선택하여 포장한다(단, 포장 디자인은 평면도 상에 2-3군데 상징적으로 표현해준다).
7. 이용자의 통행이 잦은 것을 고려하여 유도식재, 녹음식재, 경관식재, 소나무 군식 등을 적당한 장소에 배식하시오.
8. 식재시 계절감을 느낄 수 있도록 설계하시오.
9. 필요시 적당한 장소에 수목보호대와 평벤치 각각 3개를 설치하시오.
10. 포장지역을 제외한 곳에는 식재를 하시오.
11. 식재설계는 아래수종에서 10종 선정하여 식재한다.

> 소나무(H4.0×W2.0), 소나무(H3.5×W1.8), 소나무(H3.0×W1.6), 주목(H3.0×W1.6)
> 스트로브잣나무(H2.5×W1.2), 가문비나무(H2.5×W1.2), 꽃사과(H2.5×R6)
> 느티나무(H4.0×R12), 동백나무(H2.5×R8), 플라타너스(H3.5×B10)
> 광나무(H2.5×R8), 단풍나무(H2.0×R7), 회양목(H0.3×W0.3), 개나리(H0.3×W0.4)
> 명자나무(H0.3×W0.3), 철쭉(H0.3×W0.4), 꽝꽝나무(H0.3×W0.3)

평면도 (모범답안)

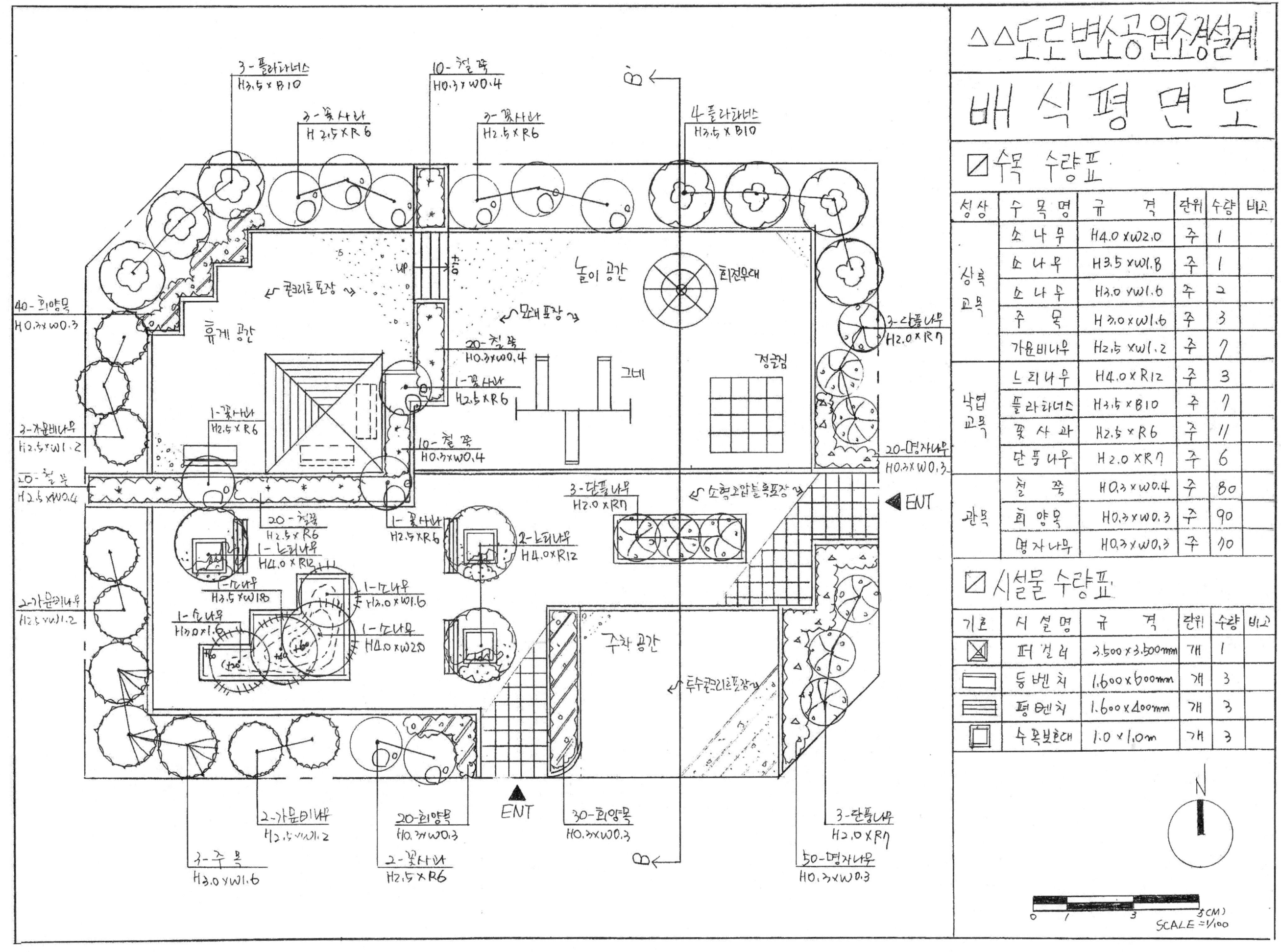

단면도(모범답안)

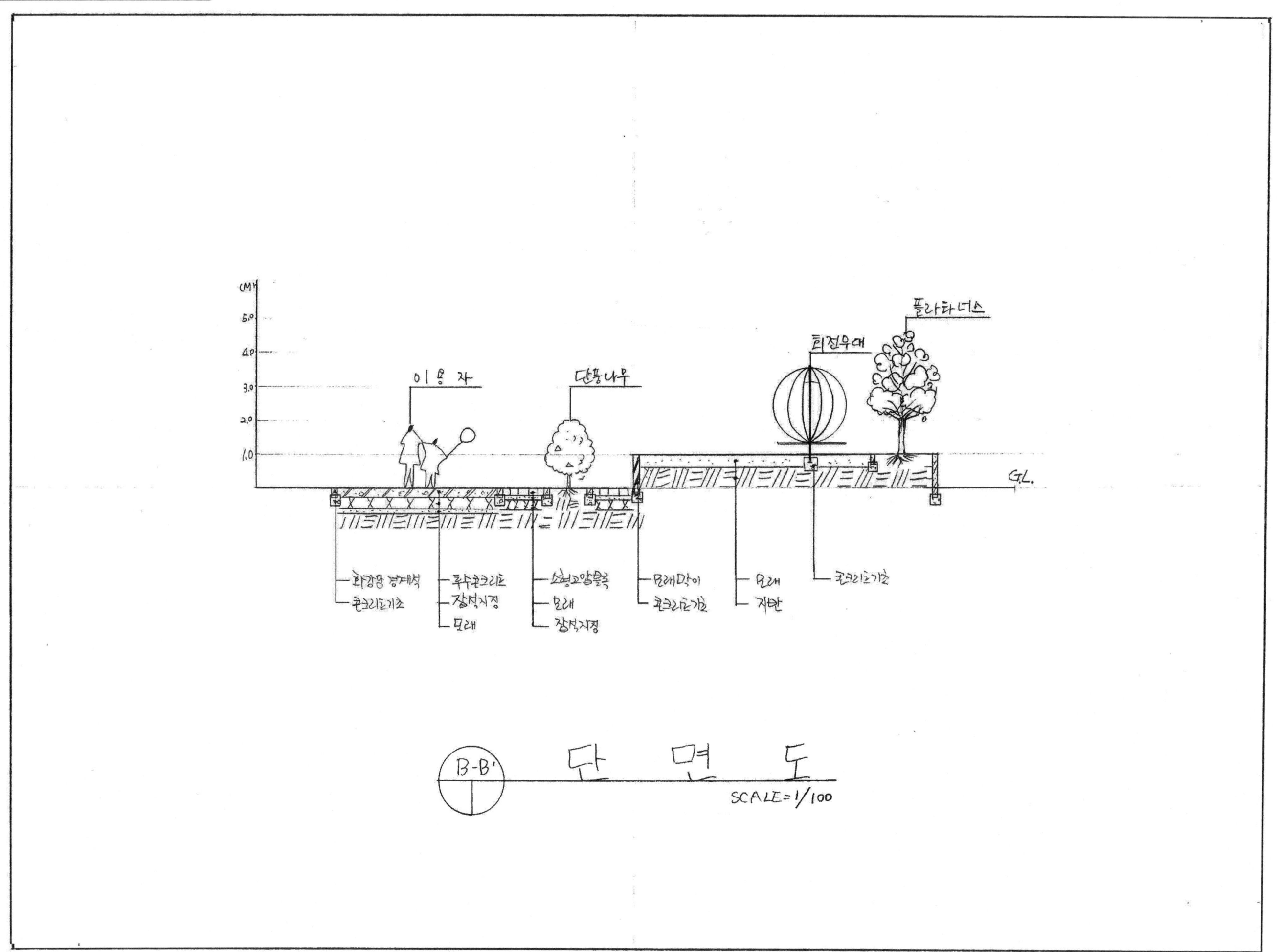

■ 문제해설(평면도)

1. 답안용지의 외곽에 규격을 맞춰 테두리선(좌측 : 수직으로 인쇄되어진 점선 위, 상·하·우측 : 1cm)을 긋는다. 일점쇄선 안 부분이 설계대상지 이므로 현황도를 답안지의 가운데에 배치되도록 해주고, 외곽은 일점쇄선이 되도록 그려주며, 주변 현황인 ENT를 기재해주고, 방위표와 스케일을 규격에 맞춰 그려준다. 평면도의 단면도선과 B-B'화살표 선은 90도가 되도록 그려주어야 한다.
2. (요구 사항)부터 살펴보면 조경계획도를 위주로 한 배식평면도를 축척 1/100으로 작성하라고 했으므로 표제란의 두 번째 칸 제목은 배식평면도가 된다. 축척은 현황도면의 격자 1눈금이 1m이므로 가로세로 격자의 개수를 잘 세어 현황도를 확대해주어야 한다.
3. 표제란에 작업명칭을 "△△도로변소공원조경설계"라고 기재해 주고, 작업명칭과 배식평면도 글씨의 좌우 여백을 맞춰주면 도면이 보기 좋다. 작업명칭은 표제란의 제일 윗부분에 쓰이는 글씨이기 때문에 깔끔하고 정확한 글씨로 작성되어야 한다.
4. 표제란에 수목수량표와 시설물수량표를 작성하였으며, 수목수량표의 수목명과 규격은 문제에 제시된 대로 기재해주어야 하며, 시설물수량표의 시설명과 규격을 문제에서 제시된 대로 기재해준다.
5. 수목수량표의 성상은 상록교목, 낙엽교목, 관목으로 구분하고, 성상별로 수고(H)가 큰 수목을 각 성상별 윗부분에 배치한다.
6. (요구 조건)을 살펴보면 "가"공간은 휴게공간으로 퍼걸러와 등벤치를 규격에 맞춰 배치하고 '콘크리트포장'을 하였다. 평면도 모범답안에는 '콘크리트포장'을 하였지만, 휴게공간에는 '소형고압블록포장'을 해주는 것이 더 좋은 답이 된다. 퍼걸러 안에 설치한 등벤치는 위에서 바라보았을 때 보이지 않기 때문에 점선으로 표시해주었다.
7. "나"공간은 놀이공간으로 '모래포장'을 하였고, 회전무대, 그네, 정글짐을 배치하였다. 일반적으로 놀이공간은 '모래포장'을 가장 많이 사용한다. 놀이공간에는 대부분 3가지 놀이시설물을 배치하라고 하는 경우가 많으므로 놀이시설을 3종 이상 평면도로 그릴 수 있어야 실제 시험에서 시간도 절약되고 쉽고 빠르게 그릴 수 있다. 또한 놀이공간에 놀이시설을 공간의 중앙에 삼각형 모양으로 배치해주는 것이 시설물끼리 균형이 있어 좋다.
8. "다"공간은 식재공간으로 점표고가 전체적으로 60cm 높은 장소에 마운딩이 설계되었다. 마운딩의 점표고는 점선 1개당 20cm씩 높게 지형의 변화를 시켰으며, 문제에서 주어진 3가지 규격의 소나무를 사용하여 소나무 군식을 하였다. 좁은 공간에 소나무 군식을 하기에는 공간이 약간 부족하지만, 마운딩 장소에 서로 규격이 다른 소나무와 관목을 더 많이 식재하면 좋은 답이 된다.
9. "라"공간은 주차공간으로 소형승용차 2대가 주차할 수 있는 공간으로 설계하였고, '투수콘크리트포장'을 하였다. 소형승용차의 주차 규격을 기억해야 하지만 일반적으로 공간이 주어지고 주차의 대수가 나오기 때문에 공간을 잘 분할해서 차량 대수만큼 주차선을 그어주면 된다.
10. 각 공간은 포장 재료를 달리 하여 포장을 하였고, 각 공간의 포장 모서리 부분에 2군데 상징적으로 포장 디자인과 포장명을 기재해주었다.
11. 입구 주변에 관목으로 유도식재, 수목식재 공간에 녹음식재와 경관식재, 남서쪽 "다"공간에 소나무 군식을 하였다.
12. 필요시 적당한 장소에 수목보호대와 평벤치를 설치하라고 했으므로 수목보호대를 원로에 설치하여 느티나무를 식재하였고, 수목보호대의 녹음수 아래 평벤치를 설치하였다(일반적인 수목보호대의 규격은 1m×1m 이다).

13. 식재설계는 소나무 군식 장소에 소나무 3가지 규격을 사용하여 식재하였더라도 실제 사용한 수목은 소나무 1종이 되므로 10종을 맞춰서 식재하였다.
14. 누락되거나 지워진 부분이 없는지 확인하고, 방위표시와 스케일바, 표제란 등을 잊지 말고 규격에 맞춰 반드시 그려준다.

■ 문제해설(단면도)

1. B-B'단면도선을 잘 보아야 한다. 제일 먼저 답안지 용지에 테두리선을 규격에 맞춰 긋고, 열십자(+)로 가선을 그어 중심선을 잡는다. 가선을 그은 평면도 중심선의 수직선과 단면도 중심선의 수직선을 일자로 맞춰 평면도의 단면도선(B-B') 길이만큼 단면도 답안지 가로 중심선에 G. L.선을 긋는다. G. L.선에 수직으로 점표고를 표기해주고(예 : 1.0, 2.0, 3.0, 4.0, 5.0 (m)), 수고를 따라 G. L.선과 평행하게 가선을 그어 각 시설물 및 수목의 수고를 파악하기 위한 선을 그어준다.
2. B 부분부터 보면 대상지의 경계부분에 화강암 경계석이 나오고 주차공간에 '투수콘크리트포장'을 하였다. 평면도 모범답안에서는 대상지의 경계부분에 화강암 경계석이 그려지지 않았더라도 실제는 화강암 경계석이 있는 것으로 간주하여 단면도 모범답안에서는 경계부분에 화강암 경계석을 그려주는 것이 좋다.
3. (요구 사항) 5번에 이용자를 단면도상에 표기하라고 했는데 주차공간이 허전하기 때문에 주차공간에 이용자를 그려주었다.
4. 주차공간 다음으로 '소형고압블록포장'이 있고, 식수대(Plant Box)에 단풍나무가 식재되어 있다. 식수대 다음으로 '소형고압블록포장'이 다시 나온다.
5. 다음으로 점표고가 1.0m 높은 장소에 '모래포장'이 있다. '모래포장'에는 화강암 경계석 대신 모래막이가 설계되어야 한다. 모래막이는 화강암 경계석과 디자인 및 재료에서 차이가 있어야 한다. 점표고가 1.0m인 단 차이 처리방법을 기억해야 한다.
6. 놀이공간의 '모래포장'에 회전무대가 단면도선에 걸렸으므로 회전무대의 상세도가 그려져야 한다. 놀이시설물 1종 이상은 상세도로 그릴 수 있어야 한다.
7. 놀이공간의 '모래포장'을 지나 모래막이와 플라타너스를 수목의 모양과 수고, 수관폭에 맞춰 그려주고, 대상지의 경계부분에 화강암 경계석을 그려준다.
8. G. L.선 윗부분의 수목 및 시설물에 인출선을 3단(제일 높은 것(교목 및 시설물 중 높은 것), 중간 것(작은 교목 등), 낮은 것(관목, 시설물 중 낮은 것))으로 구분하여 기재해주는 것이 통일성있고 깔끔하게 보인다.
9. 인출선을 그릴 때 같은 수목이나 시설물은 디자인이 같기 때문에 앞부분이나 인출선을 작성하기 좋은 곳의 수목이나 시설물에 인출선을 사용하여 수목명과 시설명을 한 번만 기재해 주면 된다.
10. G. L.선 아랫부분은 각 시설물의 재료가 기재되어야 한다. 각 재료의 중앙에 점(•)을 찍어 재료명을 기재해주고, 재료명을 기재할 때 가선을 그어 줄을 맞춰서 재료명을 기재해주면 깔끔하고 아름다운 도면이 된다. G. L.선 아랫부분의 재료 하단부분과 마운딩 장소 하단부분에 지반표시를 해주어야 한다.
11. 마지막으로 B-B' 단면도라고 기재해주며, 스케일을 기재해주면 된다.
12. 단차이가 있고 화강암 경계석과 수목이 많이 나오기 때문에 하나하나 빠짐없이 평면도를 잘 고려하여 단면도를 그려주어야 한다.

27 도로변소공원조경설계(2022년 1회)

■ 수험자 유의사항

1) 수험자는 각 문제의 제한 시간내에 작업을 완료하여야 합니다.
2) 답안지의 수험자 성명과 수목명은 반드시 흑색필기구(연필 제외)로 하며, 그 외의 필기구를 사용할 때에는 채점대상에서 제외합니다.
3) 조경설계 사항은 제도용 연필만을 사용해서 작성하여야 하며, 다른 필기구를 사용할 때는 채점대상에서 제외합니다.
4) 주어진 문제의 요구조건에 위배되는 설계도면 및 지급된 용지 2매인 시설물배치도+식재설계 평면도(수목배치도) 1매, 단면도 1매가 모두 작성되어야 채점대상이 되며, 1매라도 설계가 미완성인 것은 미완성으로 채점대상에서 제외됩니다.
5) 수험자가 전 과정 조경설계, 수목감별, 조경시공 작업을 응시하지 않으면 채점대상에서 제외합니다.
6) 답안지의 수검번호 및 성명의 기재는 반드시 인쇄된 곳에 기록하여야 합니다.
7) 수험자는 수검시간 중 타인과의 대화를 금합니다.
8) 수험자는 도면 작성시 성명을 작성하는 곳을 제외하고 범례표(표제란)에 성명을 작성하지 않습니다.

〈현황도〉

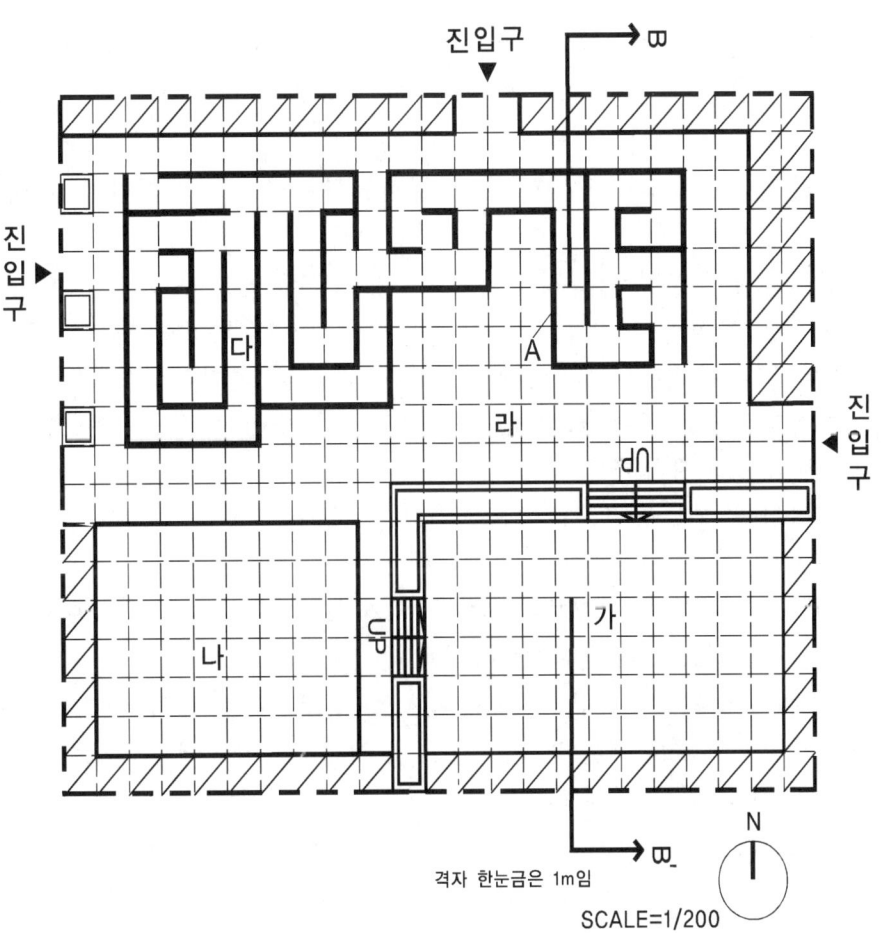

격자 한눈금은 1m임
SCALE=1/200

■ (요구 사항)

우리나라 중부지역에 위치한 도로변의 빈 공간에 대한 조경설계를 하고자 한다. 주어진 현황도 및 아래 사항을 참조하여 설계조건에 따라 조경계획도를 작성합니다.(단, 2점쇄선안 부분을 조경설계 대상지로 합니다.)

1) 식재 평면도를 위주로 한 조경계획도를 축척 1/100로 작성하십시오.(지급용지-1)
2) 도면 오른쪽 위에 작업명칭을 작성하십시오.
3) 도면 오른쪽에는 "주요 시설물 수량표와 수목(식재) 수량표"를 함께 작성하고, 수량표 아래쪽 여백을 이용하여 "방위표시와 막대축척"을 반드시 그려 넣으시오.(단, 전체 대상지의 길이를 고려하여 범례표의 폭을 조정 할 수 있다.)
4) 도면의 전체적인 안정감을 위하여 "테두리선"을 작성하십시오.
5) 도로변 소공원 부지내의 B - B' 단면도를 축척 1/100로 작성하십시오.(지급용지-2)
6) 반드시 식재 평면도는 성상, 수목명, 규격, 단위, 수량을 명기하여 작성하시오.

■ (설계 조건)

1) 해당 지역은 도로변의 자투리 공간을 이용하여 휴식 및 어린이들이 즐길 수 있는 미로 및 놀이소공원으로, 공원의 특징을 고려하여 조경계획도를 작성하시오.
2) 포장지역을 제외한 곳에는 모두 식재를 실시하시오.(단, 녹지공간은 빗금 친 부분이며, 분위기를 고려하여 식재를 실시하시오.)
3) 포장지역은 "점토벽돌, 화강석블럭포장, 콘크리트, 고무칩, 마사토, 투수콘크리트 등" 적당한 재료를 선택하여 재료의 사용이 적합한 장소에 기호로 표현하고, 포장명칭을 반드시 기입하시오.
4) "라" 지역은 진입 및 각 공간을 원활하게 연결시킬 수 있도록 계획하며, 보행흐름에 지장이 없도록 설계하시오.
5) "나" 지역은 정적인 휴식공간으로 파고라(3000×5000mm) 1개소를 설치하십시오.
6) 대상지 내에 보행자 통행에 지장을 주지 않는 곳에 2인용 평상형 벤치(1200×500mm) 3개(단, 파고라 안에 설치된 벤치는 제외)와 휴지통 3개소를 설치하십시오.
7) "가" 지역은 놀이공간으로 계획하고, 그 안에 어린이 놀이시설물을 3종류(회전무대, 3연식 철봉, 정글짐, 시소 등) 배치하시오.
8) "다" 지역은 어린이의 미로공간으로 담장(A)의 소재와 두께는 자유롭게 선정하며, 가급적 높이는 1m 정도로 설계하시오.
9) "가" 지역은 "나", "다", "라" 지역보다 높이 차가 1m 발생하며, 그 높이 차이를 식수대(Plant box)로 처리하였으므로 적합한 조치를 하십시오.
10) 대상지 내에는 유도식재, 녹음식재, 경관식재, 소나무 군식 등의 식재패턴을 필요한 곳에 배식하고, 3개의 수목보호대에는 녹음식재를 실시하고, 필요에 따라 수목보호대를 추가로 설치하여 포장 내에 식재를 하시오.
11) 수목은 아래에 주어진 수종 중에서 종류가 다른 10가지를 반드시 선정하여 골고루 안정적인 배식이 될 수 있도록 계획하며, 인출선을 이용하여 수량, 수종명칭, 규격을 반드시 표기하시오.

소나무(H4.0×W2.0), 소나무(H3.0×W1.5), 소나무(H2.5×W1.2)
스트로브잣나무(H2.5×W1.2), 스트로브잣나무(H2.0×W1.0)
왕벚나무(H4.5×B15), 버즘나무(H3.5×B8), 느티나무(H4.5×R20)
청단풍(H2.5×R8), 다정큼나무(H1.0×W0.6), 동백나무(H2.5×R8)
중국단풍(H2.5×R5), 굴거리나무(H2.5×W0.6), 자귀나무(H2.5×R6)
태산목(H1.5×W0.5), 먼나무(H2.0×R5), 산딸나무(H2.0×R5), 산수유(H2.5×R7)
꽃사과(H2.5×R5), 수수꽃다리(H1.5×W0.6), 병꽃나무(H1.0×W0.4)
쥐똥나무(H1.0×W0.3), 명자나무(H0.6×W0.4), 산철쭉(H0.3×W0.4)
자산홍(H0.3×W0.3), 영산홍(H0.4×W0.3), 조릿대(H0.6×7가지)

12) B - B' 단면도는 경사, 포장재료, 경계선 및 기타 시설물의 기초, 주변의 수목, 주요 시설물, 이용자 등을 단면도상에 반드시 표기하고, 높이 차를 한눈에 볼 수 있도록 설계하시오.

평면도(모범답안)

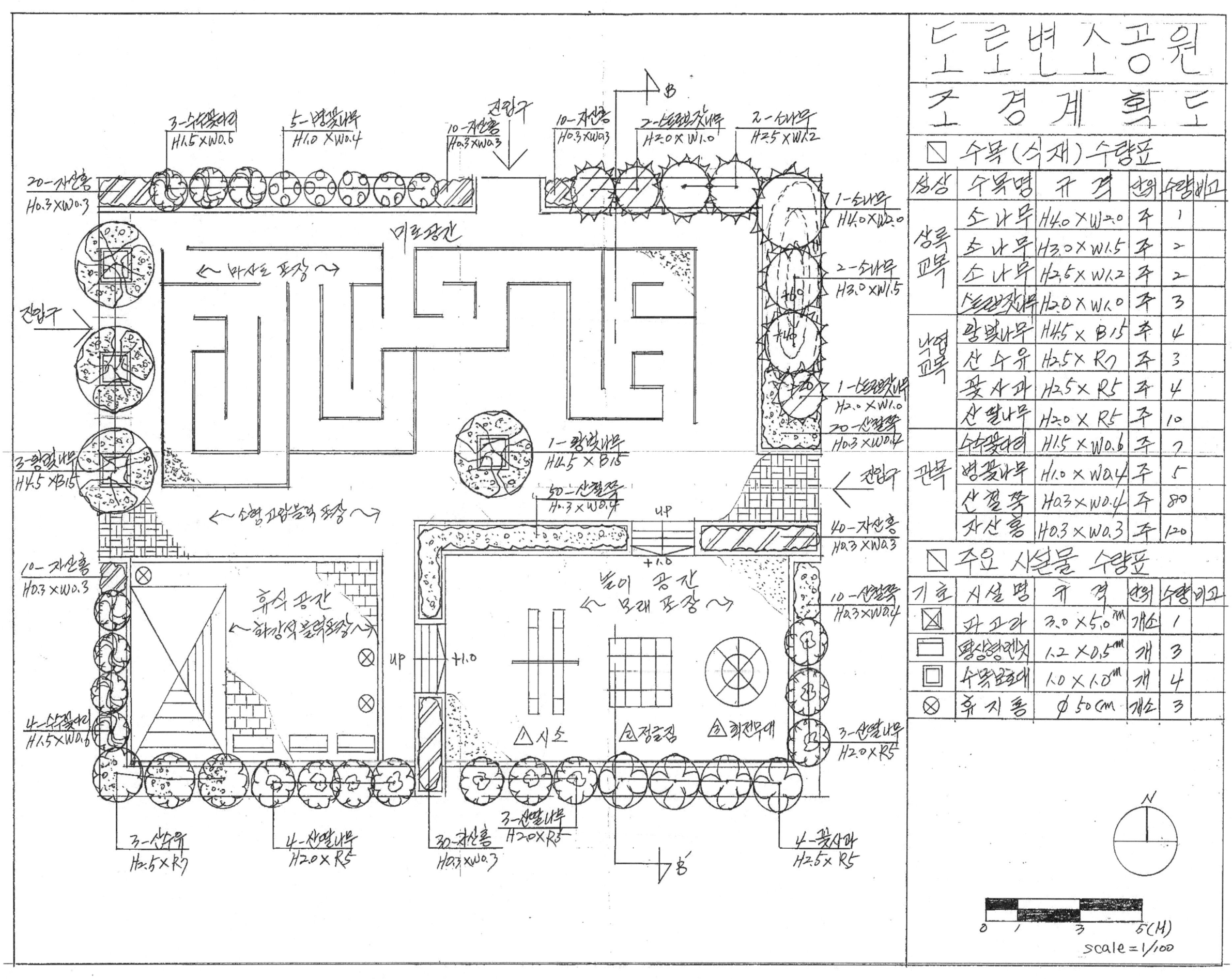

단면도(모범답안)

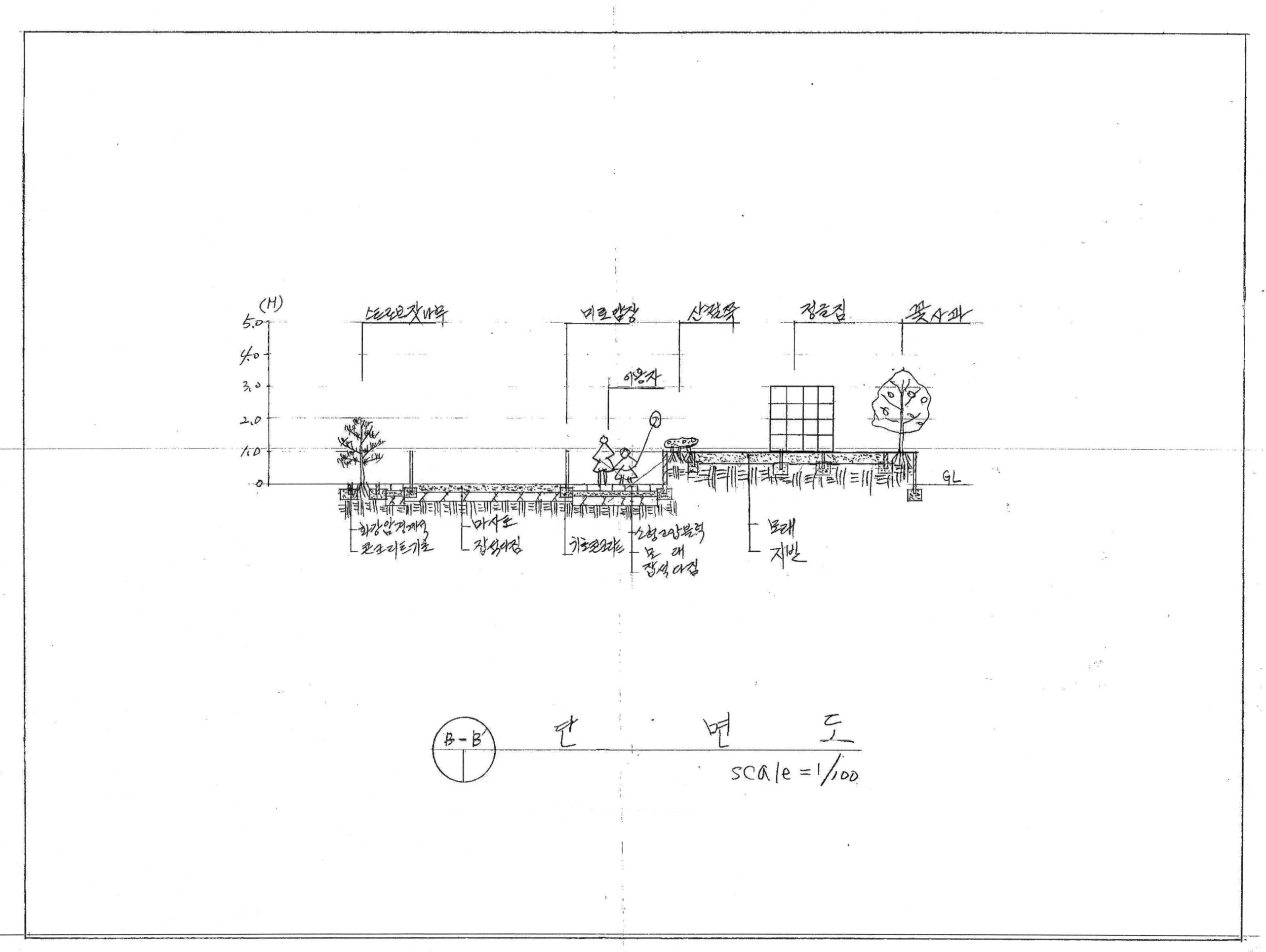

28 도로변빈공간조경설계(2022년 2회)

- **설계문제** : 우리나라 중부지역에 위치한 도로변의 빈 공간에 대한 조경설계를 하고자 한다. 주어진 현황도 및 아래 사항을 참조하여 설계조건에 따라 조경계획도를 작성합니다(단, 2점 쇄선 안 부분이 조경설계 대상지로 합니다).

- **(현황도면)** 주어진 도면을 참조하여 요구사항 및 조건들에 적합한 조경계획도를 작성하시오.

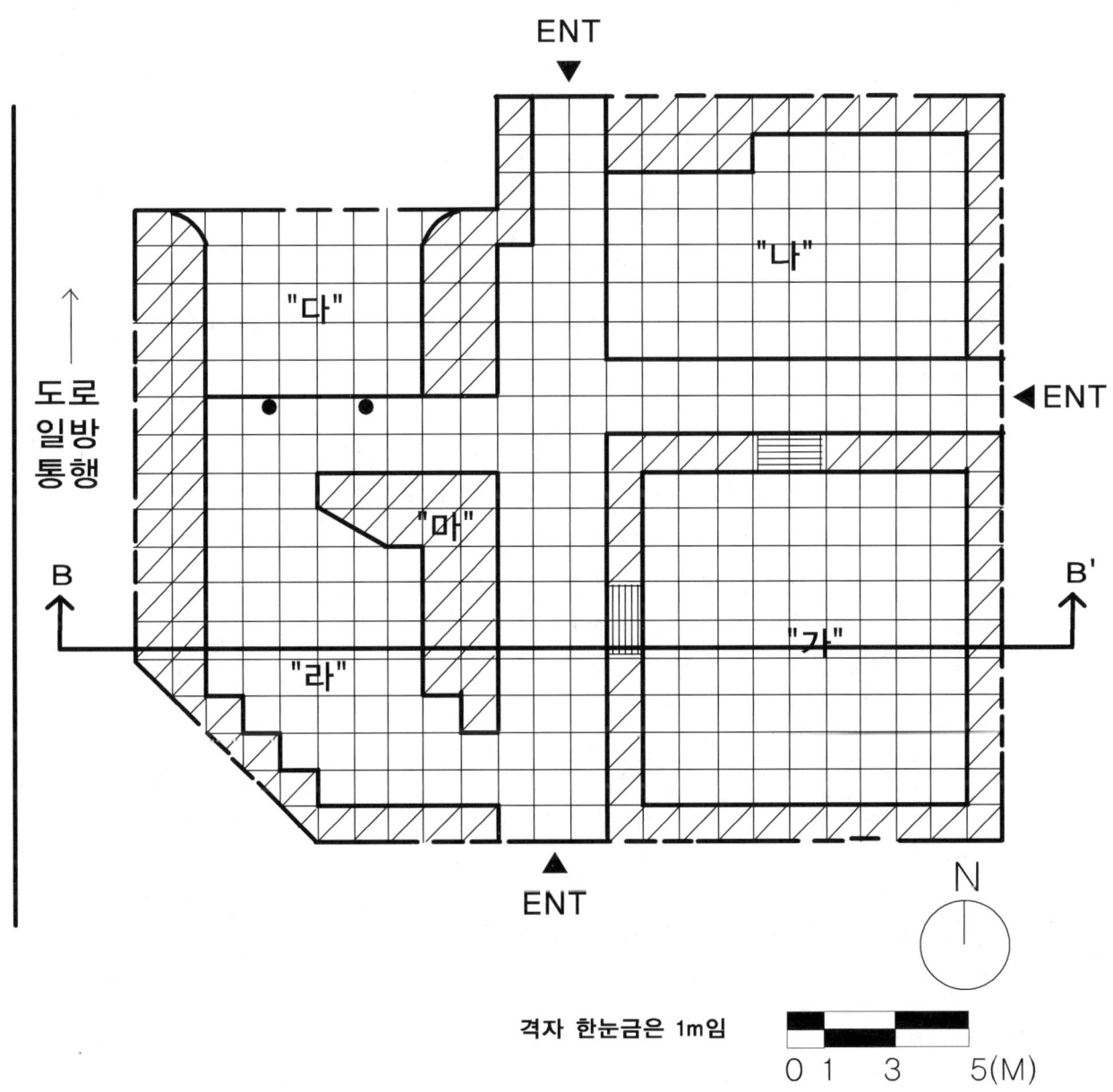

■ (요구 사항)

1. 식재평면도를 위주로 한 조경계획도를 축척 1/100로 작성하십시오.(지급용지 1)
2. 도면 오른쪽 위에 작업명칭을 작성하십시오.
3. 도면 오른쪽에는 "중요 시설물 수량표와 수목(식재)수량표"를 작성하고, 수량표 아래쪽에는 "방위 표시와 막대축척"을 그려 넣으시오(단, 전체 대상지의 길이를 고려하여 범례표의 폭을 조정할 수 있다).
4. 도면의 전체적인 안정감을 위하여 "테두리선"을 작성하십시오.
5. B-B' 단면도를 축척 1/100으로 작성하십시오.(지급용지 2)

■ (설계 조건)

1. 해당 지역은 도로변에 위치한 소공원으로 어린이들이 주이용 대상들이며, 그 특성에 맞는 조경계획도를 작성한다.
2. 포장지역을 제외한 곳에는 가능한 식재 계획한다(녹지공간은 현황도면의 빗금친 부분으로 한다).
3. 포장지역은 "소형고압블록, 콘크리트, 마사토, 모래 등"을 사용하여 적당한 위치에 적합한 포장재를 선택하여 표시하고 포장명을 기입한다.
4. "다"지역은 주차장(3,000×5,000mm)으로 소형승용차 2대가 주차할 수 있는 공간으로 계획한다.
5. "라"지역은 휴식공간으로 계획하고, 적당한 곳에 파고라(3,500×3,500mm) 1개와 등벤치 3개를 설치한다.
6. "가"지역은 "나", "다", "라"지역보다 1m 높으며, 다목적 운동공간으로 계획하여 적합한 포장 및 경사부분을 적합하게 처리한다.
7. "나"지역은 어린이들의 놀이공간으로 계획하고, 그 안에 놀이시설을 3종 이상 배치한다.
8. 대상지 내에 보행자 통행에 지장을 주지 않는 곳에 2인용 평상형 벤치(1,200×500mm) 4개(단, 파고라 안에 설치된 벤치를 숫자에 포함하지 않는다.), 휴지통 3개를 설치한다.
9. "마"지역은 녹지대로 마운딩처리를 통해 휴식공간에 적합하게 식재 처리한다.
10. 대상지 내에는 유도식재, 녹음식재, 경관식재, 소나무 군식 등의 식재패턴을 필요한 곳에 적당히 배식하고, 필요한 곳에 수목보호대를 설치하여 포장 내에 식재를 한다.
11. 수목은 아래에 주어진 수종 중에서 10가지를 선정하여 골고루 안정적인 배식이 될 수 있도록 계획하며, 인출선을 이용하여 수량, 수종명, 규격을 반드시 표기한다.

> 소나무(H4.0×W2.0), 소나무(H3.0×W1.5), 소나무(H2.5×W1.2)
> 스트로브잣나무(H2.5×W1.2), 스트로브잣나무(H2.0×W1.0), 왕벚나무(H4.5×B15)
> 버즘나무(H3.5×B8), 느티나무(H3.0×R6), 청단풍(H2.5×R8), 중국단풍(H2.5×R5)
> 자귀나무(H2.5×R6), 산딸나무(H2.0×R5), 산수유(H2.5×R7), 꽃사과(H2.5×R5)
> 수수꽃다리(H1.5×W0.6), 병꽃나무(H1.0×W0.4), 쥐똥나무(H1.0×W0.3)
> 명자나무(H0.6×W0.4), 산철쭉(H0.3×W0.4), 자산홍(H0.3×W0.3), 조릿대(H0.6×6가지)

12. B-B'의 단면도는 경사, 포장재료, 경계선 및 기타 시설물의 기초, 주변의 수목, 중요 시설물, 이용자 등을 반드시 표시한다.

평면도(모범답안)

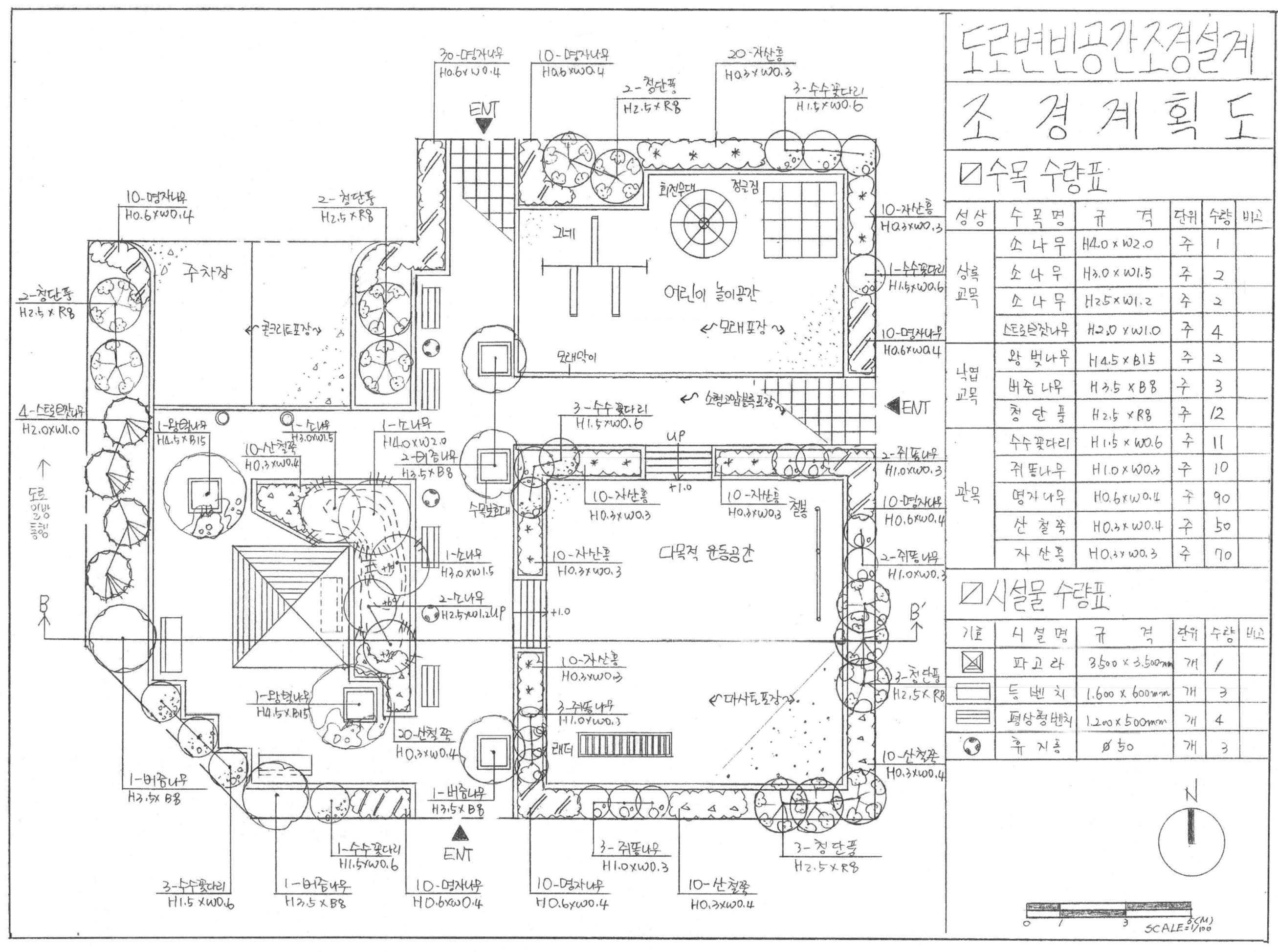

단면도(모범답안)

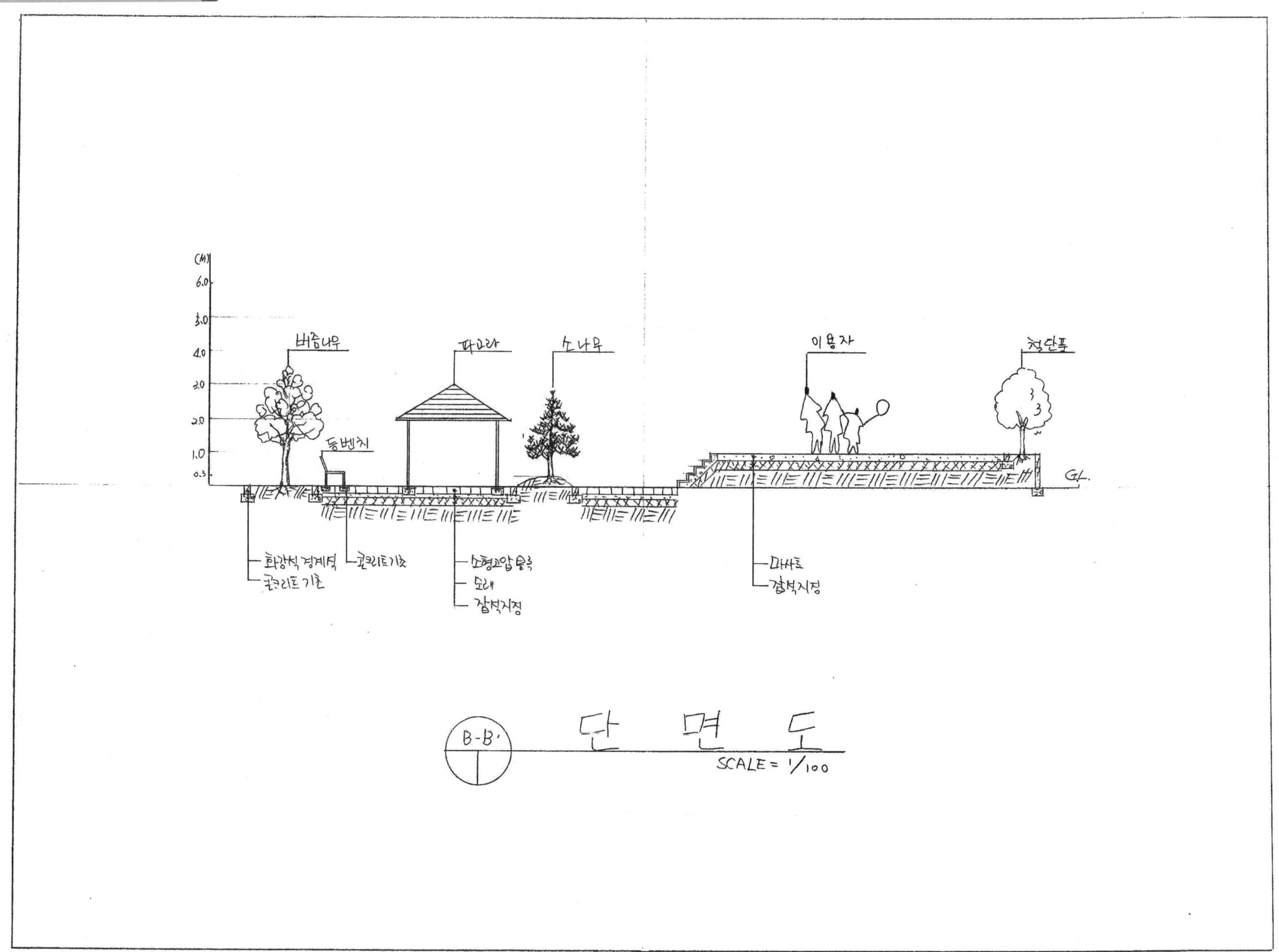

■ 문제해설(평면도)

1. 이점쇄선 안 부분이 설계대상지이므로 현황도를 답안지의 가운데에 배치되도록 해주고, 외곽은 이점쇄선이 되도록 그려주며, 주변 현황인 ENT, 도로일방통행을 기재해주고, 방위표와 스케일을 그려준다. 평면도의 단면도선과 B-B'화살표 선은 90도가 되도록 그려주어야 한다.

2. (요구 사항)부터 살펴보면 식재평면도를 위주로 한 조경계획도를 축척 1/100으로 작성하라고 했으므로 표제란의 두 번째 칸 제목은 조경계획도가 된다. 축척은 현황도면의 격자 1눈금이 1m이므로 격자의 개수를 잘 세어 현황도를 확대해주어야 한다.

3. 표제란에 작업명칭을 "도로변빈공간조경설계"라고 기재해 주고, 작업명칭과 조경계획도 글씨의 좌우 여백을 맞춰주면 도면이 보기 좋다. 작업명칭은 표제란의 제일 윗부분에 쓰이는 글씨이기 때문에 깔끔하고 정확한 글씨로 작성되어야 좋은 도면이 된다.

4. 표제란에 수목수량표와 시설물수량표를 작성하였으며, 수목수량표의 수목명과 규격은 문제에 제시된 대로 기재해주어야 하며, 시설물수량표의 시설명과 규격을 문제에서 제시된 대로 기재해준다.

5. 수목수량표의 성상은 상록교목, 낙엽교목, 관목으로 구분하였다.

6. (설계 조건)을 살펴보면 포장지역은 각 공간의 성격을 고려하여 적당한 위치에 주어진 포장을 하였고, 각 포장의 모서리에 포장디자인과 포장명을 기입하였으며, "다"지역은 주차장으로 소형승용차 2대가 주차할 수 있는 공간으로 설계하였고, '콘크리트포장'을 하였다.

7. "라"지역은 휴식공간으로 파고라 1개와 등벤치 3개를 규격에 맞춰 배치하고, '소형고압블록포장'을 하였다. 파고라안에 있는 등벤치는 위에서 바라보았을 때 보이지 않기 때문에 점선으로 표시되어야 한다.

8. "가"지역은 "나", "다", "라"지역보다 1.0m가 높다고 하였는데 "~보다"라고 되어있는 지역이 기준점(점표고가 0m인 지역)이 된다. 그러므로 "가"지역이 점표고가 1.0m 지역인 다목적운동공간으로 '마사토포장'을 하였고, 철봉과 래더를 배치하였다. 운동공간에는 대부분 2가지 이상 운동시설을 배치하라고 하는 경우가 많으므로 운동시설을 2종 이상 평면도로 그릴 수 있어야 실제 시험에서 시간도 절약되고 쉽고 빠르게 그릴 수 있다. 또한 공간에 시설물을 배치할 때에는 되도록 시설물끼리 간격을 맞춰 공간의 중앙에 시설물이 오도록 배치해 주는 것이 보기 좋다.

9. "나"지역은 어린이놀이공간으로 '모래포장'을 하였고, 그네, 회전무대, 정글짐을 배치하였다. 일반적으로 놀이공간은 '모래포장'을 가장 많이 사용하며, 놀이공간에는 대부분 3가지 놀이시설을 배치하라고 하는 경우가 많으므로 놀이시설을 3종 이상 평면도로 그릴 수 있어야 실제 시험에서 시간도 절약되고 쉽고 빠르게 그릴 수 있다. 또한 공간에 시설물을 배치할 때에는 시설물끼리 간격을 맞춰 시설물이 공간의 중앙에 오도록 배치하는 것이 좋다.

10. 대상지 내에 보행자의 통행에 지장을 주지 않는 곳인 "마"지역 동쪽(우측)과 주차장 동쪽(우측)에 평상형 벤치를 규격에 맞추어 4개 설치하였다. 또한 평상형 벤치 사이에 휴지통을 규격에 맞추어 설치하였다.

11. "마"지역은 마운딩처리를 통해 등고선을 조작하여 소나무 군식을 하였다. 좁은 공간에 등고선을 조작하여 소나무 군식을 하더라도 (설계 조건) 11번에 제시되어 있는 소나무 3가지 규격을 모두 사용하여 소나무 군식을 해주는 것이 좋으며, 등고선에 점표고(+30, +60, +90)를 기재해주고 인출선끼리 겹치는 것에 유의하여 인출선을 뽑아야 한다.

12. 입구(ENT) 주변에 관목으로 유도식재, 수목식재 공간에 녹음식재와 경관식재, "마"지역에 소나무 군식을 하였고, 원로에 수목보호대를 설치하여 포장 내에 식재(왕벚나무와 버즘나무)를 하였다(일반적인 수목보호대의 규격은 1m×1m이다).

13. 식재설계는 소나무 군식 장소에 소나무 3가지 규격을 사용하여 식재하였더라도 실제 사용한 수목은 소나무 1종이 되므로 10종을 맞춰서 식재하였다.
14. 누락되거나 지워진 부분이 없는지 확인하고, 방위표시와 스케일바 등을 반드시 그려준다.

■ 문제해설(단면도)

1. 평면도의 B-B'단면도선을 잘 보아야 한다. 제일 먼저 답안지 용지에 테두리선을 규격에 맞춰 긋고, 열십자(+)로 가선을 그어 중심선을 잡는다. 평면도의 단면도선(B-B') 길이에 맞추어 단면도 답안지 가로 중심선에 G. L.선을 긋는다. G. L.선에 수직으로 점표고를 표기해주고(예 : 1.0, 2.0, 3.0, 4.0, 5.0, 6.0 (m)), 수고를 따라 G. L.선과 평행하게 가선을 그어 각 시설물 및 수목의 수고를 파악하기 위한 선을 그어준다.
2. B 부분부터 보면 대상지의 경계부분에 화강석 경계석이 나오고 버즘나무가 나온다. 평면도 모범답안에서는 대상지의 경계부분에 화강석 경계석이 그려지지 않았더라도 실제는 화강석 경계석이 있는 것으로 간주하여 단면도 모범답안에서는 경계부분에 화강석 경계석을 그려주는 것이 좋다.
3. 다음으로 휴게공간에 '소형고압블록포장'이 있고, 등벤치와 파고라가 있다. 등벤치는 단면도선에 측면으로 걸렸기 때문에 등벤치의 측면도가 그려져야 하며, 파고라의 폭과 높이를 고려하여 '소형고압블록포장'이 되어있는 장소에 파고라가 그려져야 한다.
4. 파고라를 지나 화강석 경계석을 좌우로 식수대(Plant Box)에 등고선을 조작하여 소나무 군식을 하였다. 단면도선에 걸린 점표고는 +30과 +60 사이이므로 점표고를 고려하여 단면도상에 마운딩을 그려주고, 마운딩으로 조작된 지반과 원래 지반을 구분하여 지반표시를 해준다. 또한 마운딩된 장소에 식재된 소나무를 수고와 마운딩의 점표고를 고려하여 그려준다.
5. 다음으로 '소형고압블록포장'이 있고, 계단을 통해서 점표고가 1.0m 높은 장소인 다목적운동공간에 '마사토포장'이 있다.
6. 다목적운동공간의 '마사토포장'에 시설물이 아무것도 없어 단조롭기 때문에 (설계 조건) 12번에 이용자를 이 공간에 그려주었다. 단면도선에 운동시설을 꼭 그려주라는 말이 없기 때문에 반드시 운동시설을 단면도선에 그려주어야 하는 것은 아니나, 일부러 운동시설을 단면도선에 피하는 것처럼 보이기 때문에 운동시설을 그릴 수 있으면 1종은 단면도선에 걸리게 그려주는 것이 더 좋은 답이 된다.
7. 다목적운동공간의 '마사토포장'을 지나 화강석 경계석과 청단풍을 수목의 모양과 수고, 수관폭에 맞춰 그려주고, 대상지의 경계부분에 화강석 경계석을 그려준다. 다목적운동공간이 다른 공간보다 점표고가 1.0m 높기 때문에 1.0m 높은 곳에서 단면도가 끝나게 된다.
8. G. L.선 윗부분의 수목 및 시설물에 인출선을 3단(제일 높은 것(교목 및 시설물 중 높은 것), 중간 것(작은 교목 등), 낮은 것(관목, 시설물 중 낮은 것))으로 구분하여 기재해주는 것이 통일성 있고 깔끔하게 보인다.
9. 인출선을 그릴 때 같은 수목이나 시설물은 디자인이 같기 때문에 앞부분이나 인출선을 작성하기 좋은 곳의 수목이나 시설물에 인출선을 사용하여 수목명이나 시설명을 한 번만 기재해 주면 된다.
10. G. L.선 아랫부분은 각 시설물의 재료가 기재되어야 한다. 각 재료의 중앙에 점(•)을 찍어 재료명을 기재해주고, 재료명을 기재할 때 가선을 그어 줄을 맞춰서 재료명을 기재해주면 깔끔하고 아름다운 도면이 된다.
11. 마지막으로 B-B' 단면도라고 기재해주며, 스케일을 기재해주면 된다.

29 야외무대 소공원 조경설계(2022년 3회)

■ **수험자 유의사항**

1) 수험자는 각 문제의 제한 시간내에 작업을 완료하여야 합니다.
2) 답안지의 수험자 성명과 수목명은 반드시 흑색필기구(연필 제외)로 하며, 그 외의 필기구를 사용할 때에는 채점대상에서 제외합니다.
3) 조경설계 사항은 제도용 연필만을 사용해서 작성하여야 하며, 다른 필기구를 사용할 때는 채점대상에서 제외합니다.
4) 주어진 문제의 요구조건에 위배되는 설계도면 및 지급된 용지 2매인 시설물배치도+식재설계평면도(수목배치도) 1매, 단면도 1매가 모두 작성되어야 채점대상이 되며, 1매라도 설계가 미완성인 것은 미완성으로 채점대상에서 제외됩니다.
5) 수험자가 전 과정 조경설계, 수목감별, 조경시공 작업을 응시하지 않으면 채점대상에서 제외합니다.
6) 답안지의 수검번호 및 성명의 기재는 반드시 인쇄된 곳에 기록하여야 합니다.
7) 수험자는 수검시간 중 타인과의 대화를 금합니다.
8) 수험자는 도면 작성시 성명을 작성하는 곳을 제외하고 범례표(표제란)에 성명을 작성하지 않습니다.

〈현황도〉

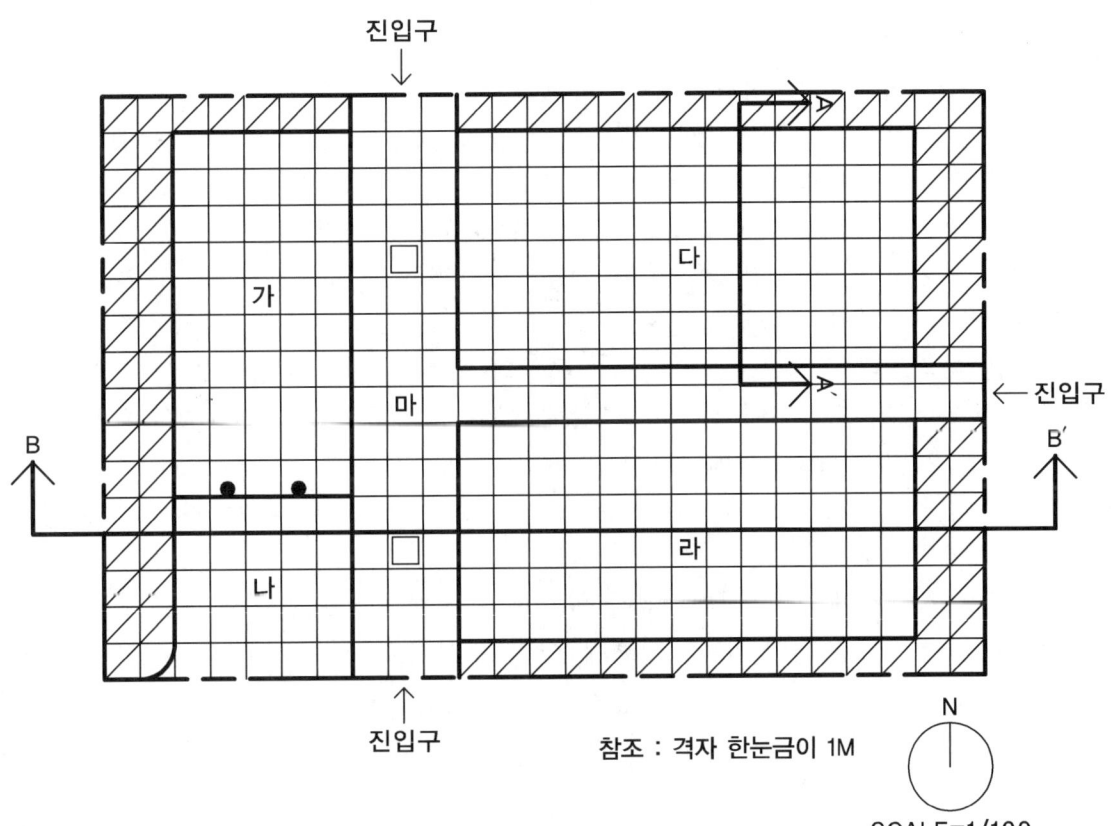

■ (요구 사항)

우리나라 중부지역에 위치한 야외무대 소공원에 대한 조경설계를 하고자 한다. 주어진 현황도 및 아래 사항을 참조하여 설계조건에 따라 조경계획도를 작성합니다.(단, 2점쇄선 안 부분을 조경설계 대상지로 합니다.)

1) 식재 평면도를 위주로 한 조경계획도를 축척 1/100로 작성하십시오.(지급용지-1)
2) 도면 오른쪽 위에 작업명칭을 작성하십시오.
3) 도면 오른쪽에는 "수목 수량표와 주요 시설물 수량표"를 함께 작성하고, 수량표 아래쪽 여백을 이용하여 "방위표시와 막대축척"을 반드시 그려 넣으시오.(단, 전체 대상지의 길이를 고려하여 범례표의 폭을 조정 할 수 있다.)
4) 도면의 전체적인 안정감을 위하여 "테두리선"을 작성하십시오.
5) 야외무대 소공원 부지내의 A - A'상세도의 축척은 논스케일과 B - B' 단면도를 축척 1/100로 작성하십시오.(지급용지-2, 3)
6) 반드시 식재 평면도는 성상, 수목명, 규격, 단위, 수량을 명기하여 작성하시오.

■ (설계 조건)

1) 해당 지역은 휴식 및 어린이들이 즐길 수 있는 야외무대가 있는 소공원으로, 공원의 특징을 고려하여 조경계획도를 작성하시오.
2) 포장지역을 제외한 곳에는 모두 식재를 실시하시오.(단, 녹지공간은 빗금 친 부분이며, 분위기를 고려하여 식재를 실시하시오.)
3) 포장지역은 "점토벽돌, 인조화강석블럭, 화강석, 콘크리트, 투수콘크리트, 고무칩, 마사토, 방부목 등" 적당한 재료를 선택하여 재료의 사용이 적합한 장소에 기호로 표현하고, 포장명칭을 반드시 기입하시오.
4) "가" 지역은 휴식공간으로 파고라(3000×3000mm) 1개를 설치하십시오.
5) 대상지 내에 보행자 통행에 지장을 주지 않는 곳에 평의자(1600×400mm) 2개 이상(단, 파고라 안에 설치된 벤치는 제외)을 설치하십시오.
6) "다" 지역은 야외무대 공간으로 계획하고, 공간의 성격에 맞는 포장재료를 선정하시오.
7) "라" 지역은 놀이공간으로 계획하고, 그 안에 어린이 놀이시설물을 3종류(회전무대, 3연식 철봉, 정글짐, 2연식 시소 등) 배치하시오.
8) "마" 지역은 진입 및 각 공간을 원활하게 연결시킬 수 있도록 계획하며, 보행흐름에 지장이 없도록 설계하시오.
9) 대상지 내에는 유도식재, 녹음식재, 경관식재 등의 식재패턴을 필요한 곳에 배식하고, 수목보호대에는 녹음식재를 실시하며, 필요에 따라 수목보호대를 추가로 설치하여 포장 내에 식재를 하시오.
10) 수목은 아래에 주어진 수종 중에서 종류가 다른 10가지를 반드시 선정하여 골고루 안정적인 배식이 될 수 있도록 계획하며, 인출선을 이용하여 수량, 수종명칭, 규격을 반드시 표기하시오.

> 소나무(H4.0×W2.0), 소나무(H3.0×W1.5), 소나무(H2.5×W1.2)
> 스트로브잣나무(H2.5×W1.2), 스트로브잣나무(H2.0×W1.0)
> 왕벚나무(H4.5×B15), 버즘나무(H3.5×B8), 느티나무(H4.5×R20)
> 청단풍(H2.5×R8), 다정큼나무(H1.0×W0.6), 동백나무(H2.5×R8)
> 중국단풍(H2.5×R5), 굴거리나무(H2.5×W0.6), 자귀나무(H2.5×R6)
> 태산목(H1.5×W0.5), 먼나무(H2.0×R5), 산딸나무(H2.0×R5), 산수유(H2.5×R7)
> 꽃사과(H2.5×R5), 수수꽃다리(H1.5×W0.6), 병꽃나무(H1.0×W0.4)
> 쥐똥나무(H1.0×W0.3), 명자나무(H0.6×W0.4), 산철쭉(H0.3×W0.4)
> 자산홍(H0.3×W0.3), 영산홍(H0.4×W0.3), 조릿대(H0.6×7가지)

11) A – A' 상세도와 B – B' 단면도는 경사, 포장재료, 경계선 및 기타 시설물의 기초, 주변의 수목, 주요 시설물, 이용자 등을 단면도상에 반드시 표기하고, 높이 차를 한눈에 볼 수 있도록 설계하시오.

계획도 (모범답안)

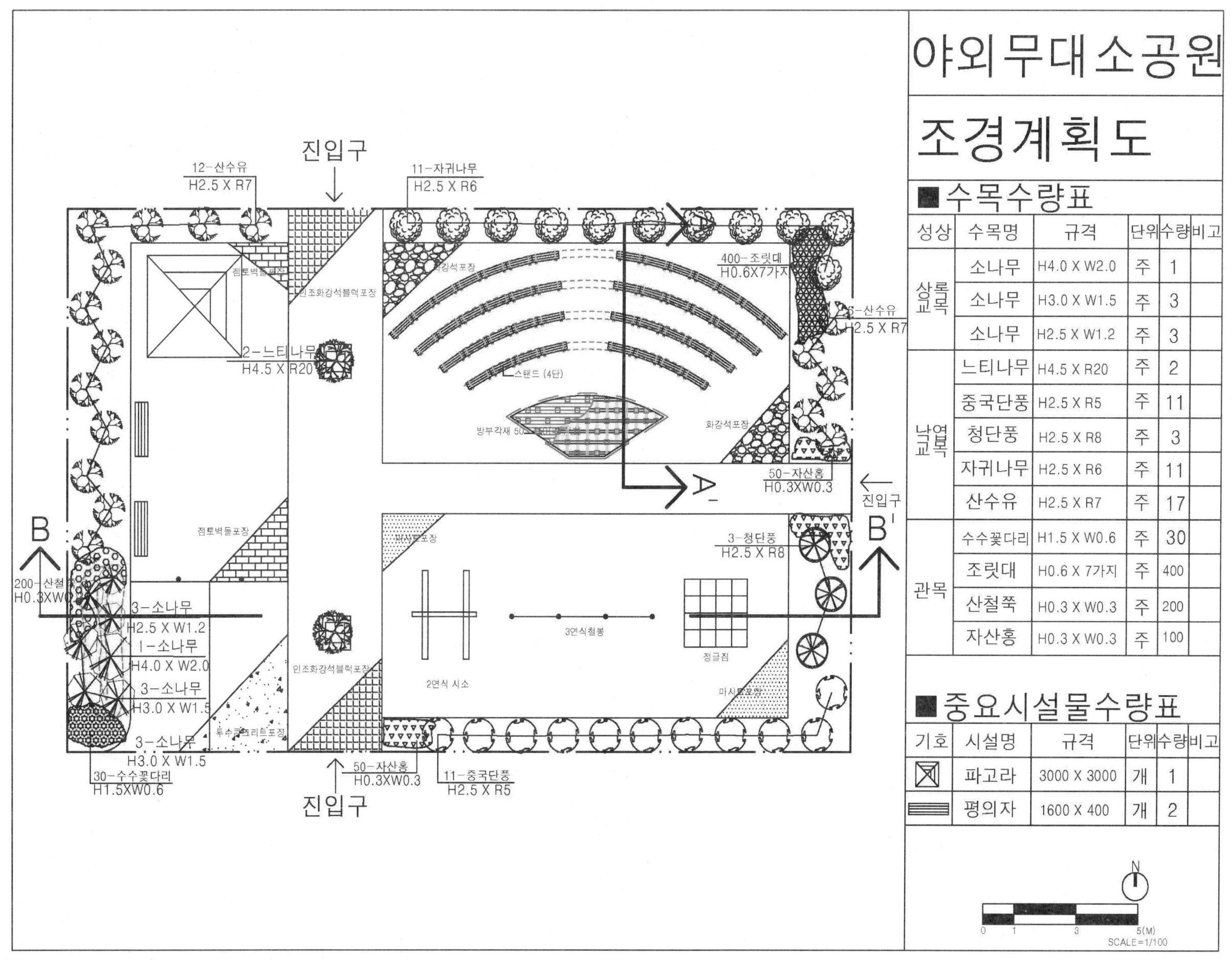

상세도(모범답안)

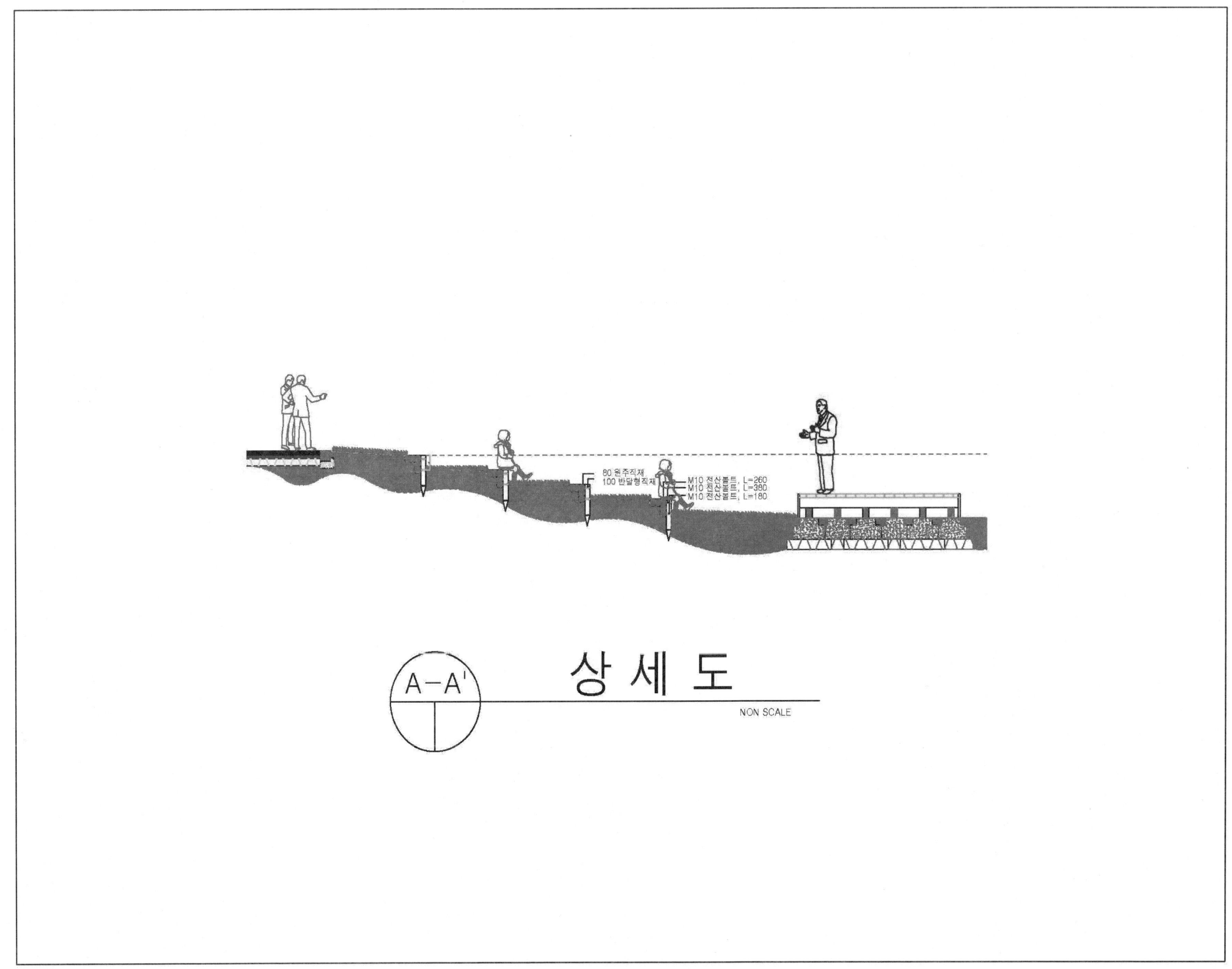

상세도 A-A' NON SCALE

단면도(모범답안)

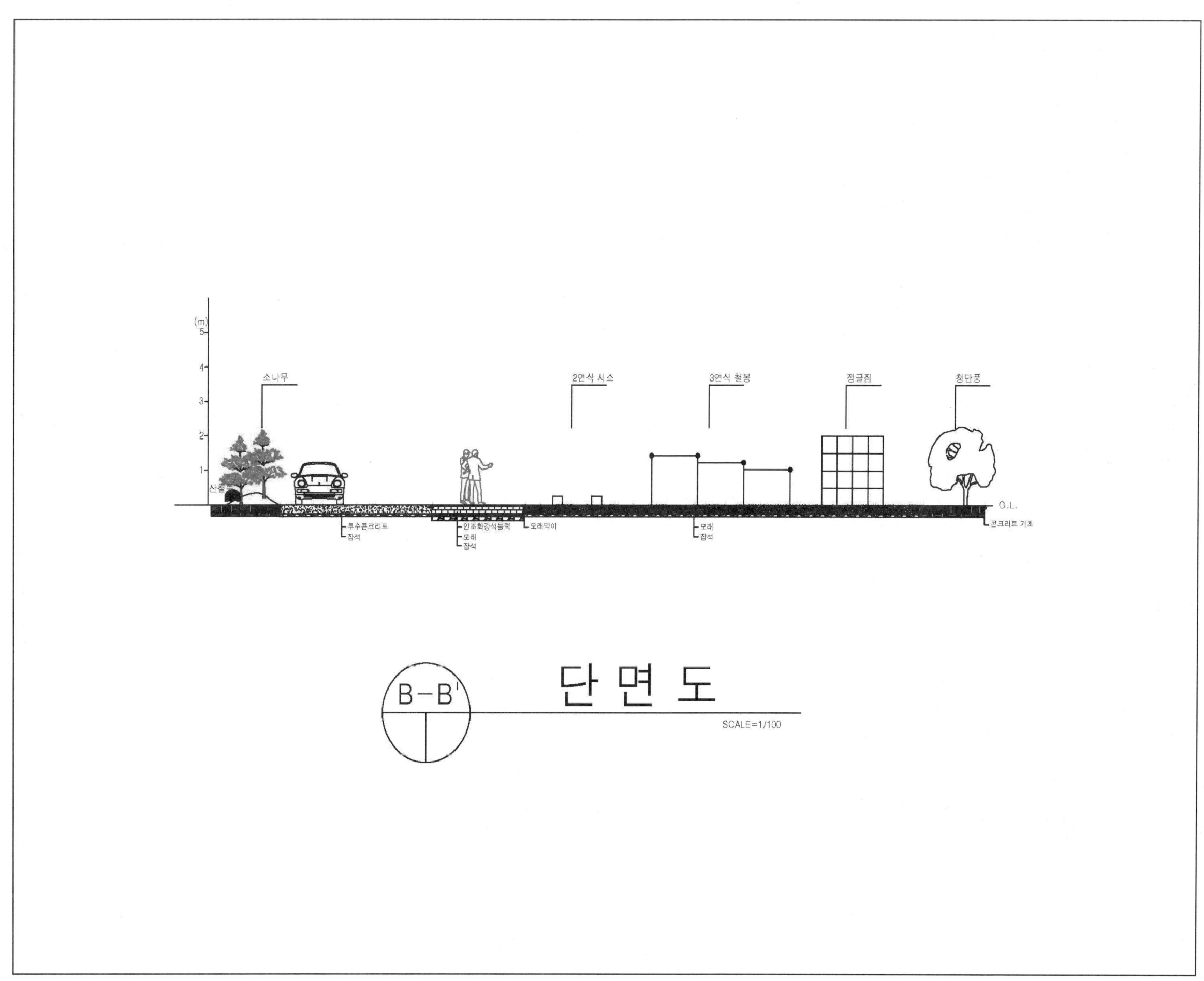

B-B' 단면도 SCALE=1/100

30　도로변소공원조경설계(2022년 5회)

■ 수험자 유의사항

1) 수험자는 각 문제의 제한 시간내에 작업을 완료하여야 합니다.
2) 답안지의 수험자 성명과 수목명은 반드시 흑색필기구(연필 제외)로 하며, 그 외의 필기구를 사용할 때에는 채점대상에서 제외합니다.
3) 조경설계 사항은 제도용 연필만을 사용해서 작성하여야 하며, 다른 필기구를 사용할 때는 채점대상에서 제외합니다.
4) 주어진 문제의 요구조건에 위배되는 설계도면 및 지급된 용지 2매인 시설물배치도+식재설계 평면도(수목배치도) 1매, 단면도 1매가 모두 작성되어야 채점대상이 되며, 1매라도 설계가 미완성인 것은 미완성으로 채점대상에서 제외됩니다.
5) 수험자가 전 과정 조경설계, 수목감별, 조경시공 작업을 응시하지 않으면 채점대상에서 제외합니다.
6) 답안지의 수검번호 및 성명의 기재는 반드시 인쇄된 곳에 기록하여야 합니다.
7) 수험자는 수검시간 중 타인과의 대화를 금합니다.
8) 수험자는 도면 작성시 성명을 작성하는 곳을 제외하고 범례표(표제란)에 성명을 작성하지 않습니다.

〈현황도〉

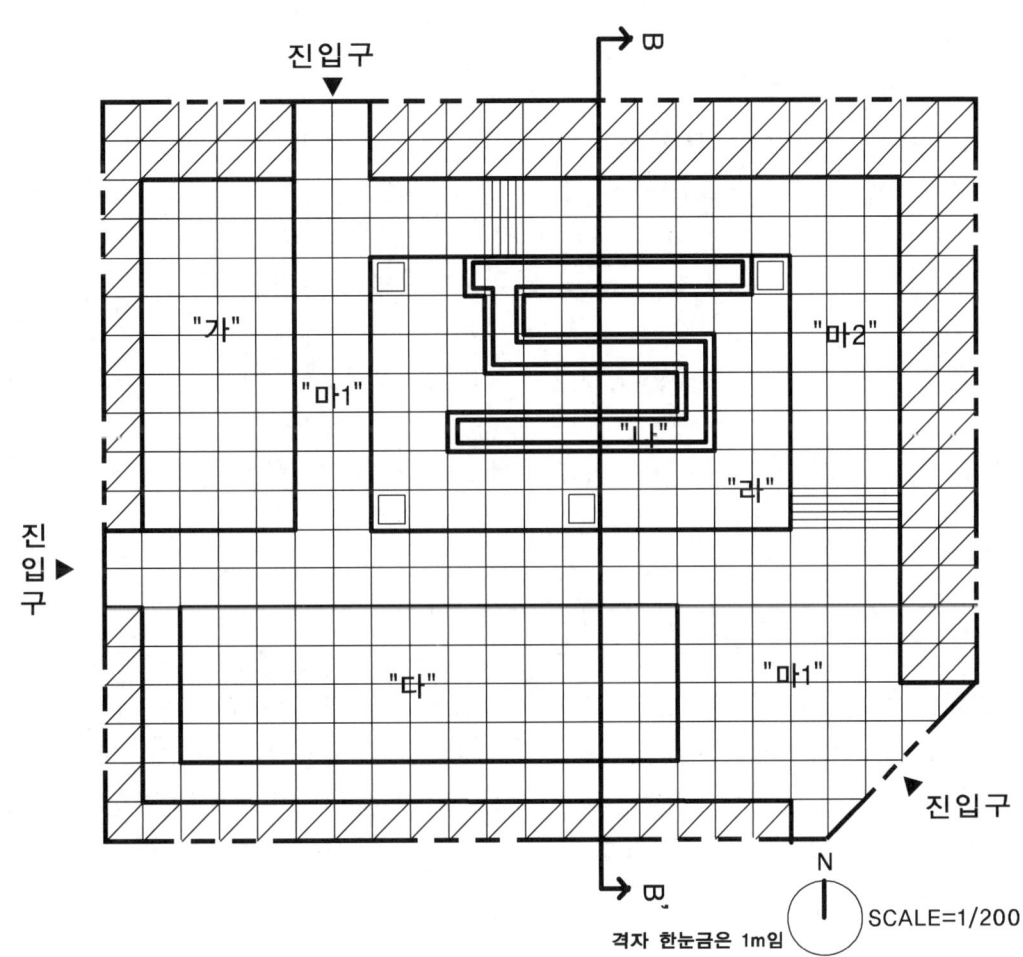

■ (요구 사항)

우리나라 중부지역에 위치한 도로변의 빈 공간에 대한 조경설계를 하고자 합니다. 주어진 현황도 및 아래 사항을 참조하여 설계조건에 따라 조경계획도를 작성합니다.(단, 2점쇄선안 부분이 조경설계 대상지로 합니다.)

1) 식재 평면도를 위주로 한 조경계획도를 축척 1/100로 작성하십시오.(지급용지-1)
2) 도면 오른쪽 위에 작업명칭을 작성하십시오.
3) 도면 오른쪽에는 "주요 시설물 수량표와 수목(식재) 수량표"를 작성하고, 수량표 아래쪽 "방위표시와 막대축척"을 반드시 그려 넣으시오.(단, 전체 대상지의 길이를 고려하여 범례표의 폭을 조정 할 수 있습니다.)
4) 도면의 전체적인 안정감을 위하여 "테두리선"을 작성하십시오.
5) B - B' 단면도를 축척 1/100로 작성하십시오.(지급용지-2)

■ (설계 조건)

1) 해당 지역은 도로변의 자투리 공간을 이용하여 휴식 및 어린이들이 즐길 수 있는 도로변 소공원으로, 공원의 특징을 고려하여 조경계획도를 작성하시오.
2) 포장지역을 제외한 곳에는 모두 식재를 실시하시오.(단, 녹지공간은 빗금친 부분이며, 경사의 차이가 발생하는 곳은 분위기를 고려하여 식재를 적절하게 실시하시오.)
3) 포장지역은 "소형고압블록, 콘크리트, 고무칩, 마사토, 투수콘크리트 등" 적당한 재료를 선택하여 재료의 사용이 적합한 장소에 기호로 표현하고, 포장명을 반드시 기입하시오.
4) "다" 지역은 어린이 놀이공간으로 그 안에 회전무대(H1100×W2300), 철봉(H2200 ×L4000), 미끄럼대(H2700×L4200×W1000) 3종을 배치하시오.
5) "가" 지역은 정적인 휴식공간으로 이용자들의 편안한 휴식을 위해 장파고라(6000×3500) 1개와 앉아서 휴식을 즐길 수 있도록 등벤치 1개를 계획 설계하시오.
6) "라" 지역은 "나" 연못의 인접지역으로 수목보호대 3개에 동일한 낙엽교목을 식재하고, 평벤치 2개를 설치하시오.
7) "나" 지역은 연못으로 물이 차 있으며, "라"와 "마1" 지역보다 60cm 정도 낮은 위치로 계획하시오.
8) "마1" 지역은 공간과 공간을 연결하는 연계동선으로 대상지의 설계 성격에 맞게 적절한 포장을 선택하시오.
9) "마2" 지역은 "마1"과 "라" 지역보다 1m 높은 지역으로 산책로 주변에 등벤치 3개를 설치하고, 벤치 주변에 휴지통 1개소를 함께 설치하시오.
10) "A" 시설은 폭 1m의 장방형 정형식 케스케이드(계류)로 약9m 정도 흘러가 연못과 합류된다. 3번의 단차로 자연스럽게 연못으로 흘러들어 가며, "마2" 지역과 거의 동일한 높이를 유지하고 있으므로, "라" 지역과는 옹벽을 설치하여 단 차이를 자연스럽게 해소하시오.
11) 대상지 내에는 유도식재, 녹음식재, 경관식재, 소나무 군식 등의 식재패턴을 필요한 곳에 적절히 배식하고, 필요에 따라 수목보호대를 추가로 설치하여 포장 내에 식재를 할 수 있습니다.

12) 수목은 아래에 주어진 수종 중에서 종류가 다른 10가지를 반드시 선정하여 골고루 안정적인 배식이 될 수 있도록 계획하며, 인출선을 이용하여 수량, 수종명칭, 규격을 반드시 표기하시오.

> 소나무(H4.0×W2.0), 소나무(H3.0×W1.5), 소나무(H2.5×W1.2)
> 스트로브잣나무(H2.5×W1.2), 스트로브잣나무(H2.0×W1.0)
> 왕벚나무(H4.5×B12), 버즘나무(H3.5×B8), 느티나무(H3.0×R6)
> 청단풍(H2.5×R8), 다정큼나무(H1.0×W0.6), 동백나무(H2.5×R8)
> 중국단풍(H2.5×R5), 굴거리나무(H2.5×W0.6), 자귀나무(H2.5×R6)
> 태산목(H1.5×W0.5), 먼나무(H2.0×R5), 산딸나무(H2.0×R5), 산수유(H2.5×R7)
> 꽃사과(H2.5×R5), 수수꽃다리(H1.5×W0.6), 병꽃나무(H1.0×W0.4)
> 쥐똥나무(H1.0×W0.3), 명자나무(H0.6×W0.4), 산철쭉(H0.3×W0.4)
> 자산홍(H0.3×W0.3), 영산홍(H0.4×W0.4), 조릿대(H0.6×7가지)

13) B - B' 단면도는 경사, 포장재료, 경계선 및 기타 시설물의 기초, 주변의 수목, 주요 시설물, 이용자 등을 단면도상에 반드시 표기하고, 높이 차를 한눈에 볼 수 있도록 설계하시오.

평면도(모범답안)

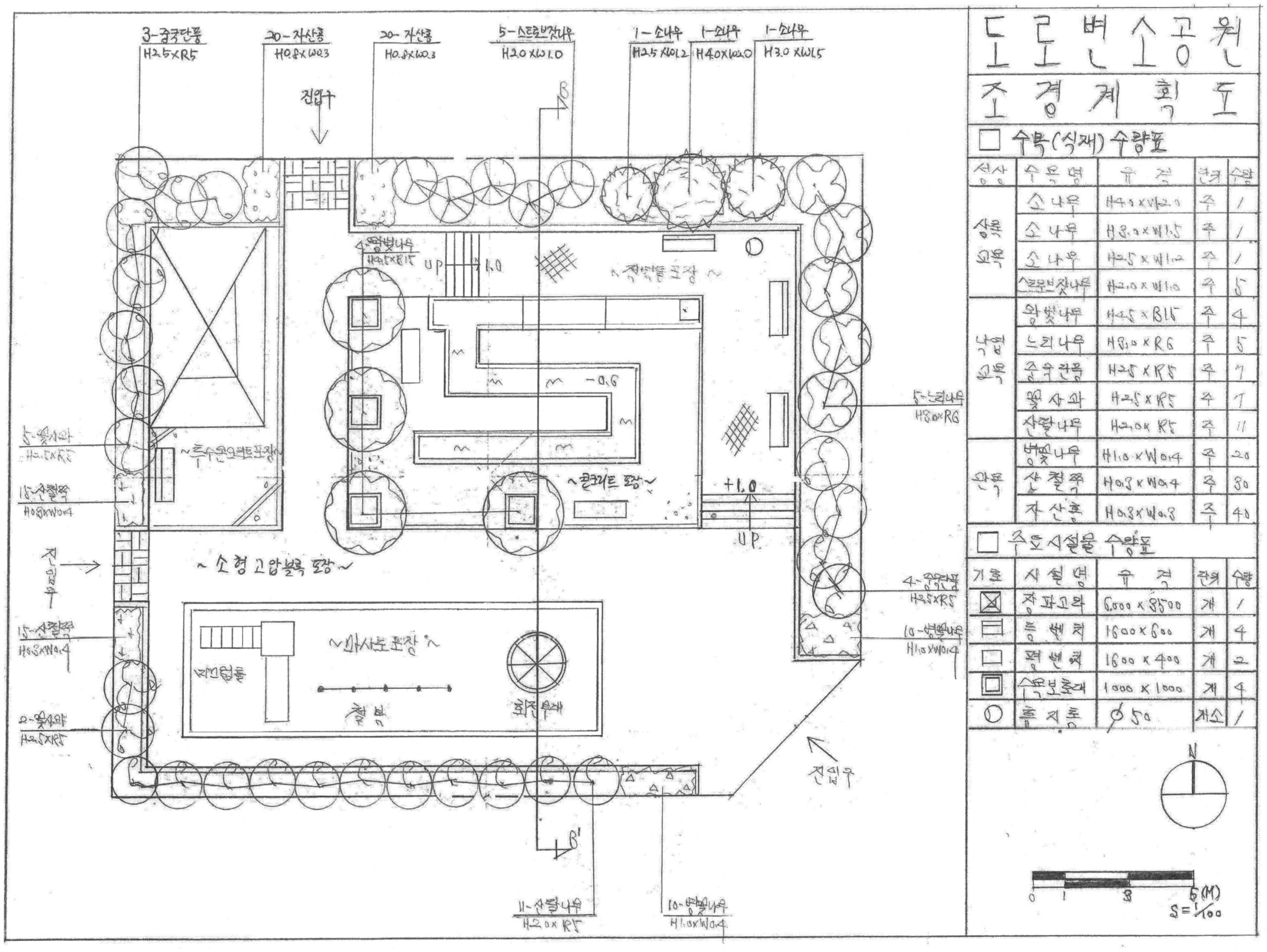

단면도(모범답안)

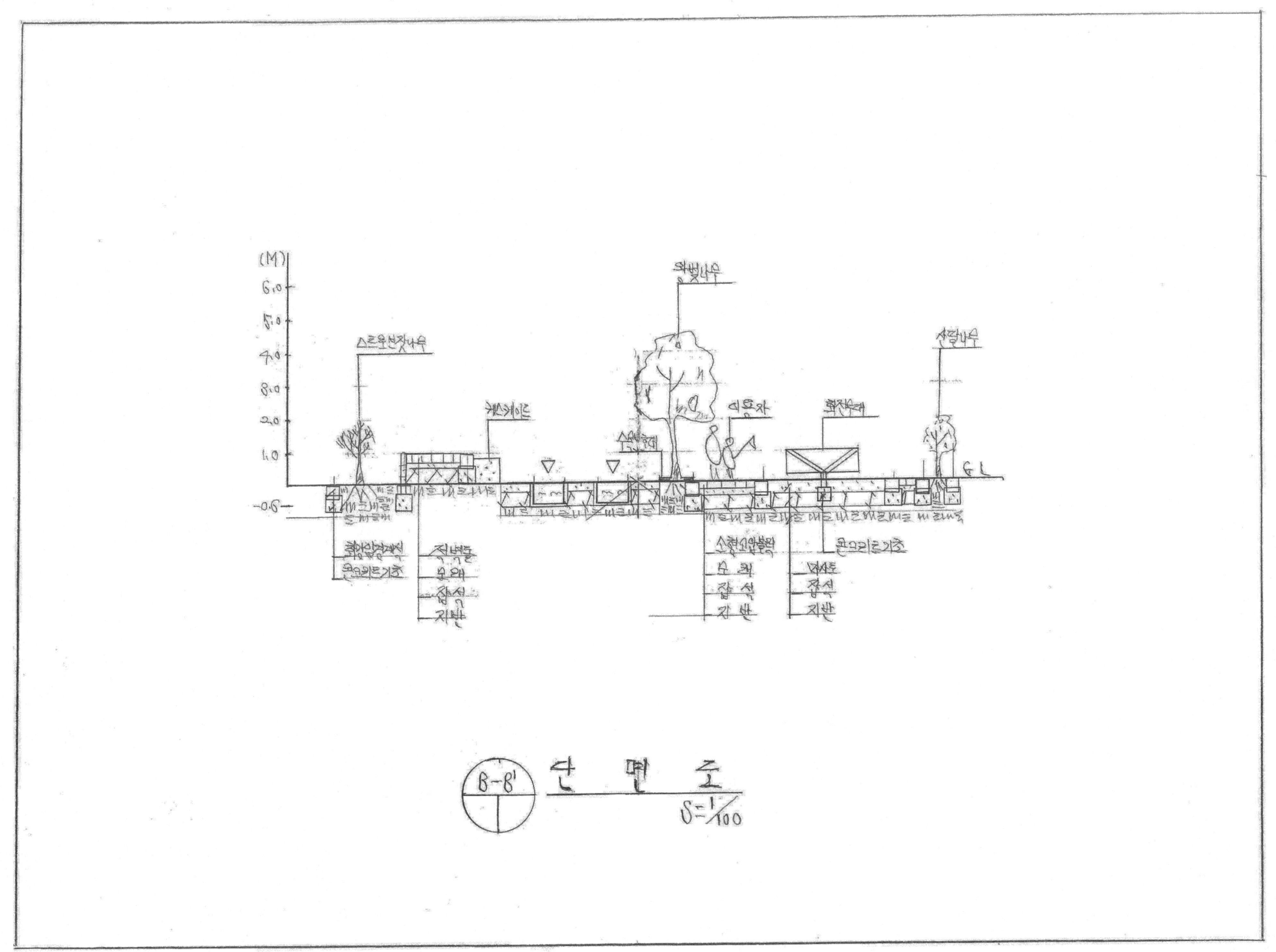

31 도로변빈공간설계(2023년 1회)

- **설계문제** : 다음은 우리나라 중부지역에 위치한 소공원 주변의 빈 공간에 대한 조경설계를 하고자 한다. 주어진 현황도 및 아래 사항을 참조하여 설계조건에 따라 조경계획도를 작성합니다. (단, 2점 쇄선 안 부분을 조경설계 대상지로 합니다.)

- **(현황도면)** 주어진 도면을 참조하여 요구사항 및 조건들에 적합한 조경계획도를 작성하시오.

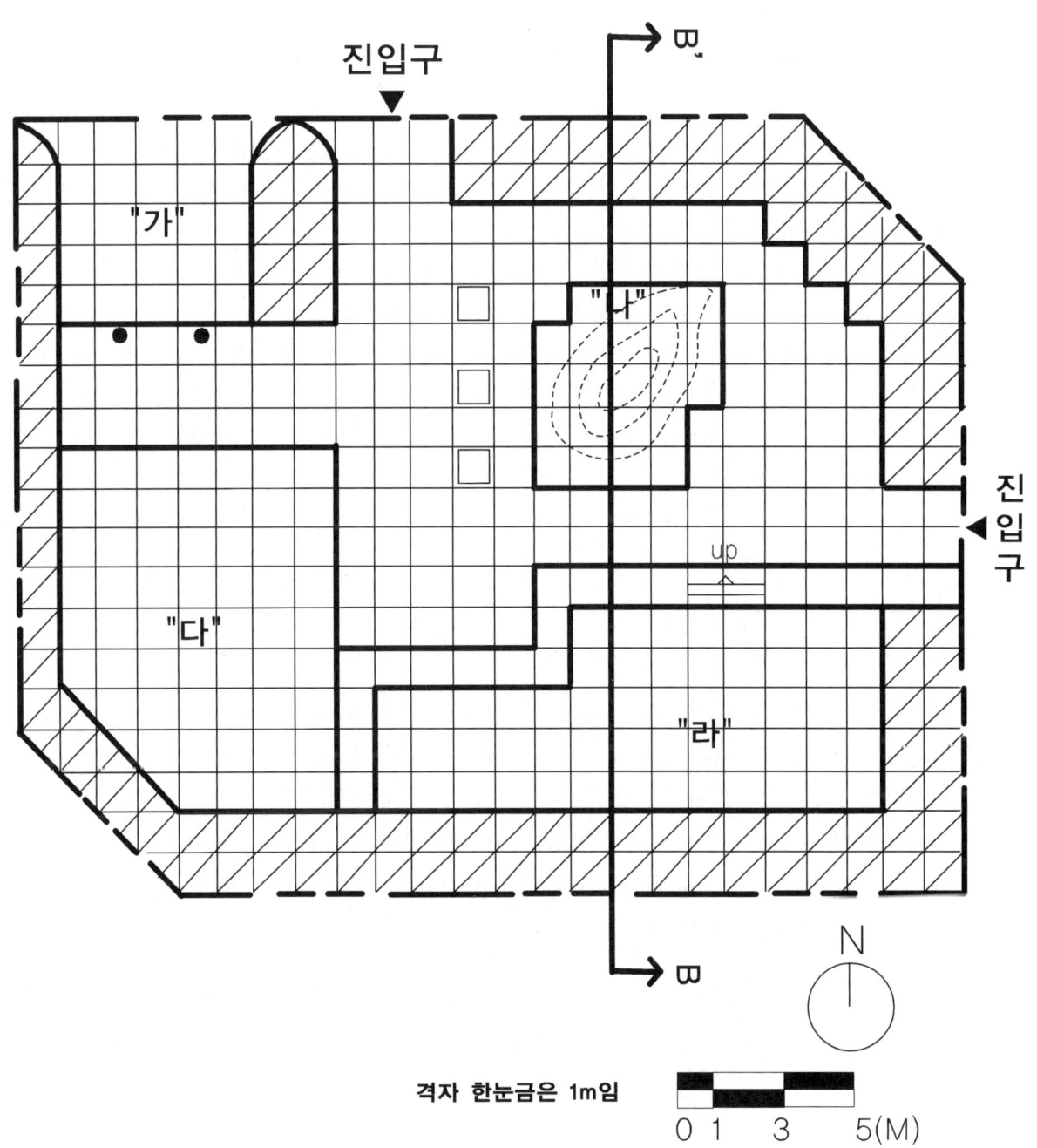

격자 한눈금은 1m임

■ (요구 사항)

1. 배식을 위주로 한 조경계획도를 축척 1/100로 작성하십시오.(지급용지-1)
2. 우측 표제란 작업명칭을 "도로변빈공간설계"라고 작성하십시오.
3. 표제란에 "수목수량표", "시설물수량표"를 작성하고, 수량표 아래쪽에는 "방위표시와 축척"을 반드시 그려 넣으시오.
4. B-B' 단면도를 축척 1/100으로 작성하십시오.(지급용지-2)

■ (설계 조건)

1. 해당 지역은 소공원 주변의 빈 공간 특징을 고려하여 조경계획도를 작성하시오.
2. 포장지역을 제외한 곳에는 모두 식재를 실시하시오(녹지공간은 빗금친 부분이며, 분위기를 고려하여 식재를 실시하시오).
3. "라"지역을 제외한 지역은 "라"지역보다 1m 높게 계획하여 적합한 포장 및 경사부분을 적합하게 처리한다.
4. "가"지역은 소형자동차(2.5m×5m) 2대가 주차할 수 있는 공간으로 계획하시오.
5. "나"지역은 식재공간으로 등고선 1개당 20cm씩 높으며, 전체적으로 주변 지역에 비해 60cm 높다(등고선에 반드시 점표고를 표시하시오).
6. "다"지역은 휴게공간으로 이용자들의 편안한 휴식을 위해 파고라(3.5m×3.5m) 1개를 설치하고, 앉아서 휴식을 즐길 수 있도록 등벤치 4개를 설치하시오.
7. "라"지역은 놀이공간으로 놀이시설 3종을 배치하시오(단, 단면도상에 놀이시설 1종을 배치하시오).
8. 포장지역은 "소형고압블록, 보도블록, 콘크리트, 마사토, 모래, 투수콘트리트 등" 적당한 재료를 선택하여 재료의 사용이 적합한 장소에 기호로 표현하고, 포장명칭을 반드시 기입하시오(단, 각 지역의 포장을 달리하시오).
9. 대상지 내에는 유도식재, 녹음식재, 경관식재, 소나무 군식 등의 식재 패턴을 필요한 곳에 배식하고, 수목보호대를 이용하여 포장 내에 식재를 시오(단, 수목보호대에는 낙엽교목을 식재하시오).
10. 수목은 아래에 주어진 수종 중에서 종류가 다른 10가지를 반드시 선정하여 골고루 안정적인 배식이 될 수 있도록 계획하며, 인출선을 이용하여 수량, 수종명칭, 규격을 반드시 표기하시오.

> 소나무(H4.0×W2.0), 소나무(H3.5×W1.8), 소나무(H3.0×W1.2)
> 스트로브잣나무(H2.5×W1.2), 스트로브잣나무(H2.0×W1.0), 왕벚나무(H4.0×B18)
> 느티나무(H4.0×R15), 중국단풍(H2.5×R6), 청단풍(H2.0×R6), 산수유(H2.5×R7)
> 동백나무(H2.0×R6), 산딸나무(H2.5×R7), 자귀나무(H2.5×R6), 꽃사과(H2.0×R6)
> 광나무(H2.0×R7), 수수꽃다리(H1.0×W0.5), 병꽃나무(H1.2×W0.4), 회양목(H0.3×W0.3)
> 산철쭉(H0.3×W0.4), 자산홍(H0.3×W0.3), 영산홍(H0.4×W0.3), 철쭉(H0.3×W0.4)

11. B-B'의 단면도는 경사, 포장재료, 경계선 및 기타 시설물의 기초, 주변의 수목, 중요 시설물, 이용자 등을 단면도상에 반드시 표기하고 높이 차를 한눈에 볼 수 있도록 설계하시오.

평면도(모범답안)

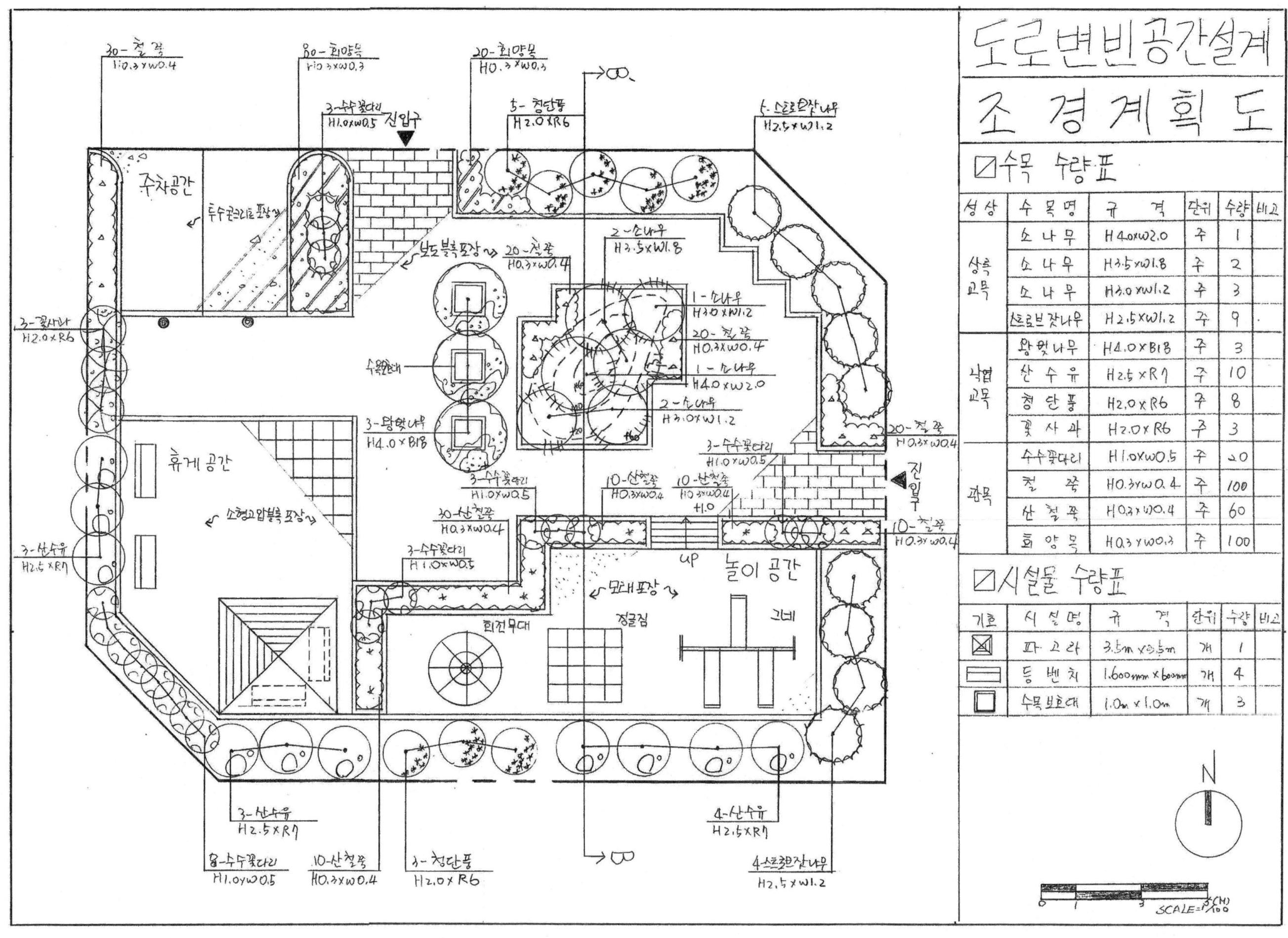

단면도(모범답안)

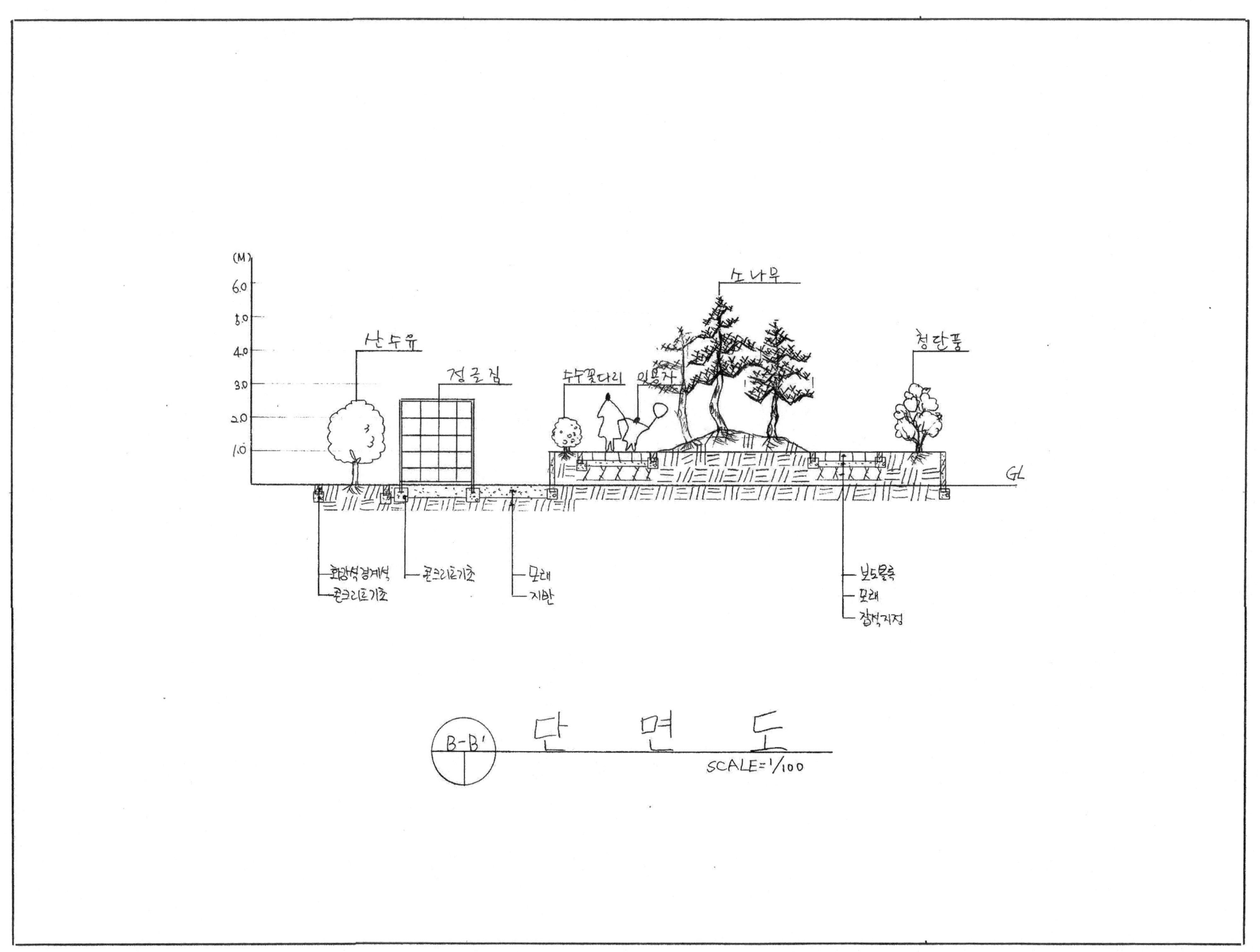

32 도로변소공원설계(2023년 2회)

- **설계문제**: 다음 설계부지는 중부지방 도로변소공원에 대한 조경설계를 하고자 한다. 아래에 주어진 요구 조건을 반영하여 도면을 작성하시오.

- **(현황도면)** 주어진 도면을 참조하여 요구사항 및 조건들에 적합한 배식평면도 및 단면도를 작성하시오. 일점쇄선 안 부분이 설계대상지이며, 주변 현황은 도면에 그대로 옮겨준다.

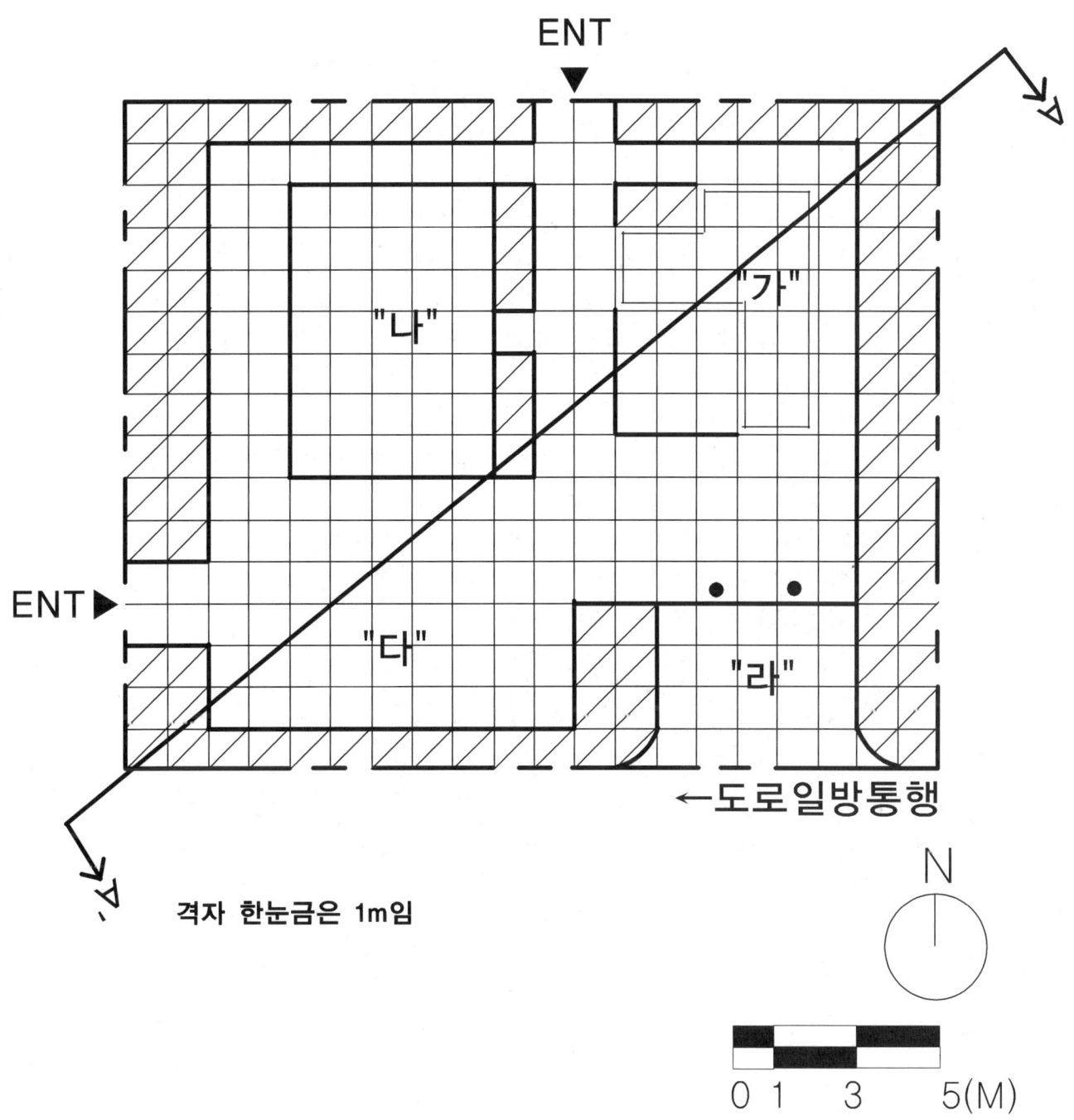

■ (요구 사항)
1. 조경계획도를 위주로 한 배식평면도를 축척 1/100으로 작성하시오.(지급용지 1)
2. 도면 우측 표제란에 작업명칭을 "△△도로변소공원조경설계"라고 작성하시오.
3. 표제란에는 "수목수량표"와 "시설물수량표"를 작성하고, 수량표 아래쪽에는 방위표시와 막대축척을 그려 넣는다.
4. "수목수량표"에는 수목의 성상별로 상록교목, 낙엽교목, 관목으로 구분하여 작성하시오.
5. A-A' 단면도를 축척 1/100으로 작성하시오(단, 시설물의 기초, 포장재료, 계단, 시설물, 주변수목, 경계, 이용자 등을 단면도상에 반드시 표기하시오).(지급용지 2)

■ (요구 조건)
1. 설계 대상지의 현황이 도로변소공원이라는 것을 고려하여 조경설계를 하시오.
2. "가"공간은 수(水)공간으로 지반보다 60cm 낮게 위치해있다.
3. "나"공간은 놀이공간으로 놀이시설을 3종 배치하시오.
4. "다"공간은 휴게공간으로 이용자들의 편안한 휴식과 어린이놀이공간을 관찰하기 위해 파고라(3,500×3,500) 1개와 앉아서 쉴 수 있게 등벤치(1,600×600) 2개를 설치하시오.
5. "라"공간은 주차공간으로 소형승용차 2대가 주차할 수 있는 공간으로 설계하시오(주차장의 치수를 고려하여 설계한다).
6. 각 공간의 포장은 포장재료를 달리 하여 모래, 마사토, 콘크리트, 투수콘크리트, 보도블록, 소형고압블록, 벽돌, 점토벽돌, 멀티콘, 고무매트 중에서 선택하여 포장한다(단, 포장 디자인은 2-3군데 상징적으로 해준다).
7. 이용자의 통행이 잦은 것을 고려하여 유도식재, 녹음식재, 경관식재, 소나무 군식 등을 적당한 장소에 배식하시오.
8. 필요시 적당한 장소에 수목보호대를 설치하시오.
9. 포장지역을 제외한 곳에는 식재를 하시오.
10. 식재설계는 아래수종에서 10종 선정하여 식재한다.

> 소나무(H4.0×W2.0), 소나무(H3.5×W1.8), 소나무(H3.0×W1.6), 주목(H3.0×W1.6)
> 스트로브잣나무(H2.5×W1.2), 가문비나무(H2.5×W1.2), 꽃사과(H2.5×R6)
> 느티나무(H4.0×R12), 동백나무(H2.5×R8), 플라타너스(H3.5×B10)
> 광나무(H2.5×R8), 단풍나무(H2.0×R7), 회양목(H0.3×W0.3), 개나리(H0.3×W0.4)
> 명자나무(H0.3×W0.3), 철쭉(H0.3×W0.4), 꽝꽝나무(H0.3×W0.3)

평면도(모범답안)

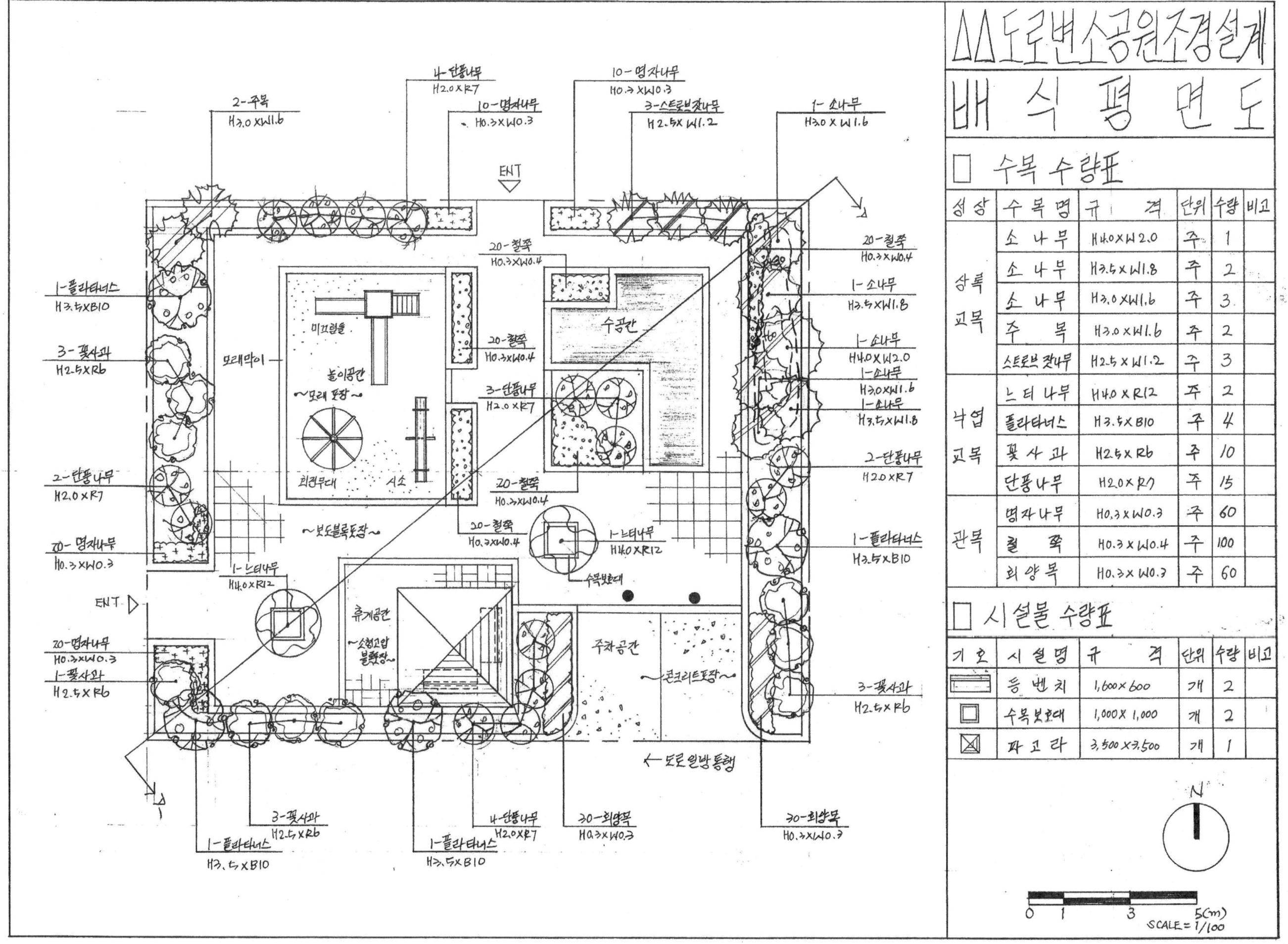

단면도(모범답안)

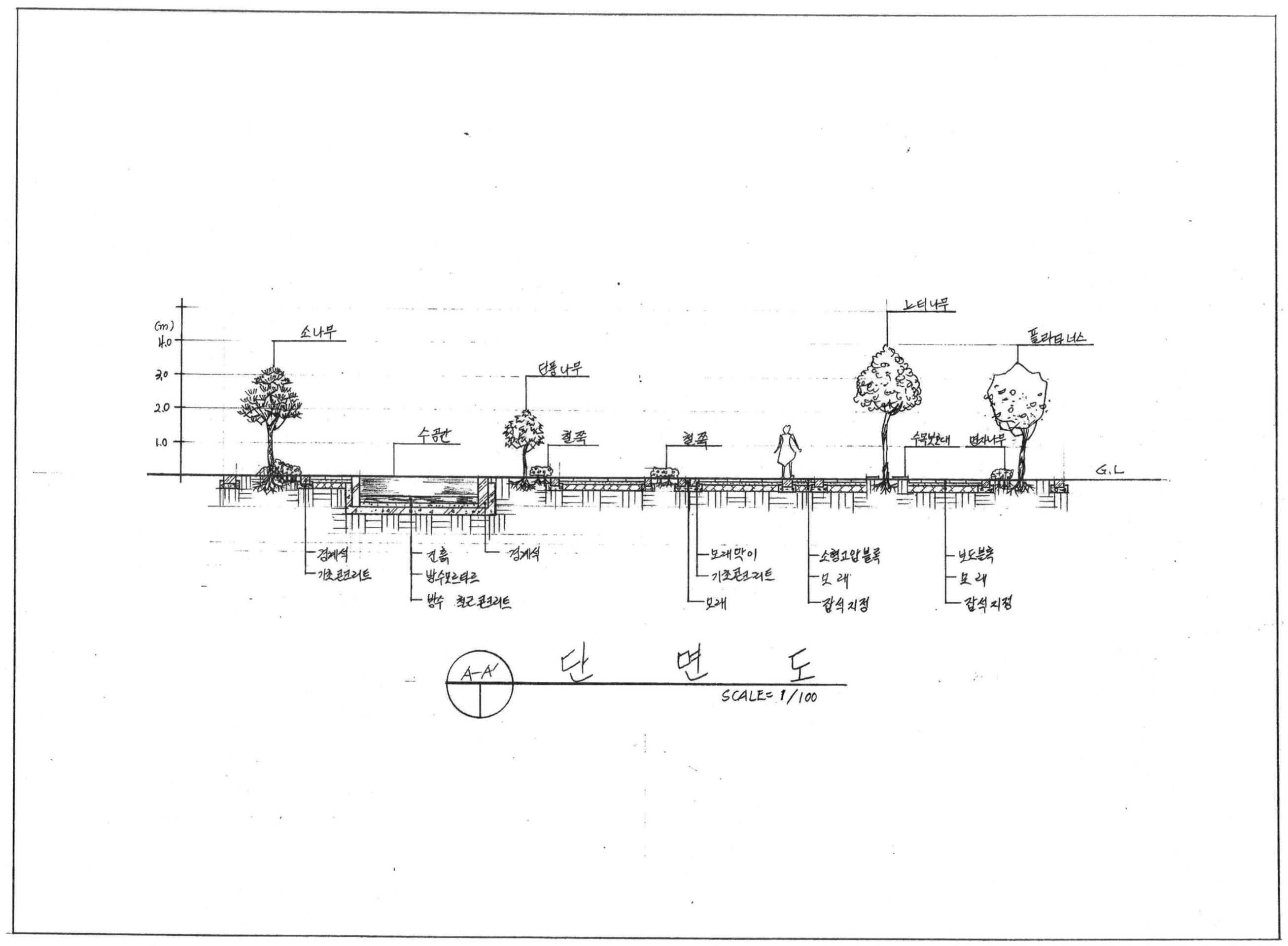

■ 문제해설(평면도)
1. 일점쇄선 안 부분이 설계대상지이므로 현황도면을 답안지의 가운데에 배치되도록 격자 칸 수를 잘 세어 1/100의 스케일로 확대해주고, 주변 현황인 ENT와 도로일방통행을 기재해주고, 방위표와 스케일을 그려준다. 현황도면의 단면도선과 단면도의 화살표는 90도가 되도록 그려주어야 한다.
2. (요구 사항)부터 살펴보면 조경계획도를 위주로 한 배식평면도를 축척 1/100으로 작성하라고 했으므로 표제란의 두 번째 칸 제목은 배식평면도가 된다. 축척은 격자 1칸이 1m이므로 격자의 개수를 잘 세어 현황도를 확대해주어야 한다(시험 문제에서 한 번씩 혼돈을 주기 위해 현황도 아래 1/200이라는 스케일이 적혀있는 경우가 있다. 이것은 격자 칸을 생각하지 않고 실제 현황도의 스케일을 의미하는 것이다. 시험에서 작성하라고 하는 스케일을 맞춰주어야 한다).
3. 표제란에 작업명칭을 "△△도로변소공원조경설계"라고 기재해 주어야 한다. 작업명칭과 배식평면도 글씨의 좌우 여백을 맞춰주면 도면이 보기 좋다.
4. 표제란에 수목수량표와 시설물수량표를 작성하였으며, 수목수량표의 수목명과 수목 규격은 문제에 제시된 대로 적어주어야 하며, 시설물수량표의 시설명과 시설 규격을 제시된 대로 기재해준다.
5. 수목수량표의 성상은 상록교목, 낙엽교목, 관목으로 구분하였다.
6. 요구조건을 살펴보면 "가"공간은 수(水)공간으로 지반보다 60cm 낮게 위치하였다. "가"공간에 물 표현을 해주었으며, "수공간"이라고 기재해 주었다.
7. "나"공간은 놀이공간으로 '모래포장'을 하였고, 미끄럼틀, 회전무대, 시소를 배치하였다. 일반적으로 놀이공간은 모래포장을 가장 많이 사용한다.
8. "다"공간은 휴게공간으로 '소형고압블록포장'을 하였고, 파고라와 등벤치를 규격에 맞추어 배치하였다. 등벤치는 파고라 안에 있어 위에서 내려 보았을 때 보이지 않기 때문에 점선으로 표시하였다(평상형쉘터 안에는 등벤치나 평벤치, 휴지통 등을 배치하지 않아야 한다).
9. "라"공간은 주차공간으로 소형승용차 2대가 주차할 수 있는 공간으로 설계하였고, '콘크리트포장'을 하였다.
10. 입구 주변에 관목(명자나무)으로 유도식재를 하였고, 북동쪽에 소나무 군식을 하였다.
11. 필요시 적당한 장소에 수목보호대를 설치하라고 했으므로 수목보호대를 원로에 설치하였다(일반적인 수목보호대의 규격은 1m×1m이다).

■ 문제해설(단면도)
1. A-A'단면도선을 잘 보아야 한다. 대각선으로 단면도를 그리라는 것은 2009년도 출제 유형이다.
2. 평면도의 A-A' 단면도선을 단면도 답안지의 G.L.선과 평행이 되게 놓아야 단면도를 그리기 쉽다. 단면도 답안지 아래로 A-A'단면도선과 단면도 G.L.선이 평행이 되도록 평면도의 답안지를 단면도 답안지 아래로 넣는 것이 평면도상의 단면도선 위치를 파악하기 좋다.
3. A 부분부터 보면 현황도의 경계석이 나오고 소나무 군식과 마운딩이 나온다. 경계석이 대각선으로 지나가기 때문에 지금까지 그렸던 경계석보다는 크기가 조금 크게 그려져야 한다.
4. 소나무 군식 다음으로 철쭉이 식재되어 있고, 경계석을 지나 '보도블록포장'이 나온다. '보도블록포장'의 상세도와 디자인은 많은 연습을 통해 기억해야 한다.
5. 다음으로 수공간이 나오는데 수공간은 지반보다 60cm 낮게 위치해 있으므로 지반보다 60cm 낮게 표시가 되었고 물표현을 해주었다(단면도 상에 점표고를 기재하라고 하면 왼쪽 편 점표고 기재하는 장소에 -0.6이라고 점표고를 기재해야 한다).
6. 경계석을 지나 단풍나무와 철쭉을 규격과 수목의 모양에 맞추어 그려준다.
7. '보도블록포장'을 지나 경계석과 철쭉, 모래막이 순서로 그려지며 '보도블록포장'이 나온다(모래막이는 경계석과 디자인에서 차이를 두어야 한다).
8. 경계석을 지나 휴게공간이 나오는데 휴게공간은 '소형고압블록포장'을 하였고, 이용자(사람)를 그려주었다. 그 다음으로 수목보호대와 느티나무가 나온다. 수목보호대를 설치해주었기 때문에 수목보호대라는 이름을 기재해 주며, 녹지공간에 명자나무와 플라타너스를 수고와 폭을 고려하여 그려주면 된다.
9. 마지막으로 A-A' 단면도라고 기재해주며, 스케일을 기재해주면 된다.
10. 경계석과 수목이 많이 나오기 때문에 하나하나 빠짐없이 그려주어야 한다.

33 어린이소공원조경설계(2023년 3회)

■ **설계문제** : 다음 설계부지는 중부지방 어린이소공원에 대한 조경설계를 하고자 한다. 아래에 주어진 요구 조건을 반영하여 도면을 작성하시오.

■ **(현황도면)** 주어진 도면을 참조하여 요구사항 및 조건들에 적합한 배식평면도 및 단면도를 작성하시오. 이점쇄선 안 부분이 설계대상지이며, 주변 현황은 도면에 그대로 옮겨준다.

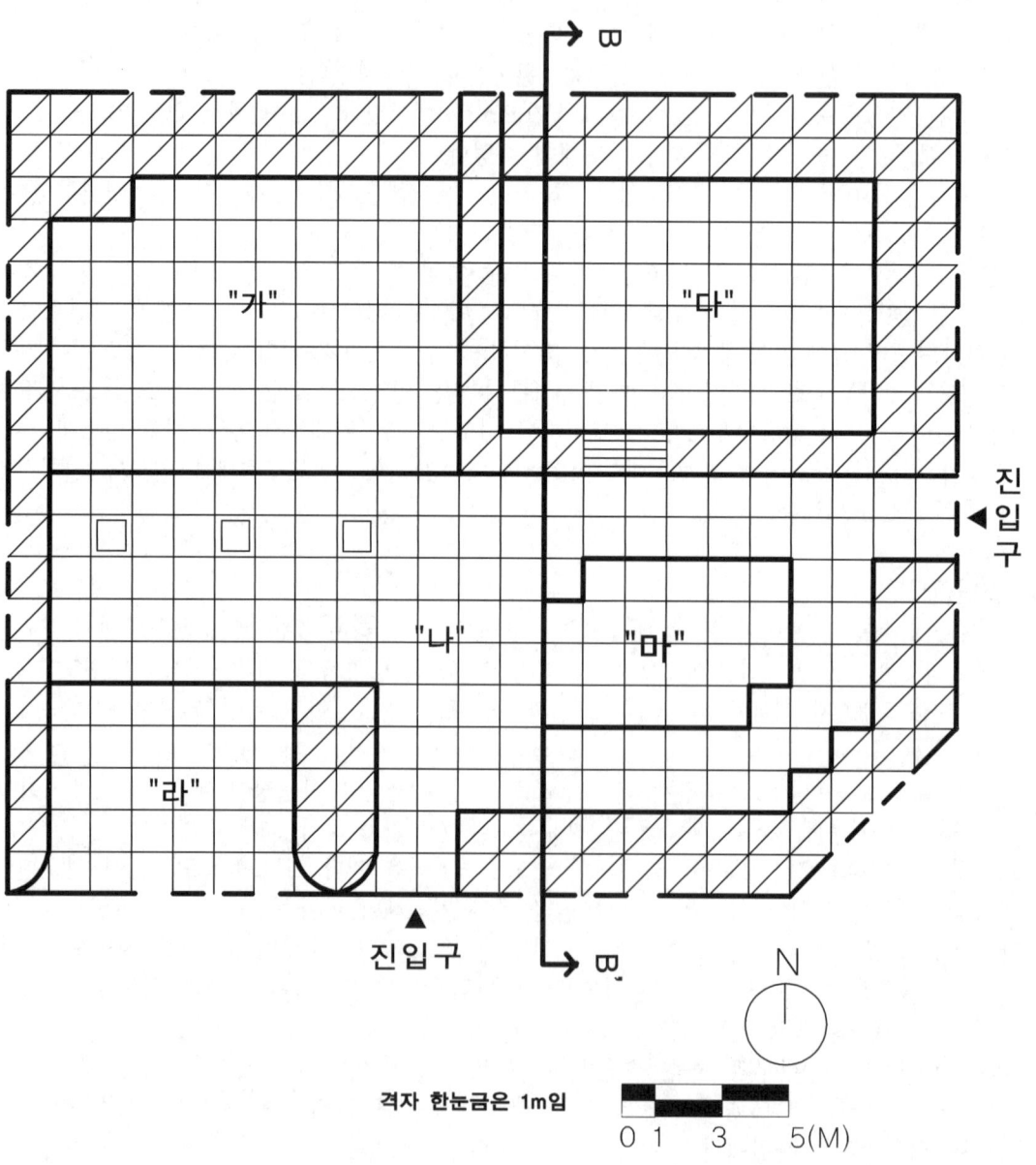

■ (요구 사항)

1. 조경계획도를 위주로 한 배식평면도를 축척 1/100으로 작성하시오.(지급용지 1)
2. 도면 우측 표제란에 작업명칭을 "□□어린이소공원조경설계"라고 작성하시오.
3. 표제란에는 "수목 수량표"와 "시설물 수량표"를 작성하고, 수량표 아래쪽에는 방위표시와 막대축척을 그려 넣는다.
4. 수목 수량표에는 수목의 성상별로 상록교목, 낙엽교목, 관목으로 구분하여 작성하시오.
5. A-A' 단면도를 축척 1/100으로 작성하시오(단, 시설물의 기초, 포장재료, 계단, 중요시설물, 경계석, 이용자 등을 단면도상에 나타내시오).(지급용지 2)

■ (요구 조건)

1. 설계 대상지의 현황이 어린이소공원이라는 것을 고려하여 조경설계를 하시오.
2. "다"가 있는 지역은 "가", "나", "라", "마"가 있는 지역보다 1.0m 높으므로 계획 설계시 고려한다.
3. "가" 공간은 놀이공간으로 어린이놀이시설을 3종 이상 배치하시오.
4. "나" 공간은 동적휴식공간으로 평벤치 2개와 필요에 의해 수목보호대를 추가 설치하여 낙엽활엽수를 식재하시오.
5. "다" 공간은 휴식공간으로 이용자들의 편안한 휴식과 어린이들의 놀이를 관찰하기 위해 파고라 (3,500×3,500) 1개와 앉아서 쉴 수 있는 등벤치를 계획 설계하시오.
6. "라" 공간은 주차공간으로 소형승용차(3,000×5,000) 2대가 주차할 수 있는 공간으로 설계하시오.
7. "마" 공간은 등고선을 조작하여 소나무 군식을 하시오. 단, 점표고를 평면도상에 기재한다.
8. 각 공간의 포장은 포장재료를 달리 하여 모래, 마사토, 콘크리트, 투수콘크리트, 보도블록, 소형고압블록, 벽돌, 점토벽돌, 고무칩 중에서 선택하여 포장한다(단, 포장 디자인은 2-3군데 상징적으로 해준다).
9. 이용자의 통행이 잦은 것을 고려하여 유도식재, 녹음식재, 경관식재, 소나무 군식 등을 적당한 장소에 배식하시오.
10. 포장지역을 제외한 곳(현황도면의 빗금친 부분)에는 식재를 하시오.
11. 식재설계는 아래수종에서 10종 선정하여 식재한다.

> 소나무(H4.0×W2.0), 소나무(H3.5×W1.8), 소나무(H3.0×W1.6), 주목(H3.0×W1.6)
> 스트로브잣나무(H2.5×W1.2), 가문비나무(H2.5×W1.2), 꽃사과(H2.5×R6)
> 느티나무(H4.0×R12), 동백나무(H2.5×R8), 플라타너스(H3.5×B10)
> 광나무(H2.5×R8), 단풍나무(H2.0×R7), 회양목(H0.3×W0.3), 개나리(H0.3×W0.4)
> 명자나무(H0.3×W0.3), 철쭉(H0.3×W0.4), 꽝꽝나무(H0.3×W0.3)

평면도 (모범답안)

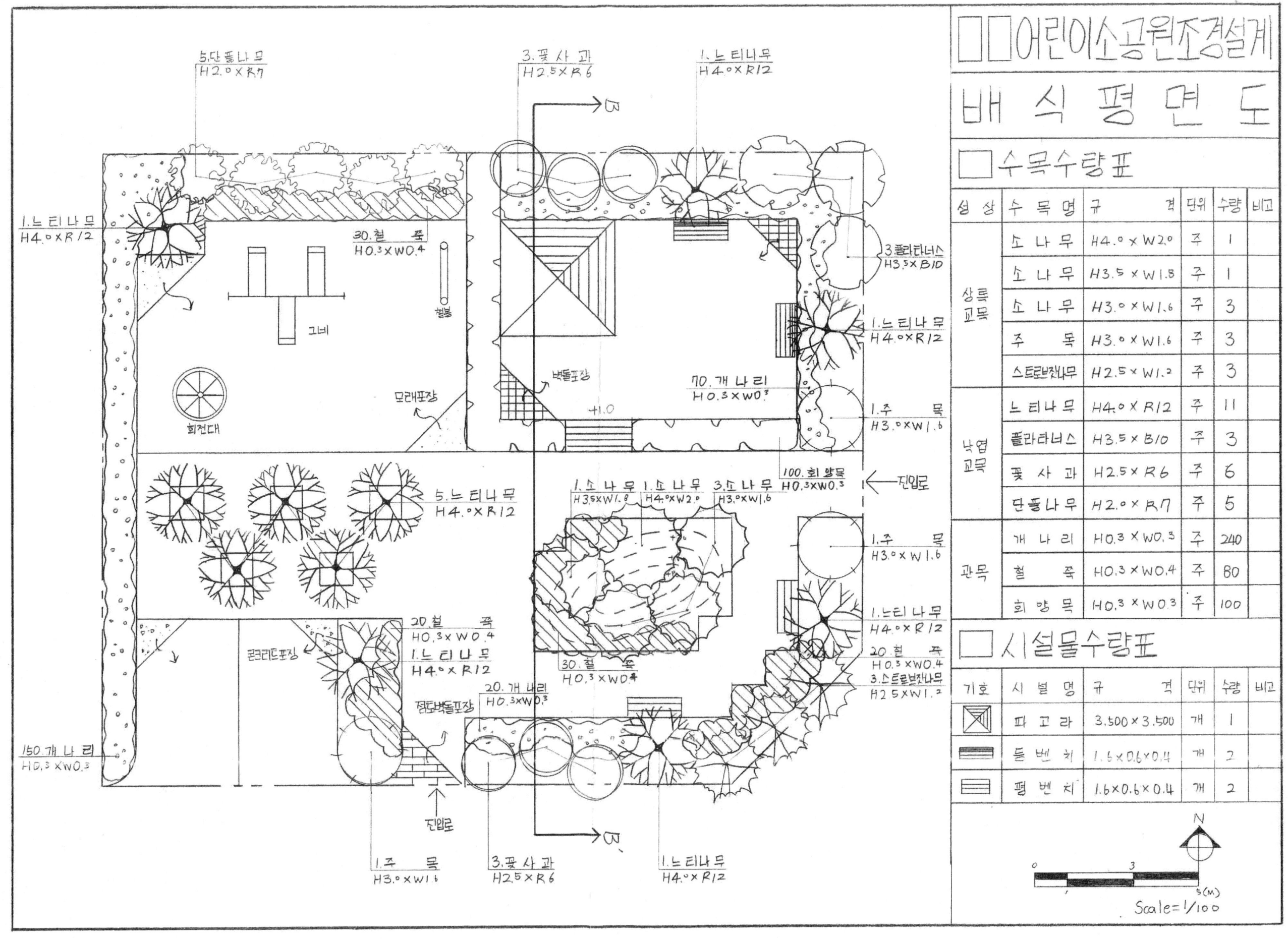

단면도(모범답안)

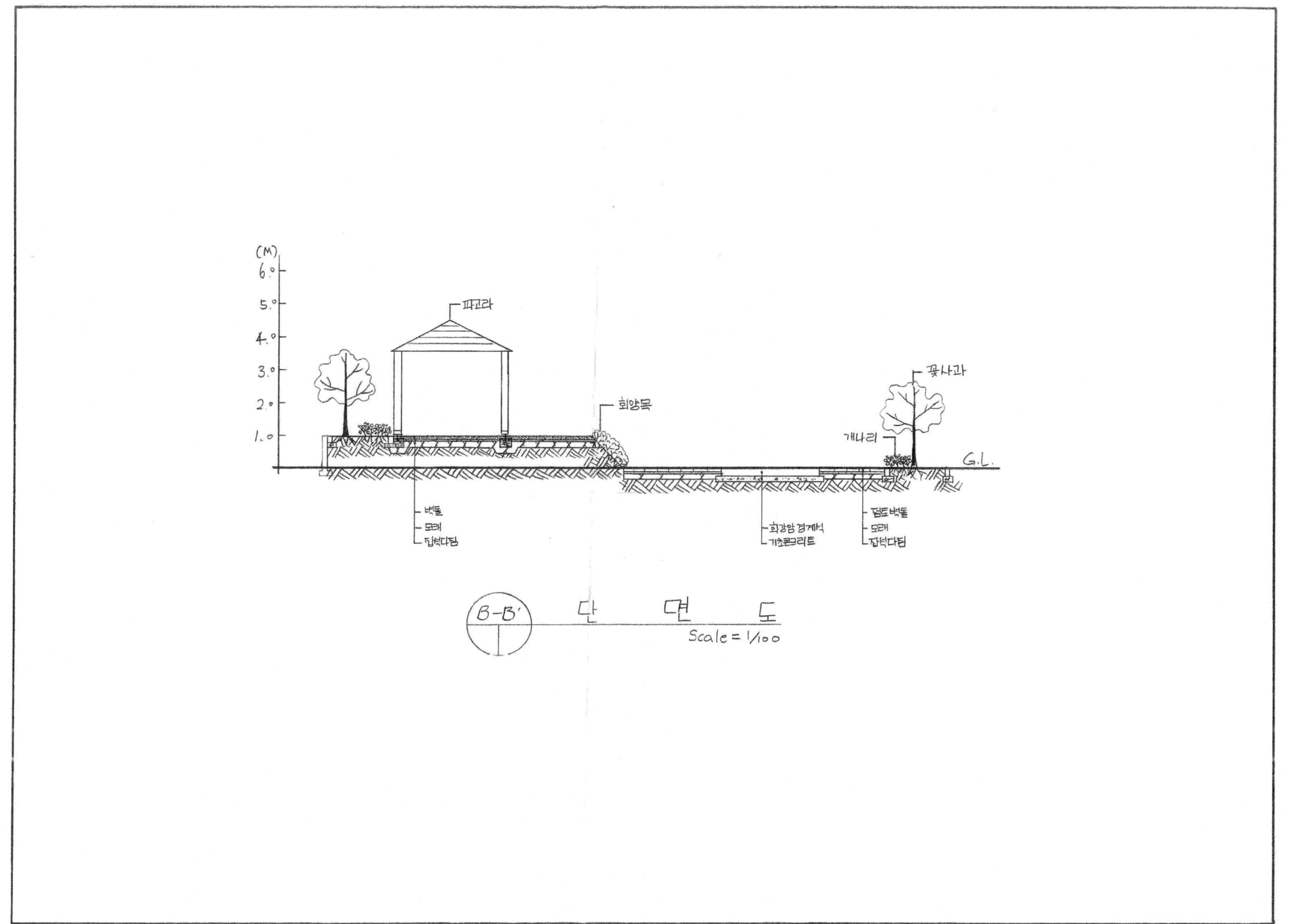

■ 문제해설(평면도)

1. 이점쇄선 안 부분이 설계대상지이므로 현황도를 테두리선과 표제란을 제외한 답안지의 가운데에 배치되도록 해주고, 현황도의 외곽은 이점쇄선으로 그려주며, 주변 현황인 진입구를 기재해주고, 방위표와 스케일을 그려준다. 평면도에 있는 단면도선과 B-B'화살표선은 90도가 되도록 그려주어야 한다. 테두리선과 표제란을 제외한 공간의 중심을 열십자(+)로 가선을 그어 중심선을 잡아주면 현황도를 확대해서 답안지에 옮기는데 시간을 절약할 수 있다.
2. (요구 사항)부터 살펴보면 조경계획도를 위주로 한 배식평면도를 축척 1/100으로 작성하라고 했으므로 표제란의 두 번째 칸 제목은 배식평면도가 된다. 축척은 현황도면의 격자 1눈금이 1m이므로 격자의 개수를 잘 세어 현황도를 확대해주어야 한다.
3. 표제란에 작업명칭을 "ㅁㅁ어린이소공원조경설계"라고 기재해 주고, 작업명칭과 배식평면도 글씨의 좌우 여백을 맞춰주면 도면이 보기 좋다. 작업명칭은 표제란의 제일 윗부분에 쓰이는 글씨이기 때문에 깔끔하고 정확한 글씨로 작성되어야 좋은 도면이 된다.
4. 표제란에 수목수량표와 시설물수량표를 작성하였으며, 수목수량표의 수목명과 규격은 문제에 제시된 대로 기재해주어야 하고, 시설물수량표의 시설명과 규격, 단위를 문제에서 제시된 대로 기재해준다.
5. 수목수량표의 성상은 상록교목, 낙엽교목, 관목으로 구분하였다. 성상부분의 작성은 평면도 모범답안처럼 성상 칸의 중앙에 글씨가 오도록 배치하는 것이 보기 좋다. 또한 표에서 선이 삐져나오지 않게 깔끔하게 그려주는 것이 좋다.
6. (요구 조건)을 살펴보면 포장지역을 제외한 곳에는 모두 식재를 하라고 했기 때문에 빗금친 녹지공간에는 빈 공간 없이 식재를 해주어야 한다.
7. "다" 지역은 "가", "나", "라", "마" 지역보다 1.0m 높게 계획하라고 했는데 "~보다"라는 말이 있는 공간인 "가", "나", "라", "마" 지역이 기준점(점표고가 0인 지역)이 된다. 그러므로 "다" 공간의 점표고는 +1.0이 된다. 계단의 UP표시를 통해 전체 대상지가 1.0m 높은 것으로 생각하고 설계를 하면 된다. 그러므로 계단 UP표시 옆 부분에 점표고(+1.0)를 기재해 주면 쉽게 단차이가 나는 것을 알 수 있다.
8. "가" 공간은 놀이공간으로 놀이시설을 회전대, 그네, 철봉 3종류 설치하고, '모래포장'을 하였다.
9. "나" 공간은 동적휴식공간으로 평벤치 2개와 수목보호대를 규격에 맞춰 배치하고, '점토벽돌포장'을 하였다. 수목보호대를 추가로 설치하고 낙엽교목인 느티나무를 식재하였으며, 평벤치는 휴식을 위해 설치하기 때문에 낙엽교목아래 그늘이 있는 장소에 설치해주는 것이 더 좋은 답이 된다.
10. "다" 공간은 휴식공간으로 파고라 1개와 등벤치를 규격에 맞춰 배치하고, '벽돌포장'을 하였다. 또한 등벤치는 휴식을 위해 설치하기 때문에 낙엽교목아래 그늘이 있는 장소에 설치해주는 것이 더 좋은 답이 된다.
11. "라" 공간은 주차공간으로 소형승용차 2대가 주차할 수 있는 공간으로 조성하였고, '콘크리트포장'을 하였다. 또한 주차장 주변의 식재공간에는 주차장의 진출입시 주변의 차량을 쉽게 관찰할 수 있도록 관목을 식재해 주는 것이 좋다.
12. "마" 공간은 등고선을 조작하여 소나무 군식을 하라고 하였으므로, 점선으로 등고선을 조작하고 점표고(+30, +60, +90)를 기재해 주었다. 소나무 군식은 문제에서 주어진 소나무 3가지 규격을 다 사용하여 식재를 해주며, 비록 좁은 장소에 소나무 군식(群植, 모아심기)을 하더라도 많은 소나무를 식재해주어야 한다. 또한 소나무 주변으로 관목을 식재해주는 것이 좋으며 인출선끼리 겹치는 것에 유의해야 한다.

13. 진입구 주변에 관목으로 유도식재, 수목식재 공간에 녹음식재와 경관식재, "나" 지역에 소나무 군식을 하였다
14. 식재설계는 소나무 군식 장소에 소나무 3가지 규격을 사용하여 식재하였더라도 실제 사용한 수목은 소나무 1종이 되므로 10종을 맞춰서 식재하였다. 또한 중부지역에 식재를 하라고 했기 때문에 남부수종은 식재하지 말아야한다. 남부수종을 다시 한 번 확인해보자.
15. 인출선이 정확하게 기재가 되었는지 확인하고, 도면을 수정하면서 지워지거나 흐려진 부분을 체크하여 보기 좋게 평면도를 완성한다.
16. 인출선끼리 각도를 맞춰서 작성해주며, 같은 수목끼리 인출선을 사용하여 연결할 때 한 번에 인출선을 그어 수목을 연결하지 말고 수목 중심에서 한주씩 인출선을 그어 수목을 연결해 주는 게 좋다.

■ 문제해설(단면도)

1. 단면도 답안지 용지에 테두리선을 규격에 맞추어 긋고, 테두리선 안쪽으로 열십자(+)로 가선을 그어 중심선을 잡는다. 평면도의 단면도선(B-B')에 맞추어 단면도 답안지 가로 중심선에 G. L.선을 긋는다. G. L.선에 수직으로 점표고를 표기해주고(예 : 1.0, 2.0, 3.0, 4.0, 5.0, 6.0 (m)), 수고를 따라 G. L.선과 평행하게 가선을 그어 각 시설물 및 수목의 수고를 파악하기 위한 선을 그어준다.
2. 단면도선의 B부분은 다른 공간보다 1.0m 높은 부분에 화강암경계석이 있고 꽃사과와 개나리가 식재되어 있다. 평면도 모범답안에서는 대상지의 경계부분에 화강암경계석이 그려지지 않았더라도 실제는 화강암경계석이 있는 것으로 간주하여 단면도에서는 경계부분에 화강암경계석을 그려주는 것이 좋다.
3. 다음으로 휴식공간에 '벽돌포장'이 되어있고, 파고라를 규격에 맞춰 그려준다.
4. 휴식공간 다음으로 식수대(Plant Box)를 통해 점표고가 0m인 지역이 된다. 경계부분에 화강암경계석이 나오고 식재공간에 회양목이 식재되어야 한다. 식수대 부분에는 키가 작은 관목을 식재해 주는 것이 좋으며, 식수대를 그리는 방법은 단면도 모범답안처럼 단차이를 1.0m 그려주고 식재를 해주는 것도 좋고, 다른 방법은 식수대의 폭만큼 45도의 각도로 비스듬하게 지형을 그려주고 식재를 해주어도 맞는 답이다.
5. 식수대를 지나 동적휴식공간은 '점토벽돌포장'을 그려주었다. 또한 마운딩 부분의 화강암경계석을 단면도선 길이만큼 그려주었다. (요구 사항) 5번에 이용자를 단면도상에 그려주라고 했는데 본 단면도 모범답안에는 그려주지 않았으나 원로 부분에 이용자를 그려주는 것이 좋은 답이 된다. 이용자를 그리라고 출제되는 경우가 자주 있으므로 쉽고 깔끔하게 이용자를 그리는 연습을 많이 하여 시간을 절약할 수 있어야 한다.
6. 다음으로 '점토벽돌포장'을 그려주며 개나리와 꽃사과를 식재해주고, B'부분의 경계부분에 화강암경계석을 그려준다. B'부분의 경계부분은 점표고 0m에서 마무리 되어야 한다.
7. G. L.선 윗부분의 수목 및 시설물에 인출선을 3단(제일 높은 것(교목 및 시설물 중 높은 것), 중간 것(작은 교목 등), 낮은 것(관목, 시설물 중 낮은 것))으로 구분하여 기재해주는 것이 통일성 있고 깔끔하게 보인다.
8. G. L.선 아랫부분은 각 시설물의 재료가 기재되어야 한다. 각 재료의 중앙에 점(•)을 찍어 재료명을 기재해주고, 재료명을 기재할 때 가선을 그어 줄을 맞춰서 재료명을 기재해주면 깔끔하고 아름다운 도면이 된다.
9. 마지막으로 B-B' 단면도라고 기재해주며, 스케일을 기재해주면 된다.

34 도로변휴게공간조경설계(2023년 4회)

- **설계문제** : 우리나라 중부지역에 위치한 도로변의 빈 공간에 대한 조경설계를 하고자 한다. 주어진 현황도 및 아래 사항을 참조하여 설계조건에 따라 조경계획도를 작성합니다(단, 2점 쇄선 안 부분을 조경설계 대상지로 합니다).

- **(현황도면)** 주어진 도면을 참조하여 요구사항 및 조건들에 적합한 조경계획도를 작성하시오.

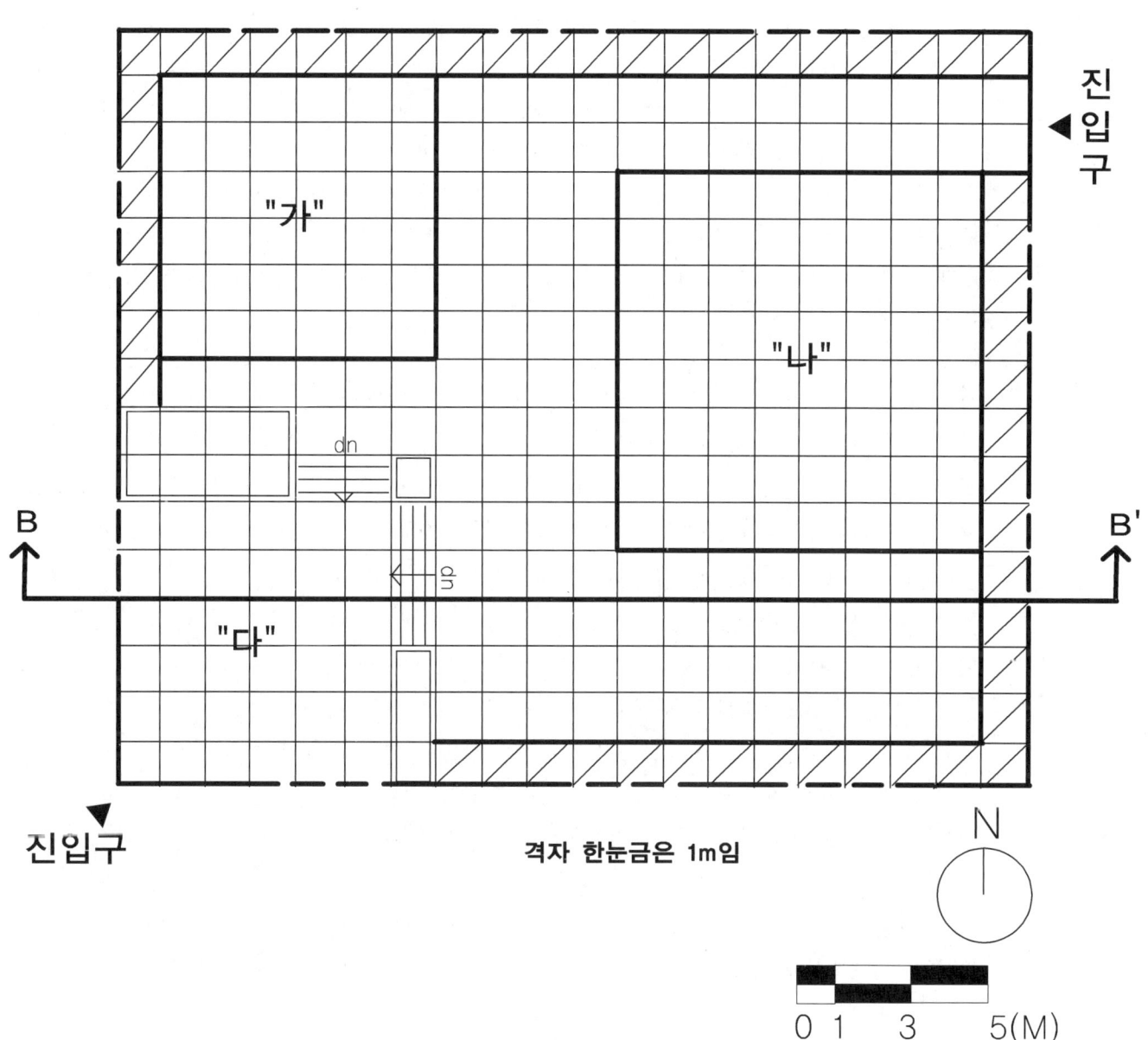

■ (요구 사항)

1. 식재평면도를 위주로 한 조경계획도를 축척 1/100로 작성하십시오.(지급용지-1)
2. 도면 오른쪽 위에 작업명칭을 작성하십시오.
3. 도면 오른쪽에는 "중요 시설물 수량표와 수목(식재) 수량표"를 함께 작성하고, 수량표 아래쪽 여백을 이용하여 "방위표시와 막대축척"을 반드시 그려 넣으시오(단, 전체 대상지의 길이를 고려하여 범례표의 폭을 조정할 수 있다).
4. 도면의 전체적인 안정감을 위하여 "테두리선"을 작성하십시오.
5. 도로변 휴게공간 부지내의 B-B' 단면도를 축척 1/100으로 작성하십시오.(지급용지-2)

■ (설계 조건)

1. 해당 지역은 도로변의 자투리 공간을 이용한 휴식 및 어린이들이 즐길 수 있는 도로변 휴게공간으로, 공원의 특징을 고려하여 조경계획도를 작성하시오.
2. 포장지역을 제외한 곳에는 모두 식재를 실시하시오(녹지공간은 빗금친 부분이며, 대상자의 전체적인 분위기를 고려하여 식재를 실시하시오).
3. "가"지역은 휴식공간으로 이용자들의 편안한 휴식을 위해 파고라(3,500×3,500mm) 1개와 앉아서 휴식을 즐길 수 있도록 등벤치 3개를 계획 설계하시오.
4. "나"지역은 어린이놀이공간으로 계획하고, 그 안에 어린이 놀이시설물을 3종류 배치하시오.
5. "다"지역은 포장공간으로 "소형고압블록, 콘크리트, 마사토, 고무칩, 모래, 투수콘크리트, 점토블록, 황토, 멀티콘 등" 적당한 재료를 선택하여 재료의 사용이 적합한 장소에 기호로 표현하고, 포장명칭을 반드시 기입하시오.
6. "다"지역은 다른 지역보다 1.0m 높으므로 계획시 고려한다.
7. 대상지 내에는 유도식재, 녹음식재, 경관식재, 소나무 군식 등의 식재 패턴을 필요한 곳에 배식하고, 필요에 따라 수목보호대를 추가로 설치하여 포장 내에 식재를 하시오.
8. 수목은 아래에 주어진 수종 중에서 종류가 다른 10가지를 반드시 선정하여 골고루 안정적인 배식이 될 수 있도록 계획하며, 인출선을 이용하여 수량, 수종명칭, 규격을 반드시 표기하시오.

소나무(H4.0×W2.0), 소나무(H3.0×W1.5), 소나무(H2.5×W1.2)
스트로브잣나무(H2.5×W1.2), 스트로브잣나무(H2.0×W1.0), 왕벚나무(H4.5×B15)
버즘나무(H3.5×B8), 느티나무(H3.0×R6), 청단풍(H2.5×R8), 다정큼나무(H1.0×W0.6)
동백나무(H2.5×R8), 중국단풍(H2.5×R5), 굴거리나무(H2.5×W0.6), 자귀나무(H2.5×R6)
태산목(H1.5×W0.5), 먼나무(H2.0×R5), 산딸나무(H2.0×R5), 산수유(H2.5×R7)
꽃사과(H2.5×R5), 수수꽃다리(H1.5×W0.6), 병꽃나무(H1.0×W0.4), 쥐똥나무(H1.0×W0.3)
명자나무(H0.6×W0.4), 산철쭉(H0.3×W0.4), 자산홍(H0.3×W0.3), 영산홍(H0.4×W0.3)
조릿대(H0.6×7가지)

9. B-B'의 단면도는 경사, 포장재료, 경계선 및 기타 시설물의 기초, 주변의 수목, 중요 시설물, 이용자 등을 단면도상에 반드시 표기하고 높이 차를 한눈에 볼 수 있도록 설계하시오.

평면도 (모범답안)

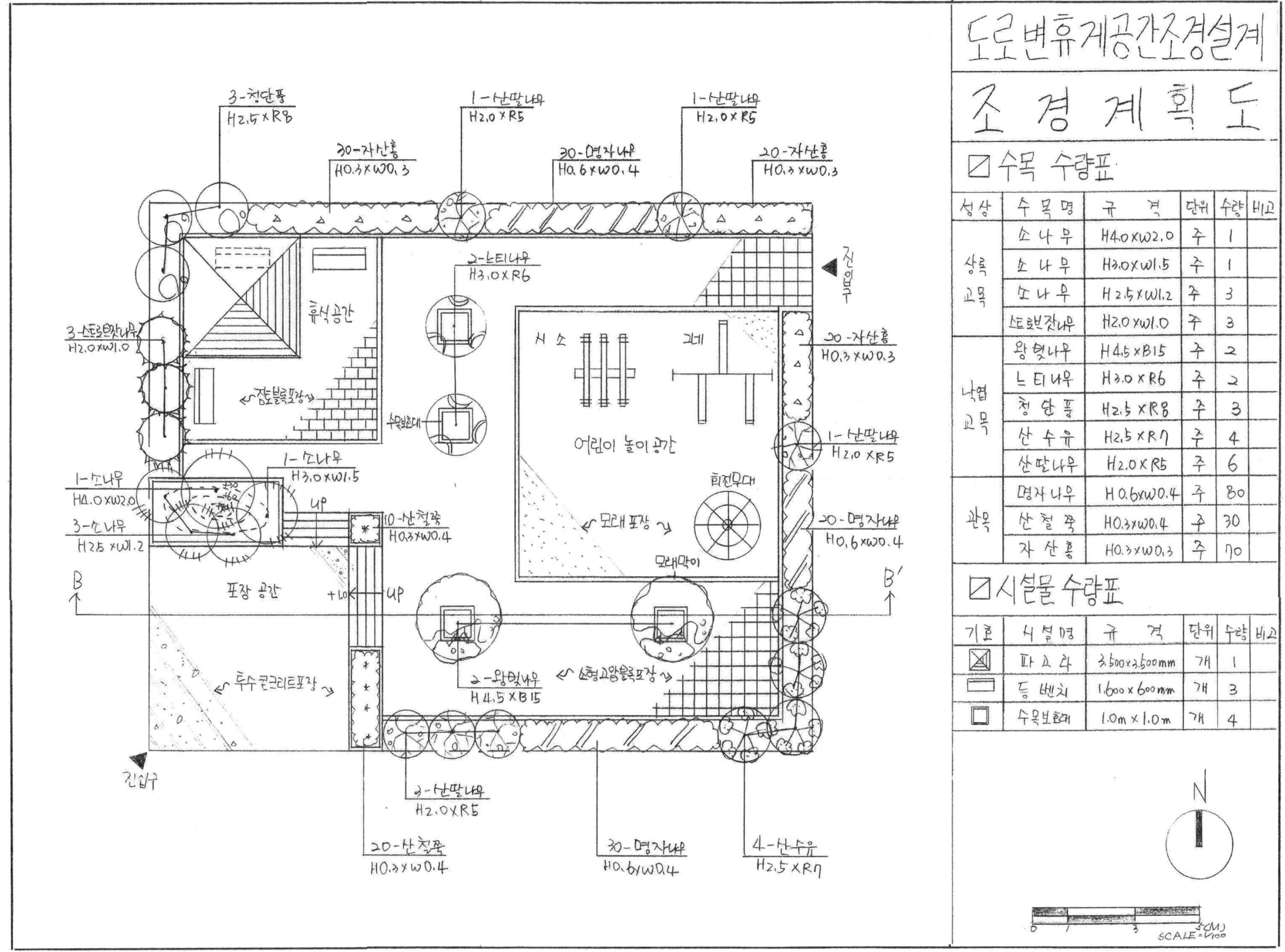

단면도(모범답안)

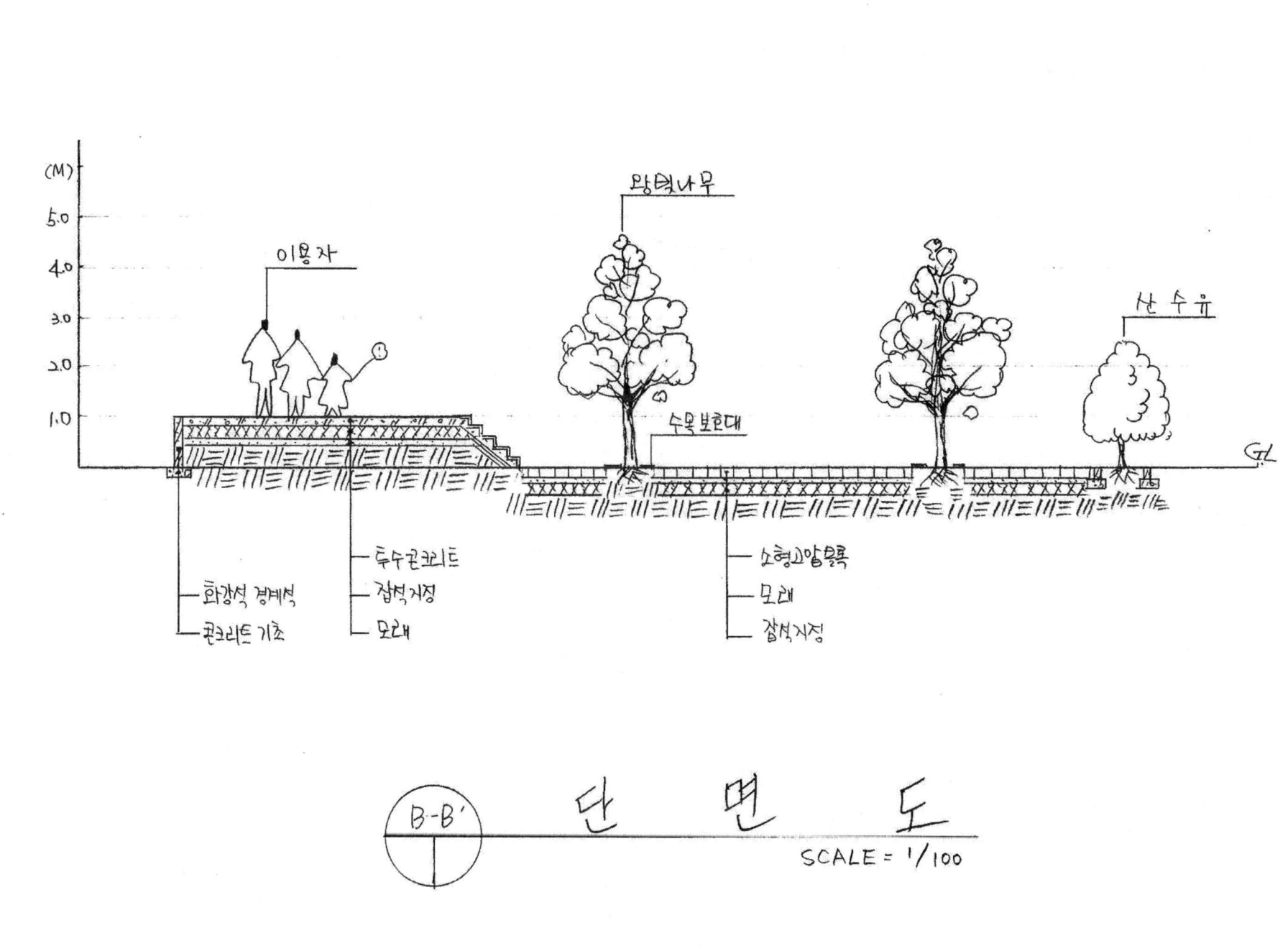

■ 문제해설(평면도)

1. 이점쇄선 안 부분이 설계대상지이므로 현황도를 답안지의 가운데에 배치되도록 해주고, 현황도의 외곽은 이점쇄선으로 그려주며, 주변 현황인 진입구를 기재해주고, 방위표와 스케일을 그려준다. 평면도에 있는 단면도선과 B-B'화살표 선은 90도가 되도록 그려주어야 한다. 테두리선과 표제란을 제외한 공간의 중심을 열십자(+)로 가선을 그어 중심선을 잡아주면 현황도를 확대해서 답안지에 옮기는데 시간을 절약할 수 있다.

2. (요구 사항)부터 살펴보면 식재평면도를 위주로 한 조경계획도를 축척 1/100으로 작성하라고 했으므로 표제란의 두 번째 칸 제목은 조경계획도가 된다. 축척은 현황도면의 격자 1눈금이 1m이므로 격자의 개수를 잘 세어 현황도를 확대해주어야 한다.

3. 표제란에 작업명칭을 "도로변휴게공간조경설계"라고 기재해 주고, 작업명칭과 조경계획도 글씨의 좌우 여백을 맞춰주면 도면이 보기 좋다. 작업명칭은 표제란의 제일 윗부분에 쓰이는 글씨이기 때문에 깔끔하고 정확한 글씨로 작성되어야 좋은 도면이 된다.

4. 표제란에 수목수량표와 시설물수량표를 작성하였으며, 수목수량표의 수목명과 규격은 문제에 제시된 대로 기재해주어야 하고, 시설물수량표의 시설명과 규격, 단위를 문제에서 제시된 대로 기재해준다.

5. 수목수량표의 성상은 상록교목, 낙엽교목, 관목으로 구분하였다. 성상부분의 작성은 평면도 모범답안처럼 성상 칸의 중앙에 글씨가 오도록 배치하는 것이 보기 좋다. 또한 표에서 선이 삐져나오지 않게 깔끔하게 그려주는 것이 좋다.

6. (설계 조건)을 살펴보면 포장지역을 제외한 곳에는 모두 식재를 하라고 했기 때문에 빗금친 부분의 녹지공간에는 빈 공간 없이 식재를 해주어야 한다. 평면도 모범답안에서는 외곽부분에 관목을 많이 식재하였는데, 입구부분을 제외한 외곽부분은 교목을 교호식재(어긋나게 식재) 해주는 것이 좋다. 또한 교목 하단부에 군데군데 관목을 같이 식재해주면 자연스러운 식재분위기를 느낄 수 있어서 좋다.

7. "가"지역은 휴식공간으로 파고라 1개와 등벤치 3개를 규격에 맞춰 배치하고, '점토블록포장'을 하였다. 파고라 안에 등벤치를 1개 설치하였는데 파고라 안에 있는 등벤치는 위에서 바라보았을 때 보이지 않기 때문에 점선으로 표시해준다.

8. "나"지역은 어린이놀이공간으로 어린이 놀이시설물을 시소, 그네, 회전무대 3종류 설치하고, '모래포장'을 하였다. 어린이놀이공간은 대부분 '모래포장'을 하며, 평면도 모범답안을 보면 어린이 놀이시설물을 한쪽으로 치우쳐 균형 없이 배치하는 것 보다 정삼각형 모양으로 보기 좋게 균형을 잡아서 배치하는 것이 더 좋은 답이 된다.

9. "다"지역은 포장공간으로 '투수콘크리트포장'을 하였고, 모서리 부분에 2군데 포장디자인을 하고 포장명을 기재하였다. 또한 "다"지역이 다른 지역보다 1.0m 높으므로 "나"지역의 계단부분에 +1.0이라고 점표고를 기재해 주면 높이차를 쉽게 알 수 있다.

10. 진입구 주변에 관목으로 유도식재, 수목식재 공간에 녹음식재와 경관식재, 현황도의 서쪽(좌측) 식재공간에 소나무 군식을 하였다. 소나무 군식은 문제에서 주어진 소나무 3가지 규격을 다 사용하여 식재를 해주며, 비록 좁은 장소에 소나무 군식(群植, 모아심기)을 하더라도 많은 소나무를 식재해주어야 한다. 또한 소나무 주변으로 관목을 식재해주는 것이 좋으며 인출선끼리 겹치는 것에 유의해야 한다. 등고선으로 지형을 변화시키는 소나무 군식 장소의 등고선에 점표고(+30, +60, +90)도 기재되어야 한다.

11. 식재설계는 소나무 군식 장소에 소나무 3가지 규격을 사용하여 식재하였더라도 실제 사용한 수목은 소나무 1종이 되므로 10종을 맞춰서 식재하였다. 또한 중부지역에 식재를 하라고 했기 때문에 남부수종은 식재하지 말아야한다. 남부수종을 다시 한 번 확인해보자.
12. 인출선이 정확하게 기재가 되었는지 확인하고, 도면을 수정하면서 지워지거나 흐려진 부분을 체크하여 보기 좋게 평면도를 완성한다.
13. 인출선끼리 각도를 맞춰서 작성해 주며, 같은 수목끼리 인출선을 사용하여 연결할 때 한 번에 인출선을 그어 수목을 연결하지 말고 수목 중심에서 한주씩 인출선을 그어 수목을 연결해 주는 게 좋다.

■ 문제해설(단면도)

1. 단면도 답안지 용지에 테두리선을 규격에 맞추어 긋고, 테두리선 안쪽으로 열십자(+)로 가선을 그어 중심선을 잡는다. 평면도의 단면도선(B-B')에 맞추어 단면도 답안지 가로 중심선에 G. L.선을 긋는다. G. L.선에 수직으로 점표고를 표기해주고(예 : 1.0, 2.0, 3.0, 4.0, 5.0 (m)), 수고를 따라 G. L.선과 평행하게 가선을 그어 각 시설물 및 수목의 수고를 파악하기 위한 선을 그어준다.
2. B 부분부터 보면 점표고가 1.0m 높은 곳부터 대상지가 시작된다. 경계부분에 화강석 경계석이 나오고 '투수콘크리트포장'이 나온다. 평면도 모범답안에서는 대상지의 경계부분에 화강석 경계석이 그려지지 않았더라도 실제는 화강석 경계석이 있는 것으로 간주하여 단면도에서는 경계부분에 화강석 경계석을 그려주는 것이 좋다. (설계 조건) 9번의 이용자를 '투수콘크리트포장' 부분에 그려주었다.
4. 다음으로 계단을 이용하여 점표고가 1.0인 공간에서 점표고가 0인 공간으로 바뀌게 된다. 평면도 모범답안의 계단 칸수와 폭을 고려하여 단면도에 계단이 그려져야 한다. 평면도 모범답안에서 계단의 칸수는 4칸인데 단면도 모범답안에서는 5칸으로 그려졌다. 유심히 보지 않으면 잘 모르는 부분이지만 되도록 정확히 그려주는 것이 좋다.
5. 다음으로 원로에 '소형고압블록포장'이 있고, 수목보호대를 이용하여 왕벚나무가 식재되어있다. 포장공간에 수목보호대를 사용하여 수목을 식재하였으므로 G. L.선 아랫부분은 수목보호대의 폭만큼 '소형고압블록' 대신 지반으로 표시가 되어야 한다.
6. 마지막으로 산수유가 식재되어야 하며, 경계부분에 화강석 경계석을 그려준다.
7. 포장이 바뀌는 부분과 재료가 다른 포장 사이에는 반드시 화강석 경계석이 있어야 한다.
8. G. L.선 윗부분의 수목 및 시설물에 인출선을 3단(제일 높은 것(교목 및 시설물 중 높은 것), 중간 것(작은 교목 등), 낮은 것(관목, 시설물 중 낮은 것))으로 구분하여 기재해주는 것이 통일성 있고 깔끔하게 보인다.
9. G. L.선 아랫부분은 각 시설물의 재료가 기재되어야 한다. 각 재료의 중앙에 점(•)을 찍어 재료명을 기재해주고, 재료명을 기재할 때 가선을 그어 줄을 맞춰서 재료명을 기재해주면 깔끔하고 아름다운 도면이 된다.
10. 마지막으로 B-B' 단면도라고 기재해주며, 스케일을 기재해주면 된다.
11. 단면도와 단면도라는 도면 제목의 글씨가 단면도 답안용지의 중앙에 오도록 배치가 되어야 전체적으로 통일감이 있어 보기 좋은 도면이 된다.

35 도로변빈공간조경설계(2024년 1회)

- **설계문제** : 우리나라 중부지역에 위치한 도로변의 빈 공간에 대한 조경설계를 하고자 한다. 주어진 현황도 및 아래 사항을 참조하여 설계조건에 따라 조경계획도를 작성합니다(단, 2점 쇄선 안 부분이 조경설계 대상지로 합니다).

- **(현황도면)** 주어진 도면을 참조하여 요구사항 및 조건들에 적합한 조경계획도를 작성하시오.

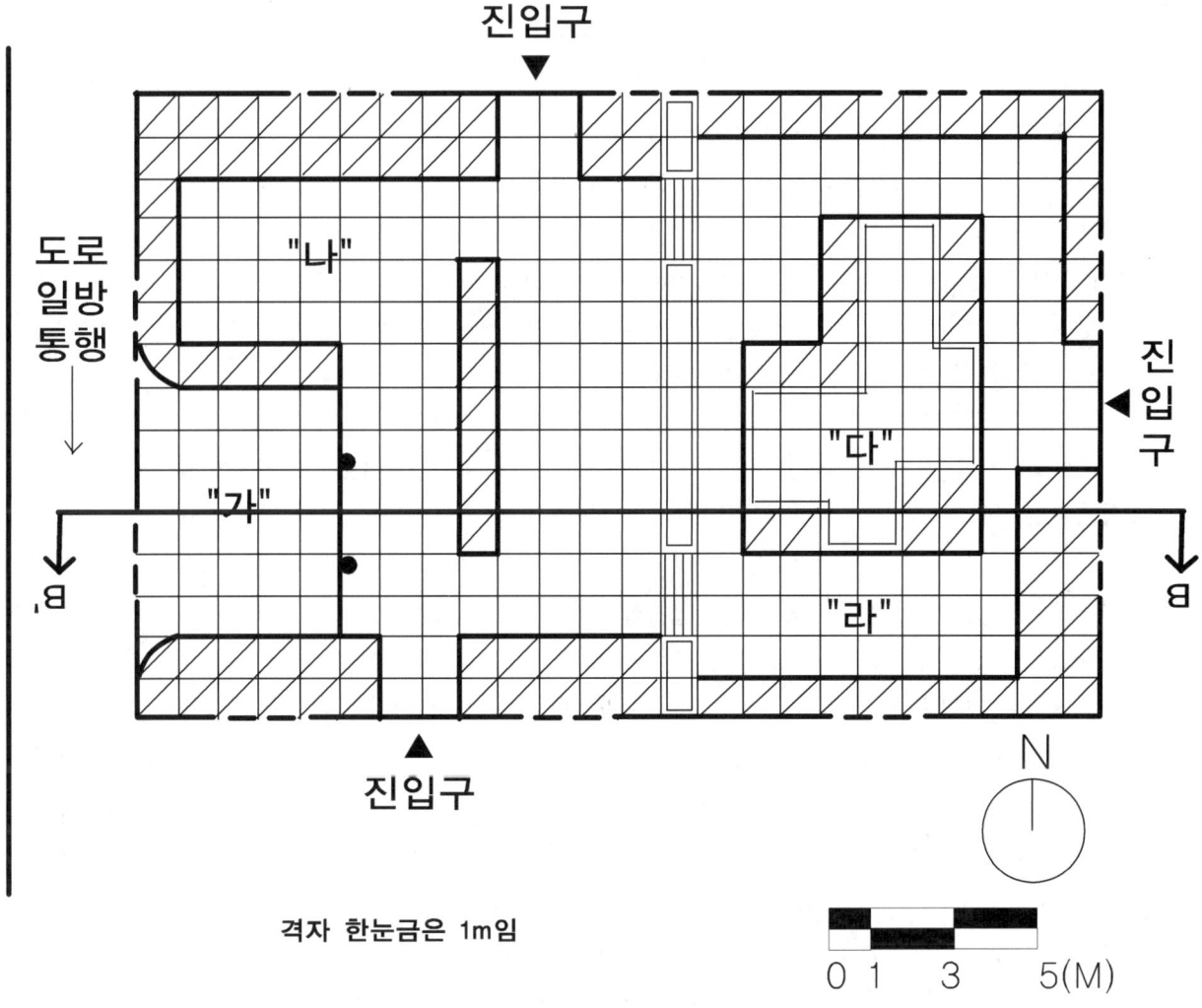

격자 한눈금은 1m임

■ (요구 사항)

1. 식재평면도를 위주로 한 조경계획도를 축척 1/100로 작성하십시오.(지급용지 1)
2. 도면 오른쪽 위에 작업명칭을 작성하십시오.
3. 도면 오른쪽에는 "중요 시설물 수량표"와 "수목(식재) 수량표"를 작성하고, 수량표 아래쪽에는 "방위표시와 막대축척"을 그려 넣으시오(단, 전체 대상지의 길이를 고려하여 범례표의 폭을 조정할 수 있다).
4. 도면의 전체적인 안정감을 위하여 "테두리선"을 작성하십시오.
5. B-B' 단면도를 축척 1/100으로 작성하십시오.(지급용지 2)

■ (설계 조건)

1. 해당 지역은 도로변의 자투리 공간을 이용하여 휴식 및 어린이들이 즐길 수 있는 소공원으로, 공원의 특징을 고려하여 조경계획도를 작성하십시오.
2. 포장지역을 제외한 곳에는 가능한 식재를 실시하십시오.(녹지공간은 현황도면의 빗금친 부분)
3. 포장지역은 "소형고압블록, 콘크리트, 마사토, 모래, 투수콘크리트 등"의 재료를 사용하여 적당한 위치에 선택하여 표시하고, 포장명을 기입하십시오.
4. "가"지역은 주차공간으로 소형자동차(3,000×5,000mm) 2대가 주차할 수 있는 공간으로 계획하고 설계하십시오.
5. "나"지역은 정적인 휴식공간으로 파고라(3,000×5,000mm) 1개소를 설치하십시오.
6. 대상지 내에 보행자 통행에 지장을 주지 않는 곳에 2인용 평상형 벤치(1,200×500mm) 4개(단, 파고라 안에 설치된 벤치는 제외), 휴지통 3개소를 설치하십시오.
7. "다"지역은 수(水)공간으로 계획하십시오.
8. "가", "나"지역은 "라"지역보다 높이 차가 1M 높고, 그 높이 차이를 식수대(Plant box)로 처리하였으므로 적합한 조치를 계획하십시오.
9. 대상지 내에는 유도식재, 녹음식재, 경관식재, 소나무 군식 등의 식재 패턴을 필요한 곳에 적당히 배식하고, 필요한 곳에 수목보호대를 설치하여 포장 내에 식재를 하십시오.
10. 수목은 아래에 주어진 수종 중에서 종류가 다른 10가지를 선정하여 골고루 안정적인 배식이 될 수 있도록 계획하며, 인출선을 이용하여 수량, 수종명, 규격을 반드시 표기하십시오.

> 소나무(H4.0×W2.0), 소나무(H3.0×W1.5), 소나무(H2.5×W1.2)
> 스트로브잣나무(H2.5×W1.2), 스트로브잣나무(H2.0×W1.0), 왕벚나무(H4.5×B15)
> 버즘나무(H3.5×B8), 청단풍(H2.5×R8), 중국단풍(H2.5×R5), 자귀나무(H2.5×R6)
> 산딸나무(H2.0×R5), 산수유(H2.5×R7), 꽃사과(H2.5×R5), 수수꽃다리(H1.5×W0.6)
> 병꽃나무(H1.0×W0.4), 쥐똥나무(H1.0×W0.3), 명자나무(H0.6×W0.4)
> 산철쭉(H0.3×W0.4), 자산홍(H0.3×W0.3), 조릿대(H0.6×7가지)

11. B-B'의 단면도는 경사, 포장재료, 경계선 및 기타 시설물의 기초, 주변의 수목, 중요 시설물, 이용자 등을 반드시 표기하십시오.

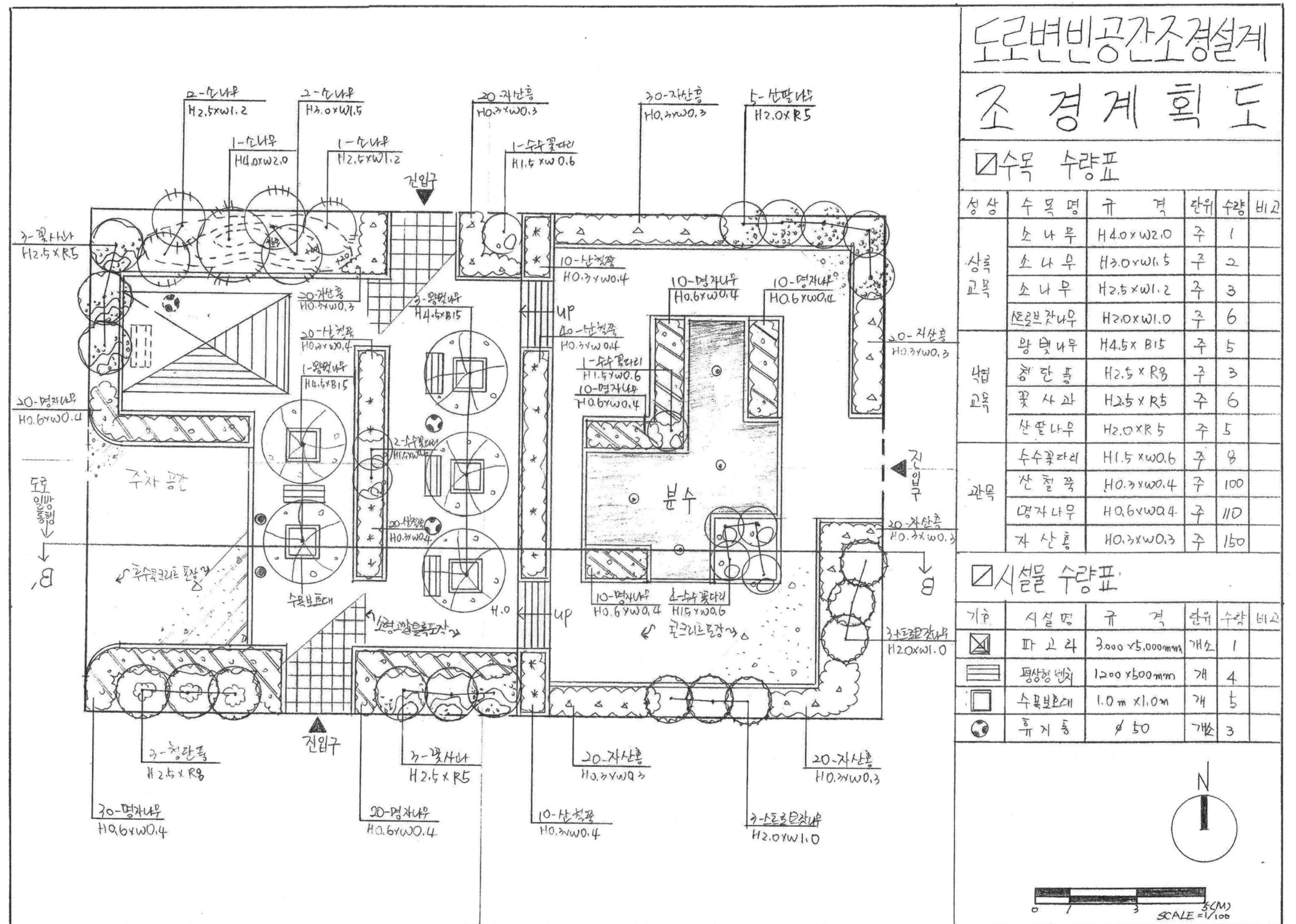

단면도(모범답안)

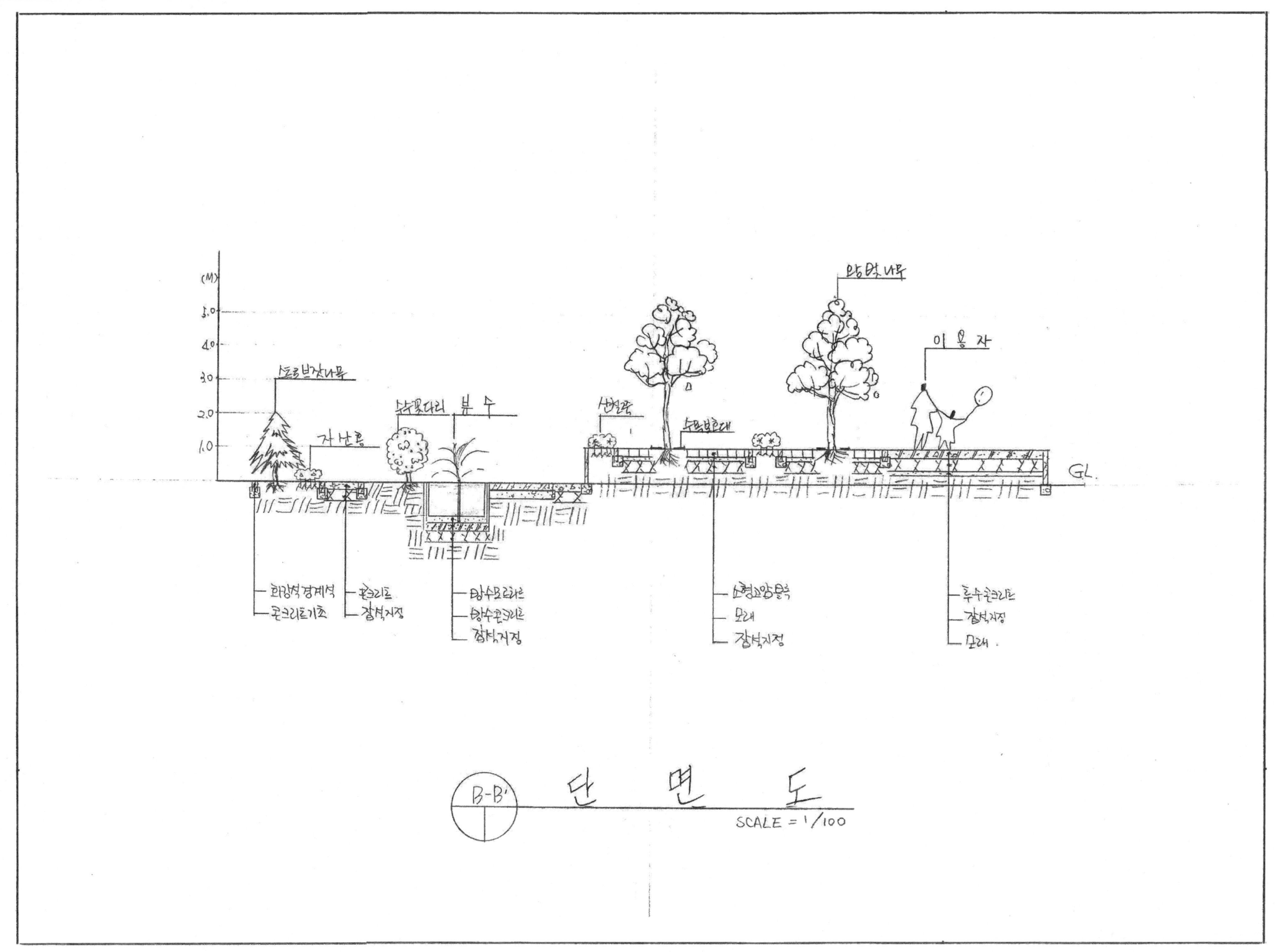

■ 문제해설(평면도)

1. 시험장에서 답안용지를 받으면 답안용지 왼쪽 편에 수직으로 점선이 찍혀 있게 된다. 수직으로 인쇄된 점선의 좌측 편에 도장을 찍어주고 수험번호 등 인적사항을 기재하게 한다. 수직으로 인쇄된 좌측부분은 철을 하여(묶어) 채점관에게 가져가게 된다. 채점관이 공정하게 채점을 하기 위해 인적사항이 기재된 부분은 철을 하여(묶어) 안보이게 하도록 좌측 편에 수직으로 점선이 인쇄되어 나오므로 수직으로 인쇄되어진 점선 좌측으로는 설계가 되어서는 안된다. 이점 유의해서 왼쪽 편에 수직으로 점선이 찍힌 부분 위에 테두리선을 그어야 한다.
2. 이점쇄선 안 부분이 설계대상지 이므로 현황도를 답안지의 가운데에 확대해서 배치되도록 해주고, 외곽은 이점쇄선이 되도록 그려주며, 주변 현황인 진입구, 도로일방통행을 기재해주고, 방위표와 스케일을 그려준다. 평면도에 있는 단면도선과 B-B'화살표 선은 90도가 되도록 그려주어야 한다.
3. (요구 사항)부터 살펴보면 식재평면도를 위주로 한 조경계획도를 축척 1/100으로 작성하라고 했으므로 표제란의 두 번째 칸 제목은 조경계획도가 된다. 축척은 현황도면의 격자 1눈금이 1m이므로 격자의 개수를 잘 세어 현황도를 확대해주어야 한다.
4. 표제란에 작업명칭을 "도로변빈공간조경설계"라고 기재해 주고, 작업명칭과 조경계획도 글씨의 좌우 여백을 맞춰주면 도면이 보기 좋다. 작업명칭은 표제란의 제일 윗부분에 쓰이는 글씨이기 때문에 깔끔하고 정확한 글씨로 작성되어야 좋은 도면이 된다.
5. 표제란에 수목수량표와 시설물수량표를 작성하였으며, 수목수량표의 수목명과 규격은 문제에 제시된 대로 기재해주어야 하며, 시설물수량표의 시설명과 규격을 문제에서 제시된 대로 기재해준다. 시설물수량표를 작성할 때 규격이 나와 있는 시설물만 시설물수량표에 작성을 해주고, 규격이 나와 있지 않은 시설물은 평면도의 시설물 주변에 시설명을 기재해 주면 시간이 절약되어 좋다. 또한 문제에서 주어진 시설물의 단위인 '개'와 '개소' 등은 문제에서 주어진 대로 정확히 기재해 주어야 한다.
6. 수목수량표의 성상은 상록교목, 낙엽교목, 관목으로 구분하였다. 성상부분의 작성은 평면도 모범답안처럼 성상 칸의 중앙에 오도록 배치하는 것이 보기 좋다.
7. (설계 조건)을 살펴보면 포장지역은 각 공간의 성격을 고려하여 적당한 위치에 주어진 포장을 하였고, 각 포장의 모서리에 포장디자인을 하고 포장명을 기입하였다.
8. "가"지역은 주차공간으로 소형자동차 2대가 주차할 수 있는 공간으로 설계하였고, '투수콘크리트포장'을 하였다.
9. "나"지역은 휴식공간으로 파고라 1개소를 규격에 맞춰 배치하고, '소형고압블록포장'을 하였다.
10. "다"지역은 수(水)공간으로 분수를 설치하고 물표현을 하였다. 연못이나 수(水)공간은 시험에 자주 출제되는 부분이기 때문에 쉽고 아름답게 물표현 하는 방법을 이해해야 한다. 또한 수(水)공간에 점표고가 주어질 때에는 단면도를 그릴 때 유의해야 한다.
11. "가", "나"지역은 "라"지역보다 1.0m가 높다고 하였는데 "~보다"라고 되어있는 지역이 기준점(점표고가 0m인 지역)이 된다. 그러므로 "라"지역이 점표고가 0m인 지역으로 '콘크리트포장'을 하였고, 단차이가 나는 계단 양쪽 옆 부분의 식수대(Plant Box)에 산철쭉을 식재하였다. 단차이가 나는 식수대에는 수고가 낮은 관목을 식재해 주는 것이 좋다.
12. 진입구 주변에 관목으로 유도식재, 수목식재 공간에 녹음식재와 경관식재, 북서쪽 녹지공간에 소나무 군식을 하였고, 원로에 수목보호대를 설치하여 포장 내에 식재(왕벚나무)를 하였다(일반적인 수목보호대의 규격은 1m×1m이다).

13. 식재설계는 소나무 군식 장소에 소나무 3가지 규격을 사용하여 식재하였더라도 실제 사용한 수목은 소나무 1종이 되므로 10종을 맞춰서 식재하였다. 또한 중부지역에 식재를 하라고 했기 때문에 남부수종은 식재하지 말아야한다. 남부수종을 다시 한 번 확인해보자.
14. 누락되거나 지워진 부분이 없는지 확인하고, 방위표시와 스케일바 등을 반드시 그려준다.
15. "다"지역 수(水)공간 남동쪽의 식재공간을 보면 수수꽃다리가 4주 식재되어 있다. 수수꽃다리의 인출선을 보면 사각형 모양으로 인출선을 뽑았는데 인출선을 지그재그로 뽑아주어야 한다.

■ 문제해설(단면도)

1. 평면도의 B-B'단면도선을 잘 보아야 한다. 일반적으로 많이 연습해왔던 단면도선과 문제의 단면도선이 뒤집어져 있는 것을 볼 수 있다. 평면도 답안지를 180도 돌려서 단면도선 B가 왼쪽에 오게 B'가 오른쪽에 오게 평면도 답안지를 돌리면 쉽게 단면도를 그릴 수 있다.
2. 단면도 그릴 준비가 되었으면 단면도 답안지 용지에 테두리선을 규격에 맞추어 긋고, 열십자(+)로 가선을 그어 중심선을 잡는다. 평면도의 단면도선(B-B')에 맞추어 단면도 답안지 가로 중심선에 G. L.선을 긋는다. G. L.선에 수직으로 점표고를 표기해주고(예 : 1.0, 2.0, 3.0, 4.0, 5.0 (m)), 수고를 따라 G. L.선과 평행하게 가선(옅은선)을 그어 각 시설물 및 수목의 수고를 파악하기 위한 선을 그어준다.
3. B 부분부터 보면 대상지의 경계부분에 화강석 경계석이 나오고 스트로브잣나무와 자산홍이 나온다. 평면도 모범답안에서는 대상지의 경계부분에 화강석 경계석이 그려지지 않았더라도 실제는 화강석 경계석이 있는 것으로 간주하여 단면도에서는 경계부분에 화강암 경계석을 규격과 디자인을 고려하여 그려주는 것이 좋다.
4. 다음으로 '콘크리트포장'이 있고, 수수꽃다리가 식재되어있다. 다음으로 수(水)공간에 분수노즐이 표현되어야 하며, 수(水)공간의 상세도와 물표현을 그릴 수 있어야 한다. 다음으로 화강석 경계석이 길게 걸리게 된다. 화강석 경계석이 길게 단면도선에 걸렸기 때문에 어떻게 그려야 할지 많이 고민을 했을 것이다. 하지만 고민하지 말고 단면도선에 걸린 길이를 잘 생각하여 단면도선에 있는 길이만큼 그려주면 된다.
5. 다음으로 '콘크리트포장'이 있고, 식수대(Plant Box)를 통해서 점표고가 1.0m 높은 장소인 휴식공간에 '소형고압블록포장'이 있다. 식수대를 통해 점표고가 바뀌는 부분의 그리는 방법을 잘 숙지해서 시험에서 출제되었을 때 당황하지 말고 아름답게 그리는 연습을 해야 한다.
6. '소형고압블록포장'에 수목보호대와 함께 왕벚나무가 식재되어 진다. 포장된 부분에 수목보호대를 이용하여 수목식재가 되며, 수목보호대와 함께 왕벚나무가 그려져야 하므로 그리는 방법을 다시 한 번 숙지한다.
7. 다음으로 '소형고압블록포장'이 있고 식수대(Plant Box)를 통해 산철쭉이 식재되며, 포장된 부분에 수목보호대를 이용하여 왕벚나무가 식재되어야 한다. 왕벚나무와 수목보호대는 앞부분과 같은 디자인이기 때문에 앞부분이나 이 부분에 인출선을 한번만 사용하여 수목명과 시설명을 기재해주면 된다.
8. 주차공간에 '투수콘크리트포장'을 하였고, '투수콘크리트포장'에 시설물이 아무것도 없어 단조롭기 때문에 (설계 조건) 11번에 이용자를 이 공간에 그려주었다. 휴식공간과 주차공간이 다른 공간보다 점표고가 1.0m 높기 때문에 1.0m 높은 곳에서 단면도가 끝나게 된다.

9. G. L.선 윗부분의 수목 및 시설물에 인출선을 3단(제일 높은 것(교목 및 시설물 중 높은 것), 중간 것(작은 교목 등), 낮은 것(관목, 시설물 중 낮은 것))으로 구분하여 기재해주는 것이 통일성 있고 깔끔하게 보인다.
10. 인출선을 그릴 때 같은 수목이나 시설물은 디자인이 같기 때문에 앞부분이나 인출선을 작성하기 좋은 곳의 수목이나 시설물에 인출선을 사용하여 수목명이나 시설명을 한 번만 기재해 주면 된다.
11. G. L.선 아랫부분은 각 시설물의 재료가 기재되어야 한다. 각 재료의 중앙에 점(•)을 찍어 재료명을 기재해주고, 재료명을 작성할 때 가선을 그어 줄을 맞춰서 재료명을 기재해주면 깔끔하고 아름다운 도면이 된다.
12. 전체적으로 답안지의 중앙에 단면도와 단면도라는 글씨가 배치되도록 B-B' 단면도라고 기재해주며, 스케일을 기재해주면 된다.

36 도로변빈공간설계(2024년 2회)

■ **설계문제** : 다음은 우리나라 중부지역에 위치한 소공원 주변의 빈 공간에 대한 조경설계를 하고자 한다. 주어진 현황도 및 아래 사항을 참조하여 설계조건에 따라 조경계획도를 작성합니다. (단, 2점 쇄선 안 부분을 조경설계 대상지로 합니다.)

■ **(현황도면)** 주어진 도면을 참조하여 요구사항 및 조건들에 적합한 조경계획도를 작성하시오.

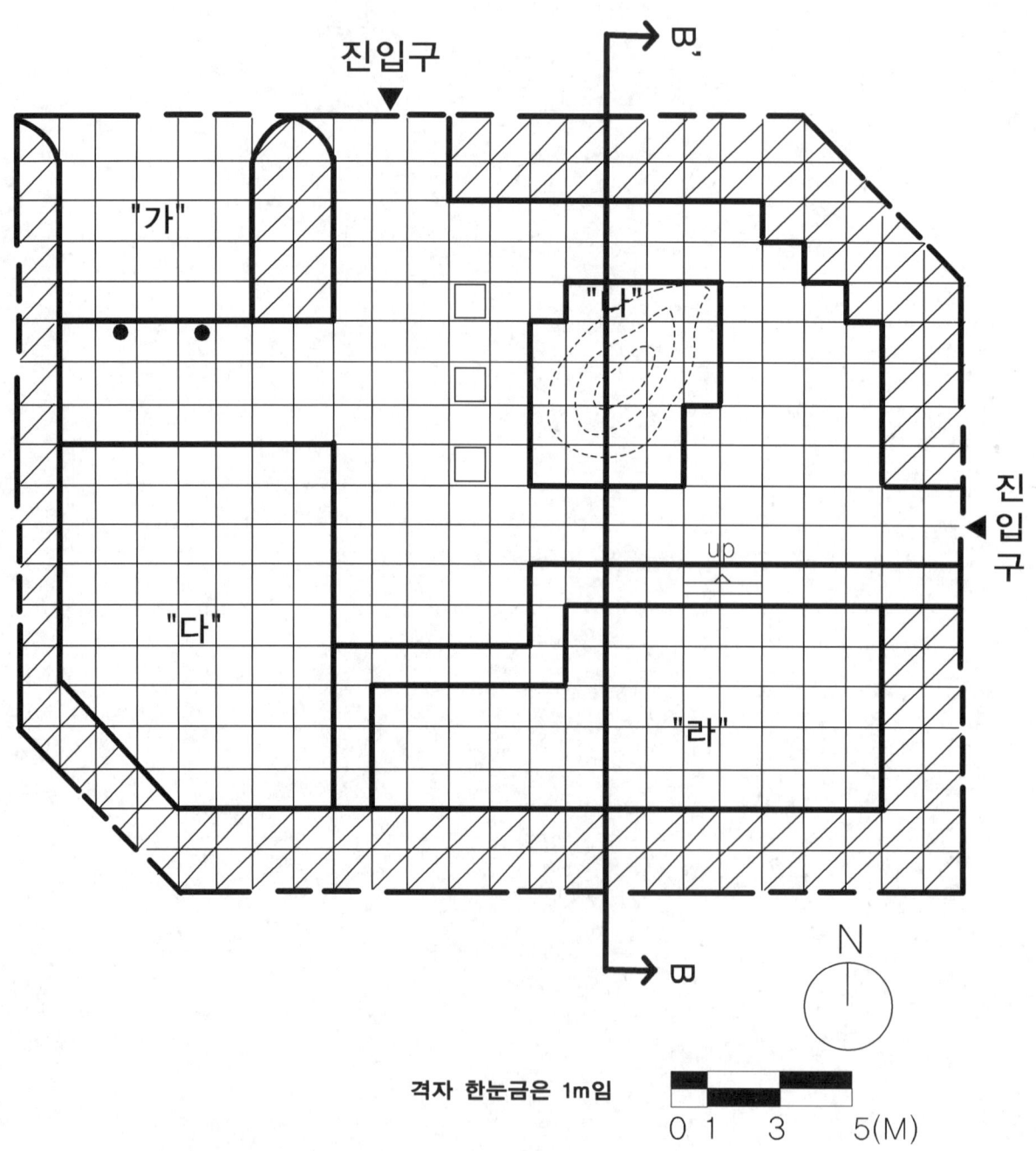

■ **(요구 사항)**

1. 배식을 위주로 한 조경계획도를 축척 1/100로 작성하십시오.(지급용지-1)
2. 우측 표제란 작업명칭을 "도로변빈공간설계"라고 작성하십시오.
3. 표제란에 "수목수량표", "시설물수량표"를 작성하고, 수량표 아래쪽에는 "방위표시와 축척"을 반드시 그려 넣으시오.
4. B-B' 단면도를 축척 1/100으로 작성하십시오.(지급용지-2)

■ **(설계 조건)**

1. 해당 지역은 소공원 주변의 빈 공간 특징을 고려하여 조경계획도를 작성하시오.
2. 포장지역을 제외한 곳에는 모두 식재를 실시하시오(녹지공간은 빗금친 부분이며, 분위기를 고려하여 식재를 실시하시오).
3. "라"지역을 제외한 지역은 "라"지역보다 1m 높게 계획하여 적합한 포장 및 경사부분을 적합하게 처리한다.
4. "가"지역은 소형자동차(2.5m×5m) 2대가 주차할 수 있는 공간으로 계획하시오.
5. "나"지역은 식재공간으로 등고선 1개당 20cm씩 높으며, 전체적으로 주변 지역에 비해 60cm 높다(등고선에 반드시 점표고를 표시하시오).
6. "다"지역은 휴게공간으로 이용자들의 편안한 휴식을 위해 파고라(3.5m×3.5m) 1개를 설치하고, 앉아서 휴식을 즐길 수 있도록 등벤치 4개를 설치하시오.
7. "라"지역은 놀이공간으로 놀이시설 3종을 배치하시오(단, 단면도상에 놀이시설 1종을 배치하시오).
8. 포장지역은 "소형고압블록, 보도블록, 콘크리트, 마사토, 모래, 투수콘크리트 등" 적당한 재료를 선택하여 재료의 사용이 적합한 장소에 기호로 표현하고, 포장명칭을 반드시 기입하시오(단, 각 지역의 포장을 달리하시오).
9. 대상지 내에는 유도식재, 녹음식재, 경관식재, 소나무 군식 등의 식재 패턴을 필요한 곳에 배식하고, 수목보호대를 이용하여 포장 내에 식재를 시오(단, 수목보호대에는 낙엽교목을 식재하시오).
10. 수목은 아래에 주어진 수종 중에서 종류가 다른 10가지를 반드시 선정하여 골고루 안정적인 배식이 될 수 있도록 계획하며, 인출선을 이용하여 수량, 수종명칭, 규격을 반드시 표기하시오.

    소나무(H4.0×W2.0), 소나무(H3.5×W1.8), 소나무(H3.0×W1.2)
    스트로브잣나무(H2.5×W1.2), 스트로브잣나무(H2.0×W1.0), 왕벚나무(H4.0×B18)
    느티나무(H4.0×R15), 중국단풍(H2.5×R6), 청단풍(H2.0×R6), 산수유(H2.5×R7)
    동백나무(H2.0×R6), 산딸나무(H2.5×R7), 자귀나무(H2.5×R6), 꽃사과(H2.0×R6)
    광나무(H2.0×R7), 수수꽃다리(H1.0×W0.5), 병꽃나무(H1.2×W0.4), 회양목(H0.3×W0.3)
    산철쭉(H0.3×W0.4), 자산홍(H0.3×W0.3), 영산홍(H0.4×W0.3), 철쭉(H0.3×W0.4)

11. B-B'의 단면도는 경사, 포장재료, 경계선 및 기타 시설물의 기초, 주변의 수목, 중요 시설물, 이용자 등을 단면도상에 반드시 표기하고 높이 차를 한눈에 볼 수 있도록 설계하시오.

평면도(모범답안)

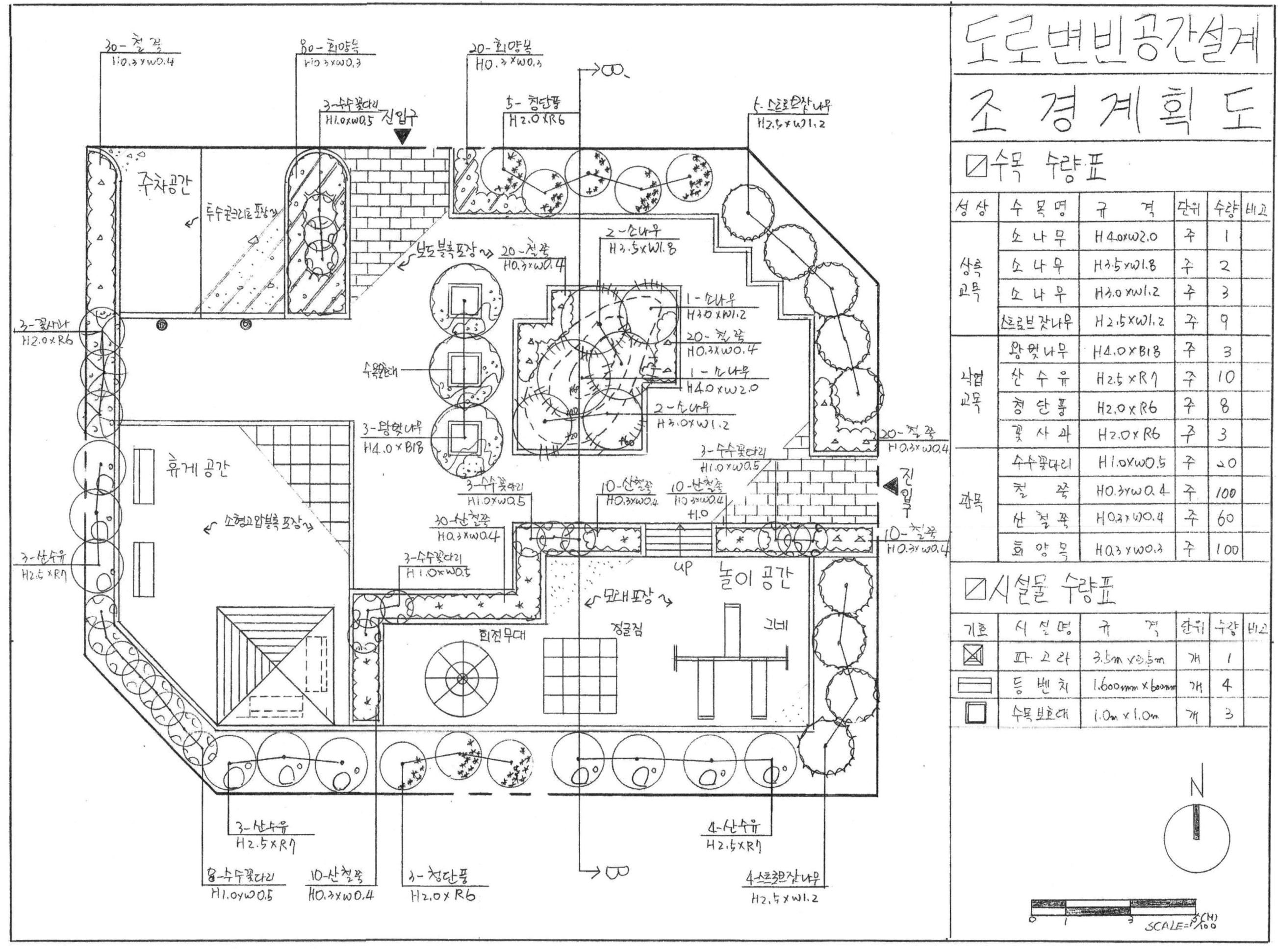

단면도(모범답안)

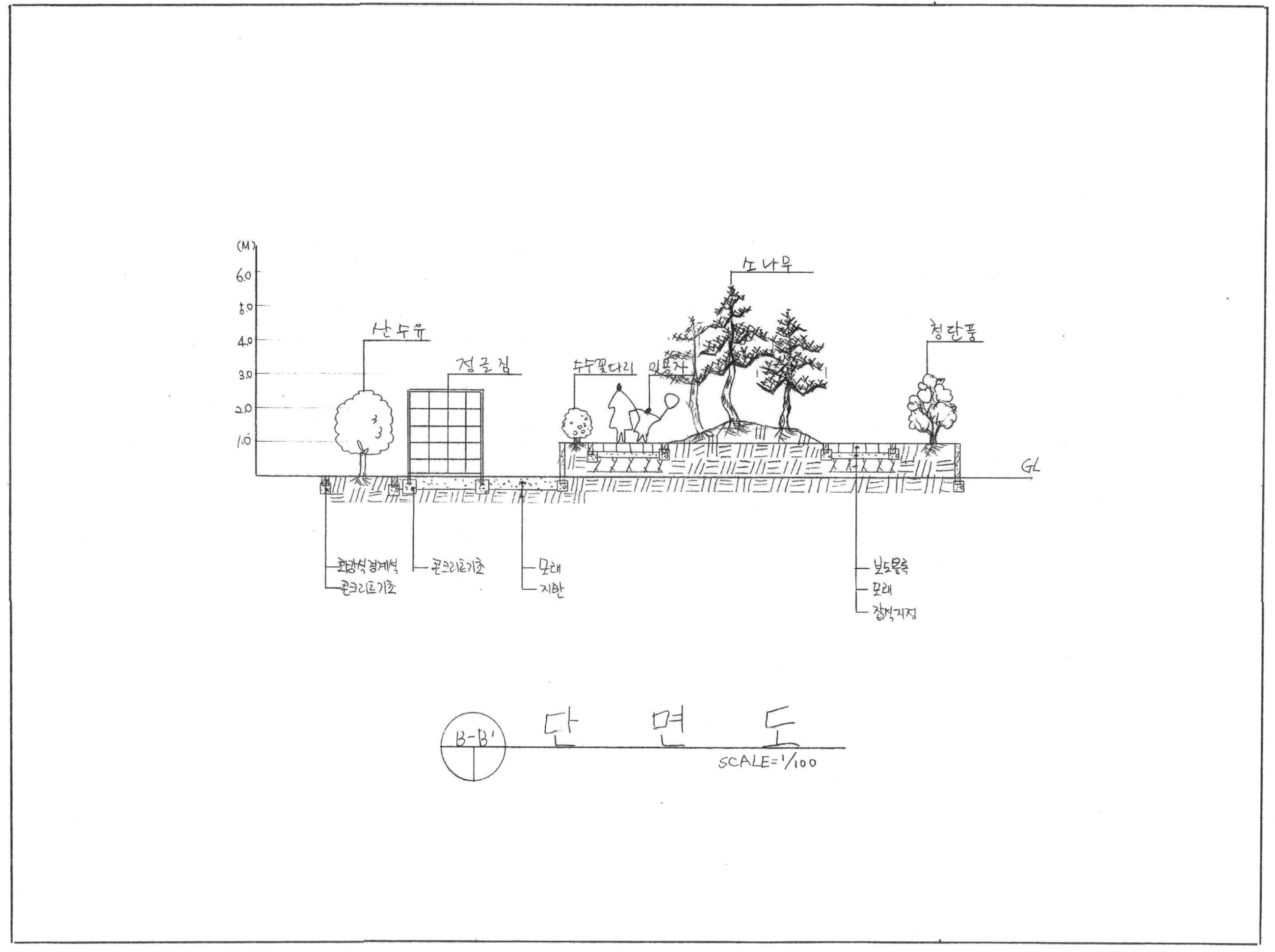

■ 문제해설(평면도)

1. 이점쇄선 안 부분이 설계대상지 이므로 현황도를 테두리선과 표제란을 제외한 답안지의 가운데에 배치되도록 해주고, 현황도의 외곽은 이점쇄선으로 그려주며, 주변 현황인 진입구를 기재해주고, 방위표와 스케일을 그려준다. 평면도에 있는 단면도선과 B-B'화살표선은 90도가 되도록 그려주어야 한다. 본 문제에서 단면도선 B와 B'의 위치를 착각하지 말고, 문제에서 주어진 대로 그려주어야 한다. 테두리선과 표제란을 제외한 공간의 중심을 열십자(+)로 가선을 그어 중심선을 잡아주면 현황도를 확대해서 답안지에 옮기는데 시간을 절약할 수 있다.

2. (요구 사항)부터 살펴보면 배식을 위주로 한 조경계획도를 축척 1/100으로 작성하라고 했으므로 표제란의 두 번째 칸 제목은 조경계획도가 된다. 축척은 현황도면의 격자 1눈금이 1m이므로 격자의 개수를 잘 세어 현황도를 확대해주어야 한다.

3. 표제란에 작업명칭을 "도로변빈공간설계"라고 기재해 주고, 작업명칭과 조경계획도 글씨의 좌우 여백을 맞춰주면 도면이 보기 좋다. 작업명칭은 표제란의 제일 윗부분에 쓰이는 글씨이기 때문에 깔끔하고 정확한 글씨로 작성되어야 좋은 도면이 된다.

4. 표제란에 수목수량표와 시설물수량표를 작성하였으며, 수목수량표의 수목명과 규격은 문제에 제시된 대로 기재해주어야 하고, 시설물수량표의 시설명과 규격, 단위를 문제에서 제시된 대로 기재해준다.

5. 수목수량표의 성상은 상록교목, 낙엽교목, 관목으로 구분하였다. 성상부분의 작성은 평면도 모범 답안처럼 성상 칸의 중앙에 글씨가 오도록 배치하는 것이 보기 좋다. 또한 표에서 선이 삐져나오지 않게 깔끔하게 그려주는 것이 좋다.

6. (설계 조건)을 살펴보면 포장지역을 제외한 곳에는 모두 식재를 하라고 했기 때문에 빗금친 녹지 공간에는 빈 공간 없이 식재를 해주어야 한다. 평면도 모범답안에서는 외곽부분에 관목을 군데군데 식재하였는데, 입구부분을 제외한 외곽부분은 교목을 교호식재(어긋나게 식재) 해주는 것이 좋다. 또한 교목 하단부에 군데군데 관목을 같이 식재해주면 자연스러운 식재분위기를 느낄 수 있어서 좋다.

7. "라"지역을 제외한 지역은 "라"지역보다 1.0m 높게 계획하라고 했는데 "~보다"라는 말이 있는 공간인 "라"지역이 기준점(점표고가 0인 지역)이 된다. 그러므로 "라"를 제외한 공간의 점표고는 +1.0이 된다. 계단의 UP표시를 통해 전체 대상지가 1.0m 높은 것으로 생각하고 설계를 하면 된다. 그러므로 계단 UP표시 옆 부분에 점표고(+1.0)를 기재해 주면 쉽게 단차이가 나는 것을 알 수 있다.

8. "가"지역은 주차공간으로 소형자동차 2대가 주차할 수 있는 공간으로 설계하였고, '투수콘크리트 포장'을 하여 모서리 부분에 2군데 포장디자인을 하고 포장명을 기재하였다. 주차공간 남쪽(아랫부분)에 점으로 표시가 되어있는 것은 볼라드(Bollard)이다.

9. "나"지역은 식재공간으로 현황도면에 등고선이 그려져 있으므로 현황도면에 그려진 그대로 등고선을 옮겨서 소나무 군식을 해주어야 한다. 등고선 장소에는 되도록 소나무 군식을 해주는 것이 좋다. 소나무 군식은 문제에서 주어진 소나무 3가지 규격을 다 사용하여 식재를 해주며, 비록 좁은 장소에 소나무 군식(群植, 모아심기)을 하더라도 많은 소나무를 식재해주어야 한다. 또한 소나무 주변으로 관목을 식재해주는 것이 좋으며 인출선끼리 겹치는 것에 유의해야 한다. 등고선으로 지형을 변화시키는 소나무 군식 장소에 등고선 1개당 20cm씩 높기 때문에 등고선의 바깥쪽에서 안쪽으로 점표고(+20, +40, +60)도 기재되어야 한다. 또한 "나"지역은 전체적으로 주변지역에 비해 60cm가 높기 때문에 "나" 공간에 +60이라고 점표고를 기재해 주어야 한다.

10. "다"지역은 휴게공간으로 파고라 1개와 등벤치 4개를 규격에 맞춰 배치하고, '소형고압블록포장'을 하였다. 파고라 안에 등벤치를 2개 설치하였는데 파고라 안에 있는 등벤치는 위에서 바라보았을 때 보이지 않기 때문에 점선으로 표시해준다. 또한 등벤치는 휴식을 위해 설치하기 때문에 낙엽교목 아래 그늘이 있는 장소에 설치해주는 것이 더 좋은 답이 된다.
11. "라"지역은 놀이공간으로 놀이시설을 회전무대, 정글짐, 그네 3종류 설치하고, '모래포장'을 하였다. 단면도선이 놀이공간을 지나가므로 자신 있게 그릴 수 있는 놀이시설 1종은 단면도선에 걸리게 그려주는 것이 좋다.
12. 원로의 포장은 '보도블록'으로 하였으며, 원로의 모서리 부분에 포장재료를 기호로 표현하였고, 포장명인 '보도블록포장'을 기재하였다.
13. 진입구 주변에 관목으로 유도식재, 수목식재 공간에 녹음식재와 경관식재, "나"지역에 소나무 군식을 하였다
14. 원로에 수목보호대 3개를 설치하고, 왕벚나무를 식재하여 포장 내에 식재를 하였다. 수목보호대도 설계를 했기 때문에 인출선을 사용하여 시설명을 기재해 주었다.
15. 식재설계는 소나무 군식 장소에 소나무 3가지 규격을 사용하여 식재하였더라도 실제 사용한 수목은 소나무 1종이 되므로 10종을 맞춰서 식재하였다. 또한 중부지역에 식재를 하라고 했기 때문에 남부수종은 식재하지 말아야한다. 남부수종을 다시 한 번 확인해보자.
16. 인출선이 정확하게 기재가 되었는지 확인하고, 도면을 수정하면서 지워지거나 흐려진 부분을 체크하여 보기 좋게 평면도를 완성한다.
17. 인출선끼리 각도를 맞춰서 작성해주며, 같은 수목끼리 인출선을 사용하여 연결할 때 한 번에 인출선을 그어 수목을 연결하지 말고 수목 중심에서 한주씩 인출선을 그어 수목을 연결해 주는 게 좋다.

■ 문제해설(단면도)

1. 단면도 답안지 용지에 테두리선을 규격에 맞추어 긋고, 테두리선 안쪽으로 열십자(+)로 가선을 그어 중심선을 잡는다. 평면도의 단면도선(B-B')에 맞추어 단면도 답안지 가로 중심선에 G. L.선을 긋는다. G. L.선에 수직으로 점표고를 표기해주고(예 : 1.0, 2.0, 3.0, 4.0, 5.0, 6.0 (m)), 수고를 따라 G. L.선과 평행하게 가선을 그어 각 시설물 및 수목의 수고를 파악하기 위한 선을 그어준다. 본 문제는 단면도선의 화살표 방향이 뒤집어져 있으므로 화살표 방향을 고려하여 단면도를 그리기 보다는 평면도의 단면도선 B를 왼쪽에 B'를 오른쪽에 놓고 평면도의 단면도선 화살표 방향이 아래를 향하게 평면도를 놓고 단면도를 그리는 것이 쉽게 그릴 수 있는 방법이다.
2. B 부분부터 보면 화강석 경계석이 있고 산수유가 식재되어 있다. 평면도 모범답안에서는 대상지의 경계부분에 화강석 경계석이 그려지지 않았더라도 실제는 화강석 경계석이 있는 것으로 간주하여 단면도에서는 경계부분에 화강석 경계석을 그려주는 것이 좋다.
3. 다음으로 놀이공간에 '모래포장'이 되어있고, '모래포장'에는 화강석 경계석 대신 모래막이가 들어가야 하며, 단면도선이 놀이공간의 정글짐에 걸렸기 때문에 단면도선의 폭과 위치를 고려하여 정글짐의 상세도를 그려주어야 한다.

4. 놀이공간 다음으로 식수대(Plant Box)를 통해 점표고가 1.0m 높은 지역이 된다. 경계부분에 화강석 경계석이 나오고 식재공간에 수수꽃다리가 식재되어야 한다. 식수대 부분에는 키가 작은 관목을 식재해주는 것이 좋으며, 식수대를 그리는 방법은 단면도 모범답안처럼 단차이를 1.0m 그려주고 식재를 해주는 것도 좋고, 다른 방법은 식수대의 폭만큼 45도의 각도로 비스듬하게 지형을 그려주고 식재를 해주어도 맞는 답이다.
5. 원로에 '보도블록포장'이 있으며, (설계 조건) 11번에 이용자를 단면도상에 그려주라고 했기 때문에 원로 부분에 이용자를 그려주었다. 이용자를 그리라고 출제되는 경우가 자주 있으므로 쉽고 깔끔하게 이용자를 그리는 연습을 해놓는게 시간을 절약할 수 있는 방법이다.
6. 다음으로 마운딩(mounding) 장소에 소나무 군식이 나온다. 평면도의 등고선을 고려하여 마운딩을 그려주어야 하며, 평면도상의 소나무 군식 장소에 수목이 적게 식재되었더라도 많은 수목을 그려주는 것이 좋으며, 소나무와 함께 관목을 같이 식재해주면 단면도가 보기 좋게 된다. 단면도 모범답안에서는 "나"지역인 식재공간이 전체적으로 주변지역에 비해 60cm 높은 것을 고려하지 않고 주변지역과 점표고를 같게 그렸다. "나"지역은 60cm 높은 위치에 지반이 있고 지반 위에 마운딩이 있으며, 마운딩 장소에 소나무 군식이 그려져야 한다.
7. (설계 조건)의 5번 문제를 다르게 해석을 하면 단면도 모범답안처럼 그리게 된다. 등고선 1개당 20cm가 높다고 했기 때문에 등고선이 3개가 있어서 전체적으로 60cm가 높다고 생각을 하여서 그린 것이 단면도 모범답안이다. 6번의 해설과 7번의 해설 중에서 6번의 해설이 조금 더 정답에 가까운 답이므로 참고한다.
8. 원로는 '보도블록포장'을 해주고 화강석 경계석을 그려준다. 마지막으로 식재공간에 청단풍을 수고와 수관폭, 수목의 형태를 고려하여 그려주고, B'부분의 경계부분에 화강석 경계석을 그려준다. B'부분의 경계부분은 점표고 1.0m에서 마무리 되어야 한다.
9. G. L.선 윗부분의 수목 및 시설물에 인출선을 3단(제일 높은 것(교목 및 시설물 중 높은 것), 중간 것(작은 교목 등), 낮은 것(관목, 시설물 중 낮은 것))으로 구분하여 기재해주는 것이 통일성 있고 깔끔하게 보인다.
11. G. L.선 아랫부분은 각 시설물의 재료가 기재되어야 한다. 각 재료의 중앙에 점(•)을 찍어 재료명을 기재해주고, 재료명을 기재할 때 가선을 그어 줄을 맞춰서 재료명을 기재해주면 깔끔하고 아름다운 도면이 된다.
12. 마지막으로 B-B' 단면도라고 기재해주며, 스케일을 기재해주면 된다.

37　도로변소공원설계(2024년 3회)

- **설계문제** : 다음 설계부지는 중부지방 도로변소공원에 대한 조경설계를 하고자 한다. 아래에 주어진 요구 조건을 반영하여 도면을 작성하시오.

- **(현황도면)** 주어진 도면을 참조하여 요구 사항 및 조건들에 적합한 배식평면도 및 단면도를 작성하시오. 이점쇄선 안 부분이 설계대상지이며, 주변 현황은 도면에 그대로 옮겨준다.

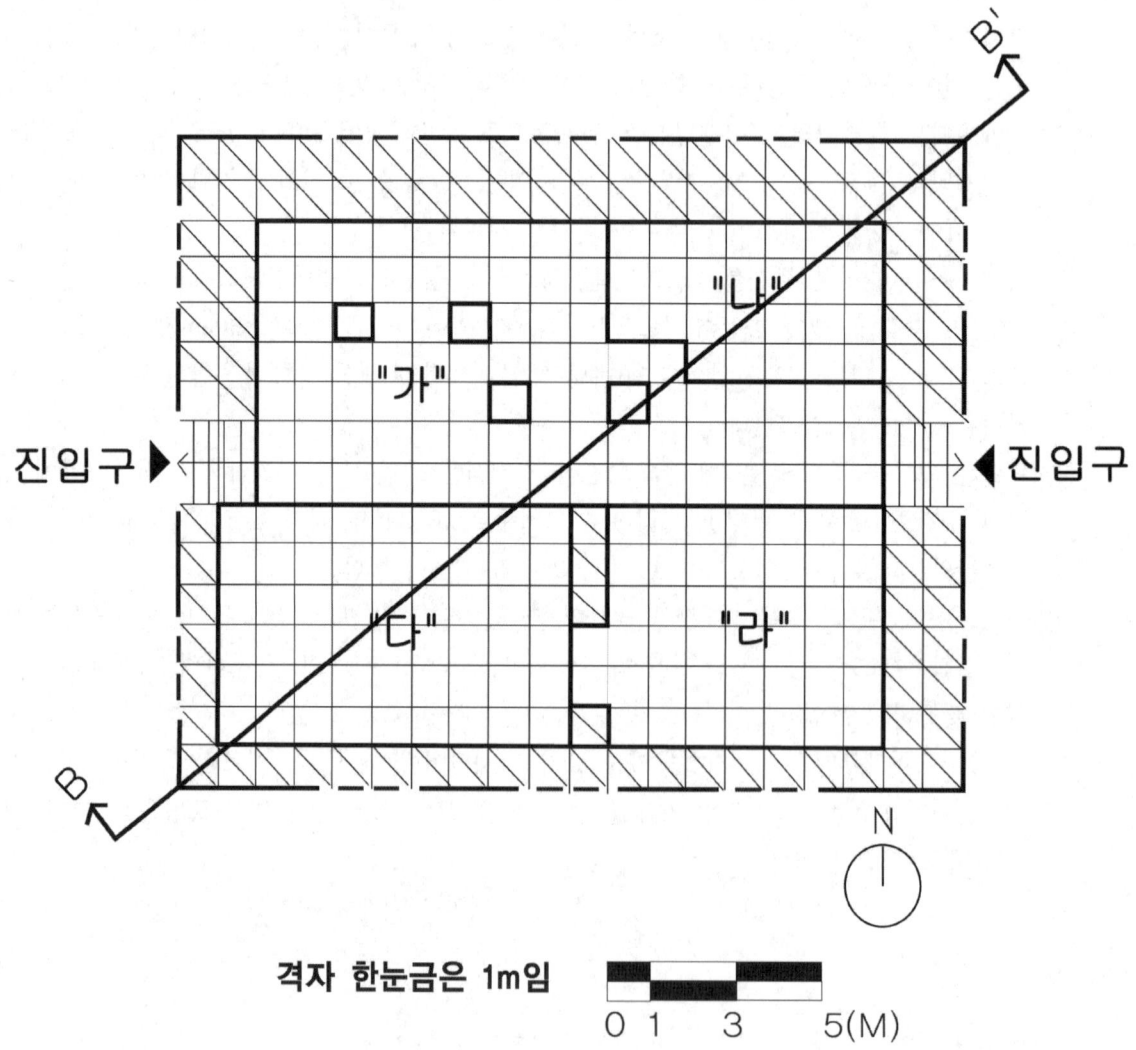

■ (요구 사항)

1. 조경계획도를 위주로 한 배식평면도를 축척 1/100으로 작성하시오.(지급용지 1)
2. 도면 우측 표제란에 작업명칭을 "도로변소공원조경설계"라고 작성하시오.
3. 표제란에는 "수목 수량표"와 "시설물 수량표"를 작성하고, 수량표 아래쪽에는 방위표시와 막대축척을 그려 넣는다.
4. 수목 수량표에는 수목의 성상별로 상록교목, 낙엽교목, 관목으로 구분하여 작성하시오.
5. B-B' 단면도를 축척 1/100으로 작성하시오(단, 시설물의 기초, 포장재료, 계단, 중요시설물, 경계석, 이용자 등을 단면도상에 나타내시오).(지급용지 2)

■ (요구 조건)

1. 설계 대상지의 현황이 도로변소공원이라는 것을 고려하여 조경설계를 하시오.
2. 진입구는 계단으로 "가", "나"가 있는 지역은 진입구보다 1.0m 낮으므로 계획 설계시 고려한다(단, 평면도상에 점표고를 표시해준다).
3. "가" 공간은 광장으로 광장의 성격을 고려하여 설계하시오(단, 수목보호대가 있는 장소에는 수고 4.0m 이상의 교목을 식재하시오).
4. "나" 공간은 수(水)공간에 벽천이 포함되어 있다. 수(水)공간의 수심은 60cm 낮고, 벽천의 높이는 1m, 벽천의 크기는 가로 7m×세로 4m로 설계하시오. 단면도상에 벽천이 설계되어야 한다.
5. "다" 공간은 놀이공간으로 어린이놀이시설을 3종 이상 배치하시오.
6. "라" 공간은 휴게공간으로 이용자들의 편안한 휴식과 어린이들의 놀이를 관찰하기 위해 파고라(3,500×3,500) 1개와 앉아서 쉴 수 있는 등벤치 2개 이상을 계획 설계하시오.
7. 각 공간의 포장은 포장재료를 달리 하여 소형고압블록, 투수콘크리트, 벽돌, 점토벽돌, 멀티콘, 고무칩, 마사토 중에서 선택하여 포장한다(단, 포장 디자인은 2-3군데 상징적으로 해준다).
8. 이용자의 통행이 잦은 것을 고려하여 유도식재, 녹음식재, 경관식재 등을 적당한 장소에 배식하시오.
9. 포장지역을 제외한 곳(현황도면의 빗금친 부분)에는 식재를 하시오.
10. 식재설계는 아래수종에서 10종 선정하여 식재한다.

소나무(H4.0×W2.0), 소나무(H3.5×W1.8), 소나무(H3.0×W1.6), 주목(H3.0×W1.6) 스트로브잣나무(H2.5×W1.2), 가문비나무(H2.5×W1.2), 꽃사과(H2.5×R6) 느티나무(H4.0×R12), 동백나무(H2.5×R8), 플라타너스(H3.5×B10) 꽝나무(H2.5×R8), 단풍나무(H2.0×R7), 회양목(H0.3×W0.3), 개나리(H0.3×W0.4) 명자나무(H0.3×W0.3), 철쭉(H0.3×W0.4), 꽝꽝나무(H0.3×W0.3)

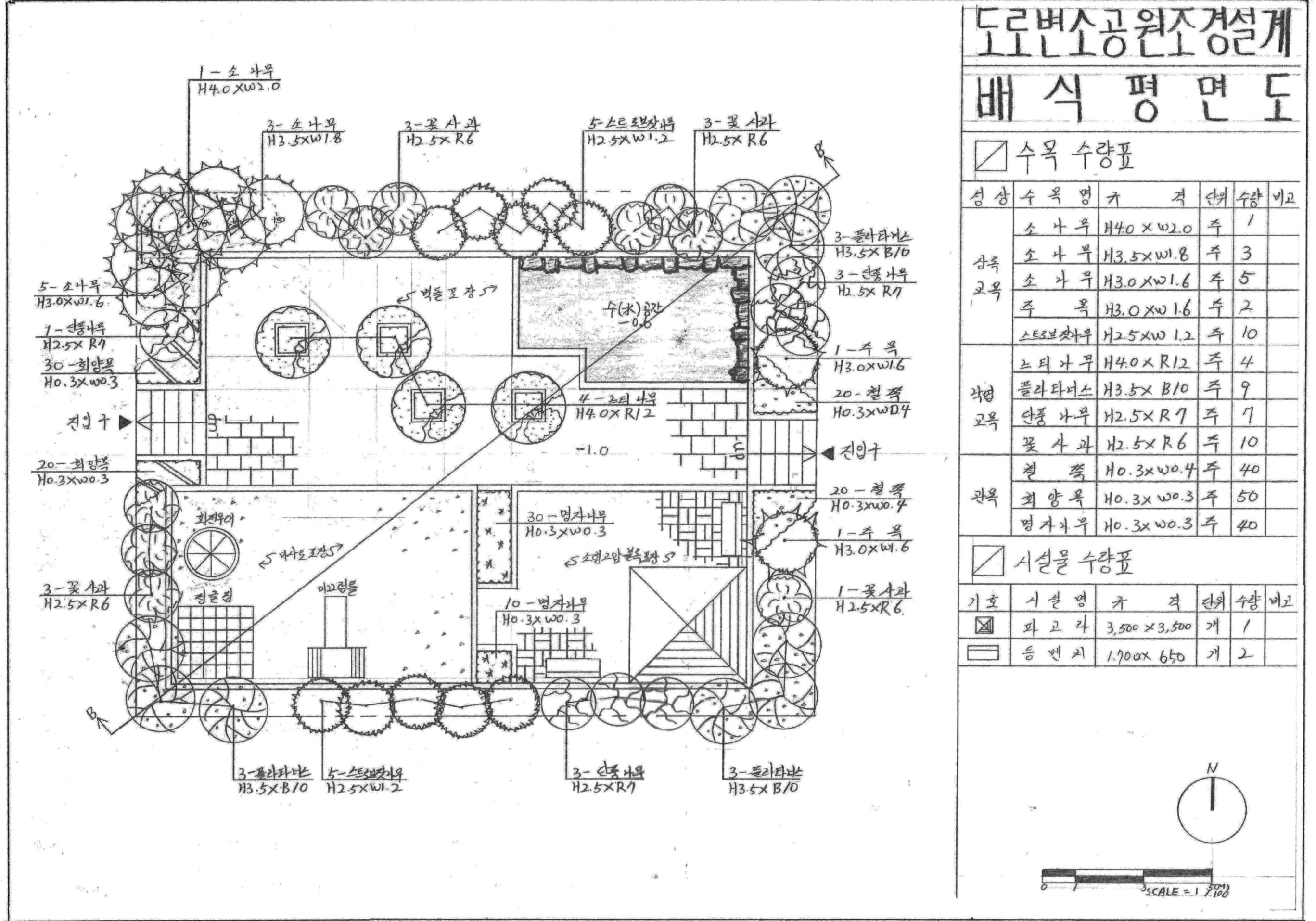

단면도(모범답안)

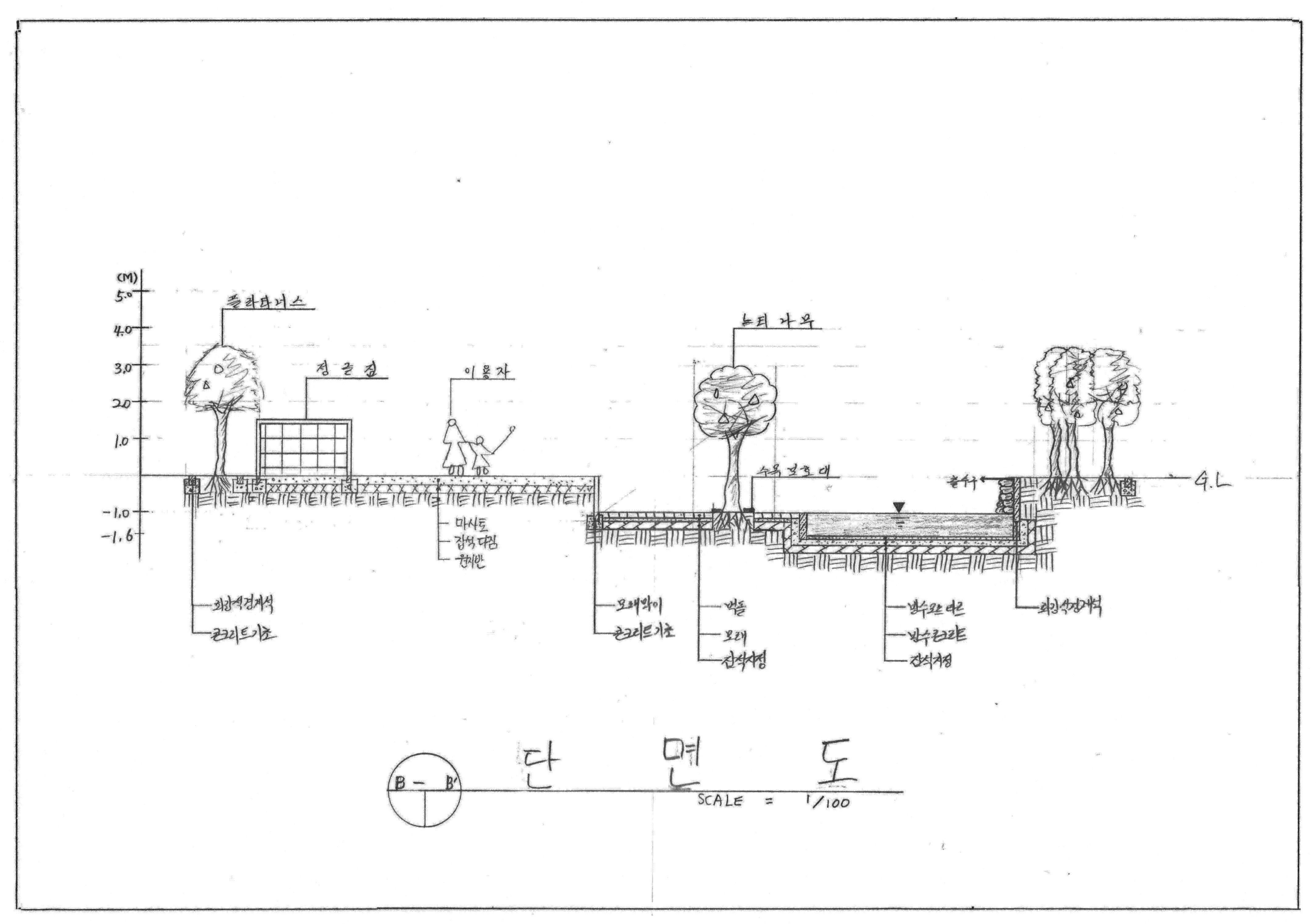

■ 문제해설(평면도)

1. 답안용지의 외곽에 규격을 맞춰 테두리선(좌측 : 수직으로 인쇄되어진 점선 위에 수직으로, 상·하 우측 : 1cm)을 긋는다. 이점쇄선 안 부분이 설계대상지이므로 현황도가 답안지의 가운데에 배치되도록 축척을 맞춰 확대하여 그려주고, 외곽은 이점쇄선이 되도록 그려주며, 주변 현황인 ENT를 기재해주고, 방위표와 스케일을 규격에 맞춰 그려준다. 평면도의 단면도선과 B-B'화살표 선은 90도가 되도록 그려주어야 한다.

2. (요구 사항)부터 살펴보면 조경계획도를 위주로 한 배식평면도를 축척 1/100으로 작성하라고 했으므로 표제란의 두 번째 작업명칭은 배식평면도가 된다. 축척은 현황도면의 격자 1눈금이 1m이므로 가로와 세로 격자의 개수를 잘 세어 현황도를 확대해주어야 한다.

3. 표제란에 작업명칭을 "도로변소공원조경설계"라고 기재해 주고, 작업명칭과 배식평면도 글씨의 좌우 여백을 맞춰주면 도면이 보기 좋다. 작업명칭은 표제란의 제일 윗부분에 쓰이는 글씨이기 때문에 깔끔하고 정확한 글씨로 작성되어야 한다.

4. 표제란에 수목수량표와 시설물수량표를 작성하였으며, 수목수량표의 수목명과 규격은 문제에 제시된 대로 기재해주어야 하며, 시설물수량표의 시설명과 규격을 문제에서 제시된 대로 기재해준다.

5. 수목수량표의 성상은 상록교목, 낙엽교목, 관목으로 구분하고, 성상별로 수고(H)가 큰 수목을 각 성상별 윗부분에 기재해준다.

6. (요구 조건)을 살펴보면 진입구는 계단으로 "가", "나"가 있는 지역은 진입구보다 1.0m 낮으므로 계획 설계시 고려하라고 했으므로 "~보다"라고 되어있는 진입구의 점표고가 기준점(0m)인 지점이 되고, "가", "나"는 -1.0m의 점표고가 된다. 그러므로 계단을 기준으로 점표고가 낮은 지역에 "-1.0"이라고 점표고를 기재해주면 된다.

7. "가" 공간은 광장으로 수목보호대가 있는 장소에 수고 4m 이상인 느티나무를 식재하였다.

8. "나" 공간은 수(水)공간에 벽천이 포함되어 있고, 수심은 60cm낮으며, 벽천의 높이는 1m, 벽천의 크기는 가로 7m×세로 4m로 설계하고, 단면도상에 벽천이 설계되어야 한다. 일단 벽천의 문제는 처음 출제된 부분이라 많이 당황스러웠을 것이다. 벽천은 교재의 내용정리 부분에 그리는 방법이 있으므로 참고하면 된다. 일단 수(水)공간은 많이 그려봤기 때문에 별다른 어려움이 없을 것 같고, 벽천에 중심을 두어서 그려보자. 일단 수(水)공간의 북쪽과 동쪽에 7m와 4m의 공간이 나오므로 이 부분에 벽천을 그리라는 힌트가 있는 것이다. 그러므로 수(水)공간의 북쪽과 동쪽에 벽천을 가로 7m×세로 4m로 그려주고, 벽천의 재료를 보면 FRP나 인조석으로 외관을 붙이는 경우가 많으므로 평면도상에 돌 모양을 그려주면 된다.

9. "다" 공간은 놀이공간으로 '마사토포장'을 하였고, 회전무대, 정글짐, 미끄럼틀을 배치하였다. 놀이공간에는 대부분 3가지 놀이시설물을 배치하라고 하는 경우가 많으므로 놀이시설을 3종 이상 평면도로 그릴 수 있어야 실제 시험에서 시간도 절약되고 쉽고 빠르게 그릴 수 있다. 또한 놀이공간에 놀이시설을 공간의 중앙에 일자 또는 삼각형 모양으로 배치해주는 것이 시설물끼리 균형이 있어 좋다. 본 평면도(모범답안)에는 놀이시설이 삼각형 모양으로 배치되지 않아 균형이 잡히지 않아 보여서 좋지 않다. 되도록 3가지 놀이시설물을 배치하라고 하면 일자 또는 삼각형 모양으로 배치하는 것이 좋다. 또한 단면도 선이 지나가는 곳에 자신있는 놀이시설물 1종을 그려주는 것이 자신감이 있어보이고 많이 연습한 도면이라는 느낌을 줄 수 있어서 좋은 답이 된다.

10. "라"공간은 휴게공간으로 이용자들의 편안한 휴식과 어린이들의 놀이를 관찰하기 위해 파고라(3,500×3,500) 1개와 앉아서 쉴 수 있는 등벤치 2개(1,700×650)를 규격에 맞추어 설계하였다. 등벤치는 규격이 명시되어 있지 않았지만 일반적인 등벤치의 규격에 맞춰 설계해주며, 시설물수량표의 규격을 기재할 때에는 설계한 등벤치의 규격대로 기재해 주어야 한다. 또한 문제에서 파고라의 규격이 mm로 나와있기 때문에 시설물수량표에서 등벤치의 규격도 mm로 통일해서 기재해 주어야 한다.
11. 각 공간의 포장은 포장재료를 달리 하여 벽돌, 마사토, 소형고압블록포장을 하였고, 공간의 포장 모서리 부분에 2군데 상징적으로 포장 디자인과 포장명을 기재해주었다.
12. 입구 주변에 관목으로 유도식재, 수목식재 공간에 녹음식재와 경관식재, 북서쪽 공간에 마운딩을 이용하여 소나무 군식을 하였다.
13. 식재설계는 소나무 군식 장소에 소나무 3가지 규격을 사용하여 식재하였더라도 실제 사용한 수목은 소나무 1종이 되므로 소나무 1종과 타수종 9종 총 10종을 맞춰서 식재하였다.
14. 누락되거나 지워진 부분이 없는지 확인하고, 방위표시와 스케일바 등을 잊지 말고 반드시 그려준다.

■ 문제해설(단면도)

1. 단면도 답안지 용지에 테두리선을 규격에 맞추어 긋고, 테두리선 안쪽으로 열십자(+)로 가선을 그어 중심선을 잡는다. 평면도의 단면도선(B-B')에 맞추어 단면도 답안지 가로 중심선에 G. L.선을 긋는다. G. L.선에 수직으로 점표고를 표기해주고(예 : 1.0, 2.0, 3.0, 4.0, 5.0, 6.0 (m)), 수고를 따라 G. L.선과 평행하게 가선을 그어 각 시설물 및 수목의 수고를 파악하기 위한 선을 그어준다. 본 문제는 평면도상에 단면도선이 대각선으로 그어졌으므로 유의해서 단면도를 작성해야 한다.
2. 경계부분에 화강석 경계석이 나오고 식재공간에 플라타너스를 규격과 모양에 맞춰 그려준다. 평면도(모범답안)에서는 대상지의 경계부분에 화강석 경계석이 그려지지 않았더라도 실제는 화강석 경계석이 있는 것으로 간주하여 단면도에서는 경계부분에 화강석 경계석을 그려주는 것이 좋다.
3. 다음으로 놀이공간에 '마사토포장'이 있고, 어린이놀이시설물인 정글짐이 그려져야 한다. '마사토포장'이기 때문에 화강석 경계석 대신 모래막이를 설계해주어야 한다. 어린이놀이시설물은 자주 출제되는 부분이기 때문에 단면도로 1종 이상은 자신 있게 그릴 수 있어야 한다. 또한 놀이공간에 (요구 사항) 5번의 이용자를 그려주었다.
4. 화강석 경계석을 그릴 때 평면도상에 단면도선이 대각선으로 그어졌더라도 당황하지 말고 평소대로 그리는데 단면도선이 걸린 폭만큼 그려준다고 생각하면 된다. 그러므로 화강석 경계석 등은 평소에 그렸던 2mm의 폭보다 조금 더 길게 단면도선이 걸리기 때문에 조금 더 길게 그려진다.
5. 놀이공간을 지나 점표고가 -1.0m로 바뀌는 전이공간인 광장에 '벽돌포장'이 있고, 수목보호대를 이용하여 포장공간에 느티나무가 식재되어있다. 단면도를 그려보니 점표고가 말도 안 되게 출제되었다는 것을 알 수 있다. 놀이공간에서 광장으로 바뀌는 부분에 1.0m의 단차이가 있다. 문제에서 잘못 출제된 부분을 이해하고 문제 풀이에만 치중을 하면 될 듯하다.
6. 다음으로 수(水)공간에 벽천이 나오는 부분이다. 아마 이 부분이 문제에서 가장 어렵게 느껴지는 부분일 것입니다. 일단 벽천의 단면도를 내용정리 부분에서 다시 한 번 참고하여 그려보고, 벽천은 물이 떨어지는 폭포로 생각하면 쉽게 이해가 갈 것이다. 출수구를 고려하여 벽천의 단면도를 그려보면 어렵지 않게 그릴 수 있을 것이다. 또한 수(水)공간은 요즘 기능사 실기시험에 자주 출제되는 부분이기 때문에 많이 그려보고 완전히 이해할 수 있어야 한다.

7. 벽천을 기준으로 식재공간과 1.0m 단차이가 나는 부분이 있다. 이 부분은 벽천의 상류부에서 물이 내려와 떨어지게 되므로 1.0m 이상의 단차가 있어야 하는 것은 쉽게 이해가 갈 것이다. 벽천 위쪽으로 식재공간이 있다고 생각하면 된다. 하지만 일반적인 벽천의 높이가 3.0m 정도는 되므로 실제 시공되어지는 부분과는 어울리지 않는 것으로 생각하면 된다.
8. 벽천을 지나 식재공간에 플라타너스를 규격과 모양에 맞게 그려주면 된다.
9. 포장이 바뀌는 부분과 재료가 다른 포장 사이에는 반드시 화강석 경계석이 있어야 한다.
10. G. L.선 윗부분의 수목 및 시설물에 인출선을 3단(제일 높은 것(교목 및 시설물 중 높은 것), 중간 것(작은 교목 등), 낮은 것(관목, 시설물 중 낮은 것))으로 구분하여 기재해주는 것이 통일성 있고 깔끔하게 보인다.
11. G. L.선 아랫부분은 각 시설물의 재료가 기재되어야 한다. 각 재료의 중앙에 점(•)을 찍어 인출선을 사용하여 재료명을 기재해주고, 재료명을 기재할 때 가선을 그어 인출선의 줄을 맞춰서 재료명을 기재해주고, 지반표시를 해주면 깔끔하고 아름다운 도면이 된다.
12. 마지막으로 B-B' 단면도라고 기재해주며, 스케일을 기재해주면 된다.
13. 본 기출문제는 2010년에 2번 출제된 문제입니다. 2010년에 비슷한 유형으로 출제가 되었기 때문에 문제를 잘 이해하고, 이해가 안가는 부분이나 어렵게 느껴지는 부분은 교재의 앞쪽 내용정리 부분을 다시 한 번 공부하고 그려보면 이해가 쉬울 것입니다.
14. 항상 문제에 함정이 있다는 것을 기억하고 끝까지 문제를 잘 읽고 이해하는 습관을 길러야 합니다. 매번 기능사 시험의 중요한 부분은 중복되어 출제되며 새로운 내용이 한가지 정도 추가되기 때문에 많은 연습과 내용을 이해하면 당황하지 않고 문제를 풀 수 있습니다.
15. 항상 자신감을 가지며 당황하고 긴장하지 않으면 모두 다 합격할 수 있으니 연습을 실전처럼 그리고 정해진 시간 안에 주어진 조건을 충족시키며 도면을 마무리 할 수 있으면 독자 여러분 모두 합격할 수 있습니다. 독자 여러분 파이팅! 입니다.

38 도로변소공원조경설계(2024년 5회)

- **설계문제** : 우리나라 중부지역에 위치한 도로변의 빈 공간에 대한 조경설계를 하고자 한다. 주어진 현황도 및 아래 사항을 참조하여 설계조건에 따라 조경계획도를 작성합니다(단, 2점 쇄선 안 부분을 조경설계 대상지로 합니다).

- **(현황도면)** 주어진 도면을 참조하여 요구사항 및 조건들에 적합한 조경계획도를 작성하시오.

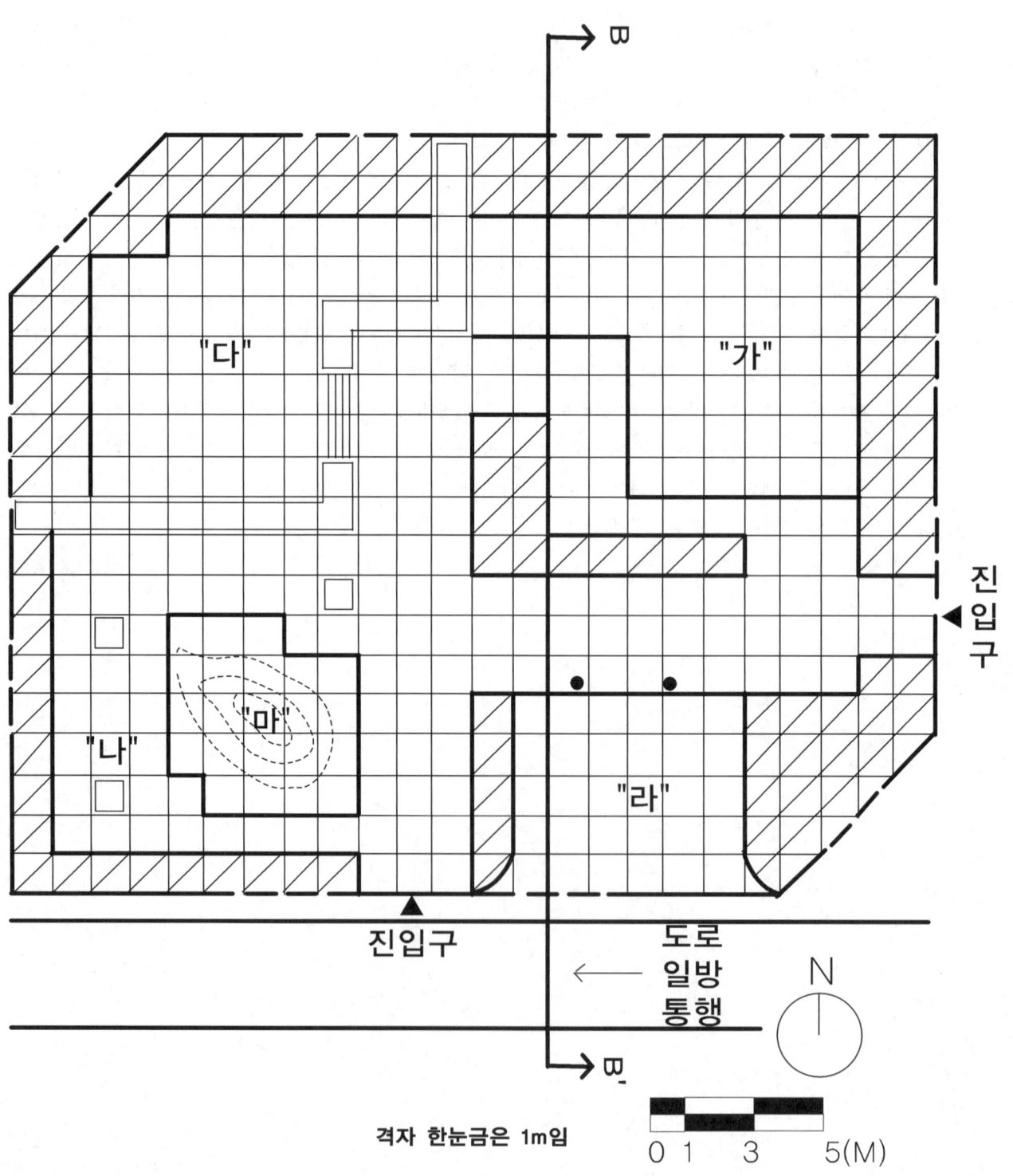

■ (요구 사항)
1. 식재평면도를 위주로 한 조경계획도를 축척 1/100로 작성하십시오.(지급용지-1)
2. 도면 오른쪽 위에 작업명칭을 작성하십시오.
3. 도면 오른쪽에는 "중요 시설물 수량표와 수목(식재) 수량표"를 함께 작성하고, 수량표 아래쪽 여백을 이용하여 "방위표시와 막대축척"을 반드시 그려 넣으시오(단, 전체 대상지의 길이를 고려하여 범례표의 폭을 조정할 수 있다).
4. 도면의 전체적인 안정감을 위하여 "테두리선"을 작성하십시오.
5. 도로변 소공원 부지내의 B-B' 단면도를 축척 1/100으로 작성하십시오.(지급용지-2)

■ (설계 조건)
1. 해당 지역은 도로변의 자투리 공간을 이용하여 휴식 및 어린이들이 즐길 수 있는 도로변 소공원으로, 공원의 특징을 고려하여 조경계획도를 작성하시오.
2. 포장지역을 제외한 곳에는 모두 식재를 실시하시오(녹지공간은 빗금친 부분이며, 경사의 차이가 발생하는 곳은 식수대(Plant box)로 처리되어 있으며, 분위기를 고려하여 식재를 실시하시오).
3. 포장지역은 "소형고압블록, 콘크리트, 마사토, 모래, 투수콘크리트 등" 적당한 재료를 선택하여 재료의 사용이 적합한 장소에 기호로 표현하고, 포장명칭을 반드시 기입하시오.
4. "가"지역은 놀이공간으로 계획하고, 그 안에 어린이 놀이시설물을 3종류 배치하시오.
5. "나"지역은 동적인 휴식공간으로 평벤치를 3개 설치하고, 수목보호대(3개)에 낙엽교목을 동일하게 식재하시오.
6. "다"지역은 휴식공간으로 이용자들의 편안한 휴식을 위해 파고라(3,500×3,500mm) 1개와 앉아서 휴식을 즐길 수 있도록 등벤치 3개를 계획 설계하시오.
7. "라"지역은 주차공간으로 소형자동차(3,000×5,000mm) 2대가 주차할 수 있는 공간으로 계획하고 설계하시오.
8. "마"지역은 등고선 1개당 20cm가 높으며, 전체적으로 "나"지역에 비해 60cm가 높은 녹지지역으로 경관식재를 실시하시오. 아울러 반드시 크기가 다른 소나무를 3종 식재하고, 계절성을 느낄 수 있도록 다른 수목을 조화롭게 배치하시오.
9. "다"지역은 "가", "나", "라"지역보다 1m 높은 지역으로 계획하시오.
10. 대상지 내에는 유도식재, 녹음식재, 경관식재, 소나무 군식 등의 식재 패턴을 필요한 곳에 배식하고, 필요에 따라 수목보호대를 추가로 설치하여 포장 내에 식재를 하시오.
11. 수목은 아래에 주어진 수종 중에서 종류가 다른 10가지를 반드시 선정하여 골고루 안정적인 배식이 될 수 있도록 계획하며, 인출선을 이용하여 수량, 수종명칭, 규격을 반드시 표기하시오.

> 소나무(H4.0×W2.0), 소나무(H3.0×W1.5), 소나무(H2.5×W1.2)
> 스트로브잣나무(H2.5×W1.2), 스트로브잣나무(H2.0×W1.0), 왕벚나무(H4.5×B15)
> 버즘나무(H3.5×B8), 느티나무(H3.0×R6), 칭단풍(H2.5×R8), 나정큼나무(H1.0×W0.6)
> 동백나무(H2.5×R8), 중국단풍(H2.5×R5), 굴거리나무(H2.5×W0.6), 자귀나무(H2.5×R6)
> 태산목(H1.5×W0.5), 먼나무(H2.0×R5), 산딸나무(H2.0×R5), 산수유(H2.5×R7)
> 꽃사과(H2.5×R5), 수수꽃다리(H1.5×W0.6), 병꽃나무(H1.0×W0.4), 쥐똥나무(H1.0×W0.3)
> 명자나무(H0.6×W0.4), 산철쭉(H0.3×W0.4), 자산홍(H0.3×W0.3), 영산홍(H0.4×W0.3)
> 조릿대(H0.6×7가지)

12. B-B'의 단면도는 경사, 포장재료, 경계선 및 기타 시설물의 기초, 주변의 수목, 중요 시설물, 이용자 등을 단면도상에 반드시 표기하고 높이 차를 한눈에 볼 수 있도록 설계하시오.

평면도 (모범답안)

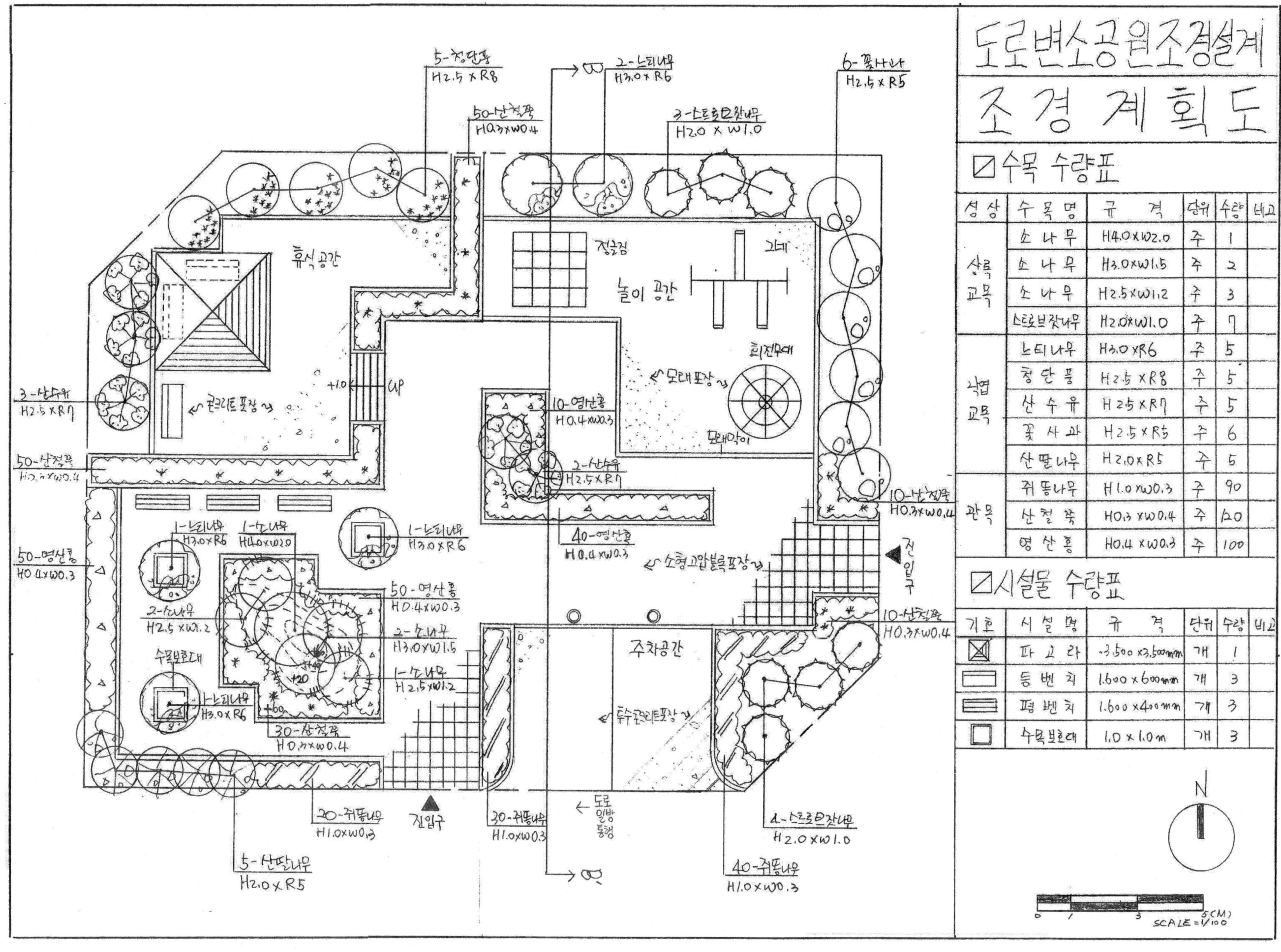

단면도(모범답안)

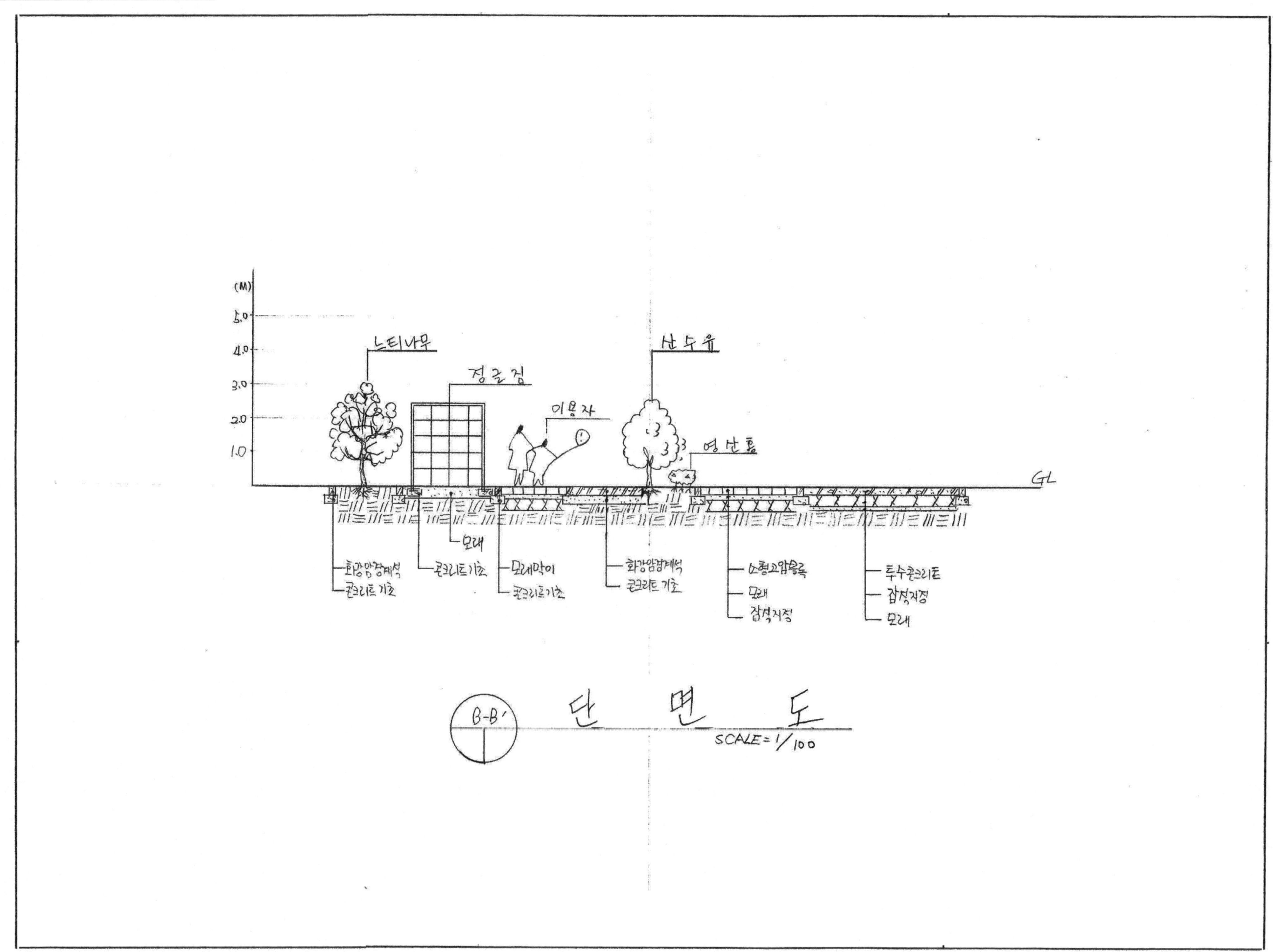

■ 문제해설(평면도)

1. 이점쇄선 안 부분이 설계대상지이므로 현황도를 답안지의 가운데에 배치되도록 해주고, 외곽은 이점쇄선이 되도록 그려주며, 주변 현황인 진입구, 도로일방통행을 기재해주고, 방위표와 스케일을 그려준다. 평면도에 있는 단면도선과 B-B'화살표 선은 90도가 되도록 그려주어야 한다.

2. (요구 사항)부터 살펴보면 식재평면도를 위주로 한 조경계획도를 축척 1/100으로 작성하라고 했으므로 표제란의 두 번째 칸 제목은 조경계획도가 된다. 축척은 현황도면의 격자 1눈금이 1m이므로 격자의 개수를 잘 세어 현황도를 확대해주어야 한다.

3. 표제란에 작업명칭을 "도로변소공원조경설계"라고 기재해 주고, 작업명칭과 조경계획도 글씨의 좌우 여백을 맞춰주면 도면이 보기 좋다. 작업명칭은 표제란의 제일 윗부분에 쓰이는 글씨이기 때문에 깔끔하고 정확한 글씨로 작성되어야 좋은 도면이 된다.

4. 표제란에 수목수량표와 시설물수량표를 작성하였으며, 수목수량표의 수목명과 규격은 문제에 제시된 대로 기재해주어야 하고, 시설물수량표의 시설명과 규격, 단위를 문제에서 제시된 대로 기재해준다.

5. 수목수량표의 성상은 상록교목, 낙엽교목, 관목으로 구분하였다. 성상부분의 작성은 평면도 모범답안처럼 성상 칸의 중앙에 글씨가 오도록 배치하는 것이 보기 좋다. 또한 표에서 선이 삐져나오지 않도록 깔끔하게 그려주는 것이 좋다.

6. (설계 조건)을 살펴보면 포장지역을 제외한 곳에는 모두 식재를 하라고 했기 때문에 녹지공간에는 빈 공간 없이 식재를 해주어야 한다. 평면도 모범답안에서는 외곽부분에 관목을 많이 식재하였는데, 입구부분을 제외한 외곽부분은 교목을 교호식재(어긋나게 식재) 해주는 것이 좋다. 또한 교목 하단부에 군데군데 관목을 같이 식재해주면 자연스러운 식재분위기를 느낄 수 있어서 좋다.

7. 포장지역은 각 지역의 성격을 고려하여 적당한 위치에 주어진 포장을 하였고, 각 포장의 모서리에 포장디자인을 하고 포장명을 기입하였다.

8. "가"지역은 놀이공간으로 어린이 놀이시설물을 정글짐, 그네, 회전무대 3종류 설치하고, '모래포장'을 하였다. 놀이공간은 대부분 '모래포장'을 하며, 평면도 모범답안에서 어린이 놀이시설물을 배치하는데 균형 없게 일렬로 배치하는 것 보다 보기 좋게 삼각형 모양으로 균형을 잡아서 배치하는 것이 더 좋은 답이 된다.

9. "나"지역은 동적인 휴식공간으로 평벤치 3개를 규격에 맞춰 일렬로 설치하고, 수목보호대에 낙엽교목인 느티나무를 식재하였으며, '소형고압블록포장'을 하였다.

10. "다"지역은 휴식공간으로 파고라 1개와 등벤치 3개를 규격에 맞춰 배치하고, '콘크리트포장'을 하였다. 파고라 안의 등벤치는 위에서 바라보았을 때 보이지 않기 때문에 점선으로 표시를 해주며, 시설물수량표를 작성할 때 규격이 나와 있는 시설물만 시설물수량표에 작성을 해주고, 규격이 나와 있지 않은 시설물은 평면도의 시설물 주변에 시설명을 기재해 주면 시간이 절약되어 좋다.

11. "라"지역은 주차공간으로 소형자동차 2대가 주차할 수 있는 공간으로 설계하였고, '투수콘크리트포장'을 하였다.

12. "마"지역은 "나"지역보다 60cm가 높은 곳에 위치해 있으며, 등고선 1개당 20cm씩 높으므로 소나무 군식을 해준다. 그러므로 "마"지역의 점표고가 +60이며, 60cm 높은 곳에서 등고선 1개당 각각 20cm씩 높으므로 점표고를 고려해야 한다. 소나무 군식은 문제에서 주어진 소나무 3가지 규격을 다 사용하여 식재를 해주며, 좁은 장소에 군식(群植, 모아심기)해야 하기 때문에 많은 소나무를 식재해주어야 한다. 또한 소나무 주변으로 관목을 식재해주는 것이 좋으며 인출선끼리 겹치는 것에 유의해야 한다.

13. "다"지역은 "가", "나", "라"지역보다 1m 높다고 했는데, "~보다"라고 기재된 공간이 기준점(점표고가 0인 지역)이 된다. "다"지역의 점표고가 +1.0인 공간이 되므로, "다"지역의 계단 부분에 점표고를 기재해주어 단차이가 나는 것을 표시해주는 것이 좋다.
14. 진입구 주변에 관목으로 유도식재, 수목식재 공간에 녹음식재와 경관식재, "마"지역에 소나무 군식을 하였다.
15. 식재설계는 소나무 군식 장소에 소나무 3가지 규격을 사용하여 식재하였더라도 실제 사용한 수목은 소나무 1종이 되므로 10종을 맞춰서 식재하였다. 또한 중부지역에 식재를 하라고 했기 때문에 남부수종은 식재하지 말아야한다. 남부수종을 다시 한 번 확인해보자.

■ 문제해설(단면도)

1. 평면도의 B-B'단면도선을 잘 보아야 한다. 평면도 답안지를 돌려서 단면도선 B가 왼쪽에 오게 B'가 오른쪽에 오게 답안지를 돌린다.
2. 단면도 그릴 준비가 되었으면 단면도 답안지 용지에 테두리선을 규격에 맞추어 긋고, 열십자(+)로 가선을 그어 중심선을 잡는다. 평면도의 단면도선(B-B')에 맞추어 단면도 답안지 가로 중심선에 G. L.선을 긋는다. G. L.선에 수직으로 점표고를 표기해주고(예 : 1.0, 2.0, 3.0, 4.0, 5.0 (m)), 수고를 따라 G. L.선과 평행하게 가선을 그어 각 시설물 및 수목의 수고를 파악하기 위한 선을 그어준다.
3. B 부분부터 보면 대상지의 경계부분에 화강암 경계석이 나오고 느티나무가 나온다. 평면도 모범답안에서는 대상지의 경계부분에 화강암 경계석이 그려지지 않았더라도 실제는 화강암 경계석이 있는 것으로 간주하여 단면도에서는 경계부분에 화강암 경계석을 그려주는 것이 좋다.
4. 다음으로 놀이공간에 '모래포장'이 있고, '모래포장'에 정글짐이 있으므로 정글짐의 상세도를 그려주어야 한다. '모래포장'의 경계에는 화강암 경계석 대신 모래막이를 그려주며, 화강암 경계석과 모래막이는 디자인과 재료에서 차이가 있어야 한다.
5. 다음으로 '소형고압블록포장'이 있고, 이 공간에 이용자를 그려주었다. 다음으로 식수대(Plant Box)의 화강암 경계석이 길게 있고, 영산홍이 식재되었다.
6. 평면도 모범답안에서는 화강암 경계석이 길게 있는 부분에 산수유의 줄기 부분이 걸렸기 때문에 산수유까지 그려주었다. 하지만 단면도선의 화살표 방향이 산수유의 반대방향을 향하기 때문에 화강암 경계석만 길게 그려주고 산수유를 그리지 않아도 틀린 답은 아니다.
7. '소형고압블록포장'이 있으며, 화강암 경계석을 지나 주차공간이 나온다. 주차공간은 '투수콘크리트포장'이다.
8. G. L.선 윗부분의 수목 및 시설물에 인출선을 3단(제일 높은 것(교목 및 시설물 중 높은 것), 중간 것(작은 교목 등), 낮은 것(관목, 시설물 중 낮은 것))으로 구분하여 기재해주는 것이 통일성 있고 깔끔하게 보인다.
9. G. L.선 아랫부분은 각 시설물의 재료가 기재되어야 한다. 각 재료의 중앙에 점(•)을 찍어 재료명을 기재해주고, 재료명을 기재할 때 가선을 그어 줄을 맞춰서 재료명을 기재해주면 깔끔하고 아름다운 도면이 된다.
10. 마지막으로 B-B' 단면도라고 기재해주며, 스케일을 기재해주면 된다.

39 다목적공간조경설계(2025년 1회)

■ **설계문제** : 다음 설계부지는 중북부지방 다목적공간에 대한 조경설계를 하고자 한다. 아래에 주어진 요구 조건을 반영하여 도면을 작성하시오.

■ **(현황도면)** 주어진 도면을 참조하여 요구사항 및 조건들에 적합한 조경계획도 및 단면도를 작성하시오. 일점쇄선 안 부분이 설계대상지이며, 주변 현황은 도면에 그대로 옮겨준다.

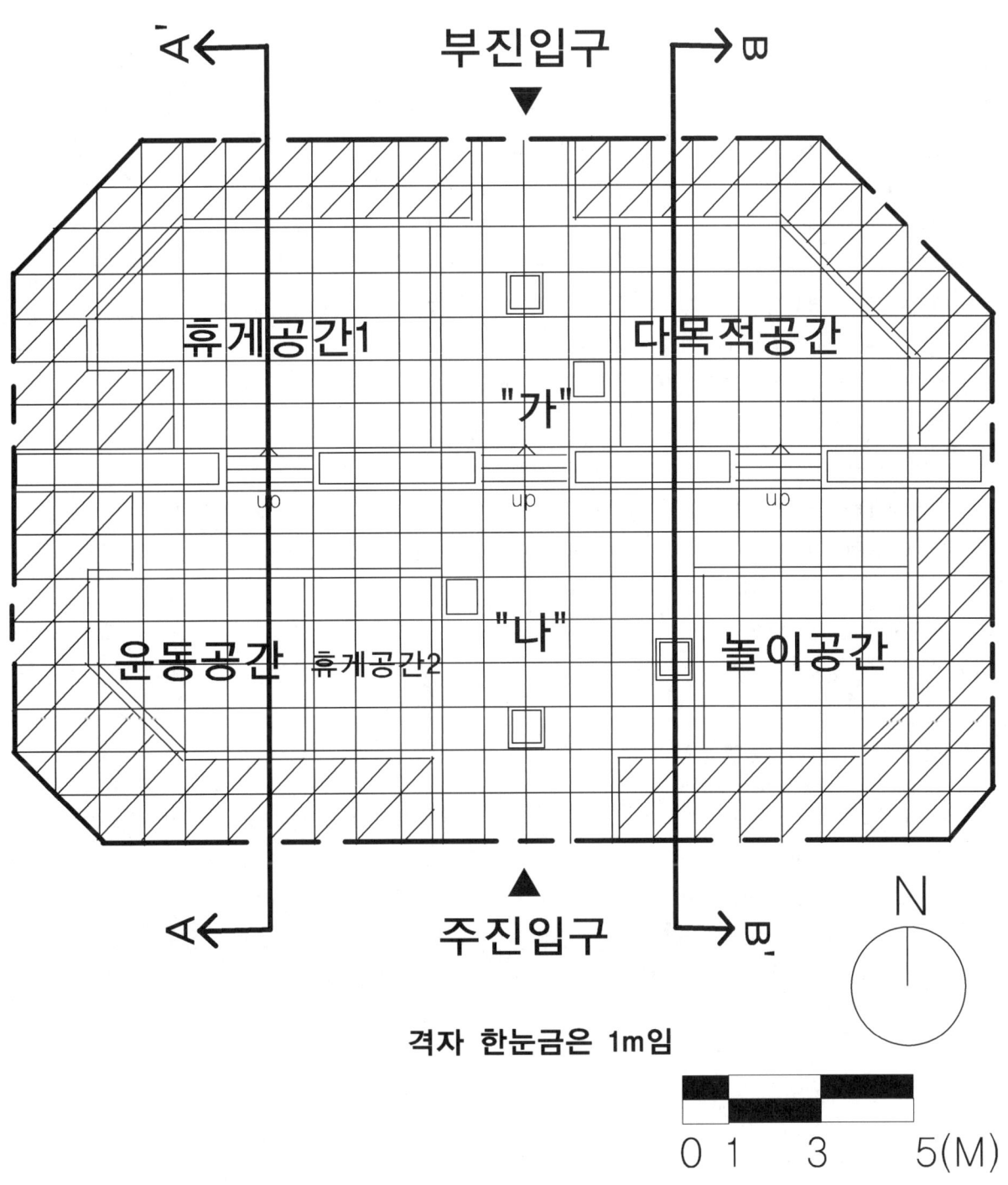

격자 한눈금은 1m임

0 1   3   5(M)

■ **(요구 사항)**

1. 식재평면도를 위주로 한 조경계획도를 축척 1/100으로 작성하시오.(지급용지 1)
2. 도면 우측 표제란에 작업명칭을 "OO다목적공간조경설계"라고 작성하시오.
3. 표제란에는 "수목수량표"와 "중요시설물수량표"를 작성하고, 수량표 아래쪽에는 방위표시와 막대축척을 그려 넣는다.
4. "수목수량표"에는 수목의 성상별로 상록교목, 낙엽교목, 관목으로 구분하여 작성하시오.
5. A-A'와 B-B' 단면도를 축척 1/100으로 작성하시오(단, 시설물의 기초, 포장재료, 경계석 부분은 재료를 상세히 나타내고, 각각의 재료에 재료명을 명기하며 본 대상지를 이용하는 이용자를 나타내시오).(지급용지 2, 지급용지 3)

■ **(요구 조건)**

1. "가"지역은 "나"지역보다 1.0m가 높으므로 전체적으로 계획설계시 고려한다(평면도상에 점표고를 표시하시오).
2. 단 차이가 나는 원로 공간의 포장과 각 공간의 포장은 포장재료를 달리 하여 포장한다(단, 포장디자인은 2-3군데 상징적으로 디자인해주며, 평면도에는 포장명을 단면도에는 포장재료를 기재해준다). 각 공간의 경계는 화강암 경계석 또는 모래막이를 설치해준다.
3. 휴게공간1은 평상형쉘터(3.0m×3.0m) 1개소, 등받이형 벤치(1.6m×0.6m) 2개, 평벤치(1.6m×0.4m) 2개, 휴지통(지름 50cm) 1개를 설치하시오.
4. 휴게공간2는 원형테이블(지름1.5m) 1개와 평벤치(1.6m×0.4m) 2개를 배치하시오.
5. 다목적공간은 마사토포장을 한다.
6. 놀이공간은 어린이 놀이시설 2종을 배치한다.
7. 운동공간은 운동시설 2종을 배치한다(단, 운동시설중 1종은 단면도상에 그려준다).
8. 수목보호대(1.0m×1.0m)가 있는 장소에 녹음수를 단식한다(단, 수목보호대에는 지하고가 2.0m 이상인 수목을 식재한다).
9. 녹지지역 중 한 곳을 선정하여 90cm 정도로 마운딩을 해주고, 평면도상에 점표고를 표시해준다.
10. 이용자의 통행이 잦은 것을 고려하여 유도식재, 녹음식재, 경관식재, 소나무군식 등을 적당한 장소에 배식하시오.
11. 식재설계는 아래수종에서 10종 선정하여 식재한다.

> 소나무(H4.0×W2.0), 소나무(H3.5×W1.8), 소나무(H3.0×W1.7), 주목(H3.0×W2.0)
> 스트로브잣나무(H2.5×W1.2), 가문비나무(H2.5×W1.2), 꽃사과(H2.5×R6)
> 느티나무(H4.0×R12), 동백나무(H2.5×R8), 플라타너스(H3.5×B10)
> 단풍나무(H2.5×R6), 광나무(H2.5×R8), 병꽃나무(H1.0×W0.4), 회양목(H0.3×W0.3)
> 철쭉(H0.3×W0.4), 산철쭉(H0.3×W0.4), 개나리(H0.3×W0.4), 꽝꽝나무(H0.3×W0.3)

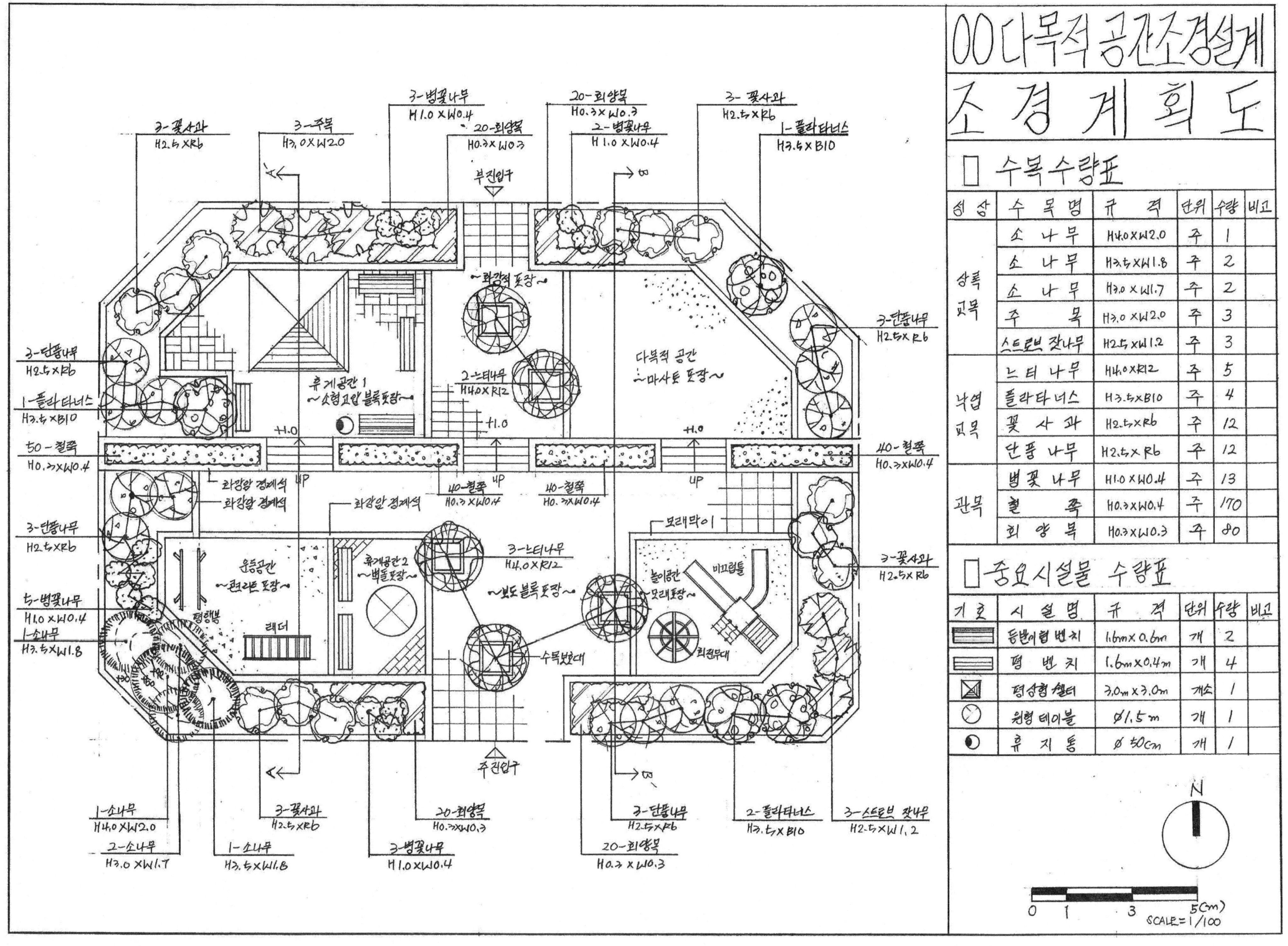

단면도(모범답안)

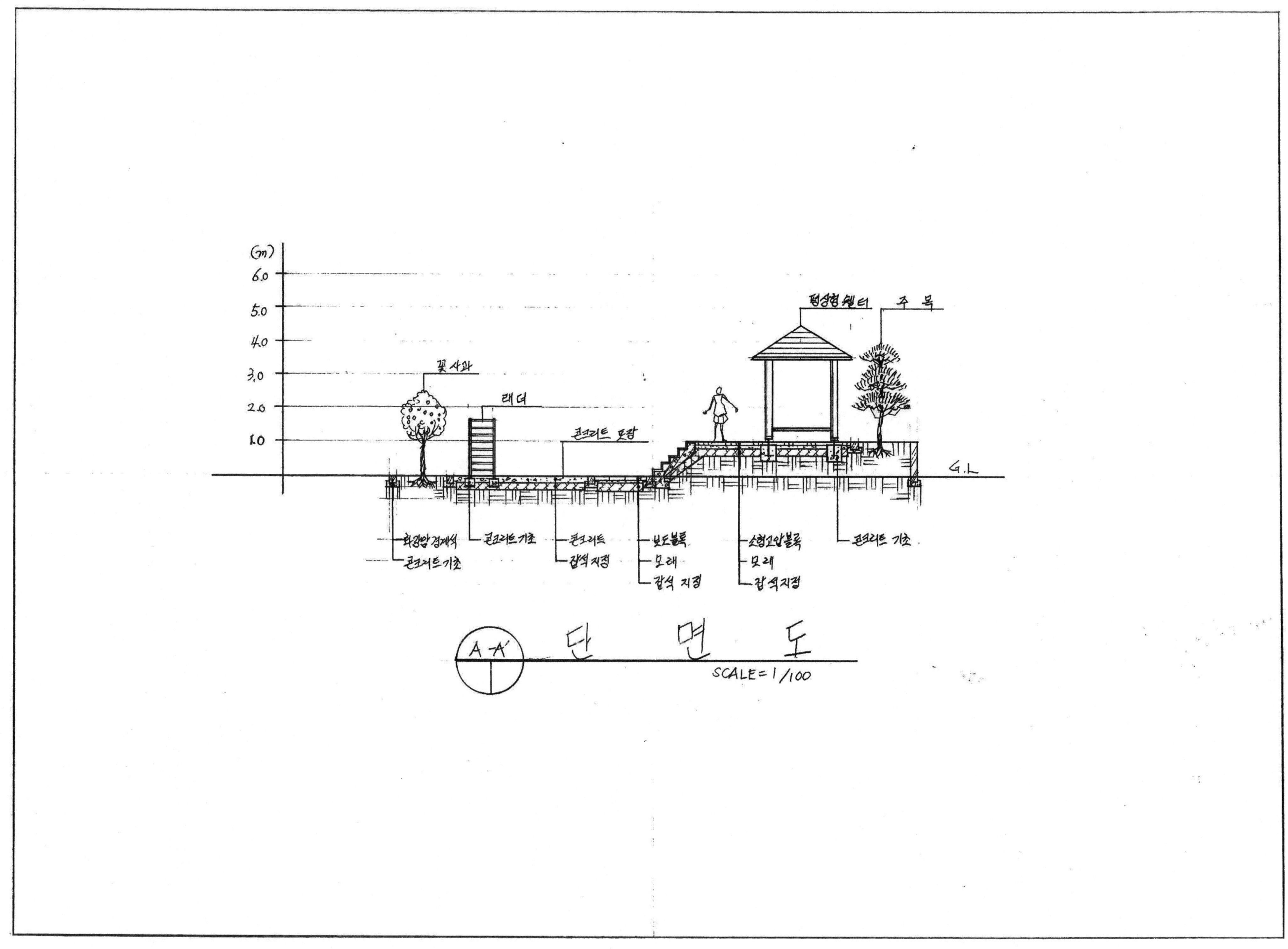

단면도(모범답안)

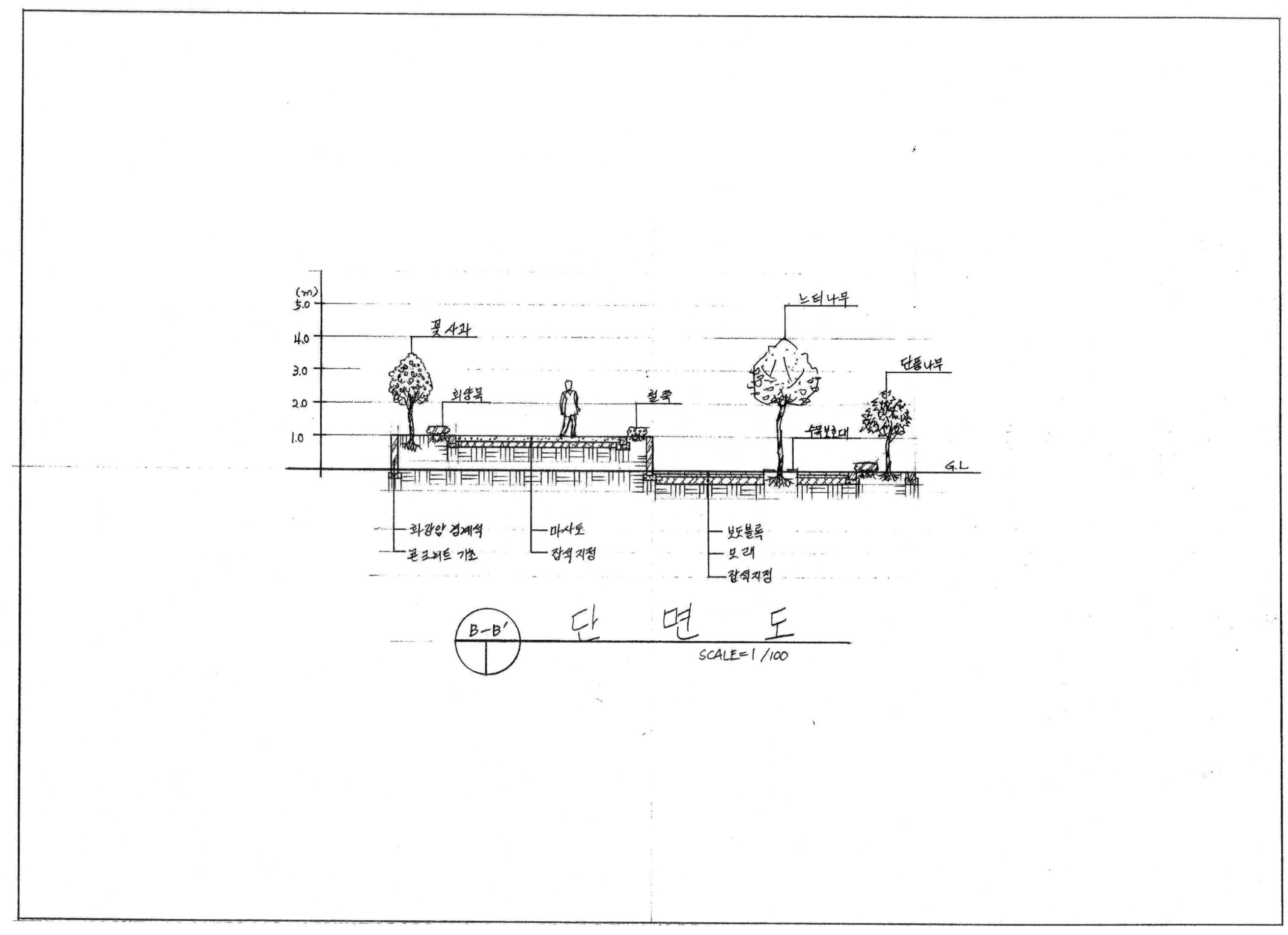

■ **문제해설(평면도)**

1. (요구 조건) 부분부터 살펴보면 "가"지역은 "나"지역보다 1.0m가 높으므로, "~보다"라는 말이 있는 "나"지역이 기준(점표고가 0m인 지점)이 된다. 그러므로 "가"지역에 +1.0이라고 점표고를 기재해주면 평면도상의 점표고를 쉽게 알 수 있다.

2. 단 차이가 나는 원로 공간에 '화강석포장'과 '보도블록포장'으로 포장 재료를 달리 하여 포장해주었고, 포장 디자인은 포장의 끝부분에 2군데 상징적으로 해주었다. 각 포장의 디자인을 다시 한번 인지해야 한다.

3. 각 공간의 경계는 화강암 경계석을 설치해주었고, 모래포장에는 모래막이를 설치해주었다(일반포장의 경계는 화강암 경계석(경계석)을 설치해주고, 모래포장에는 화강암 경계석(경계석) 대신 모래막이를 설치해주는 것이 좋다).

4. 휴게공간1은 평상형쉘터(3.0m×3.0m) 1개소, 등받이형 벤치(1.6m×0.6m) 2개, 평벤치(1.6m×0.4m) 2개, 휴지통(지름 50cm) 1개를 규격과 모양에 맞춰 설치하였고, '소형고압블록포장'을 하였다. "시설물수량표"에서 시설명의 단위인 '개'와 '개소'를 문제에서 주어진 대로 명확히 기재해 주어야 한다.

5. 휴게공간2는 원형테이블(지름1.5m) 1개와 평벤치(1.6m×0.4m) 2개를 규격과 모양에 맞춰 설치하였고, '벽돌포장'을 하였다.

6. 북동쪽에 있는 다목적공간은 '마사토포장'을 하였다(다목적공간에 시설물이나 설치해야 할 것을 제시하지 않으면 포장만 해주고, 시설물 등은 설계하지 않아도 된다).

7. 남동쪽에 있는 놀이공간은 어린이 놀이시설 2종(미끄럼틀과 회전무대)을 배치하였고, '모래포장'을 하였다. 놀이공간은 '모래포장'이기 때문에 화강암 경계석 대신 모래막이를 설치해주었다.

8. 남서쪽에 있는 운동공간은 운동시설 2종(평행봉과 래더)을 배치하였고, '콘크리트포장'을 하였다. 운동시설 중 1종은 단면도상에 그려주라고 했으므로 래더를 A-A' 단면도선에 그려주었다.

9. 수목보호대(1.0m×1.0m)가 있는 장소에 지하고가 2.0m 이상인 느티나무를 식재하였다. 지하고가 2.0m 이상인 수목을 식재하라고 했으므로 녹음수 중에서 수고가 가장 큰 수목을 식재해 주는 것이 좋다.

10. 남서쪽 녹지지역에 90cm 정도로 마운딩을 해주었고, 평면도상에 점표고(+30, +60, +90)를 표시해주었다. 남서쪽 녹지지역의 공간이 좁지만 마운딩을 할 적당한 공간이 없어서 남서쪽의 녹지공간에 마운딩을 하였다. 마운딩 장소에는 (요구 조건) 11번에 소나무 3가지 규격이 제시되었기 때문에 규격이 서로다른 소나무를 3가지 다 사용하여 소나무 군식을 해주는 것이 좋다. 또한 군식을 할 때에는 인출선끼리 겹치는 것에 유의한다.

11. 유도식재(입구 부분 길을 안내해주는 식재로 일반적으로 관목식재), 녹음식재(그늘을 제공해 주는 식재), 경관식재(경관을 향상시켜주는 식재), 소나무 군식을 각 공간의 성격에 맞춰 배식하였다.

12. 식재설계는 남부수종인 동백나무와 광나무를 제외하고 식재하였으며, 수종 10종을 맞춰 주었다. 소나무 군식에서 사용한 규격이 다른 소나무 3종은 소나무 1종으로 들어간다.

13. "시설물수량표"에서 규격이 제시되어 있는 시설명(등받이형 벤치, 평벤치, 평상형쉘터, 원형테이블, 휴지통)은 "시설물수량표"에 기재해주고, 규격이 없는 시설명(평행봉, 래더, 미끄럼틀, 회전무대)은 평면도의 시설물 부분에 시설명을 기재해 주는 것이 시간을 절약할 수 있어서 좋다.

14. 마지막으로 현황도의 외곽선과 단면도선 등 설계를 하면서 지워진 부분을 다시 한번 그려주고, 문제와 평면도 답안지를 비교하여 누락된 부분을 체크하며 표제란을 확인한다.

■ 문제해설(단면도)

1. 제일 먼저 답안지의 외곽선을 규격에 맞추어 그려주며, 단면도 답안지의 중심을 잡아 주고, 중심선의 수평선에 평면도의 단면도선 길이에 맞춰 G. L.선을 그어준다.
2. 수직으로 수고를 표시해주고 (m)표시를 해준다(수고는 소수점으로 표시해준다. 1.0, 2.0, 3.0 등).
3. 표시해준 수고에 가선을 G. L.선과 평행하게 그어 수목과 시설물의 높이를 잡는데 도움을 주게 한다.
4. 평면도의 단면도선 A부분부터 보면 제일 먼저 화강암 경계석이 지나가며 그 다음으로 꽃사과를 규격과 폭에 맞춰 그려주어야 한다.
5. 녹지공간 끝부분에 화강암 경계석을 그려주고, 다음의 운동공간에 '콘크리트포장'을 해주며, 래더의 측면 상세도를 그려준다.
6. 다음으로 '보도블록포장'을 그려주며, 계단을 그려주어야 한다.
7. 계단은 1.0m의 단차이가 있어야 하며, 평면도에서 계단이 4칸으로 설계되었기 때문에 단면도에서도 4칸으로 표현이 되어야 한다(계단의 단면도는 단면도 모범답안을 잘 참고한다).
8. 계단 다음으로 휴게공간을 지나는데 '소형고압블록포장'을 하였고, 평상형쉘터가 그려져야 한다. 평상형쉘터는 안에 평상이 있으므로 단면도상에 평상의 모습이 그려져야 한다. 그러므로 평상형쉘터 안에는 벤치를 설치하면 안 된다.
9. 다음으로 녹지공간에 주목을 수고와 수관폭에 맞춰 그려주고, 화강암 경계석이 점표고 1.0m인 곳에서 그려지게 된다.
10. 수목과 시설물의 인출선을 뽑을 때 G. L.선의 윗부분에 있는 수목과 시설물은 G. L.선 윗부분에 인출선을 뽑아 수목명과 시설명을 기재해주고, G. L.선의 아랫부분에 있는 재료는 각 재료의 중앙에 점(•)을 찍고 G. L.선 아랫부분에 인출선을 뽑아 차례로 재료명을 기재해준다.
11. 인출선은 앞부분과 뒷부분에 같은 수목과 시설물, 같은 재료가 나오면 디자인이 같기 때문에 앞부분에 나온 수목과 시설물, 재료에 인출선을 뽑아서 기재해 주면 된다.
12. G. L선 아랫부분에 지반을 표시해주고, A-A' 단면도라고 기재해주며, 스케일을 표기해주면 된다.
13. B-B' 단면도를 보면 제일 먼저 점표고가 1.0m인 장소에서 화강암 경계석이 지나가며 그 다음으로 꽃사과가 지나간다.
14. 다음으로 회양목을 수고와 수관폭에 맞춰 그려주고 다음으로 화강암 경계석을 그려준다.
15. 다목적 공간에 '마사토포장'을 해주고, 단차이가 나는 곳에 식수대(plant box)를 그려준다. 식수대를 기준으로 점표고가 1.0m인 부분과 0m인 공간이 구별된다.
16. '보도블록포장'을 단면도로 그려주고 수목보호대와 느티나무를 평면도상 단면도선의 위치에 맞춰 그려준다. 느티나무는 지하고를 2.0m 이상 되도록 그려주어야 한다. 수목보호대 아래 부분의 포장부분은 '보도블록포장'을 하지 않고 맨 땅으로 설계해주는 것이 좋다.
17. 화강암 경계석을 지나 회양목과 단풍나무를 수고와 수관폭, 수목의 모양에 맞춰 그려준다.
18. G. L.선을 기준으로 G. L.선 윗부분에는 수목명 및 시설명을 수목과 시설의 높이에 맞춰 3단(높은 것, 중간 것, 낮은 것)으로 보기 좋게 인출선을 그려주고 수목명 및 시설명을 기재해준다.
19. G. L.선 아랫부분에는 각 재료의 중앙에 점(•)을 찍고 인출선을 뽑아 재료명을 기재해준다. 인출선을 뽑을 때에는 똑같은 수목이나 시설물, 재료는 그리는 방법과 모양, 디자인 등이 동일하기 때문에 앞부분에 인출선을 한번만 뽑아서 기재해주면 된다.
20. 마지막으로 현황도의 외곽부분에 화강암 경계석을 그려주고, B-B' 단면도 글씨와 Scale(스케일)을 기재해주면 된다.

저자약력

저자 **한 상 엽**　공학박사(조경토목공학전공)
　　　　　　　　　전) 성균관대학교 건설환경연구소
　　　　　　　　　전) 우석대학교 조경학과 겸임교수
　　　　　　　　　현) 한백종합건설 조경팀장

조경기능사 실기

定價 29,000원

저　자	한　상　엽
발행인	이　종　권

2009年　6月　 8日　초판발행
2010年　2月　16日　개정판발행
2011年　3月　14日　2차개정발행
2012年　3月　12日　3차개정발행
2013年　2月　27日　4차개정발행
2015年　1月　 5日　5차개정1쇄발행
2015年　1月　29日　5차개정2쇄발행
2016年　2月　15日　6차개정발행
2017年　1月　29日　7차개정발행
2018年　1月　16일　8차개정발행
2018年　8月　22日　9차개정발행
2021年　1月　27日　10차개정발행
2022年　4月　27日　11차개정발행
2023年　8月　 9日　12차개정발행
2025年　4月　 1日　13차개정발행

發行處　**(주) 한솔아카데미**

(우)06775 서울시 서초구 마방로10길 25 트윈타워 A동 2002호
TEL : (02)575-6144/5　　FAX : (02)529-1130
〈1998. 2. 19 登錄 第16-1608號〉

※ 본 교재의 내용 중에서 오타, 오류 등은 발견되는 대로 한솔아카데미 인터넷 홈페이지를 통해 공지하여 드리며 보다 완벽한 교재를 위해 끊임없이 최선의 노력을 다하겠습니다.
※ 파본은 구입하신 서점에서 교환해 드립니다.
www.inup.co.kr / www.bestbook.co.kr

ISBN 979-11-6654-704-1 13540

한솔아카데미 발행도서

건축기사시리즈
①건축계획
이종석, 이병억 공저
432쪽 | 27,000원

건축기사시리즈
②건축시공
김형중, 한규대, 이명철 공저
570쪽 | 27,000원

건축기사시리즈
③건축구조
안광호, 홍태화, 고길용 공저
796쪽 | 27,000원

건축기사시리즈
④건축설비
오병칠, 권영철, 오호영 공저
564쪽 | 27,000원

건축기사시리즈
⑤건축법규
현정기, 조영호, 한웅규, 김주석 공저
622쪽 | 27,000원

건축기사 필기 10개년 핵심 과년도문제해설
안광호, 백종엽, 이병억 공저
1,028쪽 | 45,000원

건축기사 4주완성
남재호, 송우용 공저
1,412쪽 | 47,000원

건축산업기사 4주완성
남재호, 송우용 공저
1,136쪽 | 43,000원

7개년 기출문제 건축산업기사 필기
한솔아카데미 수험연구회
868쪽 | 37,000원

건축설비기사 4주완성
남재호 저
1,284쪽 | 45,000원

건축설비산업기사 4주완성
남재호 저
824쪽 | 39,000원

10개년 핵심 건축설비기사 과년도
남재호 저
1,148쪽 | 39,000원

건축기사 실기
한규대, 김형중, 안광호, 이병억 공저
1,708쪽 | 52,000원

건축기사 실기 (The Bible)
안광호, 백종엽, 이병억 공저
1,000쪽 | 40,000원

건축기사 실기 14개년 과년도
안광호, 백종엽, 이병억 공저
688쪽 | 31,000원

건축산업기사 실기
한규대, 김형중, 안광호, 이병억 공저
696쪽 | 33,000원

건축산업기사 실기 (The Bible)
안광호, 백종엽, 이병억 공저
300쪽 | 27,000원

실내건축기사 4주완성
남재호 저
1,320쪽 | 39,000원

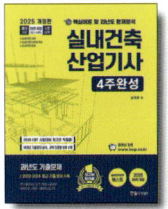
실내건축산업기사 4주완성
남재호 저
1,096쪽 | 32,000원

시공실무 실내건축(산업)기사 실기
안동훈, 이병억 공저
422쪽 | 31,000원

Hansol Academy

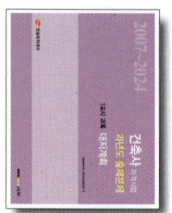
건축사 과년도출제문제 1교시 대지계획
한솔아카데미 건축사수험연구회
346쪽 | 33,000원

건축사 과년도출제문제 2교시 건축설계1
한솔아카데미 건축사수험연구회
192쪽 | 33,000원

건축사 과년도출제문제 3교시 건축설계2
한솔아카데미 건축사수험연구회
436쪽 | 33,000원

건축물에너지평가사 ①건물 에너지 관계법규
건축물에너지평가사 수험연구회
852쪽 | 32,000원

건축물에너지평가사 ②건축환경계획
건축물에너지평가사 수험연구회
516쪽 | 30,000원

건축물에너지평가사 ③건축설비시스템
건축물에너지평가사 수험연구회
708쪽 | 32,000원

건축물에너지평가사 ④건물 에너지효율설계·평가
건축물에너지평가사 수험연구회
648쪽 | 32,000원

건축물에너지평가사 2차실기(상)
건축물에너지평가사 수험연구회
940쪽 | 45,000원

건축물에너지평가사 2차실기(하)
건축물에너지평가사 수험연구회
905쪽 | 50,000원

토목기사시리즈 ①응용역학
안광호, 김창원, 염창열, 정용욱 공저
540쪽 | 27,000원

토목기사시리즈 ②측량학
남수영, 정경동, 고길용 공저
392쪽 | 27,000원

토목기사시리즈 ③수리학 및 수문학
심기오, 노재식, 한웅규 공저
396쪽 | 27,000원

토목기사시리즈 ④철근콘크리트 및 강구조
정경동, 정용욱, 고길용, 김지우 공저
464쪽 | 27,000원

토목기사시리즈 ⑤토질 및 기초
안진수, 박광진, 김창원, 홍성협 공저
588쪽 | 27,000원

토목기사시리즈 ⑥상하수도공학
노재식, 이상도, 한웅규, 정용욱 공저
544쪽 | 27,000원

10개년 핵심 토목기사 과년도문제해설
김창원 외 5인 공저
1,076쪽 | 46,000원

토목기사 4주완성 핵심 및 과년도문제해설
이상도, 고길용, 안광호, 한웅규, 홍성협, 김지우 공저
1,054쪽 | 44,000원

토목산업기사 4주완성 과년도문제해설
이상도, 정경동, 고길용, 안광호, 한웅규, 홍성협 공저
752쪽 | 40,000원

토목기사 실기
김태선, 박광진, 홍성협, 김창원, 김상욱, 이상도, 한웅규 공저
1,540쪽 | 52,000원

토목기사 실기 과년도문제해설
김태선, 이상도, 한웅규, 홍성협, 김상욱, 김지우 공저
892쪽 | 37,000원

www.bestbook.co.kr

콘크리트기사·산업기사 4주완성(필기)
정용욱, 고길용, 전지현, 김지우 공저
856쪽 | 38,000원

콘크리트기사 과년도(필기)
정용욱, 고길용, 김지우 공저
684쪽 | 29,000원

콘크리트기사·산업기사 3주완성(실기)
정용욱, 한웅규, 홍성협, 전지현 공저
784쪽 | 32,000원

건설재료시험기사 4주완성(필기)
박광진, 이상도, 김지우, 전지현 공저
742쪽 | 38,000원

건설재료시험기사 과년도(필기)
고길용, 정용욱, 홍성협, 전지현 공저
692쪽 | 31,000원

건설재료시험기사 3주완성(실기)
고길용, 홍성협, 전지현, 김지우 공저
728쪽 | 32,000원

콘크리트기능사 3주완성(필기+실기)
정용욱, 고길용, 염창열, 전지현 공저
538쪽 | 27,000원

지적기능사(필기+실기) 3주완성
염창열, 정병노 공저
640쪽 | 30,000원

측량기능사 3주완성
염창열, 정병노, 고길용 공저
568쪽 | 28,000원

전산응용토목제도기능사 필기 3주완성
김지우, 최진호, 전지현 공저
632쪽 | 28,000원

건설안전기사 4주완성 필기
지준석, 조태연 공저
1,388쪽 | 38,000원

산업안전기사 4주완성 필기
지준석, 조태연 공저
1,560쪽 | 38,000원

공조냉동기계기사 필기
조성안, 이승원, 강희중 공저
1,358쪽 | 41,000원

공조냉동기계산업기사 필기
조성안, 이승원, 강희중 공저
1,236쪽 | 36,000원

공조냉동기계기사 실기
조성안, 강희중 공저
1,040쪽 | 38,000원

조경기사·산업기사 필기
이윤진 저
1,464쪽 | 49,000원

조경기사·산업기사 실기
이윤진 저
784쪽 | 45,000원

조경기능사 필기
이윤진 저
682쪽 | 29,000원

조경기능사 실기
이윤진 저
360쪽 | 29,000원

조경기능사 필기
한상엽 저
712쪽 | 28,000원

Hansol Academy

조경기능사 실기
한상엽 저
823쪽 | 30,000원

산림기사·산업기사 1권
이윤진 저
888쪽 | 27,000원

산림기사·산업기사 2권
이윤진 저
974쪽 | 27,000원

전기기사시리즈(전6권)
대산전기수험연구회
2,240쪽 | 131,000원

전기기사 5주완성
전기기사수험연구회
2,140쪽 | 42,000원

전기산업기사 5주완성
전기산업기사수험연구회
1,964쪽 | 42,000원

전기공사기사 5주완성
전기공사기사수험연구회
2,096쪽 | 42,000원

전기공사산업기사 5주완성
전기공사산업기사수험연구회
1,606쪽 | 42,000원

전기(산업)기사 실기
대산전기수험연구회
766쪽 | 43,000원

전기기사 실기 20개년 과년도문제해설
대산전기수험연구회
992쪽 | 38,000원

전기기사시리즈(전6권)
김대호 저
3,230쪽 | 136,000원

전기기사 실기 기본서
김대호 저
964쪽 | 38,000원

전기기사 실기 기출문제
김대호 저
1,340쪽 | 43,000원

전기산업기사 실기 기본서
김대호 저
920쪽 | 38,000원

전기산업기사 실기 기출문제
김대호 저
1,076쪽 | 41,000원

전기기사/전기산업기사 실기 마인드 맵
김대호 저
232 | 기본서 별책부록

CBT 전기기사 단기완성
이승원, 김승철, 윤종식 공저
1,244쪽 | 42,000원

전기(산업)기사 실기 모의고사 100선
김대호 저
296쪽 | 24,000원

전기기능사 필기
이승원, 김승철, 윤종식 공저
532쪽 | 27,000원

소방설비기사 기계분야 필기
김흥준, 윤중오 공저
1,212쪽 | 40,000원

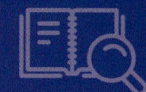

www.bestbook.co.kr

소방설비기사 전기분야 필기
김흥준, 신면순 공저
1,148쪽 | 40,000원

공무원 건축계획
이병억 저
800쪽 | 37,000원

7·9급 토목직 응용역학
정경동 저
1,192쪽 | 42,000원

응용역학개론 기출문제
정경동 저
686쪽 | 40,000원

측량학(9급 기술직/ 서울시·지방직)
정병노, 염창열, 정경동 공저
756쪽 | 29,000원

응용역학(9급 기술직/ 서울시·지방직)
이국형 저
628쪽 | 23,000원

스마트 9급 물리 (서울시·지방직)
신용찬 저
422쪽 | 23,000원

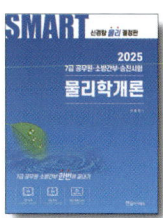

7급 공무원 스마트 물리학개론
신용찬 저
996쪽 | 45,000원

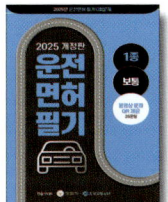

1종 운전면허
도로교통공단 저
110쪽 | 13,000원

2종 운전면허
도로교통공단 저
110쪽 | 13,000원

1·2종 운전면허
도로교통공단 저
110쪽 | 13,000원

지게차 운전기능사
건설기계수험연구회 편
216쪽 | 15,000원

굴삭기 운전기능사
건설기계수험연구회 편
224쪽 | 15,000원

지게차 운전기능사 3주완성
건설기계수험연구회 편
338쪽 | 12,000원

굴삭기 운전기능사 3주완성
건설기계수험연구회 편
356쪽 | 12,000원

초경량 비행장치 무인멀티콥터
권희춘, 김병구 공저
258쪽 | 22,000원

시각디자인 산업기사 4주완성
김영애, 서정술, 이원범 공저
1,102쪽 | 36,000원

시각디자인 기사·산업기사 실기
김영애, 이원범 공저
508쪽 | 35,000원

토목 BIM 설계활용서
김영휘, 박형순, 송윤상, 신현준, 안서현, 박진훈, 노기태 공저
388쪽 | 30,000원

BIM 구조편
(주)알피종합건축사사무소 (주)동양구조안전기술 공저
536쪽 | 32,000원

Hansol Academy

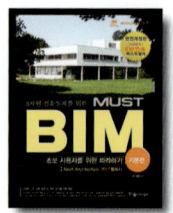
BIM 기본편
(주)알피종합건축사사무소
402쪽 | 32,000원

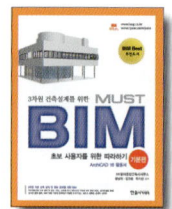
BIM 기본편 2탄
(주)알피종합건축사사무소
380쪽 | 28,000원

BIM 건축계획설계 Revit 실무지침서
BIMFACTORY
607쪽 | 35,000원

전통가옥에서 BIM을 보며
김요한, 함남혁, 유기찬 공저
548쪽 | 32,000원

BIM 주택설계편
(주)알피종합건축사사무소
박기백, 서창석, 함남혁, 유기찬 공저
514쪽 | 32,000원

BIM 활용편 2탄
(주)알피종합건축사사무소
380쪽 | 30,000원

BIM 건축전기설비설계
모델링스토어, 함남혁
572쪽 | 32,000원

BIM 토목편
송현혜, 김동욱, 임성순, 유자영, 심창수 공저
278쪽 | 25,000원

디지털모델링 방법론
이나래, 박기백, 함남혁, 유기찬 공저
380쪽 | 28,000원

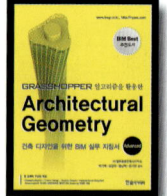
건축디자인을 위한 BIM 실무 지침서
(주)알피종합건축사사무소
박기백, 오정우, 함남혁, 유기찬 공저
516쪽 | 30,000원

BIM 전문가 건축 2급자격(필기+실기)
모델링스토어
760쪽 | 36,000원

BIM 전문가 토목 2급 실무활용서
채재현, 김영휘, 박준오, 소광영, 김소희, 이기수, 조수연
614쪽 | 35,000원

BE Architect
유기찬, 김재준, 차성민, 신수진, 홍유찬 공저
282쪽 | 20,000원

BE Architect 라이노&그래스호퍼
유기찬, 김재준, 조준상, 오주연 공저
288쪽 | 22,000원

BE Architect AUTO CAD
유기찬, 김재준 공저
400쪽 | 25,000원

건축관계법규(전3권)
최한석, 김수영 공저
3,544쪽 | 110,000원

건축법령집
최한석, 김수영 공저
1,490쪽 | 60,000원

건축법해설
김수영, 이종석, 김동화, 김용환, 조영호, 오호영 공저
918쪽 | 32,000원

건축설비관계법규
김수영, 이종석, 박호준, 조영호, 오호영 공저
790쪽 | 34,000원

건축계획
이순희, 오호영 공저
422쪽 | 23,000원

www.bestbook.co.kr

건축시공학
이찬식, 김선국, 김예상, 고성석,
손보식, 유정호, 김태완 공저
776쪽 | 30,000원

**현장실무를 위한
토목시공학**
남기천,김상환,유광호,강보순,
김종민,최준성 공저
1,212쪽 | 45,000원

알기쉬운 토목시공
남기천, 유광호, 류명찬, 윤영철,
최준성, 고준영, 김연덕 공저
818쪽 | 28,000원

Auto CAD 오토캐드
김수영, 정기범 공저
364쪽 | 25,000원

친환경 업무매뉴얼
정보현, 장동원 공저
352쪽 | 30,000원

**건축시공기술사
기출문제**
배용환, 서갑성 공저
1,146쪽 | 69,000원

**합격의 정석
건축시공기술사**
조민수 저
904쪽 | 67,000원

**건축시공기술사
용어해설**
조민수 저
1,438쪽 | 70,000원

**건축전기설비기술사
(상,하)**
서학범 저
1,532쪽 | 65,000원(각권)

**디테일 기본서 PE
건축시공기술사**
백종엽 저
730쪽 | 62,000원

**디테일 마법지 PE
건축시공기술사**
백종엽 저
504쪽 | 50,000원

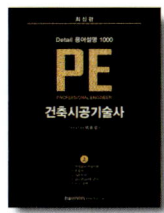
**용어설명1000 PE
건축시공기술사(상,하)**
백종엽 저
2,100쪽 | 70,000원(각권)

역학의 정석
김성민, 김성범 공저
788쪽 | 52,000원

**합격의 정석
토목시공기술사**
김무섭, 조민수 공저
874쪽 | 60,000원

건설안전기술사
이태엽 저
748쪽 | 55,000원

소방기술사 上
윤정득, 박견용 공저
656쪽 | 55,000원

소방기술사 下
윤정득, 박견용 공저
730쪽 | 55,000원

**소방시설관리사 1차
(상,하)**
김흥준 저
1,630쪽 | 63,000원

건축에너지관계법해설
조영호 저
614쪽 | 27,000원

ENERGYPULS
이광호 저
236쪽 | 25,000원

Hansol Academy

수학의 마술(2권)
아서 벤저민 저, 이경희, 윤미선,
김은현, 성지현 옮김
206쪽 | 24,000원

**스트레스,
과학으로 풀다**
그리고리 L. 프리키온, 애너이브
코비치, 앨버트 S.융 저
176쪽 | 20,000원

행복충전 50Lists
에드워드 호프만 저
272쪽 | 16,000원

지치지 않는 뇌 휴식법
이시카와 요시키 저
188쪽 | 12,800원

지능형홈관리사
김일진, 이의신, 송한춘, 황준호,
장우성 공저
500쪽 | 35,000원

**스마트 건설,
스마트 시티, 스마트 홈**
김선근 저
436쪽 | 19,500원

**e-Test 엑셀
ver.2016**
임창인, 조은경, 성대근, 강현권
공저
268쪽 | 17,000원

**e-Test 파워포인트
ver.2016**
임창인, 권영희, 성대근, 강현권
공저
206쪽 | 15,000원

**e-Test 한글
ver.2016**
임창인, 이권일, 성대근, 강현권
공저
198쪽 | 13,000원

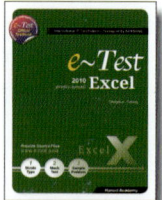

**e-Test 엑셀
2010(영문판)**
Daegeun-Seong
188쪽 | 25,000원

**e-Test
한글+엑셀+파워포인트**
성대근, 유재휘, 강현권 공저
412쪽 | 28,000원

**재미있고 쉽게 배우는
포토샵 CC2020**
이영주 저
320쪽 | 23,000원

조경기사·산업기사 필기

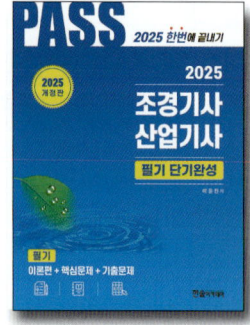

이윤진
1,464쪽 | 49,000원

조경기사·산업기사 실기

이윤진
784쪽 | 45,000원

※ 구입처는 **전국대형서점**에서 구매하실 수 있습니다.